Technisches Zeichnen

Herausgegeben vom
DIN Deutsches Institut für Normung e. V.

Bearbeitet von Dipl.-Ing. Hans Werner Geschke,
Michael Helmetag und Wolfgang Wehr, Berlin

23., neubearbeitete und erweiterte Auflage
Mit 1803 Bildern, 101 Tabellen, 99 Beispielen und
359 Übungsaufgaben

1998

B. G. Teubner Stuttgart Leipzig
Beuth Verlag Berlin Wien Zürich

Zur Herstellung dieses Buches wurde chlor- und säurefreies Papier verwendet, das bei der Entsorgung keine Schadstoffe entstehen lässt. Auf diese Weise leisten wir einen aktiven Beitrag zum Schutz unserer Umwelt.

Die Deutsche Bibliothek – CIP-Einheitsaufnahme

Geschke, Hans Werner:
Technisches Zeichnen : mit 101 Tabellen, 99 Beispielen und 359 Übungsaufgaben / bearb. von Hans Werner Geschke, Michael Helmetag und Wolfgang Wehr. Hrsg. vom DIN, Deutsches Institut für Normung e. V. – 23., neubearb. und erw. Aufl. – Stuttgart ; Leipzig : Teubner ; Berlin ; Wien ; Zürich : Beuth, 1998
ISBN 3-519-36725-4 (Teubner)
ISBN 3-410-14295-9 (Beuth)

Printed in Germany

Gesamtherstellung: Passavia Druckservice GmbH Passau
Einbandgestaltung: Peter Pfitz, Stuttgart

Vorwort

Die Technische Zeichnung ist eine besondere Form der Kommunikation. Mithilfe von Bildern, Zeichen und Symbolen werden technische Sachverhalte allgemeinverständlich dargestellt. Um sich dieser Sprache fehlerfrei bedienen zu können, ist die Kenntnis ihres Wortschatzes und ihrer Grammatik notwendig. Beides ist weitgehend international abgestimmt allgemeingültig in DIN-Normen festgelegt, und zwar für die von Hand erstellte Zeichnung und für das rechnerunterstützte Zeichnen.

Das seit Jahren bewährte und ständig aktualisierte Buch stellt allen, die mit der Technischen Produktdokumentation, mit dem technischen Zeichnen zu tun haben, ein grundlegendes, leicht verständliches Lehr- und Lernmittel bereit. Der Entwicklung im technischen Zeichnen folgend, wurde der Aufbau umgestaltet und neue Themenschwerpunkte gegenüber der letzten Ausgabe gesetzt. Rechnerunterstütztes Zeichnen ist in die einzelnen Abschnitte integriert worden.

Der besondere Zweck des Buches liegt darin, nicht nur das Kennen- und Verstehenlernen der Grundlagen für das Technische Zeichnen während der Berufsausbildung zu erleichtern, sondern auch den Besuchern weiterführender Schulen und Lehrgänge sowie den Studienanfängern und dem in die betriebliche Praxis eintretenden technischen Nachwuchs eine kompetente Zusammenstellung wichtigen Grundlagenwissens an die Hand zu geben. Der Leser wird von allgemeinen Ausführungsregeln, über bestimmte Darstellungsweisen zu speziellen Techniken, zusammengefassten Grundlagen angrenzender Fachgebiete bis hin zum Thema rechnerunterstütztes Zeichnen geführt, wobei der gegenwärtige Stand der Normungsarbeit auf den behandelten Gebieten aufgezeigt wird. Anregungen zur Erweiterung und zur Gestaltung des Buches werden in diesem Zusammenhang von den Bearbeitern gern entgegengenommen und, wann immer es möglich ist, auch umgesetzt.

Da das Buch von Fachleuten auf ihrem Gebiet geschrieben wurde, wird zum Teil in den Kommentaren und Darlegungen unter Umständen bereits auf Zukunftsaspekte aufmerksam gemacht bzw. es wurde, sofern es möglich war, der Stand der Technik dargestellt, der für den Zeitpunkt der Auslieferung dieses Werkes abzusehen war.

Die 23., neubearbeitete Auflage entspricht dem Stand von 1998. Hinweise auf DIN-Normen in diesem Werk entsprechen dem Stand der Normung bei Abschluss des Manuskriptes. Maßgebend sind die jeweils neuesten Ausgaben der DIN-Normen, die beim Beuth Verlag[1]) zu beziehen sind.

Berlin, Sommer 1998

DIN Deutsches Institut für Normung e.V.
Prof. Dr.-Ing. Sc. D. Helmut Reihlen

[1]) Postanschrift: 10772 Berlin; Hausanschrift: Burggrafenstraße 6, 10787 Berlin

Inhaltsverzeichnis

			Seite
Bildquellenverzeichnis			8
1 Einleitung	1.1	Technisches Zeichnen	9
	1.2	Normung	9
	1.3	Zeichnungsarten	12
	1.4	Ändern von technischen Dokumenten	19
	1.5	Grafische Darstellungen	21
	1.5.1	Grafische Darstellungen im Koordinatensystem	22
	1.5.2	Grafische Darstellungen in Form von Flächendiagrammen	23
	1.5.3	Rechnerunterstütztes Zeichnen	24
2 Zeichnungsträger, Zeichnungsformate und -vordrucke, Zeichengeräte	2.1	Zeichnungsträger	25
	2.2	Zeichnungsformate, Zeichnungsvordrucke	25
	2.3	Zeichengeräte	27
	2.3.1	Manuelles Zeichnen	28
	2.3.2	Rechnerunterstütztes Zeichnen	30
3 Geometrische Konstruktionen	3.1	Gerade, Winkel, Kreis	34
	3.2	Die Gerade als Tangente und Polygonseite	37
	3.3	Kreis als Rundung und Anschlussbogen	38
	3.4	Strecke und Kreis im Raum	39
	3.5	Technische Kurven	41
4 Projektionszeichnen	4.1	Orthogonale Darstellung (Normalprojektion) (DIN ISO 5456-2)	46
	4.1.1	Projektionslinien	47
	4.1.2	Normalprojektion prismatischer Körper	48
	4.1.3	Normalprojektion zylindrischer Körper	48
	4.1.4	Normalprojektion pyramidenförmiger Körper	54
	4.1.5	Normalprojektion kegeliger Körper	55
	4.1.6	Normalprojektion kugeliger Körper	57
	4.1.7	Normalprojektion von Durchdringungen	57
	4.1.8	Kugelschnittverfahren	61
	4.1.9	Abwicklung von Mantelflächen, wahre Größe von Deckflächen	62
	4.2	Axonometrische (DIN ISO 5456-3) und perspektivische Darstellung	67
	4.2.1	Rechtwinklige axonometrische Projektion	67
	4.2.2	Schiefwinklige axonometrische Projektion	71
	4.2.3	Zentralperspektive	74
5 Allgemeine Ausführungsregeln für Technische Zeichnungen	5.1	Vervielfältigungsgerechte Zeichnungen (DIN ISO 6428)	78
	5.2	Beschriftung Technischer Zeichnungen	79

			Seite
5 Allgemeine Ausführungsregeln für Technische Zeichnungen, Fortsetzung	5.3	Ausführungsregeln für Fremdteil-, Sammel- und Vordruckzeichnungen (DIN 30-5 bis DIN 30-7)	81
	5.4	Zeichnungen für Druckzwecke (DIN 6774-4)	81
	5.5	Zeichnungen für Dias (DIN 108-2, DIN 6774-3)	83
	5.6	Grafische Symbole	85
	5.7	Rechnerunterstütztes Zeichnen	85
6 Technische Zeichnungen. Darstellung und Bemaßung	6.1	Darstellungen in Technischen Zeichnungen (DIN 6-1)	86
	6.1.1	Linien	86
	6.1.2	Grundsätzliche Hinweise	89
	6.1.3	Besondere Ansichten	91
	6.1.4	Besondere Darstellungen	92
	6.1.5	Vereinfachte Darstellungen	93
	6.1.6	Verkleinerte/vergrößerte Darstellungen (Maßstäbe DIN ISO 5455)	93
	6.1.7	Schnittdarstellungen	94
	6.1.8	Darstellungen im Metallbau	100
	6.2	Maßeintragungen in Technischen Zeichnungen (DIN 406-10, DIN 406-11)	108
	6.2.1	Elemente der Maßeintragung	108
	6.2.2	Systeme der Maßeintragung, Arten der Maßeintragung	112
	6.2.3	Bemaßungsregeln	115
	6.2.4	Kegelbemaßung (DIN ISO 3040)	122
	6.2.5	Bemaßungen im Metallbau	124
	6.3	Zeichnungsangaben für Werkstückkanten (DIN 6784) und für Butzen (DIN 6785)	127
	6.4	Übungen – Auswerten von Zeichnungen	132
7 Technische Zeichnungen. Angaben für Toleranzen, Passungen und Oberflächen	7.1	Längen- und Winkelmaßtoleranzen	148
	7.1.1	Grundbegriffe (DIN ISO 286-1)	148
	7.1.2	Eintragen der Toleranzen mittels Abmaßen (DIN 406-12)	149
	7.2	Form- und Lagetolerierung (DIN ISO 1101)	152
	7.2.1	Grundbegriffe	152
	7.2.2	Zusammenhang zwischen Maß-, Form- und Parallelitätstoleranzen (DIN 7167, DIN ISO 8015)	154
	7.2.3	Eintragen der Form- und Lagetoleranzen (DIN ISO 1101)	154
	7.2.4	Form- und Lagetoleranzen und Beispiele für die Zeichnungseintragung	158
	7.3	Passungen	160
	7.3.1	Grundbegriffe (DIN ISO 286-1)	160
	7.3.2	Passungssysteme	162
	7.3.3	Aufbau des ISO-Systems für Grenzmaße und Passungen (DIN ISO 286-1 und DIN ISO 286-2)	163

			Seite
7 Technische Zeichnungen. Angaben für Toleranzen, Passungen und Oberflächen, Fortsetzung	7.3.4	Bezeichnung der ISO-Toleranzklassen	164
	7.3.5	Passungsauswahl nach DIN 7154-1 und DIN 7155-1	165
	7.3.6	Auswahlsystem nach DIN 7157	165
	7.3.7	Eintragen von Toleranzklassen (DIN 406-12), Allgemeintoleranzen (DIN ISO 2768-1 und DIN ISO 2768-2)	168
	7.4	Angabe der Oberflächenbeschaffenheit	174
	7.4.1	Kennzeichnung der Oberflächen durch Rauheitsangaben (DIN ISO 1302)	174
	7.4.2	Gegenüberstellung bisheriger und aktueller Oberflächenangaben	181
	7.5	Eintragungsbeispiele für Form- und Lagetoleranzen sowie Angaben zur Oberflächenbeschaffenheit	182
	7.6	Rechnerunterstütztes Zeichnen	186
8 Technische Zeichnungen. Angaben für Werkstoffe, Wärmebehandlungen und Beschichtungen	8.1	Werkstoffangaben	187
	8.1.1	Bezeichnung für Eisen und Stahl	187
	8.1.2	Bezeichnung von Nichteisenmetallen	191
	8.1.3	Werkstoffangaben in Zeichnung und Stückliste	193
	8.1.4	Europäische Normen über Bezeichnungssysteme für Stähle	195
	8.1.5	Kennzeichnung der Werkstoffe durch Schraffuren	201
	8.2	Wärmebehandlungsangaben	203
	8.2.1	Begriffe der Wärmebehandlung	203
	8.2.2	Härteprüfverfahren	204
	8.2.3	Zeichnungsangaben für Wärmebehandlungen	205
	8.3	Zeichnungsangaben für Beschichtungen	208
	8.4	Rechnerunterstütztes Zeichnen	210
9 Technische Zeichnungen. Bauelemente	9.1	Schraubverbindungen	212
	9.1.1	Gewinde	212
	9.1.2	Schrauben und Muttern	217
	9.1.3	Verbindungen mit Schrauben und Muttern	226
	9.1.4	Vereinfachte Darstellung von Gewinden, Schrauben und Muttern	232
	9.2	Nietverbindungen	233
	9.2.1	Arten	234
	9.2.2	Niete unter 10 mm Durchmesser	234
	9.2.3	Metallbau- und Kesselbauniete	234
	9.2.4	Nietdarstellungen	235
	9.3	Keile, Federn, Bolzen und Stifte	236
	9.3.1	Keile	236
	9.3.2	Passfedern, Scheibenfedern, Keilwellenverbindungen und Korbverzahnungen	239

			Seite
9 Technische Zeichnungen. Bauelemente, Fortsetzung	9.3.3	Bolzen und Splinte	242
	9.3.4	Sicherungsringe	244
	9.3.5	Stifte	245
	9.3.6	Bohrbuchsen	248
	9.4	Schweiß- und Lötverbindungen	249
	9.4.1	Darstellung (DIN 1912-1, DIN 1912-2 und DIN EN 22553)	249
	9.4.2	Bemaßung (DIN EN 22553)	259
	9.5	Schraubenfedern	262
	9.5.1	Zylindrische Druckfedern (DIN 2095)	262
	9.5.2	Zylindrische Zugfedern (DIN 2097)	265
	9.6	Zahnräder	266
	9.6.1	Maße	266
	9.6.2	Zahnformen	269
	9.6.3	Zahngetriebe	270
	9.7	Lager	277
	9.7.1	Wälzlager	277
	9.7.2	Gleitlager	280
	9.8	Rohrleitungen, Rohrverbindungen und Armaturen	283
	9.9	Rechnerunterstütztes Zeichnen	284
	9.10	Zusammenfassende Übungen	287
10 Technische Zeichnungen. Pläne und Schaltungsunterlagen	10.1	Rohrleitungsanlagen	294
	10.2	Elektrische Anlagen	299
	10.3	Fluidtechnische Systeme und Geräte	310
	10.4	Rechnerunterstütztes Zeichnen	313
11 Verzeichnis der DIN-Normen			315
Sachwortverzeichnis			333

Hinweise auf DIN-Normen in diesem Werk entsprechen dem Stand der Normung bei Abschluss des Manuskriptes. Maßgebend sind die jeweils neuesten Ausgaben der Normen des DIN Deutsches Institut für Normung e.V., die durch den Beuth Verlag, 10772 Berlin, zu beziehen sind. – Sinngemäß gilt das gleiche für alle in diesem Buch angezogenen amtlichen Richtlinien, Bestimmungen, Verordnungen usw.

Bildquellenverzeichnis

Buchenau/Thiele, Stahlhochbau, Stuttgart: Bild **6**.73
Franz Kuhlmann KG, Wilhelmshaven: Bild **2**.7
Rotring-Werke, Hamburg: Bild **2**.6, **2**.8, **2**.9, **2**.10, **2**.13, **2**.14, **2**.16, **2**.17

Alle anderen Bilder stammen aus dem Bildarchiv B. G. Teubner Stuttgart

1 Einleitung

1.1 Technisches Zeichnen

Durch Zeichnen können Formen und Gedanken bildlich dargestellt werden. Die Zeichnung wird entweder freihändig entworfen oder mit besonderen Werkzeugen und Geräten unter Einhaltung bestimmter Regeln angefertigt. Entsprechend unterscheidet man zwischen dem freien künstlerischen Zeichnen und dem gebundenen technischen Zeichnen, dessen Regeln in Normen festgelegt sind.

> Die technische Zeichnung dient der Verständigung zwischen Entwicklung, Konstruktion, Fertigung, Instandhaltung (um nur einige Bereiche eines Unternehmens zu nennen) und dem Kunden. Aus ihren Darstellungen sind in Verbindung mit dem Schriftfeld und der Stückliste alle erforderlichen Angaben (z. B. zur Herstellung und Prüfung eines Erzeugnisses) zu entnehmen. Das betrifft sowohl Formen und Maße des Werkstücks als auch seinen Werkstoff.
>
> Die Aussage einer technischen Zeichnung muss dem Zweck entsprechend vollständig, eindeutig und für jeden Techniker verständlich sein. Die gemeinsame Sprache basiert auf Zeichenregeln, die in DIN-Normen festgelegt sind.

1.2 Normung

> Durch die Normung werden u. a. Form, Größe und Ausführung von Erzeugnissen und Verfahren sinnvoll geordnet und vereinheitlicht.

Die in Zusammenarbeit zwischen Wissenschaft und Praxis erarbeiteten Normen bieten zeitlich begrenzte Bestlösungen für immer wiederkehrende Aufgaben. Genormte Teile lassen sich austauschen und sind zueinander kompatibel. Normen fördern die Rationalisierung und stellen eine gleich bleibende Qualität sicher. Sie berücksichtigen zugleich die Sicherheit von Menschen und Sachen. Erst die Normung ermöglichte die Arbeitsteilung sowie die problemlose Serien- und Massenfertigung.

DIN Deutsches Institut für Normung e.V. Die zentrale, nationale Organisation zum Erarbeiten von Normen wurde 1917 gegründet. Zu dieser Zeit wurde auch der für die Normung im Zeichnungswesen zuständige Normenausschuss (heute: Fachbereich im Normenausschuss Technische Grundlagen [NATG]) gebildet.

Das Verbandszeichen DIN ist im Warenzeichenregister des Deutschen Patentamts eingetragen. Die Ergebnisse der Normungsarbeit des DIN sind „Deutsche Normen" (kurz DIN-Normen), die unter dem Verbandszeichen DIN vom DIN herausgegeben werden und das „Deutsche Normenwerk" bilden.

Wesen der DIN-Normen. DIN-Normen haben den Charakter von Empfehlungen mit einer technisch-normativen Wirkung. Die Beachtung und Anwendung von DIN-Normen steht jedermann frei. Aus sich heraus haben sie keine rechtliche Verbindlichkeit. Wer sich nach DIN-Normen richtet, verhält sich im Regelfall ordnungsgemäß.

Norm-Inhalt. Eine DIN-Norm kann zum Inhalt haben:

- Technische Grundlagen für Dienstleistungen (Dienstleistungsnorm);
- objektiv feststellbare Eigenschaften in Bezug auf die Gebrauchstauglichkeit eines Gegenstands (Gebrauchstauglichkeitsnorm);
- technische Grundlagen und Bedingungen für Lieferungen (Liefernorm);
- Maße und Toleranzen von materiellen Gegenständen (Maßnorm);
- Planungsgrundsätze und Grundlagen für Entwurf, Berechnung, Aufbau, Ausführung und Funktion von Anlagen, Bauwerken und Erzeugnissen (Planungsnorm);
- Untersuchungs-, Prüf- und Messverfahren für technische und wissenschaftliche Zwecke zum Nachweis zugesicherter und/oder erwarteter (geforderter) Eigenschaften von Stoffen und/oder von technischen Erzeugnissen oder Verfahren (Prüfnorm);
- die für die Anwendung eines materiellen Gegenstands wesentlichen Eigenschaften und objektiven Beurteilungskriterien (Qualitätsnorm);
- Festlegungen zur Abwendung von Gefahren für Menschen, Tiere und Sachen (Anlagen, Bauwerke, Erzeugnisse u. Ä.) (Sicherheitsnorm);
- physikalische, chemische und technologische Eigenschaften von Stoffen (Stoffnorm);
- Verfahren zum Herstellen, Behandeln und Handhaben von Erzeugnissen (Verfahrensnorm);
- Zeichen oder Systeme zur eindeutigen und rationellen Verständigung; terminologische Sachverhalte (Verständigungsnorm).

Normungsgegenstand ist der materielle oder immaterielle Gegenstand, auf den sich die Festlegungen in der Norm beziehen. Auf Grund ihres Inhalts kann eine Norm zu mehreren der vorstehenden Arten gehören.

Das Ergebnis der Normungsarbeit liegt zunächst entweder als DIN-Norm-Entwurf oder DIN-Vornorm und endgültig als DIN-Norm vor.

Das Titelfeld einer DIN-Norm enthält den Titel der Norm und rechts daneben (Nummernfeld) die DIN-Nummer, die aus dem Verbandszeichen DIN und einer nicht klassifizierenden Zählnummer sowie gegebenenfalls erforderlichen Zusätzen (Teil-Nr., Beiblatt usw.) besteht (**1**.1). Seit 1994 klassifiziert das DIN seine Normen und Kataloge mit dem von der ISO speziell für Normen entwickelten, weltweit einheitlichen Klassifikationssystem ICS (International Classification for Standards). Die ICS-Nummer steht links unter dem Titelfeld. Über der Fußleiste der Norm-Titelseite ist der zuständige Normenausschuss (Träger der Norm) aufgeführt.

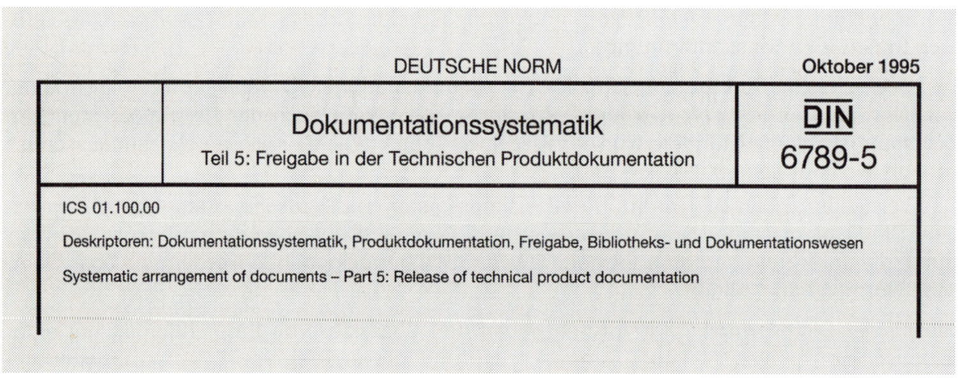
DEUTSCHE NORM — Oktober 1995

Dokumentationssystematik
Teil 5: Freigabe in der Technischen Produktdokumentation

DIN 6789-5

ICS 01.100.00

Deskriptoren: Dokumentationssystematik, Produktdokumentation, Freigabe, Bibliotheks- und Dokumentationswesen

Systematic arrangement of documents – Part 5: Release of technical product documentation

1.1 Kopfleiste einer Norm mit Titelfeld, Nummernfeld, ICS-Nummer usw.

Veröffentlichungen. Wichtig ist es, sich gründlich und laufend über den aktuellen Stand der Normung zu unterrichten. Gelegenheit dazu bieten folgende Veröffentlichungen des DIN:

- Der DIN-Katalog für technische Regeln[1]). Band 1 enthält die bibliografischen Angaben aller DIN-Normen und Norm-Entwürfe sowie Daten von mehr als 200 weiteren technischen Regelwerken, die in Deutschland Gültigkeit haben. Insgesamt werden etwa 57000 Dokumente nachgewiesen. Auskünfte über internationale und ausgewählte nationale Regelwerke anderer Länder gibt Band 2, über Übersetzungen von DIN-Normen Band 3 (Band 1 liegt ebenfalls als Disketten- und CD-Version (Windows) vor).
- Das Buch „Klein, Einführung in die DIN-Normen“[2]) behandelt u.a. zahlreiche DIN-Normen aus dem Bereich des Maschinenbaus und der Elektrotechnik.
- Das Buch „DIN-Normen in der Verfahrenstechnik“[3]) behandelt DIN-Normen und sonstige technische Regeln, die für die Planung, den Bau und Betrieb von verfahrenstechnischen Anlagen oder Anlagenteilen angewendet werden.

Weitergehende Informationen bietet das Deutsche Informationszentrum für technische Regeln (DITR) im DIN an.

Internationale Normung. Da es weder sinnvoll noch wirtschaftlich wäre, die Normung allein auf die Bedürfnisse e i n e s Landes abzustellen, wurde 1926 die „International Federation of the National Standardizing Associations (ISA)“ gegründet. Ihre Nachfolgerin, die ISO (International Organization for Standardization) „Internationale Organisation für Normung“, entstand 1947. Für die elektrotechnische Normung ist die IEC (International Electrotechnical Commission), für alle anderen Normungsarbeiten die ISO zuständig. Beide Organisationen haben ihren Sitz in Genf.

Zweck der Organisationen ist die Förderung der Normung in der Welt und besonders die Erarbeitung von Internationalen Normen, um durch die Beseitigung technischer Handelshemmnisse den Austausch von Gütern und Dienstleistungen zu unterstützen und die gegenseitige Zusammenarbeit im Bereich des geistigen, wissenschaftlichen, technischen und wirtschaftlichen Schaffens zu entwickeln.

Eine Internationale Norm der ISO oder IEC, der das DIN zugestimmt hat, wird nach Entscheidung des zuständigen Normenausschusses in der Regel ohne Überarbeitung als DIN-ISO- bzw. DIN-IEC-Norm übernommen. Voraussetzung für die Übernahme ohne Überarbeitung ist, dass die Internationale Norm vorher demselben Einspruchsverfahren unterworfen wurde wie eine DIN-Norm. ISO/IEC arbeiten eng mit den europäischen Normungsinstitutionen CEN/CENELEC zusammen.

Europäische Normung[4]). Die für die europäische Normung zuständigen Institutionen CEN/CENELEC haben ihren Sitz in Brüssel. Ihre Gründung 1961 steht nicht zufällig im zeitlichen Zusammenhang mit der EWG-Gründung. Eine deutsche Beteiligung ist nur über das DIN (bei CENELEC vertreten durch die DKE) möglich.

Hauptziel der europäischen Normungsarbeit ist es, ein umfassendes europäisches Normenwerk zu erstellen, die bestehenden nationalen Normen zu harmonisieren und so den europäischen Binnenmarkt zu unterstützen. Anders als bei den Internationalen Normen von ISO/IEC ist jedes Mitglied verpflichtet, die Europäischen Normen unverändert ins nationale Normenwerk zu übernehmen. Dabei wird in das Nummernfeld die EN-Nummer übernommen (DIN-EN-Norm). Etwaige andere, entgegenstehende nationale Normen zu demselben Thema sind zurückzuziehen. In enger Abstimmung mit CEN/CENELEC erarbeitet das Europäische Institut für Telekommunikationsnormen, **ETSI**, europaweite Normen zur Integration der Telekommunikations-Infrastruktur.

---

[1]) Beuth Verlag GmbH, Berlin, Wien, Zürich
[2]) Klein, Einführung in die DIN-Normen, B.G. Teubner, Stuttgart, Beuth Verlag GmbH, Berlin, Wien, Zürich
[3]) DIN-Normen in der Verfahrenstechnik, B.G. Teubner, Stuttgart, Beuth Verlag GmbH, Berlin, Wien, Zürich
[4]) Europäische Normung; Ein Leitfaden des DIN. DIN Dtsch. Inst. für Normung (Hrsg.); 1996

1.3 Zeichnungsarten

Zeichnungen werden nach Art der Darstellung und Anfertigung sowie nach Inhalt und Zweck verschieden benannt (**1**.3).

Angaben über Aufbau, Anwendung und Ausführung von Zeichnungen für vereinfachte Angaben in technischen Unterlagen enthalten DIN 30-5 (Fremdteilzeichnungen), DIN 30-6 (Sammelzeichnungen), DIN 30-7 (Vordruckzeichnungen) und DIN 30-8 (Ergänzungszeichnungen).

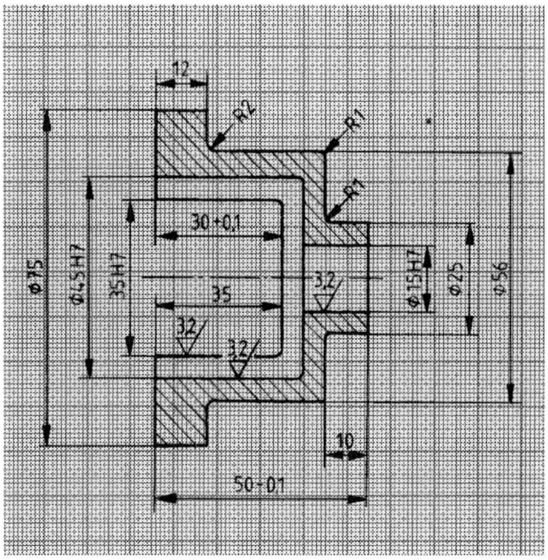

1.2 Skizze einer Hülse

Die Zeichnungserstellung führt im Regelfall von Skizzen über Gruppen- und Teilzeichnungen (Einzelteilzeichnungen) zu Zeichnungen, in denen Erzeugnisse in ihrer obersten Strukturstufe dargestellt sind (Hauptzeichnungen). Ist ein zu Bruch gegangenes Teil einer Maschine zu ersetzen und eine Zeichnung davon nicht vorhanden, wird zunächst eine Skizze angefertigt. Man legt fest, wie viel und welche Ansichten und Schnitte erforderlich sind, damit die Gestalt des Werkstücks vollkommen erfasst ist. Für eine Hülse z.B. ist nur ein Bild nötig (**1**.2). Ohne Anwendung des Zirkels, der Zeichendreiecke und anderer Geräte wird das Werkstück freihändig mit einem weichen Zeichenstift z.B. auf Millimeterpapier übertragen, denn Feldteilungen erleichtern die Arbeit.

Tabelle **1**.3 **Begriffe im Zeichnungs- und Stücklistenwesen (DIN 199-1)**

Anordnungsplan	Technische Zeichnung, die die räumliche Lage von Gegenständen zueinander darstellt
Diagramm	Zeichnung, in der Zahlenwerte oder funktionale Zusammenhänge in einem Koordinatensystem dargestellt sind
Einzelteilzeichnung	Technische Zeichnung, die ein Teil, das unzerstört nicht in weitere Bestandteile zerlegt werden kann (Einzelteil), ohne die räumliche Zuordnung zu anderen Teilen darstellt (s. auch Teilzeichnung)
Entwurf-, Entwurf	Wortkombinationen mit „Entwurf" deuten auf eine Fassung hin, über deren endgültige Ausführung noch nicht entschieden wurde
Ergänzungszeichnung	eigenständige Zeichnung solcher Einzelheiten von Gegenständen, auf die in anderen Zeichnungen Bezug genommen wird
Fertigungszeichnung	Technische Zeichnung, die in der Darstellung eines Gegenstands und mit weiteren Angaben in besonderer Weise Gesichtspunkten der Fertigung Rechnung trägt
Fotozeichnung	Zeichnungsunterlage, die als wesentlichen Bestandteil fotografische Abbildungen enthält
Fremdteilzeichnung	Technische Zeichnung für Teile fremder Entwicklung und fremder Fertigung (s. Abschn. 5.3)
Gruppenzeichnung	maßstäbliche Technische Zeichnung, die die räumliche Lage und die Form der zu einer Gruppe zusammengefassten Teile darstellt

Fortsetzung s. nächste Seite

Tabelle **1**.3, Fortsetzung

Hauptzeichnung	Technische Zeichnung für die Darstellung eines Erzeugnisses in seiner obersten Strukturstufe (**1**.8)
Konstruktionszeichnung	Technische Zeichnung, die einen Gegenstand in seinem vorgesehenen Endzustand darstellt
Maßbild	Zeichnung, in der für ein Teil nur die für den jeweiligen Einzelfall wesentlichen Maße und Informationen angegeben sind
Montierte Zeichnung	Originalzeichnung, in die vorhandene oder getrennt erstellte Zeichnungen, Abbildungen, Texte eingesetzt sind
Originalzeichnung	eine als Unikat dauerhaft gespeicherte Zeichnung, deren Informationsinhalt als verbindlich erklärt wurde
Patentzeichnung	Technische Zeichnung, die in ihrem formalen Aufbau und in ihrer zeichnerischen Darstellung den Vorschriften der „Verordnung über die Anmeldung von Patenten" entspricht
Prüfzeichnung	Technische Zeichnung zur Prüfung des dargestellten Gegenstands
Sammelzeichnung	Technische Zeichnung, bei der mehrere Teile in einer oder mehreren Darstellungen ohne räumliche Zuordnung zusammengefasst sind
Schema	bei Zeichnungen deuten Wortkombinationen mit „-Schema-" auf eine stark abstrahierte oder symbolische Darstellung hin
Skizze	nicht unbedingt maßstäbliche, vorwiegend freihändig erstellte Zeichnung
Stammzeichnung	Zeichnungsunterlage, die zur Vervielfältigung benutzt wird
Standardzeichnung	Zeichnung, die durch Hinzufügen oder Verändern bestimmter, vorgesehener Daten dem jeweiligen Anwendungsfall angepasst werden muss, bevor sie als Technische Zeichnung angewendet werden kann
Technische Skizze	Skizze in der für technische Zwecke erforderlichen Art und Vollständigkeit
Technische Unterlage	Unterlage, deren Informationsinhalt technischen Zwecken dient
Technische Zeichnung	Zeichnung in der für technische Zwecke erforderlichen Art und Vollständigkeit
Teilzeichnung	Technische Zeichnung, die ein Teil (oder eine als Teil angewendete Gruppe) ohne räumliche Zuordnung zu anderen Teilen darstellt (s. auch Einzelteilzeichnung)
Unterlage	im Sinn von DIN 199-1 ein archivierbarer Informationsträger, von dem Informationen direkt oder mit optischen Hilfsmitteln gelesen werden können
Vordruckzeichnung	Zeichnungsunterlage, die nur eine reproduzierte Standardzeichnung enthält
Zeichnungssatz	Gesamtheit aller für einen bestimmten Zweck zusammengestellten Zeichnungsunterlagen
Zeichnungsunterlage	Technische Unterlage, die eine Technische Zeichnung enthält
Zusammenbauzeichnung	Technische Zeichnung zur Erläuterung von Zusammenbauvorgängen

Außer den genormten Begriffen sind noch die nachstehenden Benennungen üblich:

Druckstockzeichnung	dient zum Anfertigen eines Druckstocks oder einer Druckplatte
Fertigteilzeichnung	Teilzeichnung des fertig bearbeiteten Werkstücks (**1**.7)
Rohteilzeichnung	Teilzeichnung von Schmiede-, Guss-, Pressstücken u. a., die noch weiter zu bearbeiten sind (**1**.6)
Tuschezeichnung	von Hand ausgeführte Zeichnung oder Skizze in Tusche
Vervielfältigung	Lichtpausen, fotografische Abzüge oder durch Drucken hergestellte Zeichnungskopien

Weitere Begriffe im Zeichnungs- und Stücklistenwesen s. DIN 199-2 bis DIN 199-5.

Skizzen sollen möglichst maßstäblich, wenn auch in beliebigem Maßstab, gezeichnet werden und somit die Maße des Werkstücks einigermaßen verhältnisgleich zeigen. Stets sind die Mittellinien zuerst zu ziehen und die Formen (und zwar bei hohlen Werkstücken von innen nach außen) in schmalen Linien zu entwickeln. Dann wird nachgezogen und bemaßt. Mit Messschieber, Strichmaßstab, Messschraube, Tiefenmessgerät u.a. werden die Maße am Werkstück abgenommen und die Maßzahlen in die Skizze übertragen. Schließlich setzt man die Toleranzen und Oberflächenzeichen ein und legt die Schraffuren an.

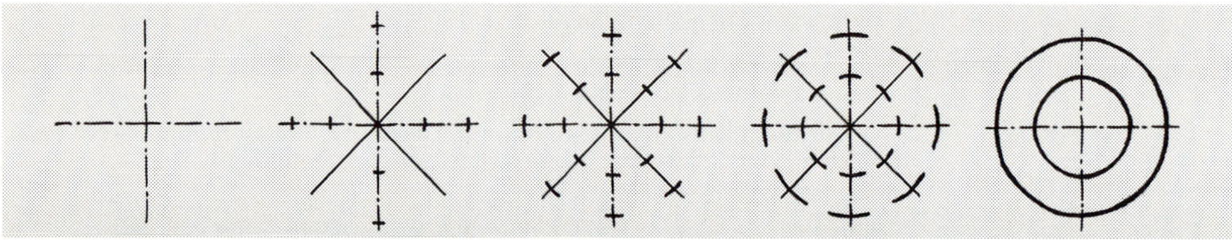

1.4 Entstehung eines freihändig zu ziehenden Kreises

Macht das freihändige Zeichnen der Kreise anfänglich Schwierigkeiten, legt man die Radien auf einem Papierstreifen fest und trägt vom Kreismittelpunkt aus nach mehreren Seiten ab (**1.4**). Durch die Markierungspunkte werden kurze Kreisbögen gezogen und zu dem gewünschten Kreis vereinigt.

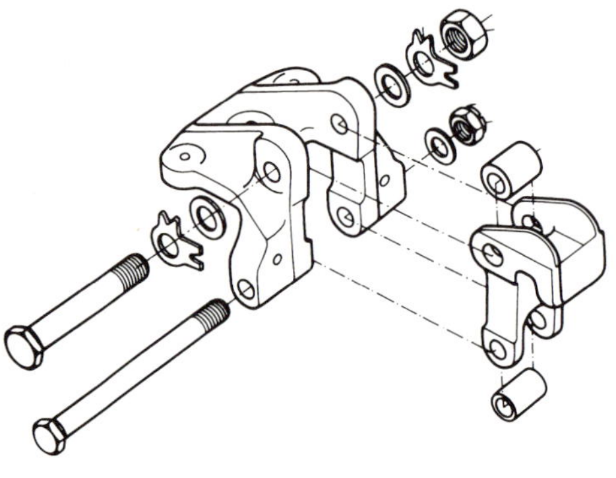

1.5 Explosionsdarstellung

Die Skizze wird nach einem der genormten Zeichnungsmaßstäbe (s. Abschn. 6.1.6) auf die Zeichnungsunterlagen (Zeichnungsvordruck) übertragen. Hierbei stellt sich von selbst heraus, ob alle erforderlichen Maße in der Skizze enthalten sind; denn die Zeichenarbeit stockt, wenn auch nur ein Maß fehlt.

Explosionsdarstellungen sind axonometrische Darstellungen von Gruppen, bei denen die Einzelteile einer Gruppe in Richtung der Koordinatenachsen auseinander gezogen angeordnet sind. Sie vermitteln einen dreidimensionalen Eindruck und erleichtern das Verständnis für das Zusammenwirken der einzelnen Teile (funktional und/oder lokal, **1.5**; s.a. Abschn. 4.2.

Teil- oder Einzelteilzeichnungen

Rohteilzeichnungen geben Gestalt, Maße und Werkstoff der unbearbeiteten Guss-, Press- oder Schmiedestücke an (**1.6**). Sie können auch dem Modelltischler zur Anfertigung der einzuformenden Modelle oder dem Stahlformenbauer zur Herstellung der Formen in die Hand gegeben werden; häufig aber sind hierbei besondere Zeichnungen erforderlich.

Fertigteilzeichnungen sind Darstellungen bearbeiteter Werkstücke und geben Aufschluss über die Gestalt der einzelnen Teile, über ihre Maße einschließlich der einzuhaltenden Toleranzen, die Beschaffenheit der Oberflächen und den Werkstoff (**1.7**). An Stelle einer Rohteilzeichnung kann die Bearbeitungszugabe in einfach gelagerten Fällen durch Strich-Zweipunktlinien in der Fertigteilzeichnung angegeben werden.

Die Rohteilzeichnung trägt gewöhnlich die gleiche Nummer mit einem zusätzlichen Schlüssel für die Rohteilkennung und dieselbe Benennung wie die Fertigteilzeichnung. Hinter der Werkstückbezeichnung steht außerdem in Klammern ein entsprechender Vermerk (z.B.

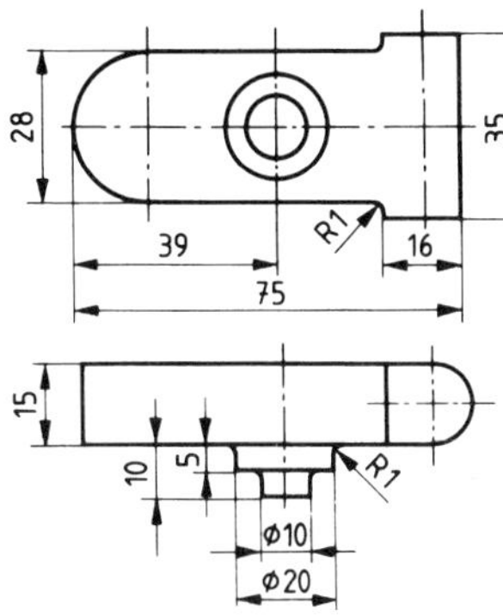

1.6 Rohteilzeichnung

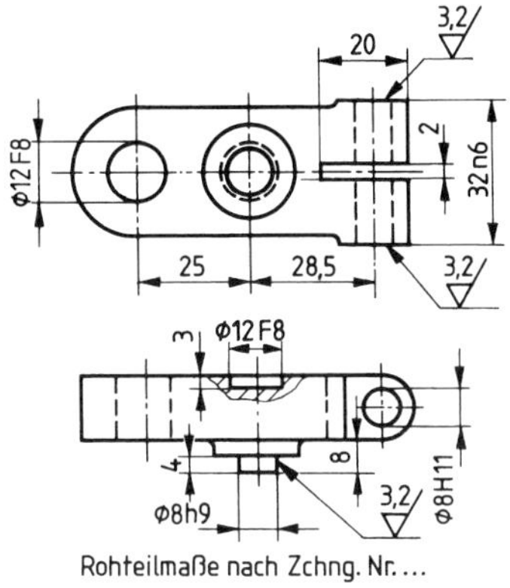

1.7 Fertigteilzeichnung

„Rohteil", „Pressteil"). In die Fertigteilzeichnung werden, sofern eine Rohteilzeichnung vorhanden ist, nur die für die Bearbeitung des Rohteils nötigen Maße eingesetzt. Empfehlenswert ist ein Vermerk, dass die fehlenden Maße in der Rohteilzeichnung enthalten sind.

Für genormte Teile (wie Schrauben, Muttern, Scheiben, Splinte) sind Teilzeichnungen selten erforderlich, da sie am Lager sind oder von auswärts bezogen, im eigenen Betrieb also nicht nach Zeichnung hergestellt werden. Die Aufnahme der genormten Bezeichnungen bzw. Sachnummern in die Stückliste genügt.

Der Zusammenhang aller Zeichnungen untereinander bleibt durch Eintragen der auf den Teilzeichnungen eingeschriebenen Werkstück- bzw. Sachnummern in die Stückliste gewahrt. In Mappen oder Heftern werden die Vervielfältigungen aller Zeichnungen des Geräts geordnet und geschlossen aufbewahrt.

Gruppenzeichnungen. Bestehen Schwierigkeiten, die gesamte Darstellung mit sehr vielen Teilen auf einem Zeichnungsträger unterzubringen, fasst man die Werkstücke zunächst gruppenweise in Gruppenzeichnungen zusammen. Dann hat die Hauptzeichnung nur die Anordnung und Wirksamkeit der einzelnen Gruppen untereinander zu zeigen. Beispiele bringt Abschnitt 9.10.

Hauptzeichnungen. Der Zusammenbau mehrerer Teile zu einem Gerät oder zu einer Maschine wird in Hauptzeichnungen zum Ausdruck gebracht. Es kommt hier besonders auf die Anordnung der Teile, auf ihre Abhängigkeit voneinander und auf das gegenseitige Zusammenwirken an – nicht auf die Wiedergabe aller Einzelheiten der Werkstücke (dazu sind die Teilzeichnungen da). Hauptzeichnungen enthalten meist einige Hauptmaße und (wenn nötig) Angaben für Zusammenbau und Wirkungsweise der Teile.

Die Zeichnung des Lochwerkzeugs **1**.8 ist eine Hauptzeichnung. Sie ist so beschaffen, dass Lernende die Formen aller Teile genau erkennen und sich im Herauszeichnen der Einzelteile üben können. In der Praxis jedoch wird zur Konstruktion einer Maschine eine nicht sehr ausführliche Hauptzeichnung hergestellt, aus der dann die Teile „herausgezogen", d.h. normgerechte Teilzeichnungen angefertigt werden. Hauptzeichnung und Einzelteile kann man aber auch auf demselben Zeichnungsträger unterbringen, wie es im Vorrichtungsbau üblich ist.

Hauptzeichnungen wurden früher Gesamtzeichnung genannt.

Positionsnummern. In der Hauptzeichnung erhält jedes Werkstück eine nicht umrandete laufende Positionsnummer in etwa doppelter Größe der Maßzahl, mindestens aber von 5 mm Schriftgröße. Diese Positionsnummern, deren Reihenfolge möglichst dem Zusammenbau entsprechen soll, stehen übersichtlich neben der Darstellung in Leserichtung waagerecht oder/und senkrecht oder in Richtung der Uhrzeigerbewegung. Sie stehen außerdem in der

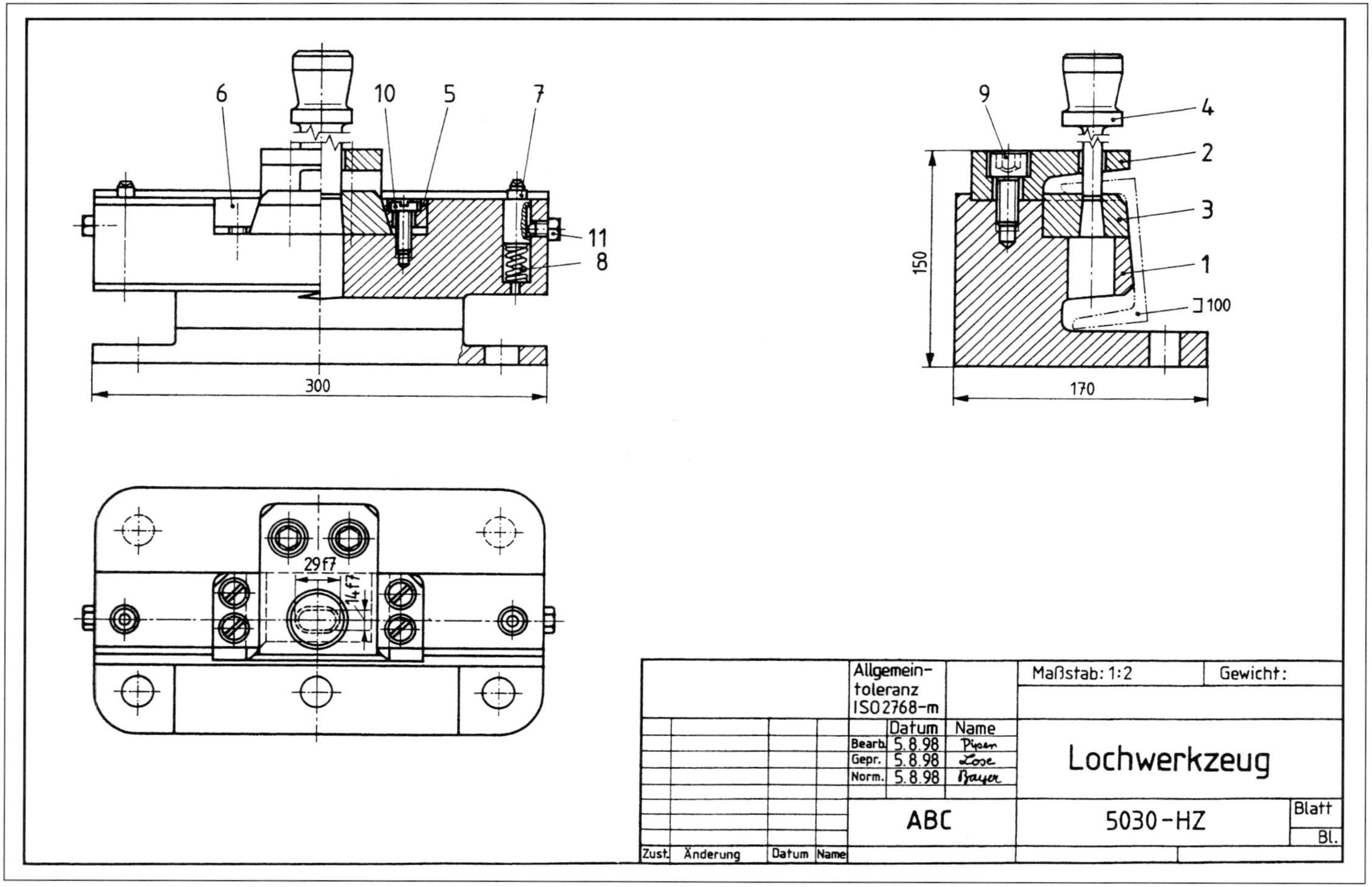

1.8 Hauptzeichnung eines Lochwerkzeugs (hierzugehörende Stückliste s. **1**.9)

Feld für Schutzvermerk

Pos.	Menge	Einheit	Benennung	Sachnummer/Norm-Kurzbezeichng.	Bemerkung
1	1	Stck	Vorrichtungskörper	5030/1 Flach DIN 1017-1	
				180 × 130 - 310 - St 42-2	
2	1	Stck	Abstreifer	5030/2 Flach DIN 1017-1	
				90 × 40 - 110 - St 60-2	
3	1	Stck	Matrize	5030/3 Flach DIN 1017-1	
				100 × 60 - 35 - 50 - CrV4	
4	1	Stck	Stempel	5030/4 Rund DIN 1013-1	
				42 - 115 - 50CrV4	
5	2	Stck	Leiste	5030/5 Flach DIN 1017-1	
				32 × 22 - 55 - St 60-2	
6	2	Stck	Bolzen	5030/6 Rund DIN 175	
				18 - 43 - C 15	gehärtet
7	2	Stck	Druckfeder	5030/7	
8	2	Stck	Innensechskantschraube	ISO 4762 - M16 × 35 - 8.8	
9	4	Stck	Zylinderkopfschraube	ISO 1207 - M 12 × 30 - 5.8	
10	2	Stck	Sechskantschraube	DIN 561 - M10 × 20 - 8.8	Zapfen gerundet

	Datum	Name
Bearb.	5.8.98	Pieper
Gepr.	5.8.98	Lose
Norm	5.8.98	Bayer

Zust.	Änderung	Datum	Name

Lochwerkzeug

ABC — 5030-S — Blatt 1 — 1 Bl.

1.9 Stückliste zur Hauptzeichnung **1**.8

Spalte „Lfd. Nr." bzw. „Pos." der Stückliste (**1**.9). Die Hinweislinien zu den Positionsnummern sind schmal wie Maßlinien und geradlinig so zu ziehen, dass sie nicht mit benachbarten Linien verwechselt werden können und nicht stören. Das in der Darstellung liegende Ende der Hinweislinie erhält einen Punkt.

Manuell erstellte Zeichnung. Zeichnungen auf Transparentpapier werden häufig mit dem Zeichenstift nachgezogen. Kreise, Maßlinienbegrenzungen, Maßzahlen und die Beschriftung führt man jedoch in Tusche aus. Bei Zeichnungen für die Mikroverfilmung ist dieses Verfahren wegen der unterschiedlichen Kontraste von Tusche und Blei nicht zu empfehlen. Die Linien müssen scharf umrissen, tiefschwarz, unverwischbar sein und sollen, von der Seite gesehen, glänzen. Dies wird durch Anwendung im Handel erhältlicher Zeichenmittel, die aufeinander abgestimmt für die Anfertigung von technischen Zeichnungen geeignet sind, ermöglicht.

Auch in Bleizeichnungen sind die Linienbreiten abzustufen. Schraffiert wird zweckmäßig auf der Rückseite des Bogens, damit die schmalen Linien auf den Lichtpausen deutlich erscheinen.

Tuschezeichnungen. Wurde auf Transparentpapier vorgezeichnet, kann die Tuschezeichnung auf demselben Bogen entstehen. Man kann auch einen Bogen transparentes Papier über den Zeichnungsentwurf spannen und darauf ausziehen.

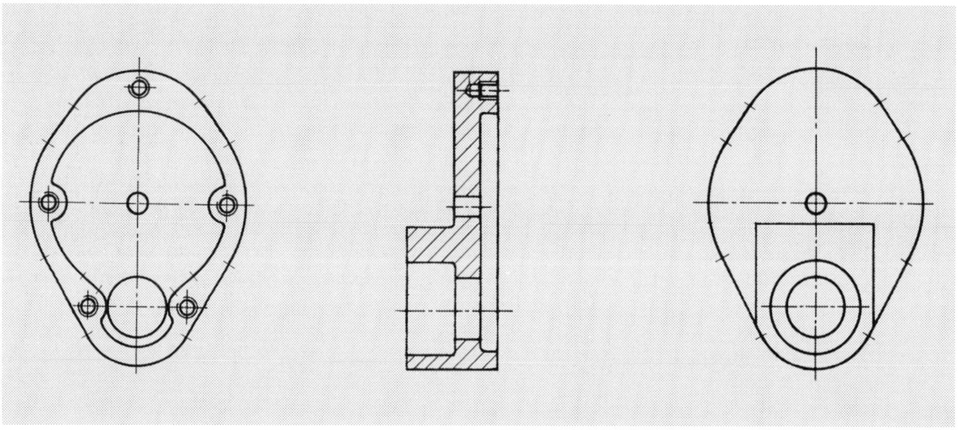

1.10 Ausgezogene Mittellinien und Kreise

Zuerst werden die Mittellinien und danach, mit den kleinen beginnend, alle Kreise und Bogen einer Linienbreite nachgezogen (**1**.10). Übergangsstellen von Bogen in andere Bogen oder in gerade Linien werden zweckmäßig mit einem weichen Zeichenstift markiert. Ist der einwandfreie Übergang mehrerer aneinander gereihter Kreisbogen nicht ohne weiteres möglich, unterbricht man die Zirkelschläge kurz vor den Übergangspunkten und füllt die Lücken durch gerade Linien aus. Dann sind alle waagerechten Linien, oben links auf dem Zeichenblatt beginnend, zu ziehen. Es folgen die senkrechten Linien, die man an dem auf der Zeichenschiene aufgesetzten Zeichendreieck nachzieht, wenn damit gearbeitet wird. Die Zeichenschiene soll, wo immer möglich, angewendet werden. Die schrägen Linien werden ausgezogen (**1**.11a). Nach den sichtbaren und verdeckten Körperkanten folgen nacheinander Maß- und Maßhilfslinien, Maßlinienbegrenzungen, Maßzahlen, Oberflächenzeichen und sonstige Angaben (**1**.11b). Zum Schluss erst schraffiert man und füllt das Schriftfeld aus.

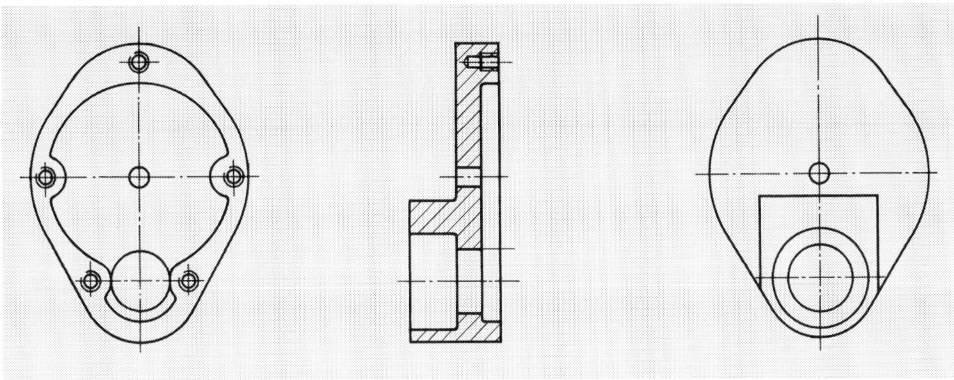

a)

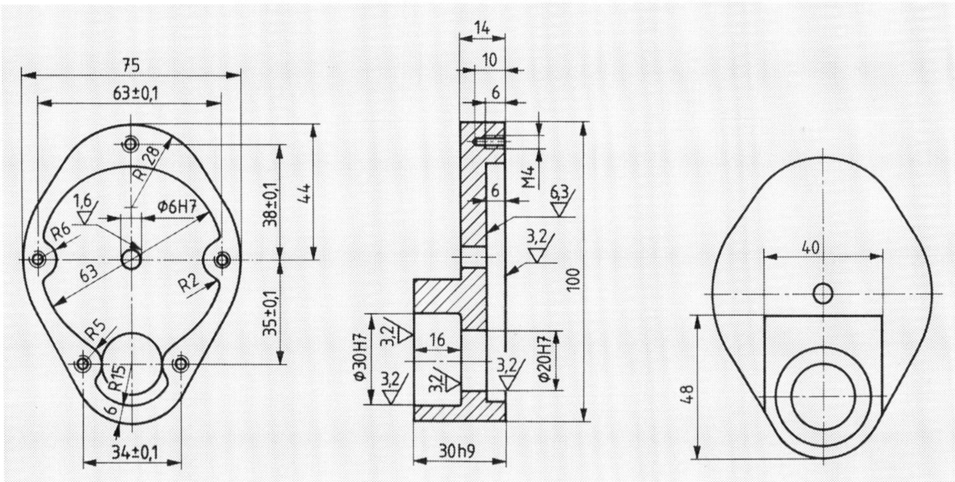

b)

1.11 a) Ausgezogene Körperkanten, b) ausgezogene und bemaßte Darstellung

Rechnerunterstützt erstellte Zeichnung. Grundsätzlich soll sich der Informationsinhalt gegenüber einer manuell erstellten Zeichnung nicht unterscheiden. Nähere Informationen über zusätzliche oder abweichende Regeln gegenüber den Grundregeln für manuell erstellte Zeichnungen sind in den entsprechenden Abschnitten enthalten.

1.4 Ändern von technischen Dokumenten

Begriffe und allgemeine Anforderungen für Änderungen (DIN 199-4 und DIN 6789-3). Korrekturen oder Anpassungen, die während eines Entwicklungs- oder Konstruktionsablaufes auftreten, werden hier nicht behandelt, sie sind nicht dem Wortsinn „Änderung" zuzuordnen. Der hier zu Grunde gelegte Wortsinn „Änderung" bezieht sich auf die für bestimmte organisatorische Abläufe freizugebenden Dokumente.

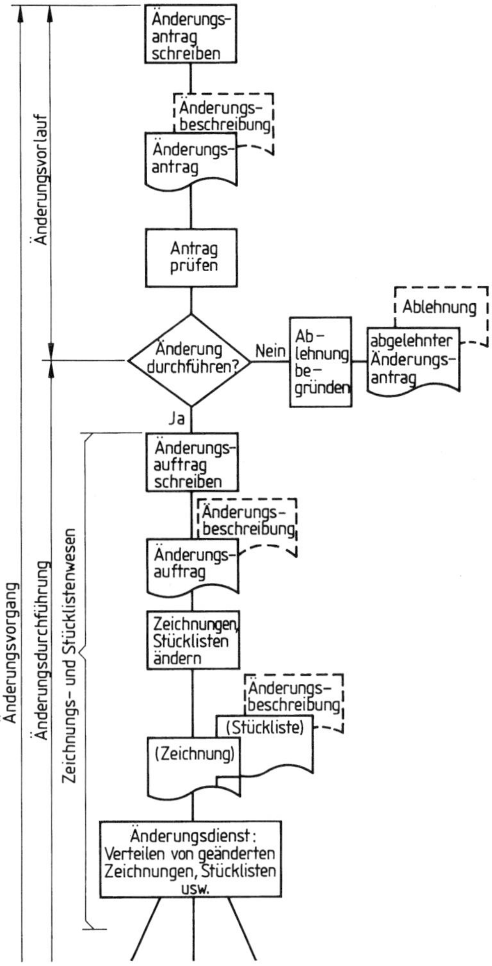

1.12 Beispiel eines Änderungsablaufschemas

Gründe für eine Änderung können sein:

- Kundenwünsche
- Forderungen der Fertigung
- Berichtigungen technischer Fehler
- Lieferschwierigkeiten bei Rohteilen, Halbzeugen u.Ä.

Je nach Ursache hat die Änderung eines technischen Dokumentes auch die Änderung anderer Dokumente zur Folge (z.B. der Stückliste). Darüber hinaus beeinflusst jede Änderung von Dokumenten im allgemeinen auch das Werkstück selbst.

Organisatorisches (1.12)

Im Änderungsantrag ist die gewünschte oder erforderliche Änderung zu beschreiben und zu begründen.

Nach Prüfung des Änderungsantrags wird entschieden, welche Maßnahmen im Einzelfall getroffen werden sollen.

Im Änderungsauftrag wird die Änderungsdurchführung festgelegt.

Ändern aller erforderlichen Dokumente und Erstellen einer Änderungsbeschreibung.

Alle Tätigkeiten im Zusammenhang mit einer Änderung (Verwalten und Verteilen der jeweils erforderlichen Unterlagen an die veranlassenden oder betroffenen Stellen) werden in einem Unternehmen vom Änderungsdienst betreut.

Geänderte Dokumente werden zweckmäßig zusammen mit einem Änderungsauftrag bzw. einer Änderungsbeschreibung freigegeben, in denen nähere Angaben über die veranlassende Stelle und Anweisungen enthalten sind, die sich z.B. auf den Austausch von Dokumenten und Teilen beziehen. Diese Anweisungen sind für das Ersatzteilwesen (Angaben darüber, ob das geänderte Teil mit dem bisherigen austauschbar ist oder nicht) sowie die Fertigungsplanung und -steuerung erforderlich.

Jede Änderung muss in geeigneter Weise auf dem technischen Dokument dokumentiert werden, z.B. im Änderungsfeld des Schriftfelds (1.13).

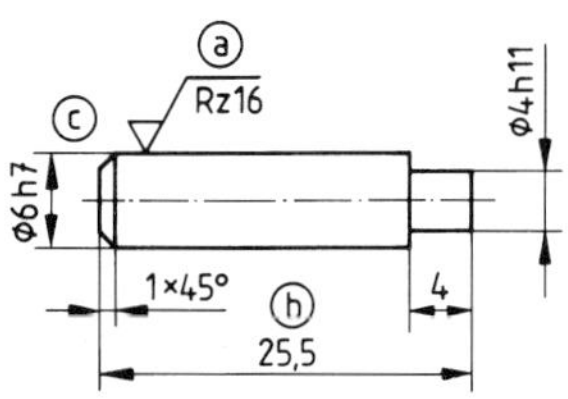

Angaben in der Zeichnung

c	h7 statt h11	7.8.85	[illegible]
b	25,5 statt 35	7.8.85	[illegible]
a	Rz16 statt Rz63	3.7.85	[illegible]
Zu-stand	Änderung	Datum	Name

Angaben im Schriftfeld (s. auch 2.3)

1.13 Zeichnungsänderungen

Beim Berichtigen einer Maßeintragung wird die bisher gültige durch die neue ersetzt und in der Nähe der Berichtigung ein Änderungsindex (z. B. Kleinbuchstabe in einem Kreis) gesetzt.

In der Spalte „Zustand" des Änderungsfelds ist der Änderungsindex – d. h. die Kennung, die im Zusammenhang mit der Sachnummer (Zeichnungsnummer) einen bestimmten Konstruktionsstand angibt – einzutragen.

In der Spalte „Änderung" ist als Änderungsvermerk entweder eine Kurzbeschreibung der Änderung oder die Änderungsnummer (Nummer der zugehörigen Änderungsunterlage, z. B. der Änderungsbeschreibung bzw. des Änderungsauftrages) einzutragen. Der Änderungsvermerk oder die Änderungsunterlage soll den Zustand vor und nach der Änderung erkennen lassen. Es heißt z. B. „25,5 statt 25" und nicht „Neues Maß 25,5".

In die Spalten „Datum" und „Name" werden das Datum, an dem die Zeichnung geändert wurde, und der Name der ausführenden Person eingetragen. Das angegebene Datum hat keinen Einfluss auf den Änderungseinsatz-(termin); dieser ist dem Änderungsauftrag zu entnehmen.

Wenn umfangreiche, erhebliche Änderungen eine neue Zeichnung erfordern, muss in der neuen Zeichnung auf die Ursprungsunterlage im Schriftfeld hingewiesen werden. Wird die bisherige Unterlage ungültig, erhält sie einen entsprechenden Ersatzvermerk „Ersetzt durch ..." mit Hinweis auf die neue Zeichnungsnummer im Schriftfeld, die neue Zeichnung den Vermerk „Ersatz für ..." unter Angabe der Ursprungsnummer (s. **2**.3). Auch die Stücklisten sind entsprechend zu berichtigen.

Für eine lückenlose Dokumentation aller Änderungsstände einer Unterlage ist es notwendig, entweder alte und neue Angaben in geeigneter Weise in die geänderte Unterlage einzutragen oder aber eine gesonderte Änderungsdokumentation zu führen, die (z. B. im Fall von Produkthaftungsfragen) alle notwendigen Angaben enthält. Eine gesonderte Änderungsdokumentation ist dann zweckmäßig, wenn z. B. die Unterlagen mit Hilfe von CAD-Systemen erstellt werden und bei Änderungen (z. B. der Maßzahlen) gleichzeitig alle weiteren, hiervon abhängigen Daten angepasst werden.

1.5 Grafische Darstellungen

Grafische Darstellungen sind Schaubilder zum schnelleren Erkennen und Beurteilen funktioneller Zusammenhänge zwischen kontinuierlichen Veränderlichen (z. B. für Veröffentlichungen aus Naturwissenschaft, Technik und Wirtschaft). Je nachdem, ob aus der grafischen Darstellung Zahlenwerte abgelesen werden sollen oder nicht, unterscheidet man zwischen quantitativen (**1**.16) und qualitativen (**1**.19) Darstellungen. Als Diagramme werden grafische Darstellungen in Koordinatensystemen (**1**.14) sowie in Form von Flächendiagrammen bezeichnet (**1**.20).

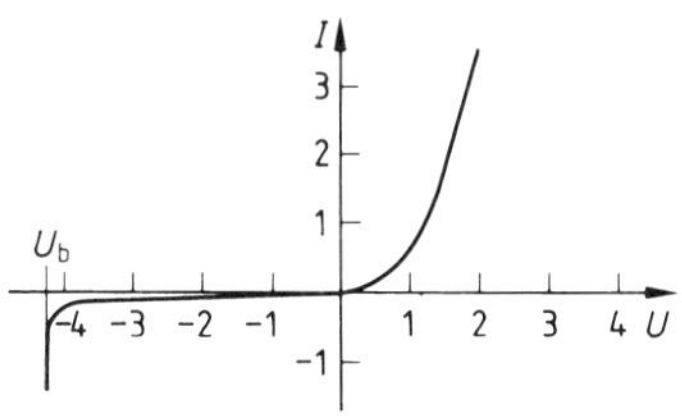

1.14 Koordinatensystem

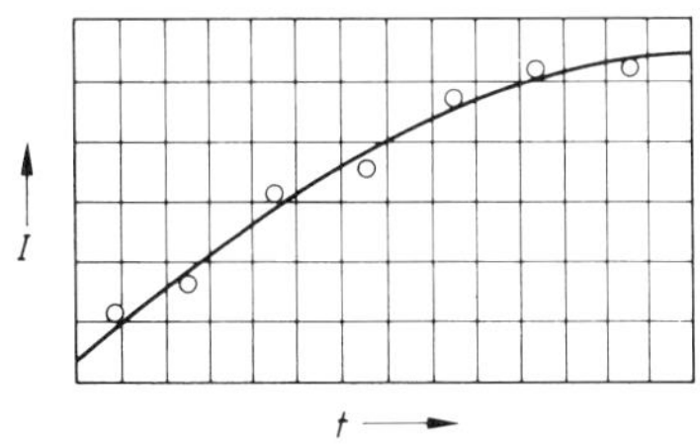

1.15 Verlauf einer Kennlinie

Im ebenen rechtwinkligen kartesischen Koordinatensystem teilt man die beiden Achsen maßstäblich, wobei die zunehmenden Werte der Veränderlichen vom Schnittpunkt der beiden Achsen aus vorzugsweise nach rechts und nach oben, abnehmende nach links und nach unten eingetragen werden (**1**.14). Die waagerechte Achse heißt Abszissenachse, die senkrechte Ordinatenachse. Gemäß den maßstäblich festgelegten Teilungen werden die Zahlenwerte punktweise eingetragen und dann durch eine Kurve annäherungsweise miteinander verbunden. Dadurch entsteht die Kurve (Kennlinie).

Bild **1**.15 zeigt, wie die Kennlinie zu ziehen ist. Die aus Versuchen, Statistiken usw. gewonnenen Zahlenwerte werden im Liniennetz durch kleine Markierungen (Kreise, Quadrate o. Ä.) vermerkt. Diese Markierungen verbindet man durch eine zügige Kurve miteinander. Je mehr Zahlenwerte vorhanden sind und je genauer sie abgetragen wurden, desto besser legt sich der Kurvenzug an die eingetragenen Kennlinienwerte an.

Sind mehrere Kennlinien in einem Diagramm unterzubringen, kann man – wenn es die Übersichtlichkeit zulässt – bei allen Kurven die gleiche Linienart anwenden. Erforderlichenfalls sind unterschiedliche Linienarten (**1**.16) oder verschiedene Farben zu benutzen. Bei verschiedenen Linienarten bzw. Farben ist deren Bedeutung zu erläutern, am besten in der Bildunterschrift.

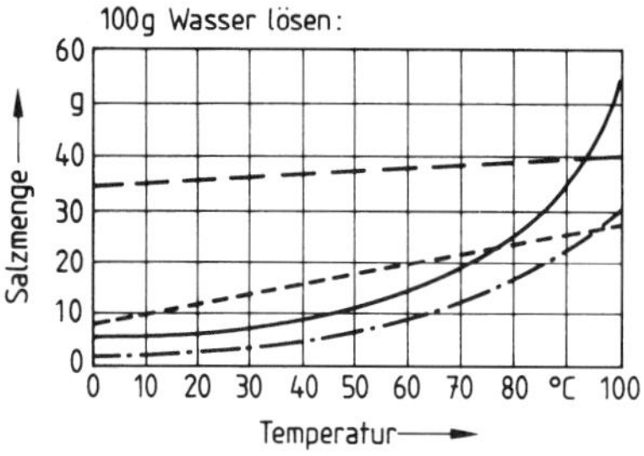

1.16 Löslichkeit von Salzen in Wasser
—— $HGCl_2$ = Quecksilberchlorid (Sublimat)
– – – NaCl = Natriumchlorid (Kochsalz)
–·–·– H_3BO_3 = Borsäure
- - - - K_2SO_4 = Kaliumsulfat

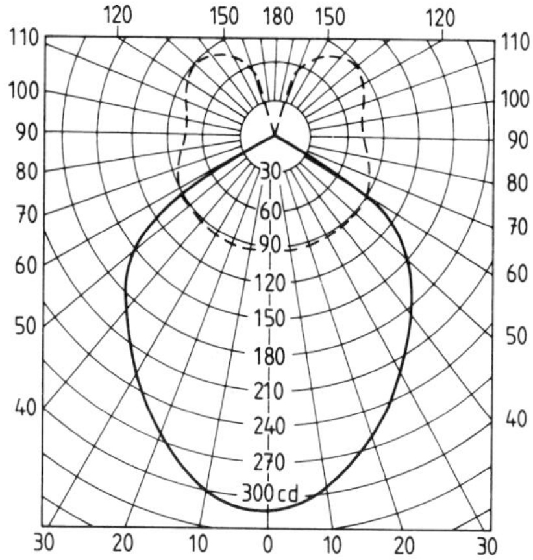

1.17 Lichtverteilungskurve für eine tiefstrahlende Leuchte

1.5.1 Grafische Darstellungen im Koordinatensystem (DIN 461)

Pfeilspitzen an den Enden der Koordinatenachsen zeigen an, in welcher Richtung die Koordinate wächst. Die Formelzeichen der Größen stehen unter der waagerechten Pfeilspitze und links neben der senkrechten Pfeilspitze (**1**.14). Die Pfeile dürfen auch parallel zu den Achsen angebracht werden. Formelzeichen oder Benennungen stehen dabei an der Wurzel der Pfeile (**1**.15).

Formelzeichen und Benennungen sollen möglichst ohne Drehen des Bildes lesbar sein. Ist dies nicht möglich, sollen sie von rechts lesbar sein.

Detaillierte Festlegungen über qualitative und quantitative Darstellungen, Skalen, Zahlenwertangaben, Teilungen der Achsen und zeichentechnische Hinweise (Linienbreiten, Beschriftung) sind in DIN 461 enthalten.

Im Polarkoordinatensystem wird meist die waagerechte Achse dem Winkel Null zugeordnet. Der Winkel wird positiv entgegen dem Uhrzeigersinn und negativ im Uhrzeigersinn. Der Radius nimmt meist vom Nullpunkt (Pol) nach außen hin zu. Polkoordinatensysteme veranschaulichen z. B. Ausstrahlungen von Licht- und anderen Wellen (**1**.17).

1.5.2 Grafische Darstellungen in Form von Flächendiagrammen

Säulen- und Balkendiagramme zeigen die Bilder **1**.18 und **1**.19 in Beispielen.

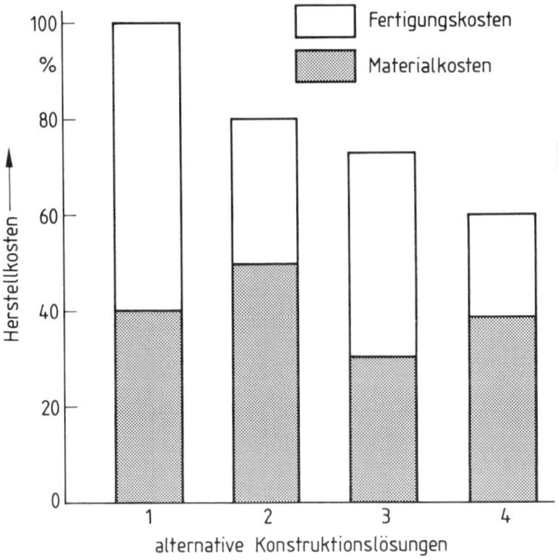

1.18 Säulendiagramm: Kostenstrukturen für alternative Konstruktionslösungen

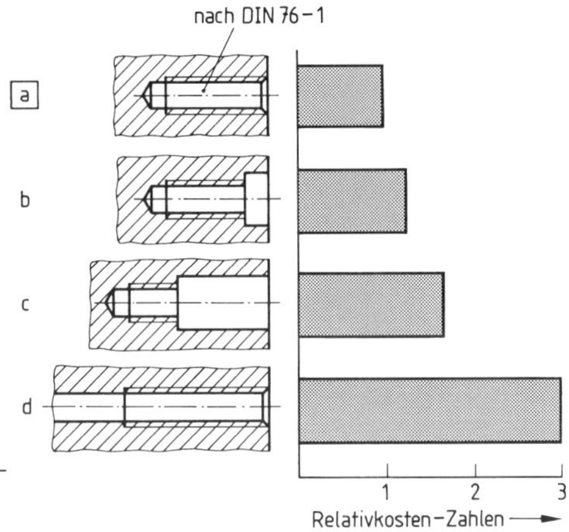

1.19 Balkendiagramm: Relativkosten-Zahlen für Gestaltzonen

Kreisdiagramme (**1**.20) werden vielfach zur Veranschaulichung von Prozentwerten benutzt. Die Aufteilung der Kreisfläche in Sektoren geschieht auf dem Umfang. Seine Gesamtlänge entspricht dem Prozentwert 100. Die Prozentwerte können auch als Winkel abgetragen werden, wobei 100% dem Winkel von 360° entsprechen.

Beispiel 32% erfordern einen Winkel von $\frac{360° \cdot 32\%}{100\%} = \mathbf{115{,}2}°$.

Die räumliche Darstellung eines Kreisdiagramms ist das Tortendiagramm, welches auch häufig angewendet wird.

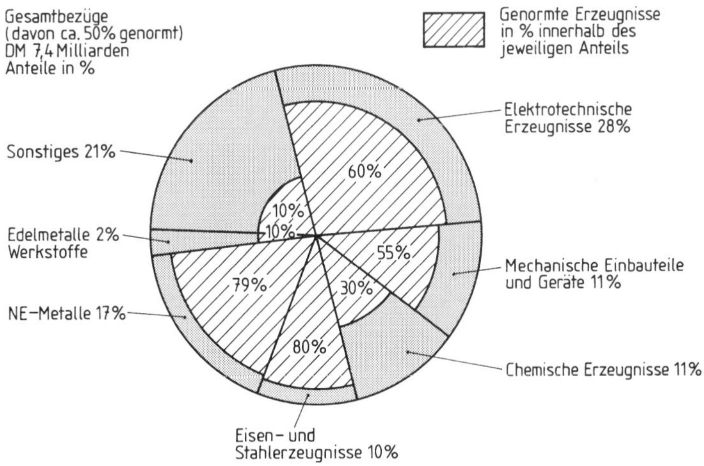

1.20
Kreisdiagramm: Anteil genormter Erzeugnisse an den Fremdbezügen eines weltweiten Konzerns

Sankeydiagramme (1.21) dienen zur Darstellung der im Verlauf eines Prozesses umgesetzten Mengen z. B. an Wärme, Energie, Kosten, Zeiten. Ausgehend von einer Gesamtmenge, dargestellt als breiter Strom, werden die im Prozessverlauf umgesetzten Teilmengen als seitlich abzweigende bzw. einmündende Ab- oder Zuflüsse dargestellt. Die Breite der verschiedenen Ströme ist ein relatives Maß für die durch sie repräsentierten Mengen bzw. Teilmengen.

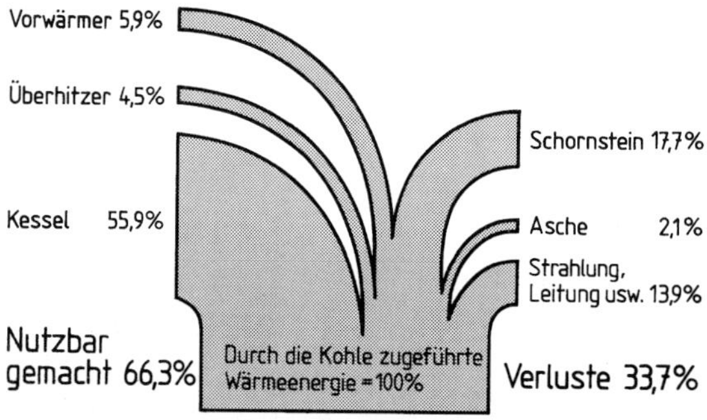

1.21
Sankeydiagramm: Wärmestrom in einem Zweiflammrohrkessel

1.5.3 Rechnerunterstütztes Zeichnen

Mithilfe von CAD- oder Grafikprogrammen können grafische Darstellungen schneller und genauer erstellt werden. Es empfehlen sich hierbei jedoch spezielle Grafikprogramme, bei denen man eine Auswahl der Darstellungsart treffen kann (z. B. Kreis- oder Balkendiagramm) und nach Eingabe der erforderlichen Werte die Grafik automatisch erstellt wird.

Grafische Darstellungen, die rechnerunterstützt erstellt wurden, haben den Vorteil, dass sie schneller veränderbar sind oder für ähnliche Darstellungen wieder verwendet werden können. Etwaige Änderungen sind zudem schneller vollzogen.

Bei immer wiederkehrenden Koordinatensystemen, Achseinteilungen u. Ä. besteht die Möglichkeit, diese als Symbol abzuspeichern und sie problemlos, selbst verkleinert oder vergrößert, wieder aufzurufen, um sie für eine neue grafische Darstellung zu verwenden.

2 Zeichnungsträger, Zeichnungsformate und -vordrucke, Zeichengeräte

Technische Zeichnungen sind Unterlagen und Darstellungen für Planung, Fertigung und Aufbau bzw. Montage technischer Anlagen.

Um allgemein verständlich zu sein, müssen Rahmenbedingungen und Symbole beachtet werden, die in einer Vielzahl von Normen beschrieben bzw. festgelegt sind.

2.1 Zeichnungsträger

Zeichnungsträger sind Papiere und Folien, die meist als zugeschnittene Bögen, aber auch als Rollen unterschiedlicher Breite und Länge im Handel sind.

Papiere sind fest und lichtbeständig. Sie nehmen Auftragungen durch Blei und Tusche gut auf. Luftfeuchtigkeit darf sie nur wenig verändern. Benutzt werden nichtlichtpausfähige weiße Papiere und Transparentpapiere, bei denen auf gute Lichtdurchlässigkeit geachtet wird.

Folien sind in besonderem Maße beständig gegen Wärme, Nässe, Öl und Fett. Zeichungsträger sind auch Mikroverfilmungen von Zeichnungen und elektronische Datenträger.

2.2 Zeichnungsformate, Zeichnungsvordrucke

In den meisten Fällen werden Zeichnungen in den Formaten der Reihe A erstellt (DIN 6771-6). Die Ausgangsgröße ist eine rechteckige Fläche von 1 m^2 mit dem Seitenverhältnis von $1 : \sqrt{2}$ (841 mm × 1189 mm), dem Format A0. Die folgenden Größen entstehen durch Halbieren der größeren Seite, sodass die Formate untereinander ähnlich sind (**2**.1).

Von diesen Formaten kann abgewichen werden, wenn es die Bedingungen erfordern.

Das kann z. B. bei Bauzeichnungen, bei Plänen oder Schemazeichnungen der Fall sein.

Zeichnungsträger werden häufig mit Randlinien, Feldeinteilungen, Mitten- und Faltmarkierungen, mit Schriftfeldern und evtl. Stücklisten versehen.

Tabelle **2**.1 **Zeichnungsformate in mm nach DIN 6771-6**

	Beschnittenes Format	Zeichenfläche	Unbeschnittenes Format
A0	841 × 1189	831 × 1179	880 × 1230
A1	594 × 841	584 × 831	625 × 880
A2	420 × 594	410 × 584	450 × 625
A3	297 × 420	287 × 410	330 × 450
A4	210 × 297	200 × 287	240 × 330

Zeichnungsvordrucke ersparen das aufwändige Aufzeichnen dieser Linien und Texte, in die auch feststehende Angaben der jeweiligen Firma aufgenommen werden können. Bild **2**.2 zeigt einen Zeichnungsvordruck (hier A3) nach DIN 6771-6.

Das Schriftfeld der Zeichnungen hat nach DIN 6771-1 eine bestimmte Größe und Aufteilung (**2**.3). Die Maße dafür berücksichtigen die Beschriftung durch Schreibmaschinen bzw. Drucker. Das Feld wird so angebracht, dass es nach einem Falten auf das Format A4 in Leserichtung sichtbar ist.

Die Stücklisten sind als Einzellisten zu erstellen oder oberhalb des Schriftfeldes auf dem Zeichenblatt anzuordnen. Form und Spaltenkennzeichnungen der Stücklisten sind nach DIN 6771-2 in den Formen A und B festgelegt (**2**.4).

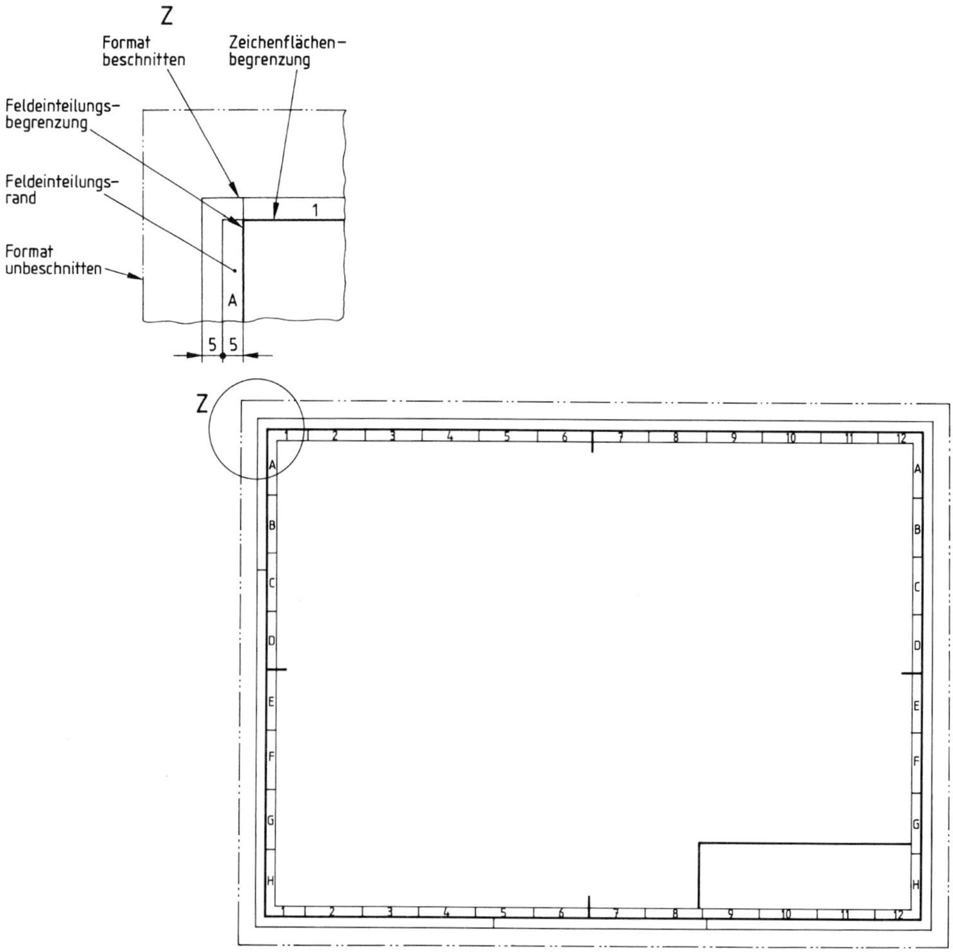

2.2 Zeichnungsvordrucke

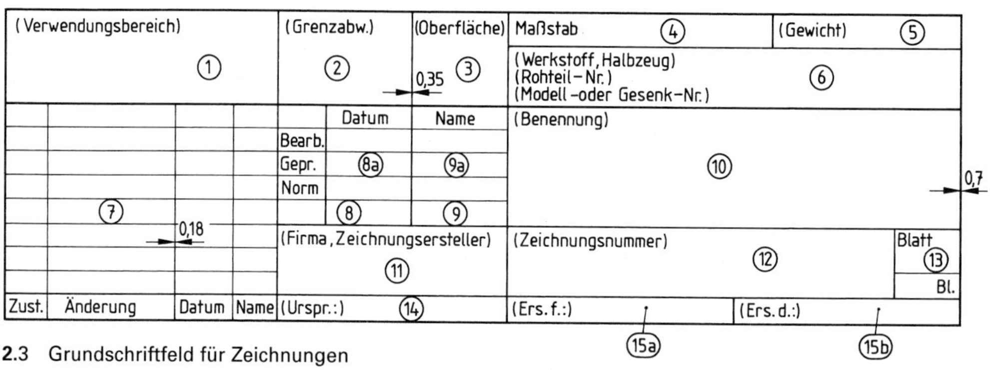

2.3 Grundschriftfeld für Zeichnungen

(Die in Klammern stehenden Hinweise dienen zur Erläuterung; sie dürfen bei Bedarf in die Vordrucke aufgenommen werden. Zu den in den Kreisen angeführten Feldnummern enthält DIN 6771-1 ausführliche Erläuterungen zur Anwendung der Felder.)

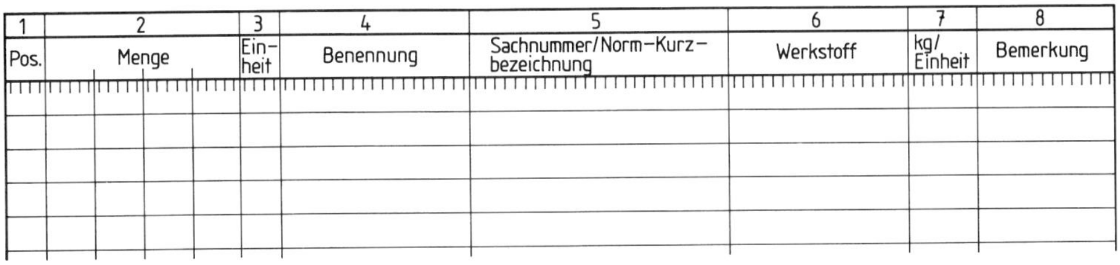

1	2	3	4	5	6	7	8
Pos.	Menge	Ein-heit	Benennung	Sachnummer/Norm–Kurz–bezeichnung	Werkstoff	kg/Einheit	Bemerkung

2.4 Stückliste, Vordruck Form B

Bei der Benutzung elektronischer Rechneranlagen können die entsprechenden Daten für Schriftfeld, Stückliste und Markierungen gespeichert und bei der Zeichnungsausgabe entsprechend dargestellt bzw. ausgegeben werden.

Zum Transport bzw. zur Aufbewahrung in Mappen und Heftern werden Zeichnungen nach DIN 824 auf das Format A4 gefaltet (**2**.5). Das Falten größerer Formate als A1 sollte vermieden werden.

Zeichnungen und Stücklisten erhalten einen Schutzvermerk (Urheberschutz), z.B. „Schutzvermerk nach DIN 34 beachten".

Tabelle **2**.5 **Faltung auf Format A4, Form A** (Maße in mm)

A1 594 x 841	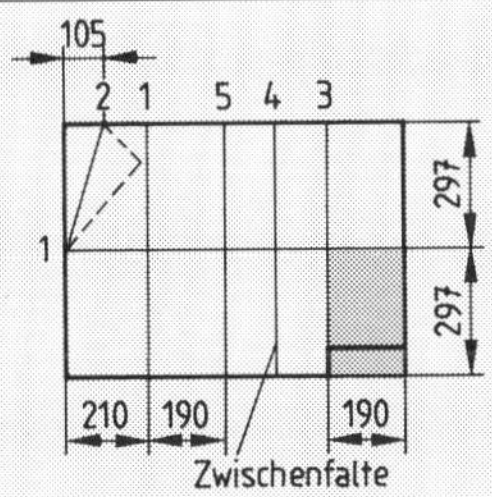	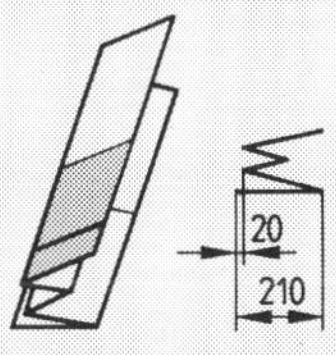	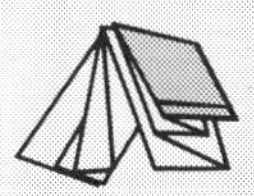
A2 420 x 594	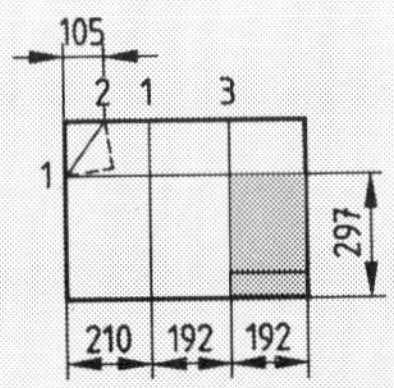	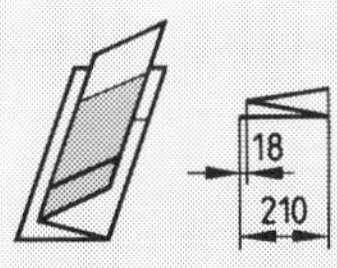	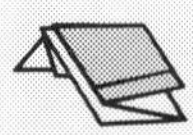
A3 297 x 420	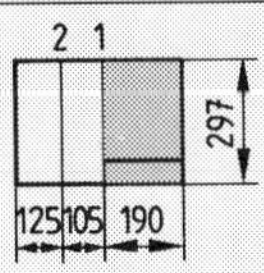	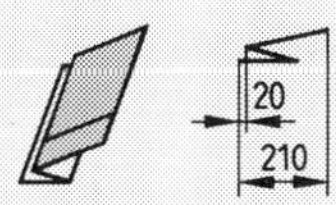	

2.3 Zeichengeräte

Wie für alle beruflichen Tätigkeiten auch, werden für das technische Zeichnen Geräte und Hilfsmittel benötigt, mit deren Hilfe die technischen Unterlagen und Darstellungen gezeichnet werden. Die Zeichnungen sind Anordnungen bestimmter Linien, die in ihrer Art und Breite Symbolcharakter haben (s. dazu Abschn. 6.1.1).

Die traditionellen Geräte für das manuelle technische Zeichnen werden zunehmend ergänzt und ersetzt durch Geräte der elektronischen Datenverarbeitung.

2.3.1 Manuelles Zeichnen

Für das manuelle Zeichnen (Zeichnen von Hand) werden Zeichenplatten als Unterlage und Spannmöglichkeit für die Zeichnungsträger benutzt. Für kleinere Formate sind das mobile Kunststoffplatten (**2**.6), für größere Formate verwendet man kunststoffbeschichtete Holzplatten, die überwiegend auf Gestellen montiert sind und einen festen Stellplatz haben (**2**.7).

Auf den Zeichnungsträgern werden Linien, Zeichen und Schrift mit Zeichenstiften oder Tuschefüllern aufgetragen.

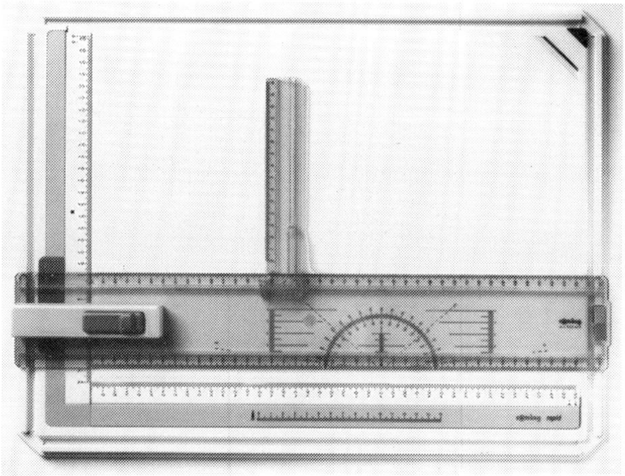

2.6 Mobile Zeichenplatte

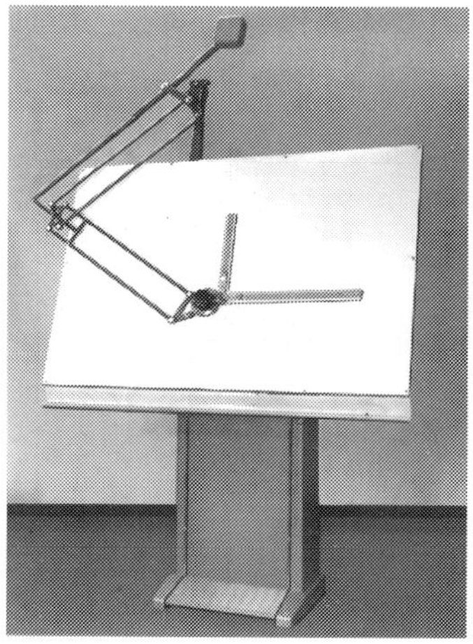

2.7 Zeichentisch

Die **Bleiminen** werden in Füllstifte geklemmt und geführt. Überwiegend entsprechen die Durchmesser der Minen den Linienbreiten, die unterschiedliche Schwärzung der Linien wird über verschiedene Härtegrade der Minen erreicht – Kennzeichnung von H7 für sehr hart über F und HB bis zu B7 für sehr weich.

2.8 Tuschefüllersatz

Werden Zeichnungen und/oder Beschriftungen in Tusche ausgeführt, benutzt man spezielle **Tuschefüller**, die entsprechend den Linienbreiten als Haltersatz gebräuchlich sind (**2**.8).

Die Linien, die die Zeichnung ergeben, sind geometrisch definiert. Es sind Geraden, Kreise, Kreisteile, Parabeln und andere. Dafür sind Hilfsmittel notwendig.

Diese Hilfsmittel werden in verschiedenen Formen und Techniken angeboten, aber auch in unterschiedlicher Qualität mit erheblichen Preisunterschieden. Befriedigende Ergebnisse lassen sich nur mit qualitativ guten Hilfsmitteln erzielen.

Geraden werden mithilfe von Zeichenschienen, Linealen und Dreiecken gezeichnet. Zeichenschiene und Dreieck sind auf mobilen Platten gebräuchlich (**2**.9), Lineale werden, senkrecht zueinander im Zeichenkopf gespannt, auf stationären Anlagen benutzt (**2**.10). Die Zeichenköpfe werden mit Parallelogrammgestänge bzw. mit Laufwagen geführt (**2**.11, **2**.12). Die Winkelteilung mit Nonius und 15°-Rastung ermöglicht ein sehr präzises Arbeiten.

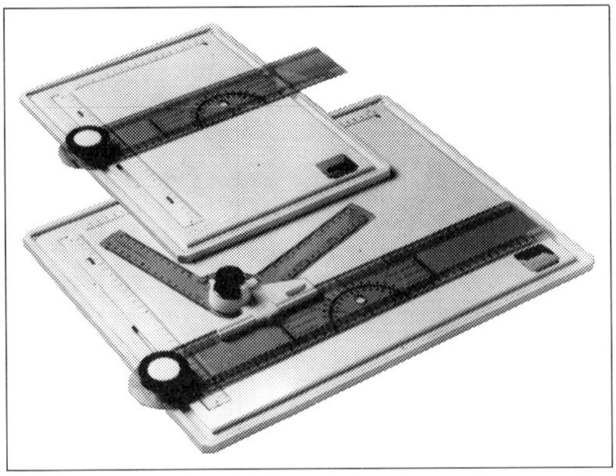

2.9 Zeichenschienen, Zeichenkopf auf mobilen Zeichenplatten

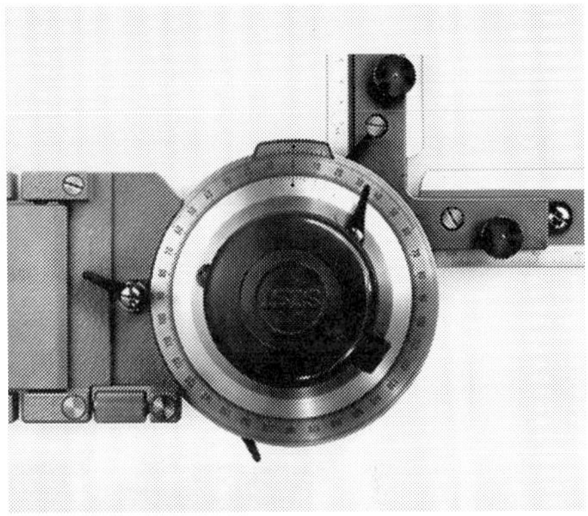

2.10 Zeichenkopf an einem Zeichentisch

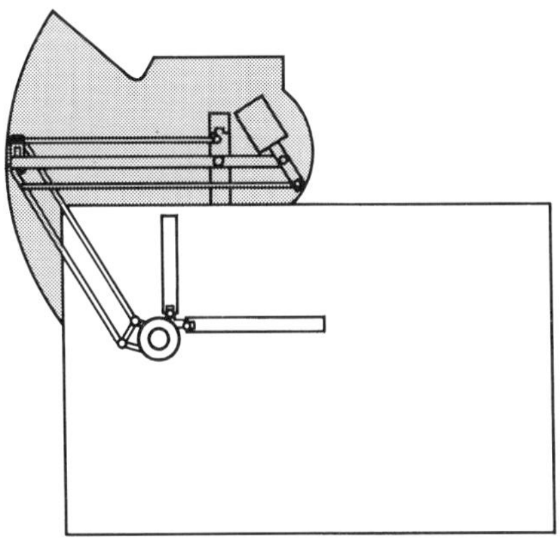

2.11 Parallelogrammführung

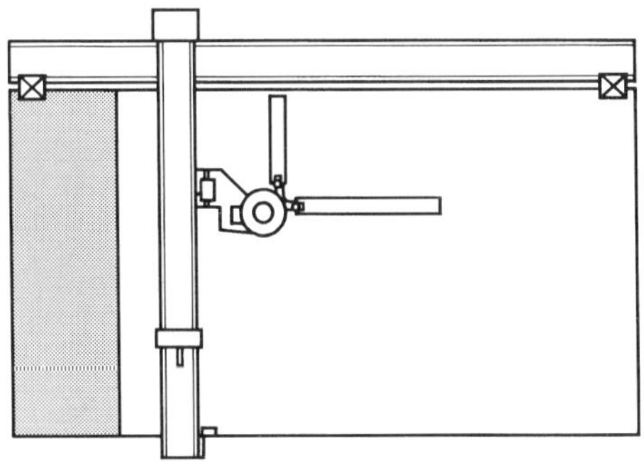

2.12 Laufwagenführung

Kreisbögen werden mithilfe entsprechender Zirkel (**2**.13) (Fallnullen-, Einsatz-) bzw. mit Rundungs- oder Lochschablonen (**2**.14) gezeichnet.

Für andere **gekrümmte Linien** stehen Ellipsen-, Parabel- und Hyperbelschablonen sowie besondere Kurvenlineale zur Verfügung.

Sollen **Schrift** und **Zahlen** genau der Norm entsprechen, verwendet man Schriftschablonen oder Beschriftungsmaschinen (**2**.15, **2**.16).

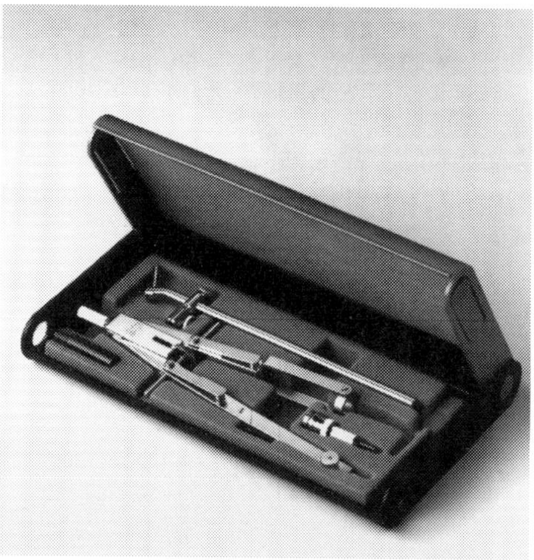

2.13 Einsatz-Schnellverstellzirkel

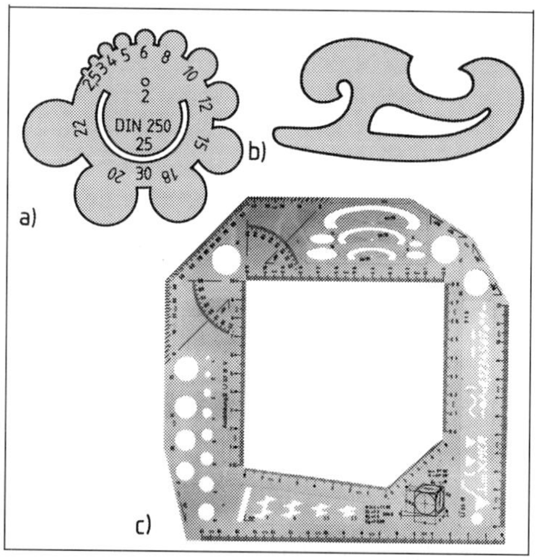

2.14 Schablonen

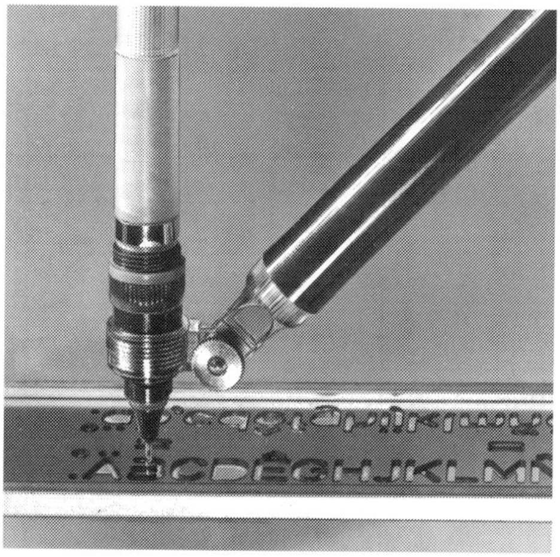

2.15 Schablone mit der Schriftschablone

2.16 Beschriftungsmaschine

Das Entfernen bzw. **Korrigieren von Linie und Schrift** auf manuell erstellten Zeichnungen geschieht bei Bleizeichnungen mit Radiergummis verschiedener Härte, bei Tuschezeichnungen mit Radiermessern (oder Rasierklingen) oder mit Tuscheradierern, die Tuschelösungsmittel enthalten.

2.3.2 Rechnerunterstütztes Zeichnen

Neben der traditionellen manuellen Erstellung von technischen Zeichnungen tritt in zunehmendem Maße die Zeichnungserstellung mithilfe elektronischer Zeichenanlagen, so genannter **CAD-Anlagen**.

Die Bezeichnung **CAD** steht hierbei für **C**omputer **A**ided **D**rafting (rechnerunterstütztes Zeichnen) oder **C**omputer **A**ided **D**esign (rechnerunterstütztes Konstruieren). Der Übergang zwischen beiden Anwendungsbereichen kann dabei je nach Arbeitsbereich fließend sein.

Hard- und Software

Die CAD-Anlage ist eine Zusammenstellung aus den Komponenten Zentraleinheit (CPU = **C**entral **P**rocessing **U**nit) und den verschiedensten Peripheriegeräten (**2.**17), alles zusammen auch Hardware genannt.

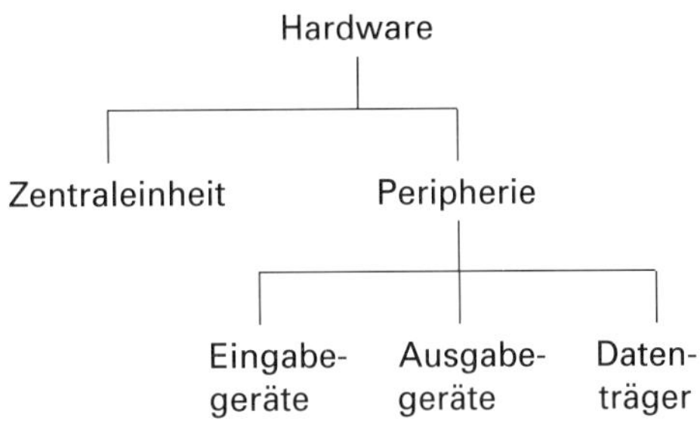

2.17 CAD-Arbeitsplatz

Die Zentraleinheit beinhaltet das Rechenwerk (zur logischen Verknüpfung der Eingabedaten), das Steuerwerk (zur logischen und zeitlichen Folge der Verknüpfung) und den Hauptspeicher. Dieser setzt sich zusammen aus ROM (**R**ead **O**nly **M**emory) und RAM (**R**andom **A**ccess **Me**mory).

Im ROM-Speicherteil befinden sich die lesbaren, nicht veränderbaren Rechnerinformationen, der RAM-Speicherteil dient der aktuellen Rechnerarbeit und geht beim Ausschalten des Rechners verloren.

Neben der allgemeinen CAD-Software werden auch je nach Arbeitsgebiet spezielle CAD- bzw. Grafikprogramme angeboten.

Dateneingabe

Die **Tastatur.** Sie enthält alpha-numerische Zeichen entsprechend der Schreibmaschinentastatur und wird ergänzt durch Tasten für besondere Zeichen, Cursorbewegungen, Lösch-, Such- und Ordnungsfunktionen. Vielfach ist ein zusätzliches Zahlenfeld vorhanden.

Die Maus. Sie ist ein Eingabegerät, das auf einer ebenen Fläche benutzt wird, üblicherweise einem Maus-Pad. Auf ihrer Unterseite kann sich eine Fotooptik oder eine Rollkugel befinden. Durch die Bewegung der Maus entnimmt der Rechner die notwendigen Informationen und verarbeitet diese.

Außer der Cursorbewegung können mit der Maus durch Tastendruck auch Daten zur Speicherung weitergegeben, Befehle oder Symbole von auf dem Monitor eingeblendeten Menüs aufgerufen werden.

Das Digitalisiertablett. Hierbei handelt es sich um eine Platte mit einem unter Spannung stehenden Leiternetz. Die Signale, erzeugt durch einen elektrischen Stift oder eine Fadenkreuzlupe, bewegt auf der Platte, geben dem Rechner die notwendigen Informationen

z. B. über die Position auf dem Bildschirm oder den Verlauf einer zu erzeugenden Linie. Zeichnerische Vorlagen lassen sich durch Abgreifen der Körperkanten schnell in das elektronische System übernehmen (abdigitalisieren).

Eine schnellere Technik des Digitalisierens bietet hier das Scannen. Je nach System und Verwendungszweck müssen eingescannte Zeichnungen noch weiterbearbeitet werden (Umwandlung in andere Formate, vektorisieren), um sie bearbeiten zu können.

Der Lichtgriffel. Er ist eine weitere Form der Dateneingabe, bei der direkt mit einer Fotozelle auf einem Rasterbildschirm gearbeitet wird.

Datenkontrolle

Die eingegebenen und vom Rechner verarbeiteten Daten werden auf Datensichtgeräten, den Monitoren, als Text und/oder Grafik sichtbar gemacht. Meist handelt es sich um Farbmonitore, die den Vorteil haben, schwer unterscheidbare Informationen sichtbar zu differenzieren.

Oftmals sind einer CAD-Anlage zwei Monitore zugeordnet, wobei einer als Textmonitor und der Zweite als Grafikmonitor dient.

Speziell für die Grafik benützt man eine sehr hohe Bildauflösung, um viele Bildpunkte (Pixel) zu erzeugen. So vermeidet man den „Treppeneffekt" bei schrägen Linien und erreicht ein flimmerfreies Bild.

Das momentane Bild des Monitors kann über einen Drucker als Hardcopy ausgegeben werden.

Datenausgabe

Je nach Anforderungen oder Verwendungszweck der Zeichnung stehen diverse Ausgabegeräte zur Verfügung.

Bei den Plottern (elektronisch gesteuerte Zeichenmaschinen) unterscheidet man **Trommelplotter** (**2**.18), bei denen der Zeichnungsträger eine Achsbewegung, das Zeichenwerkzeug die zweite Achsbewegung durchführt und **Tischplotter** (Stiftplotter) (**2**.19), bei denen das Zeichenwerkzeug beide Achsbewegungen durchführt. Die Zeichenwerkzeuge können hierbei Blei-, Faser- oder Tuschestifte sein.

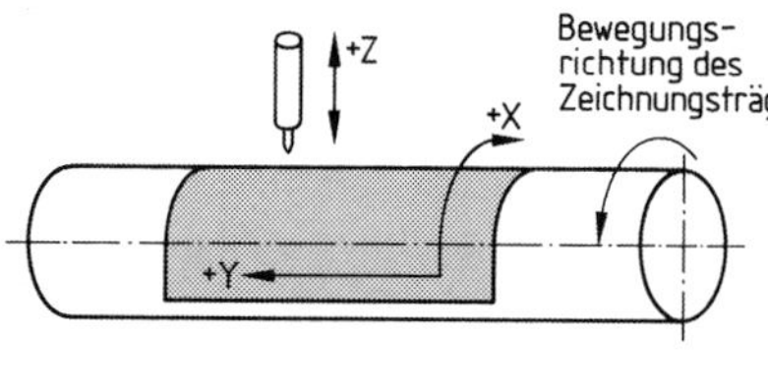

2.18 Trommelplotter

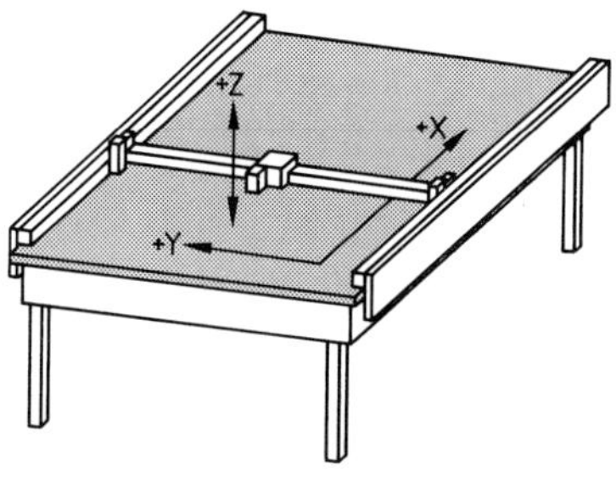

2.19 Tischplotter

Verwendet man einen **Tintenstrahldrucker**, wird die Tinte durch eine Spritzdüse auf den Zeichnungsträger aufgetragen.

Bei einem **Laserdrucker** wird der Toner durch elektrostatische Aufladung auf eine spezielle Walze gebracht. Läuft nun das Papier über diese Walze, bleibt der Toner am Papier haften und wird dann fixiert.

Die Qualität der ausgegebenen Zeichnung wird durch die Zeichengeschwindigkeit, die Präzision und Auflösung des Ausgabegerätes bestimmt.

Datensicherung

Die Informationen des Benutzers werden im Rechenwerk verknüpft und während des Arbeitens im Arbeitsspeicher (RAM) zwischengespeichert. Da beim Abschalten diese Daten verloren gehen würden, müssen sie auf andere den Inhalt bewahrende Datenträger gespeichert werden.

Hierzu dient überwiegend eine interne Festplatte.

Weitere Speichermedien sind Disketten (3 1/2″ oder 5 1/4″), Magnetbänder (Streamerband, 8 oder 4 mm-Band, DAT-Band) sowie die CD-ROM u. a., die von allen den schnellsten Zugriff auf gespeicherte Daten gewährleistet.

Der Vorteil dieser Speichermedien besteht darin, dass es sich um transportable Datenspeicher handelt.

3 Geometrische Konstruktionen

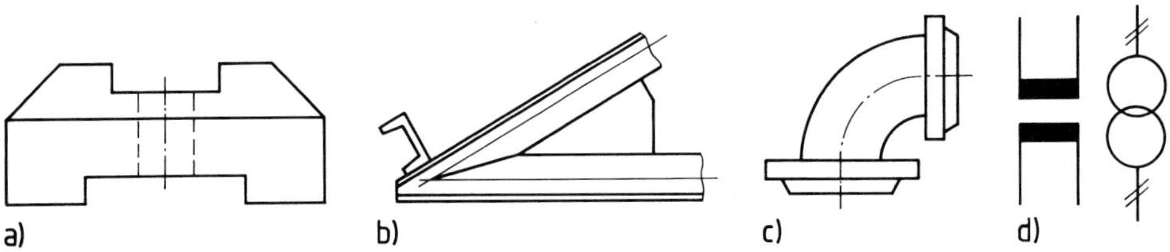

3.1 a) Platte, b) Knotenpunkt, c) Rohrkrümmer, d) Schaltzeichen Transformator

Die Darstellungen auf technischen Zeichnungen (Werkstücke, Bauteile, Baugruppen, Pläne) sind Anordnungen geometrisch definierter Linien. Diese Linien stehen in bestimmter Anordnung zueinander.

3.1 Gerade, Winkel, Kreis

Geraden sind als kürzeste Verbindung durch zwei Punkte definiert. Sie sind als Strahlen einseitig begrenzt, zweiseitig begrenzte Geraden heißen Strecken (**3**.2).

3.2 Gerade, Strahl, Strecke

Winkel. Verlaufen Geraden in der Ebene nicht parallel, ergibt sich irgendwo ein Schnittpunkt. Die Geraden werden zu Schenkeln eines Winkels (der meist mit griechischen Buchstaben bezeichnet wird). Der Schnittpunkt heißt Scheitelpunkt (S) (**3**.3).

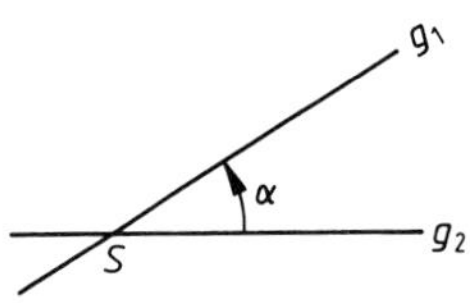

3.3 Winkel zwischen g_1 und g_2

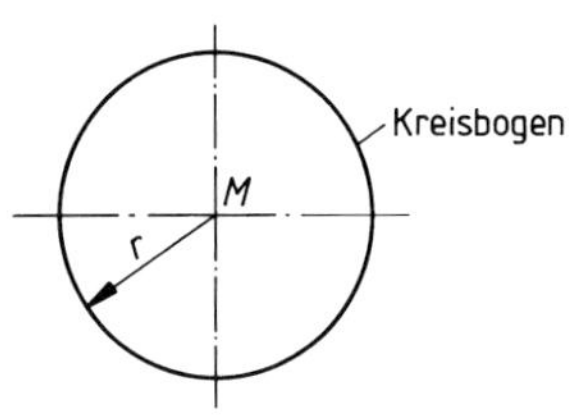

3.4 Kreis mit Radius *r*

Kreise sind gleichmäßig gekrümmte Linien. Die Kreispunkte sind vom jeweiligen Mittelpunkt (M) gleichweit entfernt (**3**.4).

Die geraden Elemente in den Zeichnungen verlaufen zueinander parallel, senkrecht oder unter einem definierten Winkel. Man kann den Verlauf geometrisch konstruieren, wird jedoch normalerweise zeichnerische Hilfsmittel benutzen.

Parallele zeichnet man durch Parallelverschiebung von Dreiecken oder mit geführten Zeichenschienen auf der Zeichenplatte bzw. dem Zeichentisch.

Senkrechte werden mit dem Dreieck auf der Zeichenschiene oder mit den senkrecht zueinander stehenden Linealen am Zeichenkopf gezeichnet.

Winkelgrößen im 15°-Abstand können mithilfe von 2 Dreiecken (**3**.5) oder der 15°-Rastung am Zeichenkopf direkt gezeichnet werden. Für andere Winkelgrößen benutzt man Winkelmesser oder die Tangenswerte der Winkelfunktionen (z.B. Winkel 20°: tan 20° = 0,364; Seitenlängen am rechten Winkel 36,4 : 100; **3**.6). Mit dem Zeichenkopf sind Winkel beliebiger Größe durch die aufgebrachte Teilung und den Nonius (eine Hilfsteilung) sehr genau einstellbar (**3**.7).

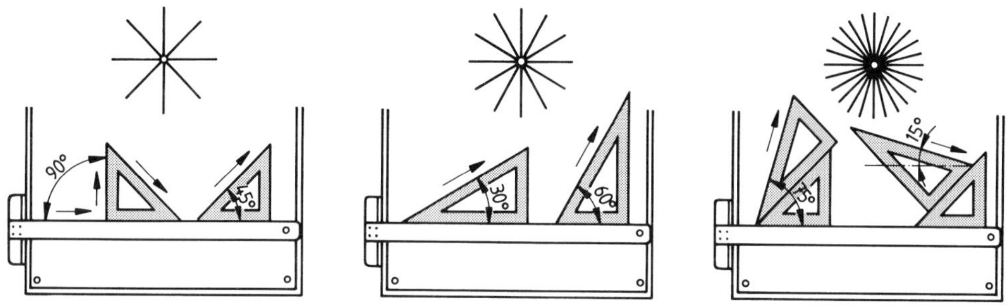

3.5 Winkelantragen mithilfe von Dreiecken

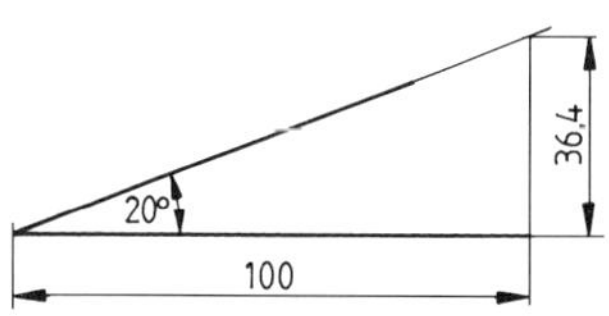

3.6 Winkelantragen mithilfe der Tangensfunktion

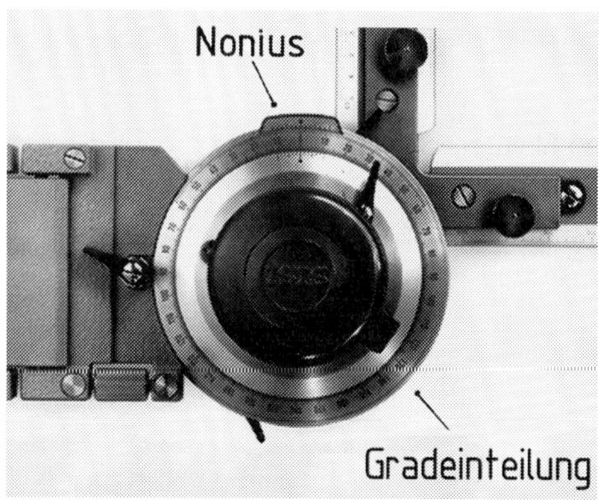

3.7 Zeichenkopf mit Nonius

Beispiele geometrischer Konstruktionen:

1. Die Geraden g_1 und g_2 verlaufen im Abstand k parallel (**3**.8).
2. Die Gerade g_1 verläuft senkrecht zu g_2 durch Punkt P (**3**.9).
3. Die Gerade g_1 und g_2 schneiden sich unter einem Winkel von 60° (**3**.10).

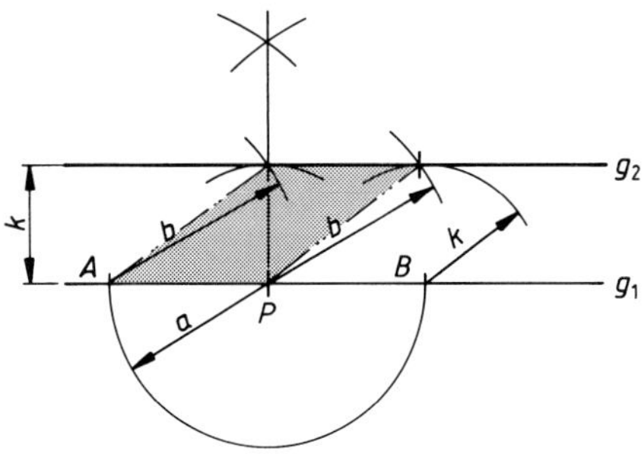

3.8 Parallele Gerade zeichnen $g_1 \parallel g_2$

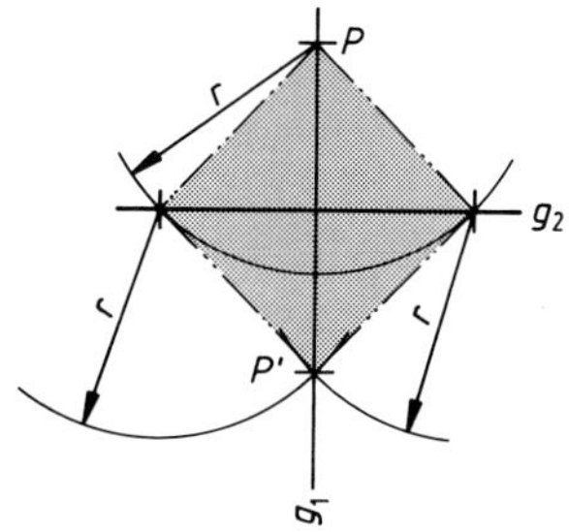

3.9 Senkrechte errichten $g_1 \perp g_2$

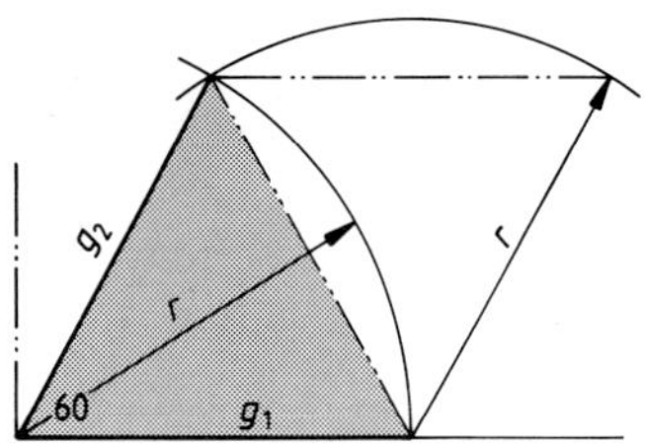

3.10 Winkelkonstruktion 60°

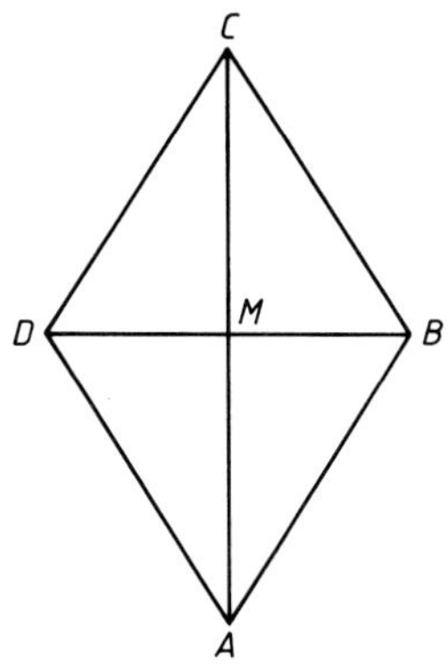

Es gilt:

$\overline{AB} = \overline{BC} = \overline{CD} = \overline{DA}$

$\overline{AB} \parallel \overline{CD}; \overline{BC} \parallel \overline{DA}$

$\overline{MA} = \overline{MC}; \overline{MB} = \overline{MD}$

$\sphericalangle \overline{MAB} = \sphericalangle \overline{MAD}$

$\sphericalangle \overline{MBA} = \sphericalangle \overline{MBC}$

$\overline{AC} \perp \overline{BD}$

3.11 Raute

Den 3 Beispielen liegen wie allen geometrischen Konstruktionen bestimmte geometrische Figuren zu Grunde.

Parallele Geraden konstruiert man mithilfe des Parallelogramms (Seitenpaare a und b in 3.8). Mit einem speziellen Parallelogramm, der Raute, (**3**.11), die 4 gleichlange Seiten besitzt und deren Diagonalen die Eckwinkel halbieren, sich selbst halbieren und senkrecht aufeinander stehen, lassen sich Rechte Winkel zeichnen (Lote, Senkrechte) sowie Seiten und Winkel halbieren. 60°-Winkel entstehen im gleichseitigen Dreieck, durch Halbierung erhält man auch 30°- und 15°-Winkel.

Rechnerunterstützt werden parallele Strecken, jedoch auch beliebige parallele Kurvenformen, über Befehle wie „Parallele zu" oder „Äquidistante" nach Eingabe von Basislinie und Abstand vom Gerät errechnet und dargestellt.

Entsprechend verfährt der Rechner auch beim Konstruieren von senkrechten Linien nach Befehlseingaben wie „Lot auf" oder „Normale", nachdem die entsprechenden Linien und Punkte mit der Maus angeklickt (digitalisiert) wurden. Linien unter einem bestimmten Winkel werden mit dem Befehl „Linie unter definiertem Winkel" in die Zeichnung eingetragen.

3.2 Die Gerade als Tangente und Polygonseite

Für Tangenten am Kreis gilt: Die Tangente steht senkrecht zum zugehörigen Radius. Im allgemeinen wird man den Berührungspunkt am Kreis durch die Parallelverschiebung von Dreiecken ermitteln, er lässt sich jedoch auch genau konstruieren.

Beispiel An zwei Kreisen soll eine äußere Tangente gelegt werden (**3**.12). Zu konstruieren sind die Radien beider Kreise, die die Berührungspunkte der Tangente ergeben. Man benutzt die Tatsache, dass jeder Winkel über dem Durchmesser eines Halbkreises ein Rechter ist (**3**.13). Zuerst wird um den Mittelpunkt des größeren Kreises ein Hilfskreis mit dem Radius $R - r$ geschlagen. Der Abstand $\overline{M_1M_2}$ wird in A halbiert und mit $\overline{AM_1}$ ein weiterer Hilfskreis gezeichnet. Die Hilfskreise schneiden sich in P. Die Gerade durch M_1 und P ergibt auf dem Kreis den Berührungspunkt der Tangente. Der entsprechende Punkt auf dem kleinen Kreis wird durch Parallelverschiebung von $\overline{M_1P}$ durch M_2 ermittelt. Die Gerade durch die beiden Berührungspunkte ist die geforderte äußere Tangente.

Das Vorgehen lässt sich entsprechend auf andere Tangentenkonstruktionen anwenden.

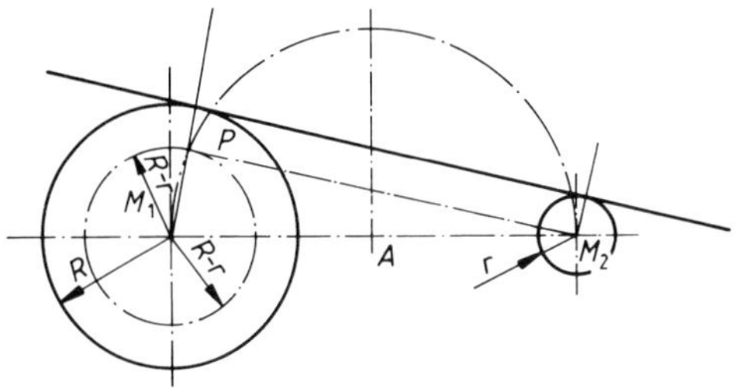

3.12 Konstruktion einer äußeren Tangente

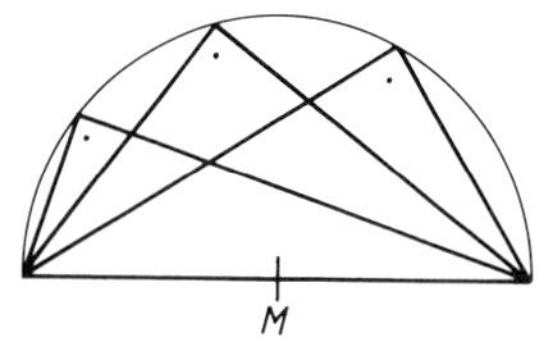

3.13 Rechter Winkel über dem Halbkreis

Polygon. Werden definierte Punkte geradlinig verbunden, entstehen bei geschlossenem Linienzug Polygone (Vielecke). Haben diese Vielecke gleichlange Seiten und liegen die Eckpunkte auf einem Kreis, sind sie regelmäßig.

Regelmäßige Vielecke lassen sich über die gleich großen Winkel am Mittelpunkt und am Umfang leicht darstellen.

Dabei gilt: die Winkelsumme am Mittelpunkt beträgt 360°, das n-Eck besteht aus n gleichen Dreiecken mit je 180° Winkelsumme, Mittelpunktswinkel und Umfangswinkel ergänzen sich deshalb zu 180° (**3**.14)

Beispiel 8-Eck Winkel am Mittelpunkt $= \frac{360}{8} = 45°$

Winkel am Umfang $= 180 - 45 = 135°$

5-Eck Winkel am Mittelpunkt $= \frac{360}{5} = 72°$

Winkel am Umfang $= 180 - 72 = 108°$

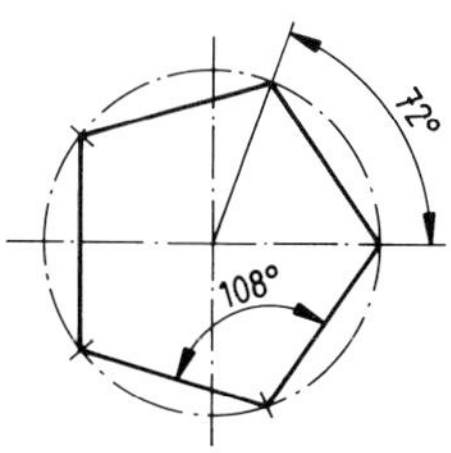

3.14 Regelmäßiges Fünfeck

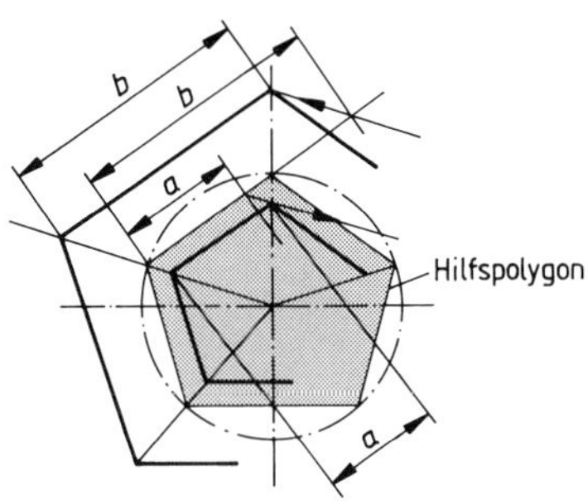

3.15 Verändern der Seitenlängen

Bei gegebener Größe des Umfangkreises, ergibt sich die Seitenlänge des Polygons entsprechend.

Ist das Maß der Polygonseiten vorgegeben, so wird ein Hilfspolygon mit entsprechender Seitenzahl wie oben beschrieben gezeichnet. Eine dieser Seiten wird nach Maßvorgabe verändert (Maß *a* oder Maß *b* in **3**.15). Durch Parallelverschiebung (siehe Pfeilkennzeichnung) entsteht eine Polygonseite entsprechender Länge. Die übrigen Seiten verlaufen als Parallelen zu den Seiten des Hilfspolygons.

Regelmäßige Vielecke lassen sich jedoch auch konstruktiv entwickeln.

Beispiele für das 5-Eck

Beispiel 1 (**3**.16). Um den Punkt *A* wird mit dem Halbmesser *r* ein Bogen geschlagen und durch die Schnittpunkte auf dem Kreisbogen eine Gerade gezogen. Sie ergibt den Punkt 0. Dort wird der Zirkel eingesetzt. Ein mit dem Halbmesser $\overline{OB}$ geschlagener Kreisbogen trifft in *C* auf die waagerechte Mittellinie. $\overline{BC}$ (= *s*) ist eine Fünfeckseite.

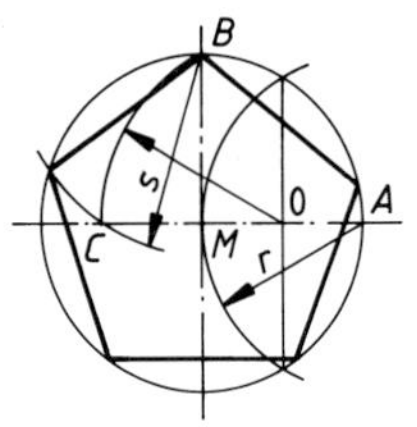

3.16 Fünfeckkonstruktion

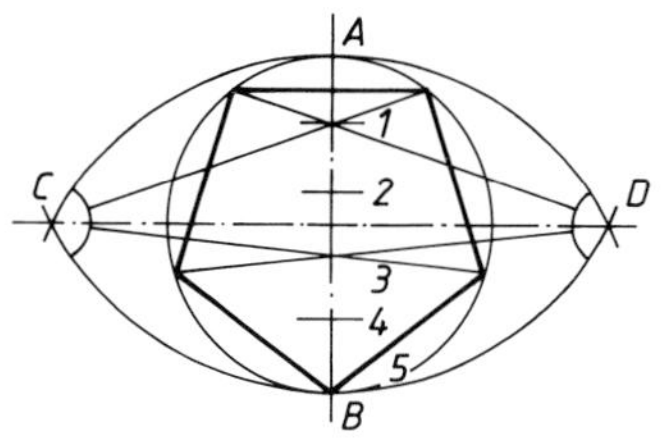

3.17 Konstruktion beliebiger regelmäßiger Polygone

Beispiel 2 (**3**.17). Der senkrechte Durchmesser $\overline{AB}$ wird in 5 gleiche Teile geteilt. Dann werden mit dem Durchmesser als Zirkelöffnung in *A* und *B* Kreisbogen geschlagen. Sie schneiden sich in *C* und *D*. Von *C* und *D* aus sind entweder durch die mit geraden oder durch die mit ungeraden Zahlen versehenen Teilpunkte auf dem senkrechten Durchmesser Linien zu ziehen. Wo sie im Innern des Kreisumfangs auftreffen, liegen die Ecken des Fünfecks.

Für die rechnerunterstützte Darstellung ergeben sich ebenfalls mehrere Möglichkeiten für das Zeichnen regelmäßiger Vielecke. Gibt man z. B. die Lage eines Eckpunktes und die Eckenanzahl ein, wird das Vieleck automatisch erstellt.

Eine zweite Möglichkeit wäre, den Umkreis in die gewünschte Anzahl von Teilkreisen zu teilen, die Punkte miteinander zu verbinden oder eine Vieleckseite durch „Rotieren" und „Mehrfachkopieren" zum gewünschten Vieleck zu vervollständigen.

3.3 Kreis als Rundung und Anschlussbogen

Kreise und Kreisteile mit definiertem Mittelpunkt werden mit den entsprechenden Zirkeln oder Loch- bzw. Radienschablonen gezeichnet. Teilweise stellt sich dabei die Radiusgröße erst ein (**3**.18). Sind die Mittelpunkte nicht definiert, handelt es sich meist um kreisförmige Übergänge bzw. Anschlüsse mit konstruktiv bedingten Radiusgrößen. Diese werden mithilfe der Radienschablonen gezeichnet. Dabei ergibt sich die Lage der Mittelpunkte, die markiert werden können, wenn z. B. das Radiusmaß eingetragen werden soll (**3**.19).

Die Mittelpunkte lassen sich auch konstruktiv ermitteln und die Kreisteile mit dem Zirkel zeichnen.

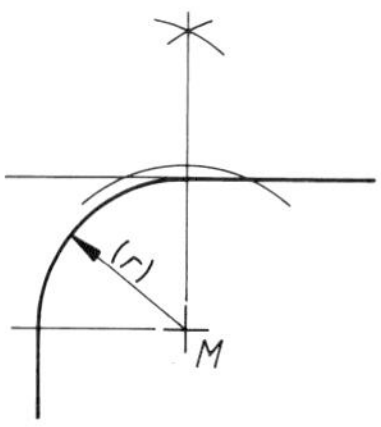

3.18 Kreisförmiger Übergang (gegeben M)

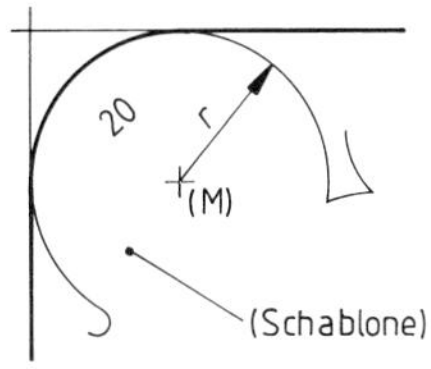

3.19 Kreisförmiger Übergang (gegeben r)

Beispiel 1 **Zwei Kreise werden durch einen hohlen Kreisbogen verbunden** (**3**.20). Mit $R_2 + r$ als Halbmesser wird ein Kreisbogen um 0_2 geschlagen, ein zweiter Kreisbogen mit $R_1 + r$ als Halbmesser um 0_1. Der Mittelpunkt M liegt im Schnittpunkt beider Kreise. Durch Zentralen von M nach 0_1 und 0_2 ergeben sich die Übergangsstellen A und B.

Beispiel 2 **Zwei Kreise werden durch einen überwölbten Kreisbogen verbunden** (**3**.21). Der Mittelpunkt M liegt im Schnittpunkt zweier Kreise, die mit $r - R_1$ um 0_1 und mit $r - R_2$ um 0_2 geschlagen werden.

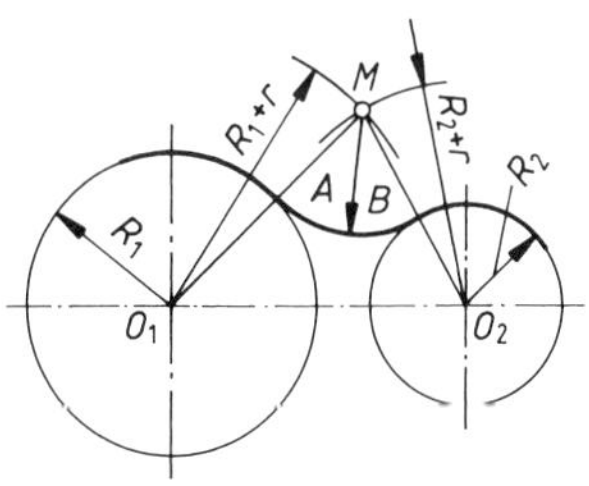

3.20 Hohler Bogen zwischen zwei Kreisen

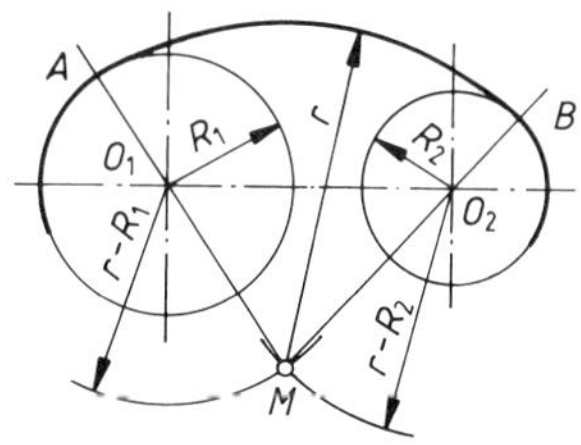

3.21 Überwölbter Bogen zwischen 2 Kreisen

Beim rechnerunterstützten Zeichnen existiert meist das Untermenü „Abrundung" mit mehreren entsprechenden Befehlen, z. B. auch „Kreis an 2 Linien mit definiertem Radius".

In diesem wie in ähnlich gelagerten Fällen übernimmt der Rechner die konstruktiven, mathematisch begründeten Arbeiten des manuellen Zeichnens.

Durch die große Rechengeschwindigkeit ergeben sich Zeitvorteile, die sich im Falle einer Fehlkonstruktion durch falsche Angaben mit Löschbefehl und Wiederaufbau noch steigern lassen. Beim Beispiel „Außenkreis eines Dreiecks zeichnen" müssen manuell Mittelsenkrechte auf zwei Dreieckseiten konstruiert werden, die sich im Mittelpunkt des Kreises schneiden. Die Strecke Mittelpunkt – Dreieckspunkt entspricht dem Radius. Rechnerunterstützt müssen nur die 3 Punkte des Dreiecks angeklickt werden, wenn der Befehl „Kreis durch 3 Punkte" (oder ähnlich) angewählt wurde.

3.4 Strecke und Kreis im Raum

Bei der Anfertigung von Zeichnungen und Plänen merkt man schnell, dass man den Zeichnungsträger (Zeichenblatt) in bestimmter Weise aufteilen muss, um alle Darstellungen übersichtlich anordnen zu können (**3**.22). Die Mittellinien, Körperkanten und anderen Zeichnungselemente werden an bestimmten Stellen auf der Zeichenfläche platziert. Diese Stellen lassen

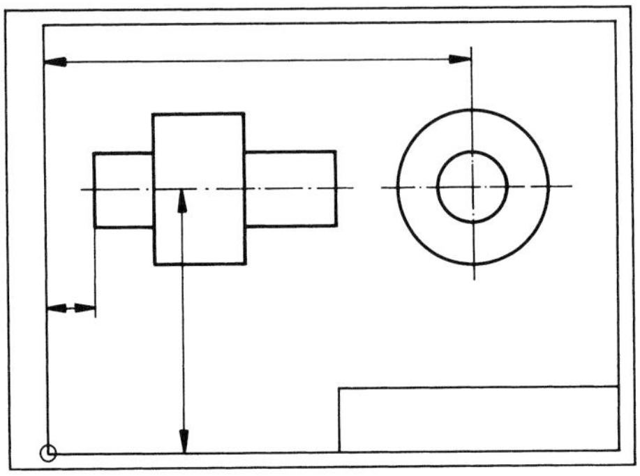

3.22 Anordnung der Ansichten

sich benennen, indem man die horizontalen (x-) und die vertikalen (y-) Abstände (Koordinaten) von einem Bezugspunkt (Ursprung) angibt.

Man unterscheidet im wesentlichen zwei Koordinatensysteme, in denen jeder Punkt im Raum (hier im 2-D-Raum), also auch Strecke und Kreis, eindeutig festgelegt werden kann.

1. Das rechtwinklig-kartesische Koordinatensystem (3.23)

Die Achsen (Benennung x und y) sind vom Ursprung aus nach rechts und nach oben positiv (+) orientiert. Die Skaleneinteilung ist in vielen Fällen für beide Achsen gleich (sie muss es nicht sein). Die Strecke $\overline{AB}$ lässt sich eindeutig durch die Koordinaten (10/20; 40/30) im Raum bestimmen. Lage, Größe und Winkellage gegen die Horizontale liegen fest.

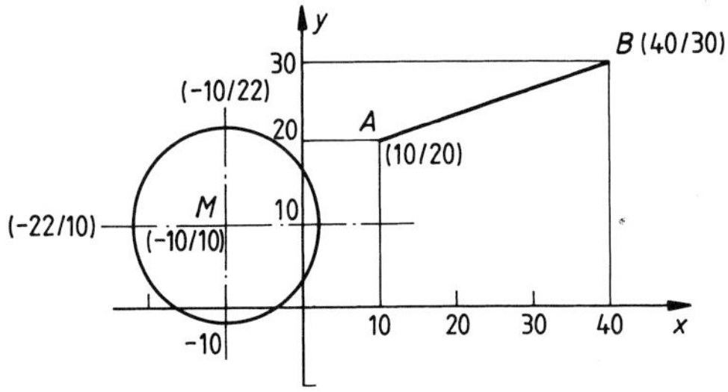

3.23 Rechtwinklig-kartesisches Koordinatensystem

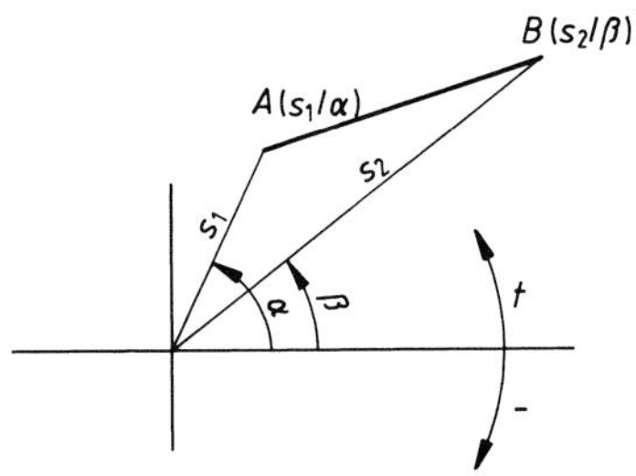

3.24 Polarkoordinatensystem

2. Das Polarkoordinatensystem (3.24)

Die Lage im Raum wird durch einen Polarstrahl (z. B. s_1 vom Ursprung aus) und die Winkelgröße (α) gegen die positive Horizontalachse festgelegt. In diesem Fall ergibt sich der Punkt A im Raum.

Übungen

Die folgenden Übungen sind

- manuell nur mit dem Lineal (ohne Nutzung der Skaleneinteilung) und dem Zirkel auszuführen,
- rechnerunterstützt nutzen Sie die Möglichkeiten der Ihnen zur Verfügung stehenden Programme.

Übertragen Sie dabei die an den Beispielen erworbenen Kenntnisse.

1. Im Punkt P einer Geraden ist eine Senkrechte zu errichten. Teilen Sie den entstehenden rechten Winkel in drei gleich große Winkel.
2. Errichten Sie auf einer Stecke $\overline{AB}$ die Mittelsenkrechte.
3. Halbieren Sie einen beliebigen Winkel.
4. Übertragen Sie einen Winkel α ($0 < \alpha < 45°$) an eine Gerade g im gewählten Scheitelpunkt S.

5. Zeichnen Sie in einem beliebigen Dreieck die Mittelsenkrechte der Seiten. Diese schneiden sich in einem Punkt, dem Mittelpunkt des Um- (Außen-)kreises. Zeichnen Sie diesen Umkreis.
6. Zeichnen Sie in einem beliebigen Dreieck die Winkelhalbierenden. Diese schneiden sich in einem Punkt, dem Mittelpunkt des In- (Innen-)kreises. Zeichnen Sie diesen Inkreis.
7. Zeichnen Sie durch den Punkt P auf dem Kreisbogen mit dem Radius R die Kreistangente. (*Hinweis:* Die Tangente steht senkrecht auf dem zugehörigen Radius).
8. Zeichnen Sie von einem Punkt außerhalb des Kreises mit dem Radius R die beiden möglichen Tangenten. (*Hinweis:* Jeder Winkel über dem Durchmesser eines Halbkreises ist ein Rechter)
9. Zeichnen Sie a) ein regelmäßiges Siebeneck, b) ein regelmäßiges Zehneck, in einem Umkreis mit frei gewähltem Durchmesser
10. Verbinden Sie die Punkte P_1 und P_2 mit dem Abstand a durch einen Kreisbogen mit dem Radius a.
11. Gegeben sind ein Kreis mit dem Radius R und ein Punkt P außerhalb des Kreises. Verbinden Sie Kreis (tangentialer Anschluss) und Punkt durch einen Bogen mit dem Radius r.
12. Zeichnen Sie ohne weitere Hilfsmittel (s. o.) die skizzierte Figur (**3**.25). Der rechte Abschluss entspricht einem Teil des regelmäßigen Sechsecks.

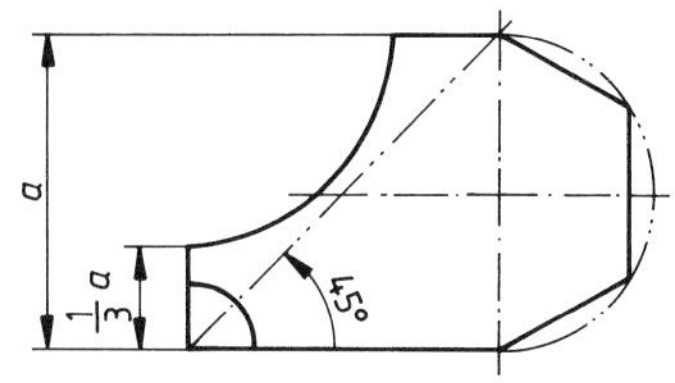

3.25 Bild zu Übung 12

Für die folgenden Aufgaben müssen Sie die Skalenteilung des Lineals zur Hilfe nehmen.

13. Zeichnen Sie a) einen Winkel $\alpha = 26{,}5°$ ($\tan \alpha = 0{,}5$), b) einen Winkel $\beta = 116{,}5°$ ($\tan \beta = -2$).
14. Zeichnen Sie in ein kartesisches Koordinatensystem (1 ≙ 1 cm) ein Dreieck mit den Eckpunktkoordinaten A (4/2); B (7/6); C (5/8). Prüfen Sie, ob die Seitenlänge $\overline{AB}$ 5 cm beträgt.
15. Zeichnen Sie in dasselbe System einen Kreis mit der Mittelpunktkoordinate M (− 1/5) und der Kreiskoordinate P (− 1/8). P ist auch Mittelpunktskoordinate einer Bohrung auf dem Kreis. Auf diesem liegen drei weitere Bohrungen im Winkelabstand 90°. Wie lauten deren Koordinaten?
16. Zeichnen Sie ein Polarkoordinatensystem (skalierte Horizontalachse mit Ursprung(-spunkt)) und tragen Sie ein Polygon ein mit folgenden Eckpunkten:

A (3 cm/10°); B (5 cm/25°); C (8 cm/70°); D (6 cm/130°); E (6 cm/− 130°); F (6 cm/− 50°).

3.5 Technische Kurven

Als technische Kurven gelten neben dem Kreis alle mathematisch definierten Kurvenformen wie Ellipse, Parabel und Hyperbel, Rollkurven, Wendel und Spirale.

Ellipsen, Parabeln und Hyperbeln treten als Schnittkurven an Zylindern und Kegeln auf, Zahnflanken entsprechen bestimmten Rollkurven, Wendeln sind bei den Gewinden und den Spannuten der Bohrer zu finden, Spiralen treten als Federungselemente auf.

Manuell greift man bei der Darstellung dieser Kurven überwiegend auf entsprechende Schablonen zurück, doch sind selbstverständlich geometrisch exakte Kurvenkonstruktionen möglich.

Ellipse, Parabel, Hyperbel

Während der Kreis durch den Mittelpunkt und einen Punkt in der Ebene (Abstand = Radius) bestimmt ist, wird die **Ellipse** durch zwei Brennpunkte und einen Punkt in der Ebene definiert. Für alle Punkte der Ellipse ist die Summe der Abstände von den Brennpunkten zu diesem Punkt (hier $\overline{F_1A} + \overline{F_2A}$) in beliebiger Kombination gleich ($\overline{F_1A} + \overline{F_2A} = \overline{F_1B} + \overline{F_2B} = \overline{F_1C} + \overline{F_2C}$; **3**.26).

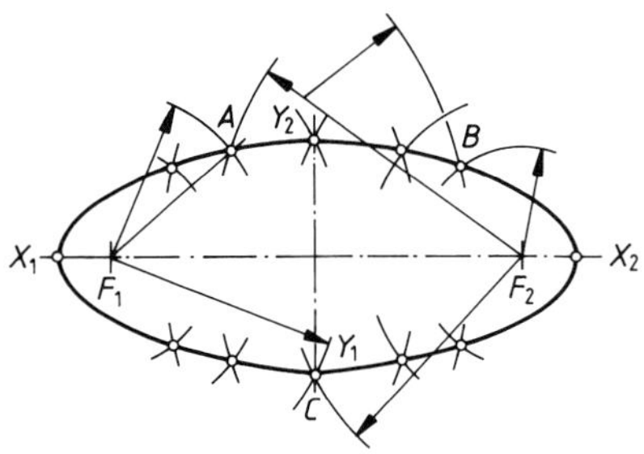

3.26 Ellipsenkonstruktion 1

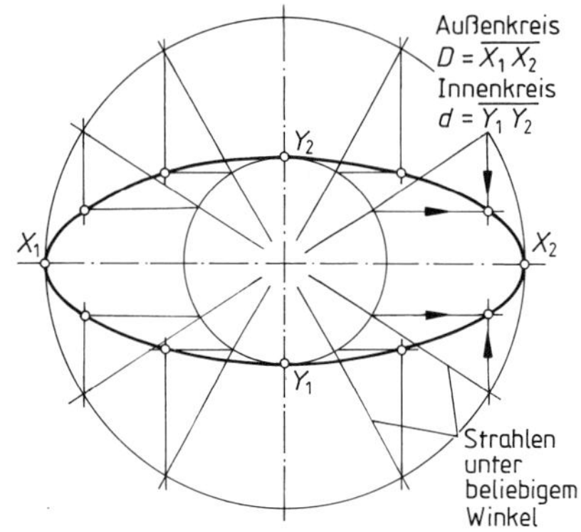

3.27 Ellipsenkonstruktion 2

Die Brennpunkte liegen auf der einen Hauptachse der Ellipse, die Mittelsenkrechte dazu ist die zweite Hauptachse. Kennt man die Maße $\overline{X_1X_2}$ und $\overline{Y_1Y_2}$ kann man die Ellipse auch mithilfe zweier konzentrischer Kreise zeichnen (**3**.27).

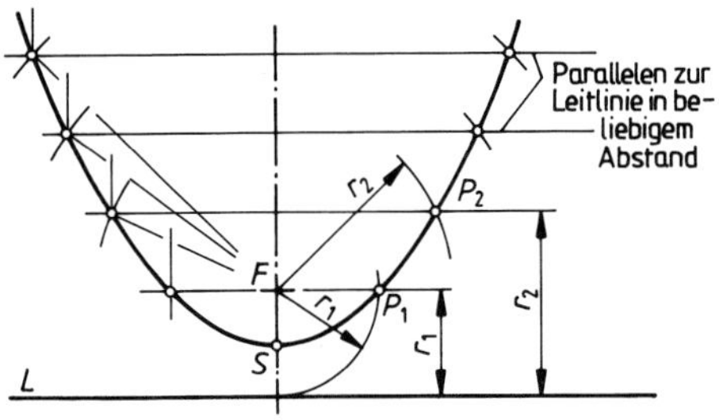

3.28 Parabelkonstruktion

Die **Parabel** ist eine Linie, deren Punkte gleich weite Abstände um Brennpunkt *F* und einer Leitlinie L haben. Der Scheitelpunkt S liegt auf der Senkrechten zu *L* (Parabelachse) durch *F* in $\frac{1}{2}\overline{FL}$ (**3**.28). Die Besonderheit der Parabel besteht darin, dass alle vom Brennpunkt ausgehenden Strahlen an der Parabellinie umgelenkt werden und dann parallel verlaufen (Scheinwerfer), bzw. dass auftreffende parallele Strahlen im Brennpunkt gebündelt werden (Parabolantennen).

Die **Hyperbel** ist eine Linie, die sich an zwei Grenzlinien (Asymptoten) anlegt, diese jedoch nicht berührt. Die Asymptoten können in beliebigen Winkeln zueinander stehen. Meistens kennt man deren Verlauf (Koordinatenachsen, Kegelwinkel) und auch einen Punkt (*P*) auf der Linie. Die Konstruktion kann dann nach den Bildern **3**.29 oder **3**.30 erfolgen.

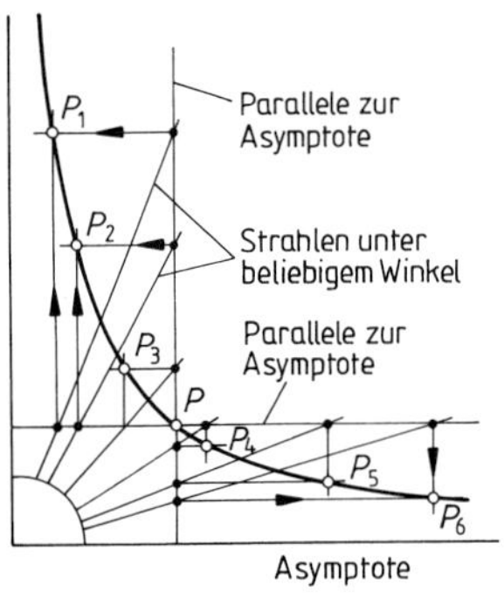

3.29 Hyperbelkonstruktion, rechtwinklige Asymptoten

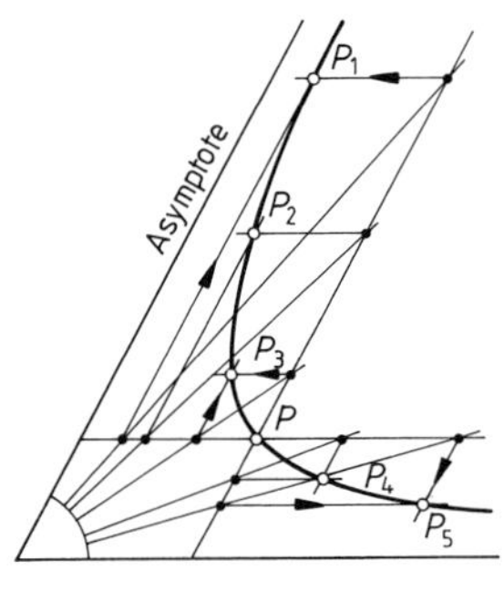

3.30 Hyperbelkonstruktion, allgemein

Evolvente, Zykloide, Wendel

Rollkurven sind Linien, die durch das Abrollen einer Geraden oder eines Kreises auf gerader oder kreisförmiger Leitlinie entstehen (Beobachtung eines Punktes).

Die **Evolvente** wird durch das Abrollen einer Geraden auf einem Kreis erzeugt. Die Gerade ist in jedem Punkt Tangente des Kreises. Der beobachtete Punkt entfernt sich vom Kreis und zeichnet die Evolvente (tangentialer Abstand gleich Rollweg, **3**.31).

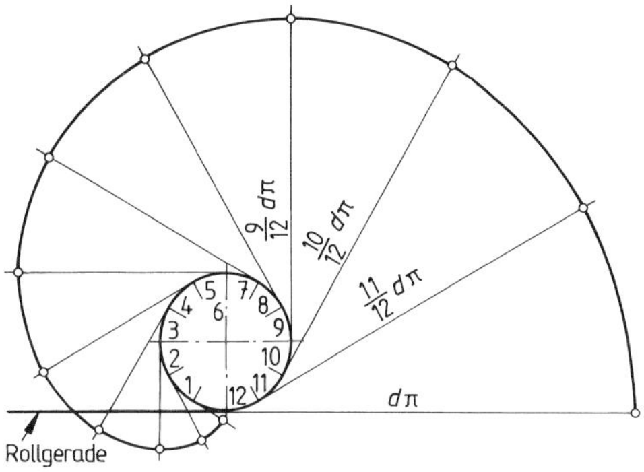

3.31 Evolventenkonstruktion

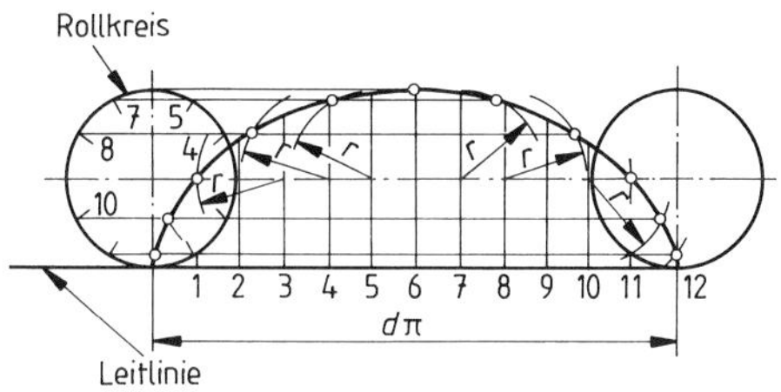

3.32 Konstruktion einer Orthozykloide

Die **Zykloide** wird durch das Abrollen eines Kreises auf einer Geraden (Orthozykloide, **3**.32) oder auf einem Kreis bzw. innerhalb eines Kreises (Epizykloide oder Aufradlinie, Hypozykloide oder Inradlinie, **3**.33) erzeugt. Die Konstruktionen dieser Zykloiden erfolgt über die gleichmäßigen Teilungen des Rollkreises und der Leitlinie bzw. des Leitkreises (Länge = $d \cdot \pi$). Die Stellungen der Punkte auf dem Rollkreis werden der jeweiligen Lage auf der Leitlinie zugeordnet.

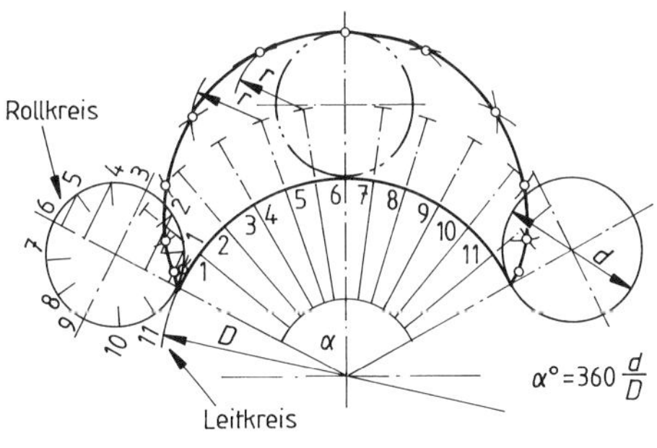

3.33 Konstruktion einer Epizykloide

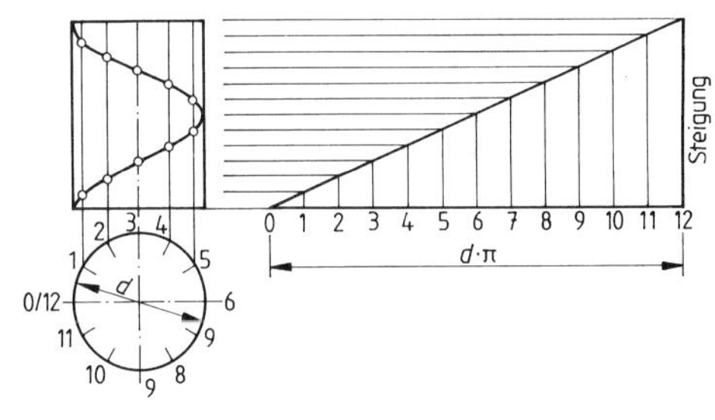

3.34 Konstruktion einer Wendel

Die **Wendel** (Schraubenlinie) entsteht nach gleichem Muster (**3**.34).

Rechnerunterstützt werden diese Kurven, wenn sie überhaupt in technischen Zeichnungen dargestellt werden müssen, von Programmen ermittelt, die die mathematischen Daten (Funktion, Brennpunkt, Scheitelpunkt, Asymptoten) benutzen.

Sind einzelne Punkte der Kurven bekannt, lassen sich diese auch über Verknüpfungsbefehle wie „geschlossene Kurve" oder „verkettete Bögen" zeichnen. Verfügt das CAD-Programm über eine 3-D-Version, so lassen sich die Kurven über das Volumenmodell (s. Absch. 4) aus entsprechenden Darstellungen entwickeln.

Übungen

1. Unterteilen Sie ein Blatt A4 hoch in 3 gleich große Flächen und konstruieren Sie
1.1 eine Ellipse (gegeben $\overline{X_1X_2}$ und $\overline{Y_1Y_2}$)
1.2 eine Parabel (gegeben Brennpunkt und Scheitelpunkt),
1.3 eine Hyperbel (gegeben Asymptoten und ein Punkt P)
2. Konstruieren Sie auf je einem Blatt A4 quer
2.1 eine Evolvente (Kreisdurchmesser $d = 50$ mm)
2.2 eine Orthozykloide (Kreisdurchmesser $d = 60$ mm)
2.3 eine Wendel mit der Steigung 80 mm an einem Zylinder mit dem Durchmesser $d = 50$ mm.
3. Zeichnen Sie den Stellhebel **3**.35, die Kurvenscheibe **3**.36 und den Nocken **3**.37 und bestimmen Sie die Übergangsstellen für die Rundungen.

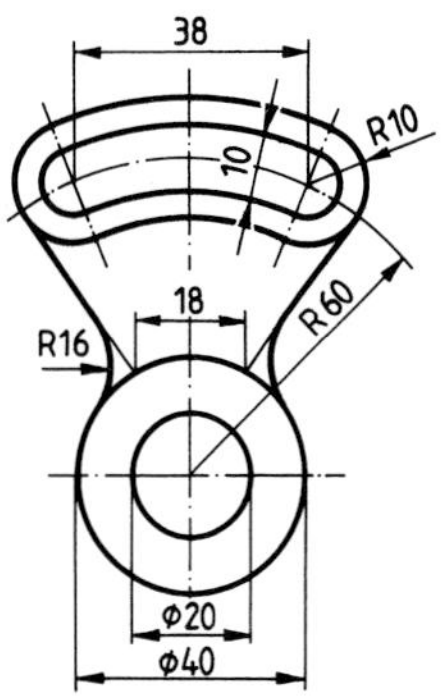

3.35 Stellhebel

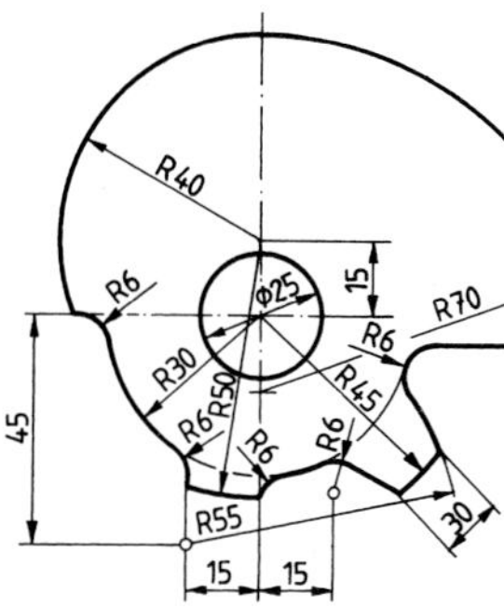

3.36 Kurvenscheibe

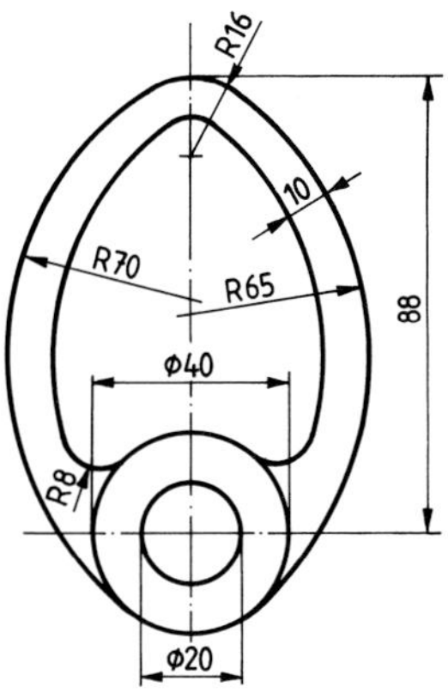

3.37 Nocken

4 Projektionszeichnen

Mithilfe einer technischen Zeichnung wird auf einer Ebene (2 Ausdehnungen) ein Körper (3 Ausdehnungen) beschrieben. Das zwingt zu besonderen Darstellungsarten.

Aus der darstellenden Kunst kennen wir das **perspektivische Zeichnen** und Malen. Dabei wird versucht, die Wahrnehmungen unseres Auges nachzuvollziehen. Diese Bilder wirken natürlich, sind aber als Grundlage für die Herstellung von Maschinen und Gebäuden, zur Anordnung von Elektro- und Sanitärinstallationen wenig geeignet. Trotzdem haben sie in der technischen Kommunikation ihren Wert, um z. B. dem Bauherrn ein räumlich wirkendes Bild anzubieten, ohne gleich ein Modell bauen zu müssen (**4**.1).

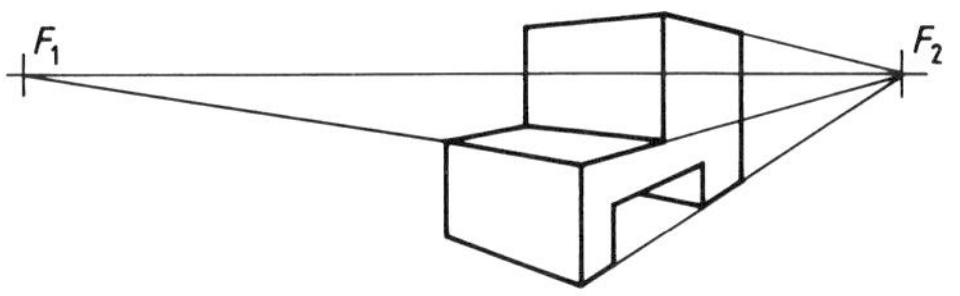

4.1 Fluchtpunktperspektive

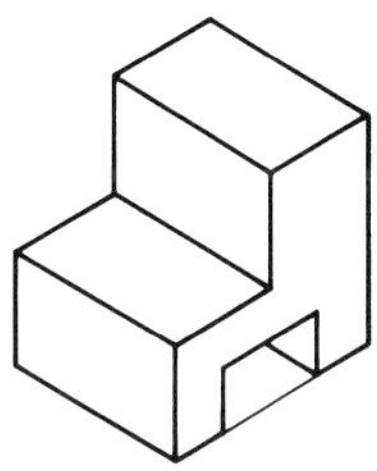

4.2 Axonometrische Projektion

Eine Angleichung dieser Perspektive an das technische Zeichnen, bei dem parallele Linien auch parallel gezeichnet werden, ist die **axonometrische Projektion** (**4**.2). Auch sie soll den räumlichen Eindruck hervorrufen, verzerrt das perspektivische Bild jedoch dadurch, dass sie die Fluchtpunkte vermeidet. Vorteilhaft ist, dass man Kantenlängen in den drei Hauptebenen messen und damit auch bemaßen kann. Trotzdem ist die sach- und fachgerechte Herstellung technischer Baugruppen auch nach diesen Zeichnungen nur in seltenen Fällen möglich, da die Flächen (die Ebenen) des Körpers verzerrt werden.

Technische Zeichnungen werden deshalb überwiegend als orthogonale Projektion (Normalprojektion) erstellt, sodass in der Ebene des Zeichnungsträgers auch nur parallele Ebenen des Körpers (Werkstück, Bauteil, Konstruktion) gezeichnet werden (**4**.3). Dies zwingt in vielen Fällen dazu, den Körper von mehreren Stellen aus zu betrachten, d. h. mehrere Ansichten darzustellen.

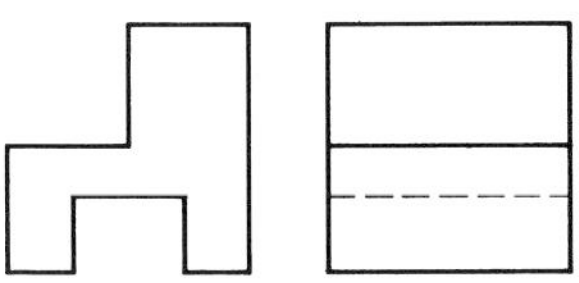

4.3 Orthogonale Projektion

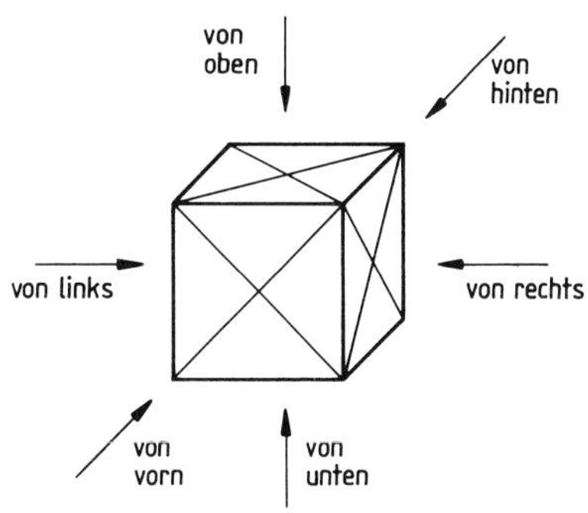

4.4 Ansichten der orthogonalen Projektion

4.1 Orthogonale Darstellung (Normalprojektion) (DIN ISO 5456-2)

Nehmen wir den Würfel stellvertretend für alle Körper, so erkennen wir, dass es 6 Ebenen gibt, die dort, wo sie sich berühren, senkrecht zueinander stehen (**4**.4). Würden wir die Ebenen mit senkrecht auftreffenden parallelen Lichtstrahlen abtasten, so entstünde jeweils ein form- und maßgetreues Abbild.

> Diese orthogonale Projektionsmethode (Normalprojektion) ist die am häufigsten angewandte Methode für Darstellungen in allen Bereichen des Technischen Zeichnens.

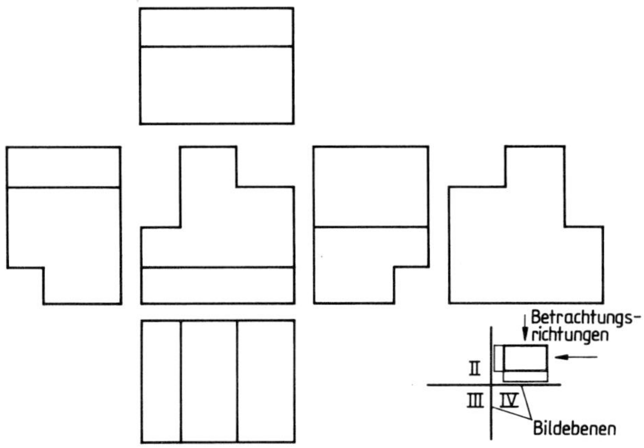

4.5
Anordnung der Ansichten.
Projektionsmethode 1

In der Normalprojektion lässt sich ein Körper in 6 Ansichten darstellen. Die Anordnung der Ansichten auf einer Ebene nach der Projektionsmethode 1 (Gegenstand in Betrachtungsrichtung vor der Bildebene **4**.5) wird überwiegend benutzt, es kann aber auch die Projektionsmethode 3 (Gegenstand in Betrachtungsrichtung hinter der Bildebene **4**.6) verwendet werden. Diese muss dann besonders auf der Zeichnung gekennzeichnet werden.

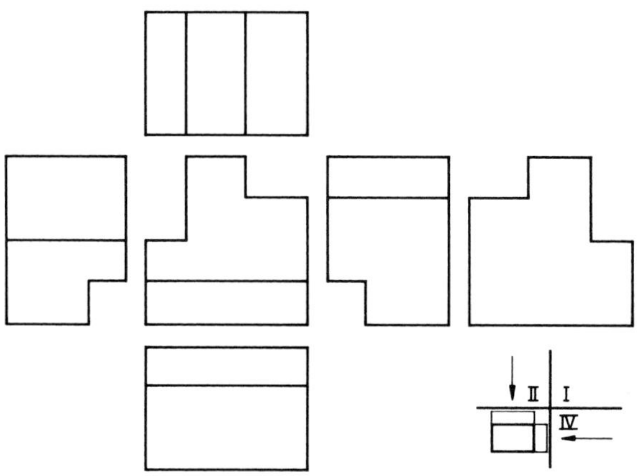

4.6
Anordnung der Ansichten.
Projektionsmethode 3

Das Zeichnen aller 6 Ansichten ist nur in sehr wenigen Fällen notwendig, meist reichen 3 Ansichten aus. Dafür wählt man die Betrachtung von vorn (**Hauptansicht**, sie gibt die wesentlichen Merkmale des Körpers wieder), von links (**Seitenansicht**) und von oben (**Draufsicht**). Diese Ansichten lassen sich gut in einer „Raumecke" nachvollziehen (**4**.7).

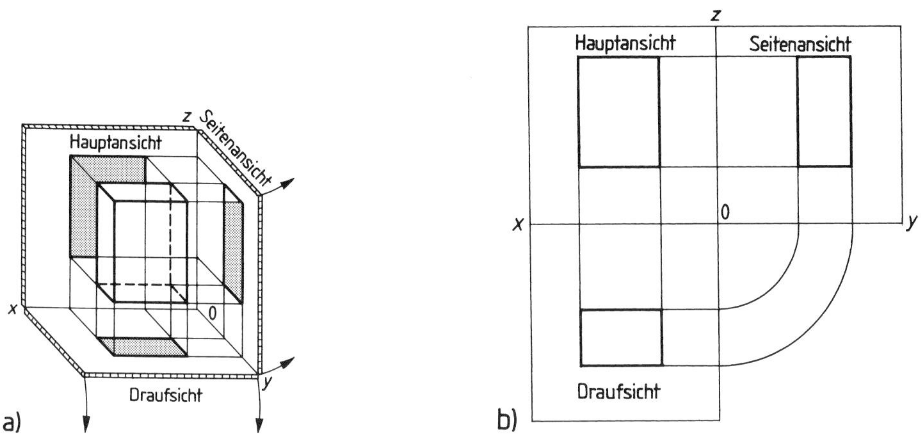

4.7 a) Rechtecksäule in der Raumecke, b) aufgeklappte Raumecke

4.1.1 Projektionslinien

Die genormte Lage der Ansichten, in der Gegenstände darzustellen sind, erlaubt es, z.B. aus zwei Ansichten die Dritte zu entwickeln. Jeder Punkt im Raum entsteht durch das Schneiden mindestens zweier Linien (s. auch Abschn. 3). Zeichnet man die Projektionslinien (das sind Linien, die parallel zu den Kanten der Raumecke verlaufen) eines Punktes aus zwei gegebenen Ansichten in die Dritte, ergibt sich zwangsläufig dessen Lage dort. Die Verbindungen der konstruierten Punkte ergibt die Körperform in der dritten Ansicht. Die Bilder **4**.8 bis **4**.10 zeigen an einfachen Beispielen das entsprechende Vorgehen, wobei die Projektionslinien zwischen Seitenansicht und Draufsicht auf drei verschiedene Arten übertragen werden.

Zu Beginn der Ausbildung empfiehlt es sich, die Eckpunkte in den Ansichten durch Zahlen (oder Buchstaben) zu kennzeichnen.

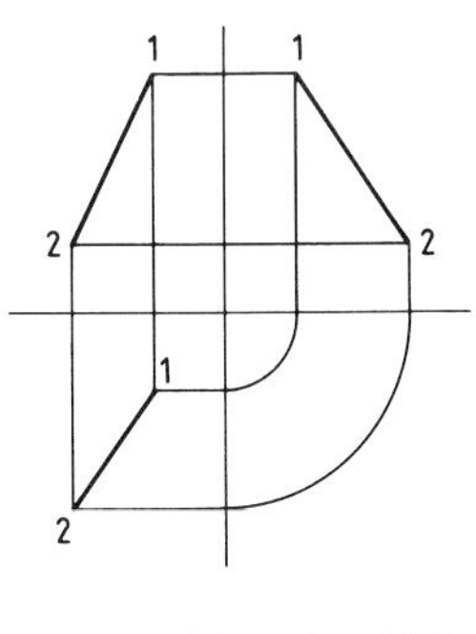

4.8 Projektion einer Linie

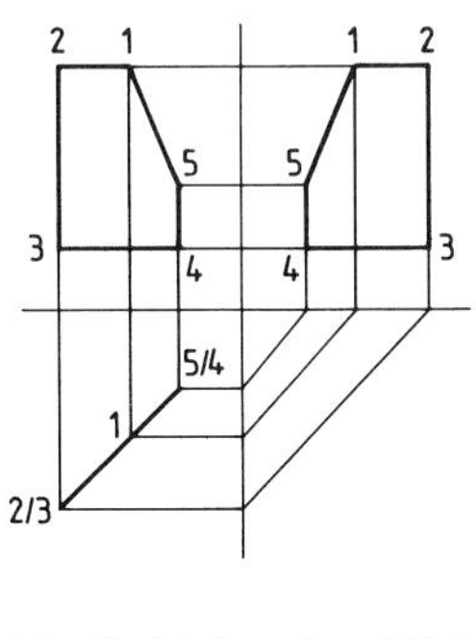

4.9 Projektion einer Fläche

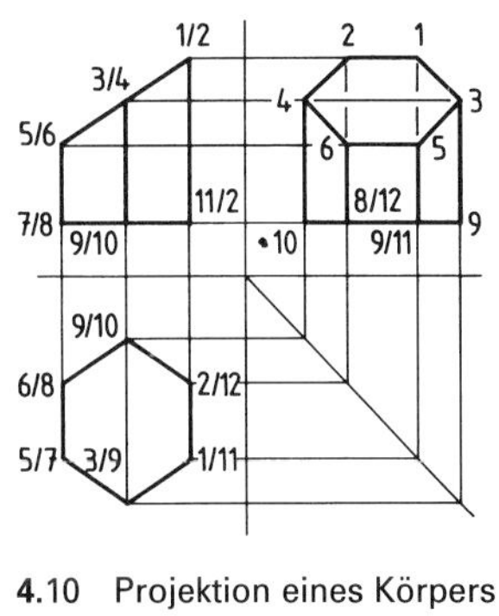

4.10 Projektion eines Körpers

4.1.2 Normalprojektion prismatischer Körper

Prismen sind ebenflächige Körper, bei denen horizontale Schnitte (in der Körperlage wie in **4**.11) Flächen gleicher Form und Größe ergeben. Werden diese Körper geradlinig geschnitten (durch Bearbeitung verändert), so entstehen geradlinig begrenzte Schnittflächen. Bei der Darstellung geschnittener Prismen sind deshalb nur die Endpunkte der Schnittlinien in den Ansichten zu konstruieren (**4**.12, **4**.13, **4**.14).

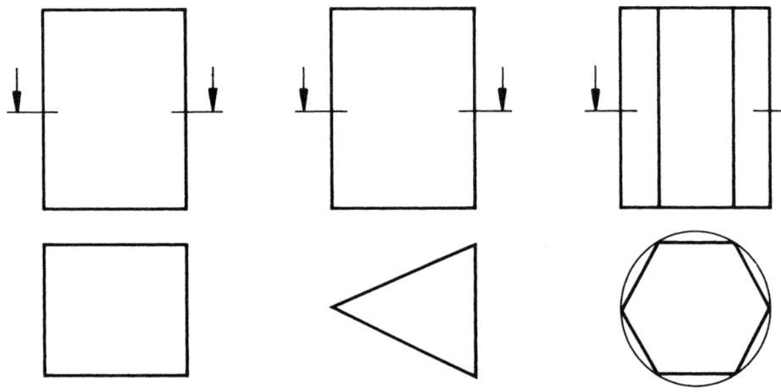

4.11 Prismen

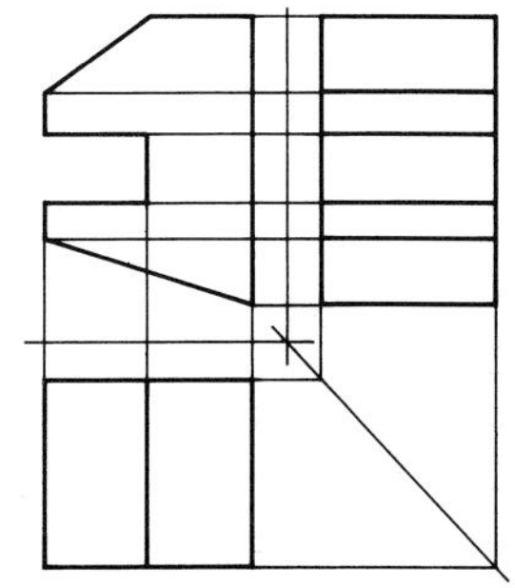

4.12 Rechteckprisma, geschnitten

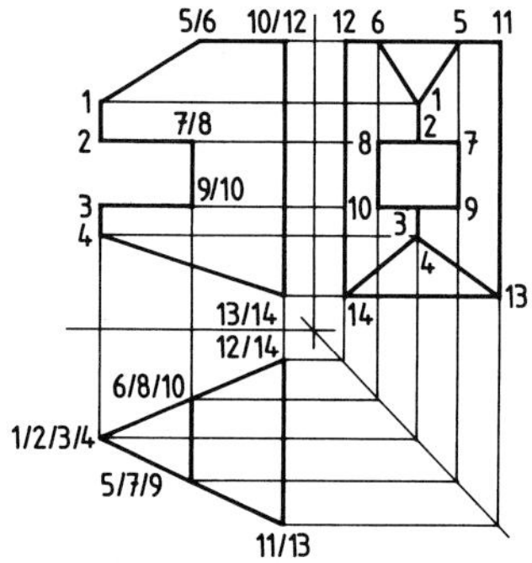

4.13 Dreieckprisma, geschnitten

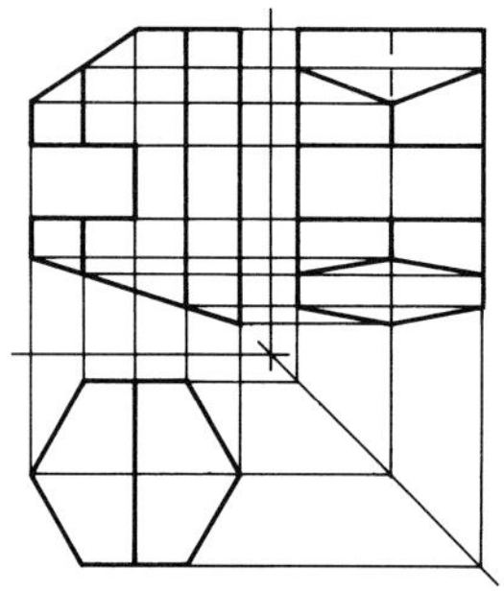

4.14 Sechseckprisma, geschnitten

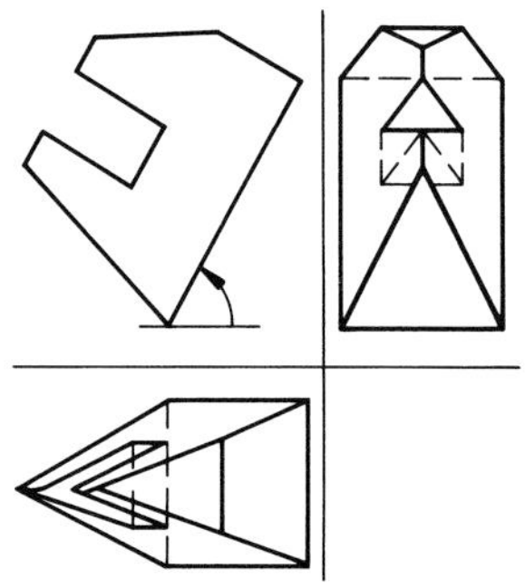

4.15 Prisma, um eine Kante gekippt

Bei Schrägschnitten ergibt sich dabei in den anderen Ansichten des prismatischen Körpers die Querschnittsform (oder Teile davon). Die Geradlinigkeit der Schnittkanten ergibt sich auch dann, wenn die Hauptkanten des Prismas nicht parallel zu den Projektionsebenen (Bildebenen) liegen (**4**.15).

4.1.3 Normalprojektion zylindrischer Körper

Zylinder sind gleichmäßig krummflächig begrenzte (rotationssymmetrische) Körper, bei denen Schnitte senkrecht zur Achse (Mittellinie) gleich große Kreisflächen und Schnitte parallel zur Achse Rechtecke unterschiedlicher Breite ergeben (**4**.16).

Zylinder werden wie alle rotationssymmetrischen Körper (Kegel, Kugel) stets mit Mittellinien gekennzeichnet.

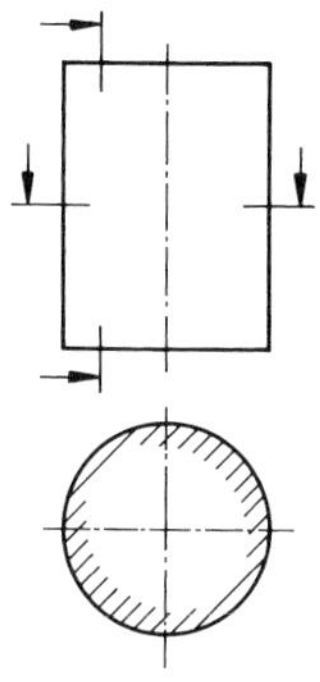

4.16 Zylinder

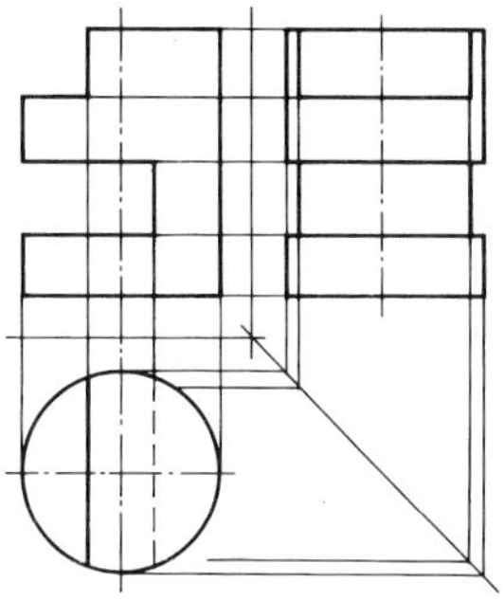

4.17 Zylinder, geschnitten

Verläuft die Mittellinie des Zylinders parallel zu zwei Hauptachsen der Projektionsebenen wie in Bild **4**.17, so ergeben sich bei Schnitten senkrecht zur Mittellinie (hier in der Draufsicht) immer Kreise oder Kreisteile und bei Schnitten parallel zu ihr (hier in der Seitenansicht) Rechtecke. Die Flächen in der einen Ebene (Kreis, Rechteck) werden zu Kanten in der anderen Ebene.

Bei der Normalprojektion ist stets zu bedenken, dass in den meisten Fällen die Kanten in der einen Ebene Flächen in der anderen Ebene sind. Deshalb ist es notwendig, häufig mehrere Ansichten eines Gegenstands zu zeichnen.

Werden Zylinder schräg zur Mantellinie geschnitten, dann sind Flächen in den beiden Zusatzansichten zur Hauptansicht sichtbar. Da die Seitenansicht (**4**.18) nur im Sonderfall „Schnitt unter 45°" eine Kreisfläche zeigt, müssen bei anderen Schnittwinkeln die Schnittflächenbegrenzungen konstruiert werden. Dies geschieht durch das Mantellinien- oder durch Hilfsschnittverfahren.

Mantellinienverfahren (**4**.19)

1. Der Umfang des Zylinders wird in beliebig viele, häufig gleich große, Teile geteilt (meistens 12; 12 × 30° = 360°).
2. Die Schnittpunkte der Mantellinien mit der Schnittkante werden festgestellt (hier in der Hauptansicht).
3. Die Schnittpunktlagen werden in die 3. Ansicht (hier Seitenansicht) projiziert. Der Abstand der einzelnen Konstruktionspunkte von der Mittellinie wird aus der Teilansicht (hier Draufsicht) übertragen.
4. Die ermittelten Punkte werden mithilfe spezieller Schablonen oder mit allgemeinen Kurvenlinealen verbunden.

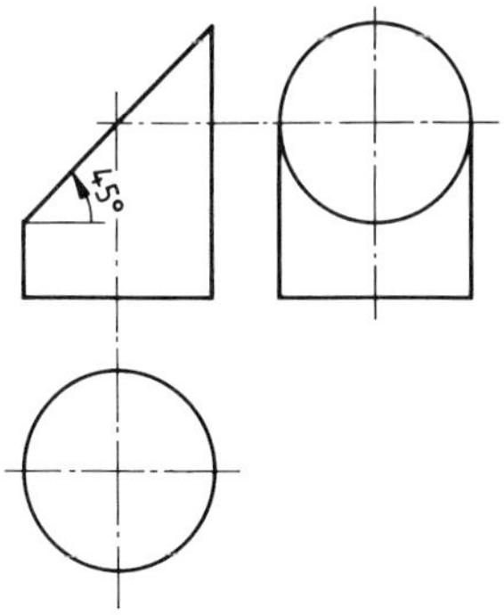

4.18 Zylinderschnitt unter 45°

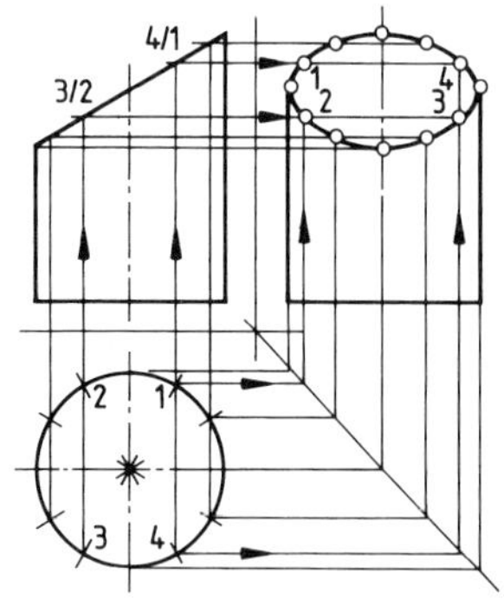

4.19 Mantellinienverfahren

Hilfsschnittverfahren (**4**.20)

1. In die Schnittebene werden beliebig viele (aber sinnvolle) Horizontalschnitte (senkrecht zur Mittellinie) gelegt.
2. In der Draufsicht entstehen Teilkreisflächen (ähnlich der Grundfläche), von denen nur die Schnittkantenbreiten interessant sind.
3. Die Lage der Horizontalschnitte wird in die Seitenansicht projiziert. Zusammen mit den übertragenen Schnittkantenbreiten ergeben sich Punkte, die auf der Schnittlinie in der Seitenansicht liegen.
4. Die ermittelten Punkte werden mithilfe spezieller Schablonen oder mit allgemeinen Kurvenlinealen verbunden.

Schwierig werden die Konstruktionen, wenn der geschnittene Zylinder wie in Bild **4**.21 mit seiner Mittellinie schräg zu den Hauptachsen des Systems liegt. Man benutzt in diesen Fällen Hilfskonstruktionen. Die halbe Querschnittsfläche des Zylinders wird in eine Ebene (hier Hauptansicht) hineingedreht. Dann legt man sinnvolle Hilfsschnitte (hier parallel zur Mittellinie), es ergeben sich Schnittpunkte auf den Schnittkanten des Körpers und zusätzlich die Mittenabstände (a, b) senkrecht zur dargestellten Ebene. Greift man diese Mittenabstände mit dem Zirkel ab und überträgt sie auf die anderen Ansichten, lassen sich die Schnittflächenformen zeichnen.

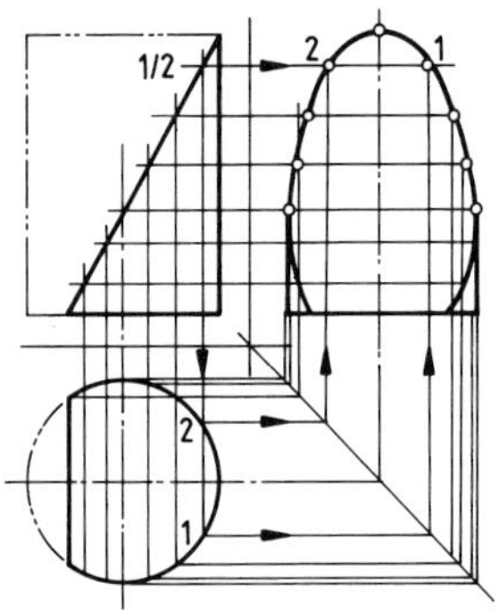

4.20 Hilfsschnittverfahren

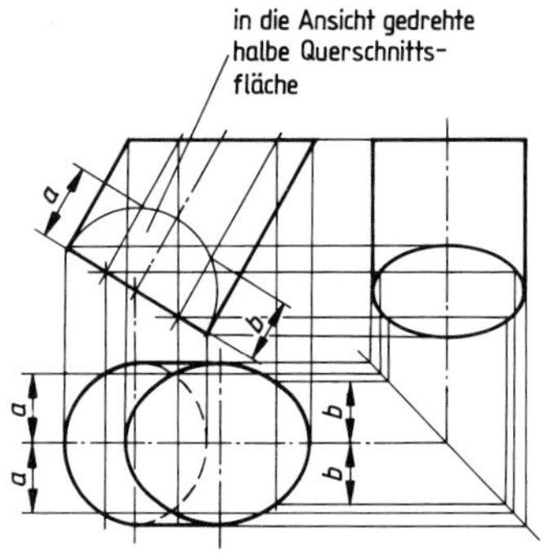

4.21 Schräglage eines Zylinders

Das Abgreifen und Übertragen der Maße mit dem Zirkel ist in vielen Fällen sicherer als das Zeichnen der Projektionslinien, da sich leicht durch Winkelverschiebungen und fehlerhaftes Ansetzen der Linien Ungenauigkeiten ergeben. Besonders deutlich wird das bei allen symmetrischen Formen, da dann gleiche Abstände von der Mittel-(Symmetrie-)linie erzeugt werden können.

Beim rechnerunterstützten Zeichnen werden in 3D-Programmen bei der Vorgabe von 2 aussagefähigen Ansichten (Mehrdeutigkeiten müssen vermieden werden, s. Übungen **4**.31, **4**.32, **4**.33) die anderen Ansichten automatisch entwickelt.

Die beim manuellen Zeichnen häufig mühsam zu erstellenden Schnittkurven, Durchdringungen und auch Abwicklungen werden von leistungsfähigen Zeichenprogrammen in kürzester Zeit entwickelt.

Übungen

Bei den folgenden Übungen sind nur die Formen, nicht die Größen vorgegeben. Als Vorgabe für die Außenmaße sind 40 mm × 40 mm und die Höhe 60 mm vorgesehen.

Ergänzen Sie die fehlenden Ansichten durch nachvollziehbare (durch Projektionslinien erkennbare) Konstruktionen:

4.22 bis **4**.24 – Linien im Raum
4.25 bis **4**.27 – Fläche im Raum
4.28 bis **4**.30 – Körper im Raum

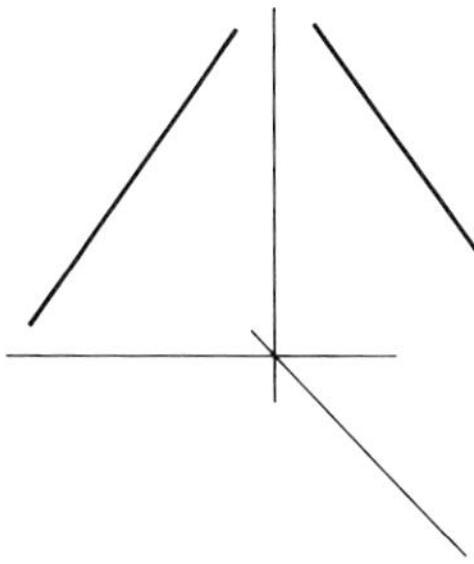

4.22 Linien im Raum (1. Übung)

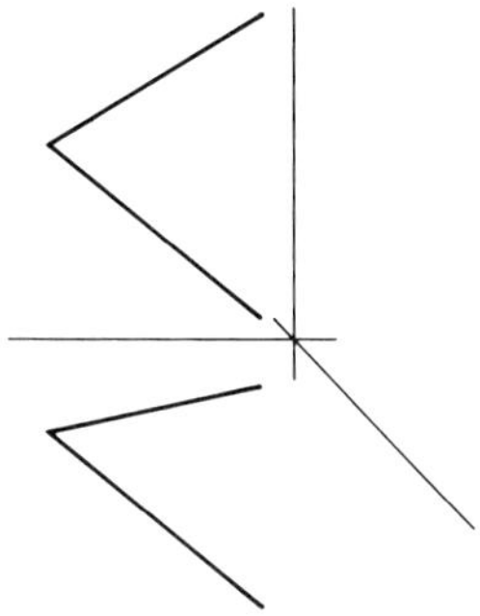

4.23 Linien im Raum (2. Übung)

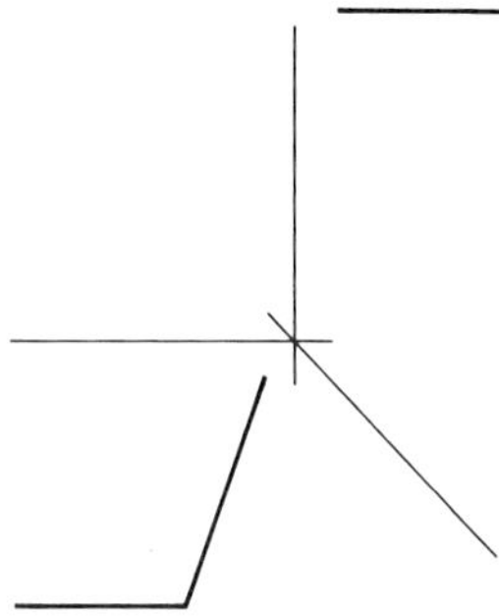

4.24 Linien im Raum (3. Übung)

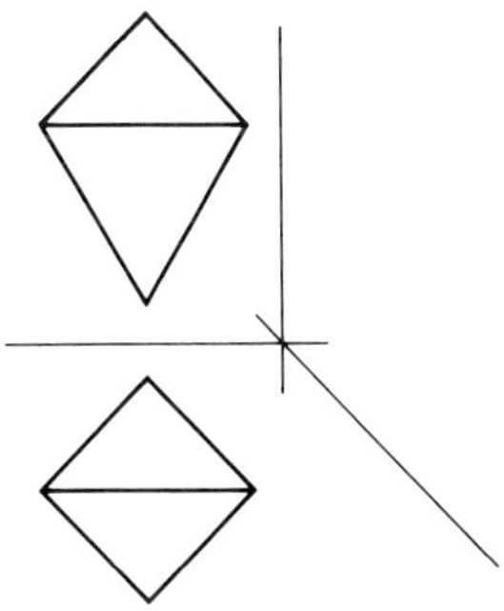

4.25 Fläche im Raum (1. Übung)

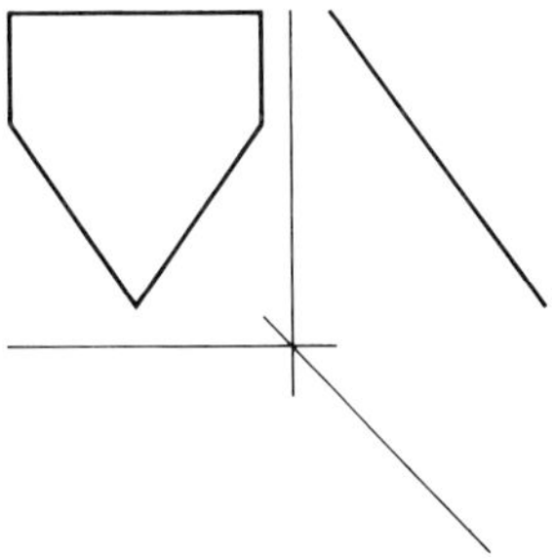

4.26 Fläche im Raum (2. Übung)

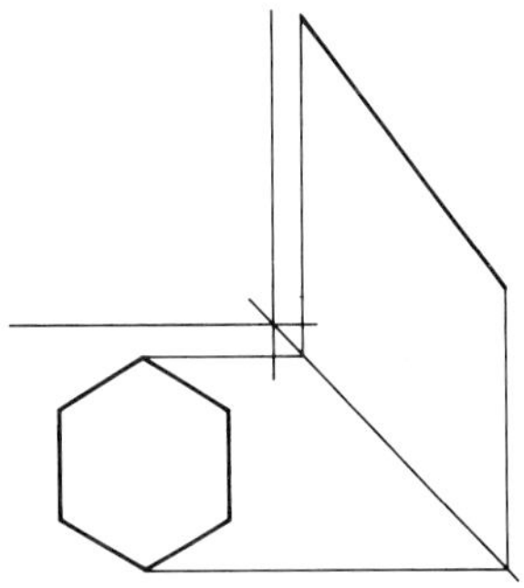

4.27 Fläche im Raum (3. Übung)

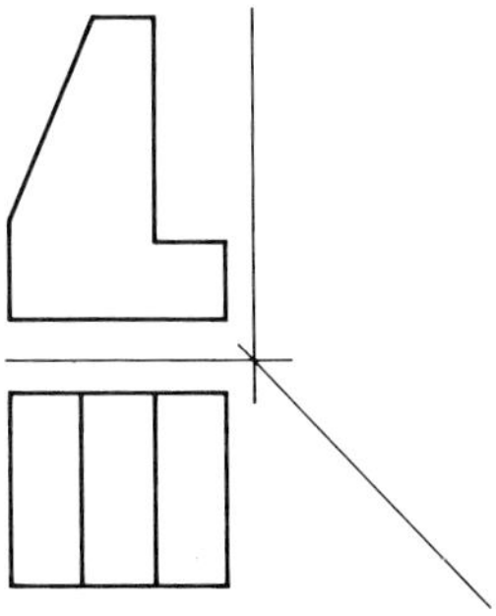

4.28 Körper im Raum (1. Übung)

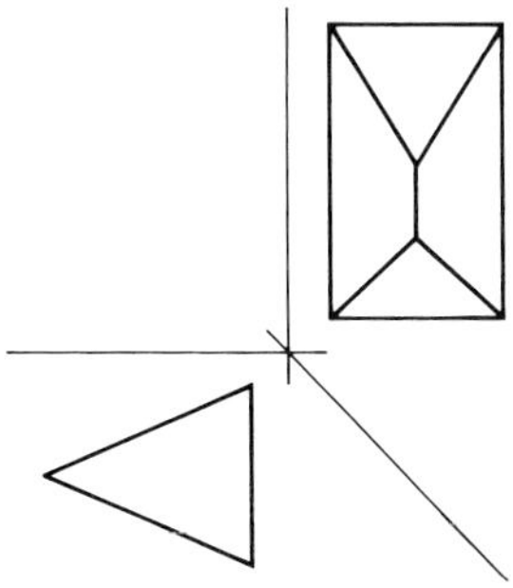

4.29 Körper im Raum (2. Übung)

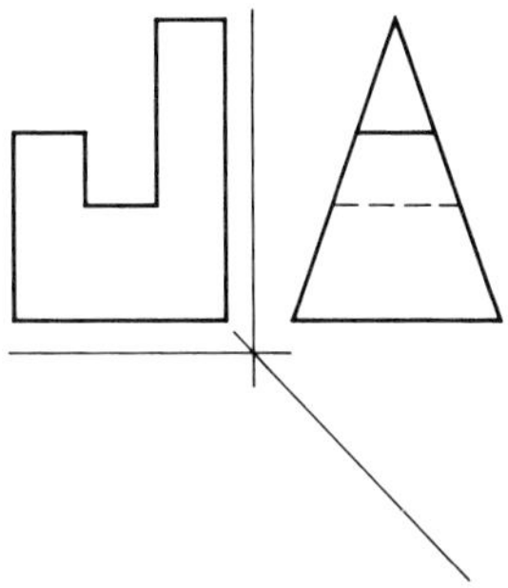

4.30 Körper im Raum (3. Übung)

Zeichnen Sie für die Übungen **4**.31 bis **4**.33, die gegebenen Ansichten sind mehrdeutig, mindestens je drei Hauptansichten.

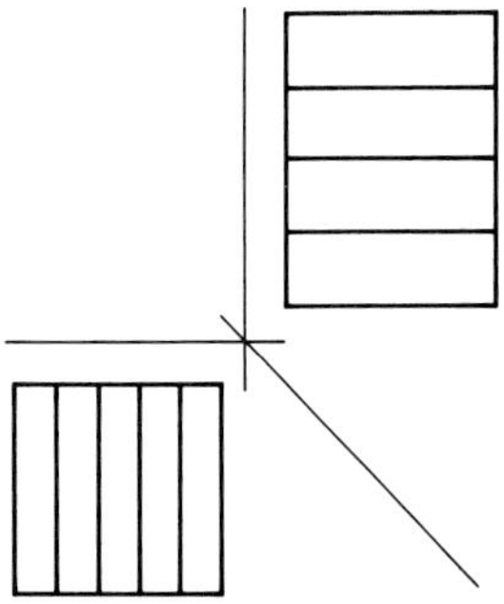

4.31 Mehrdeutige Darstellung (1. Übung)

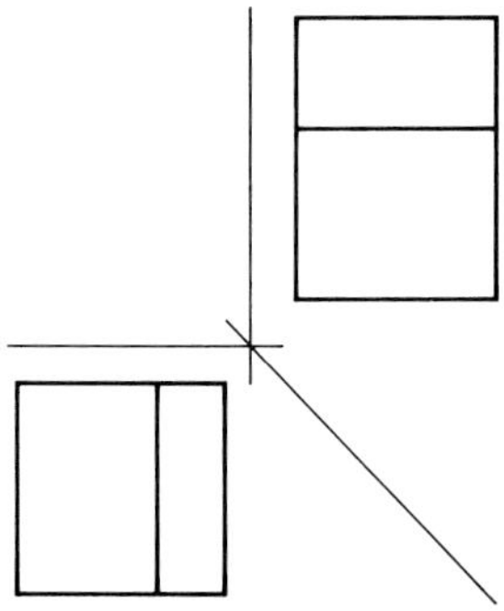

4.32 Mehrdeutige Darstellung (2. Übung)

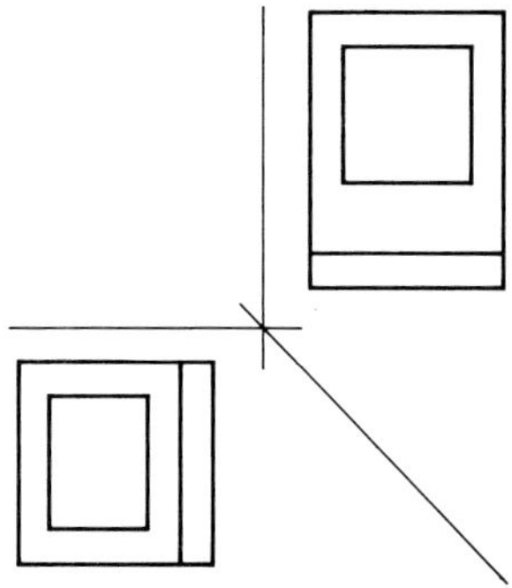

4.33 Mehrdeutige Darstellung (3. Übung)

Zeichnen Sie für Bild **4**.34 bis **4**.36 die fehlenden Ansichten durch Übertragen der Maße mit einem Zirkel.

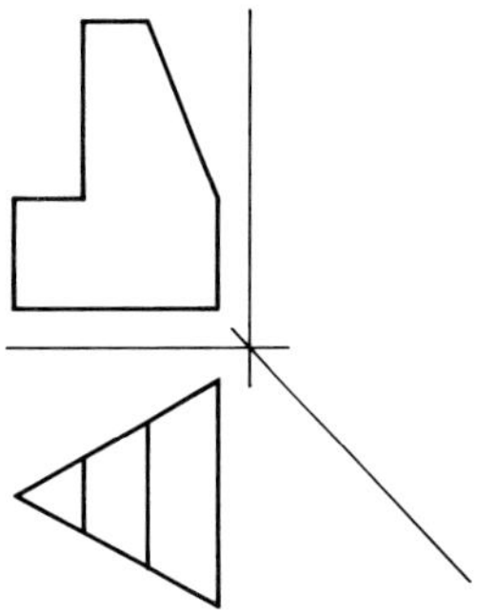

4.34

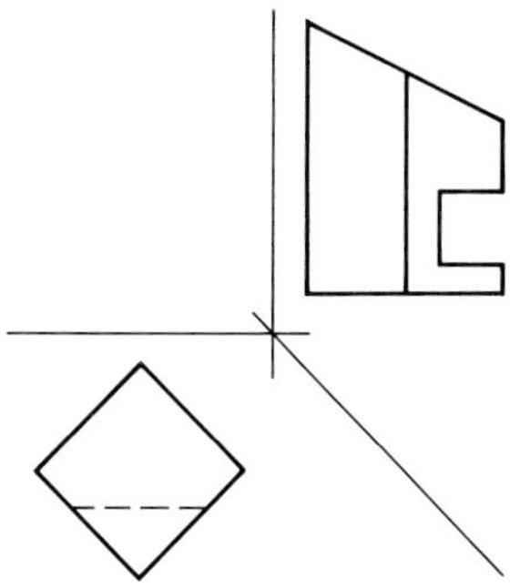

4.35

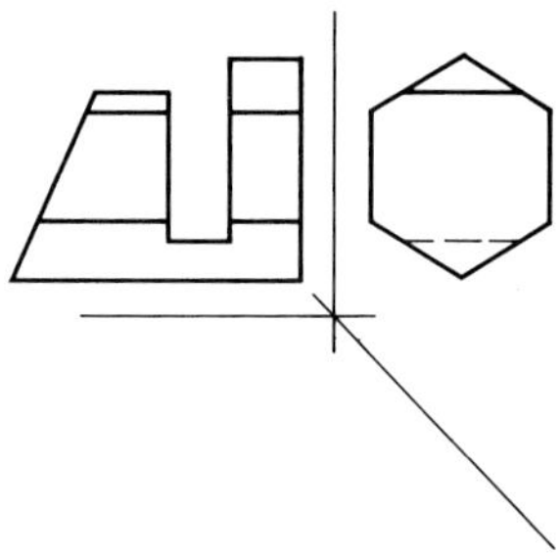

4.36

Ergänzen Sie in Bild **4**.37 bis **4**.41 die fehlenden (sichtbaren oder verdeckten) Körperkanten und konstruieren Sie die dritte Ansicht.

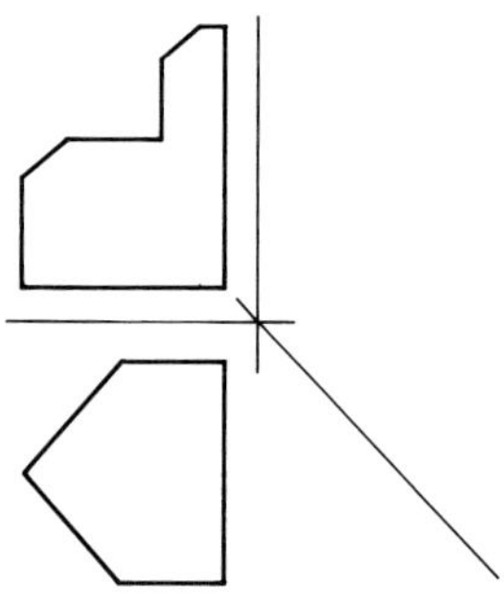

4.37

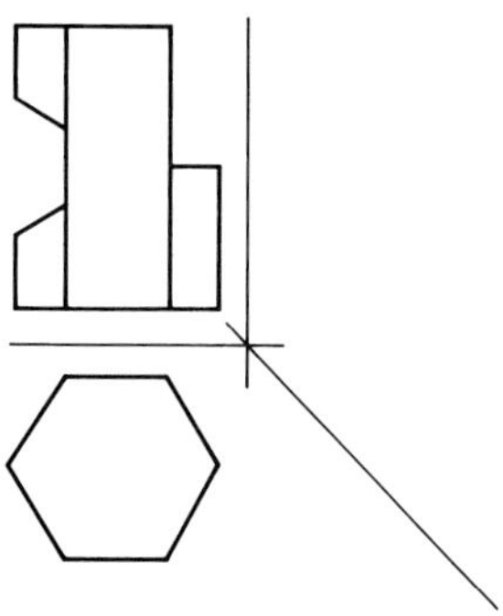

4.38

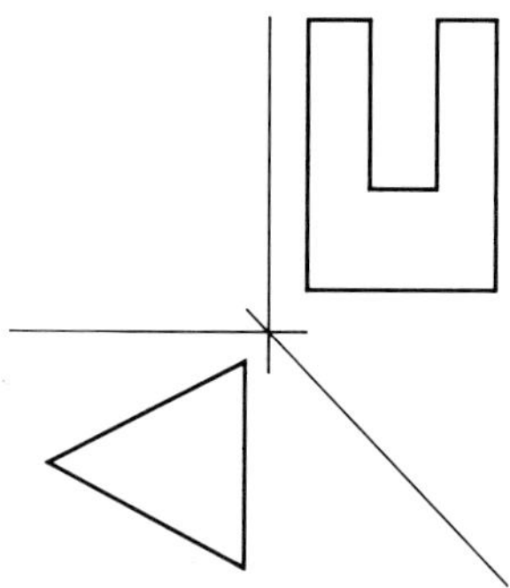

4.39

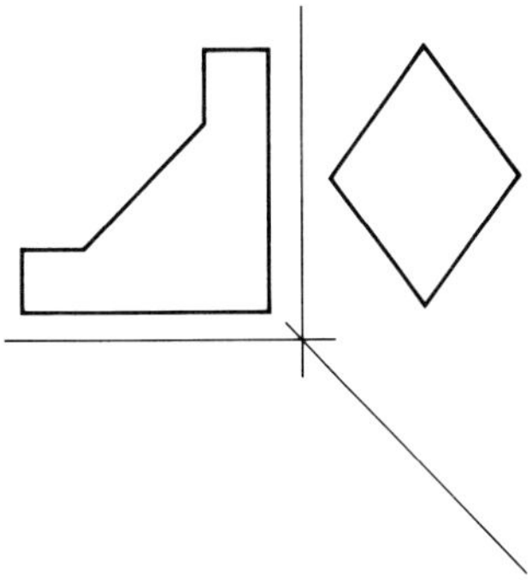

4.40

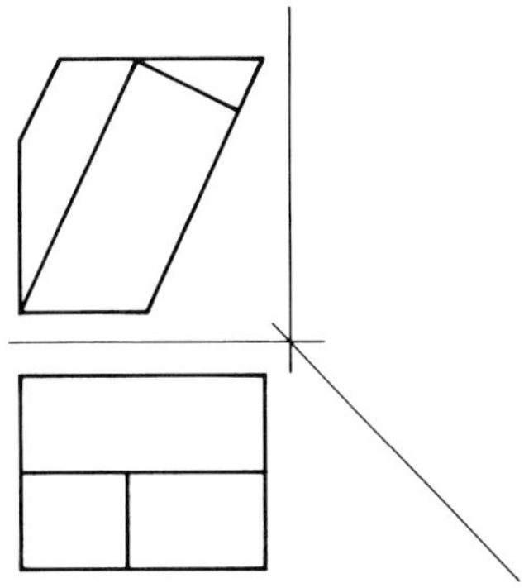

4.41

Aufgaben **4.**42 bis **4.**55: Wählen Sie als Maße für die zylindrische Grundform einen Durchmesser von 40 mm und eine Höhe von 60 mm. Konstruieren Sie jeweils die dritte Ansicht mithilfe von Projektionslinien und/oder durch Maßübertragung mit dem Zirkel.

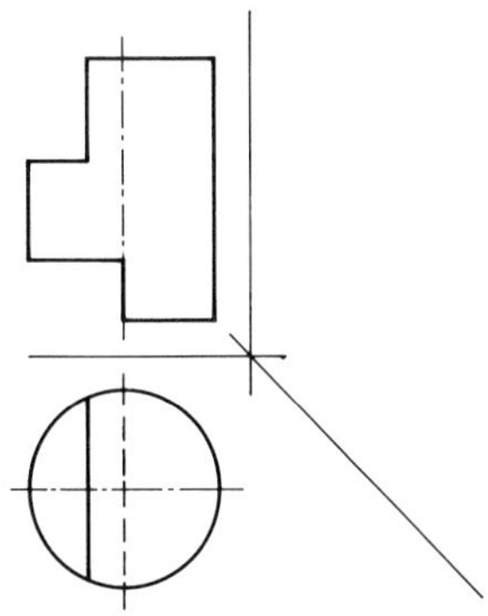

4.42

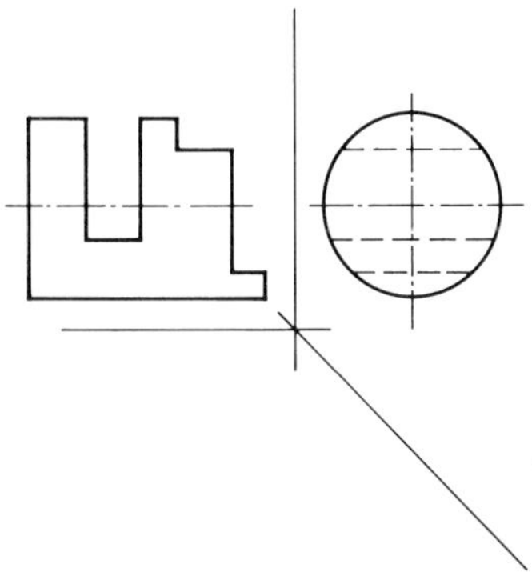

4.43

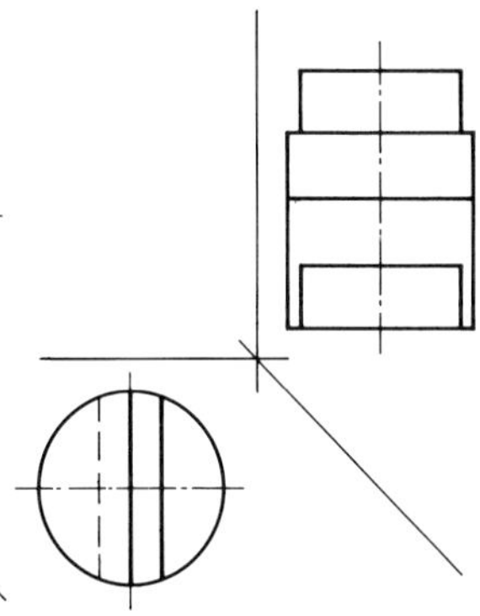

4.44

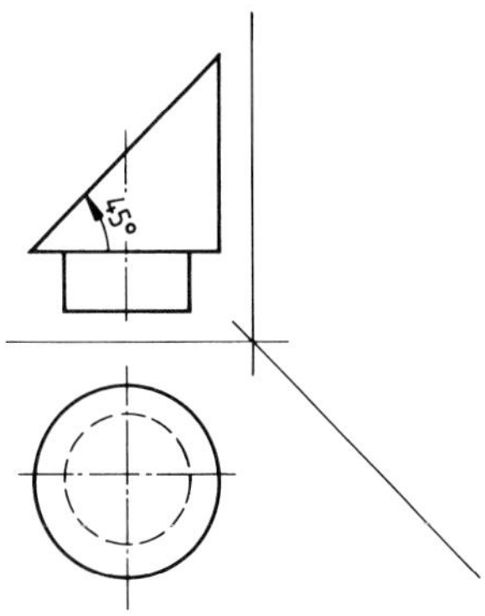

4.45

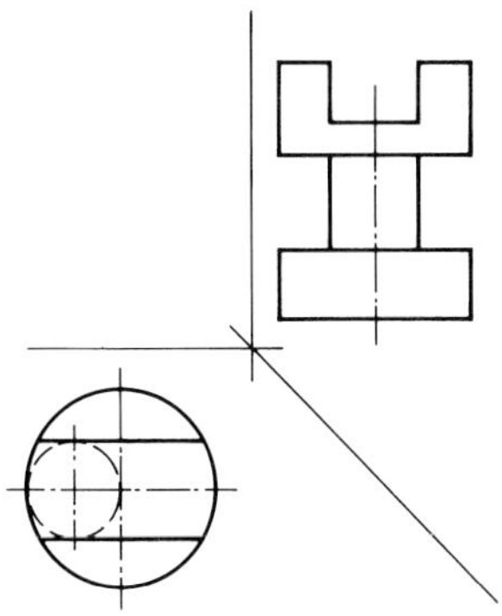

4.46

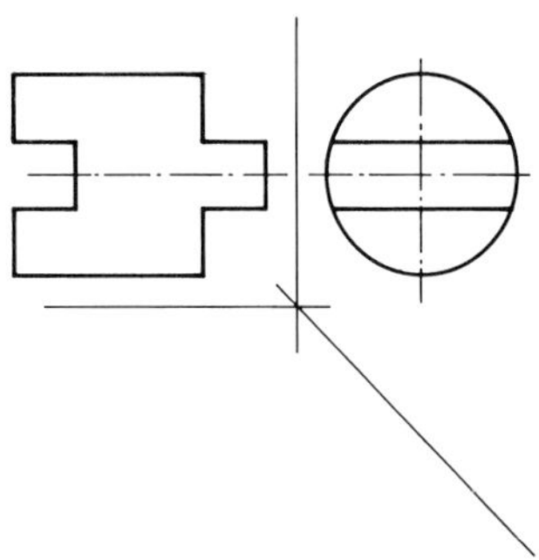

4.47

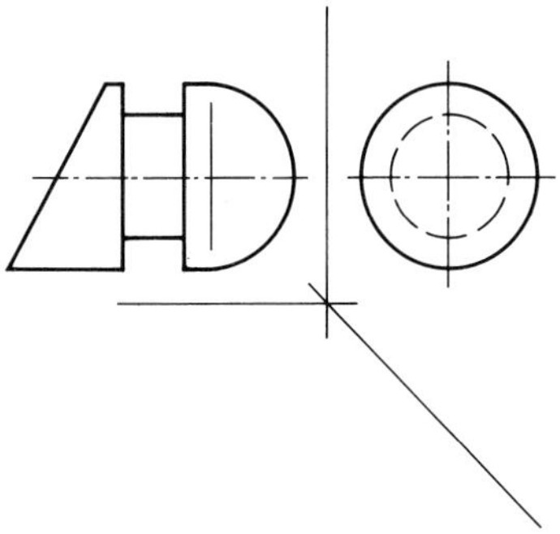

4.48

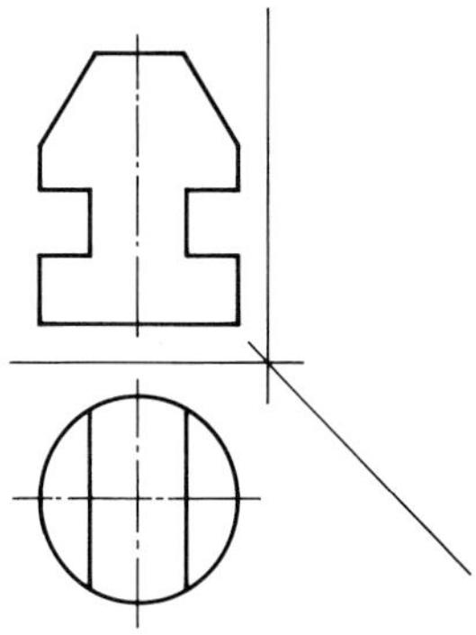

4.49

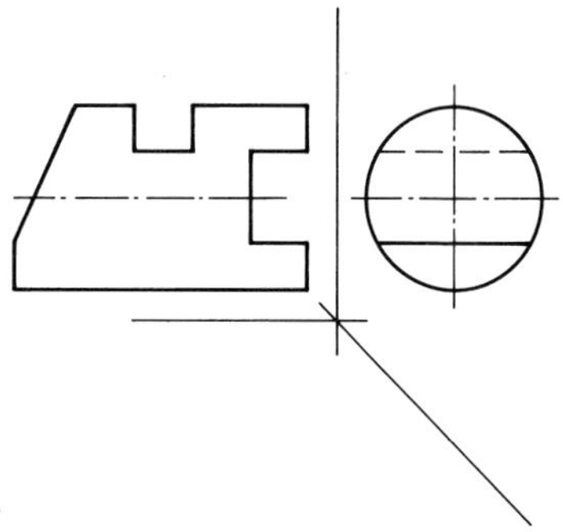

4.50

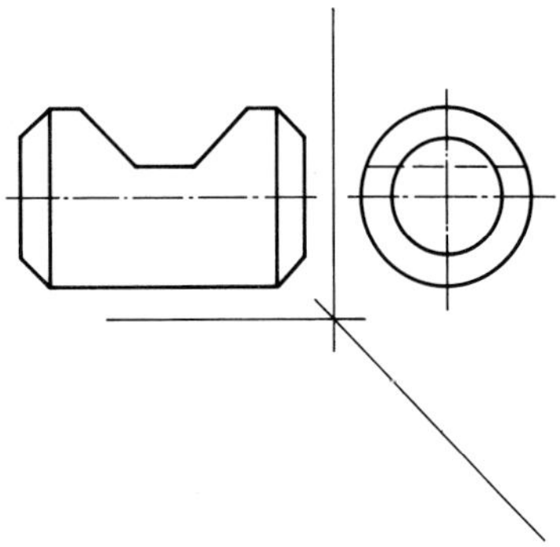

4.51

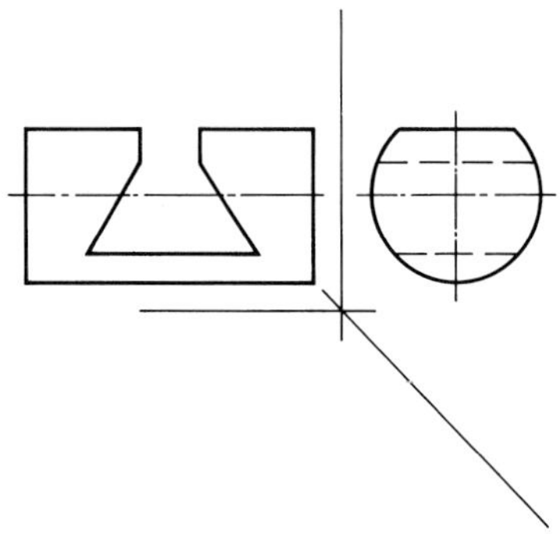

4.52

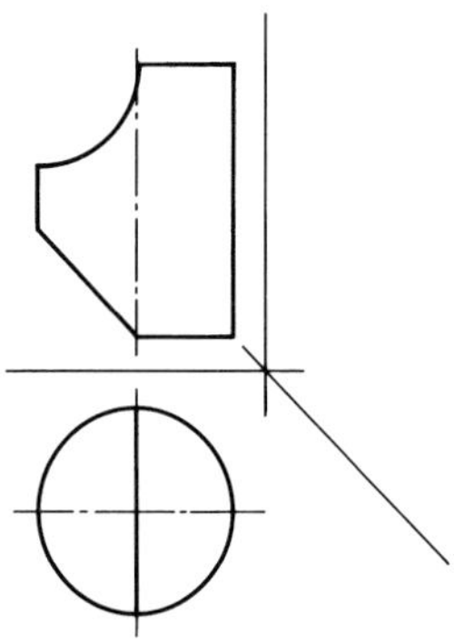

4.53

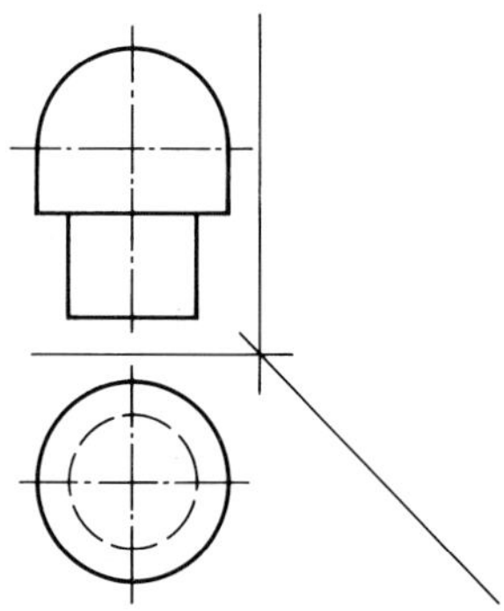

4.54

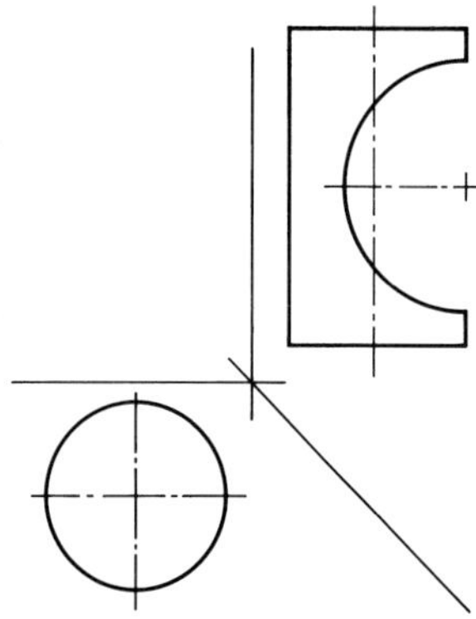

4.55

4.1.4 Normalprojektion pyramidenförmiger Körper

Bei den bisher behandelten Prismen und Zylindern ergaben Schnitte senkrecht zur Achse gleich große, formidentische Flächen. Bei den spitzzulaufenden Pyramiden und Kegeln oder auch Pyramiden- und Kegelstümpfen bleibt die Form erhalten, die Größe ändert sich jedoch.

Die Art der Projektion und die grundlegenden Erkenntnisse und Verfahren der vorhergehenden Abschnittsteile sind übertragbar.

Pyramidenförmige Körper werden durch ebene Flächen begrenzt. Werden geradlinige Schnitte gelegt, so sind die Schnittkanten ebenfalls geradlinig, d.h. nur die Endpunkte der Strecken bzw. die Eckpunkte der Körper sind zu konstruieren (**4**.56, **4**.57).

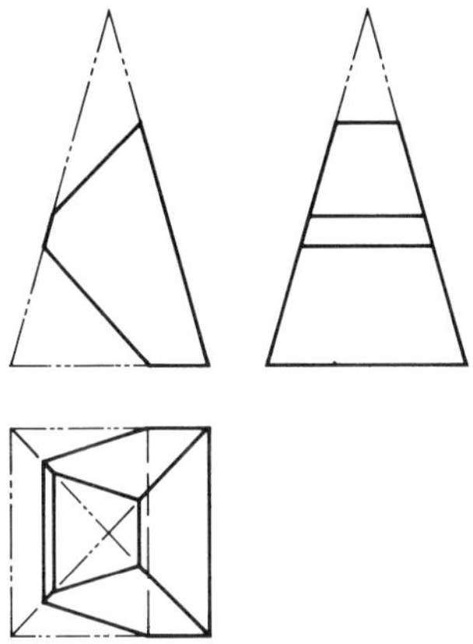

4.56 Gleichmäßige Pyramide

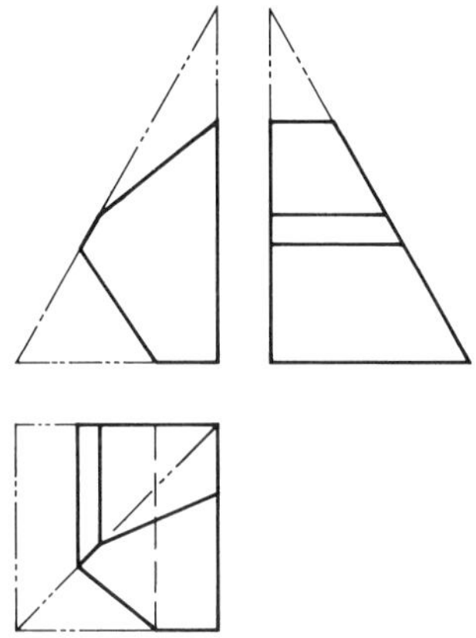

4.57 Schiefe Pyramide

4.1.5 Normalprojektion kegeliger Körper

Bei kegeligen Körpern tritt auf Grund der gewölbten Mantelfläche bei fast allen Schnittführungen die gekrümmte Linie als Schnittkante auf. Diese Linien lassen sich mathematisch definieren, es sind Kreise oder Ellipsen bzw. Teile davon, Parabeln oder Hyperbeln. Kreis- oder Teilkreisflächen in einer der Ansichten entstehen durch Schnitte senkrecht zur Achse (**4**.58). Die Durchmesser der Kreise bzw. deren Begrenzungen sind in der Schnittansicht direkt messbar (**4**.59).

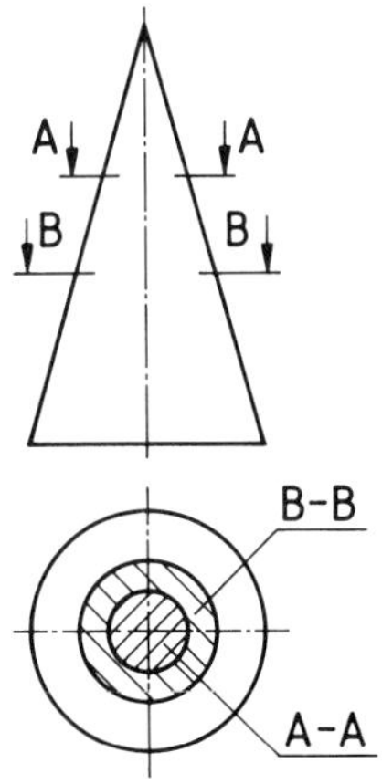

4.58 Kreisschnitte am Kegel

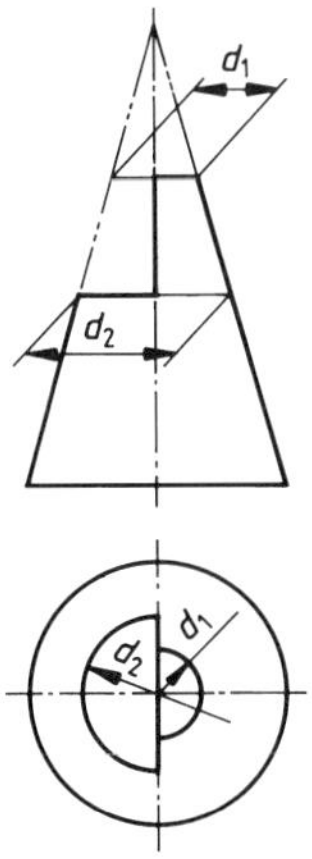

4.59 Durchmesser der Teilkreisflächen

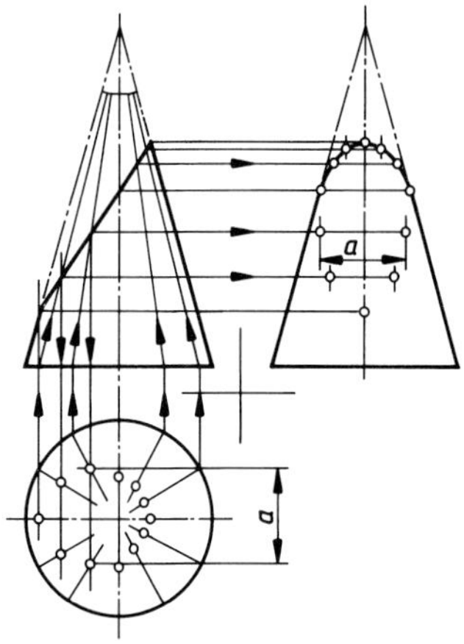

4.60 Mantelschnittverfahren am Kegel

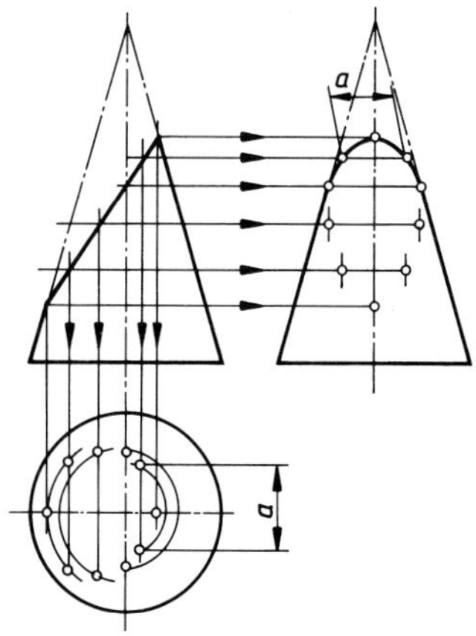

4.61 Hilfsschnittverfahren am Kegel

Ellipsen als Schnittbegrenzungen entstehen, wenn die Schnitte schräg zur Achse gelegt werden und beide Seitenlinien (u. U. in der Verlängerung) geschnitten werden. Die Konstruktion der Linien erfolgt mit den bereits dargestellten Mantellinien- oder Hilfsschnittverfahren (**4.60**, **4.61**, **4.62**).

Parabeln als Schnittlinienbegrenzung entstehen, wenn eine Seitenlinie, die Mittellinie und die Grundlinie (-fläche) direkt oder als Verlängerung geschnitten werden. Die Idealform entsteht durch einen Schnitt parallel zur Seitenlinie (**4.63**).

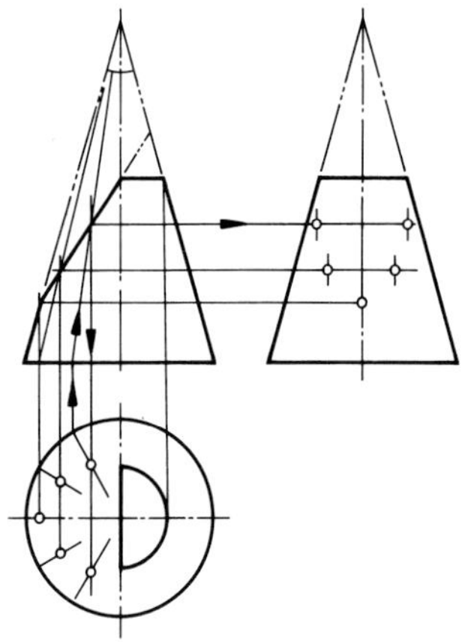

4.62 Ellipsenschnitt

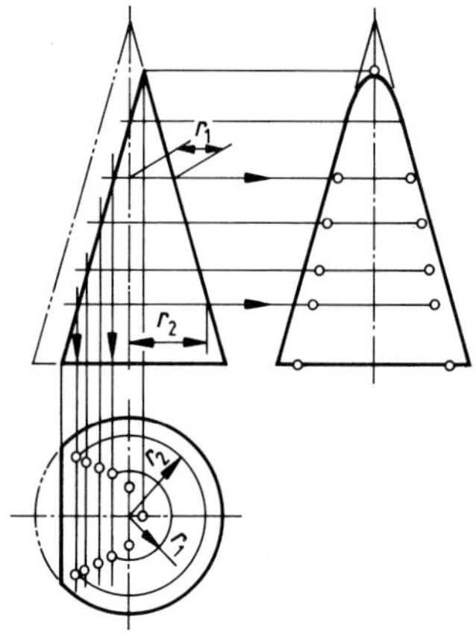

4.63 Parabelschnitt

Hyperbeln als Schnittlinienbegrenzung entstehen, wenn die Schnitte die Achse auch in der Verlängerung nicht berühren und die Grundfläche angeschnitten wird (u. U. in der Verlängerung). Die Idealform entsteht durch einen Parallelschnitt zur Achse (**4.64**, **4.65**). Der Schnitt durch die Achse ergibt Dreiecks- bzw. beim Kegelstumpf Trapezflächen.

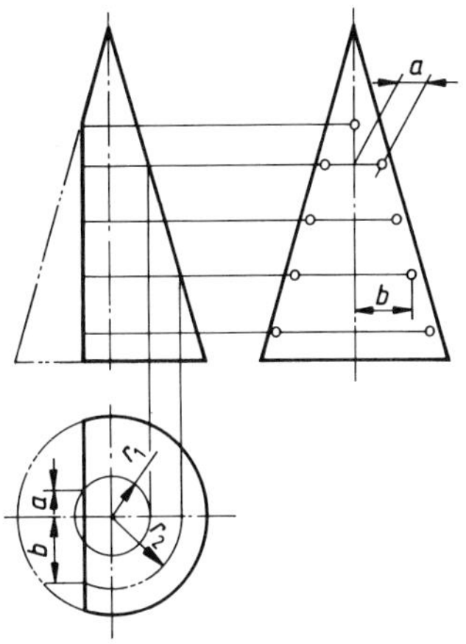

4.64 Hyperbelschnitt (Idealform)

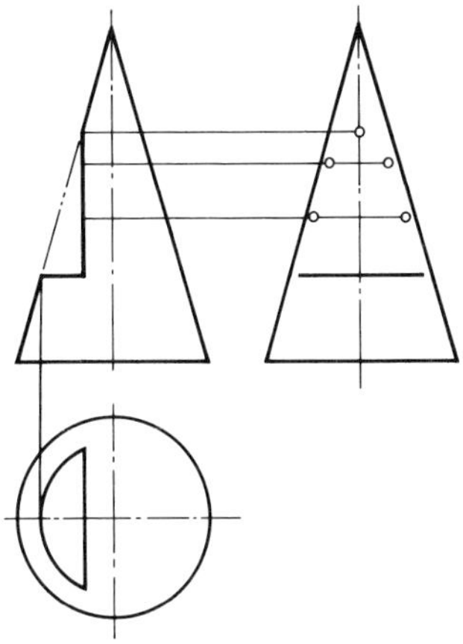

4.65 Hyperbelschnitt (Idealform), Grundlinie in Verlängerung geschnitten

4.1.6 Normalprojektion kugeliger Körper

Ebene Schnitte an Kugeln erzeugen Kreis- oder Teilkreisflächen (Ansicht A in **4.**66), deren Größe vom Abstand zum Mittelpunkt der Kugel abhängt. Liegt der Schnitt schräg zur Blickrichtung (Projektionsrichtung), so ergeben sich von Ellipsen begrenzte Flächen. Die Konstruktion der Schnittflächenbegrenzung erfolgt durch Hilfsschnitte (**4.66**).

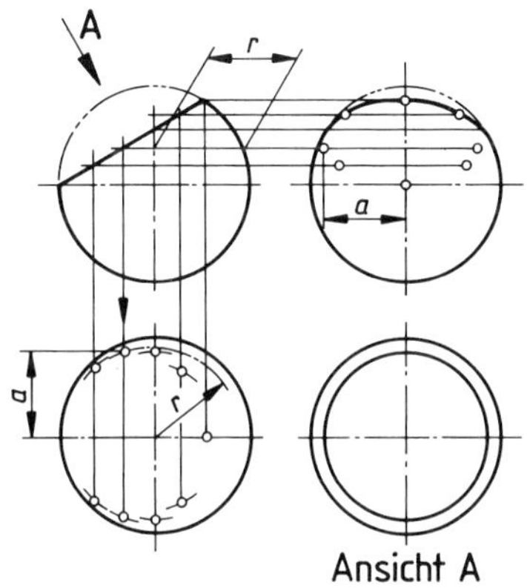

4.66 Kugel, geschnitten

4.1.7 Normalprojektion von Durchdringungen

Durchdringen sich geometrische Körper (Bohrungen und Durchbrüche in Prismen, Pyramiden, Zylindern, Kegeln oder Kugeln), so treten an den Außenkanten bestimmt geformte Durchdringungslinien auf.

Treffen Ebenflächler (Prisma, Pyramide) aufeinander, so sind die Durchdringungslinien geradlinig. Dadurch braucht man bei diesen Durchdringungen keine besonderen Hilfskonstruktionen. Es ist hilfreich, die Durchstoßpunkte zu nummerieren und sie entsprechend durch Geraden zu verbinden. Bild **4.**67 zeigt das am Beispiel zweier Prismen, Bild **4.**68 am Beispiel Pyramide durchdringt ein Prisma.

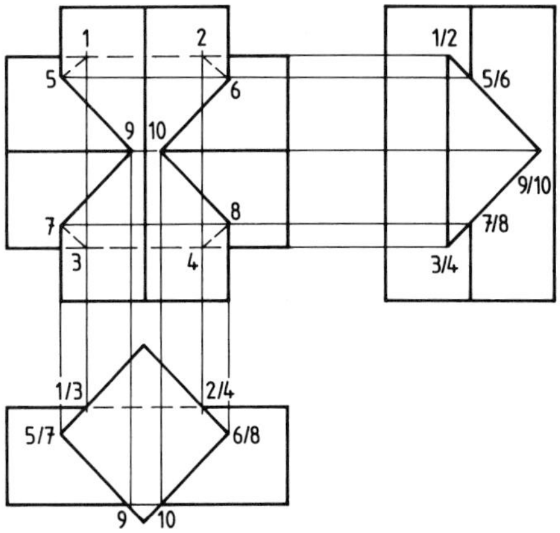

4.67 Prismendurchdringung

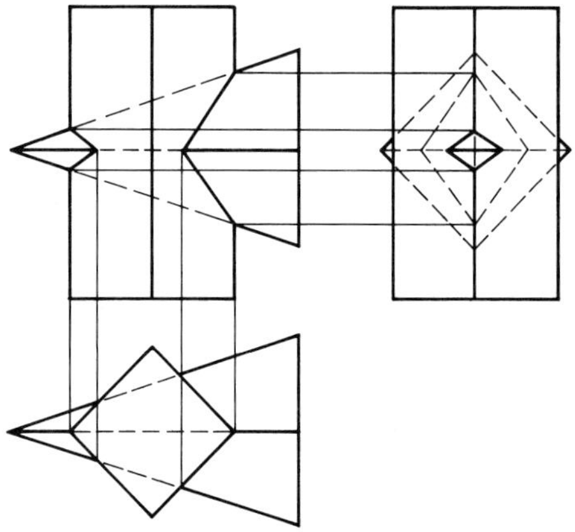

4.68 Pyramide durchdringt Prisma

Durchdringt eine Pyramide eine andere Pyramide, so sind Hilfsschnitte (als Horizontal- oder Vertikalschnitte) notwendig. Diese Schnitte werden durch den einen Körper (hier vertikaler Pyramidenstumpf) parallel zu den Kanten des zweiten (hier horizontale Sechskantpyramide) gelegt. Die gesuchten Endpunkte der Durchdringungslinien liegen dort, wo die Kanten in die Körperebene eindringen (4.69).

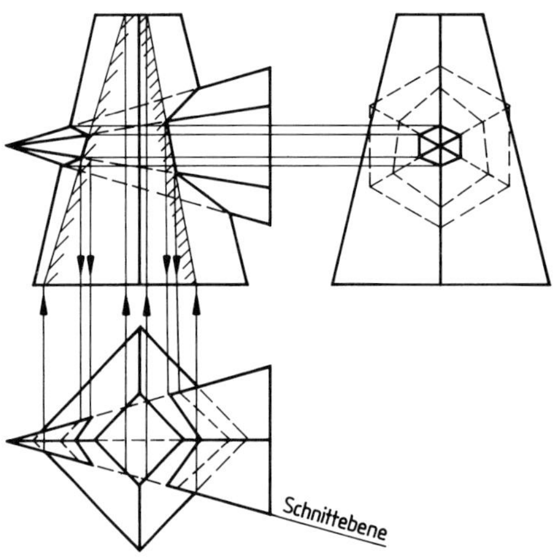

4.69 Pyramidendurchdringung

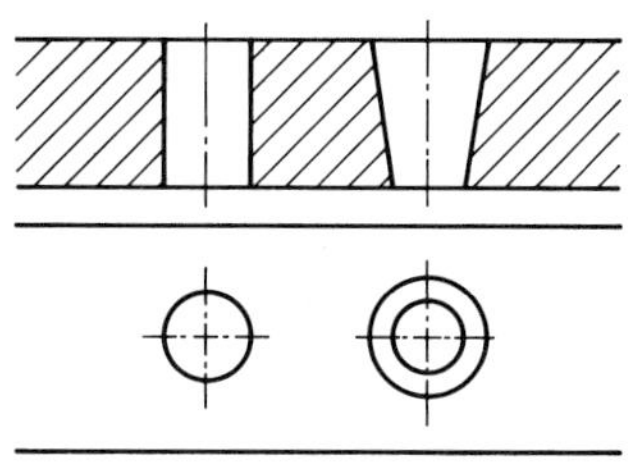

4.70 Bohrungen senkrecht zur Ebene

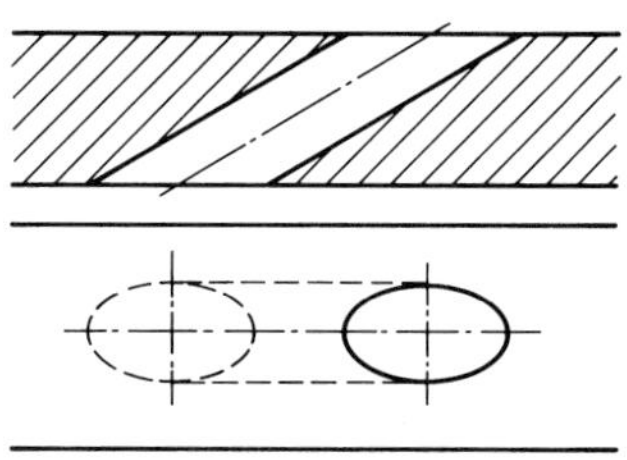

4.71 Bohrung schräg zur Ebene

Ist eine der Oberflächen gewölbt, so werden in vielen Fällen gekrümmte Linien erzeugt. Bohrungen zylindrischer oder kegeliger Form sind Beispiele für diese Durchdringungen. Treffen dabei Bohrungen senkrecht auf ebene Flächen, so entstehen Kreise oder Geraden (4.70). Werden die Bohrungen schräg angesetzt, entstehen andere gekrümmte Linien, z. B. Ellipsen wie in Bild 4.71, die entsprechend dem Schrägschnitt am Zylinder konstruiert werden.

Werden Flächen von Ebenflächlern bzw. gewölbte Flächen angebohrt, entstehen Durchdringungslinien, die mit Hilfsschnitt- oder Mantellinienverfahren konstruiert werden müssen (**4**.72, **4**.73). Dabei kann eine Ansicht entfallen, wenn man den Zylinderdurchmesser in zwei Ansichten einklappt (**4**.73, **4**.74).

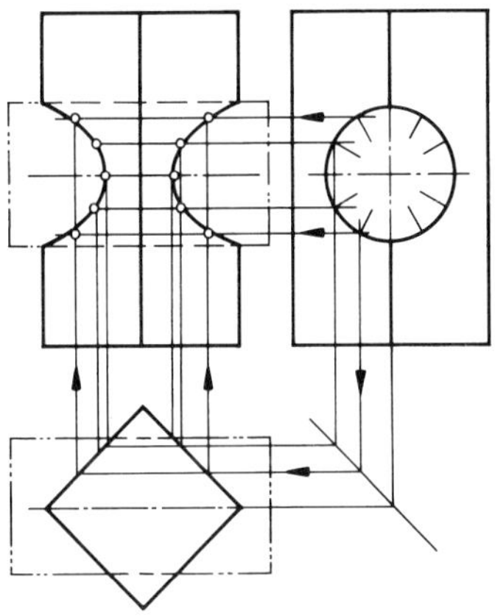

4.72 Mittige Bohrung am Prisma

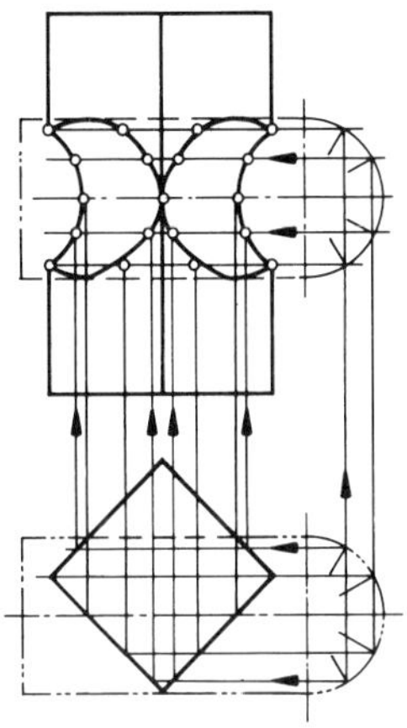

4.73 Außermittige Bohrung am Prisma

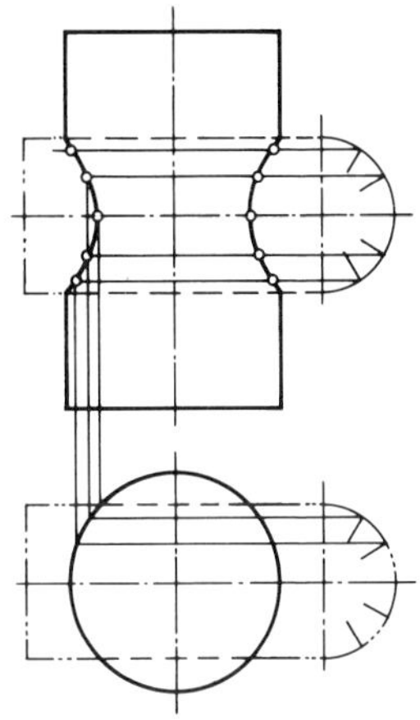

4.74 Mittige Bohrung am Zylinder

Die Konstruktionsverfahren sind für alle Fälle anwendbar, d.h. auch für außermittige und schräge Durchdringungen (**4**.75, **4**.76, **4**.77).

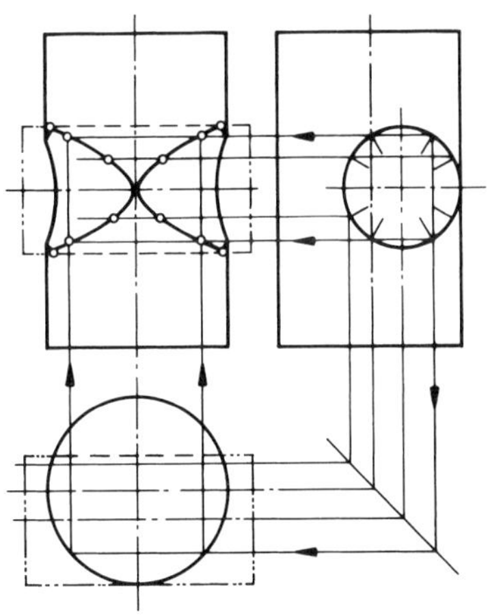

4.75 Außermittige Bohrung am Zylinder

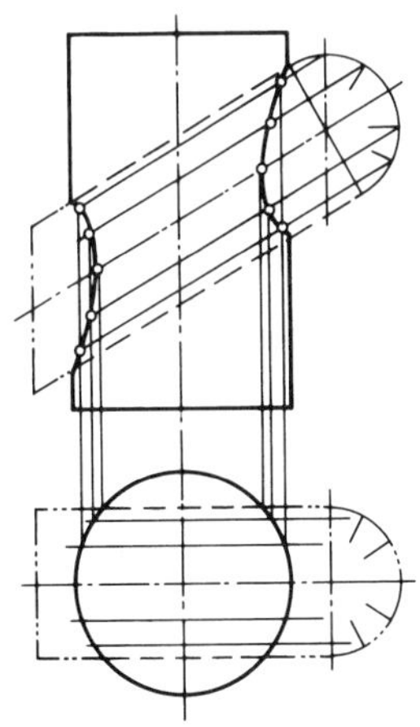

4.76 Schräge Bohrung am Zylinder

Treffen gleich große Zylinder mittig aufeinander (z. B. bei einer Rohrverzweigung), so werden die Durchdringungslinien zu Geraden, gleichgültig unter welchem Winkel die Körper aufeinander treffen (**4**.78, **4**.79).

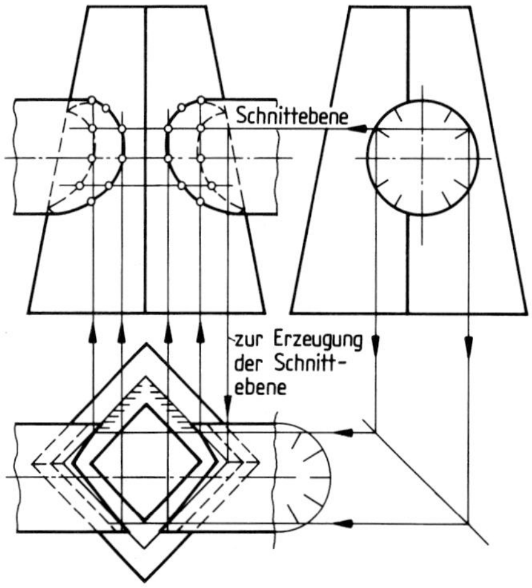

Die Punkte der Durchdringungslinie liegen in der Schnittebene der Pyramide auf dem Mantel des Zylinders.

4.77 Zylinder durchdringt Pyramide

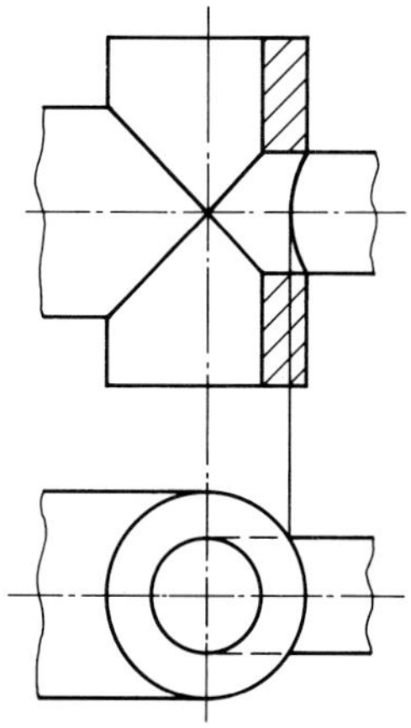

4.78 Durchdringung gleich großer Zylinder

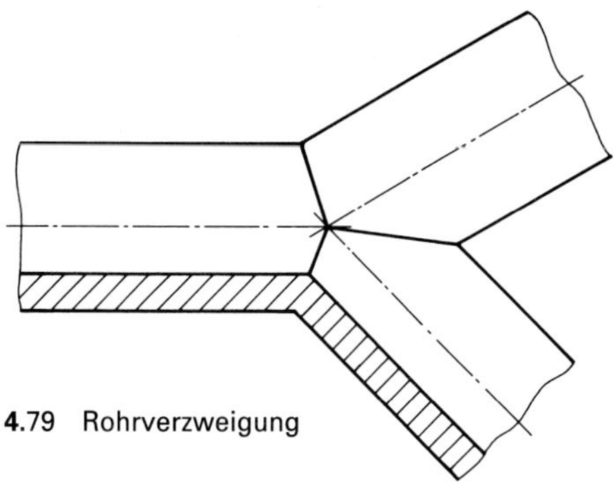

4.79 Rohrverzweigung

Zylindrische und kegelige Durchdringungen können auch bei Pyramiden, Kegeln und Kugeln – mittig oder außermittig, senkrecht oder schräg zur Achse – auftreten. Die Konstruktionsprinzipien sind im wesentlichen immer die gleichen. Nachstehend werden Beispiele dafür gegeben (**4**.80, **4**.81).

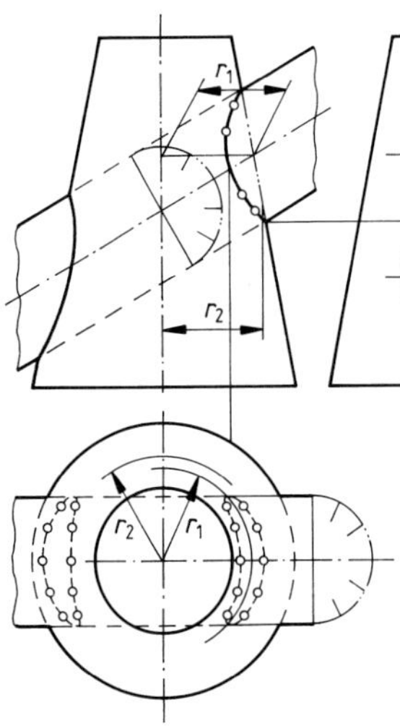

4.80 Zylinder durchdringt Kegelstumpf

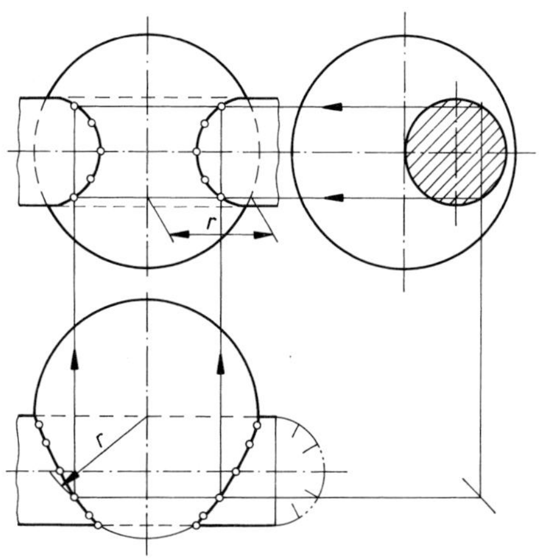

4.81 Zylinder durchdringt außermittig eine Kugel

4.1.8 Kugelschnittverfahren

Für kegelige Bohrungen wird die Konstruktion der Durchdringungslinien schwieriger, weil die Schnitte parallel zur Achse des Kegels keine Rechtecke sondern Hyperbeln ergeben, die auch wieder konstruiert werden müssen. Da aber die meisten dieser Bohrungen durch die Achse des Hauptkörpers, also mittig, verlaufen, bietet sich für Zylinder, Kegel und Kugel (rotationssymmetrische Körper) das Kugelschnittverfahren als Konstruktionsmöglichkeit für die Durchdringungslinien an.

Man nutzt dabei die Kenntnis, dass zentrisch angebohrte Kugeln immer Kreisbögen als Schnittlinien aufweisen. Man denkt sich also Kugeln unterschiedlicher Größe, die mit dem Zentrum im Schnittpunkt der Durchdringungskörper liegen. Die Kugeln durchdringen diese Körper und erzeugen in der entsprechenden Ansicht (senkrecht zur Kreislinie) Geraden. Wo diese Geraden beider Körper, erzeugt durch dieselbe Kugel, sich schneiden, muss ein Punkt der Durchdringungslinie liegen (**4**.82, **4**.83).

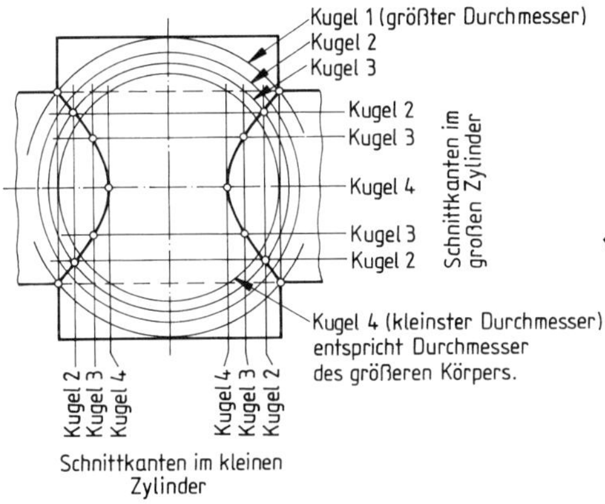

4.82 Kugelschnittverfahren, rechtwinklige Durchdringung

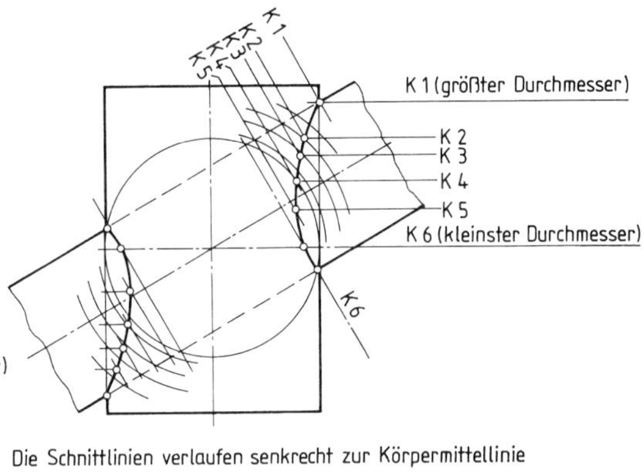

4.83 Kugelschnittverfahren, schräge Durchdringung

Weitere Beispiele zeigen die Bilder **4**.84, **4**.85, **4**.86.

Bedeutsam bei diesem Verfahren ist, dass nur eine Ansicht zur Konstruktion der Durchdringungslinien ausreicht.

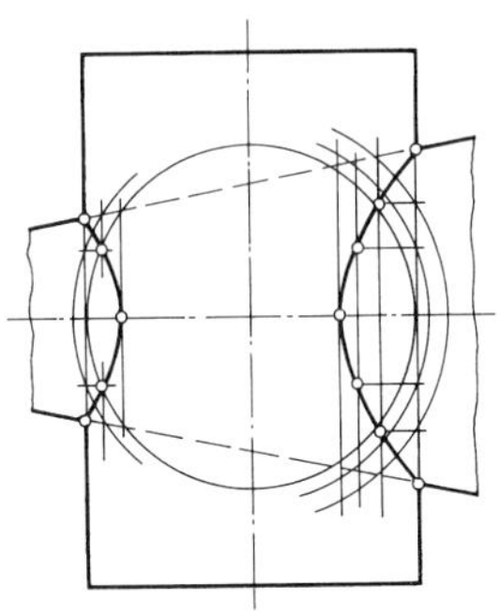

4.84

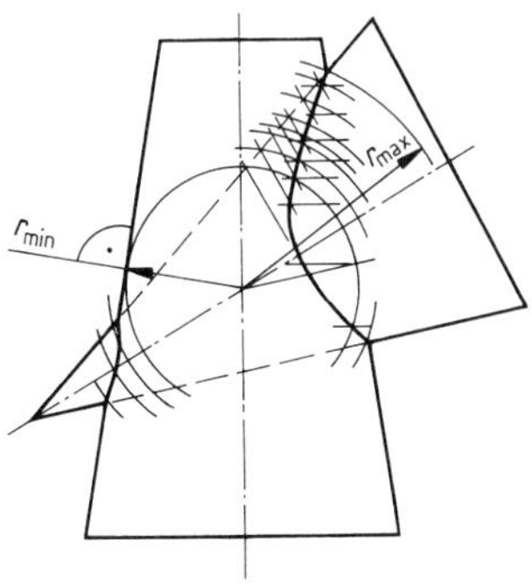

4.85

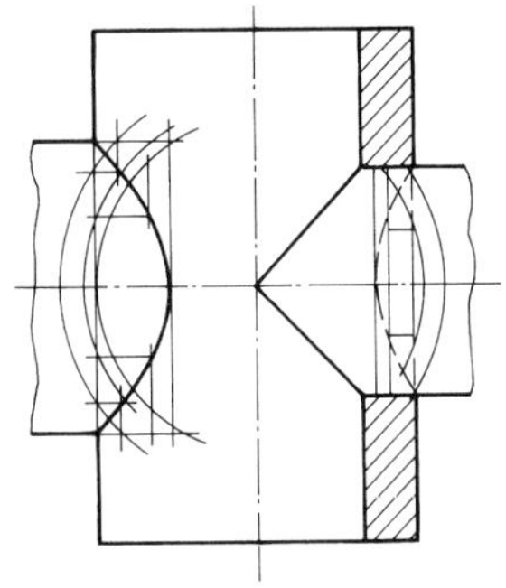

4.86

4.1.9 Abwicklung von Mantelflächen, wahre Größen von Deckflächen

Hohlkörper, z. B. Behälter zur Aufnahme von Feststoffen, Flüssigkeiten oder Gasen, haben im Verhältnis zu ihrem Volumen nur sehr geringe Werkstoffdicken als Wandung. Sie werden im Metallbehälterbau aus entsprechend zugeschnittenen Blechen gefertigt. Der Zuschnitt muss im gebogenen Zustand die Körperform des Behälters ergeben, man wickelt deshalb die Wandung aus der Volumenform in die Flächenform ab.

Bei **Prismen** ist das, wie die Bilder **4.**87, **4.**88 und **4.**89 zeigen, relativ einfach, da die Abwicklungsmaße (wahre Größen) in den Ansichten meistens direkt abgegriffen werden können. Wahre Größen sind in den Ansichten die Maße von Kanten und Flächen, die senkrecht zur Blickrichtung liegen. Sollten notwendig zu messende Kanten und Flächen schräg zu allen Bildebenen liegen, so sind sie wie im Bild **4.**89 (schraffierte Fläche) in die messbare Position (Blickrichtung senkrecht) „hineinzudrehen".

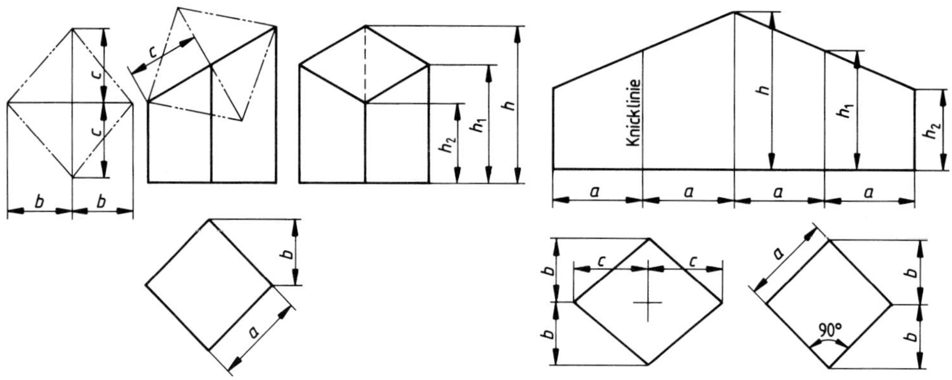

4.87 Rechteckprisma

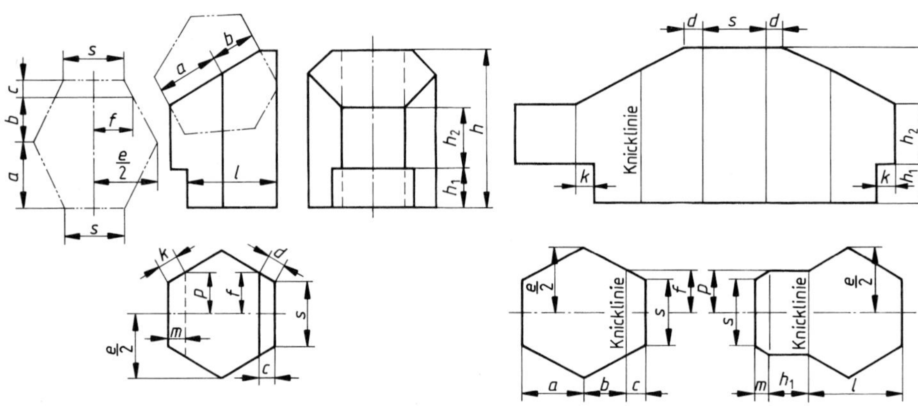

4.88 Sechseckprisma

Zylinderabwicklungen sind immer mit (meist nur theoretischen) Maßabweichungen zu zeichnen (Einfluss des Faktors π). Um den Fehler klein zu halten, bevorzugt man für die Konstruktion gleichmäßige Teilungen wie beim Mantellinienverfahren, die wie in Bild **4.90** (nach dem Strahlensatz) auf die Mantelabwicklung übertragen werden können.

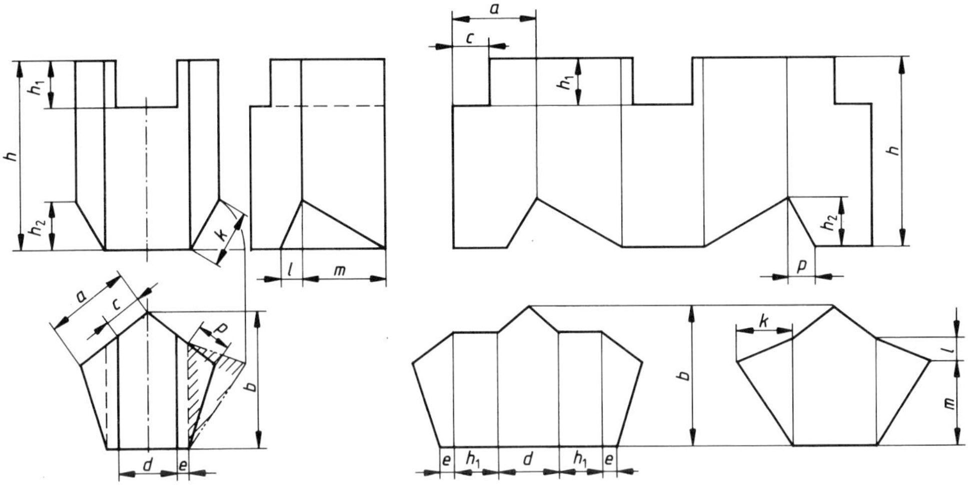

4.89 Fünfeckprisma

Maße sind bei einer Parallellage zur Bildebene direkt abgreifbar. Ist dies nicht der Fall, müssen die entsprechenden Flächen in eine Bildebene „hineingedreht" werden, so wie es in den folgenden Schrägschnittkonstruktionen, z. B. die Deckfläche im Bild **4**.91, geschieht.

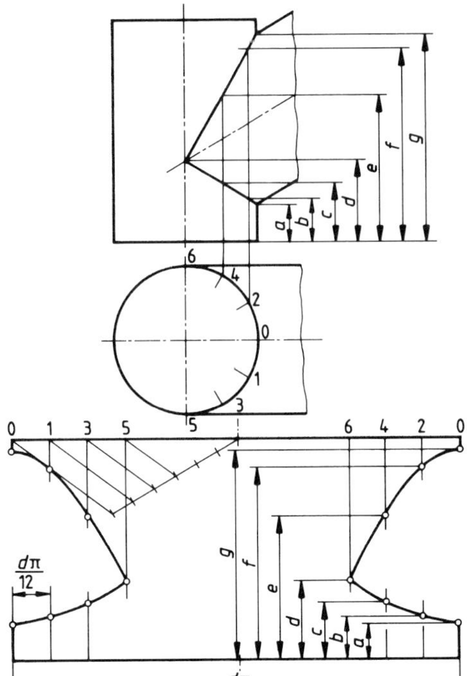

4.90 Zylinder, Mantelabwicklung

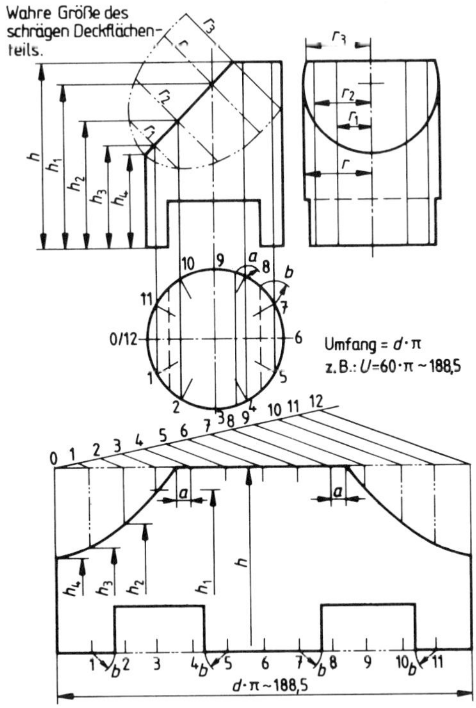

4.91 Zylinderabwicklung, Größe schräger Flächen

Bei **Pyramidenabwicklungen** laufen alle Knick- und Stoßkanten, wie auch in den Ansichten, auf die Spitze zu. Handelt es sich um eine gleichseitige, ungeschnittene Pyramide, so sind ihre Kanten gleich lang. Sie liegen auf einem Kreisbogen mit dem Radius = Kantenlänge

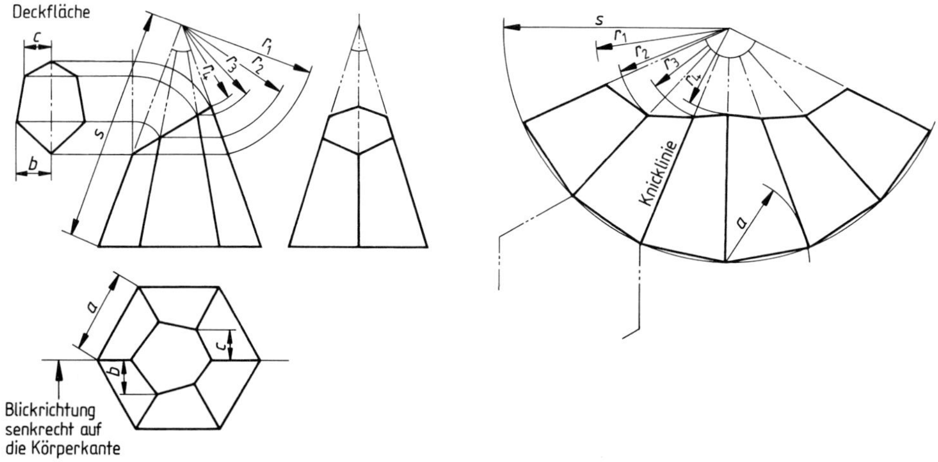

4.92 Abwicklung einer gleichmäßigen Sechseckpyramide

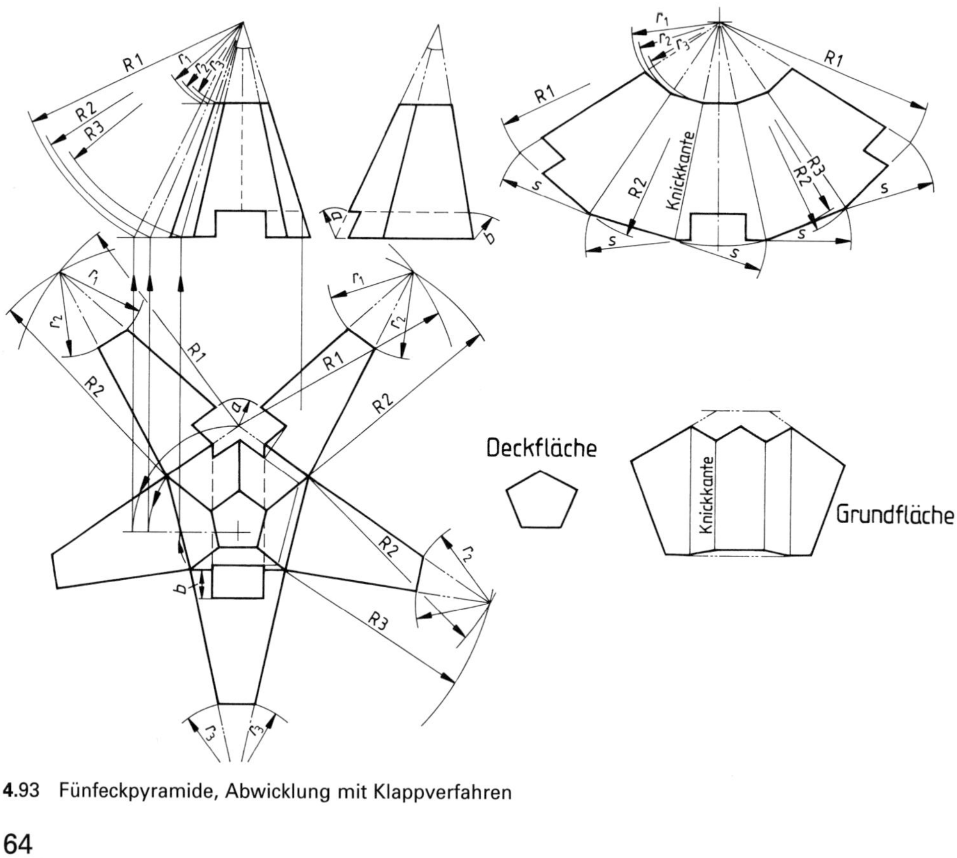

4.93 Fünfeckpyramide, Abwicklung mit Klappverfahren

(**4**.92). Wird an solch einer Pyramide durch Schnitte die Form verändert, so sind die Schnittkanten nicht immer direkt in den Ansichten messbar (messbar sind in **4**.92 r_1 und r_4), sie müssen auf eine messbare Kante projiziert werden (in **4**.92 r_2 und r_3).

Schiefe Pyramiden haben ungleiche Kantenlängen, die, wie zuvor erklärt, konstruiert werden müssen (**4**.93). Dabei kann das Umklappen der Mantelflächen in die Grundflächenebene günstig sein.

Kegelabwicklungen sind mit den gleichen Ungenauigkeiten behaftet wie Zylinderabwicklungen, verstärkt dadurch, dass die gleichmäßige genaue Teilung des Bogens der Mantelabwicklung nur mit großem Aufwand gelingt. In der Praxis spielen diese Ungenauigkeiten jedoch kaum eine Rolle, evtl. Korrekturen werden nach Probefertigungen vorgenommen.

Bild **4**.94 zeigt für einen geraden Kreiskegel die Konstruktion der Mantelabwicklung sowie die wahren Größen von Deck- und Grundflächen. Bei schiefen Kegeln liegen die Basispunkte des Mantels nicht auf einem Kreisbogen. Die Längen der Mantellinien müssen ähnlich wie bei schiefen Pyramiden einzeln konstruiert werden.

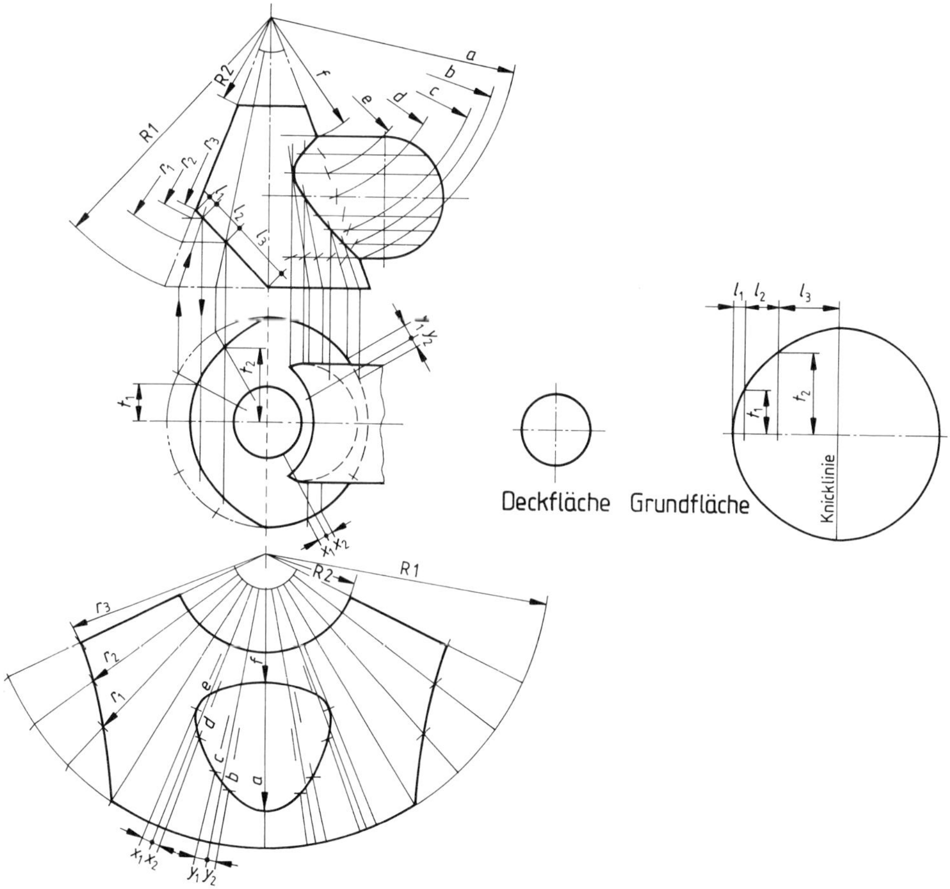

4.94 Abwicklung eines Kegelstumpfs

Die **Oberfläche von Kugeln** lässt sich nicht in der Ebene abwickeln. Man behilft sich mit Näherungskonstruktionen wie dem sphärischen Zweieck (Längengradkonstruktion, **4**.95) oder der Kugelzonenabwicklung (Breitengradkonstruktion, angenäherte Kegelabwicklung, **4**.96).

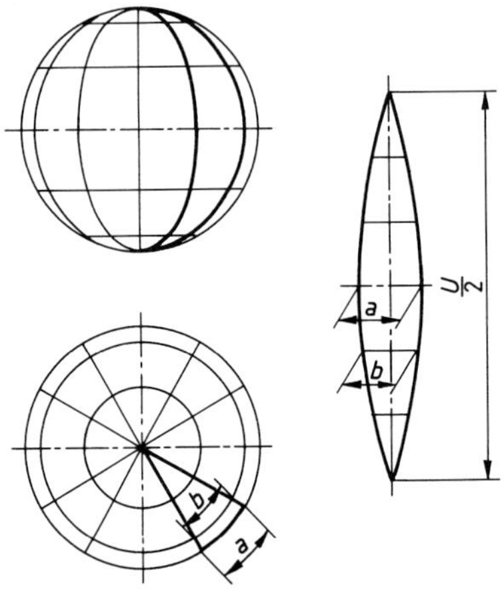

4.95 Abwicklung des sphärischen Zweiecks

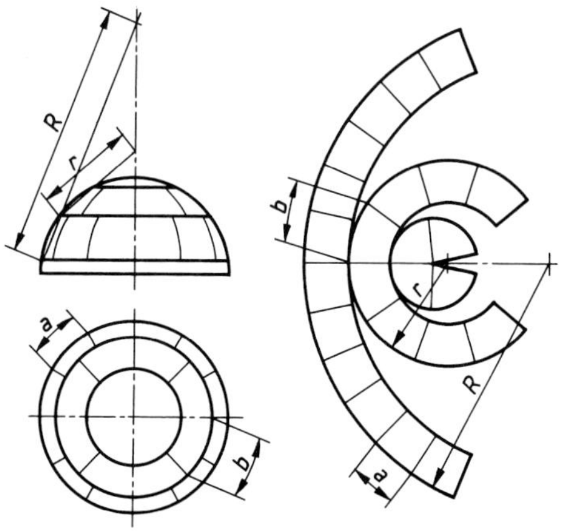

4.96 Abwicklung der Kugelzonen

Übungen

Anmerkung: Sollten Ihnen Linienarten oder Bemaßungsformen unverständlich sein, informieren Sie sich bitte im Abschn. 6.
Die folgenden Aufgaben sind vorrangig für das manuelle Konstruieren entsprechender Ansichten gedacht, auch um das räumliche Vorstellungsvermögen zu schulen. Die Aufgaben dienen aber auch als Vorlagen, um die Möglichkeiten der Ihnen zur Verfügung stehenden Rechneranlagen zu erproben.

Zeichnen Sie die Haupt-, Seitenansichten und Draufsichten der Pyramidenstümpfe **4.97**, **4.98**,und **4.99**.

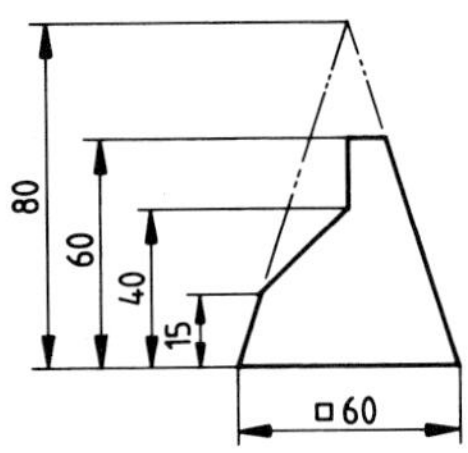

4.97 Rechteckpyramide

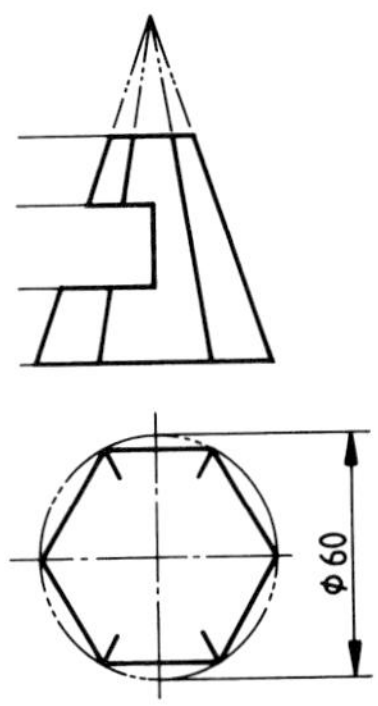

4.98 Sechseckpyramide

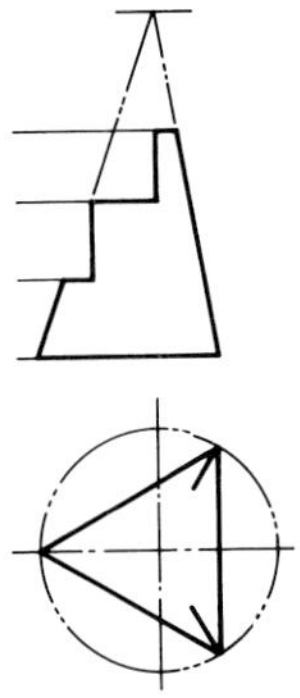

4.99 Dreieckpyramide

Zeichnen Sie die Haupt-, Seitenansichten und Draufsichten der Kegelstümpfe **4.100**, **4.101** und **4.102**.
Zeichnen Sie zur gegebenen Hauptansicht die Seitenansicht des geschnittenen kugeligen Körpers **4.103**.

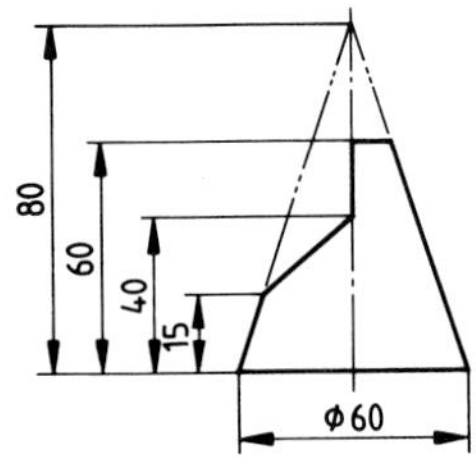

4.100 Kegelstumpf, Ellipsenschnitt

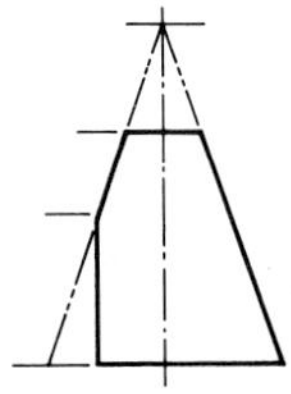

4.101 Kegelstumpf, Hyperbelschnitt

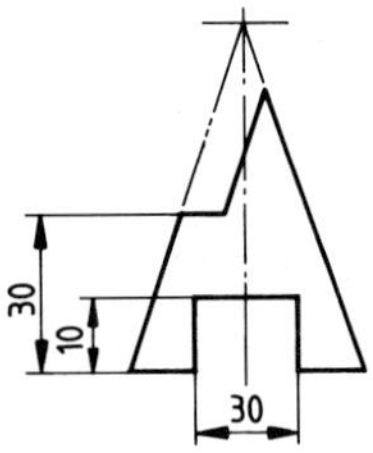

4.102 Parabelschnitt

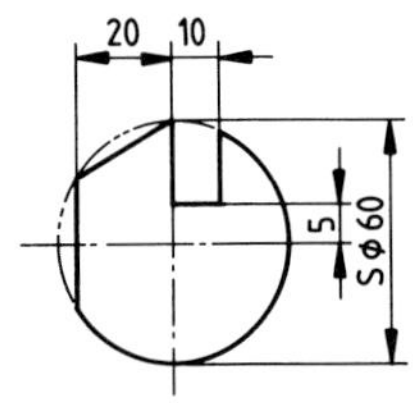

4.103 Kugeliger Körper

Zeichnen Sie den Dachstift (**4**.104), die Schwalbenschwanzführung (**4**.105), die Vierkantspitze (**4**.106) und den Stempel (**4**.107) in je 3 Ansichten.

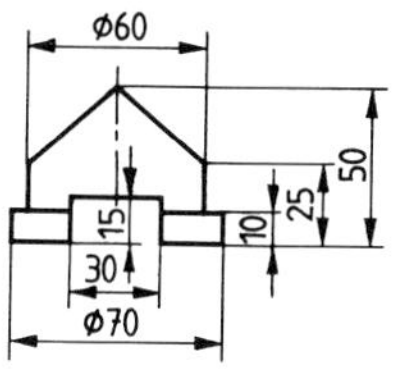

4.104 Dachstift

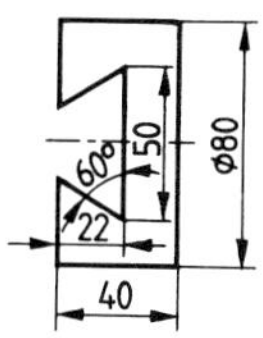

4.105 Schwalben-schwanzführung

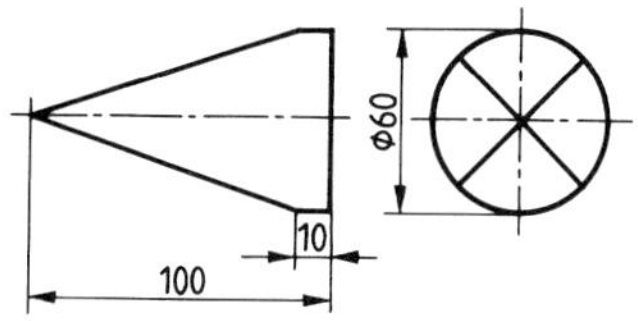

4.106 Vierkantspitze

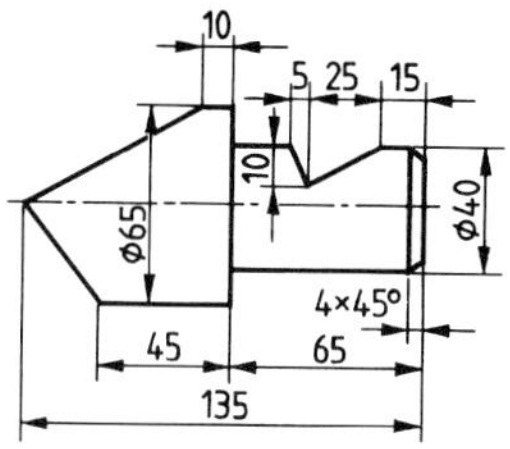

4.107 Stempel

Zeichnen Sie zu den gegebenen Ansichten (**4**.108, **4**.109, **4**.110) die entsprechenden Seitenansichten.

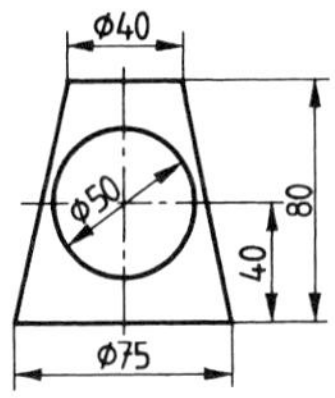

4.108

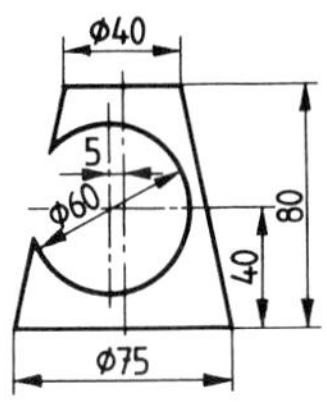

4.109

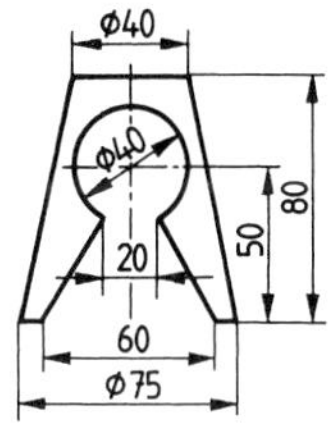

4.110

Zeichnen Sie die Abwicklungen des Rauchkanals (**4**.111) und des Trichters (**4**.112) sowie die Abwicklungen der Körper aus **4**.97 bis **4**.102. Die Körper sind in diesen Fällen als Hohlkörper zu betrachten mit einer sehr geringen vernachlässigbaren Wanddicke.

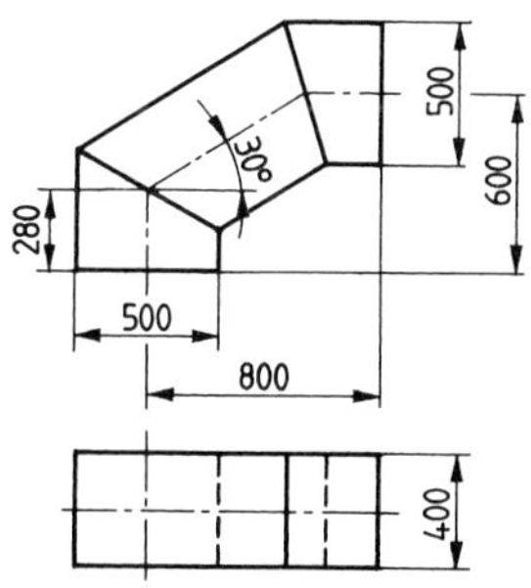

4.111 Rauchkanal

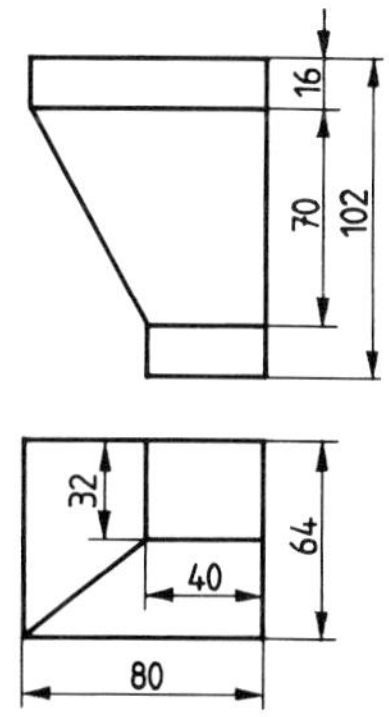

4.112 Trichter

4.2 Axonometrische (DIN ISO 5456-3) und perspektivische Darstellung

4.2.1 Rechtwinklige axonometrische Projektion

Bei der Normalprojektion wird mindestens eine der Körperhauptebenen des Gegenstands in der Hauptansicht parallel zur Bildebene gelegt. Dadurch werden die anderen senkrecht dazu stehenden Ebenen zu Linien (**4**.113; dies gilt im übertragenen Sinne auch für zylindrische Körper). Bei der axonometrischen Projektion werden die Körper (Baukörper, Werkstücke

u. a.) so gedreht und gekippt, dass in einer Ansicht die drei Körperhauptebenen sichtbar werden, wenn auch in verzerrter Form. In die Darstellungen lassen sich dadurch auch die 3 Koordinatenachsen eintragen und bezeichnen (Großbuchstaben X, Y, Z), wobei die Z-Achse stets die vertikale ist. Bei der rechtwinklig axonometrischen Projektion verlaufen dabei die Projektionslinien (entsprechend der Blickrichtung) senkrecht zur Projektions-(Bild-)ebene.

Grundsätzlich können diese Dreh- und Kippwinkel beliebig gewählt werden, beim rechnerunterstützten Darstellen macht man im Bauwesen gerne davon Gebrauch. Es haben sich jedoch zwei Darstellungen als sinnvoll erwiesen, die in DIN ISO 5456-3 genormt sind.

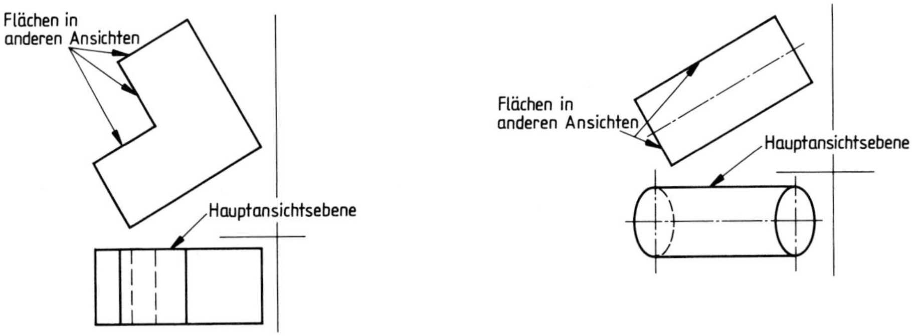

4.113 Lage des Gegenstands in der Normalprojektion

Isometrische Projektion. Wird ein Körper nach Bild **4.**114 gedreht und gekippt, so entsteht (hier) in der Seitenansicht ein Abbild mit den folgenden Eigenschaften:

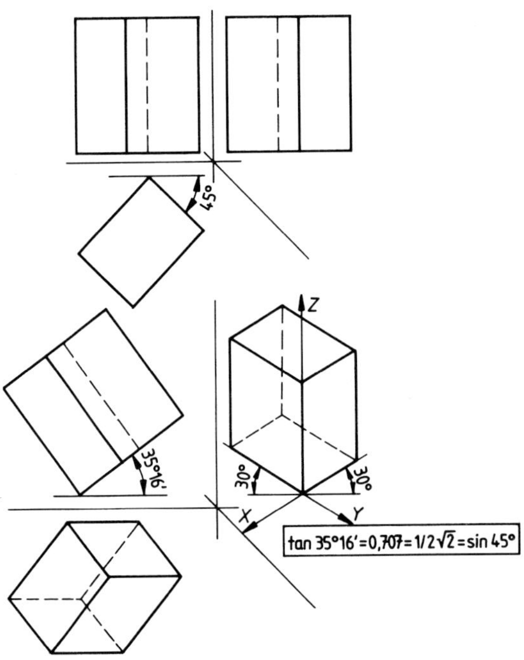

4.114 Isometrische Projektion

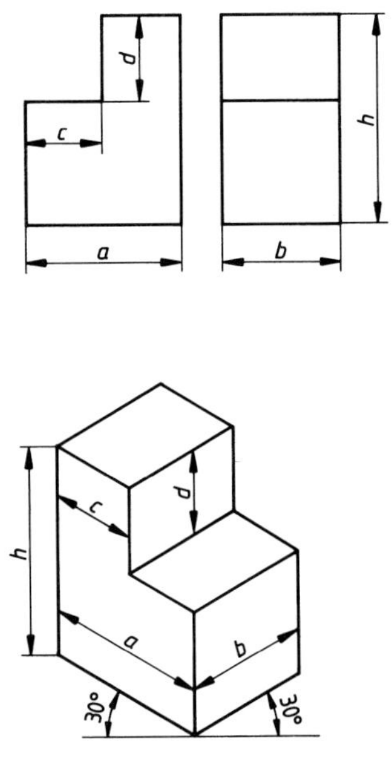

4.115 Maße der technischen axonometrischen Projektion

- Die 3 Hauptebenen sind als Flächen (formverzerrt) dargestellt.
- Die senkrechten Kanten des Körpers verlaufen weiterhin senkrecht.
- Die rechtwinklig zu den senkrechten Kanten liegenden Körperkanten verlaufen unter 30° gegen die Horizontale.
- Die genannten Kanten (Höhe, Länge, Breite) sind in ihren Maßen verhältnisgleich abgebildet (isometrisch – in den Hauptachsen „gleichmaßig").

Man wählt als Maße die realen Kantenlängen, obwohl durch die Schräglage des Körpers diese verkürzt werden (**4**.115).

Dimetrische Projektion. Wird ein Körper nach Bild **4**.116 gedreht und gekippt, so entsteht (hier) in der Seitenansicht ein Abbild mit den folgenden Eigenschaften:

- Die 3 Hauptebenen sind als Flächen (formverzerrt) dargestellt.
- Die senkrechten Kanten des Körpers verlaufen weiterhin senkrecht.
- Die rechtwinklig zu den senkrechten Kanten liegenden Körperkanten verlaufen unter ca. 7° und ca. 42° gegen die Horizontale.
- Die senkrechten Kanten und die unter 7° verlaufenden sind in ihren Maßen verhältnisgleich, die unter 42° verlaufenden ca. 1 : 2 verkürzt abgebildet (dimetrisch – in den Hauptachsen „zweimaßig").

Man wählt für die senkrechten und die unter 7° verlaufenden Kanten als Maße die realen Kantenlängen und verkürzt die unter 42° verlaufenden Kanten 1 : 2 (**4**.117).

In der rechtwinklig axonometrischen Projektion werden Kreise (zylindrische Werkstücke) zu Ellipsen. Diese Ellipsen werden im Allgemeinen mit entsprechenden Schablonen gezeichnet, sie können aber auch nach folgenden Angaben konstruiert werden:

Kreis in isometrischer Projektion (**4**.118)

- die halbe große Achse $a \approx 61{,}2$ mm
- die halbe kleine Achse $b \approx 35{,}4$ mm
- der große Halbmesser $R \approx 105{,}8$ mm
- der kleine Halbmesser $r \approx 20{,}5$ mm

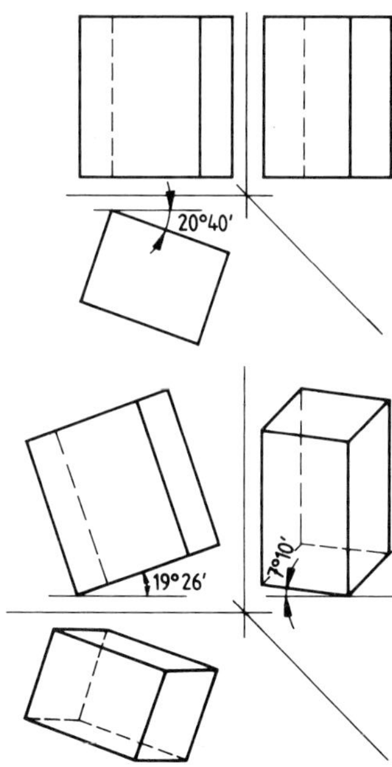

4.116 Dimetrische Projektion

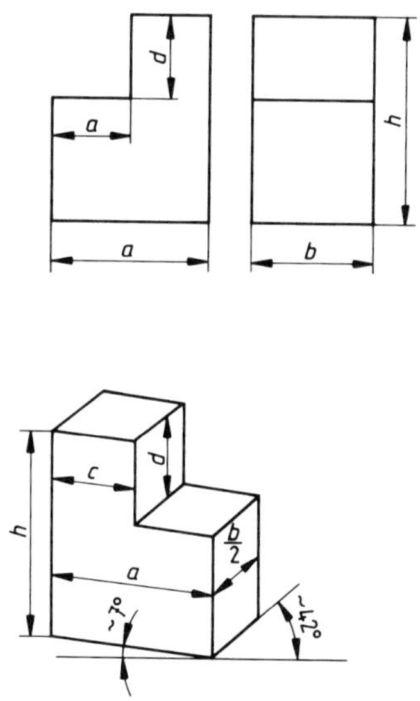

4.117 Maße der technischen axonometrischen Projektion

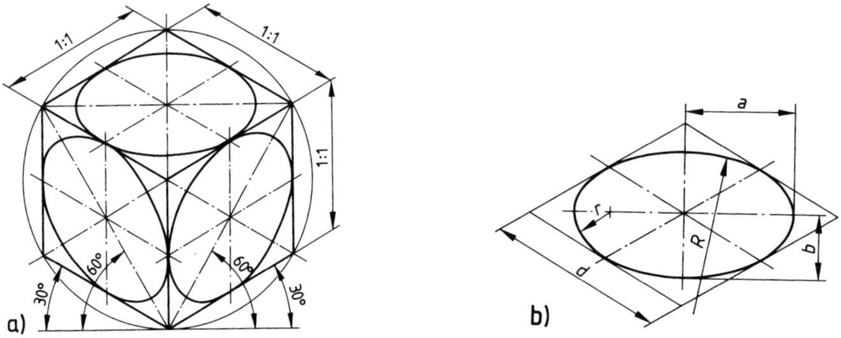

4.118 a) Kreise in isometrischer Stellung, b) Abmessungen einer Ellipse

Die Maße gelten für einen Kreis mit $d = 100$ mm. Für andere Durchmesser ist eine entsprechende Umrechnung nötig; z.B. gilt für den Durchmesser 60 mm der Faktor 0,6 für die gegebenen Zahlen ($r = 0{,}6 \times 20{,}5 = 12{,}3$ mm).

Kreis in dimetrischer Projektion (**4**.119)

- die halbe große Achse $a \approx 53{,}0$ mm
- die halbe kleine Achse $b \approx 17{,}7$ mm
- der große Halbmesser $R \approx 159{,}0$ mm
- der kleine Halbmesser $r \approx 5{,}9$ mm
- der Halbmesser $R_1 \approx 20{,}0$ mm
- der Halbmesser $r_1 \approx 5{,}0$ mm

Die Maße gelten für einen Kreis mit $d = 100$ mm. Für andere Durchmesser ist eine entsprechende Umrechnung nötig; z.B. gilt für den Durchmesser 60 mm der Faktor 0,6 für die gegebenen Zahlen ($R_1 = 0{,}6 \times 20 = 12$ mm).

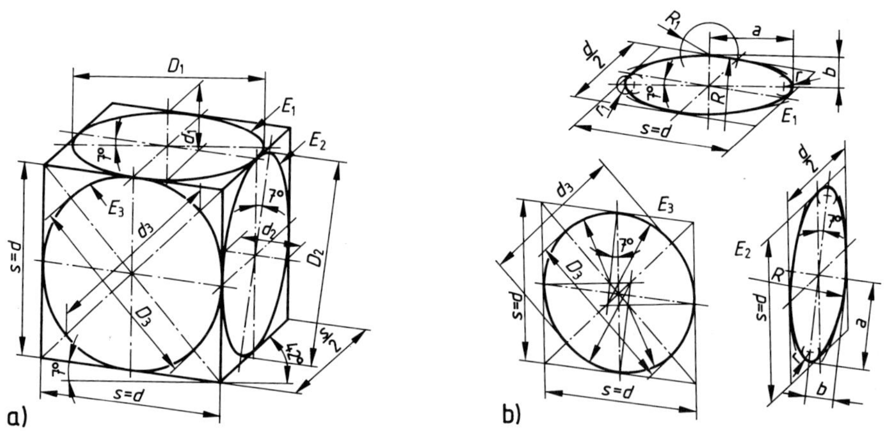

4.119 a) Kreise in dimetrischer Stellung, b) Behelfskonstruktion der Ellipsen

4.2.2 Schiefwinklige axonometrische Projektion

Statt den Körper zu drehen und zu kippen und dann rechtwinklig zur Bildebene zu projizieren, kann man die Lage des Körpers in der „Normalposition" auch beibehalten und die Projektionslinien (die Blickrichtung) schiefwinklig zur Bildebene verlaufen lassen (**4**.120). Auch dann werden die drei Körperhauptebenen in einer Ansicht abgebildet. Die Winkelgröße, mit der die Projektionslinien auf die Bildebene treffen, ist beliebig. Zwei Winkelgrößen haben sich als günstig herausgestellt, sie sind ebenfalls in DIN ISO 5456-3 genormt.

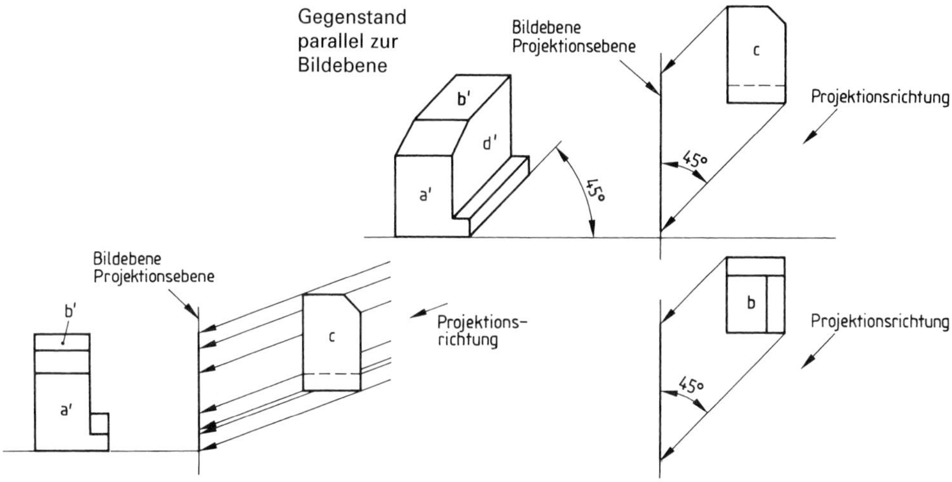

4.120 Schiefwinklige axonometrische Projektion, Gegenstand parallel zur Bildebene

4.121 Kavalierprojektion

Bei der Kavalier-Projektion treffen die Strahlen unter 45° auf die Bildebene. Die Kanten in den 3 Hauptachsen werden in einem gleichmäßigen Verhältnis projiziert. Es handelt sich um eine isometrische Projektion (**4**.121).

Bei der Kabinett-Projektion treffen die Strahlen unter 60° auf die Bildebene. In einer der drei Hauptachsen werden die Kanten im Verhältnis 1 : 2 verkürzt. Es handelt sich um eine dimetrische Projektion (**4**.122).

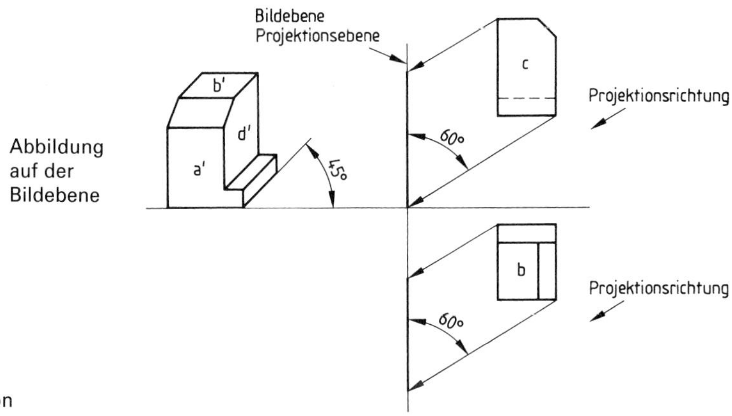

4.122 Kabinettprojektion

In beiden Fällen verlaufen die Senkrechten weiterhin senkrecht, die anderen Hauptrichtungen liegen unter 0° und 45° gegen die Horizontale. Ein Vorteil der schiefwinkligen Projektion ist, dass alle Formen in einer Ebene unverzerrt erscheinen, d.h. auch Kreise behalten ihre Form (**4**.123).

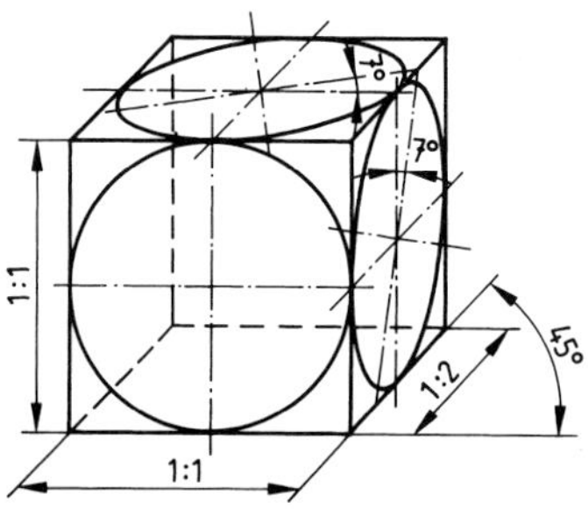

a)

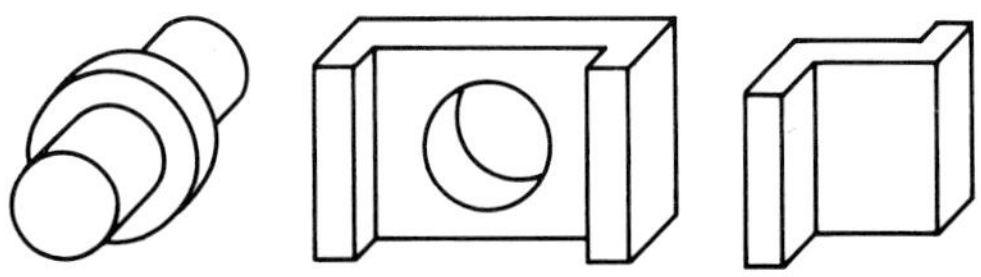
b)

4.123 a) Würfel in Kabinettprojektion, b) Darstellungsbeispiele

Für die Darstellung und Bemaßung axonometrischer Projektionen empfiehlt die Norm:

- Symmetrieachsen und verdeckte Kanten sind vorzugsweise nicht darzustellen.
- Maßeintragungen sind zu vermeiden.
  Wenn Maßeintragungen notwendig werden, sind die Regeln wie für orthogonale Projektionen anzuwenden (s. Abschn. 6).

Übungen

Zeichnen Sie die dargestellten Körper (Bilder **4**.124 bis **4**.143) in axonometrischer Projektion,

a) rechtwinklige Projektion iso- und/oder dimetrisch,
b) schiefwinklige Projektion iso- und/oder dimetrisch.

Als Außenmaße wählen Sie für die Grundflächen 60 × 60 mm bzw. ∅ = 60 mm und für die Höhe 80 mm.

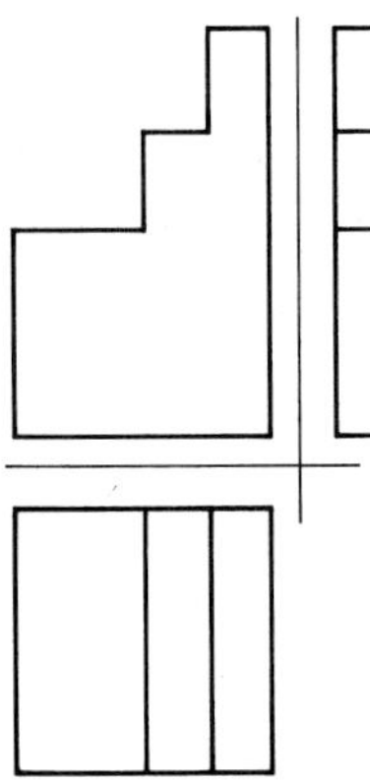
4.124

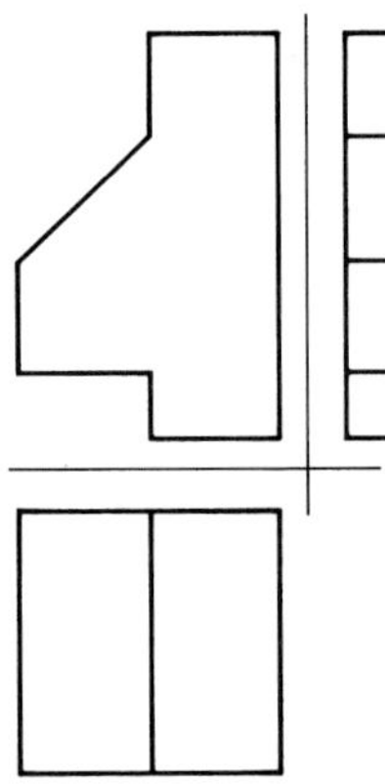
4.125

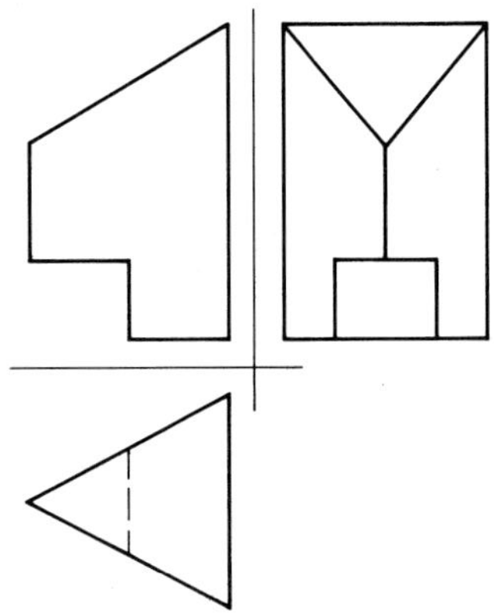
4.126

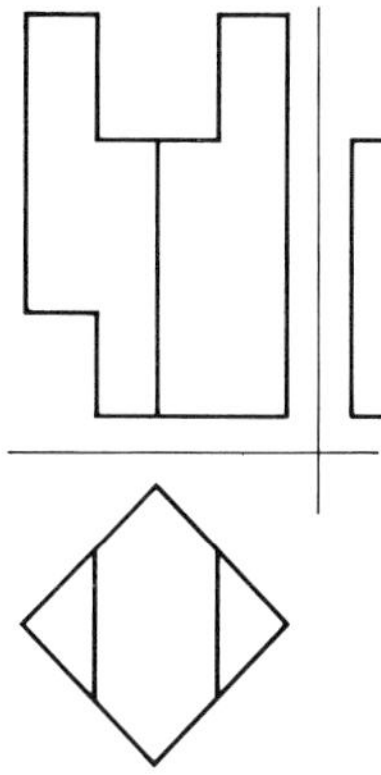
4.127

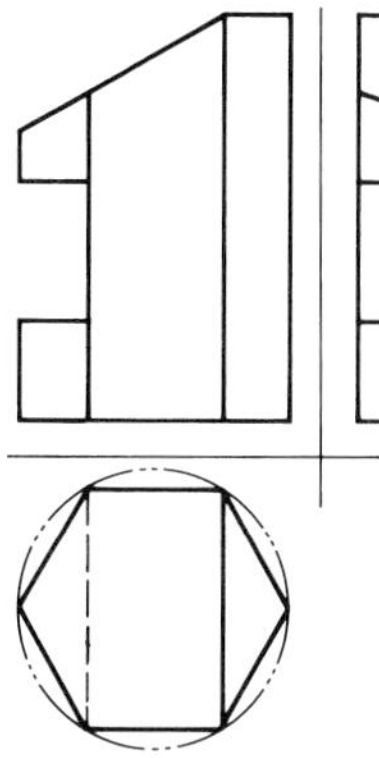
4.128

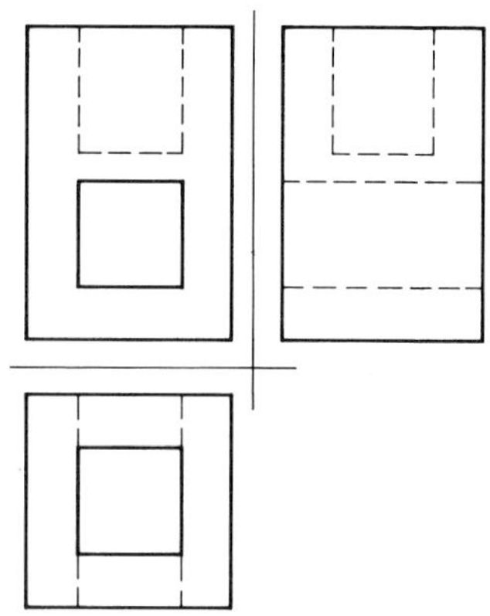
4.129

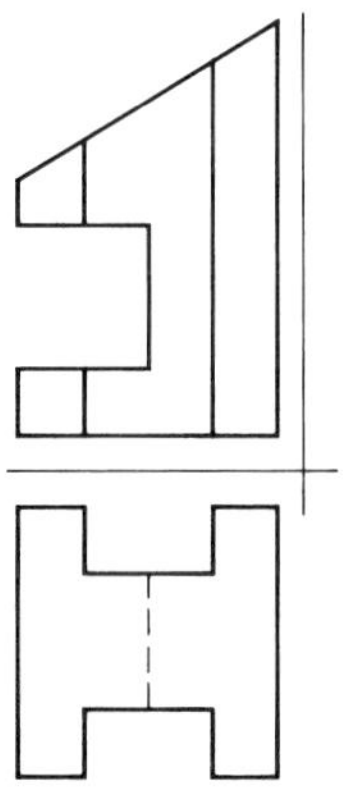
4.130

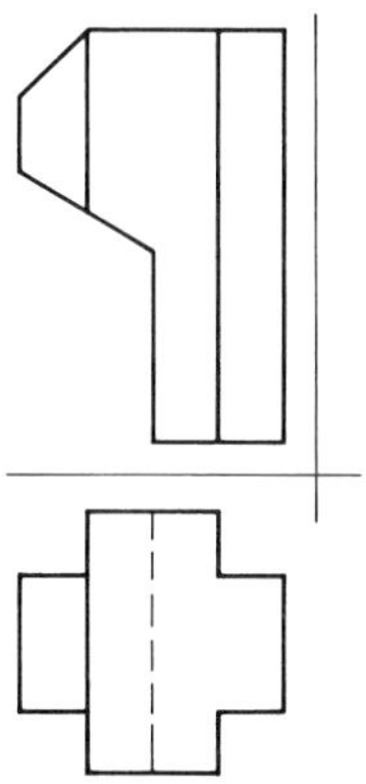
4.131

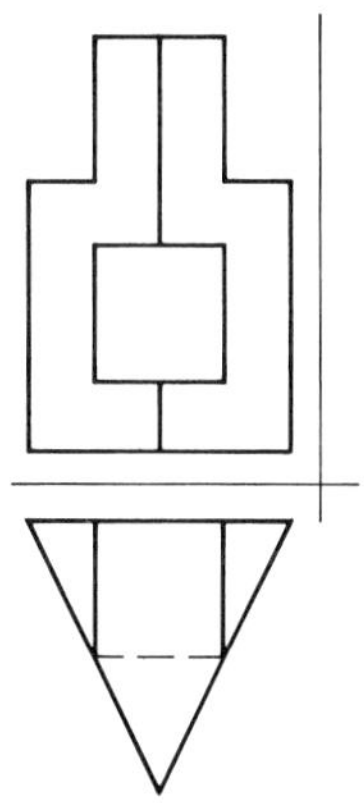
4.132

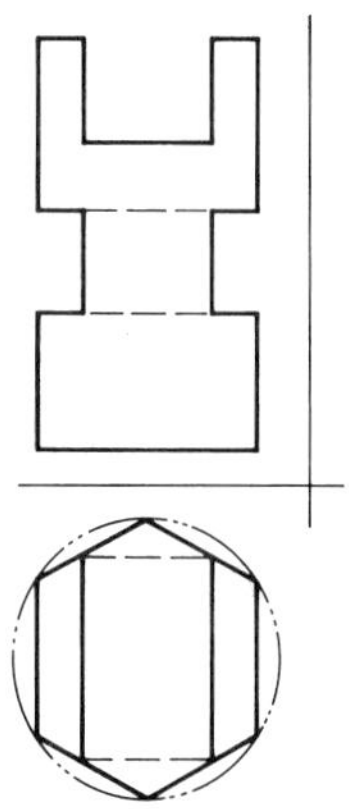
4.133

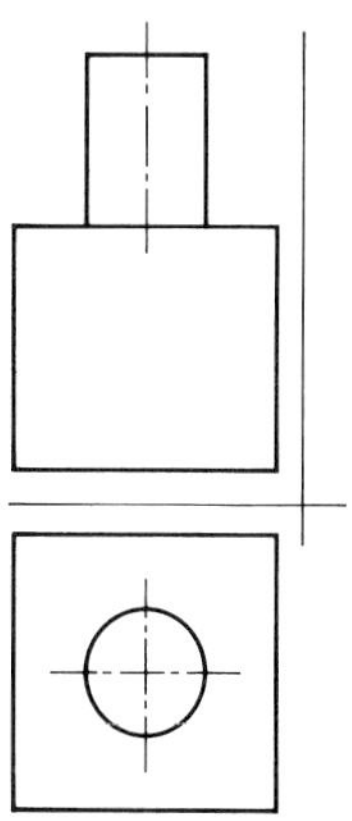
4.134

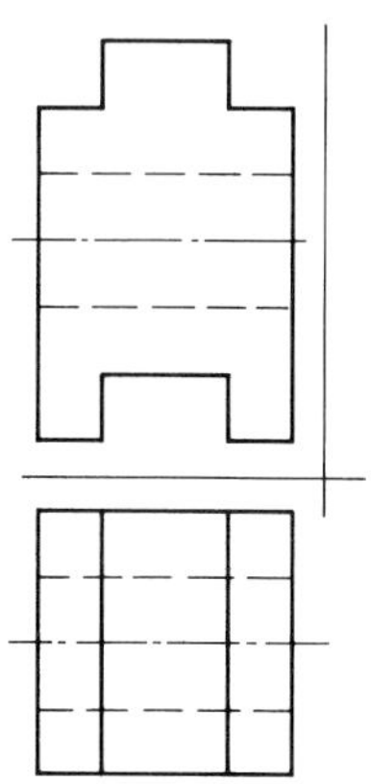
4.135

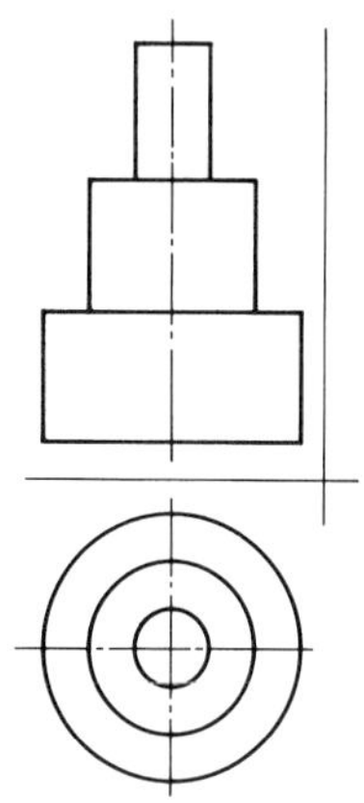
4.136

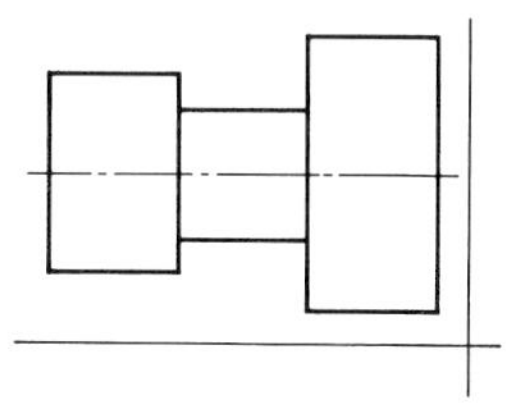
4.137

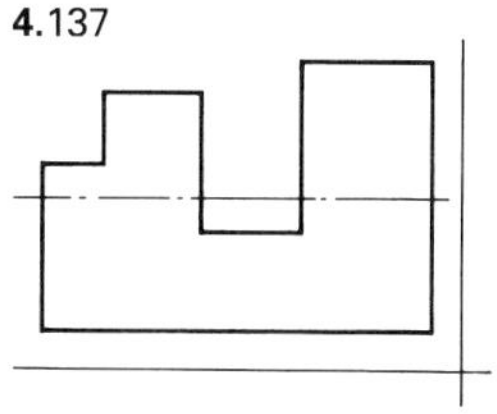
4.138

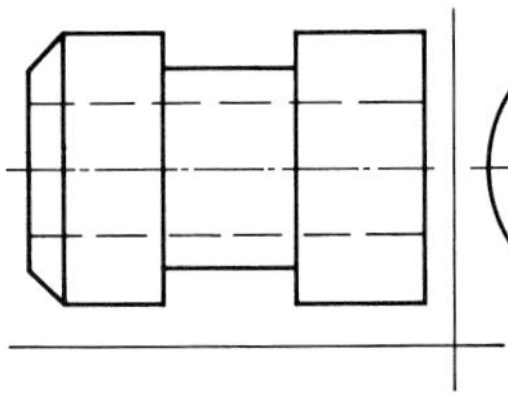

4.139

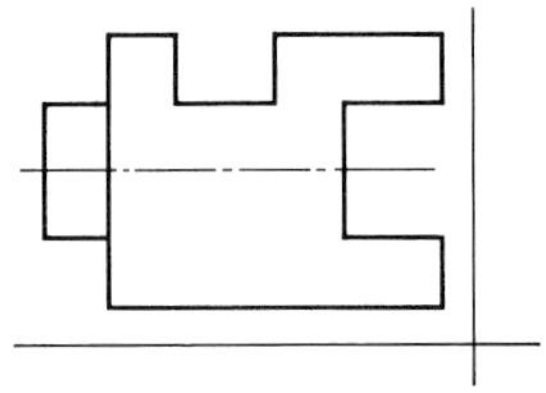

4.141

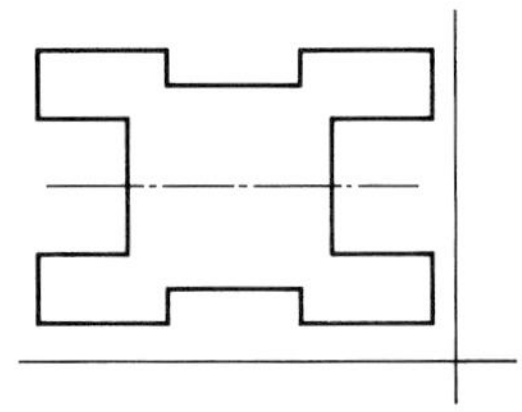

4.143

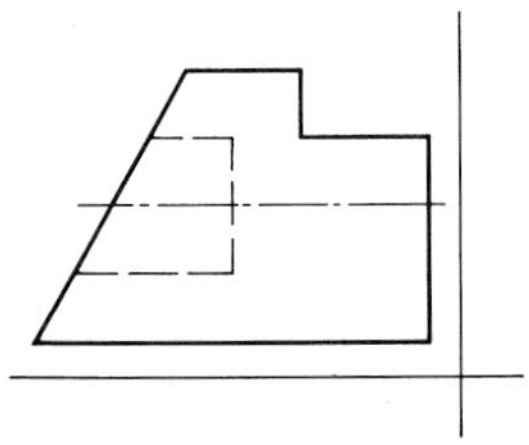

4.140

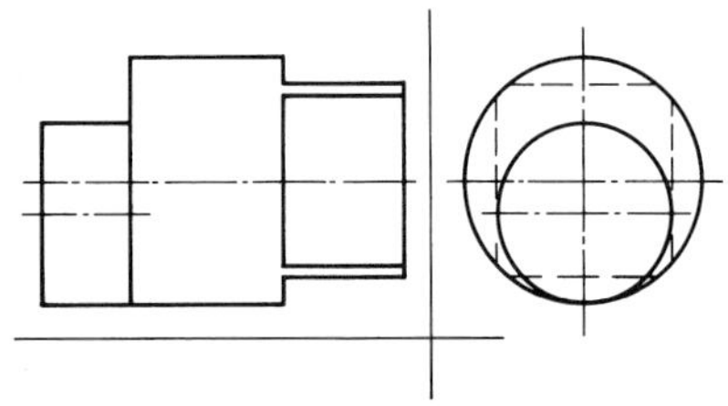

4.142

4.2.3 Zentralperspektive

Von allen „räumlichen" Darstellungen wirken die der Zentralperspektive am natürlichsten, obwohl auch diese konstruiert sind. Während bei der axonometrischen Projektion parallele Körperkanten parallel bleiben, laufen bei der Zentralperspektive die Kanten der Hauptebenen auf zentrale Punkte (Fluchtpunkte) zu. Man kann dabei wählen unter:

- der Darstellung mit einem Fluchtpunkt (**4**.144), bei der sich die Kanten einer Achse konvergent (zusammenlaufend) verhalten,
- der Darstellung mit zwei Fluchtpunkten (**4**.145), bei der sich die Kanten von zwei Achsen konvergent verhalten,
- der Darstellung mit drei Fluchtpunkten (**4**.146), bei der sich die Kanten von allen drei Hauptachsen konvergent verhalten.

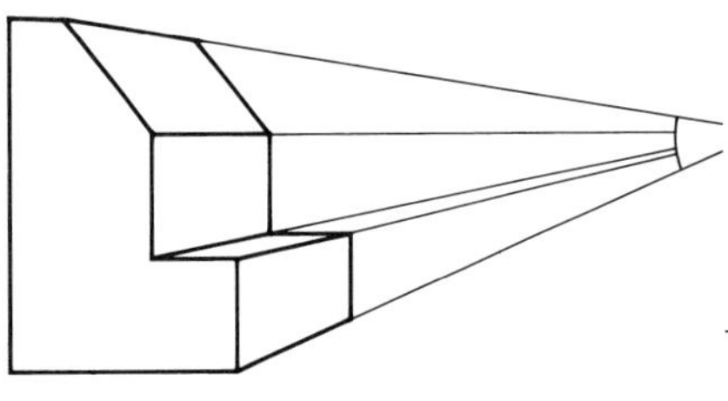

4.144 Zentralperspektive mit einem Fluchtpunkt

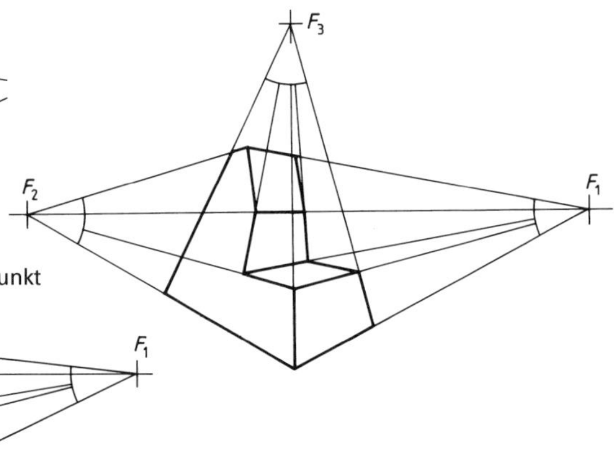

4.146 Zentralperspektive mit drei Fluchtpunkten

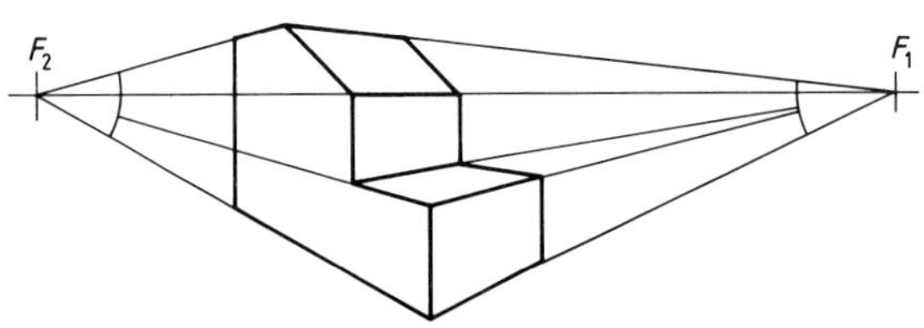

4.145 Zentralperspektive mit zwei Fluchtpunkten

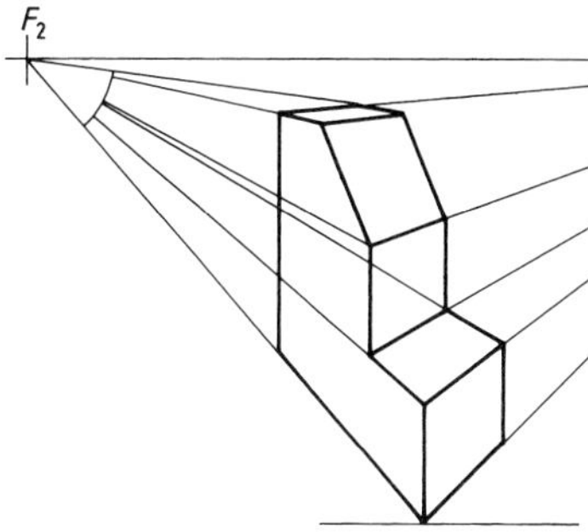

4.147 Vogelperspektive

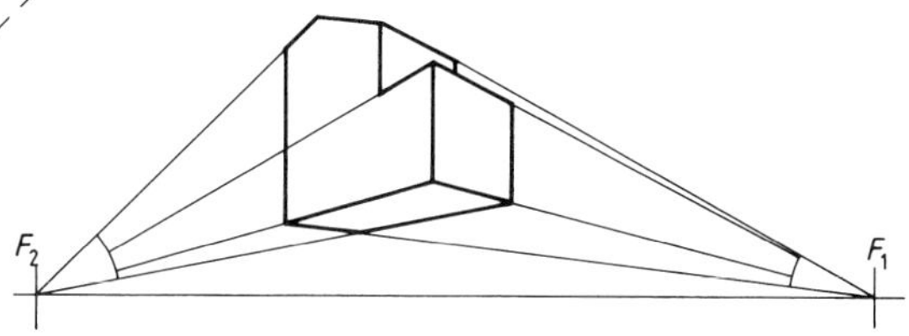

4.148 Froschperspektive

Die Lage der Fluchtpunkte werden nach Sinn und Zweck der Darstellung festgelegt. So entstehen unterschiedliche Eindrücke derselben Gegenstände, Baukörper, Geräte u.a. (**4**.147, **4**.148).

Die Einpunktmethode wird vor allem bei Innendarstellungen genutzt (**4**.149). Die Zweipunktmethode ist die meist verwandte Form. Die Dreipunktmethode kommt seltener zur Ausführung, da die zusammenlaufenden Senkrechten der Körper künstlerisch interessant sind, jedoch allgemein in der Technik als verzerrend empfunden werden.

Die Maße der Körper verändern sich mit der jeweiligen Darstellung erheblich. Die zu zeichnende Größe lässt sich konstruktiv ermitteln über Daten wie

- Abstand des Gegenstands von der Bildebene,
- Lage des Gegenstands vor oder hinter der Bildebene,
- Lage des Blickpunkts (Projektionszentrum. **4**.150, **4**.151).

Häufig wird jedoch mit Näherungswerten gearbeitet und u.U. wie bei Bauentwürfen „geschönt". Das ist zulässig, weil nach den Darstellungen in der Zentralperspektive in keinem Fall gefertigt wird.

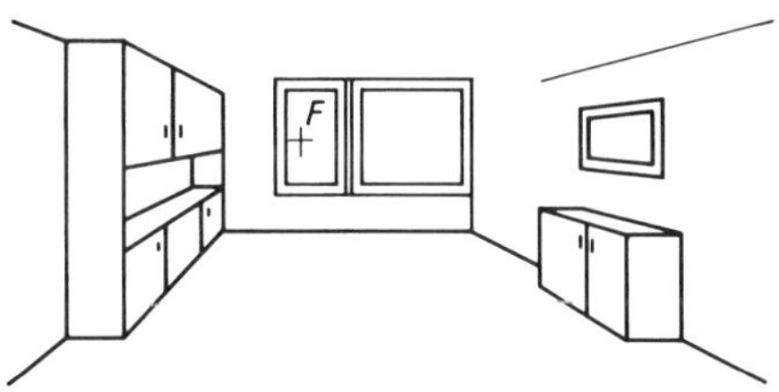

4.149 Einpunktmethode im Innenraum

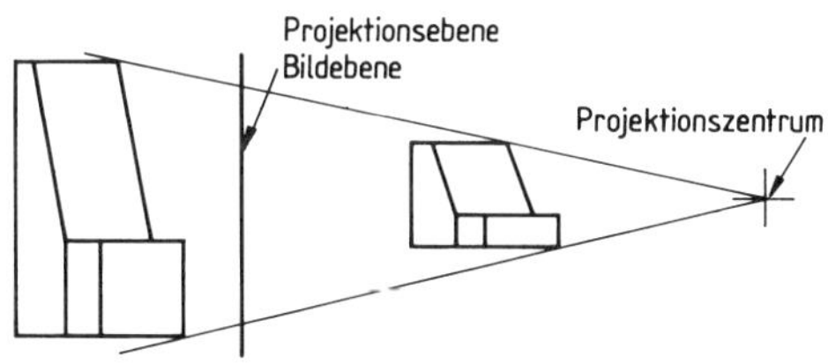

4.150 Zentralperspektive. Bestimmung der Zeichenmaße

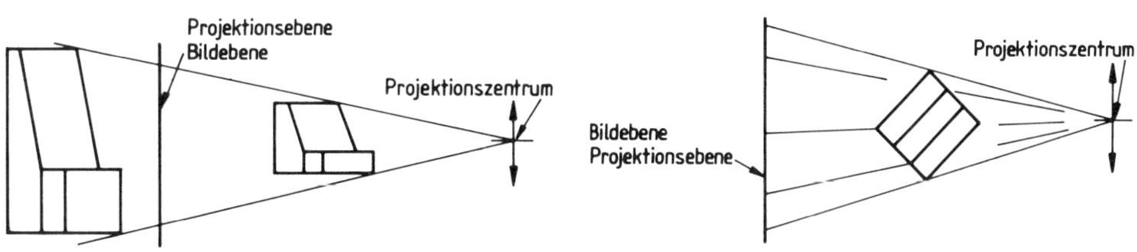

4.151 Zentralperspektive. Lage des Projektionszentrums

Übungen

Zeichnen Sie nach den folgenden Skizzen **4**.152 bis **4**.157 die Körper in der Zentralperspektive in mindestens 2 Versionen nach Wahl

a) Ein- oder Zwei- oder Dreipunktmethode,

b) unterschiedliche Lage des Projektionszentrums.

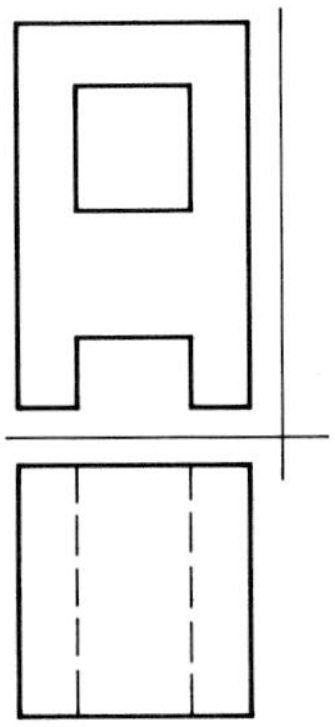

4.152

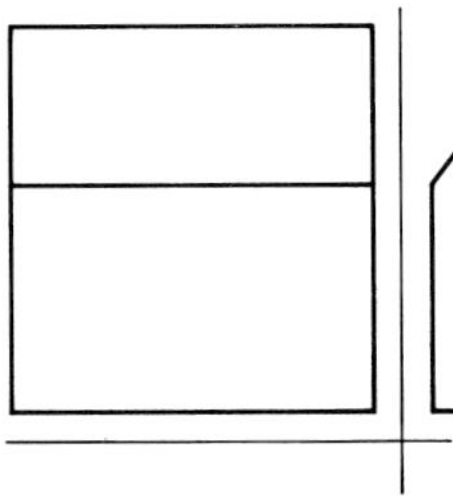

4.153

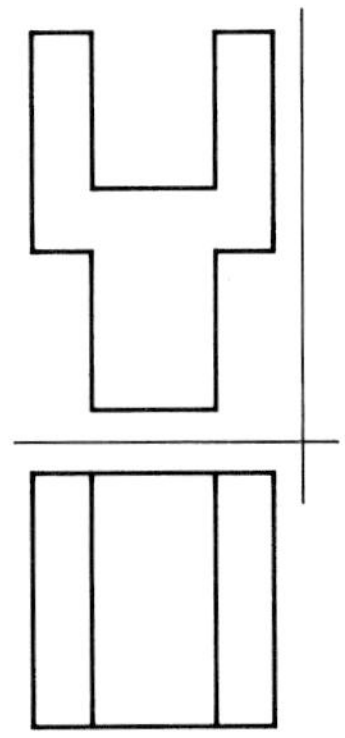

4.154

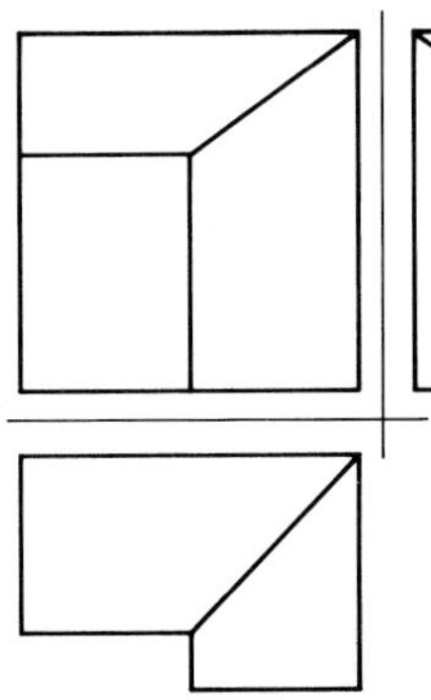

4.155

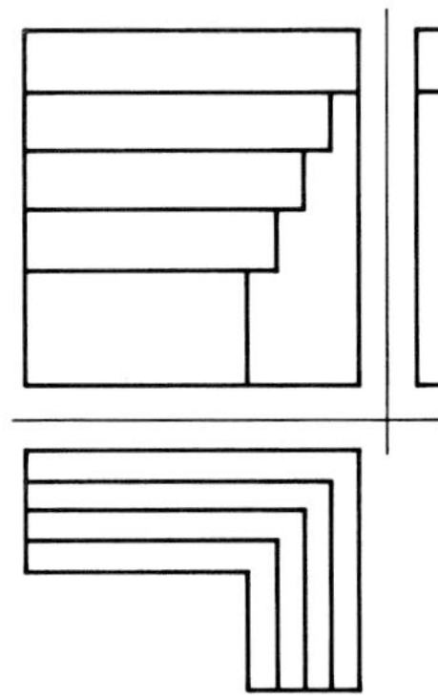

4.156

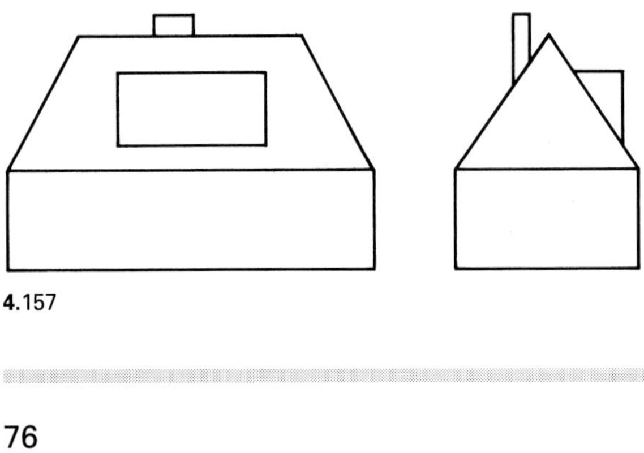

4.157

Die axonometrischen und perspektivischen Darstellungen werden rechnerunterstützt aus Normalprojektionen über das Volumenmodell leistungsfähiger 3D-Programme entwickelt, sie werden also nicht direkt vom Benutzer „gezeichnet". Die Blickrichtungen und Fluchtpunktlagen können dabei in vielen Varianten gewählt werden.

Lässt man ein Programm in der Weise ablaufen, dass nach Aufbau einer Darstellung eine veränderte (nahe liegende) Blickrichtung für eine neue Darstellung vom Rechner akzeptiert wird, so entsteht auf Grund der sehr großen Rechengeschwindigkeit das Bild eines sich drehenden Körpers.

Die manuell zeitaufwendig zu konstruierenden Schatten eines Körpers bei bestimmter Lage der Lichtquelle können je nach CAD-Programm in kürzester Zeit berechnet und dargestellt werden.

Eine besondere Form der axonometrischen Darstellung ist die Explosionszeichnung, bei der die Einzelteile von Baugruppen in Richtung der Koordinatenachsen auseinander gezogen gezeichnet werden.

Diese Art der Darstellung wird für Montagezeichnungen genutzt (Gebrauchsanweisungen), beim Ersatzteildienst u. Ä.

Manuell werden diese Zeichnungen nur noch selten gefertigt, da CAD-Anlagen mit ihren Möglichkeiten (Ebenentechnik, Wandlung orthogonaler in axonometrische Darstellungen) meist perfekter und wesentlich schneller sind. Ein Beispiel zeigt das Bild **4**.158.

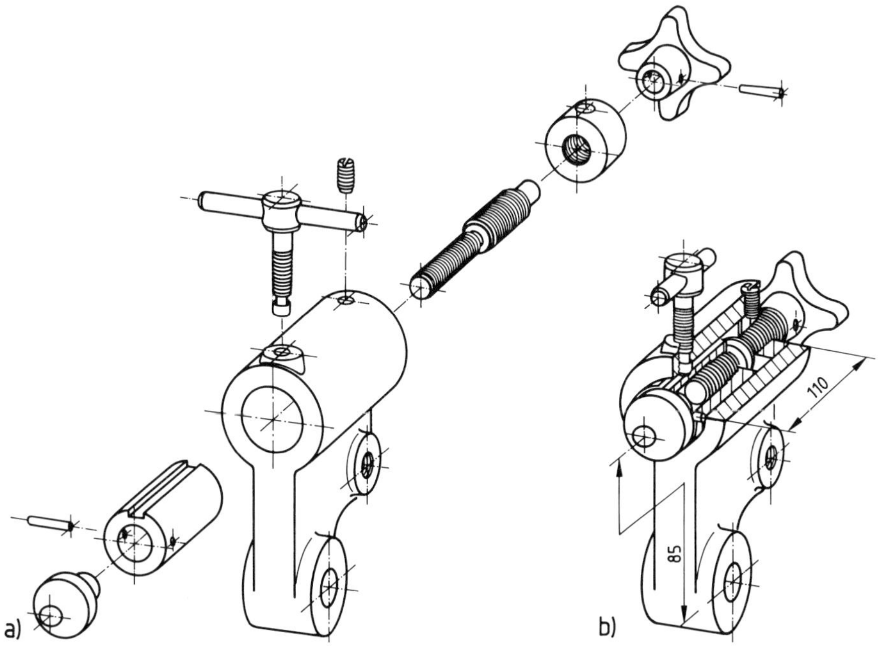

4.158 a) Explosionszeichnung, b) Vorlage im gefügten Zustand

5 Allgemeine Ausführungsregeln für Technische Zeichnungen

5.1 Vervielfältigungsgerechte Zeichnungen (DIN ISO 6428)

Ausführung. Technische Zeichnungen sollen der besseren Kontraste wegen in Tusche auf weißem Zeichenkarton oder auf Natur-Hochtransparentpapier ausgeführt werden. Größere gedeckte Flächen sind zu vermeiden.

Für die Zeichnungsträger sind die Formate A4 bis A0 bevorzugt anzuwenden. Ist das Aufteilen einer Zeichnung auf mehrere Folge- oder Anschlussblätter erforderlich, verwendet man möglichst gleiche Formate.

Linien. Zwischen zwei parallelen Linien ist ein Mindestabstand einzuhalten, um ein „Zusammenlaufen" bei der fotografischen Verkleinerung auszuschließen. Er beträgt mindestens 0,7 mm, sofern keine abweichenden Werte festgelegt sind. Die Brauchbarkeit der schmalsten Linien und der kleinsten Schrift ist von verschiedenen Faktoren abhängig (Verkleinerungsmaßstab, Korngröße der lichtempfindlichen Filmschichten u. a.) und sollte zuvor im Betrieb durch Versuche gesichert sein. Für die zeichnerische Darstellung sind vorzugsweise Linienbreiten der Liniengruppe 0,5 anzuwenden, bei Formaten A1 und größer die Liniengruppe 0,7 (s. Abschn. 6.1.1).

Beschriftung (s. Abschn. 5.2). Schriftform B vertikal nach DIN 6776-1 ist zu bevorzugen. Bei Anwendung einer Liniengruppe nach DIN 15-2 ergeben sich drei Schriftgrößen:

- **die mittlere** für Maß- und Textangaben sowie grafische Symbole,
- **die kleine** für Indizes und Exponenten,
- **die große** für Schnitt- und Ansichtskennzeichen, Positionsnummern und zugeordnete Angaben (Maßstab).

Sind zur besseren Verständigung zu den Maßangaben oder grafischen Symbolen einer Zeichnung weitere Wortangaben (Einzelangaben, Wortangaben im Satzverband) erforderlich, sind DIN 6790-1 und DIN 6790-2 heranzuziehen.

Vervielfältigungen. Stammzeichnungen werden überwiegend im Lichtpausverfahren vervielfältigt. In letzter Zeit haben sich jedoch die Mikroverfilmung und Rückvergrößerung von Zeichnungen immer mehr durchgesetzt. Auch andere Verfahren (z. B. Fotokopieren oder Einscannen) sind üblich. Aufnahmetechniken, Verkleinerungs- und Vergrößerungsfaktoren, Anforderungen an Vorlagen usw. sind festgelegt in DIN 19052-1 bis DIN 19052-6 (Mikrofilmtechnik, Zeichnungsverfilmung) und DIN 32742-5 (Büro- und Datentechnik, Fernkopierer). Weitere Normen hierzu sind dem DIN-Katalog für technische Regeln zu entnehmen.

Rechnerunterstützt erstellte Zeichnungen. Hier gilt ergänzend DIN 6774-10.

- **Bei Linien,** die durch Rasterflächen angenähert dargestellt werden (z.B. bei Anwendung elektrostatischer Plotter), gelten die Angaben für Linienbreiten (DIN ISO 128-20) sinngemäß. Das heißt, Abweichungen sind nur in dem Rahmen zugelassen, der die Eindeutigkeit der Darstellung und die Unterscheidbarkeit der Linienbreiten sicherstellt.
- **Ungeradlinige Formen** (z. B. Kreise, Kreisbögen, Kurven) dürfen zur Unterscheidung von Vielecken maximal um die halbe Linienbreite von ihrer idealgeometrischen Form abweichen.
- **Schraffuren** werden durch Linien mit einem lichten Abstand von mind. 4facher Linienbreite dargestellt.
- **Bei Schwärzungen,** die durch Linien dargestellt werden, dürfen die lichten Abstände zwischen den Linien maximal eine halbe Linienbreite betragen.
- **Die Beschriftung** muss DIN 6776-1 entsprechen. Die Schriftzeichen dürfen durch Vektoren oder ausgefüllte Rasterflächen angenähert dargestellt werden.

5.2 Beschriftung Technischer Zeichnungen

ISO-Normschrift (DIN 6776-1)

Diese weltweit einheitliche Normschrift wurde im Rahmen der ISO erarbeitet. Sie ist gut leserlich und eignet sich besonders für die problemlose Vervielfältigung von Zeichnungs-Unterlagen (z. B. für die Mikroverfilmung und Rückvergrößerung). Sie kann gut mit Schablonen geschrieben werden und ist auch für andere Handbeschriftungsmethoden anwendbar.

Es stehen zwei Schriftformen (A und B) zur Verfügung für die jeweils vertikale und kursive Schriftzeichen festgelegt sind:

Schriftform A. Linienbreite = $^{1}/_{14}$ der Höhe der Großbuchstaben

Beispiel Großbuchstabe h = 7 mm; Linienbreite d = 0,5 mm

Schriftform B. Linienbreite = $^{1}/_{10}$ der Höhe der Großbuchstaben

Beispiel Großbuchstabe h = 7 mm; Linienbreite d = 0,7 mm

> Für Technische Zeichnungen ist die Schriftform B, vertikal zu bevorzugen (**5**.1 und **5**.2 sowie Abschn. 5.2).

Indizes, Exponenten usw. sind nicht kleiner als 2,5 mm zu schreiben. Die Linienbreiten für die einzelnen Schriftgrößen sind in Tab. **5**.2 aufgeführt.

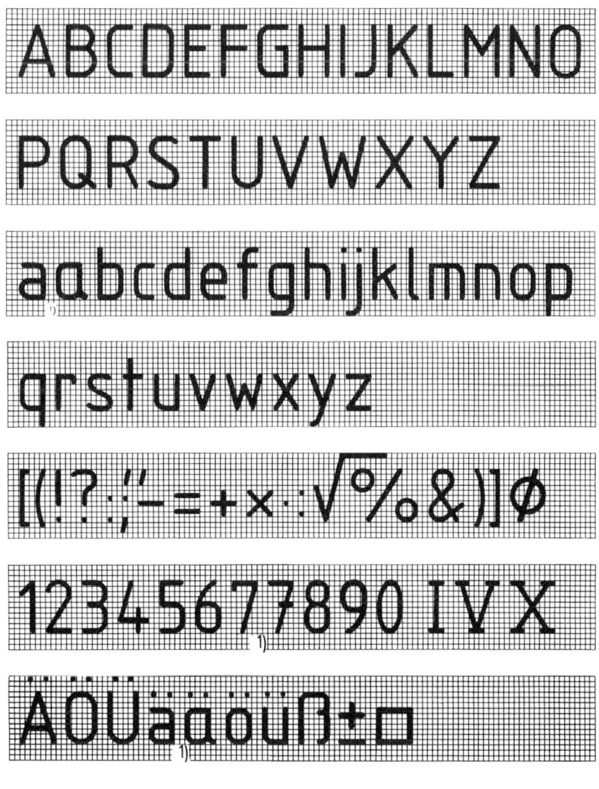

5.1
ISO-Normschrift, Schriftform B, vertikal

---

[1]) Beide Zeichen entsprechen den Beschriftungen; die Wahl zwischen den gegebenen Möglichkeiten ist den nationalen Normungsorganisationen überlassen.

In Deutschland sind die Zeichen a und 7 zu bevorzugen

Tabelle **5**.2 **ISO-Normschrift, Schriftform B, Schriftmerkmale und Maße**

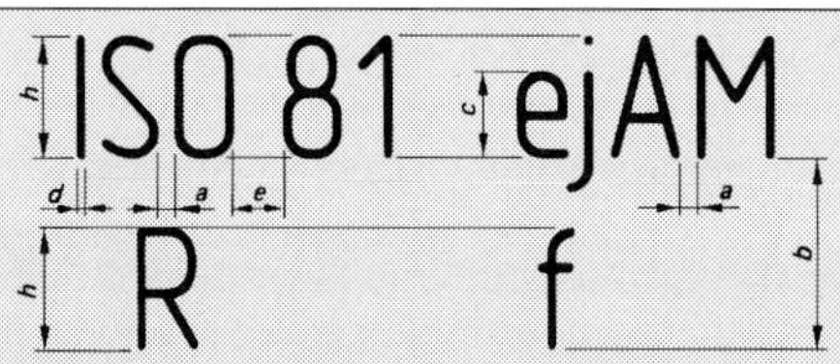

$d = h/10$

Beschriftungsmerkmal		Verhältnis	Maße						
Schriftgröße									
Höhe der Großbuchstaben	*h*	(10/10) *h*	2,5	3,5	5	7	10	14	20
Höhe der Kleinbuchstaben (ohne Ober- oder Unterlängen)	*c*	(7/10) *h*	–	2,5	3,5	5	7	10	14
Mindestabstand zwischen Schriftzeichen	*a*	(2/10) *h*	0,5	0,7	1	1,4	2	2,8	4
Mindestabstand zwischen Grundlinien	*b*	(14/10) *h*	3,5	5	7	10	14	20	28
Mindestabstand zwischen Wörtern	*e*	(6/10) *h*	1,5	2,1	3	4,2	6	8,4	12
Linienbreite	*d*	(1/10) *h*	0,25	0,35	0,5	0,7	1	1,4	2
Die Angaben zum Mindestabstand zwischen den Grundlinien (*b*) beziehen sich nur auf Buchstaben ohne Ober- bzw. Unterlängen. Bei Schriftzeichen mit Ober- bzw. Unterlängen sind die angegebenen Maße für *b* wie nachstehend zu vergrößern:									
Mindestabstand zwischen den Grundlinien	*b*	(16/10) *h*	4,0	5,7	8,0	11,4	16,0	22,8	32,0

Griechische Schriftzeichen nach DIN ISO 3098-2 werden vielfach als Formelzeichen und bei allgemeinen Winkelangaben verwendet (**5**.3).

Schriftfelder für Zeichnungen und Stücklisten Abschn. 2.2.

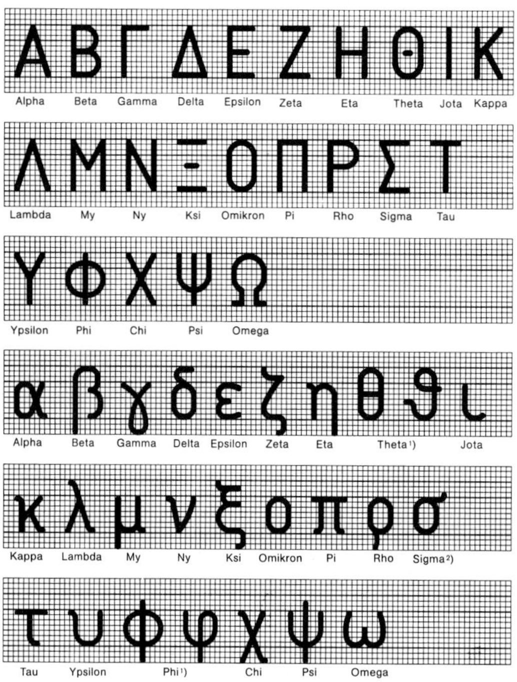

5.3
Griechische Schriftzeichen, Schriftform B, vertikal

---

[1]) Obwohl zwei verschiedene Formen der Kleinbuchstaben „Theta“ und „Phi“ zulässig sind, ist nur eine Form in einem Dokument anzuwenden.

[2]) Als Formelzeichen soll keine andere bestehende Form des Kleinbuchstabens „Sigma“ angewendet werden.

5.3 Ausführungsregeln für Fremdteil-, Sammel- und Vordruckzeichnungen (DIN 30-5 bis DIN 30-7)

Fremdteilzeichnungen müssen eindeutige, für Einbau und Prüfung der Sache erforderliche sowie für die Bestellung geeignete Angaben enthalten. Für die Darstellung in der Zeichnung dürfen u. U. auch Bildausschnitte aus Prospekten oder Katalogen verwendet und in einen Zeichnungsvordruck eingeklebt werden. Auf der Zeichnung nicht angegebene Details sind als handelsüblich anzusehen und indirekt mit den Angaben in oder über dem Schriftfeld festgelegt.

Da Fremdteilzeichnungen nicht für die eigene Fertigung vorgesehen sind, ist an geeigneter Stelle darauf hinzuweisen (z. B. durch die Kennzeichnung „Fremdteilzeichnung"). Die technischen Angaben des Bestellers auf der Fremdteilzeichnung haben Vorrang vor den allgemein gültigen Angaben des Herstellers und sind in jedem Fall verbindlich. Dies gilt besonders bei Änderungen von Herstellerunterlagen (Prospekte, Kataloge usw.).

Sammelzeichnungen für Einzelteile sollen in der Regel nicht mehr als drei variable Maße enthalten. Bei mehr variablen Maßen empfiehlt sich die Anwendung von Vordruckzeichnungen. Unter einer Sachnummer darf jeweils nur eine bestimmte Ausführung des Erzeugnisses festgelegt werden. Jede Abwandlung (z. B. der Oberflächenausführung, des Werkstoffs, der Maße oder der Rechts-Links-Ausführung) bedingt eine andere Sachnummer. Für unterschiedliche Maße setzt man Maßbuchstaben ein. Die zugehörenden Größen werden in einer Tabelle aufgeführt und der jeweiligen Sachnummer zugeordnet. Die Benennung der einzelnen Spalten setzt man zweckmäßig an deren Fuß. Damit ist eine einfache Handhabung bei Erweiterungen möglich.

In einer Sammelzeichnung für Gruppen werden Gruppen oder Erzeugnisse dargestellt, die aus mehreren Teilen und/oder Gruppen bestehen und zu verschiedenen Ausführungen zusammengebaut werden können. Für jede Ausführung gilt eine eigene Sachnummer. Die zur Montage erforderlichen Teile sind in einer Stückliste aufzuführen.

Vordruckzeichnungen erstellt man vorzugsweise für die Darstellung von Teilen oder Gruppen, bei denen eine wiederholte Anwendung in formgleicher Ausführung zu erwarten ist. Aufgenommen werden nur die gleich bleibenden Angaben. Die Vordruckzeichnung ist also verwendungsunabhängig. Im Anwendungsfall trägt man in einer von der Stammzeichnung erstellten Vervielfältigung (gedruckte Vorlage oder Lichtpause) die verwendungsabhängigen (veränderlichen) Angaben nach. Im Allgemeinen entsteht für jedes Teil eine eigene Zeichnung mit eigener Sachnummer.

5.4 Zeichnungen für Druckzwecke (DIN 6774-4)

Maßstab. Die Vorlagen sind vorzugsweise in einem Vergrößerungsmaßstab nach DIN ISO 5455 zu zeichnen (s. Abschn. 6.1.6). Da die Drucktechnik Einfluss auf die Ausführung von Vorlagen hat, müssen Beschriftung, Linienbreiten, Schraffuren, Raster und Farben vor Anfertigung der Druckvorlage aufeinander abgestimmt werden.

Beschriftung. Die Haupt-Leserichtung von Druckerzeugnissen geht von links nach rechts und von oben nach unten, wenn sich das Druckerzeugnis in Gebrauchslage befindet. Die Schriftform B, vertikal nach DIN 6776-1 ist zu bevorzugen (s. Abschn. 5.2).

Schreibrichtung. Alle Beschriftungen von Darstellungen sowie Texte und Tabellen sind auf die Leserichtung des Druckerzeugnisses abzustimmen.

Verkleinerungsangaben. Von den vergrößert gezeichneten Darstellungen wird eine fotografische Verkleinerung hergestellt, die zum Übertragen des Bildes auf die Druckplatte, den Druckstock oder zur Herstellung einer Offsetvorlage dient. Deshalb ist der Verkleinerungswert oder das Einstellmaß anzugeben. Der Verkleinerungswert wird angegeben, wenn es bei den gedruckten Bildern nicht auf besondere Genauigkeit ankommt. Er gibt an, auf wie viel % die Originalzeichnung verkleinert wird, und soll der Stufung $\sqrt{2}$ entsprechen (z. B. 70%, 50%, 35%, 25%). Sollen die gedruckten Bilder vorgegebenen Maßen entsprechen, ist ein Einstellmaß, ggf. mit den entsprechenden Grenzabmaßen, anzugeben.

Beispiel $50 \pm 0{,}1$
Einstellmaß
⟵⟶

Die Mindestmaße für Linienbreiten, Linienabstände und Schriftgrößen sind aus Tab. **5**.4 zu ersehen. Die Zeilenabstände für Schriften zeigt Tab. **5**.5.

Tabelle **5**.4 **Mindestmaße für Linienbreiten, Linienabstände und Schriftgrößen** (Maße in mm)

		im Druckerzeugnis	in der gezeichneten Vorlage bei Verkleinerung auf				Bemerkungen
			70%	50%	35%	25%	
Linienbreiten *d* und Linienabstände für:	hervorzuhebende Darstellungen	0,5	0,7	1	1,4	2	Werte für andere Verkleinerungen oder Vergrößerungen entsprechend $\sqrt{2}$-Stufung größer oder kleiner wählen
	Hauptdarstellungen	0,25	0,35	0,5	0,7	1	
	Nebendarstellungen	0,18	0,25	0,35	0,5	0,7	
	Mittel-, Maß- und Schraffurlinien	0,13	0,18	0,25	0,35	0,5	
	kleinster lichter Abstand zwischen Linien	0,7 × Linienbreite der schmaleren Linie					
	kleinster lichter Abstand zwischen Schraffurlinien	0,5	0,7	1	1,4	2	
Schriftgrößen (*h*) nach DIN 1451-3 und/oder DIN 6776-1 für:	Positionsnummern, hervorzuhebende Angaben, Einzelangaben	5	7	10	14	20	
	Text, Wortangaben, Maßzahlen	2,5	3,5	5	7	10	
	Indizes, Exponenten, Fußnotenzeichen	1,8	2,5	3,5	5	7	
	Druckschrift	1,8	2,5	3,5	5	7	(serifenlos)
Vergleichsstrecke von 10 mm		10	14	20	28	40	

Tabelle **5**.5 **Zeilenabstände für Schriften** (Maße in mm)

Schriftgröße *h*	20	14	10	7	5	3,5	2,5	1,8
Zeilenabstand	32	24	16	12	8	6	4	3

Schraffuren und Raster sind entsprechend der Vorlagengröße, dem Verkleinerungsmaßstab und der Abbildungsgröße im Druckerzeugnis abzustimmen. Zu enge oder zu breite Raster sind ungeeignet, da die Gefahr des Zusammenlaufens bzw. der Auflösung besteht.

5.5 Zeichnungen für Dias (DIN 108-2, DIN 6774-3)

Ein Diapositiv ist ein fotografisches Positivbild auf einem transparenten Schichtträger (z. B. Film) für Projektionszwecke. Im Sinne von DIN 108-2 ist unter einem Dia das vorführfertige, gerahmte Diapositiv zu verstehen.

Format. Genormt sind die Nenngrößen (Außenmaße $a \times b$ in cm) 8,5 × 10; 8,5 × 8,5; 7 × 7; 5 × 5 und 3 × 3, wobei die Nenngrößen 5 × 5 und 7 × 7 vorzugsweise benutzt werden. Die gezeichneten Bildvorlagen sollten möglichst ein Seitenverhältnis $1 : \sqrt{2}$ (entsprechend den Papierendformaten nach DIN 476-1) haben. Empfohlen werden die Formate A3 und A4.

Markierung. Die Bildfeldecken sind zweckmäßig durch ein Linienkreuz zu markieren (**5**.6). Bei starker Verkleinerung ist die Anordnung von Viertelkreisen an den Bildfeldecken außerhalb des Bildfelds vorteilhaft (**5**.6 b). Die Bildfeldmarkierungen werden beim fertigen Dia von der Abdeckung verdeckt.

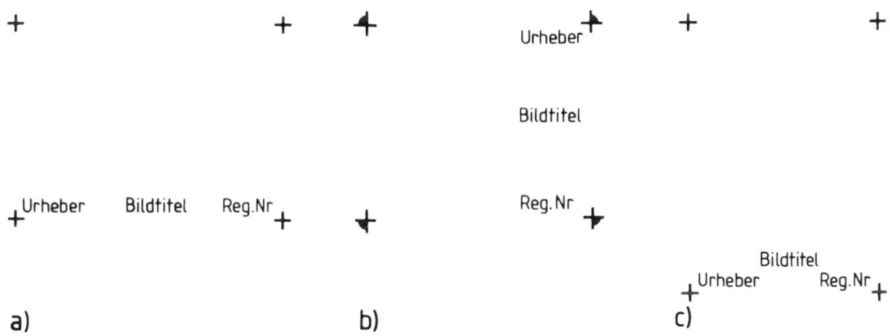

5.6 Bildfelder mit Beschriftung
a) Querformat, b) Querformat mit Beschriftung rechts, c) Hochformat

Angaben. Den Bildtitel ordnet man üblicherweise im unteren Teil des Bildfelds in der Mitte an, links davon Urheber und gegebenenfalls Ursprungsjahr, rechts die Registriernummer (**5**.6 a). Die Eintragung der Angaben bei Anordnung der Schriftleiste auf der rechten Seite des Dias zeigt Bild **5**.6 b, die Beschriftung beim Hochformat Bild **5**.6 c. Nach DIN 1505-2 sind die Schrifttumsangaben möglichst in die Schriftleiste zu setzen. Bei Platzmangel können sie im Bildfeld über den unteren Bildrand gesetzt werden.

Die bei gezeichneten Bildvorlagen anzuwendenden Linienbreiten, Linienabstände und Schriftgrößen sind aus Tab. **5**.8 zu ersehen. Tab. **5**.7 zeigt die Zeilenabstände.

Tabelle **5**.7 **Zeilenabstände für Schriftform B nach DIN 6776-1** (Maße in mm)

Schriftgröße h	14	10	7	5	3,5	2,5
Zeilenabstand	22,8	16	11,4	8	5,7	4

Mittelschriften sind zu bevorzugen, Engschriften zu vermeiden. Dias können mit oder ohne Dia-Maske hergestellt werden. Um die Blendwirkung zu verhindern, empfiehlt sich jedoch eine Dia-Maske. Das Bild **5**.9 zeigt ein Dia mit der Nenngröße 5 × 5 cm mit einem Maskenausschnitt 27 mm × 38 mm (nach DIN 108-2 zu bevorzugen), Bild **5**.10 ein Dia mit der Nenngröße 8,5 × 10 cm mit Schriftleiste ohne Maske (nach DIN 108-2 zu vermeiden).

Tabelle 5.8 **Mindestmaße für Linienbreiten, Linienabstände und Schriftgrößen für Positiv-Darstellungen auf Vorlagen für Dias** (Werte für Negativ-Darstellungen in Klammern, Maße in mm)

		längste Seite der ausnutzbaren Zeichenfläche ≙ A3 max 420	≙ A4 max 297	≙ A5 max 210	Bemerkungen
Linienbreiten *d* und Linienabstände für:	hervorzuhebende Darstellungen	1 (1,4)	0,7 (1,0)	0,5 (0,7)	Werte für andere Formate entsprechend $\sqrt{2}$-Stufung größer oder kleiner wählen
	Hauptdarstellungen	0,7 (1,0)	0,5 (0,7)	0,35 (0,5)	
	Nebendarstellungen	0,5 (0,7)	0,35 (0,5)	0,25 (0,35)	
	Mittel-, Maß- und Schraffurlinien	0,35 (0,5)	0,25 (0,35)	0,18 (0,25)	
	kleinster lichter Abstand zwischen Linien	1 × Linienbreite der breiteren Linie (2 × Linienbreite)			
	kleinster lichter Abstand zwischen Schraffurlinien	2,8 (4,0)	2 (2,8)	1,4 (2,0)	
Schriftgrößen (*h*) nach DIN 6776-1 für:	Bildtitel, Positionsnummern hervorzuhebende Angaben Einzelerkennungen	10 (14)	7 (10)	5 (7)	
	Text, Wortangaben, Maßzahlen	7 (10)	5 (7)	3,5 (5)	
	Indizes Exponenten, Fußnotenzeichen für Bildtitel	7 (10)	5 (7)	3,5 (5)	
	Indizes Exponenten, Fußnotenzeichen für Text	5 (7)	3,5 (5)	2,5 (3,5)	
	Schreibmaschinenschrift, Schriftgröße *h* nach DIN 2107	–	4,5 (z. B. Plakat)	3,2 (z. B. Medium)	serifenlos

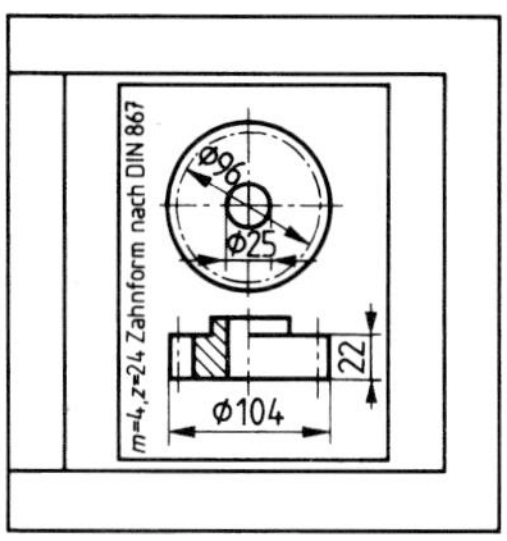

5.9 Dia 5 × 5 ohne Schriftleiste mit Maske (z. B. 27 × 38)

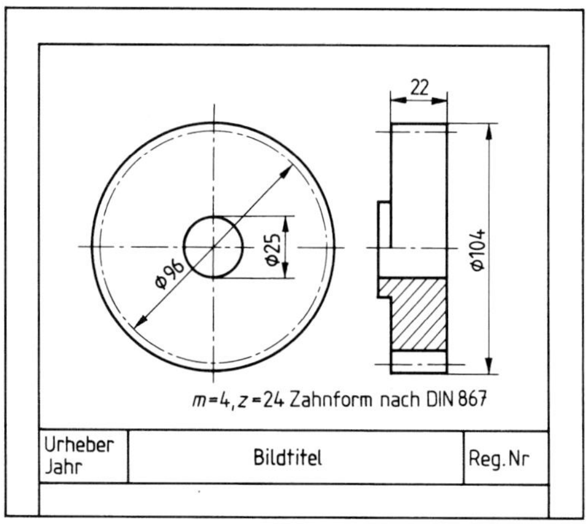

5.10 Dia 8,5 × 10 mit Schriftleiste ohne Maske

Weitere Einzelheiten wie Überprüfung der Lesbarkeit, Verkleinerungsfaktoren für Bildvorlagen usw. sind DIN 108-2 zu entnehmen.

5.6 Grafische Symbole

Um Informationen sprachunabhängig vermitteln zu können, werden in technischen Produktdokumentationen (technische Dokumente, die ein Produkt beschreiben und z. B. für Wartung oder Installation eines Produkts benötigt werden) grafische Symbole angewendet.

Man spricht bei diesen Symbolen auch von tpd-Symbolen. Ein grafisches Symbol kann aus mehreren grafischen Symbolen oder grafischen Symbolelementen zusammengesetzt sein.

Die Form eines tpd-Symbols in einem Grundraster von Modul M = 10 mm und einer Linienbreite von 1 mm ist auf einer Belegzeichnung festgelegt, deren Gestaltungsregeln in DIN ISO 3461-2 festgelegt sind.

5.7 Rechnerunterstütztes Zeichnen

Die Wahl des Zeichnungsträgers zum Ausdruck von CAD-erstellten Zeichnungen richtet sich nach den vorhandenen Ausgabegeräten, es werden jedoch überwiegend Transparentpapier bis A0 (bei Trommel- oder Stiftplottern) und Normalpapier bis A3 (bei Laserdruckern) verwendet (s. Abschnitt 2.3.2).

Die zu verwendenden Stifte bei Plottern sowie die Linieneinstellungen der CAD-Programme bzw. den Einstellungen bei Druckern richten sich hierbei nach den entsprechenden Normen über die Linienbreiten (DIN 15-2, DIN ISO 128-20). Bei Verwendung von Farbbildschirmen werden die verschiedenen Linienbreiten durch unterschiedliche Farben auf dem Monitor dargestellt.

Bezüglich der Schriftformen steht softwaremäßig oftmals eine große Auswahl zur Verfügung, können optional nachinstalliert oder aber auch, je nach CAD-System, selbst erstellt werden. Dies betrifft auch die griechischen Schriftzeichen. Einstellungen für die Beschriftung einer CAD-erstellten Zeichnung wie Höhe oder Neigung werden in Text-Menüs definiert, können zum Teil als Voreinstellungen abgespeichert werden.

Schraffuren und Raster sowie grafische Symbole sind in dafür gedachten Menüs angeordnet und können nach Auswahl in die Zeichnung eingebracht, ebenso schnell geändert oder gelöscht werden. Bei der Erstellung von Schraffuren oder grafischen Symbolen müssen die dementsprechenden Normen (DIN 201 bei Schraffuren bzw. DIN ISO 3461-2 bei grafischen Symbolen) angewendet werden, auch ist z. B. auf einheitliche Größe, Form und Lage bei grafischen Symbolen zu achten.

6 Technische Zeichnungen. Darstellung und Bemaßung

6.1 Darstellungen in Technischen Zeichnungen (DIN 6-1)

In Technischen Zeichnungen wird vielfach von Symbolen in Form von Linien, Zeichen u.Ä. Gebrauch gemacht, deren Aussagen in Normen allgemeinverbindlich festgelegt sind. Diese Symbole ersparen wortreiche Erklärungen und sind auch im fremdsprachlichen Gebrauch verständlich.

Wichtiges Symbol sind die Linien.

6.1.1 Linien

Die Art und die Breite von Linien in technischen Zeichnungen ist Sinnbild festgelegter Aussagen. Die verschiedenen Linienarten, ihre Bezeichnung, Konfiguration sowie allgemeine Regeln für das Zeichnen von Linien in technischen Zeichnungen werden in DIN ISO 128-20 (Ersatz für DIN 15-1), ihre Anwendungen in Zeichnungen der mechanischen Technik in DIN ISO 128-24[1]) (Ersatz für DIN 15-2) festgelegt.

DIN ISO 128-20 sieht 15 Grundarten von Linien vor (**6**.1), die in Tab. **6**.2 aufgeführt sind. Nur für 4 Linienarten werden Anwendungen genannt. Die Bilder **6**.3 bis **6**.6 zeigen Anwendungsbeispiele.

Tabelle **6**.1 Grundarten von Linien

Nr.	Darstellung	Benennung
01	————————————————————	Vollline
02	— — — — — — — — — — — — — — — — — —	Strichlinie
03	— — — — — — — — — —	Strich-Abstandlinie
04	——— · ——— · ——— · ——— · ——— · ——— · ——— · ——— ·	Strich-Punktlinie (langer Strich)
05	——— ·· ——— ·· ——— ·· ——— ·· ——— ·· ——— ·· ——— ··	Strich-Zweipunktlinie (langer Strich)
06	——— ··· ——— ··· ——— ··· ——— ··· ——— ··· ——— ···	Strich-Dreipunktlinie (langer Strich)
07	··	Punktlinie
08	——— – ——— – ——— – ——— – ——— – ——— – ——— –	Strich-Strichlinie
09	——— – – ——— – – ——— – – ——— – – ——— – –	Strich-Zweistrichlinie
10	— · — · — · — · — · — · — · — · — · — · — · — ·	Strich-Punktlinie
11	— — · — — · — — · — — · — — · — — · — — ·	Zweistrich-Punktlinie
12	— ·· — ·· — ·· — ·· — ·· — ·· — ·· — ·· — ··	Strich-Zweipunktlinie
13	— — ·· — — ·· — — ·· — — ·· — — ·· — — ··	Zweistrich-Zweipunktlinie
14	— ··· — ··· — ··· — ··· — ··· — ··· — ··· — ···	Strich-Dreipunktlinie
15	— — ··· — — ··· — — ··· — — ··· — — ··· — — ···	Zweistrich-Dreipunktlinie

[1]) DIN ISO 128-24 ist zurzeit noch Entwurf. Die verabschiedete Norm kann geringe Abweichungen gegenüber des hier zitierten Norm-Entwurfes aufweisen.

Tabelle **6**.2 Linienarten und ihre Anwendungen

Nr	Linie Benennung Darstellung	Anwendung
01.1	Volllinie, schmal ————	.1 Lichtkanten bei Durchdringungen
		.2 Maßlinien
		.3 Maßhilfslinien
		.4 Hinweis- und Bezugslinien
		.5 Schraffuren
		.6 Umrisse eingeklappter Schnitte
		.7 Kurze Mittellinien
		.8 Gewindegrund
		.9 Maßlinienbegrenzungen
		.10 Diagonalkreuze zur Kennzeichnung ebener Flächen
		.11 Biegelinien an Roh- und bearbeiteten Teilen
		.12 Umrahmungen von Einzelteilen
		.13 Kennzeichnung sich wiederholender Einzelheiten
		.14 Zuordnungslinien an konischen Formelementen
		.15 Lagerichtung von Schichtungen
		.16 Projektionslinien
		.17 Rasterlinien
	Freihandlinie, schmal ～～～～	.18 Vorzugsweise manuell dargestellte Begrenzung von Teil- oder unterbrochenen Ansichten und Schnitten, wenn die Begrenzung keine Symmetrie oder Mittellinie ist[1])
	Zickzacklinie, schmal —╲╱—╲╱—	.19 Vorzugsweise mit Zeichenautomaten dargestellte Begrenzung von Teil- oder unterbrochenen Ansichten und Schnitten, wenn die Begrenzung keine Symmetrie- oder Mittellinie ist[1])
01.2	Volllinie, breit ————	.1 Sichtbare Kanten
		.2 Sichtbare Umrisse
		.3 Gewindespitzen
		.4 Grenze der nutzbaren Gewindelänge
		.5 Hauptdarstellungen in Diagrammen, Karten, Fließbildern
		.6 Systemlinien (Metallbau-Konstruktionen)
		.7 Formteilungslinien in Ansichten
02.1	Strichlinie, schmal – – – – –	.1 Verdeckte Kanten
		.2 Verdeckte Umrisse
02.2	Strichlinie, breit – – – – –	.1 Kennzeichnung zulässiger Oberflächenbehandlung
04.1	Strich-Punktlinie (langer Strich), schmal —·—·—·—·	.1 Mittellinien
		.2 Symmetrielinien
		.3 Teilkreise von Verzahnungen
		.4 Teilkreise für Löcher
04.2	Strich-Punktlinie (langer Strich), breit —·—·—·—·	.1 Kennzeichnung begrenzter Bereiche, z. B. der Wärmebehandlung
		.2 Kennzeichnungen von Schnittebenen
		.3 Formteilungslinien in Schnitten
05.1	Strich-Zweipunktlinie (langer Strich), schmal —··—··—	.1 Umrisse benachbarter Teile
		.2 Endstellungen beweglicher Teile
		.3 Schwerpunktlinien
		.4 Umrisse vor der Formgebung
		.5 Teile vor der Schnittebene
		.6 Umrisse alternativer Ausführungen
		.7 Umrisse von Fertigteilen in Rohteilen
		.8 Umrahmung besonderer Bereiche oder Felder
		.9 Projizierte Toleranzzone

[1]) Es wird empfohlen, nur eine dieser Linienarten in einer Zeichnung anzuwenden.

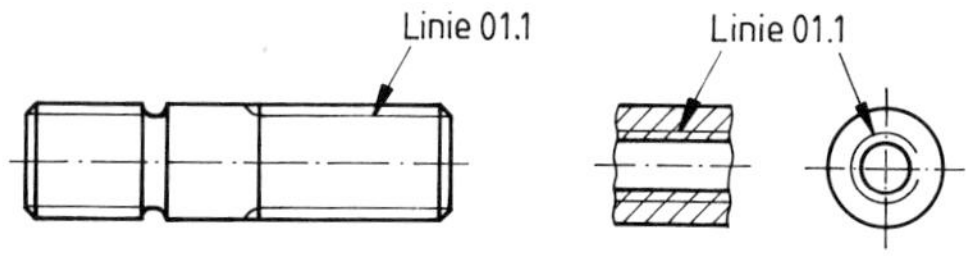

6.3 Gewindegrund

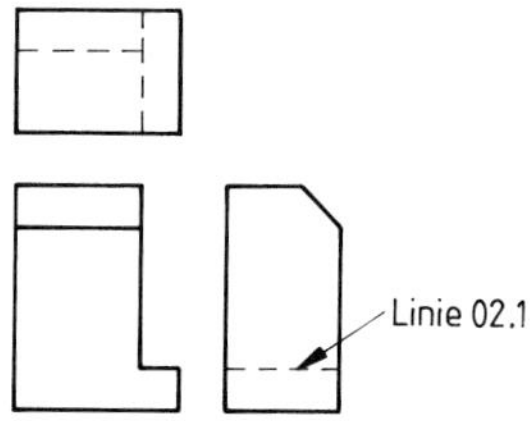

6.4 Verdeckte Kanten

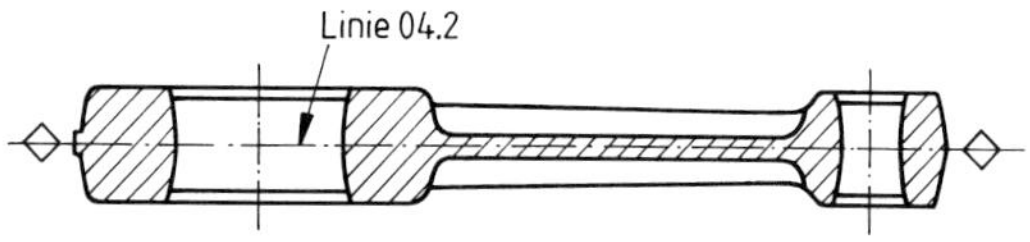

6.5 Formteilungslinien in Schnitten

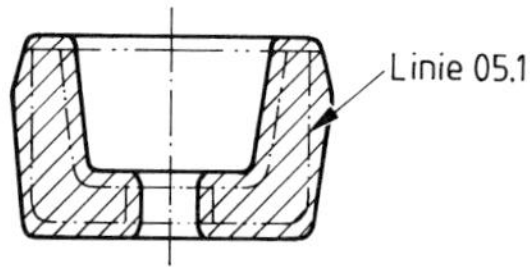

6.6 Umrisse von Fertigteilen in Rohteilen

Die Länge der einzelnen Linienelemente der Linienarten ist entsprechend Tab. **6.**7 zu wählen.

Tabelle **6.**7 Konfiguration der Linien

Linienelement	Linienart-Nr.	Länge
Punkte	04 bis 07 und 10 bis 15	≤ 0,5 *d*
Lücken	02 und 04 bis 15	3 *d*
kurze Striche	08 und 09	6 *d*
Striche	02, 03 und 10 bis 15	12 *d*
lange Striche	03	24 *d*
Abstände	03	18 *d*

Je nach Art und Größe einer Zeichnung ist die Breite (*d*) der Linienart unterschiedlich auszuwählen. Hierzu legt DIN ISO 128-20 folgende Reihe fest:

0,13 mm; 1,18 mm; 0,25 mm; 0,35 mm; 0,5 mm; 0,7 mm; 1 mm; 1,4 mm; 2 mm.

Die Reihe ist im Verhältnis $1 : \sqrt{2}$ ($\approx 1 : 1{,}4$) gestuft. Das Verhältnis der Breite von sehr breiten, breiten und schmalen Linien ist 4 : 2 : 1.

Die Linienbreiten sind nach DIN ISO 128-24 in Liniengruppen entsprechend Tab. **6.**8 eingeteilt.

Tabelle **6.**8 Linienbreiten und Liniengruppen

Liniengruppe	Linienbreiten für die Linien mit den Kennzahlen	
	01.2 - 02.2 - 04.2	01.1 - 02.1 - 04.1 - 05.1
0,25	0,25	0,13
0,35	0,35	0,18
0,5[1])	0,5	0,25
0,7[1])	0,7	0,35
1	1	0,5
1,4	1,4	0,7
2	2	1

[1]) Vorzugs-Liniengruppe

Der Abstand paralleler Linien muss mindestens 0,7 mm betragen, sofern keine anderen Werte festgelegt sind.

Anmerkung: Bei rechnerunterstützten Zeichenprogrammen können die dargestellten Linienabstände in bestimmten Fällen von den tatsächlichen Werten abweichen.

Für sich kreuzende Linien gilt, dass sie sich mit Strichen kreuzen, bzw. in Punkten (**6**.9). Anschlüsse sind mit sich berührenden Strichen, nicht mit Lücken auszuführen (**6**.10).

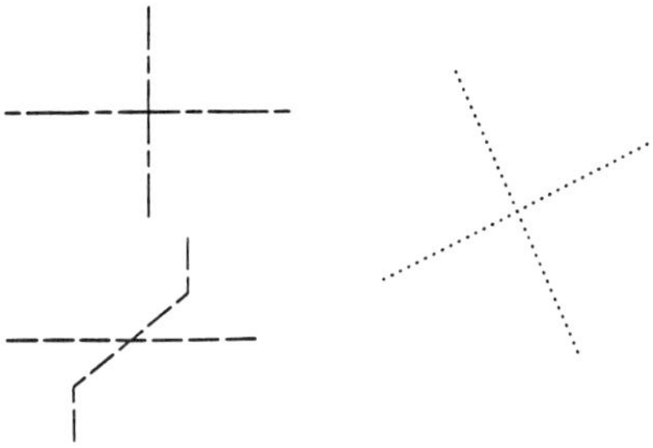

6.9 Kreuzung mit Strichen bzw. Punkten

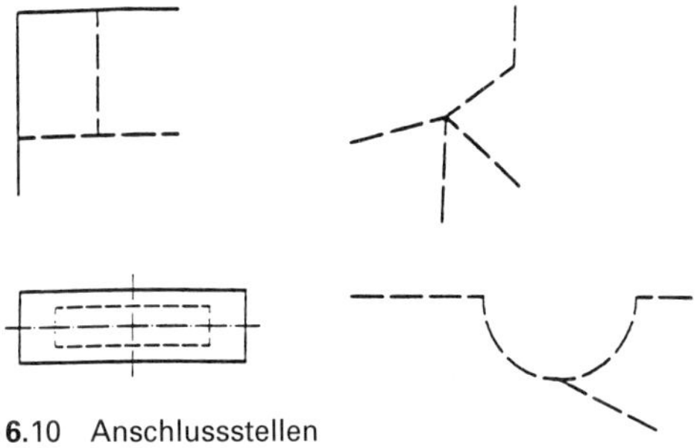

6.10 Anschlussstellen

Der Einsatz von genormten Farben für genormte Linien wird freigestellt, ihre Bedeutung muss jedoch erklärt werden.

6.1.2 Grundsätzliche Hinweise

Technische Zeichnungen werden überwiegend in der Normalprojektion gefertigt (s. Abschn. 4.1). Dabei gilt:

- Es werden nur so viele Ansichten gezeichnet, wie zum vollständigen und eindeutigen Erkennen (Form und Maß) des Körpers notwendig sind (**6**.11). Die Darstellung ist für alle Werkstoffe auch für durchsichtige einheitlich.
- Die Ansichten sind so auszuwählen, dass die Hauptansicht wesentliche Merkmale des Körpers zeigt und möglichst wenige verdeckt darzustellende Kanten gezeichnet werden müssen (**6**.12).
- Auf jeder Zeichnung wird nur eine der Darstellungsmethoden (Projektionsmethoden 1 oder 3) angewandt. Die entsprechenden Symbole werden oberhalb des Schriftfeldes angeordnet (**6**.13).
- Darstellungselemente für die Form sind die breite Volllinie für sichtbare Kanten, die schmale Volllinie für Bruchlinien und Lichtkanten, die schmale Strichlinie für verdeckte Kanten, die schmale Strich-Punkt-Linie für Symmetrie- und Mittellinien und die schmale Strich-Zweipunkt-Linie für Schwerlinien und Umrisse (**6**.14).

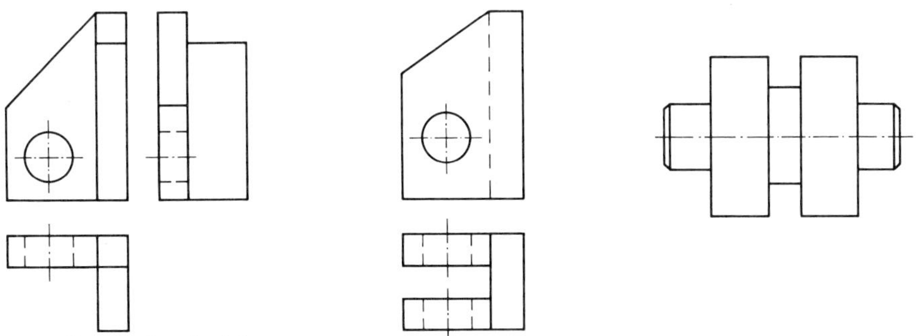

6.11 Notwendige Ansichten

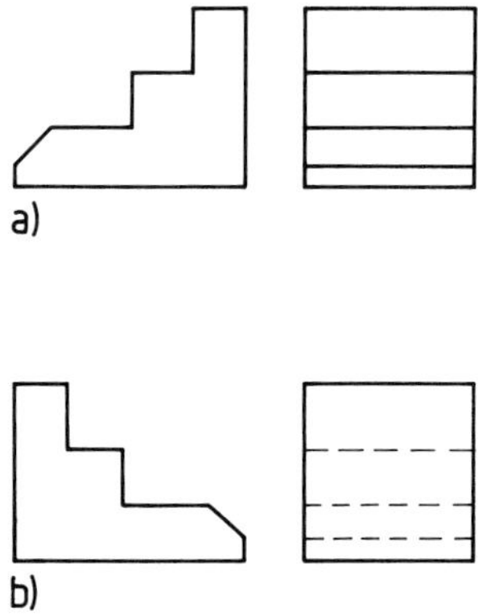

6.12 Verdeckte Kanten
a) besser als b)

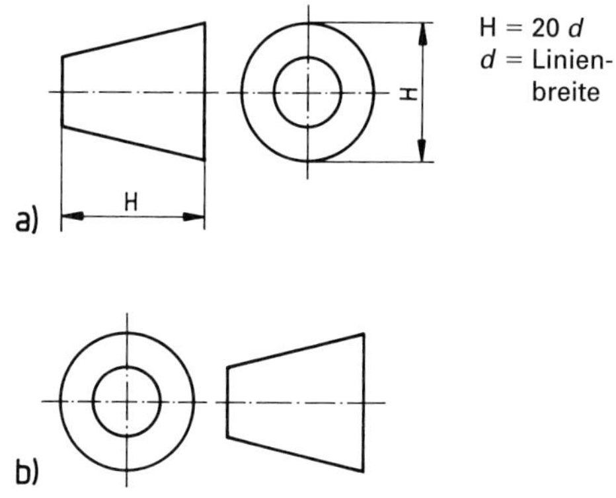

6.13 Symbole für Projektionsmethoden
a) Methode 1, b) Methode 3

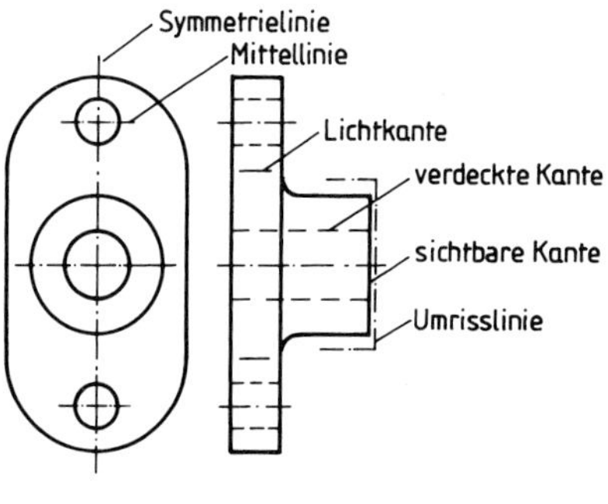

6.14 Darstellungselemente

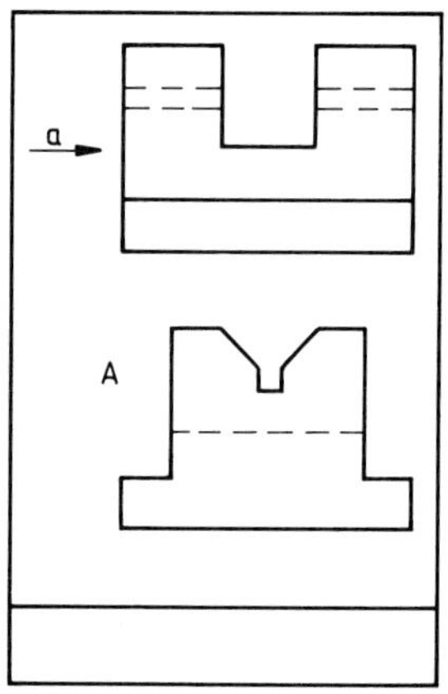

6.15 Darstellung nach Pfeilmethode

Ist es notwendig, die Ansichten abweichend von den genannten Methoden anzuordnen, (Platzmangel o. Ä.), so ist die Pfeilmethode anzuwenden (**6**.15). Die Blickrichtung ist bezogen auf die Hauptansicht durch den Pfeil und mit einem Kleinbuchstaben zu kennzeichnen. Die entsprechende Ansicht erhält den gleichen Großbuchstaben linksseitig oben.

Vorzugsweise im Bauwesen wird die gespiegelte Darstellung benutzt, die als Projektion des Gegenstands in einem Spiegel (nach oben) verstanden wird (**6**.16). Die Darstellung ist durch ein grafisches Symbol zu kennzeichnen (**6**.17).

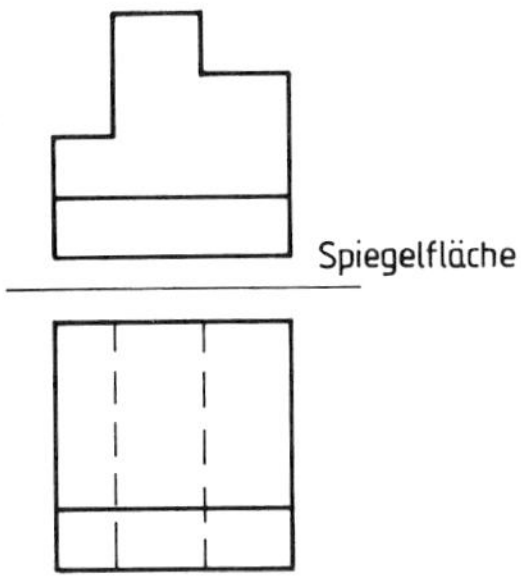

6.16 Spiegelprojektion

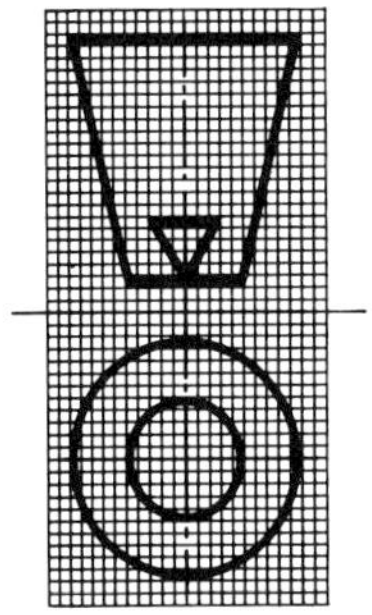

6.17 Symbol Spiegelprojektion

6.1.3 Besondere Ansichten

In Fertigungszeichnungen hat die Eindeutigkeit der Darstellung Vorrang. Das bedeutet, dass man in Fällen, in denen die Normalprojektion verzerrt, besondere Ansichten benutzt. Dies trifft immer dann zu, wenn Hauptachsen nicht senkrecht zur Projektionsrichtung liegen (**6**.18). Die Darstellung kann dann nach a) oder b) erfolgen.

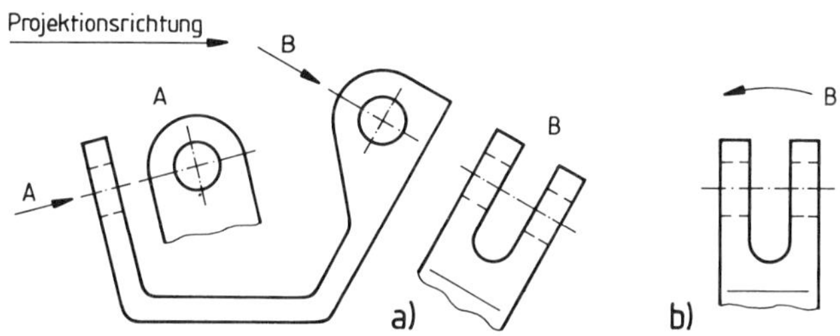

6.18 Besondere Lage der Ansicht, Darstellung nach a) oder b)

Gegenstände (d.h. Werkstücke, Baukörper, Leitungen u.a.) können auch unvollständig in Teilansichten wiedergegeben werden, wenn die Eindeutigkeit nicht beeinträchtigt wird (**6**.19). Gewöhnlich wird in der Zeichnung abgebrochen oder unterbrochen. Die Bruchkanten werden durch eine Freihandlinie oder durch eine Zickzacklinie (**6**.20, mit Schablone) dargestellt.

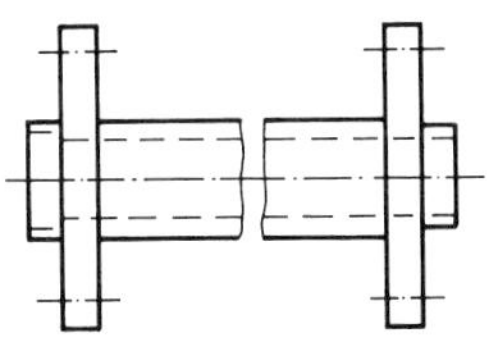

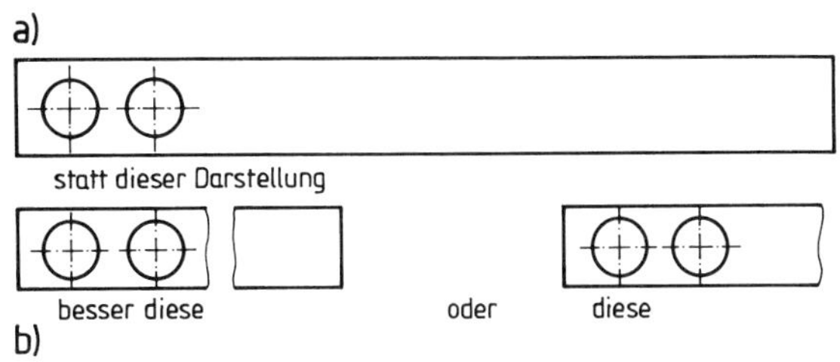

6.19 Unterbrochene/abgebrochene Darstellungen (Freihandlinie)

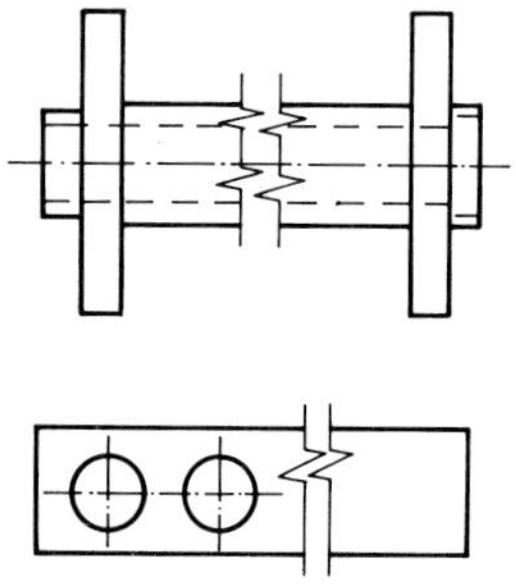

6.20 Zickzacklinien als Bruchlinien

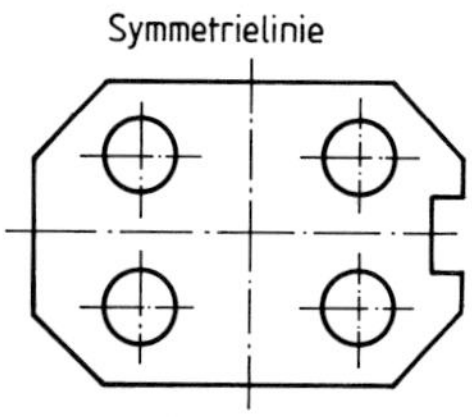

6.22 Symmetrie trotz Ausschnitt

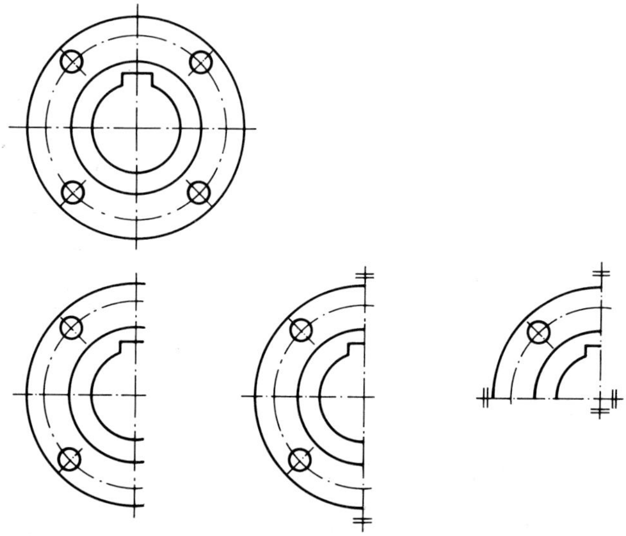

6.21 Darstellung symmetrischer Gegenstände

Symmetrische Gegenstände können als Halb- oder Viertelansicht gezeichnet werden. Dabei sind keine besonderen Begrenzungslinien notwendig, es wird nach Bild **6**.21 gezeichnet. Symmetrisch sind Gegenstände auch dann, wenn die Grundform einseitig in Einzelheiten verändert ist (**6**.22). Dies ist dann von Bedeutung, wenn bei der Bemaßung die symmetrische Form eine Rolle spielt.

6.1.4 Besondere Darstellungen

Wird die maßstabgetreue (s. dazu Abschn. 6.1.6) Darstellung von Einzelheiten eines Gegenstands zu klein und damit zu ungenau, dann werden diese Einzelheiten im vergrößerten Maßstab gesondert gezeichnet. In der eigentlichen Zeichnung verzichtet man auf die genaue Darstellung der Einzelheit. Der Bereich der Einzelheit wird mit einer schmalen Volllinie eingerahmt (Form beliebig, jedoch geometrisch exakt) und mit einem Großbuchstaben (Z, Y, X) gekennzeichnet. Die Einzelheit wird in vergrößerter Form möglichst in der Nähe der Einrahmung angeordnet und mit dem entsprechenden Buchstaben und dem Vergrößerungsmaßstab benannt (**6**.23). Sollten an der eingerahmten Stelle in der Zeichnung Schraffuren, umlaufende Kanten oder Bruchlinien vorhanden sein, so dürfen diese in der vergrößerten Darstellung entfallen (**6**.24).

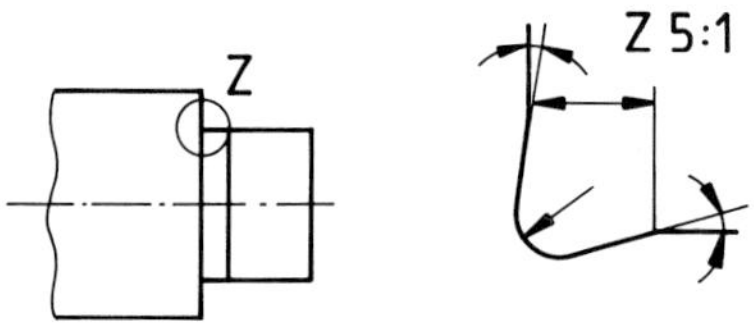

6.23 Einzelheit Z

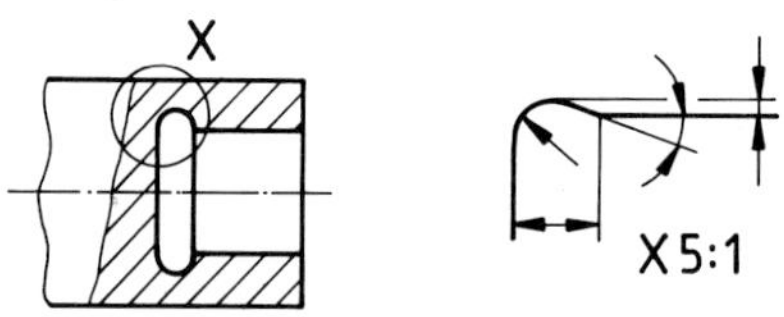

6.24 Einzelheit ohne Schraffur, umlaufende Kante, Bruchlinie

6.1.5 Vereinfachte Darstellungen

Technische Zeichnungen sollen trotz der notwendigen Eindeutigkeit auch übersichtlich sein. In allen Fällen, in denen sich gleiche geometrische Elemente (Bohrungen, Schlitze, Schneidenformen an Werkzeugen, Zahnformen an Zahnrädern) wiederholen, müssen nur so viele Elemente dargestellt werden, wie zur eindeutigen Bestimmung erforderlich sind (**6**.25, **6**.26). Die Mitten von Bohrungen und Schlitzen werden durch Mittellinien, sonstige Formen durch schmale Volllinien festgelegt.

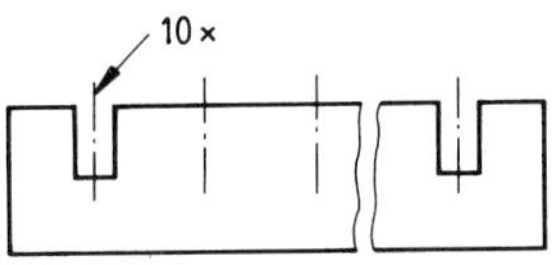

6.25 Sich wiederholende Elemente. Mittellinienzeichnung

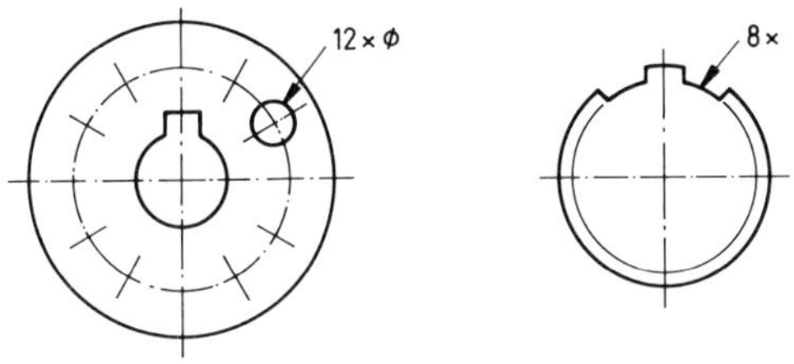

6.26 Sich wiederholende Elemente.
a) Lagekennzeichnung, b) Kennzeichnung durch Volllinie

Geringe Neigungen, wie sie vor allem an gewalzten und gegossenen Werkstücken auftreten, werden in den zugehörigen Projektionen nicht dargestellt. Es ist nur eine breite Volllinie in der Projektion des kleinen Maßes zu zeichnen (**6**.27). Sehr flache Durchdringungskurven werden nicht gezeichnet.

6.27 Darstellung geringer Neigungen
a) Walzschrägen (I-Profil), b) Guss-(Aushebe-)schrägen

6.1.6 Verkleinerte/vergrößerte Darstellungen (Maßstäbe DIN ISO 5455)

In vielen Fällen ist es notwendig, abweichend vom natürlichen Maßstab (Maßstab 1 : 1) zu zeichnen. Gründe dafür sind

- die Größe der Gegenstände. Zu große werden verkleinert, zu kleine werden vergrößert
- die Form der Gegenstände. Einfache Formen können verkleinert, komplizierte müssen vergrößert (s. Abschn. 6.1.4) dargestellt werden.

Der gewählte Maßstab soll so groß sein, dass die dargestellte Information eindeutig ist.

DIN ISO 5455 empfiehlt die in Tab. **6**.28 angegebenen Maßstäbe.

Tabelle **6**.28 Maßstäbe nach DIN ISO 5455

Kategorie	Empfohlene Maßstäbe		
Vergrößerungsmaßstäbe	50 : 1 5 : 1	20 : 1 2 : 1	10 : 1
Natürlicher Maßstab			1 : 1
Verkleinerungsmaßstäbe	1 : 2 1 : 20 1 : 200 1 : 2000	1 : 5 1 : 50 1 : 500 1 : 5000	1 : 10 1 : 100 1 : 1000 1 : 10000

Der angewandte Maßstab ist im Schriftfeld der Zeichnung einzutragen. Wird mehr als ein Maßstab verwendet, so sind der Hauptmaßstab im Schriftfeld und die anderen in der Nähe der entsprechenden Darstellungen anzugeben.

Die Maßstabangaben beziehen sich auf lineare Größen. Auf der Fläche des Zeichnungsträgers benötigen deshalb Zeichnungen im Maßstab 1 : 10 nur $\frac{1}{100}$ der Fläche, Zeichnungen im Maßstab 2 : 1 das Vierfache im Verhältnis zur natürlichen Größe. Wenn in besonderen Fällen, z. B. in Bauzeichnungen, andere als die empfohlenen Maßstäbe angewandt werden müssen, so dürfen Zwischenwerte gewählt werden. Dies sollten jedoch begründete Ausnahmen sein.

6.1.7 Schnittdarstellungen

Um Zeichnungen klar und deutlich darzustellen, sollen die Gegenstände möglichst nur mit sichtbaren Kanten gezeichnet werden. Die Bemaßung an verdeckten Kanten ist zu vermeiden. Bei Hohlkörpern und Durchbrüchen in verschiedenen Ebenen einer Ansicht ist dies nur mit einer besonderen Darstellung möglich. Die Gegenstände, in denen Verdecktes sichtbar werden soll, zeichnet man aufgeschnitten (**6**.29, **6**.30). Es gelten dabei weiterhin die Regeln über die Anordnung der Ansichten; die Strichlinien der verdeckten Kanten werden durch breite Volllinien ersetzt.

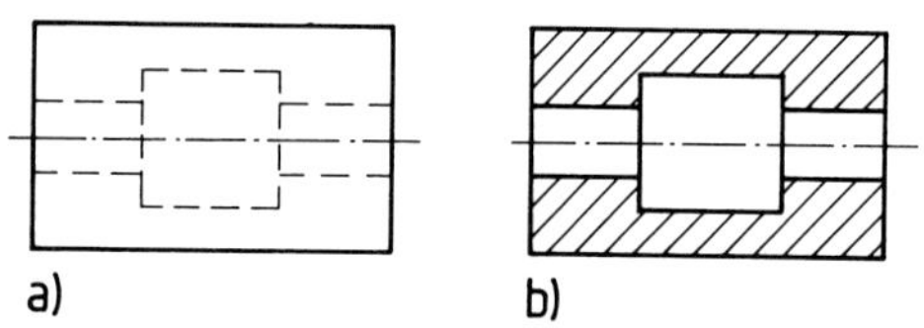

6.29 Vollschnitt am Hohlkörper
a) ungeschnitten, b) geschnitten

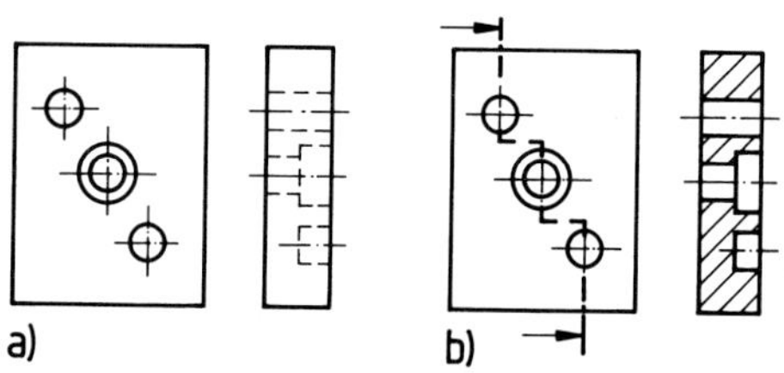

6.30 Vollschnitt durch mehrere Ebenen
a) ungeschnitten, b) geschnitten

Die Lage der Schnittebenen wird durch eine breite Strichpunkt-Linie angezeigt (**6**.31). Dies ist nicht nötig, wenn die Lage des Schnitts wie in Bild **6**.32 eindeutig ist.

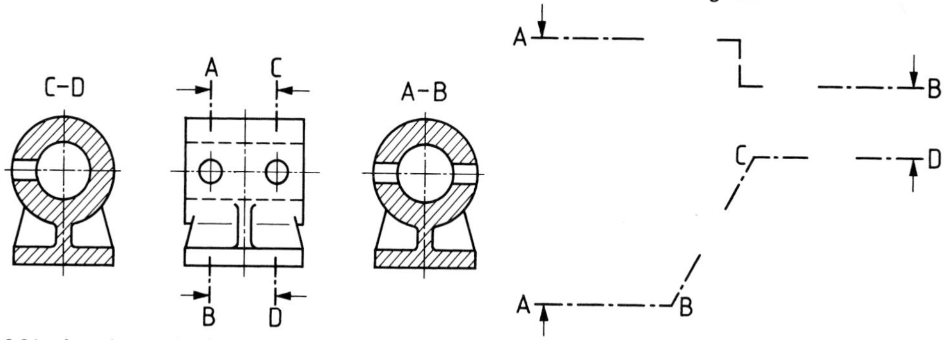

6.31 Anordnung der Schnittdarstellung. Angabe der Schnittlinien

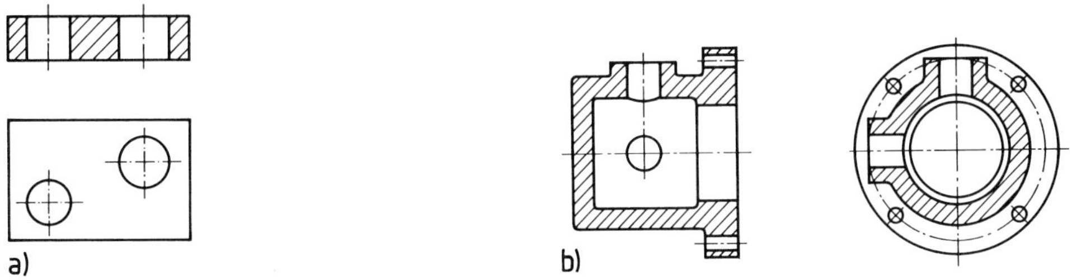

6.32 Anordnung der Schnittdarstellung. Eindeutige Schnittlagen

Grundsätzlich ist die Schnittführung beliebig und kann auch in einem Schnitt durch mehrere Ebenen führen. Sie sollte jedoch immer eindeutig gekennzeichnet werden (**6.**33, **6.**34). Übersichtlicher ist die Darstellung mit mehreren Einzelschnitten.

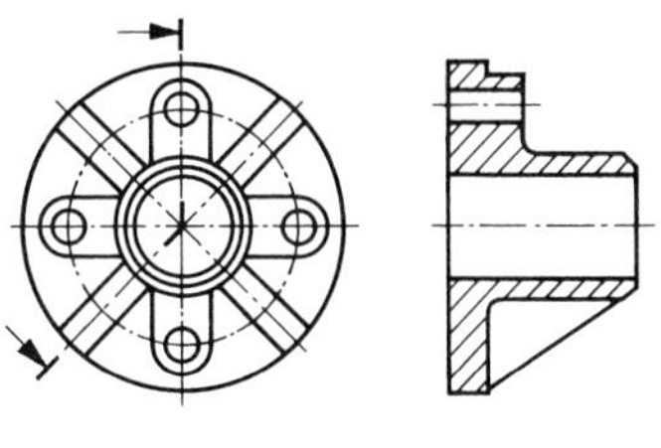

6.33 Abgewinkelte Schnittführung

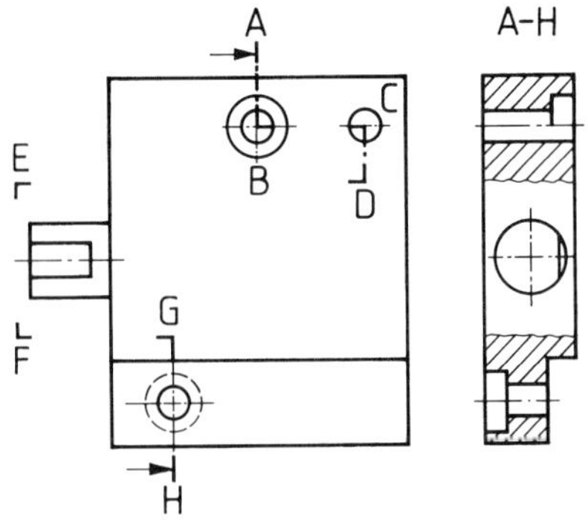

6.34 Schnitt durch mehrere Ebenen

Geht die Schnittführung in eine Ansicht über, so ist die Übergangsstelle durch eine Bruchlinie darzustellen (s. Schnittverlauf D–E und F–G in Bild **6.**34). Kanten hinter der Schnittebene müssen nicht gezeichnet werden. Verdeckte Kanten werden nicht dargestellt.

Die Schnittflächen werden durch Schraffuren gekennzeichnet. Diese sind in DIN 201 genormt und umfassen auch die Kennzeichnung der Stoffe (feste Werkstoffe, Flüssigkeiten, Gase, **6.**35 a). Wird der Werkstoff nicht besonders gekennzeichnet, benutzt man die Grundschraffur U (Universalschraffur, **6.**35 b). Die Schraffurlinien (Schraffen) sind schmale Volllinien, die unter 45° gegen die Schnittkanten oder Symmetrielinien verlaufen (**6.**36). Sehr schmale

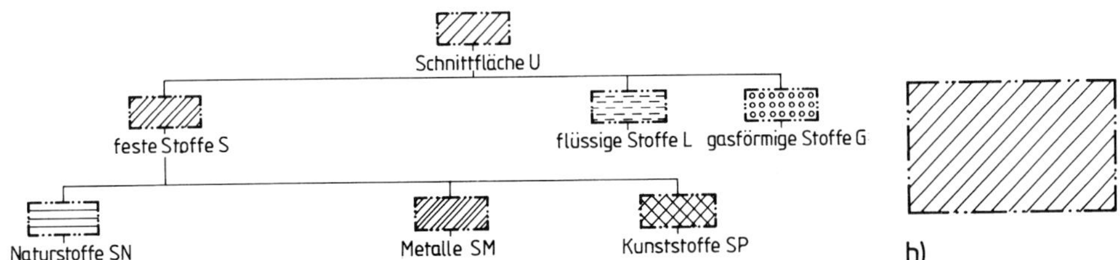

6.35 Schraffuren a) Übersicht (Ausschnitt), b) Schraffur DIN 201-4

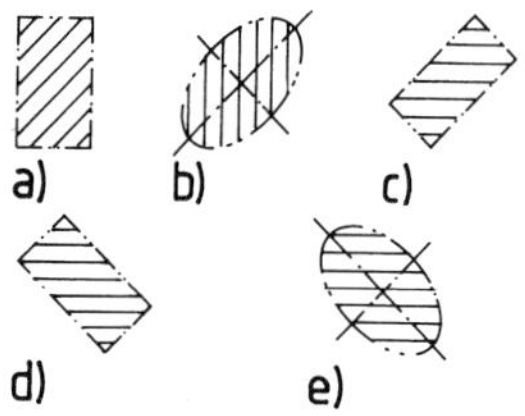

6.36 Schraffurrichtungen

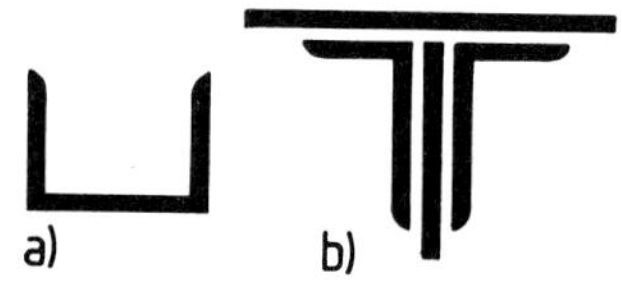

6.37 Schmale Schnittflächen
a) Einzelprofil
b) zusammengesetztes Profil

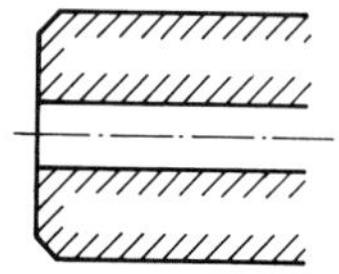

6.38 Randschraffur

Schnittflächen werden geschwärzt (**6.37**). Bei sehr großen Schnittflächen darf die Schraffur auf eine Randzone längs der Umrisslinien beschränkt werden (**6.38**).

Ausnahmen. In bestimmten Fällen werden in der Schnittebene liegende Elemente nicht schraffiert (man denkt sie sich nicht mitgeschnitten).

Es handelt sich dabei überwiegend

- in Gruppenzeichnungen um Wellen, Achsen und Verbindungselemente (Bolzen, Stifte, Schrauben, Federn, Keile, auch Wälzkörper in Lagern u.a.), die in Längsrichtung dargestellt sind (**6.39**),
- in Einzelteilzeichnungen um Details, die sich vom Profil des Körpers abheben sollen (Rippen, Stege, Speichen, **6.40**).

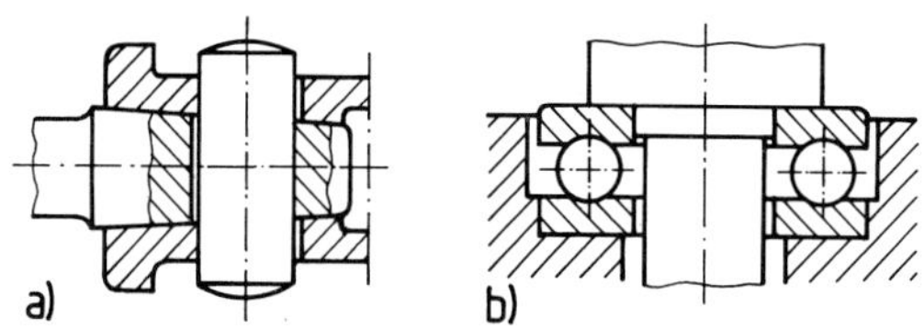

6.39 Nichtgeschnittene Elemente
a) Querkeil, b) Wälzkörper

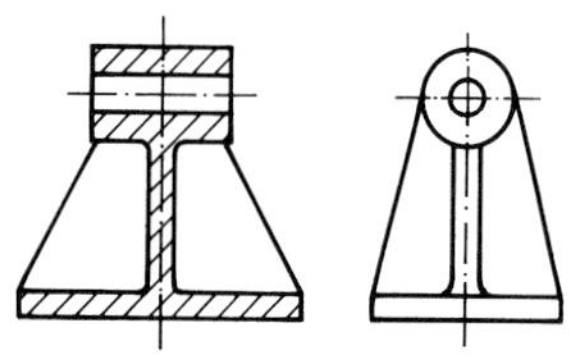

6.40 Nichtgeschnittene Elemente
Rippen im Lagerblock

Schnittflächen verschiedener Werkstücke erhalten unterschiedliche Schraffuren durch entgegengesetzte Richtungen oder verschiedene Abstände (**6.41**).

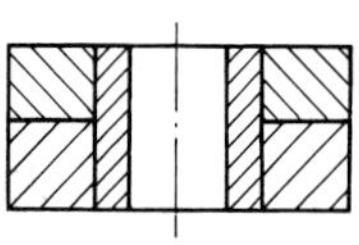

6.41 Verschiedene Schraffuren

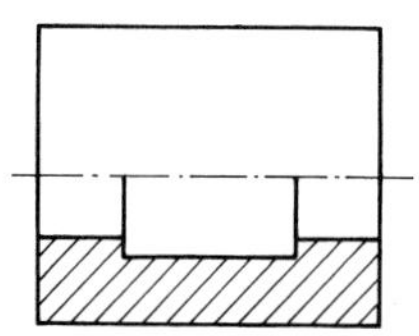

6.42 Halbschnitt, horizontal

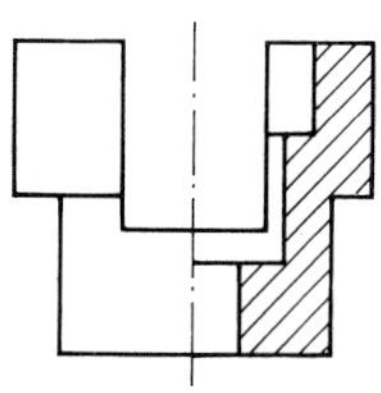

6.43 Halbschnitt, vertikal

Bei rotationssymmetrischen Körpern werden häufig Halbschnitte gelegt. Man erkennt dadurch in einer Ansicht die Schnittfläche und die ungeschnittene Körperform (**6**.42, **6**.43). Dabei werden die Schnittflächen unterhalb bzw. rechts der Mittellinie angeordnet. Körperkanten, die bei einem Halbschnitt auf der Mittellinie liegen, sind zu zeichnen.

Statt eines Schnitts durch die ganze Ebene des Gegenstands genügen oft auch Ausbrüche, um eine bestimmte Einzelheit darzustellen (**6**.44).

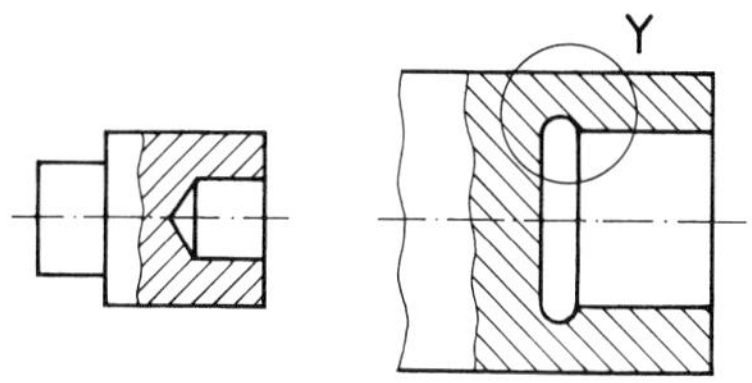

6.44 Ausbrüche

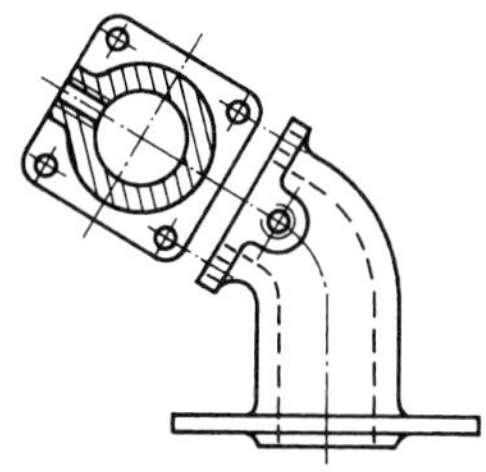

6.45 Angepasste Schraffurrichtung

Ähnlich wie bei den besonderen Ansichten (s. Abschn. 6.1.3) verlaufen auch Schnitte, vor allem Profilschnitte, nicht immer parallel zu den Hauptachsen. In solchen Fällen können Schnitte entsprechend den Ansichten dargestellt werden (**6**.45).

Grundsätzlich entspricht das Anfertigen einer Technischen Zeichnung mithilfe eines Rechners und der entsprechenden Software der manuellen Tätigkeit. Die Darstellungsregeln und Normen entsprechen einander. Nur dort, wo Zeichenprogramme unverhältnismäßigen Aufwand erfordern, sind Abweichungen zulässig.

Die Zeichensoftware ist hinsichtlich des Entwickelns weiterer Ansichten, Bruch- und Schnittdarstellungen unterschiedlich komfortabel. Was in Fällen mit sehr leistungsfähigen Programmen schnell und problemlos dargestellt wird, erfordert manchmal noch erheblichen Aufwand.

Besondere, in Normen festgelegte Darstellungsformen wie Freistiche und Schraffuren können in Untermenues abrufbar sein und in die Zeichnung eingefügt werden.

Die maßstabsgerechte Darstellung eines Werkstücks oder einer Baugruppe ist über die Tastatureingabe möglich oder durch vorheriges Eingeben des Maßstabes. Korrekturen für eine maßstabsgerechte Darstellung lassen sich jedoch auch mit entsprechenden Programmen nach der Maßeintragung vornehmen.

Zu beachten ist, dass in vielen Fällen das Plotten einer maßstabsgerechten Zeichnung nicht mehr notwendig ist, wenn die Fertigungsdaten direkt zu Maschinenprogrammen werden (CAM: **C**omputer **A**ided **M**anufacturing; CIM: **C**omputer **I**ntegrated **M**anufacturing).

Es ist für den Anfänger nützlich, eine geregelte Arbeitsfolge beim Aufbau einer Zeichnung einzuhalten. Für das manuelle Zeichnen gibt es zwei grundsätzliche Möglichkeiten:

a) den Aufbau des Werkstücks aus Teilstücken (aus Grundformen),

b) das „Herausarbeiten“ des Werkstücks aus einem „Rohling“.

Beide Formen werden durch je ein Beispiel erläutert (Halter **6**.46, Gabelkopf **6**.47).

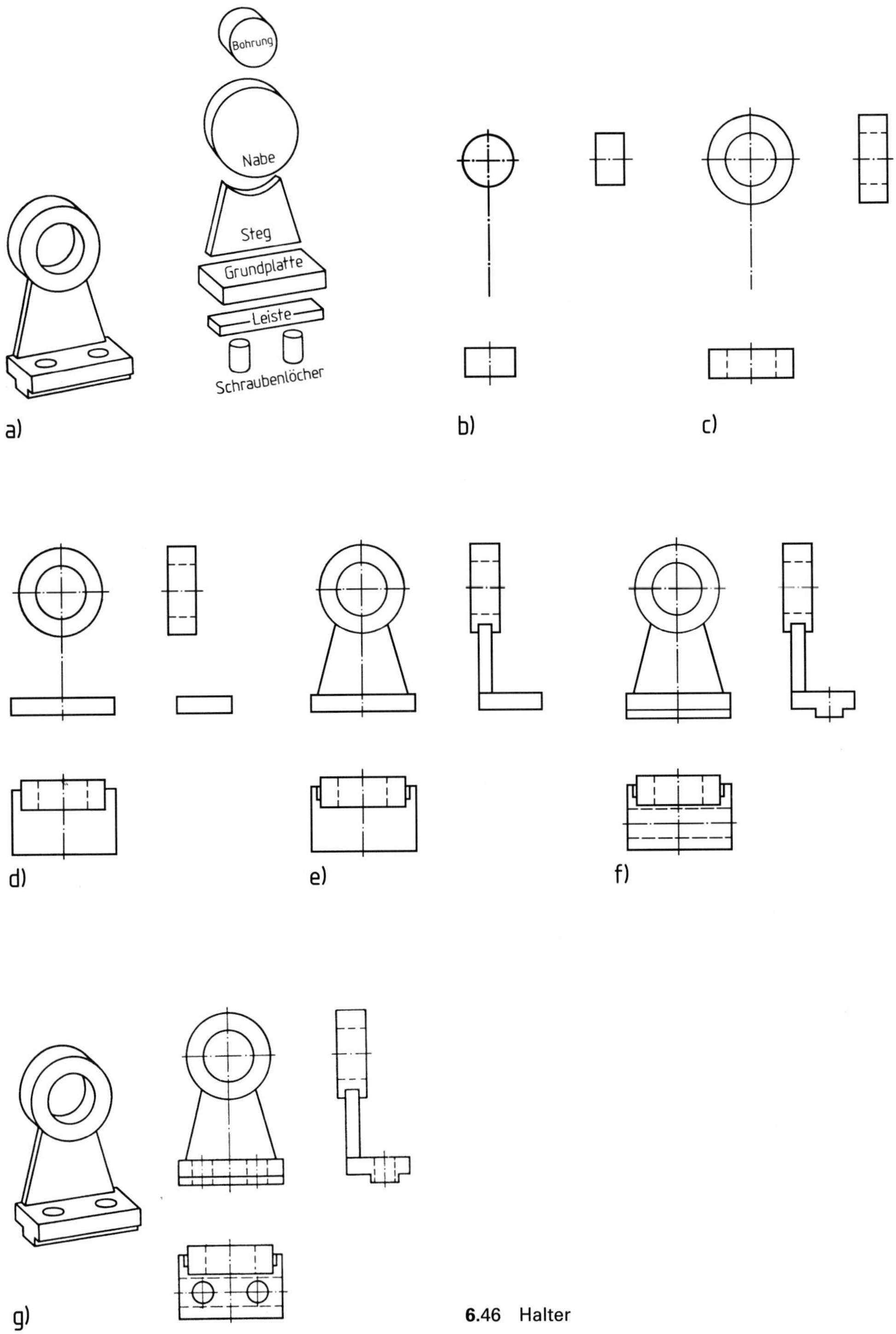
Bohrung
Nabe
Steg
Grundplatte
Leiste
Schraubenlöcher
a)
b)
c)
d)
e)
f)
g)

6.46 Halter

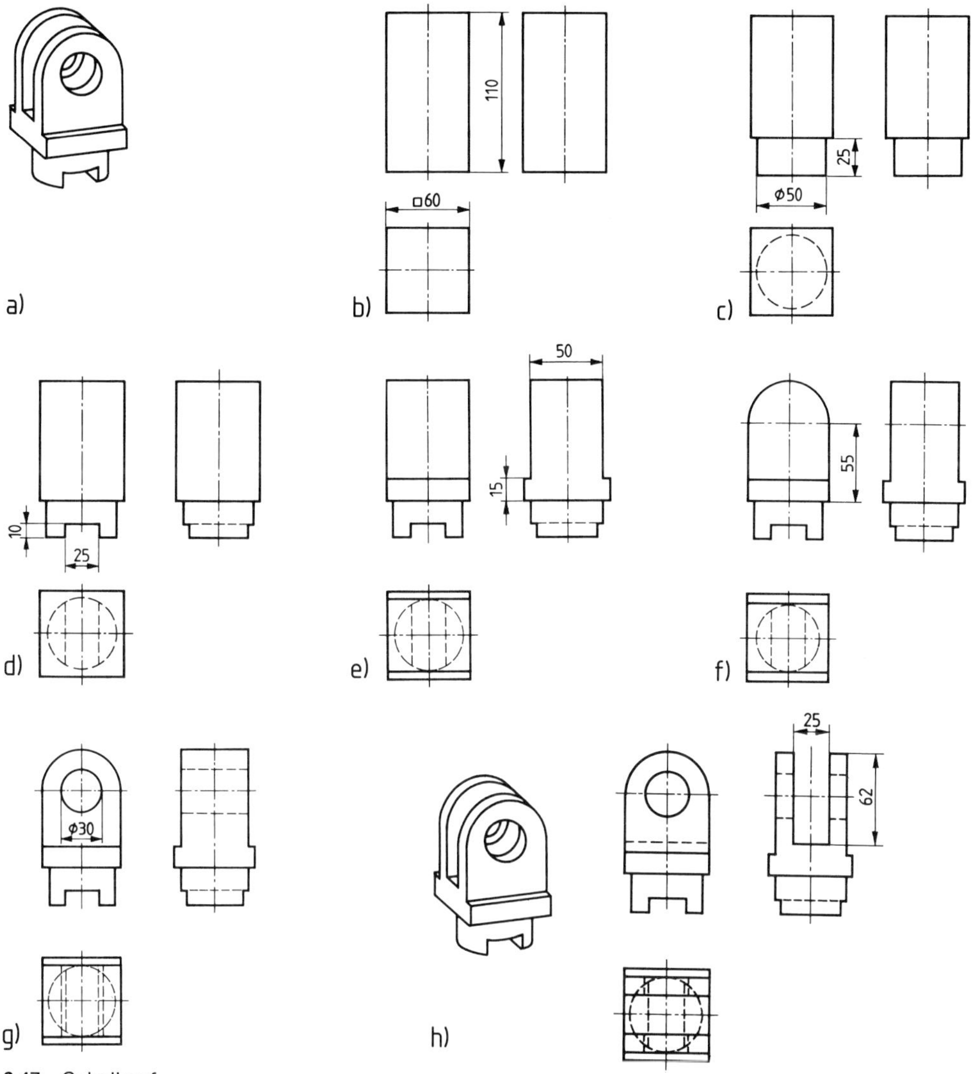

6.47 Gabelkopf

Für den zweiten Fall (Gabelkopf) ist besonders wichtig, dass „leicht radierbar“ vorgezeichnet wird, da die Ausgangskonturen mehrfach verändert werden.

> Für das rechnerunterstützte Zeichnen gilt:
> - möglichst wenig zeichnen, möglichst oft Kopierbefehle und gespeicherte Informationen nutzen,
> - möglichst selten die Befehle wechseln (z. B. die Linienarten).

Eine Skizze erleichtert die Organisation des Vorgehens. Prinzipiell sind jedoch auch die oben genannten Formen möglich, beim Konstruieren sind sie oft unerlässlich.

6.1.8 Darstellungen im Metallbau

Metallkonstruktionen unterscheiden sich durch Größe, Form und Fertigung von solchen im Maschinen- und Anlagenbau. Deshalb treten auch Unterschiede in der Darstellung auf.

Die Größe der Bauteile bewirkt, dass praktisch immer in einem Verkleinerungsmaßstab gezeichnet werden muss.

Die Form der Bauteile wird überwiegend von Halbzeugen gebildet (Winkel-, U-, T-, Doppel-T-, Z-Profile, Stabprofile und Bleche). Es werden keine Einzelteilzeichnungen ausgeführt (das Profil liegt ja fest), es werden aber mehr Ansichten und Schnitte notwendig als bei Maschinenbauzeichnungen.

Bei der Fertigung steht das Fügen durch Schweißen und Kleben (Stoffschluss) oder Nieten und Schrauben (Kraftschluss) im Vordergrund. Seltener wird durch formschlüssige Verbindungen gefügt.

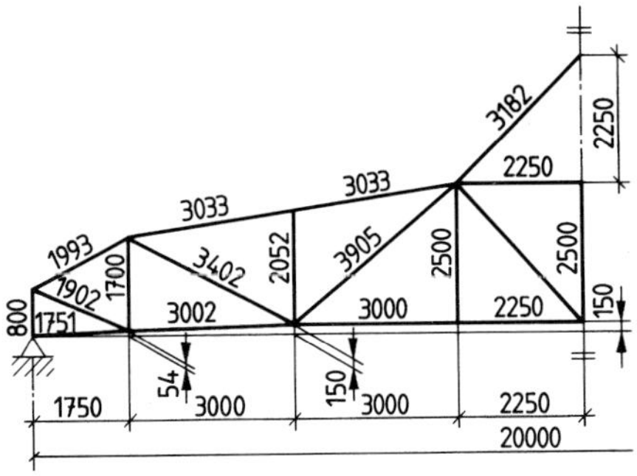

6.48 System eines Dachbinders

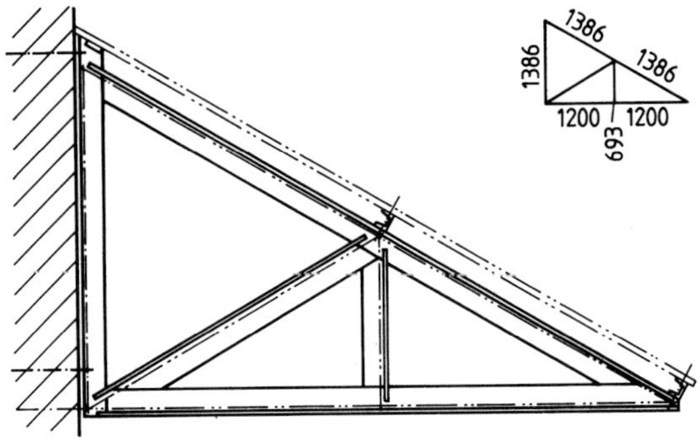

6.49 Vordachbinder

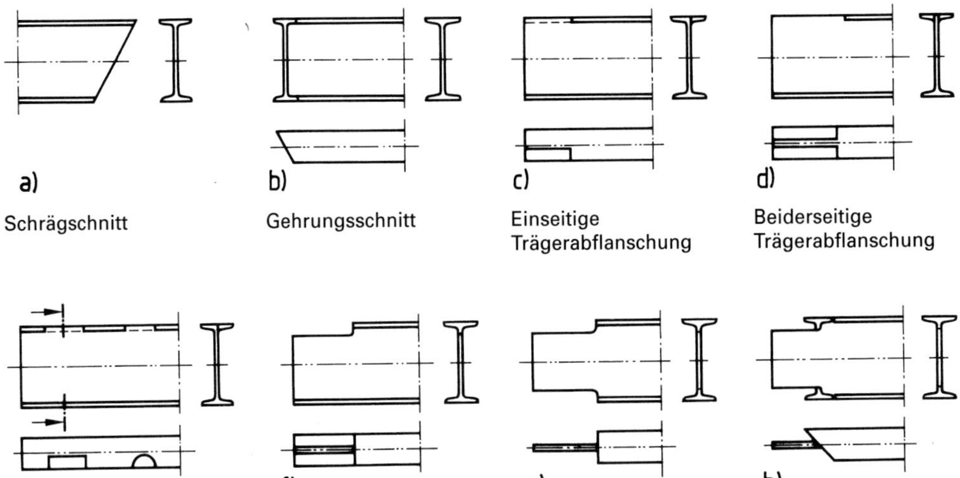

a) Schrägschnitt

b) Gehrungsschnitt

c) Einseitige Trägerabflanschung

d) Beiderseitige Trägerabflanschung

e) Ausflanschung

f) Einseitige Ausklinkung

g) Doppelte Ausklinkung

h) Doppelte Schrägklinkung

6.50 Halbzeugbearbeitungen (Doppel-T-Träger)

Metallkonstruktionen liegen häufig aus den Baumaßen hergeleitete Systeme zu Grunde. Diese Systeme (schematische Darstellungen) bilden dann die Grundlage der Zeichnung (**6**.48). In deren Darstellung (meist im Maßstab 1 : 10) werden die berechneten und ausgewählten Profile gezeichnet, wobei möglichst deren Schwerlinien (Maße *e* in Profiltabellen, s. Tab. **6**.53) auf dem System liegen sollen (**6**.49).

Spezielle Bearbeitungen von Profilen (Schnitte, Ausklinkungen, Ab- und Ausflanschungen) zeigt das Beispiel eines Doppel-T-Trägers (**6**.50).

Die Anschlüsse bei Vollwand- und Gitterkonstruktionen werden entsprechend den auftretenden Kräften berechnet und stoff- oder kraftschlüssig ausgeführt (**6**.51, **6**.52). Für kraftschlüssige Verbindungen (Nieten, Schrauben) sind die Lochmaße (max. Lochdurchmesser, minimale und maximale Lochabstände, Anreißmaße *w* in den Flanschen) in entsprechenden Normen festgelegt (Tab. **6**.53).

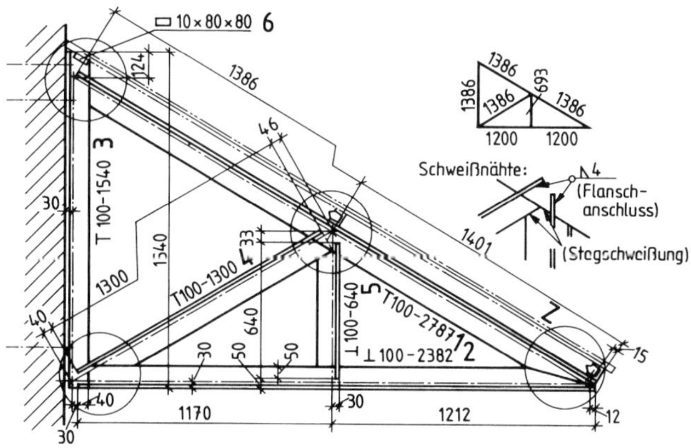

6.51 Vordachbinder, Schweißkonstruktion (stoffschlüssig)

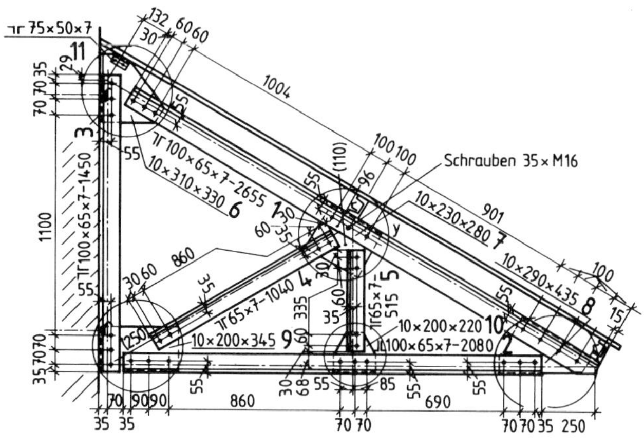

6.52 Vordachbinder, Schraubkonstruktion (kraftschlüssig)

Tabelle **6**.53 Ungleichschenkliger L-Stahl

Kurzzeichen	e_x in cm	e_y in cm	d_1	d_2	w_1	w_2	w_3
80 × 40 × 8	2,94	0,95	23	11	45		22
80 × 65 × 8	2,47	1,73	23	21	45		35
90 × 75 × 7	2,67	1,93	25	23	50		40
100 × 65 × 7	3,23	1,51	25	21	55		35
120 × 80 × 8	3,83	1,87	25	23	50	80	45

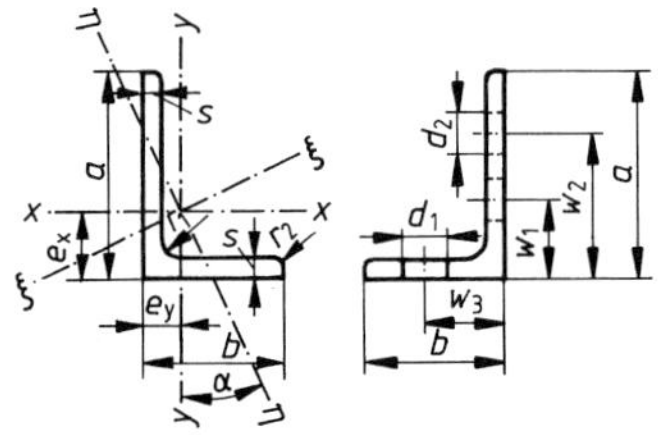

Die Kraftübertragungselemente werden wegen des Verkleinerungsmaßstabs symbolhaft dargestellt (Tab. **6**.54 a, **6**.54 b).

Wenn die Seiten- und Draufsichten zu wenige Informationen liefern, werden Schnitte gelegt, um in der Hauptansicht nicht Erkennbares zu zeichnen. Da die Schnittflächen sehr schmal sind, werden sie nicht schraffiert, sondern geschwärzt. Zusammengesetzte Teile werden mit Lichtkanten versehen (**6**.55).

Tabelle **6**.54 a Sinnbilder für Niete und Schrauben (Darstellungen parallel und senkrecht zur Achse)

Schraube oder Niet	Symbol für eingebaute Schraube oder Niet nicht gesenkt	Senkung auf einer Seite	Symbol für Senkniet, Senkung auf beiden Seiten	Symbol für Schraube mit Lageangabe der Mutter
in der Werkstatt eingebaut	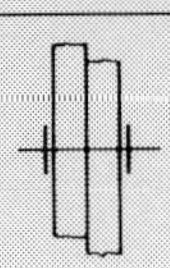	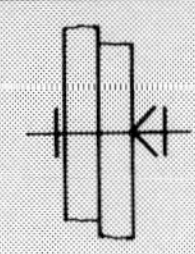	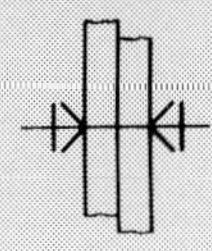	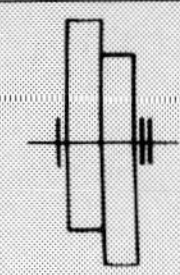
auf der Baustelle eingebaut	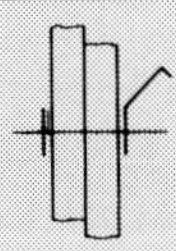	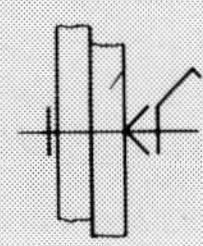	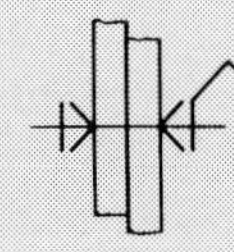	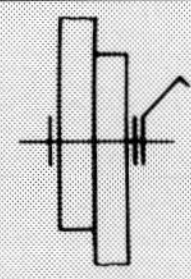
auf der Baustelle gebohrt und eingebaut	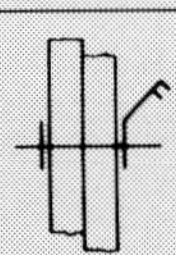	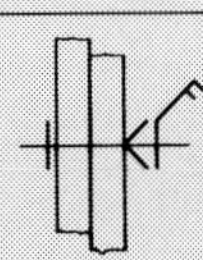	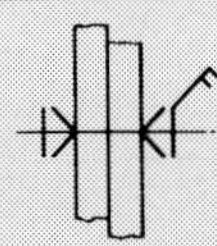	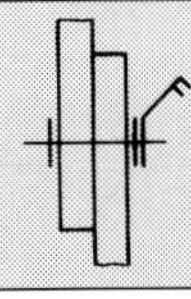

Bei den Sinnbildern zeichnet man die horizontale Linie mit einer schmalen Volllinie, die anderen Elemente mit einer breiten Volllinie.

Schraube oder Niet	Symbol für eingebaute Schraube oder Niet			Symbol für Senkniet Senkung auf beiden Seiten
	nicht gesenkt	Senkung auf der Vorderseite	Senkung auf der Rückseite	
in der Werkstatt eingebaut				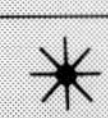
auf der Baustelle eingebaut				
auf der Baustelle gebohrt und eingebaut		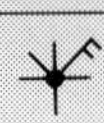	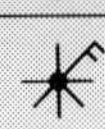	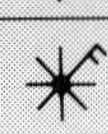

Die Sinnbilder sind in breiten Volllinien zu zeichnen.

Tabelle **6**.54 b Grundsymbole für Schweißnähte

Benennung und Symbol	Darstellung erläuternd	Darstellung symbolisch
I-Naht ‖	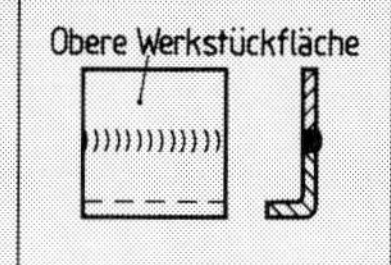	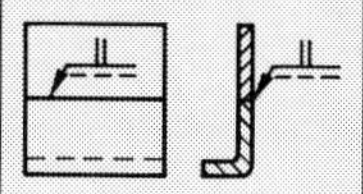
		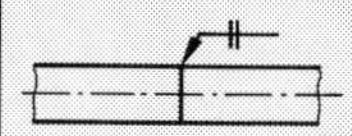
V-Naht V	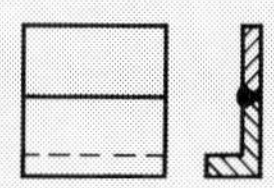	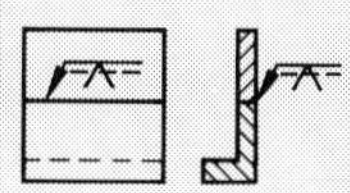
Kehlnaht ◺	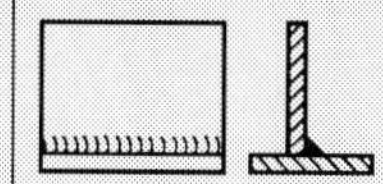	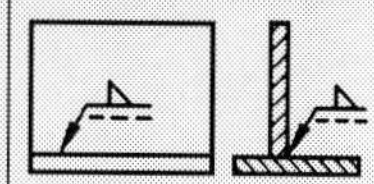
	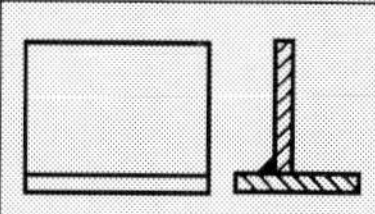	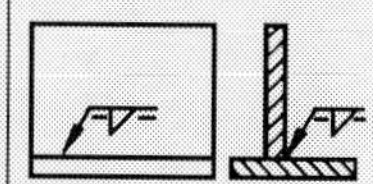
	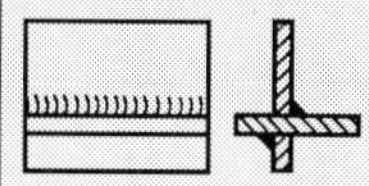	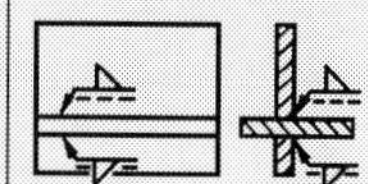
	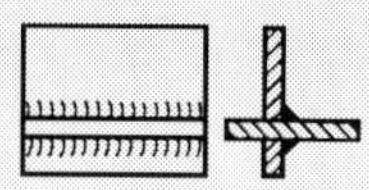	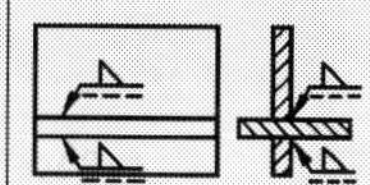

Treten komplizierte Formschnitte an Profilen auf bzw. werden Knotenbleche als Konstruktionselemente genutzt, werden diese Details im Maßstab 1 : 1 als Naturgröße auf Zeichenkarton oder festem Papier gezeichnet.

Die Systemform und damit auch die innere und äußere Konstruktionsform, die Profilbestimmung und die Profilanordnung sowie Art und Größe der Anschlüsse werden von Statiker und Konstrukteur festgelegt, die auch den rechnerischen Nachweis für die korrekte Statik und Konstruktion erstellen.

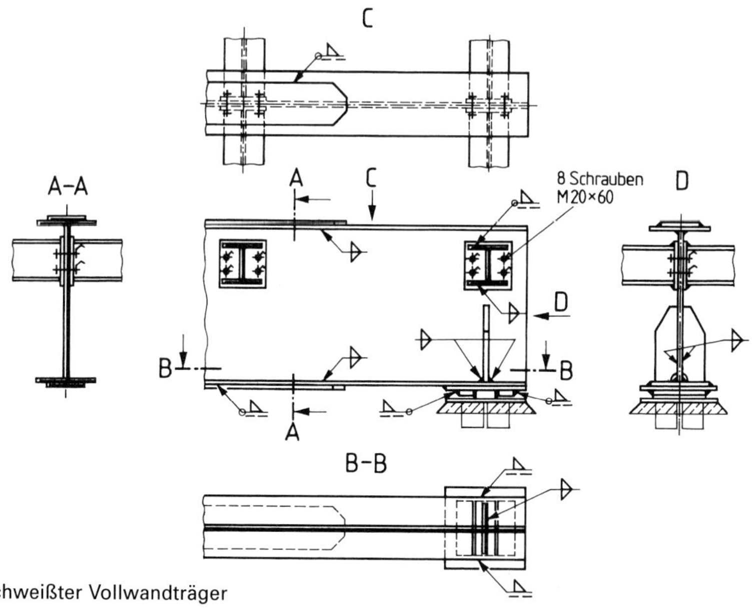

6.55 Geschweißter Vollwandträger

Übungen

1. Bestimmen Sie die Grundkörperformen der Werkstücke in Bild **6**.56.
2. Zeichnen Sie die symmetrischen Werkstücke in Bild **6**.57 in je 3 Ansichten.

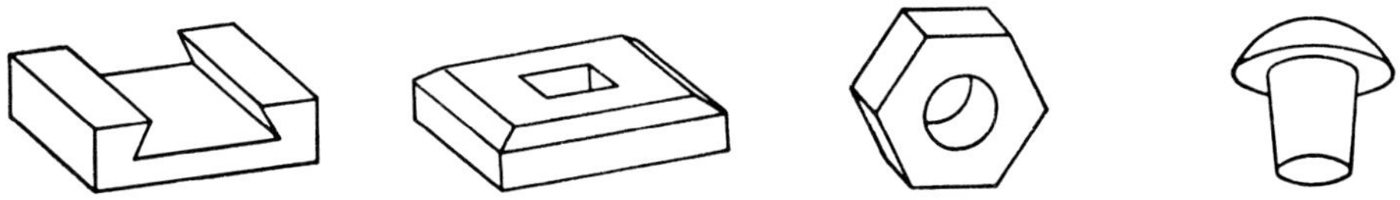

6.56 Geometrie der Körperformen

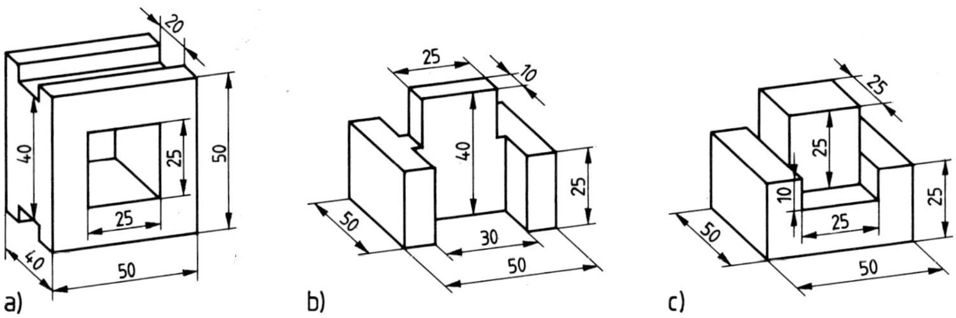

6.57 Symmetrische Werkstücke

3. Zeichnen Sie in geeignetem Maßstab die Gelenke in Bild **6**.58 in je 3 Ansichten und die Gabel (**6**.59) in 2 Ansichten.

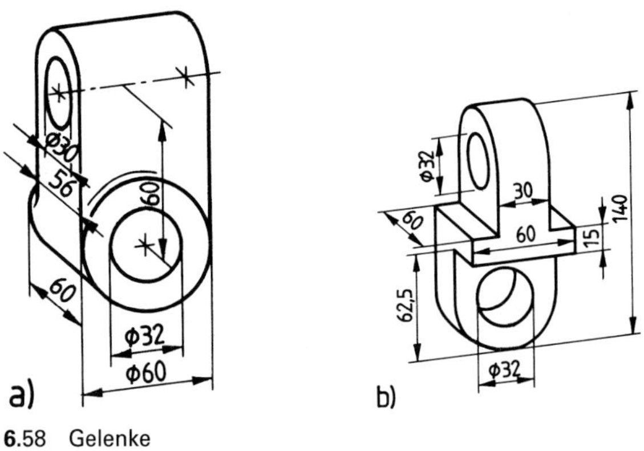

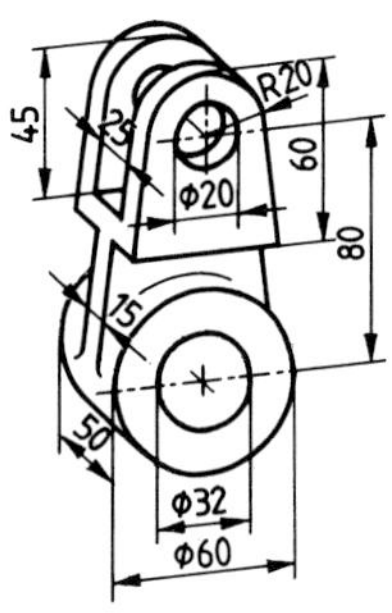

6.58 Gelenke

6.59 Gabel

4. Zeichnen Sie in geeignetem Maßstab den Ständer (**6**.60) und den Schalthebel (**6**.61) in den für notwendig gehaltenen Ansichten. Wickeln Sie das Biegeteil Ständer ab (ohne Berücksichtigung der theoretischen Biegelinie).
5. Ergänzen Sie die Seitenansicht des Mitnehmers (**6**.62) als Schnittdarstellung.
6. Ergänzen Sie die Ansichten des Spannblocks in Bild **6**.63 durch die Seitenansicht im Halbschnitt.
7. Zeichnen Sie die Hauptansicht des Sockels (**6**.64) in eine Schnittdarstellung um.
8. Zeichnen Sie den Schnitt A–D des Seitenlagers (**6**.65).

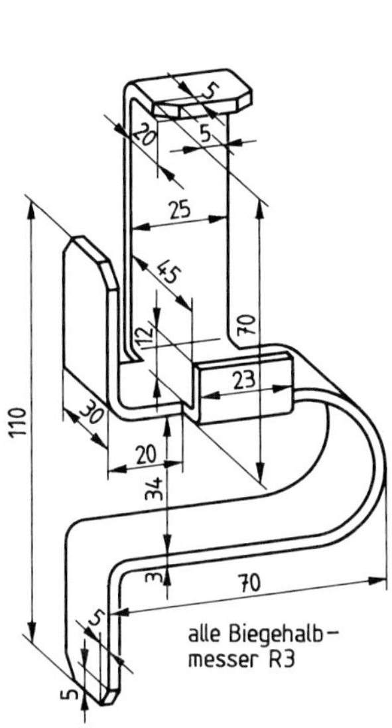

6.60 Ständer

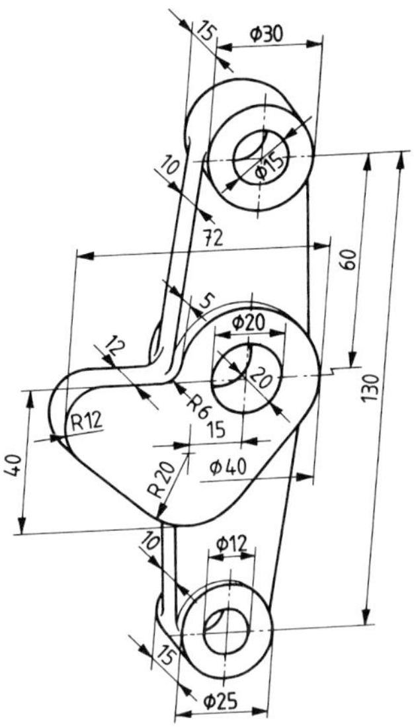

6.61 Schalthebel

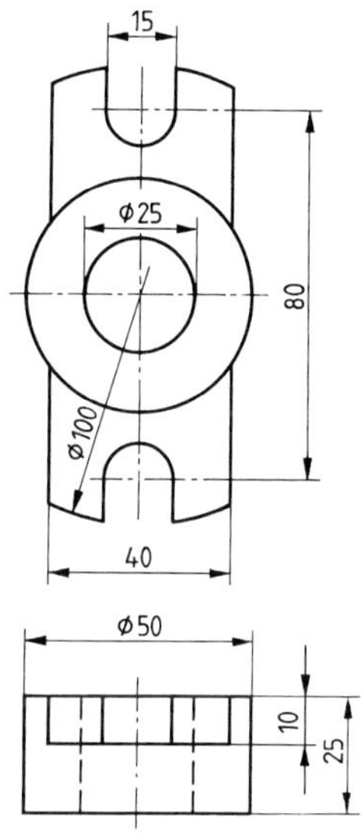

6.62 Mitnehmer

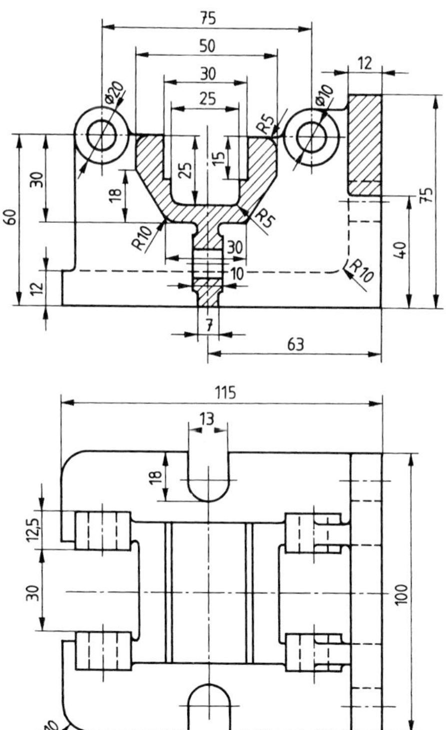

6.63 Spannblock

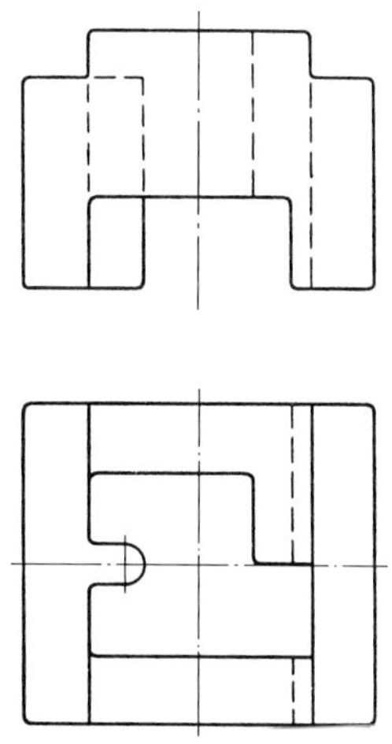

6.64 Sockel

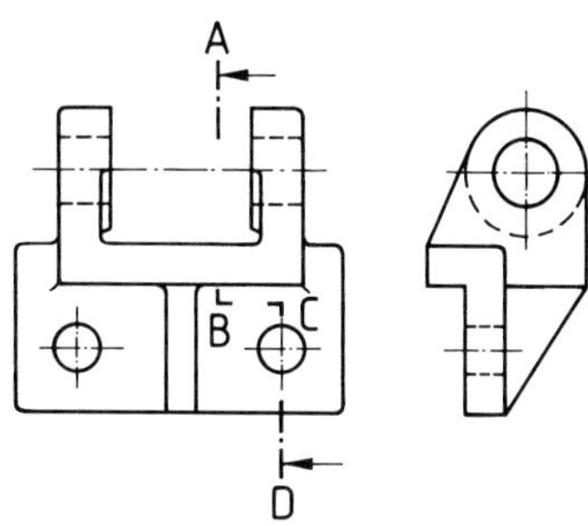

6.65 Seitenlager

9. Zeichnen Sie das Spindellager (**6**.66) und die Kupplungsklaue (**6**.67) wie abgebildet und dazu die Seitenansichten im Schnitt.
10. Zeichnen Sie das Seitenlager (**6**.68) in für notwendig gehaltenen Ansichten und Schnitten.

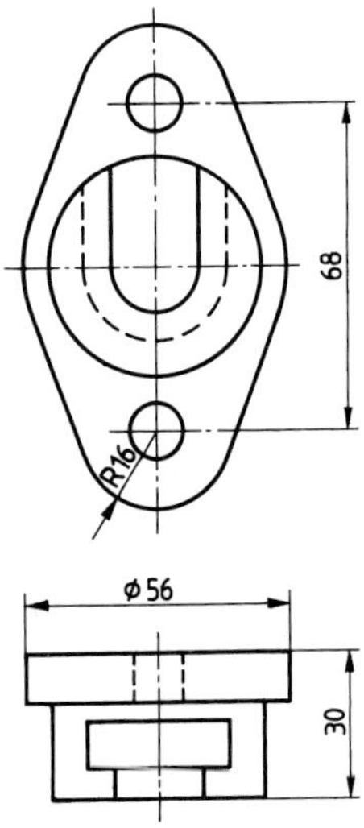

6.66 Spindellager

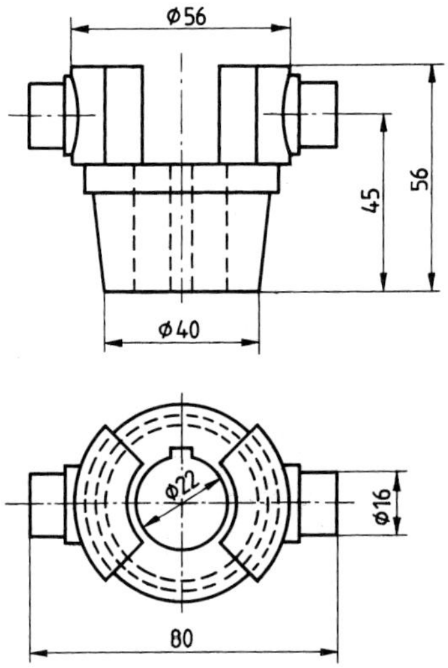

6.67 Kupplungsklaue

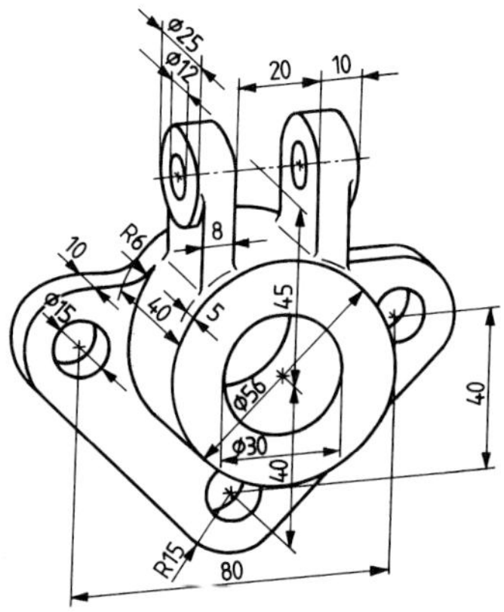

6.68 Seitenlager

11. Von dem Werkstück in Bild **6**.69 ist eine nichtbemaßte Darstellung zu zeichnen.

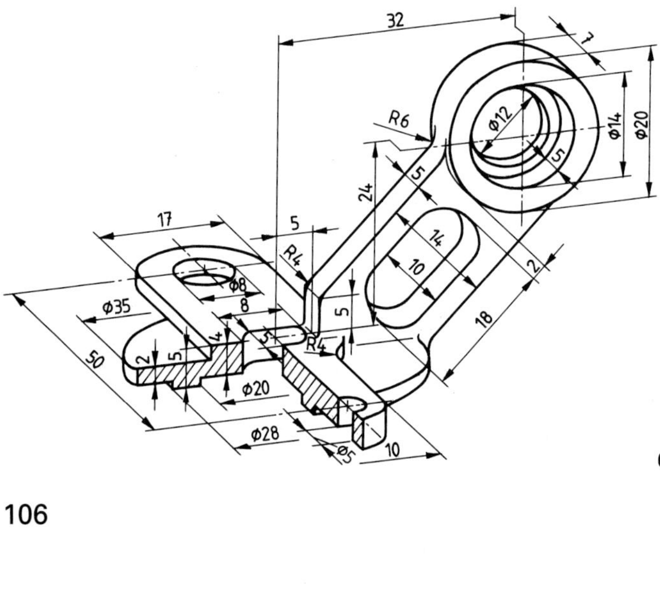

6.69 Deckel

12. Zeichnen Sie die 3 Werkstücke in Bild **6.**70 in je 3 Ansichten bzw. Schnitten. Die Nuten im Stützblock und das Loch im Gehäuse sind durchgehend.

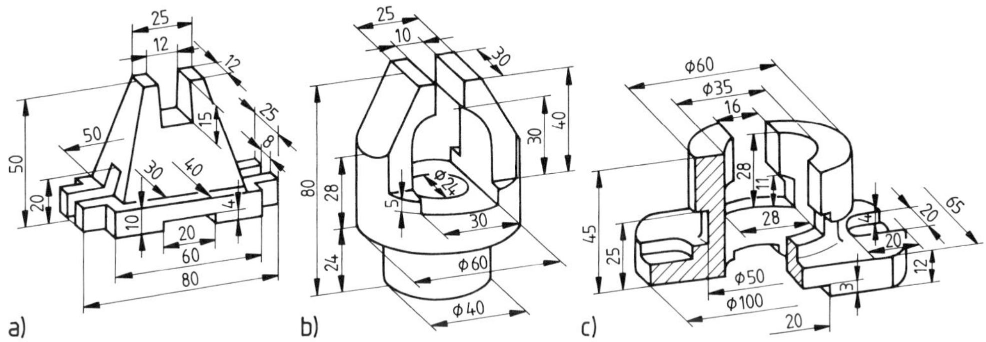

6.70 a) Stützbock, b) Gehäuse, c) Führungssockel

13. Bild **6.**71 zeigt die Draufsicht einer Konsole, die mit insgesamt 12 Sechskantschrauben M 24 × 60 Mu an zwei senkrechten [-Stählen ([260) angeschraubt ist. Dazwischen liegt ein Blech 10 × 500 × 520. An den beiderseits des waagerechten [260 × 540 angeordneten Blechen 10 × 500 × 540 ist die linke untere Ecke bis an die Winkelstähle abgeschnitten worden.

    Es wurden insgesamt 22 Halbrundniete ∅ 27 verwendet. Das Wurzelmaß für [260 und für die kurzen Schenkel des Winkelstahls beträgt 50. Zeichnen Sie die Konsole in den üblichen drei Ansichten.

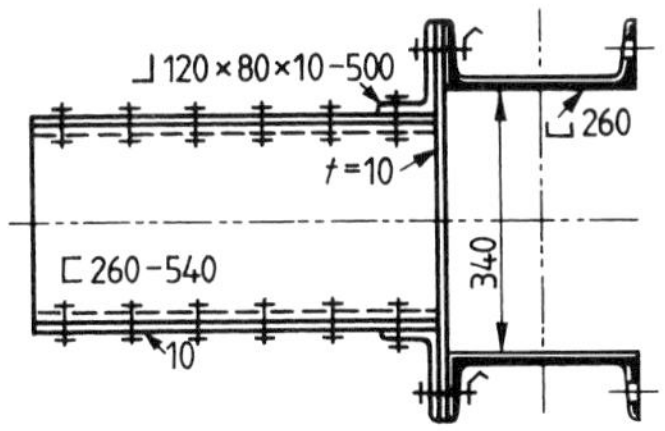

6.71 Konsole

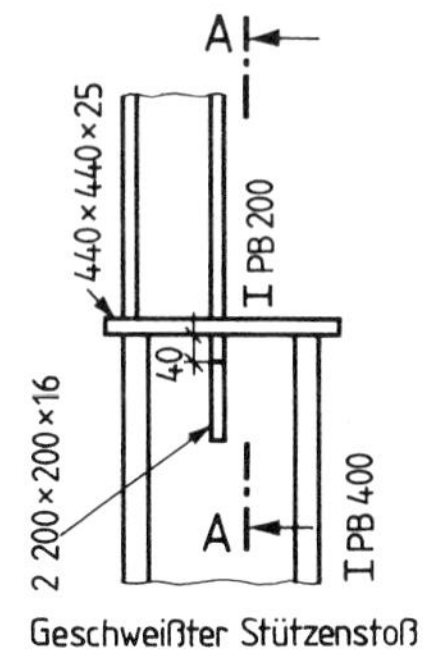

6.72 Stützenstoß

14. Zeichnen Sie den Stützenstoß mit ungleichen Profilgrößen in der gegebenen Ansicht **6.**72 und dem Schnitt A–A im Maßstab 1 : 5 auf einen Zeichnungsvordruck A4 quer. Schweißnähte: Kehlnaht $a = 6$ mm ringsum geschweißt. Die Verstärkungsrippen 200 × 200 × 16 erhalten Schrägschnitte.
15. Zeichnen Sie die Knotenpunkte ①, ② und ③ (**6.**73) im Maßstab 1 : 10 und konstruieren Sie dazu entsprechend den Knotenpunkt ④ (Diagonalstäbe: 1/2 IPE 270; ⅂⌈ 55 × 6 Dachpfette: IPE 140).

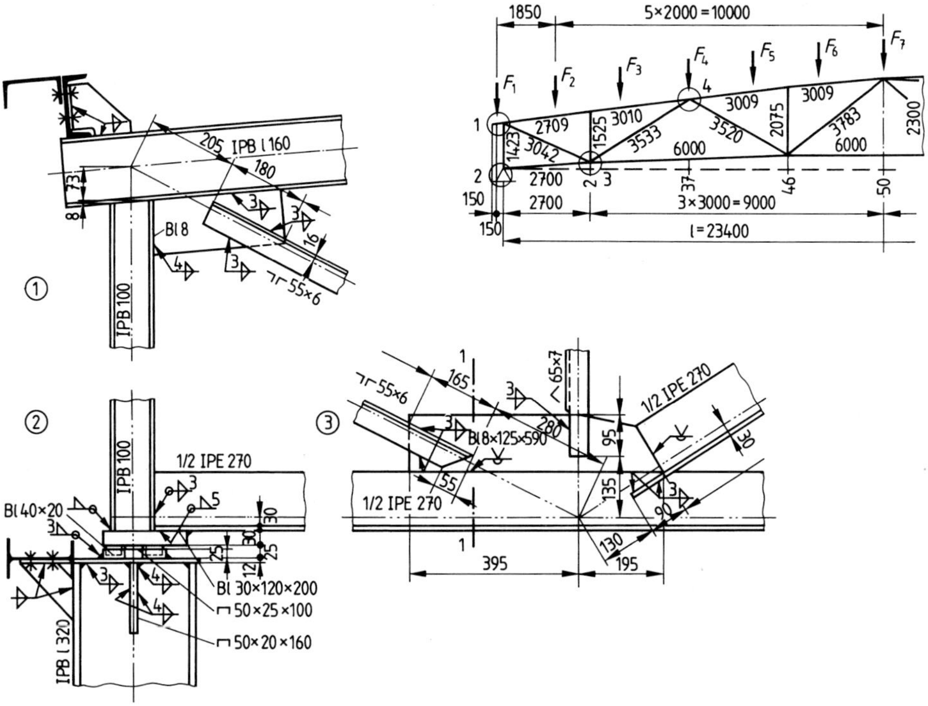

6.73 Dachbinder. System, Knotenpunkte

6.2 Maßeintragungen in Technischen Zeichnungen (DIN 406-10, DIN 406-11)

Durch die Maßeintragungen werden die gezeichneten Formen von Einzelteilen, Baugruppen, Baukonstruktionen und Plänen in ihren Abmessungen definiert und sind damit zu fertigen, zu prüfen und zu montieren.

6.2.1 Elemente der Maßeintragung

Die Maßeintragungen werden mithilfe folgender Elemente (**6**.74) vorgenommen:

- Maßlinie,
- Maßhilfslinie,
- Maßlinienbegrenzung,
- Maßzahl (teilweise mit Zusatzangaben, s. Abschn. 7),
- Kennzeichen (**6**.91),
- Hinweislinien (**6**.92).

Die **Maßlinie** ist eine schmale Volllinie, die bei Längsmaßen parallel zu den zu bemaßenden Elementen gezeichnet wird. Maßlinien sollen andere Linien nicht schneiden. Wenn dies unvermeidlich ist, werden sie nicht unterbrochen (**6**.75). Auch bei unterbrochen dargestellten Gegenständen werden sie nicht unterbrochen (**6**.76).

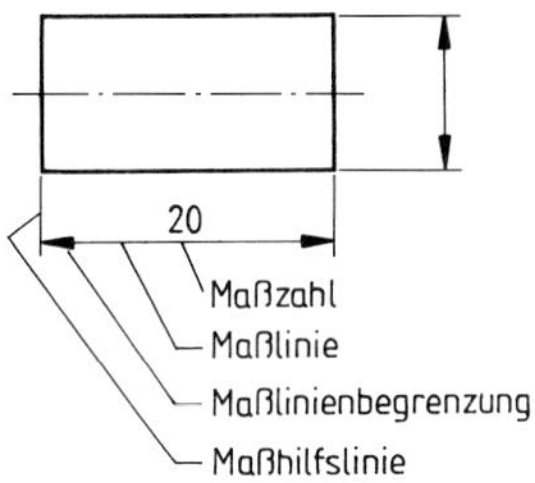

6.74 Elemente der Maßeintragung

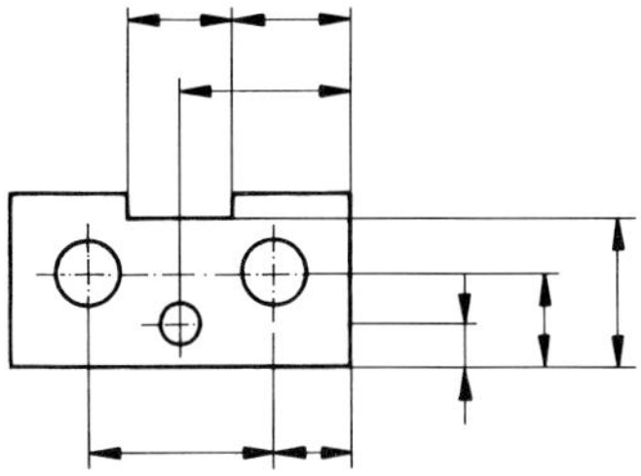

6.75 Maßlinien, nicht unterbrochen

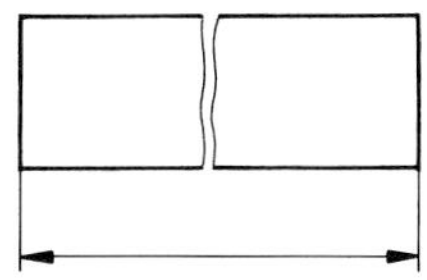

6.76 Maßlinien, Bruchdarstellung

Der Abstand der Maßlinien hängt von der Größe der Darstellung ab. Zwischen Maßlinie und Körperkante soll er mindestens 10 mm, zwischen einzelnen Maßlinien mindestens 7 mm betragen und einheitlich sein.

Maßlinien dürfen abgebrochen werden bei

- Halbschnitten (**6**.77),
- Teildarstellungen symmetrischer Gegenstände (**6**.78),
- der Bemaßung konzentrischer Durchmesser (**6**.79).

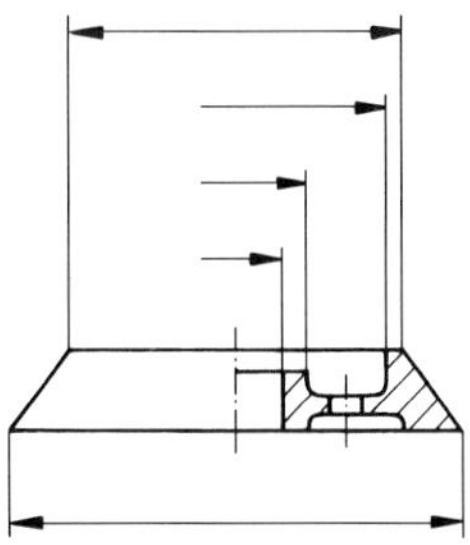

6.77 Maßlinien, Halbschnitt

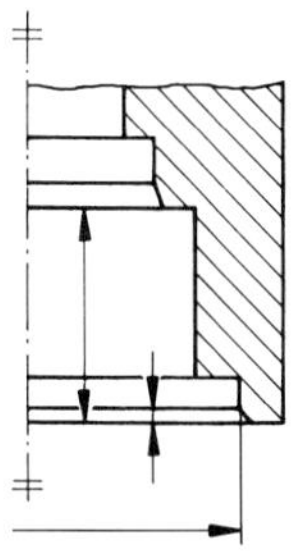

6.78 Maßlinien, Teildarstellung

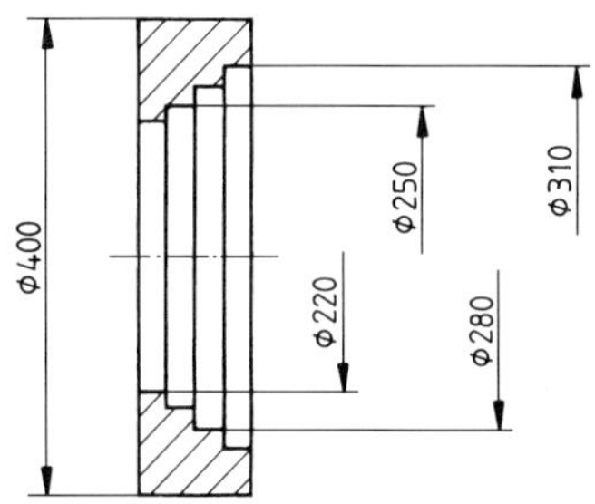

6.79 Maßlinien, konzentrische Durchmesser

Die **Maßhilfslinie** ist eine schmale Volllinie. Sie ist die Verbindungslinie zwischen dem zu bemaßenden Element und der Maßlinie. Sie darf unterbrochen werden, z.B. für eine Maßzahleintragung, wenn ihre Fortsetzung eindeutig ist.

Als **Maßlinienbegrenzung** wird in der Regel der geschwärzte Pfeil (15°) verwendet, beim rechnerunterstützten Zeichnen auch der offene Pfeil. Im Bauwesen werden der offene Pfeil (90°) und der Schrägstrich bevorzugt. Bei Platzmangel werden vor allem in der Verbindung mit dem geschwärzten Pfeil Punkte als Maßlinienbegrenzung gesetzt (**6**.80). Der offene Kreis kennzeichnet die Ursprungsangabe.

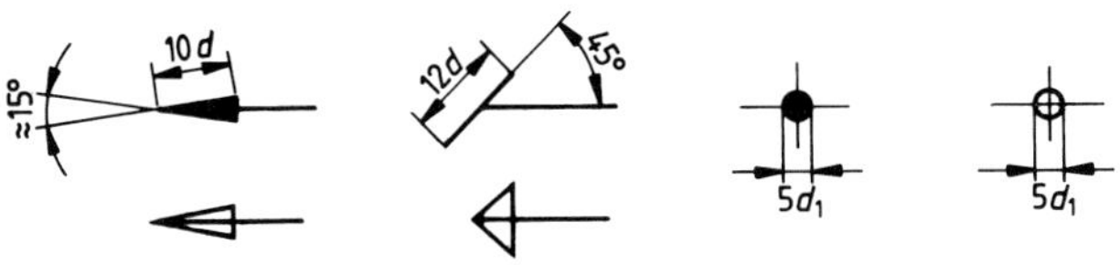

d_1 = Breite der zugeordneten breiteren Linie

6.80 Maßlinienbegrenzungen

Die **Maßzahlen** (bevorzugt DIN 6776, Schriftform B, vertikal) werden so geschrieben, dass sie

- in der Hauptleserichtung (Leserichtung des Schriftfeldes) und von rechts zu lesen sind (Methode 1; **6.**81) oder
- nur in der Hauptleserichtung zu lesen sind (Methode 2, **6.**82).

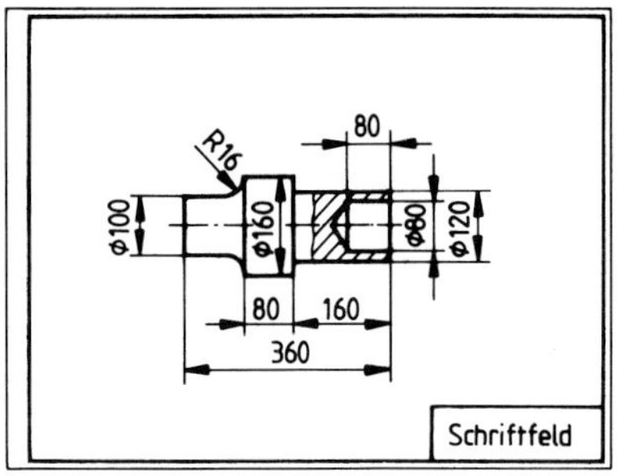

6.81 Bemaßung, Methode 1

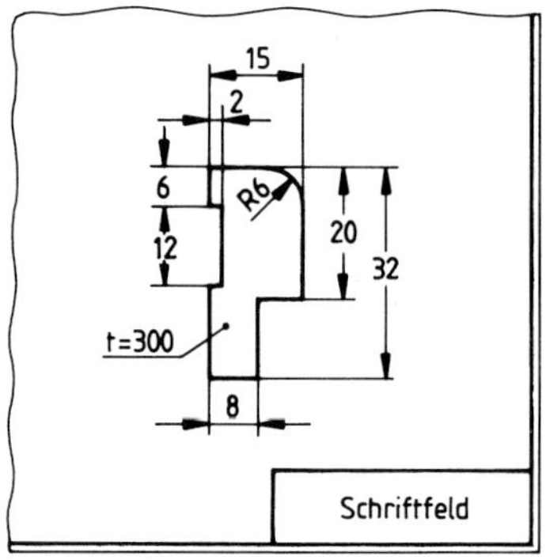

6.82 Bemaßung, Methode 2

Methode 1: Die Maßzahl steht parallel zur nichtunterbrochenen Maßlinie, auch bei Winkelbemaßungen (**6.**83). Bei Platzmangel kann sie an einer Hinweislinie (**6.**84), in der Verlängerung der Maßlinie (**6.**85) oder auch nach Bild **6.**86 angeordnet werden.

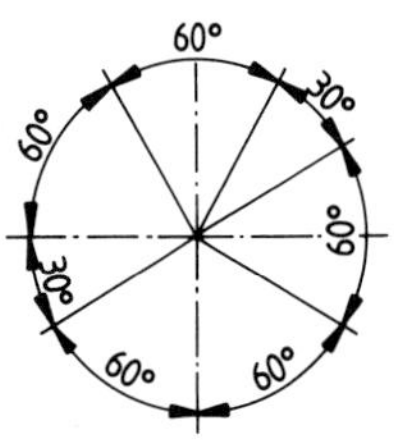

6.83 Winkelbemaßung

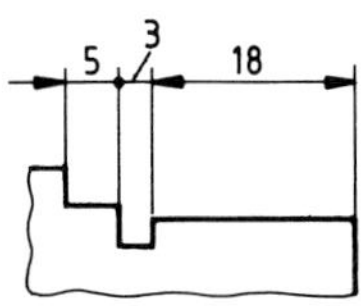

6.84 Maß an Hinweislinie

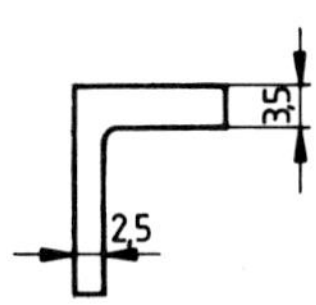

6.85 Maß an Maßlinienverlängerung

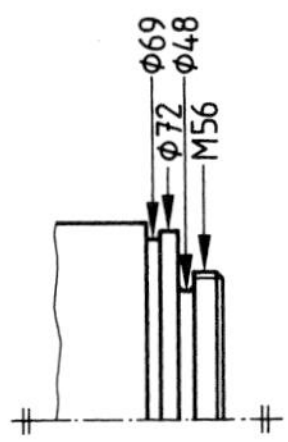

6.86 Maßeintrag bei Platzmangel

Methode 2: Die Maßzahl steht bei horizontaler Lage über der nichtunterbrochenen Maßlinie, in den anderen Lagen wird die Maßlinie unterbrochen (**6.**82; Ausnahme u. U. bei Winkelmaßen **6.**87). Die Maße dürfen auch in einer verlängerten und abgewinkelten Maßlinie eingetragen werden (**6.**88).

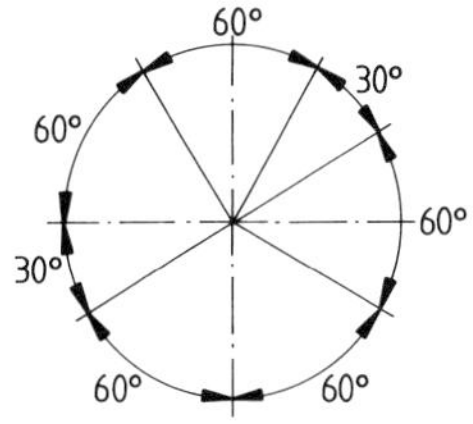

6.87 Methode 2, Ausnahme bei Winkelmaßen

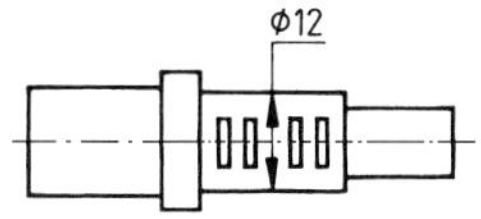

6.88 Methode 2, abgewinkelte Maßlinie

Steigende Bemaßung. Wird diese Bemaßung angewandt – die von einem Bezugspunkt ausgehenden Maßlinien überlagern sich in einer Reihe – sind die Maßzahlen in der Nähe der Maßlinienbegrenzungen senkrecht oder parallel zur Maßlinie anzuordnen (**6**.89, **6**.90).

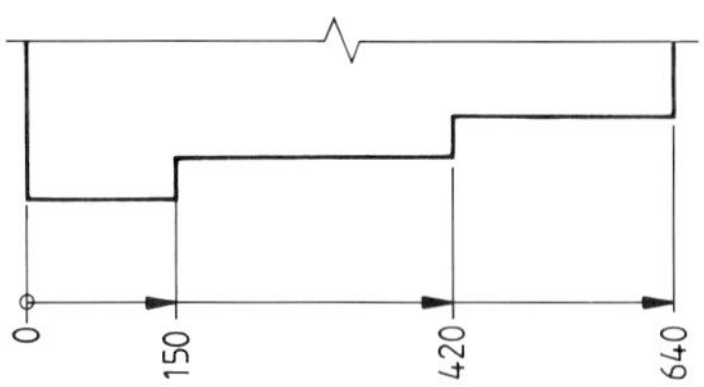

6.89 Steigende Bemaßung, Maße senkrecht zur Maßlinie

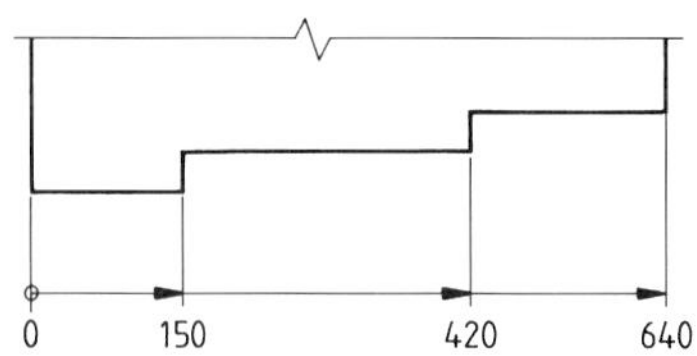

6.90 Steigende Bemaßung, Maße parallel zur Maßlinie

Kennzeichen sind grafische Symbole, die bei Bedarf zu den Maßzahlen gesetzt werden. Die am häufigsten benutzten sind:

- das Durchmesserzeichen ∅ (**6**.91 a),
- das Quadratzeichen □ (**6**.91 b),
- das Verjüngungssymbol ▷ (**6**.91 c),
- die Kennzeichnung der Maßzahlen, die vom Maßstab abweichen (z. B. $\overline{80}$),
- der Buchstabe, z. B. *R* (für Radius), *S* (für Kugel).

6.91 Kennzeichen, zu den Maßzahlen zu setzen
a) Durchmesser, b) Quadratzeichen, c) Verjüngungssymbol

Hinweislinien zur Eintragung von Maßen sind schräg aus der Darstellung herauszuziehen. Sie enden

- mit einem Punkt in Flächen,
- mit einem Pfeil an Körperkanten,
- ohne Begrenzungszeichen an Maß- und Mittellinien (**6**.92),
- mit Begrenzungszeichen, wenn Bezüge hergestellt werden, z. B. zwischen der Maßlinie und einer darauf bezogenen Linie (**6**.93).

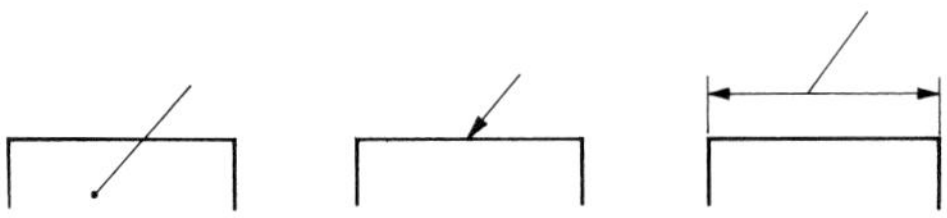

6.92 Hinweislinien

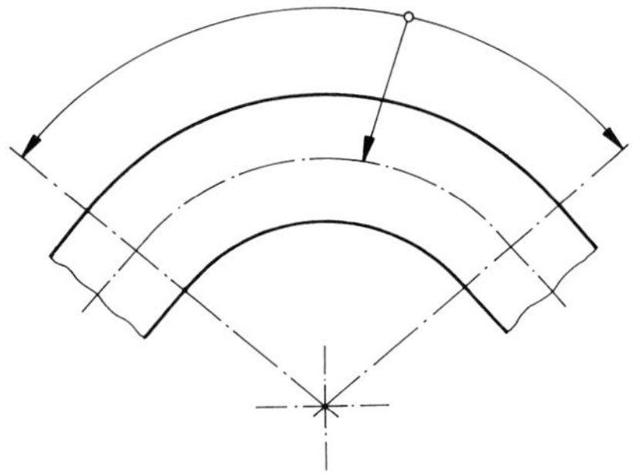

6.93 Bezugskennzeichnung

Für die Maßeintragung gilt in der Regel:

- die Maße beziehen sich auf den Gegenstand im dargestellten Zustand,
- es werden nur die für die eindeutige Beschreibung des Gegenstands notwendigen Maße eingetragen,
- die Formelemente werden nur einmal in einer Zeichnung bemaßt,
- die Maße werden dort eingetragen, wo das Formelement am deutlichsten zu erkennen ist,
- die Maßeintragung erfolgt nur in Ziffern (evtl. mit Dezimalangaben). Das Einheitenzeichen kann im Schriftfeld angegeben werden.

6.2.2 Systeme der Maßeintragung, Arten der Maßeintragung

Die Maße können nach dem Zweck der Zeichnung nach folgenden Systemen eingetragen werden (**6**.94):

- **Funktionsbezogene Maßeintragung.** Die Maße werden nach konstruktiven Gesichtspunkten eingetragen. Das Zusammenwirken der Einzelteile steht im Vordergrund.
- **Fertigungsbezogene Maßeintragung.** Die für die Fertigung benötigten Maße werden aus der funktionsbezogenen Zeichnung berechnet und eingetragen. Die Maßtolerierung wird angepasst, das Fertigungsverfahren berücksichtigt.
- **Prüfbezogene Maßeintragung.** Entsprechend den vorgesehenen Prüfverfahren werden die Maße eingetragen, um einen Soll-/Ist-Vergleich ohne Umrechnungen vornehmen zu können.

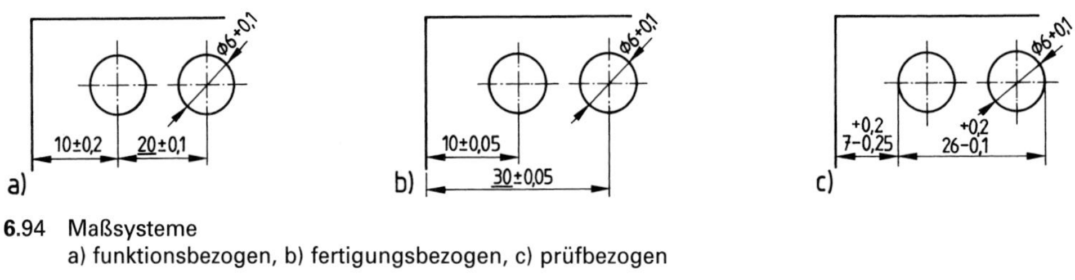

6.94 Maßsysteme
a) funktionsbezogen, b) fertigungsbezogen, c) prüfbezogen

Die Maßeintragungen können auf folgende Arten vorgenommen werden:

- **Parallelbemaßung.** Die Maßlinien liegen parallel zueinander. Jedes Maß hat eine eigene Maßlinie (**6**.95, **6**.96, **6**.97).
- **Steigende Bemaßung.** Alle Maße einer Richtung haben im Regelfall nur eine Maßlinie, die im Ursprung (Kennzeichen offener Kreis) beginnt und an den Maßhilfslinien mit einer Maßlinienbegrenzung abgeschlossen wird (**6**.98).

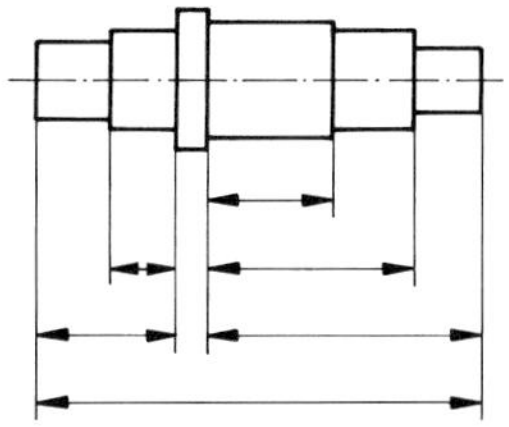

6.95 Parallelbemaßung. Fertigung durch Drehen

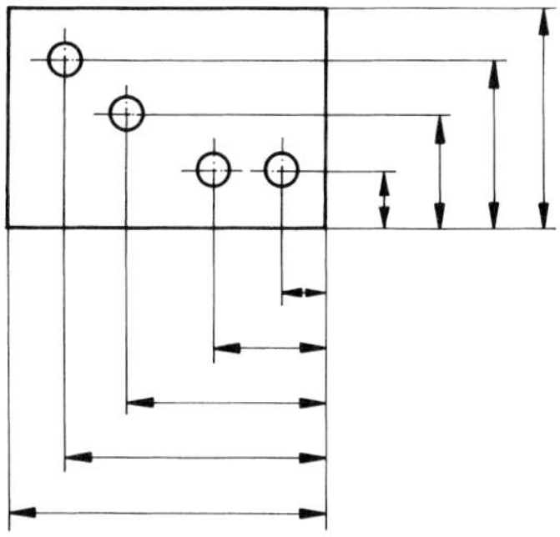

6.96 Parallelbemaßung. Bezugsebenen unten und rechts

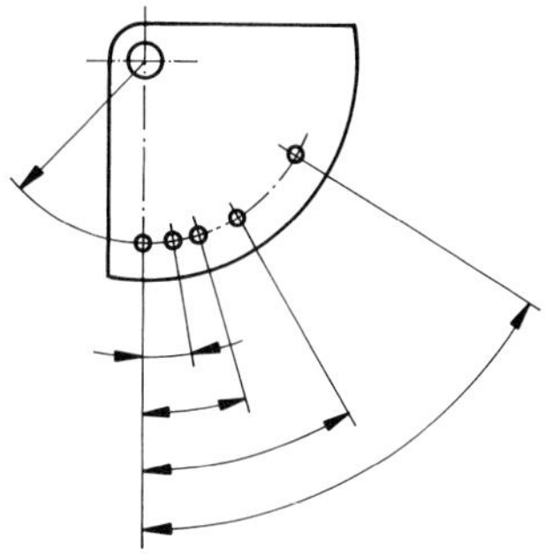

6.97 Parallelbemaßung. Bemaßung auf einem Lochkreis

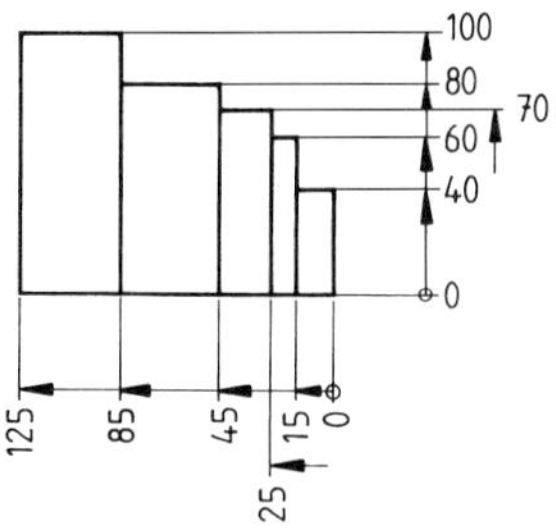

6.98 Steigende Bemaßung

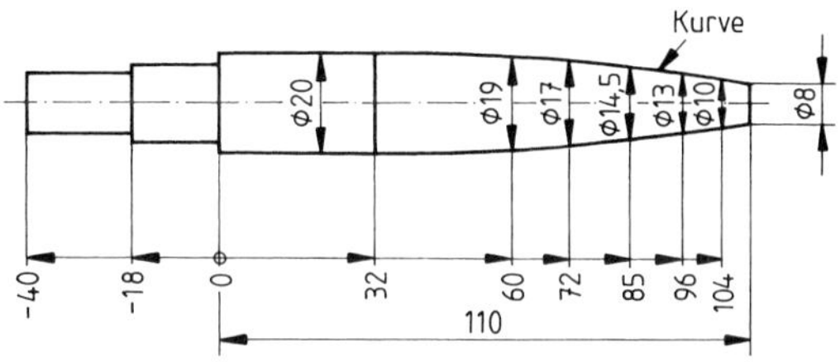

6.99 Steigende Bemaßung, negative Maßrichtung

Werden Maße auch in der Gegenrichtung eingetragen, so ist eine der Richtungen mit einem Minuszeichen zu versehen (**6.**99).

Die steigende Bemaßung kann auch mit abgebrochenen Maßlinien (**6.**100) und mit mehreren Ursprüngen angewandt werden (**6.**101).

Im Bedarfsfall lassen sich Parallel- und steigende Bemaßung entsprechend kombinieren (**6.**102).

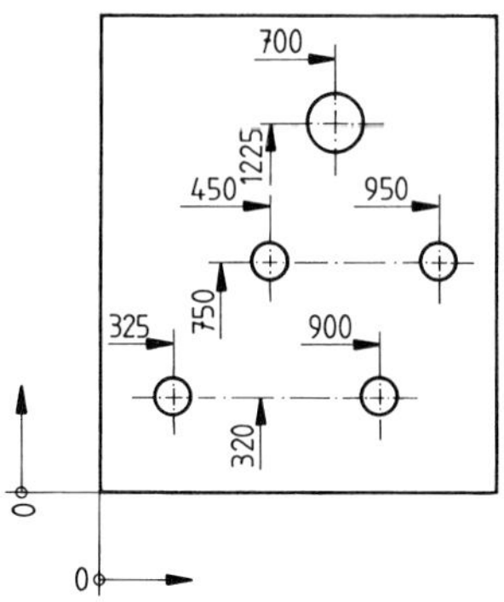

6.100 Steigende Bemaßung, abgebrochene Maßlinien

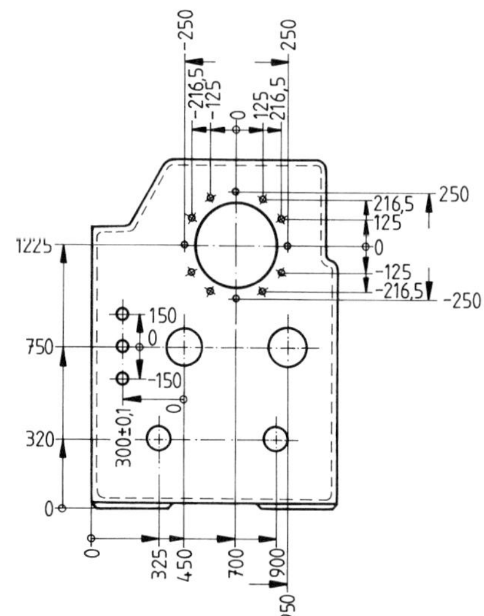

6.101 Steigende Bemaßung, mehrere Ursprünge

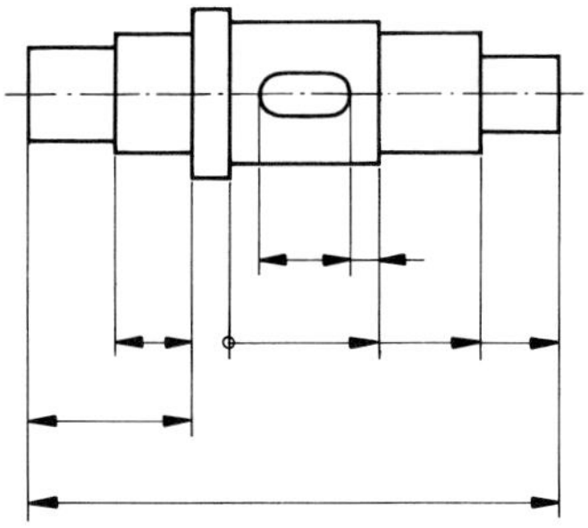

6.102 Kombination von Parallel- und steigender Bemaßung

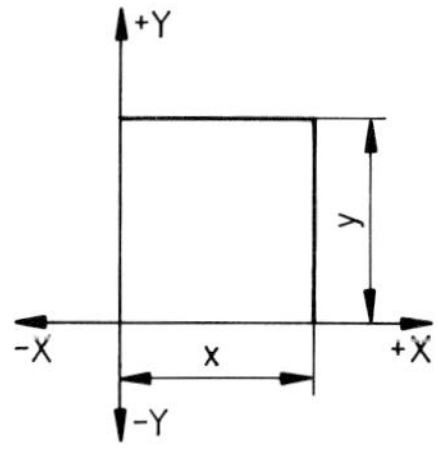

6.103 Maße (x, y) im karthesischen Koordinatensystem

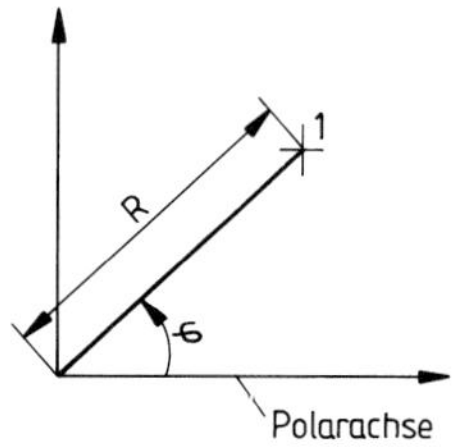

6.104 Maße (R, φ) im polaren Koordinatensystem

– **Koordinatenbemaßung.** Es werden karthesische (**6.**103) und polare (**6.**104) Koordinatensysteme verwendet (s. Abschn. 3.4). Die karthesischen Koordinaten werden in Tabellen oder am Werkstück direkt eingetragen (**6.**105, **6.**106). Maß- und Maßhilfslinien werden nicht gezeichnet. Die negativen Richtungen sind mit einem Minuszeichen zu versehen. Die Kombination mit Formelementen (z. B. Radius- oder Durchmesserzeichen) ist möglich (**6.**107).

Die Polarkoordinaten werden vom Ursprung ausgehend für Radius und Winkel festgelegt und in Tabellen eingetragen. Die Daten sind immer positiv (**6.**108, Tab. **6.**109).

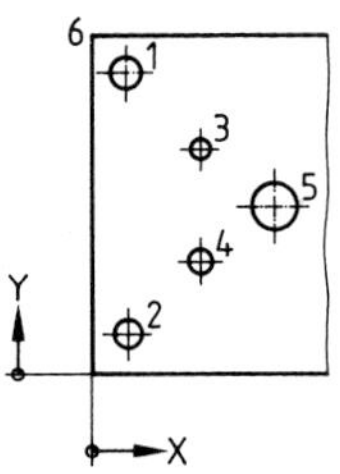

Pos.	x	y	d
1	20	160	Φ19
2	20	20	Φ15
3	60	120	Φ11
4	60	60	Φ13
5	100	90	Φ26
6	0	180	–
7			
8			

6.105 Karthesische Koordinatenbemaßung mit Tabelle

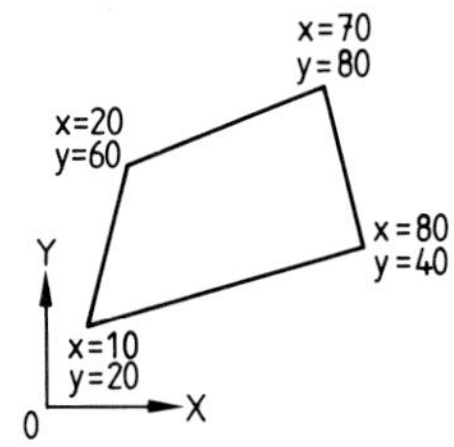

6.106 Karthesische Koordinatenbemaßung am Maßpunkt

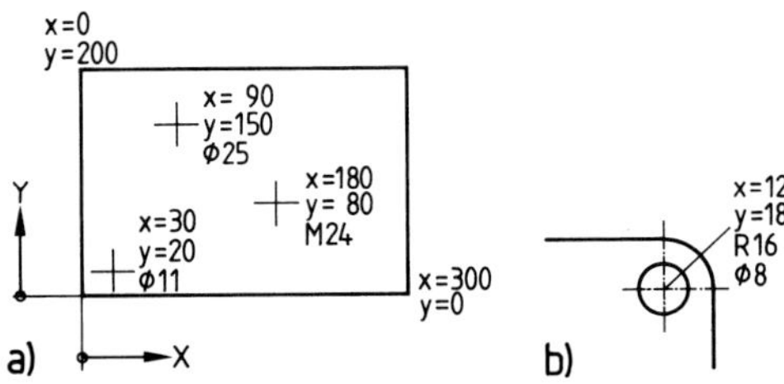

6.107 Kombination Maße und Formelemente

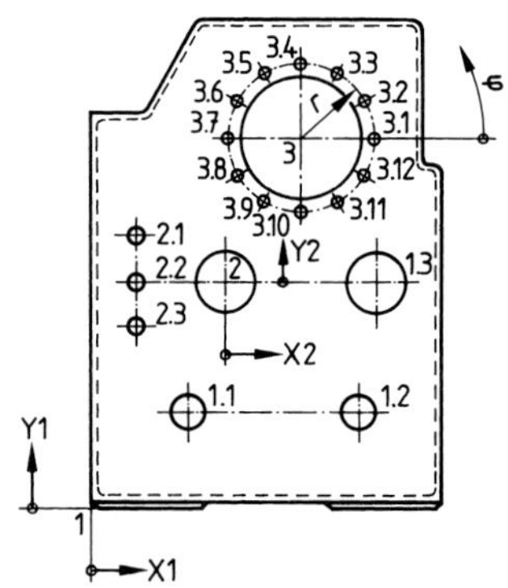

6.108 Kombination karthesische und polare Koordinaten.
Haupt- und Nebensysteme

Tabelle **6**.109 Werkstücktabelle für Bild **6**.108 (Maße in mm)

Koordinatenursprung	Pos.	Koordinaten X1 X2	Y1 Y2	r	φ	d
1	1	0	0			–
1	1.1	325	320			∅ 120 H7
1	1.2	900	320			∅ 120 H7
1	1.3	950	750			∅ 200 H7
1	2	450	750			∅ 200 H7
1	3	700	1225			∅ 400 H8
2	2.1	– 300	150			∅ 50 H11
2	2.2	– 300	0			∅ 50 H11
2	2.3	– 300	– 150			∅ 50 H11
3	3.1			250	0°	∅ 26
3	3.2			250	30°	∅ 26
3	3.3			250	60°	∅ 26
3	3.4			250	90°	∅ 26
3	3.5			250	120°	∅ 26
3	3.6			250	150°	∅ 26
3	3.7			250	180°	∅ 26
3	3.8			250	210°	∅ 26
3	3.9			250	240°	∅ 26
3	3.10			250	270°	∅ 26
3	3.11			250	300°	∅ 26
3	3.12			250	330°	∅ 26

Jedem Koordinaten(Haupt-)system können Nebensysteme zugeordnet werden. Die Systeme und die einzelnen Positionen sind durch Ziffern entsprechend zu kennzeichnen (**6**.108).

6.2.3 Bemaßungsregeln

Die Maße sollen nach Möglichkeit nach ihrer Zusammengehörigkeit zusammengefasst angeordnet werden. D.h. alle notwendigen Maße für Formelemente (z.B. Bohrung, Schlitz, Nut, Ansatz) sind in je einer Ansicht anzugeben (**6**.110). Bei einer Halbschnittbemaßung sind Innen- und Außenmaße entsprechend zu ordnen (**6**.111), bei Gruppenzeichnungen sind die Maße für jedes Teil zusammenzufassen und voneinander getrennt anzuordnen (**6**.112).

Maßketten sollen dort, wo kleine Maßtoleranzen notwendig sind, vermieden werden. Zumindest dürfen nicht alle Maße der Kette bezogen auf das Gesamtmaß eingetragen werden (**6**.113), es sei denn, ein Maß wird als Hilfsmaß in Klammern gesetzt (**6**.114).

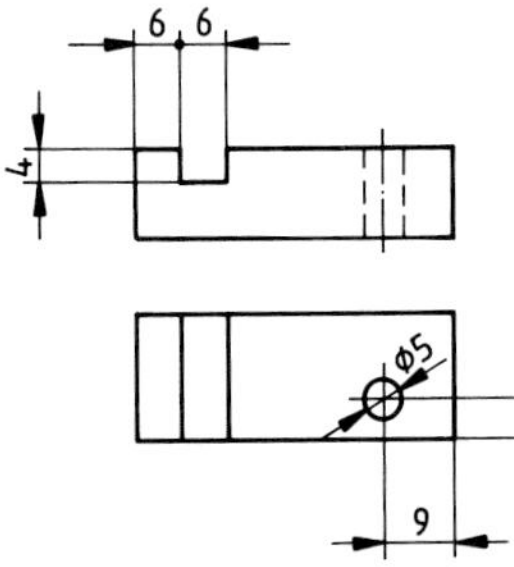

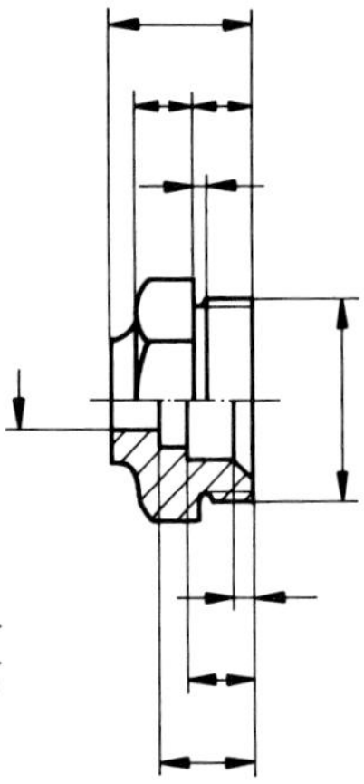

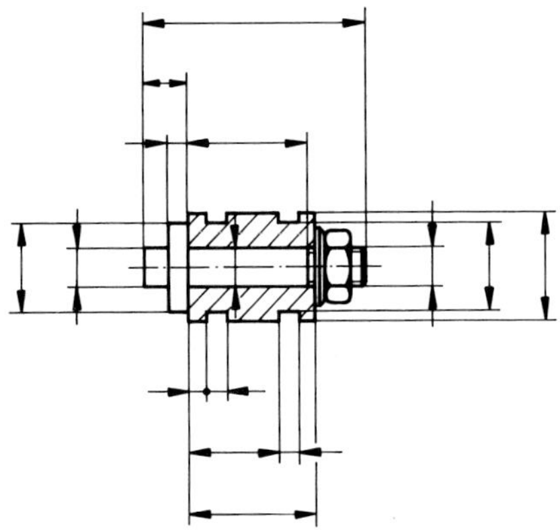

6.110 Maßeintragung. Ordnen in Ansichten

6.111 Maßeintragung. Ordnen nach Innen- und Außenmaßen

6.112 Maßeintragung. Ordnen nach Einzelteilen

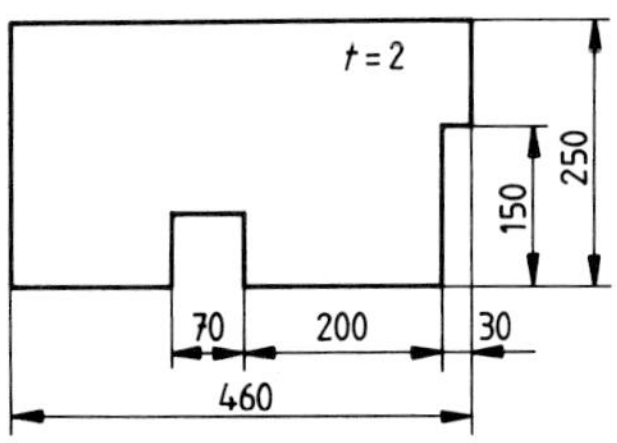

6.113 Maßeintragung, keine Maßkette

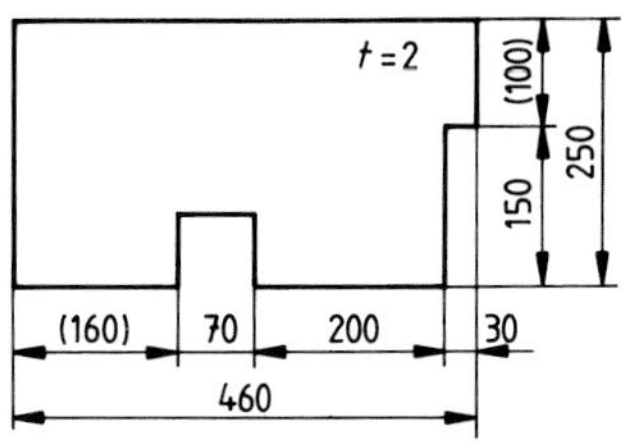

6.114 Maßeintragung, keine Maßkette, nur Hilfsmaß

Durchmesserangaben werden stets mit dem grafischen Symbol ∅ versehen (**6**.115 bis **6**.118).

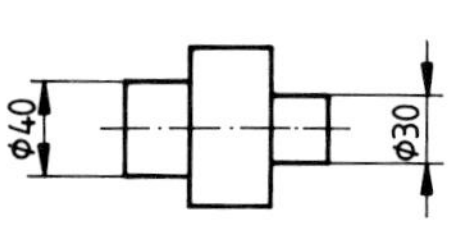

6.115 Durchmesserangaben auf der Maßlinie

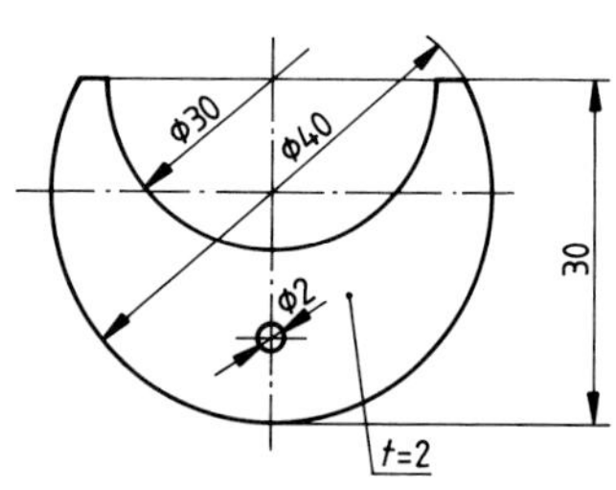

6.116 Durchmesserangabe auf der verlängerten Maßlinie

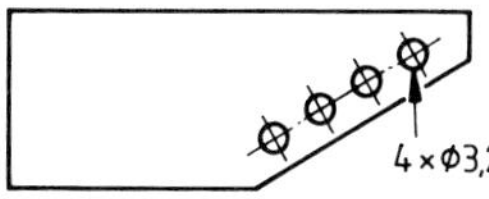

6.117 Durchmesserangabe mit Hinweislinie

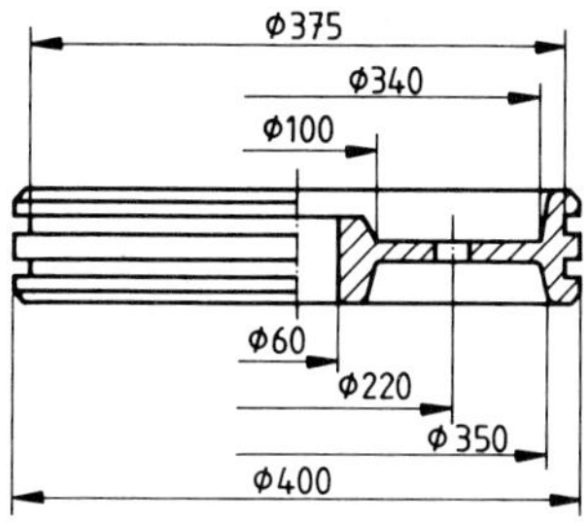

6.118 Durchmesserangaben mit abgebrochenen Maßlinien

Radiusangaben werden stets mit dem Buchstaben R versehen. Die Maßlinien mit einem Maßpfeil innerhalb oder außerhalb der Darstellung müssen aus der Richtung der Radiusmittelpunkte kommen (und damit senkrecht auf der Kreislinie stehen, **6.**119, **6.**120). Mehrere Radien gleicher Größe lassen sich nach Bild **6.**121 zusammenfassen.

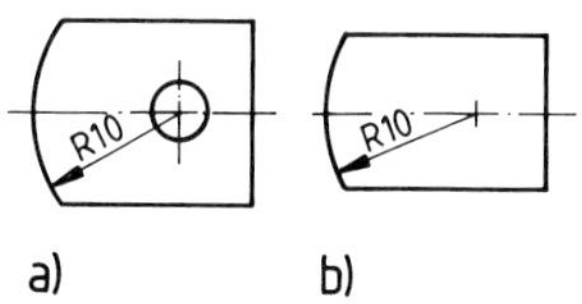

6.119 Angaben der Radiusgröße (vom Mittelpunkt aus)

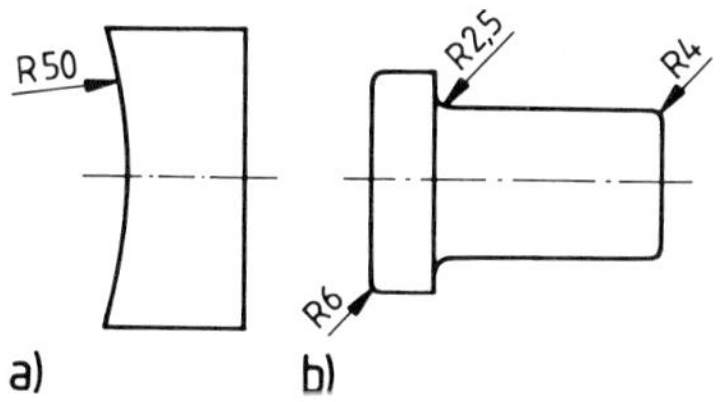

6.120 Angaben der Radiusgröße

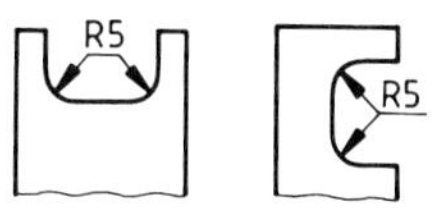

6.121 Zusammenfassung von Radiusangaben

Die Mittelpunkte der Radien sind nur zu bemaßen, wenn sie aus der Geometrie des Gegenstands nicht erkennbar sind (**6.**122). Dabei kann bei großen Radien nach Bild **6.**123 verfahren werden.

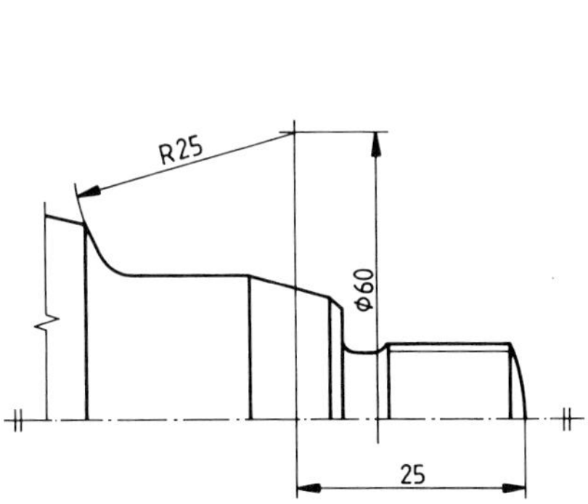

6.122 Bemaßung von Radiusmittelpunkten

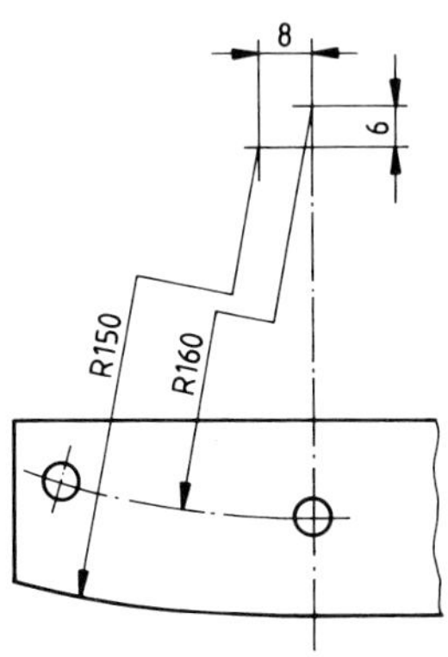

6.123 Bemaßung großer Radien

Zu beachten ist, dass der Abschnitt, der den Kreis berührt, senkrecht auf diesem steht und die Maßzahl auf diesem Abschnitt eingetragen wird. Haben mehrere Radien den gleichen Mittelpunkt, so enden die Maßlinien an einem Hilfskreisbogen.

Beim rechnerunterstützten Zeichnen dürfen nur gerade Maßlinien (ohne Knick) angeordnet werden.

Kugelbemaßungen haben stets vor den Durchmesser- bzw. Radiusangaben den Buchstaben S (sphärisch – kugelförmig. **6**.124, **6**.125). Da bei Linsenkuppen, z. B. an Schrauben- und Bolzenenden, die Kugelform eine untergeordnete Rolle spielt, kann in solchen Fällen der Buchstabe S auch entfallen (**6**.126).

Bei gerundeten Übergängen mit kleinem Halbmesser wie in Bild **6**.127 wird eine schmale Volllinie, die die Körperkanten nicht berührt, als Lichtkante gezeichnet.

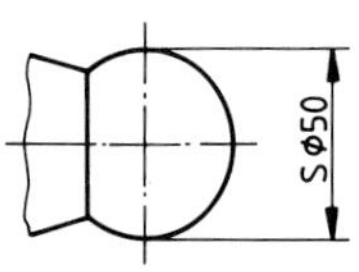

6.124 Kugelbemaßung des Durchmessers

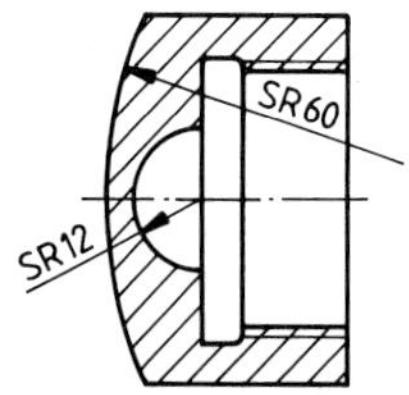

6.125 Kugelbemaßung von Radien

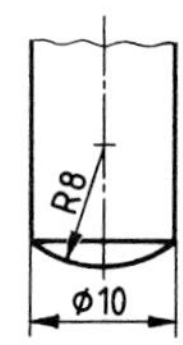

6.126 Linsenkuppe

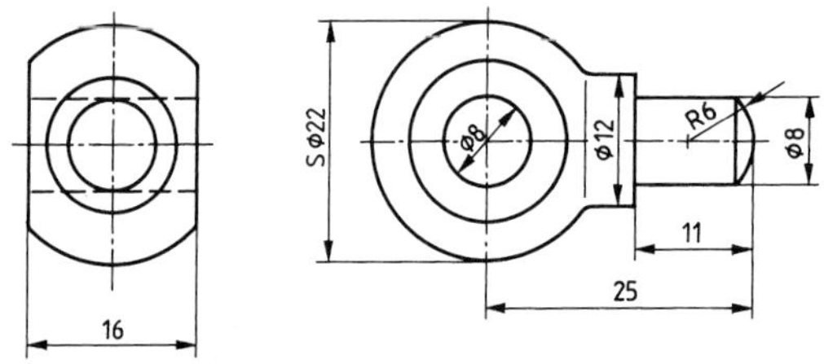

6.127 Übergang Kugel-Zylinder mit Lichtkante

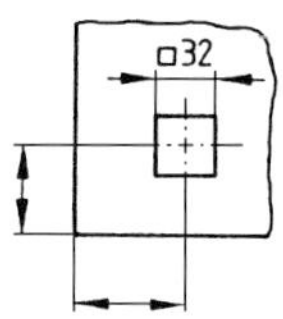

6.128 Bemaßung quadratischer Formen in Achsrichtung

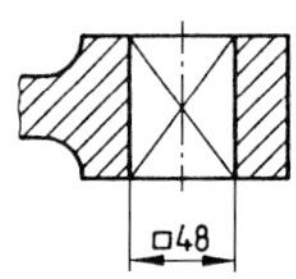

6.129 Bemaßung quadratischer Formen quer zur Achse

Quadratische Formen werden mit dem grafischen Symbol □ gekennzeichnet. Es wird nur an einer Quadratseite bemaßt (**6**.128, **6**.129).

Die **Seitenlängen von Rechtecken** können nach Bild **6**.130 angegeben werden. Das erste Maß entspricht der Seitenlänge, auf die die Hinweislinie zeigt. Auch Tiefenangaben sind möglich, wenn eine zweite Ansicht dazu gesetzt wird (**6**.131.).

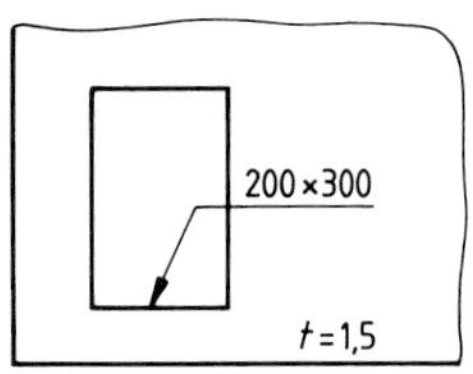

6.130 Bemaßung von Rechtecken

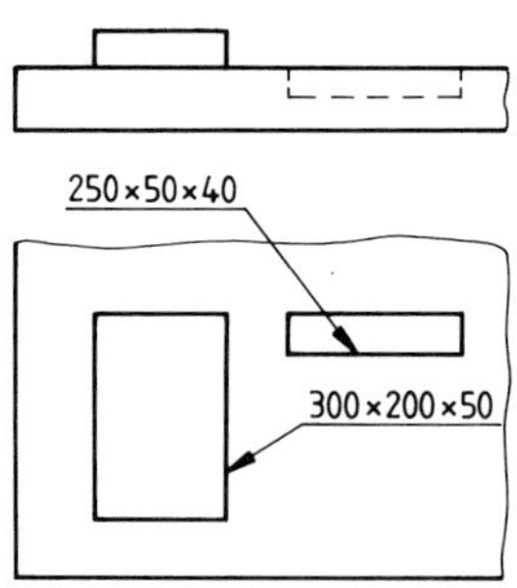

6.131 Bemaßung von Rechtecken mit Tiefenangabe

Schlüsselweite. Lässt sich der Abstand der Schlüsselflächen (**6**.132) in der Darstellung nicht bemaßen, so ist die Maßangabe nach Bild **6**.133 möglich. Die Großbuchstaben SW stehen immer vor der Maßzahl.

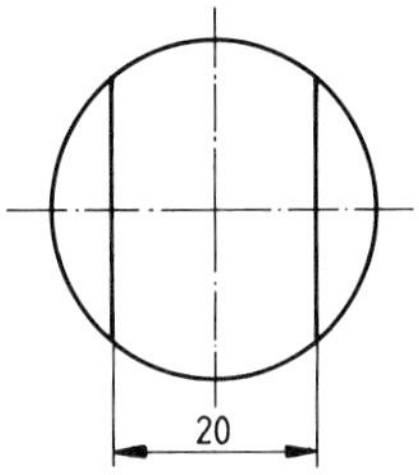

6.132 Bemaßung der Schlüsselweite

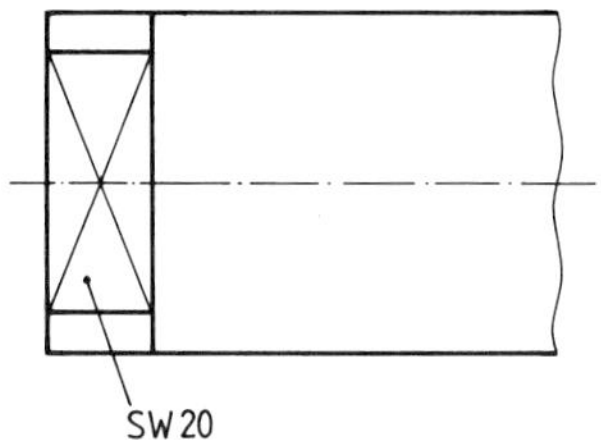

6.133 Bemaßung der Schlüsselweite quer zur Achse

Neigungen sind stets mit dem grafischen Symbol ⊳ vor der Maßzahl zu versehen (**6**.134, **6**.135). Vorzugsweise werden die Angaben auf einer abgeknickten Hilfslinie eingetragen (**6**.136, **6**.137).

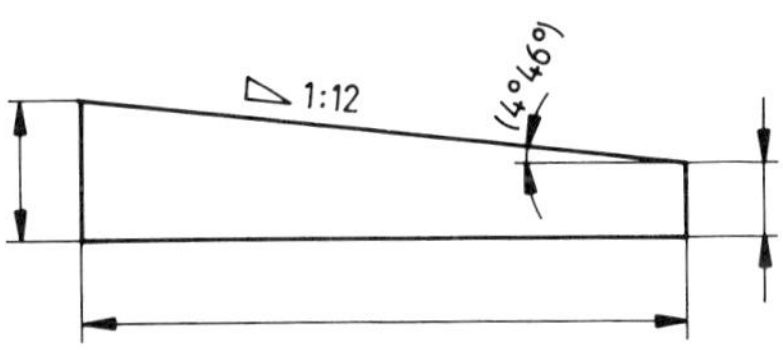

6.134 Neigungsangabe mit Neigungsverhältnis

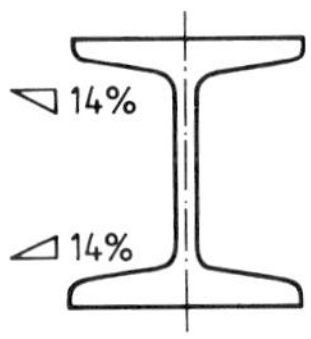

6.135 Neigungsangabe mit Prozentangabe

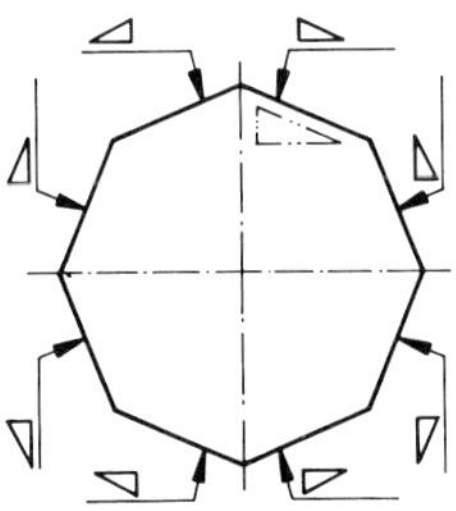

6.136 Neigungsangabe auf Hilfslinien

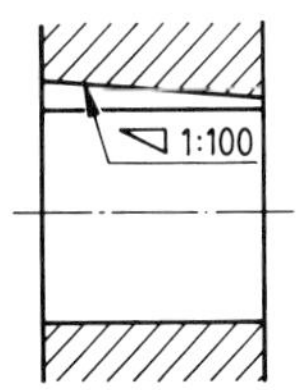

6.137 Neigungsangabe bei einer Keilnut

Fasen und Senkungen mit einem Winkel von 45° werden vereinfacht angegeben (**6**.138, **6**.139). Weicht der Winkel davon ab, so muss er angegeben werden. Bei Winkeln bis zu 30° dürfen gerade Maßlinien eingetragen werden (**6**.140).

6.138 Angabe der Fasenmaße (Winkel 45°)

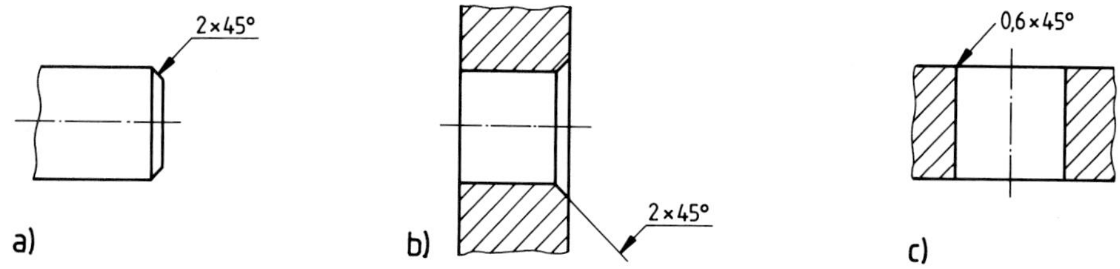

6.139 Angabe der Fasenmaße (Winkel 45°) auf Hilfslinie

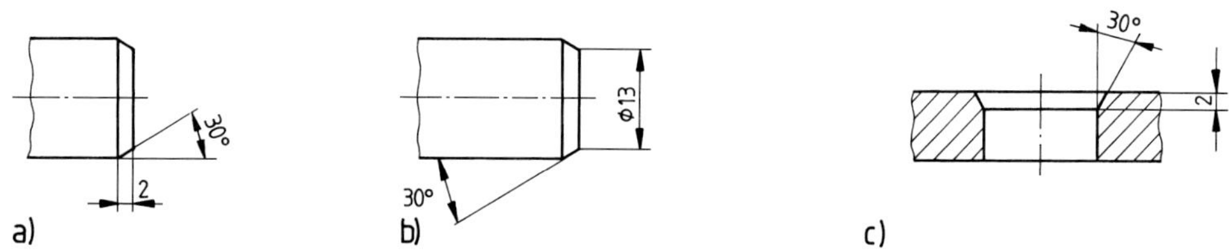

6.140 Angabe der Fasenmaße (Winkel 30°)

Bogenbemaßung. Vor die Maßzahl der Bogenlänge wird das grafische Symbol ∩ gesetzt, das bei manueller Anfertigung der Zeichnung in flacherer Form auch über die Maßzahl gesetzt werden kann (**6**.141, **6**.142). Die Maßhilfslinien sind bei Bögen mit Winkeln unter 90° parallel zu zeichnen (Maßlinienlänge = Bogenmaß). Aneinander grenzende Bogenmaße haben daher immer eigene Maßhilfslinien (**6**.143). Bei Bögen mit Winkeln über 90° verlaufen die Maßhilfslinien auf den Bogenmittelpunkt zu (Maßlinienlänge ≠ Bogenmaß, **6**.144). Ist der Bezug auf eine bestimmte Bogenlänge nicht eindeutig, so muss die Maßzahl (Maßlinie) mit der Bogenlänge durch Linie, Pfeil und Punkt verbunden werden (**6**.144).

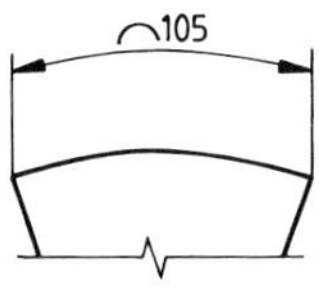

6.141
Bogenbemaßung.
Kennzeichen vor der Maßzahl

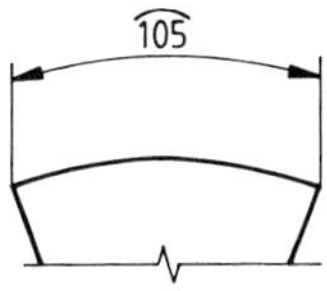

6.142
Bogenbemaßung.
Kennzeichen über der Maßzahl

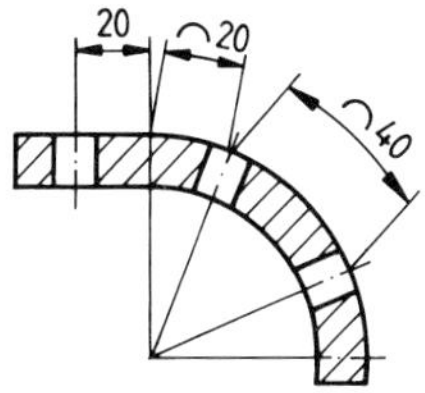

6.143
Bogenbemaßung.
Winkel bis 90°

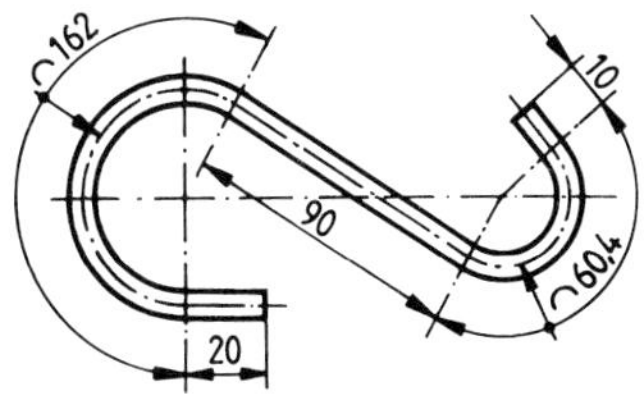

6.144
Bogenbemaßung.
Winkel größer als 90°

Vereinfachte Darstellungen (s. Abschn. 6.1.3) führen auch zu vereinfachten Maßeintragungen (**6**.145, **6**.146). Das Gesamtmaß der Teilungen (Längenmaße, Winkelmaße) ist als Hilfsmaß (in Klammern) anzugeben.

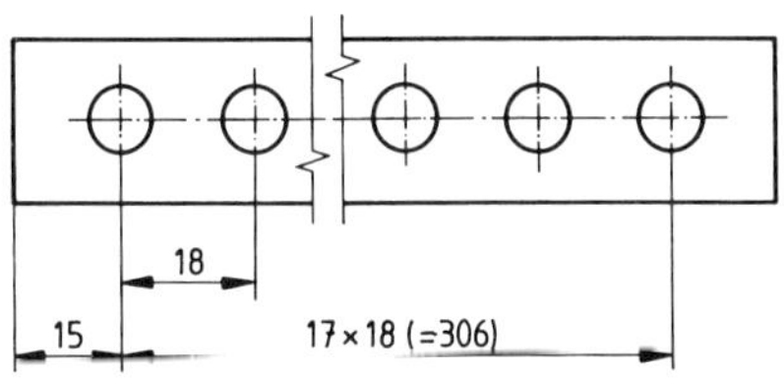

6.145 Vereinfachte Maßeintragung von Längenmaßen

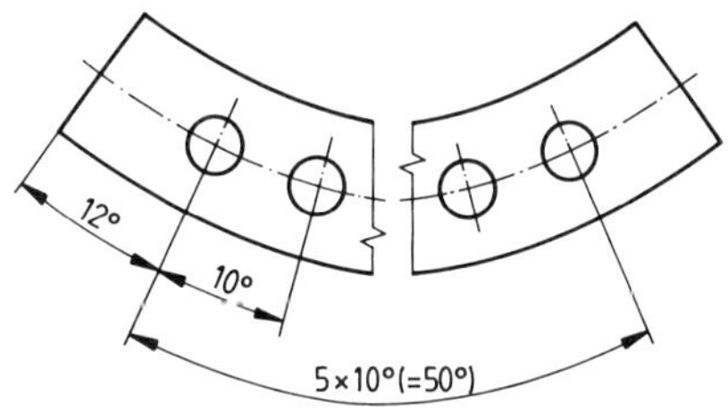

6.146 Vereinfachte Maßeintragung von Winkelmaßen

Die Anzahl gleicher sich wiederholender Formelemente kann durch vollständige Darstellungen (**6**.147), durch die Anzahl der Teilungen bzw. Abstandsmaße (**6**.148) oder nach Bild **6**.149 angegeben werden.

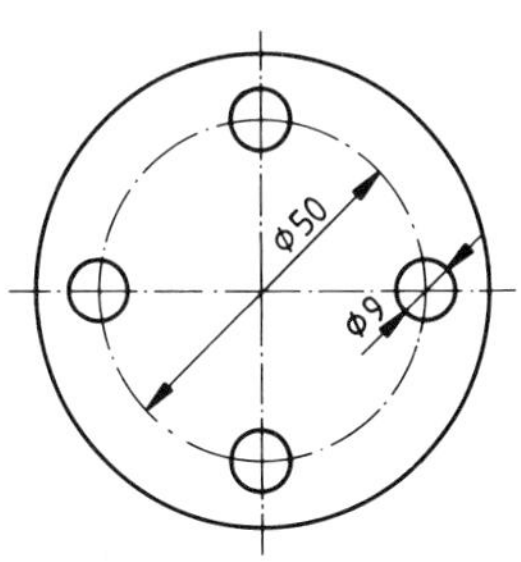

6.147 Gleiche Formelemente, vollständige Darstellung

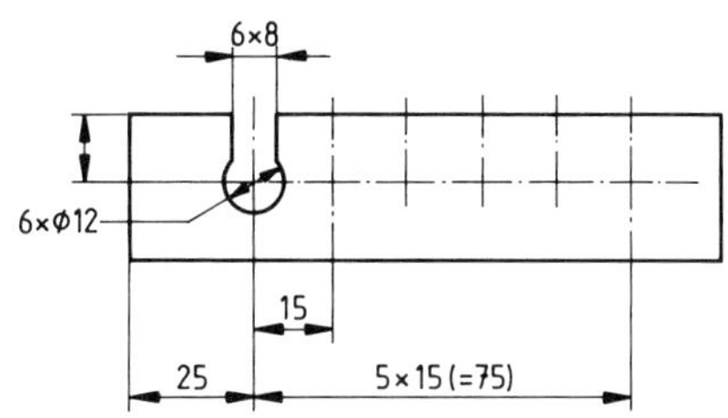

6.148 Gleiche Formelemente, nur eine Darstellung

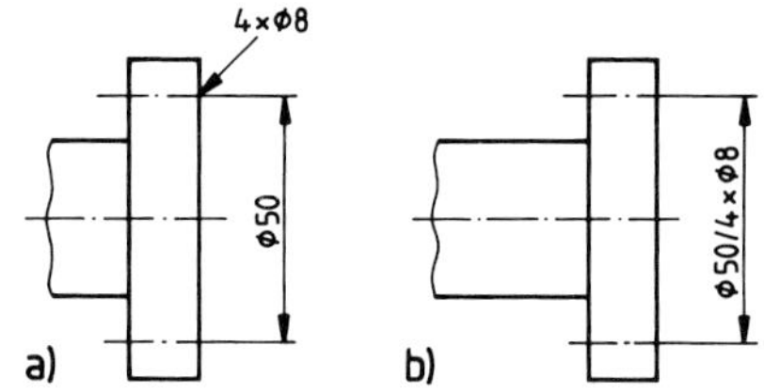

6.149 Gleiche Formelemente, ohne Darstellung

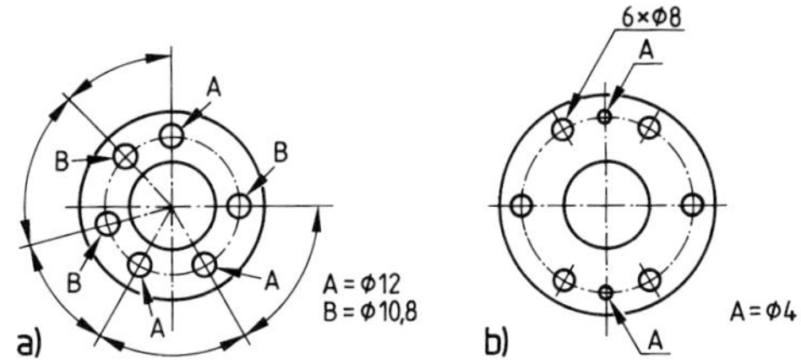

6.150 Gleiche Formelemente verschiedener Größe

Treten unterschiedliche sich wiederholende Elemente (z. B. Bohrungen verschiedener Größe) in einer Zeichnung auf, so werden die Gruppen mit Großbuchstaben gekennzeichnet, die in der Nähe erklärt werden müssen (**6**.150).

Verjüngungen. Das grafische Symbol ▷ wird in jedem Fall vor die Maßzahl der Verjüngung (als Verhältnis 1 : *a* oder als Prozentzahl *a*%) gesetzt. Die Richtung des grafischen Symbols stimmt mit der Richtung der Verjüngung überein. Die Angaben sind auf abgeknickte Hinweislinien zu setzen (**6**.151).

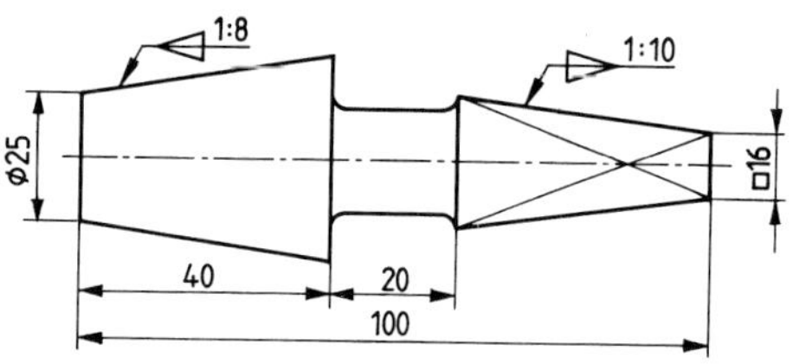

6.151 Verjüngungssymbol am Kegel und an der Pyramide

6.2.4 Kegelbemaßung (DIN ISO 3040)

Für die Bemaßung allgemeiner Kegelformen sind 3 Angaben erforderlich: großer Durchmesser *D*, kleiner Durchmesser *d* und in den meisten Fällen die Kegellänge *L* (**6**.152).

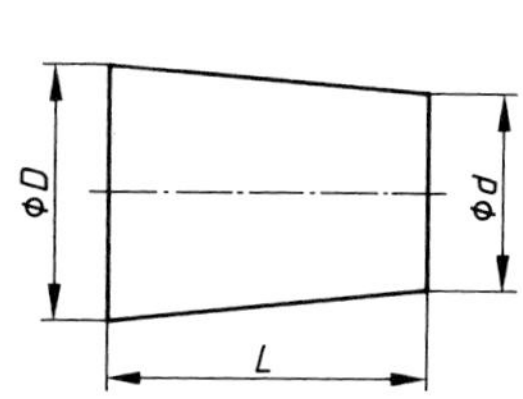

6.152 Bemaßung allgemeiner Kegelformen

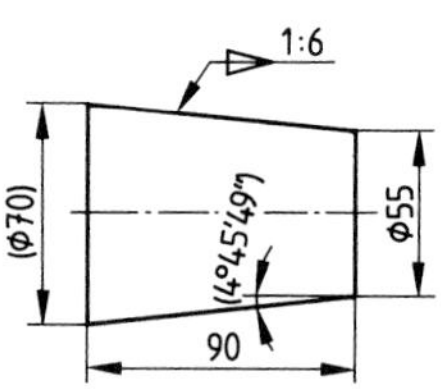

6.153 Bemaßung von Passkegeln

Kegel mit genauer Form (Passkegel) gehören zu den Formelementen, bei denen häufig mehr Maße angegeben werden als nach den Bemaßungsregeln notwendig wären. Zusätzlich zu den genannten 3 Kenngrößen D, d, L werden die Eigenschaften des Kegels „Kegelverjüngung C" und „Einstellwinkel $\frac{\alpha}{2}$" (entspricht dem halben Kegelwinkel) angegeben (**6**.153).

Eine Überbemaßung wird vermieden durch die Klammern um den Einstellwinkel (immer in Klammern zu setzen) und (hier) den großen Durchmesser (wahlweise auch kleiner Durchmesser, Kegellänge, Kegelwinkel).

Die Kegelverjüngung errechnet sich aus $C = \frac{D-d}{L}$

$$\text{z.B. } C = \frac{60-50}{30} = \frac{10}{30} = \frac{1}{3} \text{ bzw. } 1:3 \qquad (\mathbf{6}.154)$$

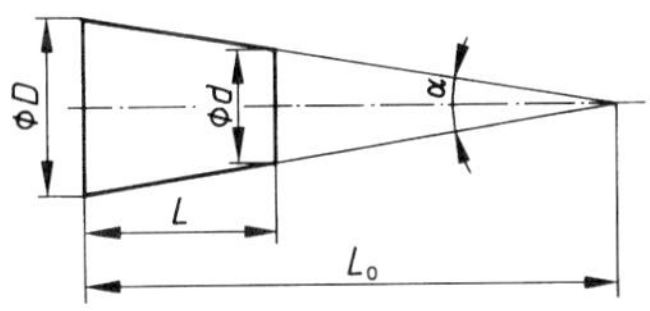

6.154 Berechnung der Kegelverjüngung

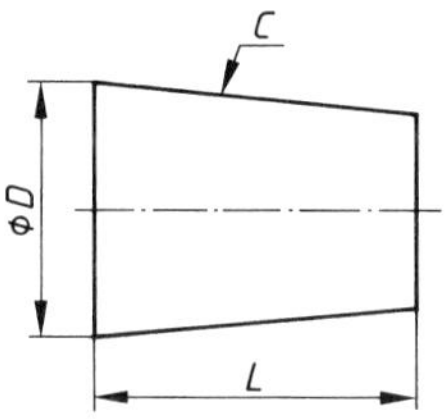

6.155 Angabe der Kegelverjüngung

Die Angabe in der Zeichnung erfolgt mit dem Verjüngungssymbol (gleichschenkliges Dreieck in Richtung der Kegelverjüngung) auf einer Hinweislinie über der Kegelmantellinie parallel zur Kegelachse (**6**.155).

Der Einstellwinkel $\frac{\alpha}{2}$ als Hilfsmaß für die Fertigung errechnet sich aus

$$\tan\frac{\alpha}{2} = \frac{1}{2}\frac{D-d}{L}; \text{ z.B.: } \tan\frac{\alpha}{2} = \frac{1}{2}\frac{60-50}{30} = \frac{1}{6}; \tan\frac{\alpha}{2} = 0{,}1\bar{6} \quad \frac{\alpha}{2} = 9°27'44''$$

Der Kegelwinkel ist folglich doppelt so groß: $\alpha = 18°55'28''$.

Für bestimmte Anwendungsbereiche empfiehlt DIN 254 Kegelverjüngungen, z.B. für Dichtungskegel, Kegelbuchsen für Wälzlager, Kegel zur Werkzeugaufnahme.

Werkzeugkegel nach DIN 228 werden auch als Morsekegel bezeichnet. Statt der Kegelverjüngung wird dann z.B. Morse 3 eingetragen (**6**.156).

Soll innerhalb der Kegellänge an bestimmter Stelle (L_x) ein genauer Durchmesser (D_x) eingehalten werden, so ist das entsprechend Bild **6**.157 in die Zeichnung einzutragen.

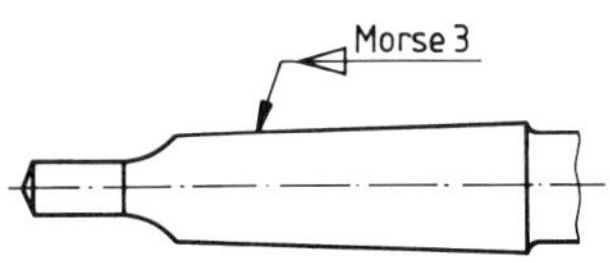

6.156 Angabe für Morsekegel

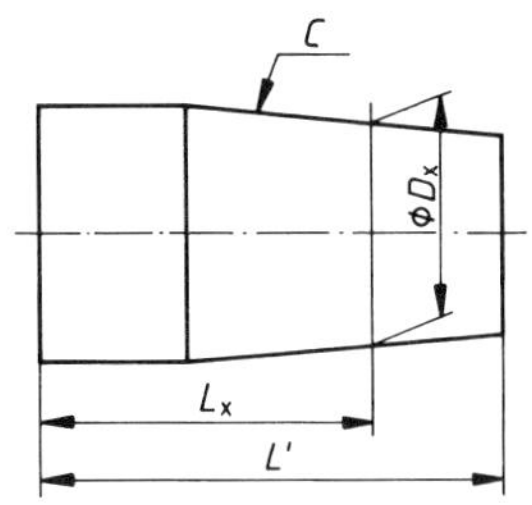

6.157 Passmaß an bestimmter Stelle

6.2.5 Bemaßungen im Metallbau

Im Metallbau wird die Kettenbemaßung bevorzugt (ohne Hilfsmaß in Klammern), Maßlinienbegrenzung ist der Schrägstrich und bei Bedarf der Punkt (**6**.158). Die Anreißmaße *w* für Profile sind genormt (DIN 997, DIN 998, DIN 999; **6**.159). Abweichungen davon sollten Ausnahmen sein. Die Norm enthält außerdem Angaben über größte Durchmesser der Bohrungen für Schrauben und Niete (s. dazu Abschn. 6.1.8).

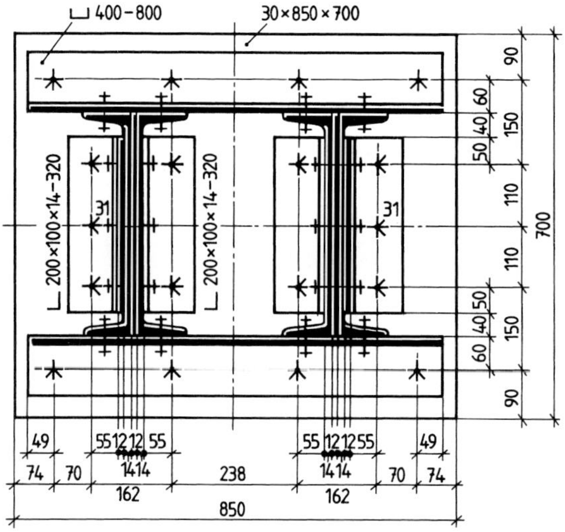

6.158 Bemaßung eines Stützenfußes

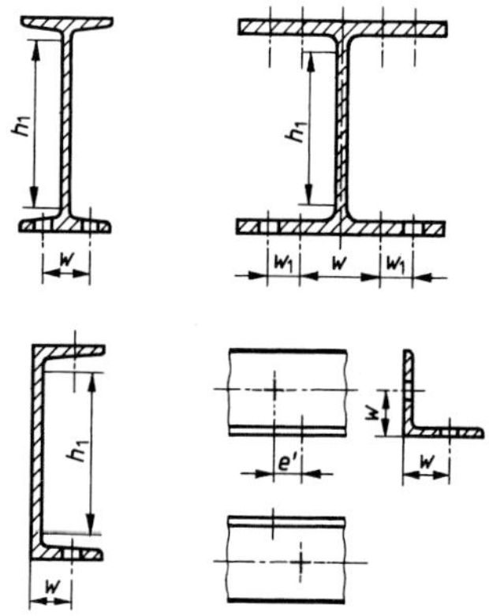

6.159 Anreißmaße *w*

Stäbe und Profile werden mit ihrer Normkennzeichnung beschrieben, hinter die, getrennt durch einen waagerechten Strich, die Schnittlänge gesetzt wird. Bleche werden mit der Dicke und den nachgestellten Maßen des umgebenden Rechtecks bezeichnet (**6**.160).

Rechnerprogramme bieten im Menübereich „Bemaßung" eine Vielzahl von Bemaßungsvarianten an, z. B. auch die automatische Maßzahleintragung nach dem Anklicken der Körperkanten und der Maßlinienlage.

Um die Bemaßung von der Darstellung des Gegenstands abzuheben, können unterschiedliche Farben ausgewählt oder auch Darstellung und Bemaßung auf verschiedenen Ebenen vorgenommen werden.

Beachtet werden müssen immer die notwendigen Voreinstellungen, wie Neigung der Maßbuchstaben, Form der Maßlinienbegrenzung, Maßzahlgröße, notwendige Kennzeichen, Art der Bemaßung u. a.

Gewisse Standards sind bei allen CAD-Programmen vorhanden, z. B. Festlegungen in Normen. Auch erkennen alle Programme, ob Maßpfeile von innen oder von außen angeordnet werden oder ob Maßlinien unterbrochen werden müssen. In Einzelheiten unterscheiden sie sich jedoch. Schon weiterentwickelte, komfortablere Versionen des gleichen Programms bedürfen der Einarbeitung, um sie optimal zu nutzen.

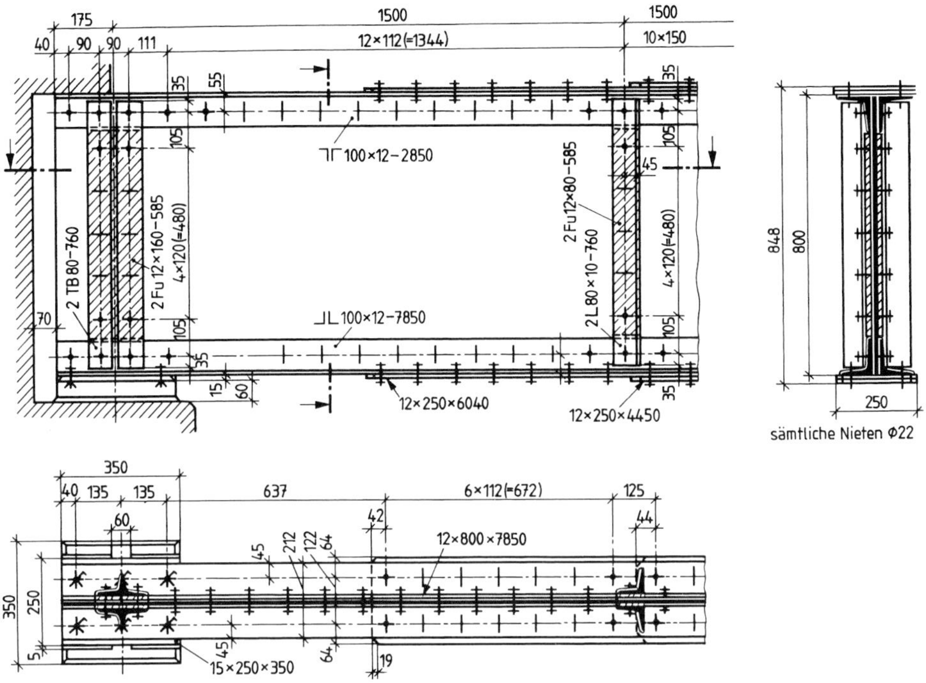

6.160 Kennzeichnung der Profilmaße und Schnittlängen

Übungen

1. Zeichnen Sie den Ventilkegel (**6.**161) im Maßstab 2 : 1 mit vollständiger Bemaßung.
2. Zeichnen Sie die ebenflächigen, teilweise symmetrischen Werkstücke in den notwendigen Ansichten (**6.**162a bis f). Tragen Sie die Maße ein.
3. Die Werkstücke in den Skizzen **6.**163a bis f sind als Fertigungszeichnungen mit entsprechenden Schnittdarstellungen auszuführen.

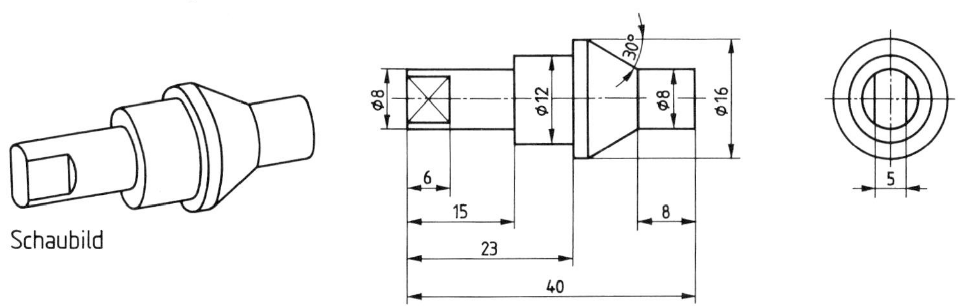

6.161 Ventilkegel

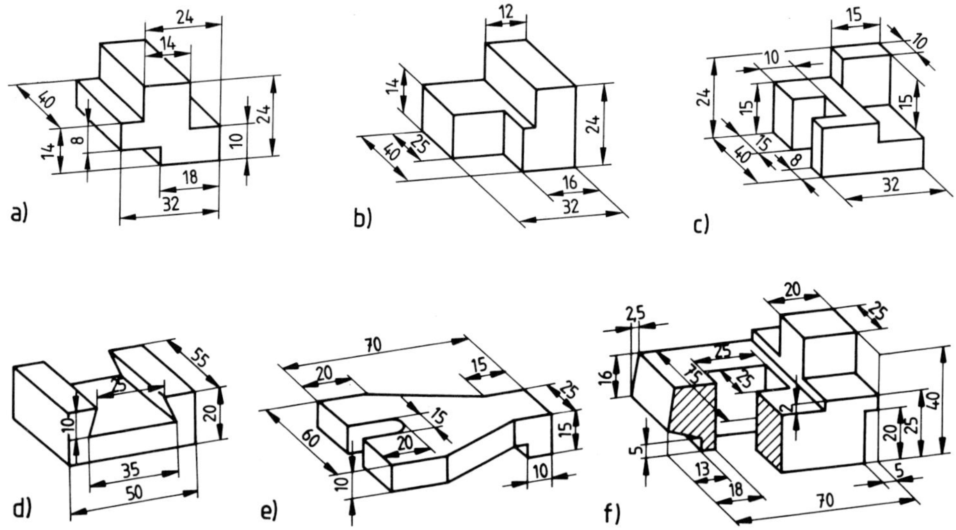

6.162 Ebenflächige Werkstücke

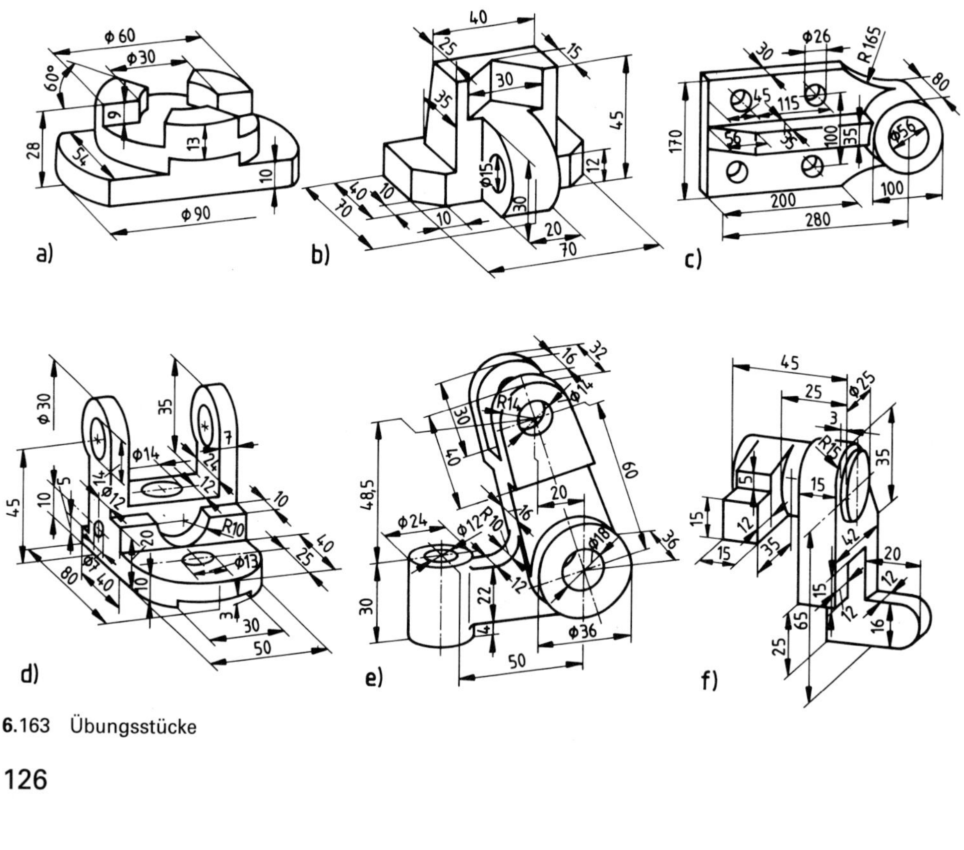

6.163 Übungsstücke

4. Ergänzen Sie bei den Passformteilen im Bild **6**.164a bis e die zur vollständigen Bemaßung fehlenden Angaben.

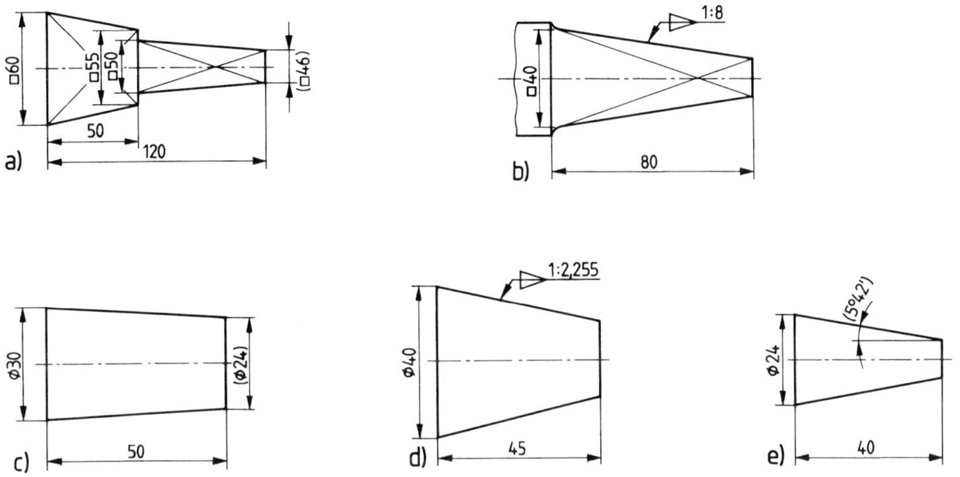

6.164 Passformteile

5. Übertragen Sie die Texte der folgenden 3 Aufgaben in fertigungsgerechte Zeichnungen.

Der Dichtungskegel für einen Gashahn hat die Abmessungen D = 30 mm, d = 18 mm, L = 72 mm. Skizzieren Sie den Kegel und bemaßen Sie ihn vollständig.

Zeichnen Sie eine Kegelhülse (Kegelverjüngung 1 : 3) und bemaßen Sie sie vollständig. Die Länge der Hülse beträgt 100 mm, der Außenkegel hat einen großen Durchmesser von 90 mm. Die Hülse erhält eine zentrische Axialbohrung ∅ 24, die auf der Seite des großen Durchmessers auf ∅ 40, 20 mm tief aufgebohrt wird.

Zeichnen Sie eine Keilbeilage mit der Neigung 1 : 30 nach diesen Angaben: Länge 90 mm, Dicke 25 mm, größte Höhe 60 mm. Bemaßen Sie das Werkstück.

6.3 Zeichnungsangaben für Werkstückkanten (DIN 6784) und für Butzen (DIN 6785)

Bei den verschiedenen Fertigungsverfahren entstehen gratige oder ähnlich geformte Kantenzustände, die aus sicherheitstechnischen oder funktionellen Gründen entfernt werden bzw. aus funktionellen Gründen bestehen bleiben müssen. Die Norm enthält Angaben über die Begriffe und Eintragung der gewünschten Kantenzustände in Zeichnungen.

Der Kantenzustand der Außenkante lautet (**6**.165):

Gratig	Werkstückkante mit Übergang (**6**.167)
Scharfkantig	Werkstückkante, deren Übergang oder Abtragung angenähert Null ist
Gratfrei	Werkstückkante mit Abtragung (**6**.168)

Der Kantenzustand der Innenkante lautet (**6**.166):

Übergang	Werkstückkante mit Fase bis Rundung (**6**.169)
Scharfkantig	Werkstückkante, deren Übergang oder Abtragung angenähert Null ist
Abtragung	Werkstückkante mit Einstich oder Einzug (**6**.170)

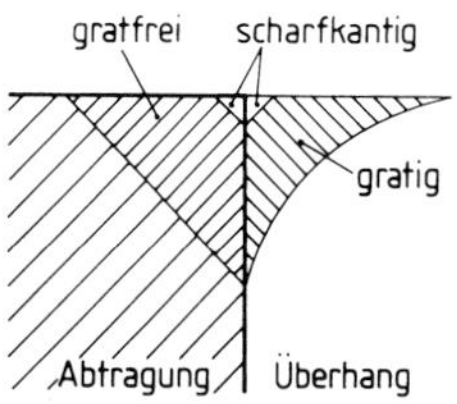

6.165 Kantenzustand Außenkante

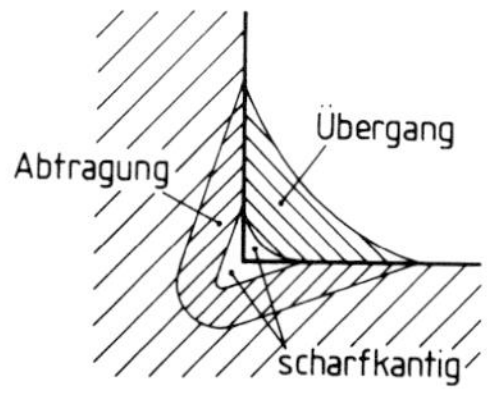

6.166 Kantenzustand Innenkante

Der Kantenbereich eines Werkstücks ist der Bereich, in dem die Istform der Kante von der ideal-geometrischen, scharfkantigen Form abweichen darf. Innerhalb dieses Bereiches ist die Kantenform beliebig. Die Größe des Kantenbereichs wird durch das Kantenmaß „*a*" bestimmt (**6**.167 bis **6**.170). Es darf in keiner Richtung überschritten werden (s. Tab. **6**.171).

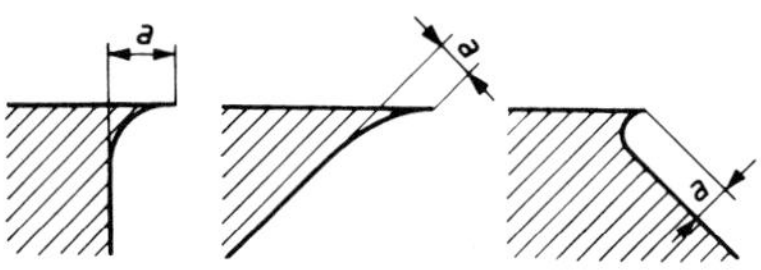

6.167 Kantenzustand gratig

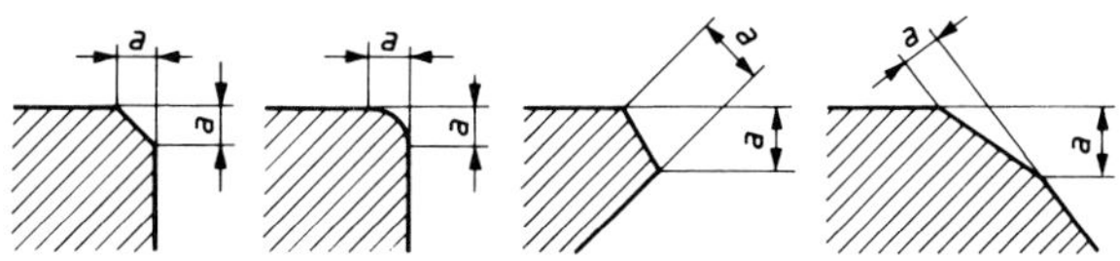

6.168 Kantenzustand gratfrei

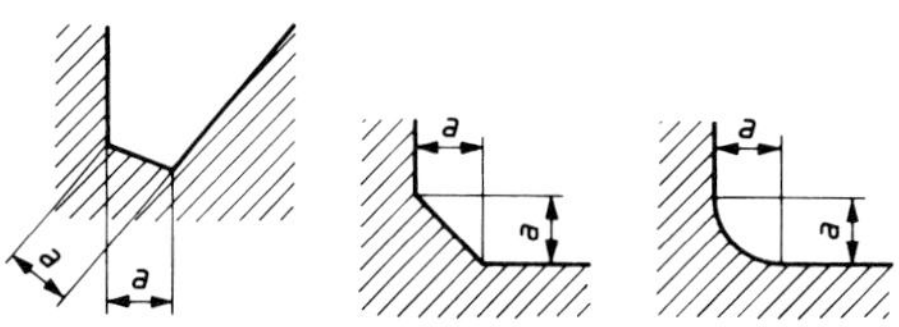

6.169 Kantenzustand Übergang

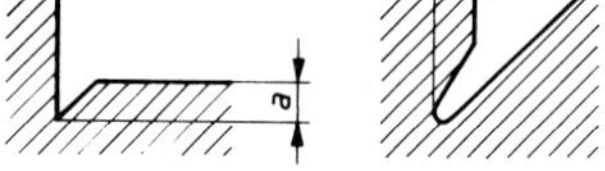

6.170 Kantenzustand Abtragung

Tabelle **6**.171 Kantenmaße

[1]	
+ 2,5	
+ 1	für gratige Kanten
+ 0,5	oder
+ 0,3	Übergang
+ 0,1	
+ 0,05	
+ 0,02	für
− 0,02	scharfkantige
− 0,05	Kanten
− 0,1	
− 0,3	für gratige Kanten
− 0,5	oder
− 1	Abtragung
− 2,5	
[1]	

[1]) weitere Maße nach Erfordernis

Tabelle **6**.172

Symbol-element	Bedeutung Außenkante	Innenkante
+	gratig	Übergang
−	gratfrei	Abtragung
±	gratig oder gratfrei	Übergang oder Abtragung

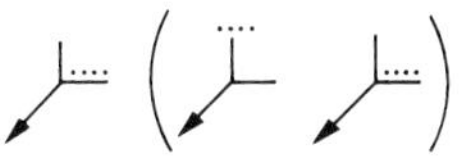

6.173

6.174

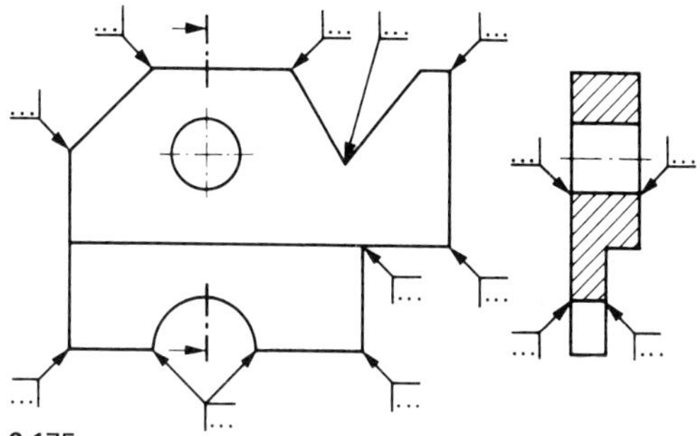

6.175

Werden für alle Kanten gleiche Zustände gefordert, genügt die Eintragung der Angaben in das Schriftfeld oder in der Nähe des Schriftfelds. Bei überwiegend gleichem Kantenzustand kann die Angabe des von diesem abweichenden Kantenzustands neben der allgemeinen Angabe zusätzlich in Klammern gesetzt werden (**6**.173). Die Kennzeichnung der Werkstückkanten besteht aus dem Grundsymbol, dem Kantenmaß *a* und dem Symbolelement +, −, ± (**6**.174).

Die Richtung des Grates der Abtragung wird nach Bild **6**.174 eingetragen.

Die Zeichnungsangabe kann sich auf folgende Kantenlängen beziehen:

- auf eine Kante senkrecht zur Projektionsebene,
- am Umfang eines Werkstücks oder eines Loches umlaufend (**6**.175).

Ein Butzen ist ein durch das Fertigungsverfahren „Drehen" entstehender Werkstoffrest im Zentrum einer Stirnfläche des Drehteils. Im Interesse einer kostengünstigen Fertigung sollte ein Drehteil ohne Butzen nur dort gefordert werden, wo die Funktion einen Butzen nicht zulässt. In allen anderen Fällen werden seine zulässigen Maße in der Zeichnung angegeben.

Die Form des Butzens ist nicht bestimmt. Seine Größe wird durch den Hüllraum mit Angaben d_2 und l (**6**.176a) festgelegt. Zu den Maßen wird in der Zeichnung das grafische Symbol gesetzt (**6**.176b, Einzelheiten s. Norm).

Abweichungen von den Tabellenwerten (**6**.176c) sind möglich, wobei kleinere Werte über die Maßtoleranz der Länge oder über die Rauheitsangaben erreicht werden (s. Tab. **6**.177).

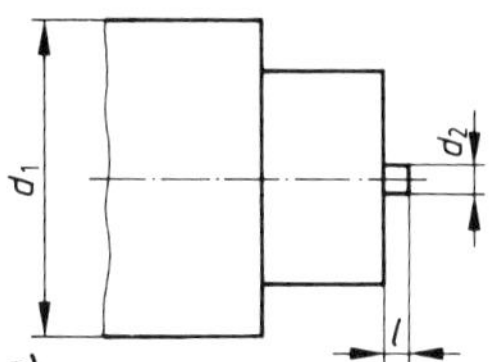

a)

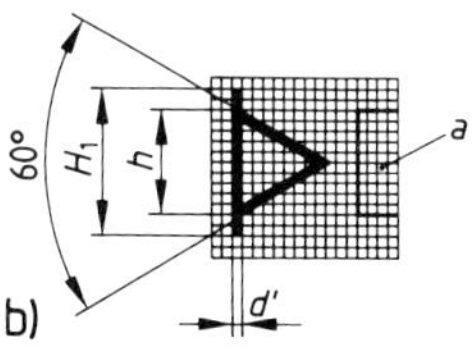

b)

c)

d_1 über	d_1 bis	d_2 max.	l max.
	3	0,3	0,2
3	5	0,5	0,3
5	8	0,8	0,5
8	12	1,0	0,6
12	18	1,5	0,9
18	26	2,0	1,2
26	40	2,5	2
40	60	3,5	3

6.176 Butzen
a) Form, b) Symbol, c) Maße

Tabelle **6**.177 **Butzenbeispiele**

Anwendung	Zeichnungsangabe	Bedeutung	
allgemein	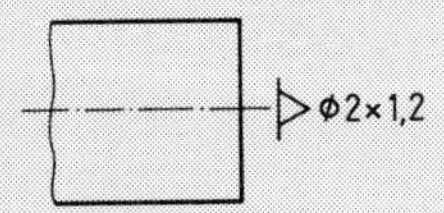	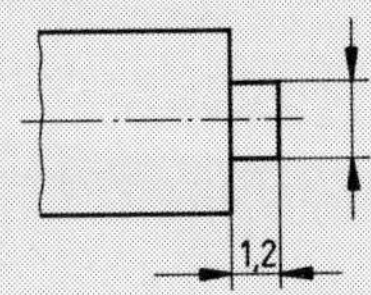	Butzen zulässig bis max. ∅ 2 und 1,2 lang. Der Butzen darf unabhängig von Maßtoleranz und Rauheit der Stirnfläche auftreten.
z. B. für vorbearbeitete Teile	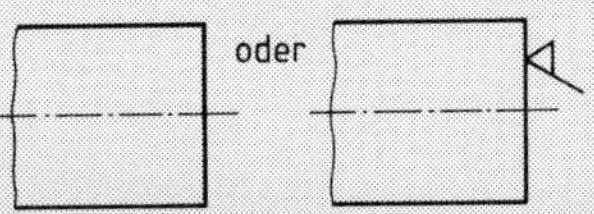 Allgemeintoleranzen DIN ISO 2768 – m oder besondere Toleranzangabe oder	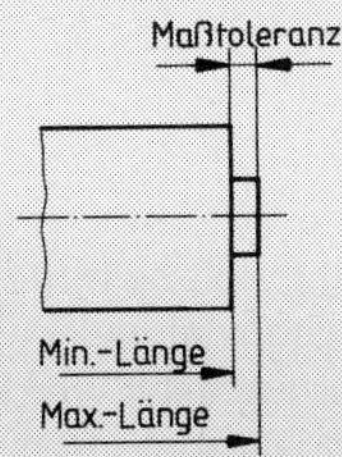	Butzen zulässig innerhalb der für die Länge des Drehteils angegebenen Maßtoleranz. Maße für den zulässigen Butzen nicht festgelegt.
z. B. für Fertigteile	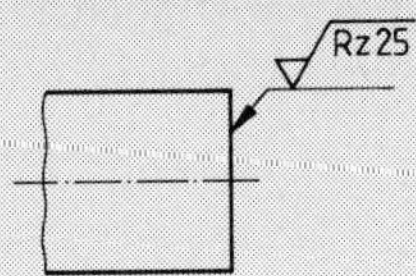 Rauheitsangabe für die Stirnfläche	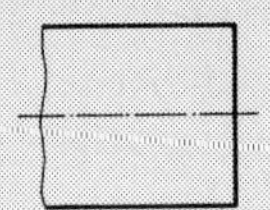	Butzen zulässig. Die Rauheit der Stirnfläche darf max. R_z 25 µm betragen.
Bei Angabe eines Rauheitswerts an der Stirnfläche des Drehteils (ohne Festlegung eines zulässigen Butzens) ist im Zentrum des Drehteils nur ein Werkstoffrest im Rahmen der angegebenen Rauheit zulässig.			

Tabelle **6**.178 Beispiele

Nr.	Beispiel	Bedeutung	Erklärung
1	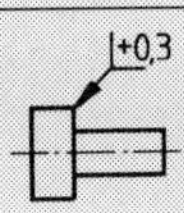		Außenkante gratig bis 0,3, Gratrichtung beliebig
2	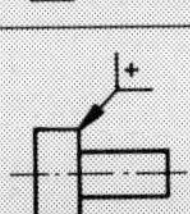		Außenkante gratig, Grathöhe und Gratrichtung beliebig
3	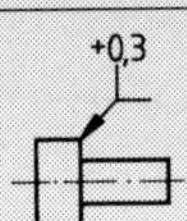	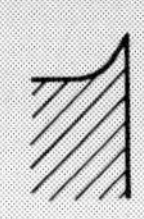	Außenkante gratig bis 0,3, Gratrichtung vorgegeben

Fortsetzung s. nächste Seite

Tabelle **6.**178, Fortsetzung

Nr.	Beispiel	Bedeutung	Erklärung
4	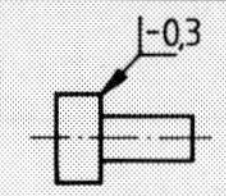		Außenkante gratfrei bis 0,3, Form der Abtragung beliebig
5	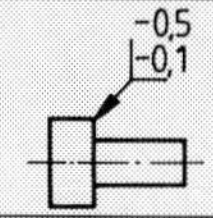	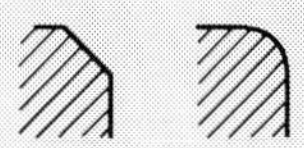	Außenkante gratfrei im Bereich von 0,1 bis 0,5, Form der Abtragung beliebig
6	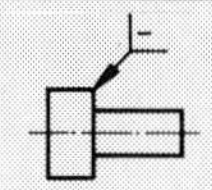		Außenkante gratfrei, Form der Abtragung beliebig
7	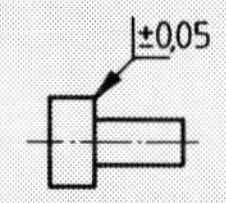		Außenkante wahlweise gratig bis 0,05 oder gratfrei bis 0,05 (scharfkantig), Gratrichtung beliebig
8	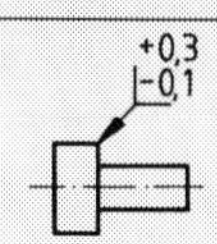	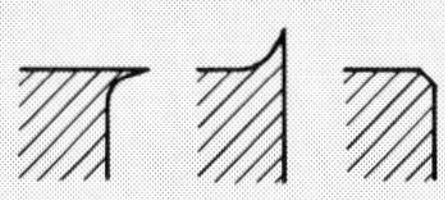	Außenkante wahlweise gratig bis 0,3 oder gratfrei bis 0,1, Gratrichtung beliebig
9	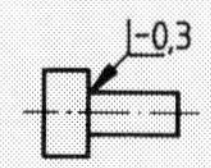		Innenkante mit Abtragung bis 0,3, Abtragungsrichtung beliebig
10	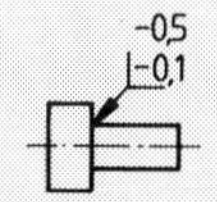		Innenkante mit Abtragung im Bereich von 0,1 bis 0,5 Abtragungsrichtung beliebig
11	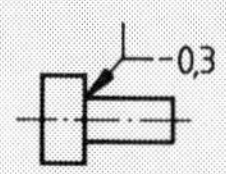	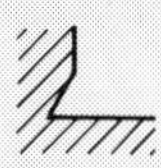	Innenkante mit Abtragung bis 0,3 Abtragungsrichtung vorgegeben
12	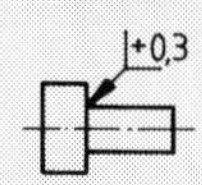		Innenkante mit Übergang bis 0,3 Form des Übergangs beliebig
13	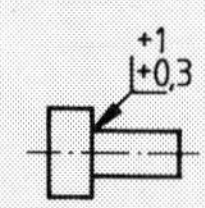	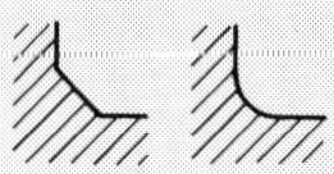	Innenkante mit Übergang im Bereich von 0,3 bis 1 Form des Übergangs beliebig
14	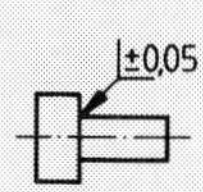	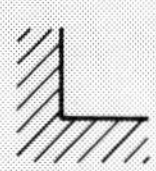	Innenkante wahlweise mit Abtragung bis 0,05 oder Übergang bis 0,05 (scharfkantig) Form der Abtragung des Übergangs beliebig
15	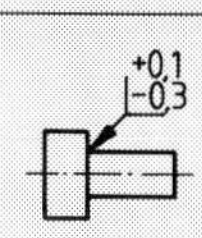		Innenkante wahlweise mit Übergang bis 0,1 oder Abtragung bis 0,3, Abtragungsrichtung beliebig

6.4 Übungen – Auswerten von Zeichnungen

Anhand der folgenden Übungen sollen die Informationen von Zeichnungen ausgewertet werden. (Beachten Sie: Die Schriftfelder entsprechen der für Schulungszwecke üblichen Form.)

- Federnde Feststellvorrichtung (**6**.179)
- Achslagerung (**6**.180)
- Schraubstock (**6**.181)
- Geradführung (**6**.182)
- Drehtisch (**6**.183)
- Zahnradpumpe (**6**.184)
- Maschinenschraubstock (**6**.185)
- Schwenkbarer Maschinenschraubstock (**6**.186)
- Reitstock (**6**.187)
- Bohrvorrichtung für Verschlussdeckel (**6**.188)
- Bohrvorrichtung für Gabelhebel (**6**.189)
- Schneckengetriebe 1 : 25 (**6**.190)
- Vorschubgetriebe (**6**.191)
- Hahnverschluss (**6**.192)
- Schieber (**6**.193)
- Einzelteile zum Reitstock (**6**.194)
- Einzelteile für eine Fräsvorrichtung (**6**.195)

Die Zeichnungen enthalten Informationen über die Funktion, Fertigung, Montage sowie die Prüfbedingungen der Einzelteile und Baugruppen. Sie geben Auskunft über die Größe, Form, Oberflächenbeschaffenheit sowie zulässige Abweichungen der Maße, Formen und Lagen bei den Werkstücken. Einzelteilzeichnungen nennen jeweils auch die Werkstoffe, aus denen die Werkstücke zu fertigen sind.

Untersuchen Sie die Vorlagen **6**.180 bis **6**.193 hinsichtlich folgender Fragen:

a) Welche Funktion hat die Baugruppe?

b) Wie ist das Funktionsproblem gelöst worden?

c) Welche alternativen Lösungen gibt es für das Problem?

d) Wie verläuft der Kraftfluss beim Einsatz der Baugruppe?

e) In welcher Reihenfolge werden die Einzelteile zur Baugruppe gefügt?

Fertigen Sie von ausgewählten Einzelteilen Zeichnungen an. Ergänzen Sie gegebenenfalls die Stücklisten der Zeichnungen (z. B. **6**.180, **6**.190).

a) Zeichnen von Form und Größe des Werkstücks.

b) Bemaßung des Werkstücks.

c) Angaben der zulässigen Maßabweichungen (s. hierzu Abschn. 7.1).

d) Mindestanforderungen an die Oberflächen (s. hierzu Abschn. 7.4).

e) Angaben von Form- und Lagetoleranzen (s. hierzu Abschn. 7.2).

f) Wählen Sie sinnvoll (Funktion, Fertigung, Ersatz) die Werkstoffe aus (s. hierzu Abschn. 8.1).

g) Kennzeichnen Sie Stoffeigenschaftsänderungen (z. B. durch Härten) und evtl. Oberflächenschutzmaßnahmen (s. hierzu Abschn. 8).

Fertigen Sie anhand der vorgegebenen Einzelteilzeichnungen **6**.194 und **6**.195 Gruppenzeichnungen an.

a) Tragen Sie die Hauptmaße ein.

b) Ordnen Sie die Positionsnummern den Einzelteilen zu.

c) Fertigen Sie eine Stückliste an, in die auch Normteile (s. Abschn. 9) aufgenommen werden, die nicht als Einzelteile vorgegeben sind. Wählen Sie sinnvoll die Werkstoffe aus.

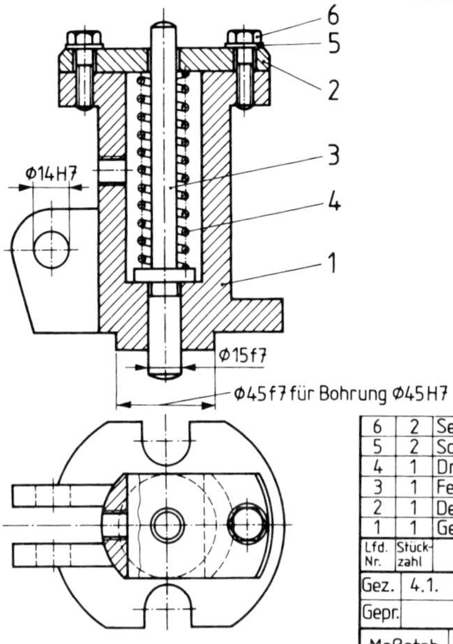

Lfd. Nr.	Stück-zahl	Benennung	Sachnummer/Norm-Kurzbezeichnung	Werkstoff
6	2	Sechskantschraube	ISO 4014-M8×30-5.6	s. DIN EN 24014
5	2	Scheibe	DIN 125-A8-St	
4	1	Druckfeder Draht	DIN 17223-A3.2-C	
3	1	Federbolzen		
2	1	Deckel		
1	1	Gehäuse		

Gez.	4.1.			
Gepr.				
Maßstab —	Federnde Feststelleinrichtung			

6.179 Federnde Feststellvorrichtung

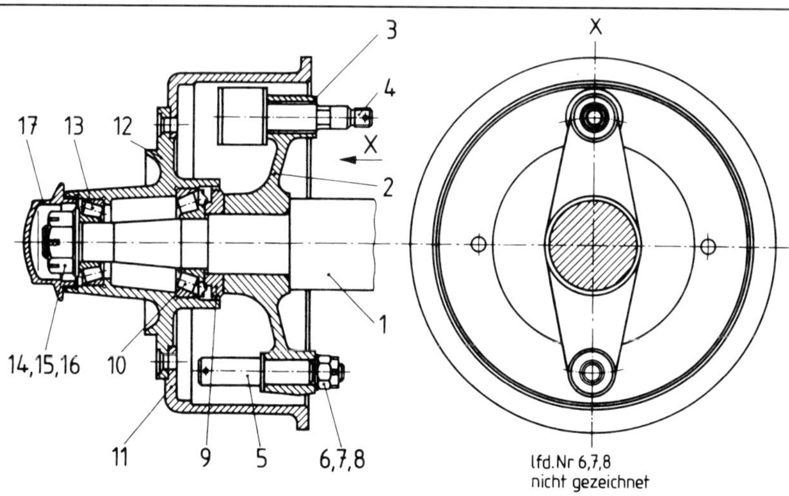

Lfd. Nr	Menge	Benennung	Sachnummer / Norm-Kurzbezeichnung	Werkstoff
2				
1				

Gez.				
Gepr.				
Maßstab —	Achslagerung			

6.180 Achslagerung

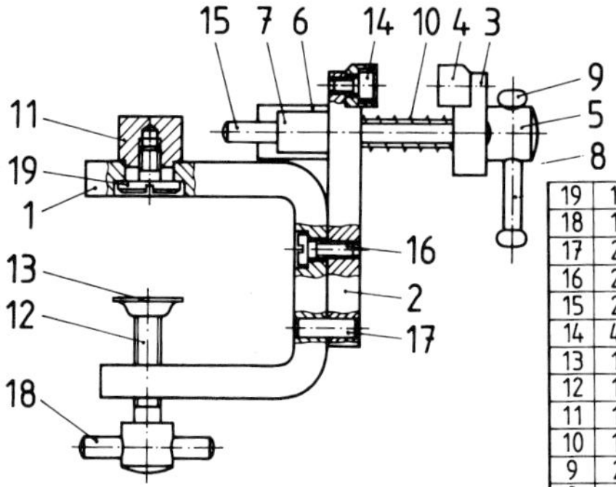

Lfd. Nr	Menge	Benennung	Sachnummer/ Norm-Kurzbezeichnung	Werkstoff
19	1	Flachkopfschraube	DIN 921-M6×12-5.8	
18	1	Zylinderstift	ISO 2338-A-6×40-St60K	
17	2	Zylinderstift	ISO 2338-A-5×18-St50K	
16	2	Zylinderschraube	DIN 84-M5×14	
15	2	Zylinderstift	ISO 2338-A-6×80-St60K	
14	4	Zylinderschraube	DIN 912-M 5×8 - 8.8	
13	1	Druckteller	Bl EN10131-1×24×24	St EN10130-1.0333
12	1	Bolzen	Rd DIN 668-16×57-St 42	K
11	1	Amboss	Rd DIN 668-20×17-45Cr	V56
10	1	Druckfeder	Dr DIN 2076-C-1C×277	
9	2	Ring	Rd DIN 1013-10×7-St 37	
8	1	Knebel	Rd DIN 668-5×52-St 50	K
7	2	Buchse	Rd DIN 668-12×26-St 37	K
6	1	Buchse	Rd DIN 668-16×33-St 37	K
5	1	Spindel	Rd DIN 668-16×61-St 42	K
4	2	Backe	Fl DIN 174-50×10×15-C	100W2
3	1	Platte	Fl DIN 174-50×10×33-St	50K
2	1	Platte	Fl DIN 174-50×10×83-St	50K
1	1	Bügel	Fl DIN 174-20×10×190-St	50K

Gez.		
Gepr.		
Maßstab —	Schraubstock	

6.181 Schraubstock

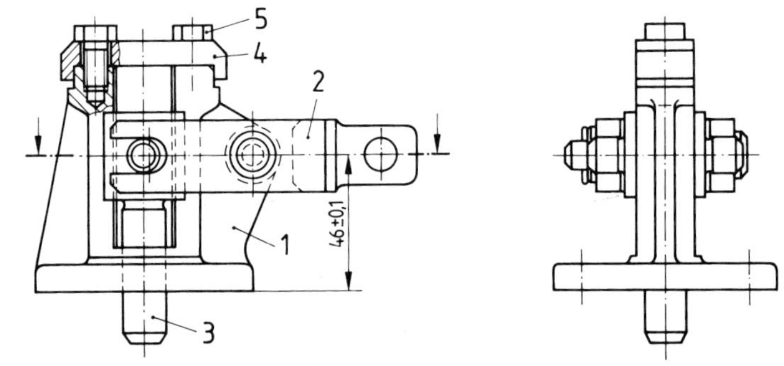

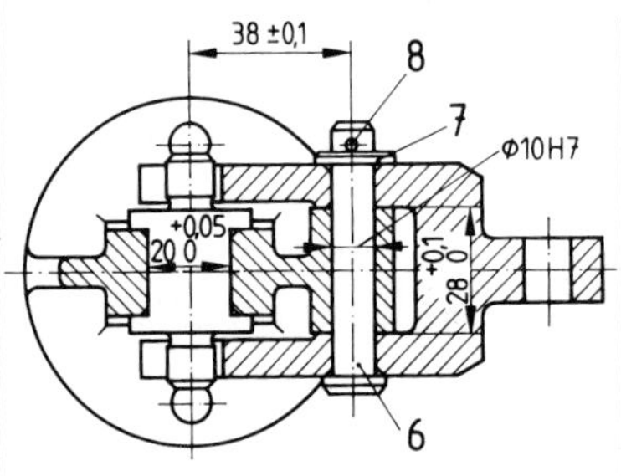

Lfd. Nr	Menge	Benennung	Sachnummer/ Norm-Kurzbezeichnung	Werkstoff
8	1	Splint	DIN 94-3×15-St	
7	1	Scheibe	DIN 125-B10-St	
6	1	Bolzen	Rd DIN 668-10×60	St 50
5	2	Sechskantschraube	ISO 4017-M8×16-8.8	s. DIN EN 24017
4	1	Deckel	Fl DIN 1017-20×15×61	St 37-2
3	1	Führungsstück	Fl DIN 1017-55×30×81	St 37-2
2	1	Gabel	Fl DIN 1017-50×25×112	St 37-2
1	1	Führungsbock		GG-20

Gez.		
Gepr.		
Maßstab —	Geradführung	

6.182 Geradführung

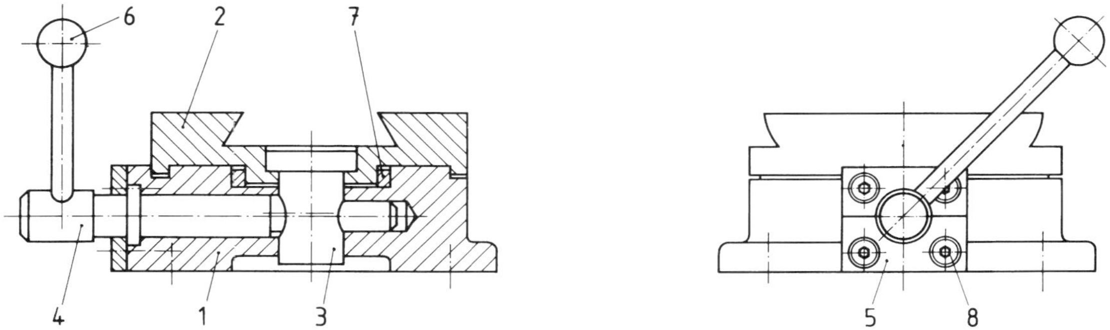

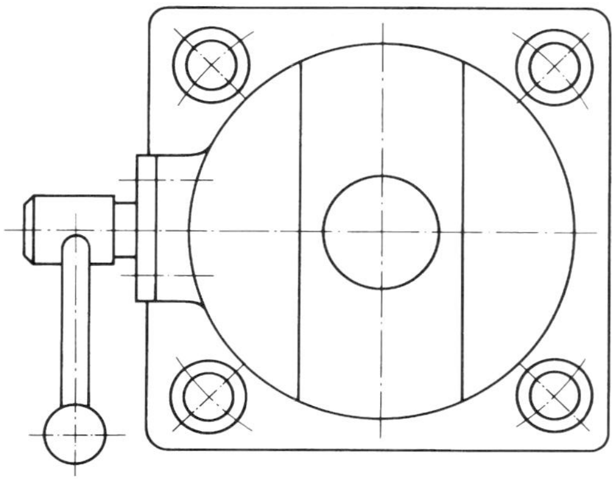

Lfd. Nr	Menge	Benennung	Sachnummer/ Norm-Kurzbezeichnung	Werkstoff
8	4	Zylinderschraube	DIN 6912–M 4 × 10 – 8.8	
7	1	Druckring	Rd DIN 1013–55×15–St 70	
6	1	Kugelgriff	Rd DIN 1013–18×99–St 50	
5	2	Halteplatte	Fl DIN 1017–20×8×43–St 42	
4	1	Exzenterwelle	Rd DIN 1013–22×124–16 MnCr 5	
3	1	Spannbolzen	Rd DIN 1013–30×35–16 MnCr 5	
2	1	Drehscheibe	Rd DIN 1013–105×27–St 60	
1	1	Grundplatte		GG–20

Gez.			
Gepr.			
Maßstab —	Drehtisch		

6.183 Drehtisch

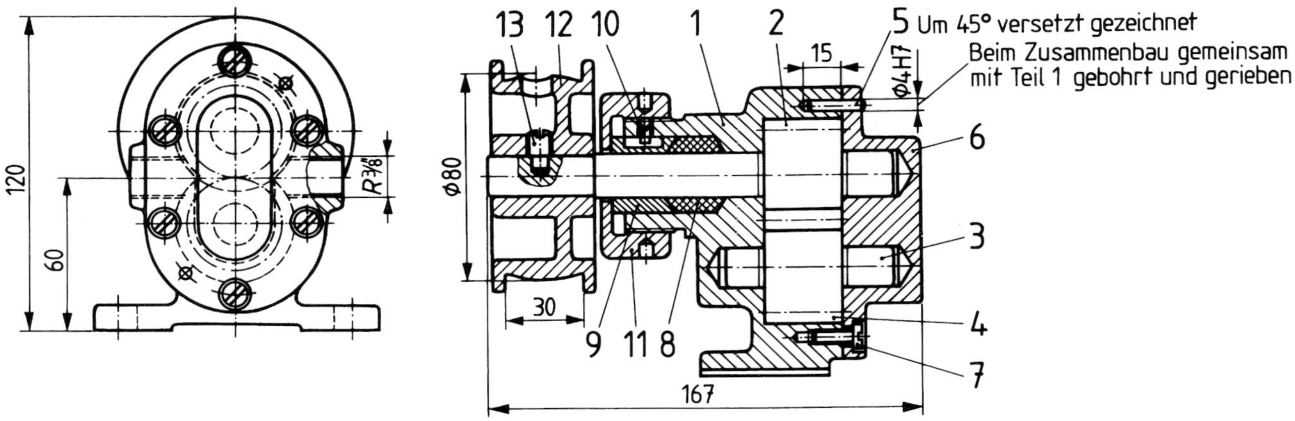

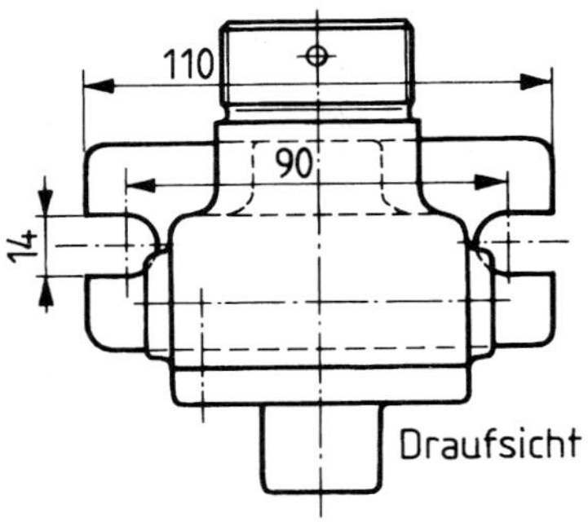

Draufsicht nur Teil 1 und 6

Lfd. Nr	Menge	Benennung	Sachnummer/ Norm-Kurzbezeichnung	Werkstoff
13	1	Gewindestift	ISO 7435-M10×16-14H	s. DIN EN 27435
12	1	Antriebsrad		
11	1	Stellmutter		
10	1	Gewindestift	ISO 7435-M6×8-14H	s. DIN EN 27435
9	1	Stopfbuchse		
8	1	Stopfpackung		
7	6	Zylinderschraube	DIN 84-M6×16-5.8	
6	1	Deckel		
5	2	Zylinderstift	ISO 2338-A-4×20	
4	1	Zahnrad		
3	1	Welle		
2	1	Zahnradwelle		
1	1	Pumpengehäuse		
Gez.				
Gepr.				
Maßstab —		Zahnradpumpe		

6.184 Zahnradpumpe

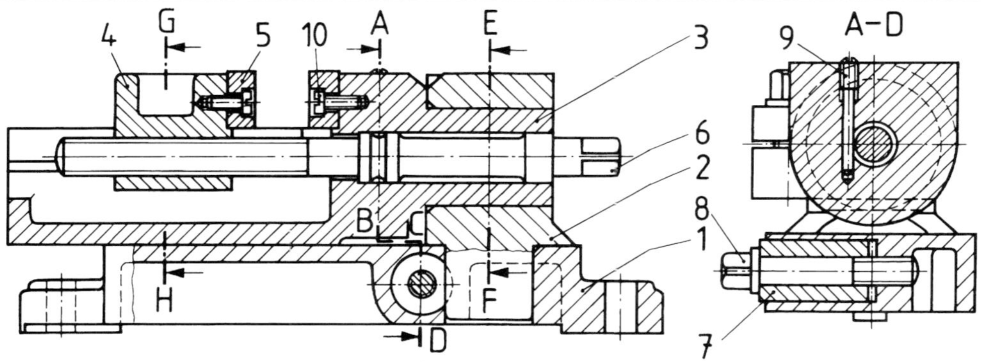

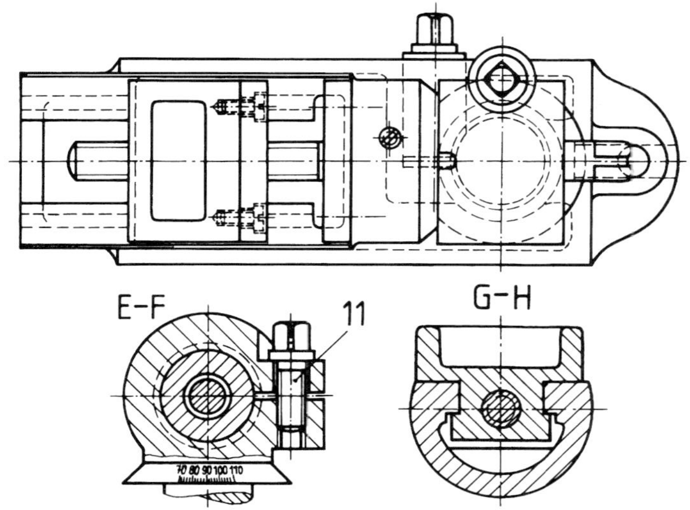

Lfd. Nr	Menge	Benennung	Sachnummer / Norm-Kurzbezeichnung	Werkstoff
11	1	Vierkantschraube mit Bund	DIN 478-M10×25-5.8	
10	4	Zylinderschraube	DIN 84-M5×12-5.8	
9	1	Schaftschraube		
8	1	Vierkantschraube mit Bund	DIN 478-M10×55-5.8	
7	1	Klemmhülse		
6	1	Spindel		
5	2	Backe		
4	1	Backenträger		
3	1	Backenführung		
2	1	Lager		
1	1	Fußplatte		
Gez.				
Gepr.				
Maßstab		Maschinenschraubstock		

6.185 Maschinenschraubstock

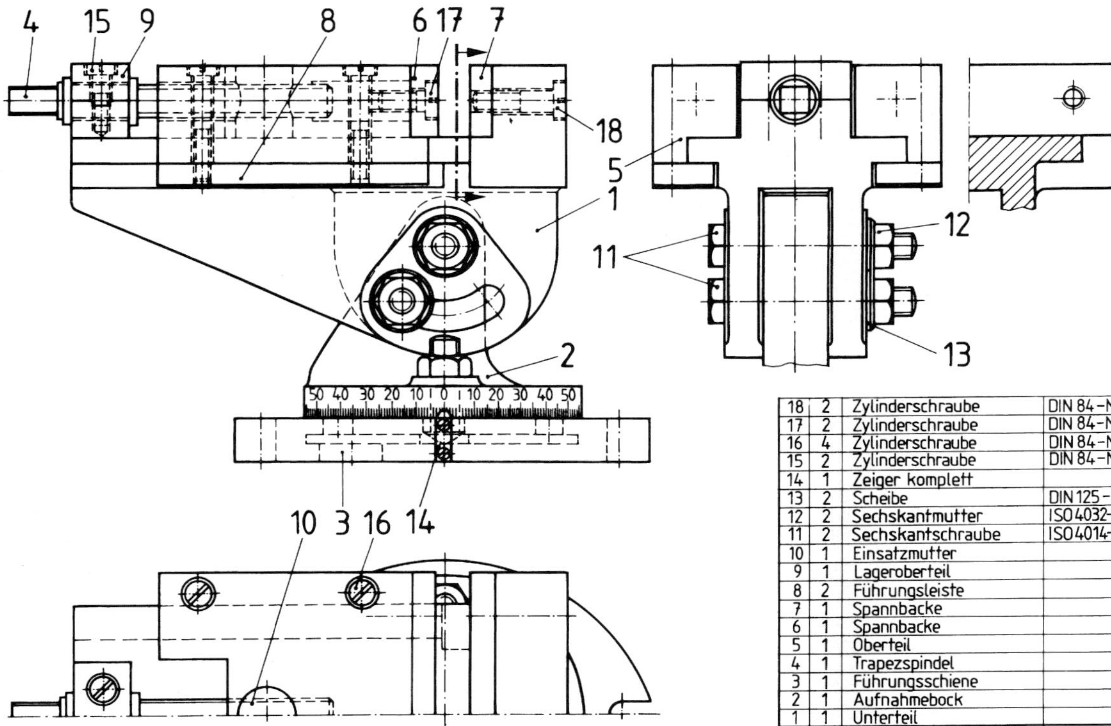

Lfd. Nr	Menge	Benennung	Sachnummer/ Norm-Kurzbezeichnung	Werkstoff
18	2	Zylinderschraube	DIN 84–M8×28–5.8	
17	2	Zylinderschraube	DIN 84–M8×15–5.8	
16	4	Zylinderschraube	DIN 84–M6×38–5.8	
15	2	Zylinderschraube	DIN 84–M6×18–5.8	
14	1	Zeiger komplett		
13	2	Scheibe	DIN 125–B 10,5–St	
12	2	Sechskantmutter	ISO 4032-M10-8	s. DIN EN 24032
11	2	Sechskantschraube	ISO 4014-M10×65-5.6	s. DIN EN 24014
10	1	Einsatzmutter		
9	1	Lageroberteil		
8	2	Führungsleiste		
7	1	Spannbacke		
6	1	Spannbacke		
5	1	Oberteil		
4	1	Trapezspindel		
3	1	Führungsschiene		
2	1	Aufnahmebock		
1	1	Unterteil		

Gez.		
Gepr.		
Maßstab —	Schwenkb. Maschinenschraubstock	

6.186 Schwenkbarer Maschinenschraubstock

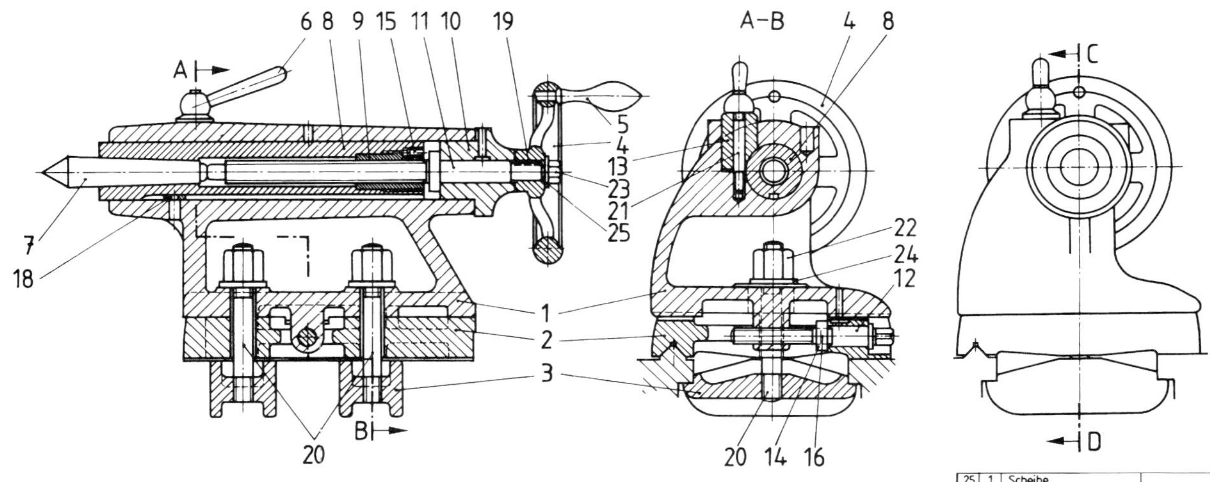

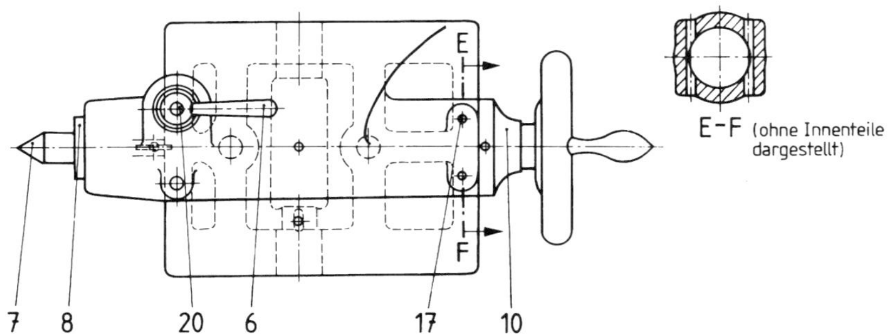

Lfd. Nr	Menge	Benennung	Sachnummer / Norm-Kurzbezeichnung	Werkstoff
25	1	Scheibe		
24	2	Scheibe		
23	1	Sechskantmutter		
22	2	Sechskantmutter		
21	1	Stiftschraube		
20	2	Stiftschraube		
19	1	Passfeder		
18	1	Passfeder		
17	2	Zylinderstift		
16	1	Zylinderstift		
15	1	Gewindestift		
14	1	Sicherungsring		
13	1	Spannpuppe		
12	1	Spindel		
11	1	Spindel		
10	1	Buchse		
9	1	Gewindebuchse		
8	1	Pinale		
7	1	Körnerspitze, Morse 1		
6	1	Kegelgriff		
5	1	Ballengriff, fest		
4	1	Handrad		
3	1	Spannbrücke		
2	1	Reitstock, Unterteil		
1	1	Reitstock, Oberteil		
Gez.				
Gepr.				
Maßstab —		Reitstock		

6.187 Reitstock

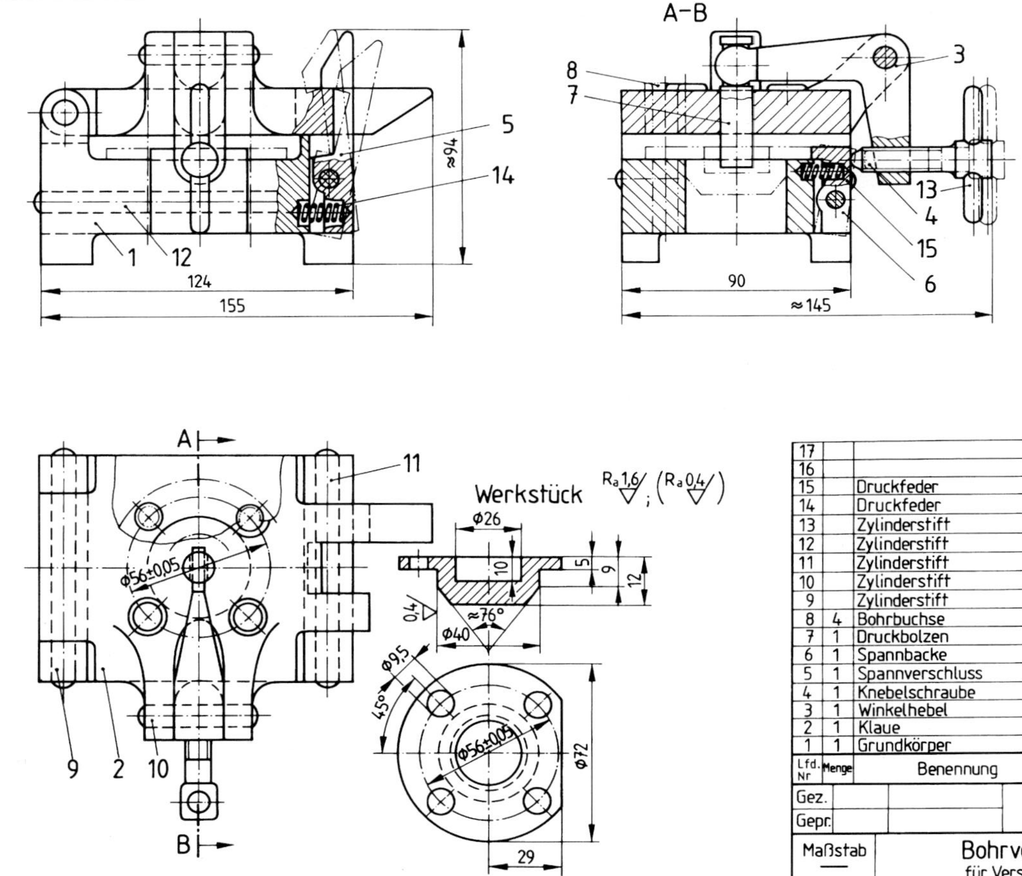

Lfd. Nr	Menge	Benennung	Sachnummer / Norm-Kurzbezeichnung	Werkstoff
17				
16				
15		Druckfeder	Draht DIN 2076-C-1	
14		Druckfeder	Draht DIN 2076-C-1	
13		Zylinderstift	ISO 2338-A-8×60	s. DIN EN 22338
12		Zylinderstift	ISO 2338-B-12×120	s. DIN EN 22338
11		Zylinderstift	ISO 2338-B-10×90	s. DIN EN 22338
10		Zylinderstift	ISO 2338-A-10×45	s. DIN EN 22338
9		Zylinderstift	ISO 2338-A-10×90	s. DIN EN 22338
8	4	Bohrbuchse	DIN 179-A-10×20	
7	1	Druckbolzen		
6	1	Spannbacke		
5	1	Spannverschluss		
4	1	Knebelschraube		
3	1	Winkelhebel		
2	1	Klaue		
1	1	Grundkörper		
Gez.				
Gepr.				
Maßstab —		Bohrvorrichtung für Verschlussdeckel		

6.188 Bohrvorrichtung für Verschlussdeckel

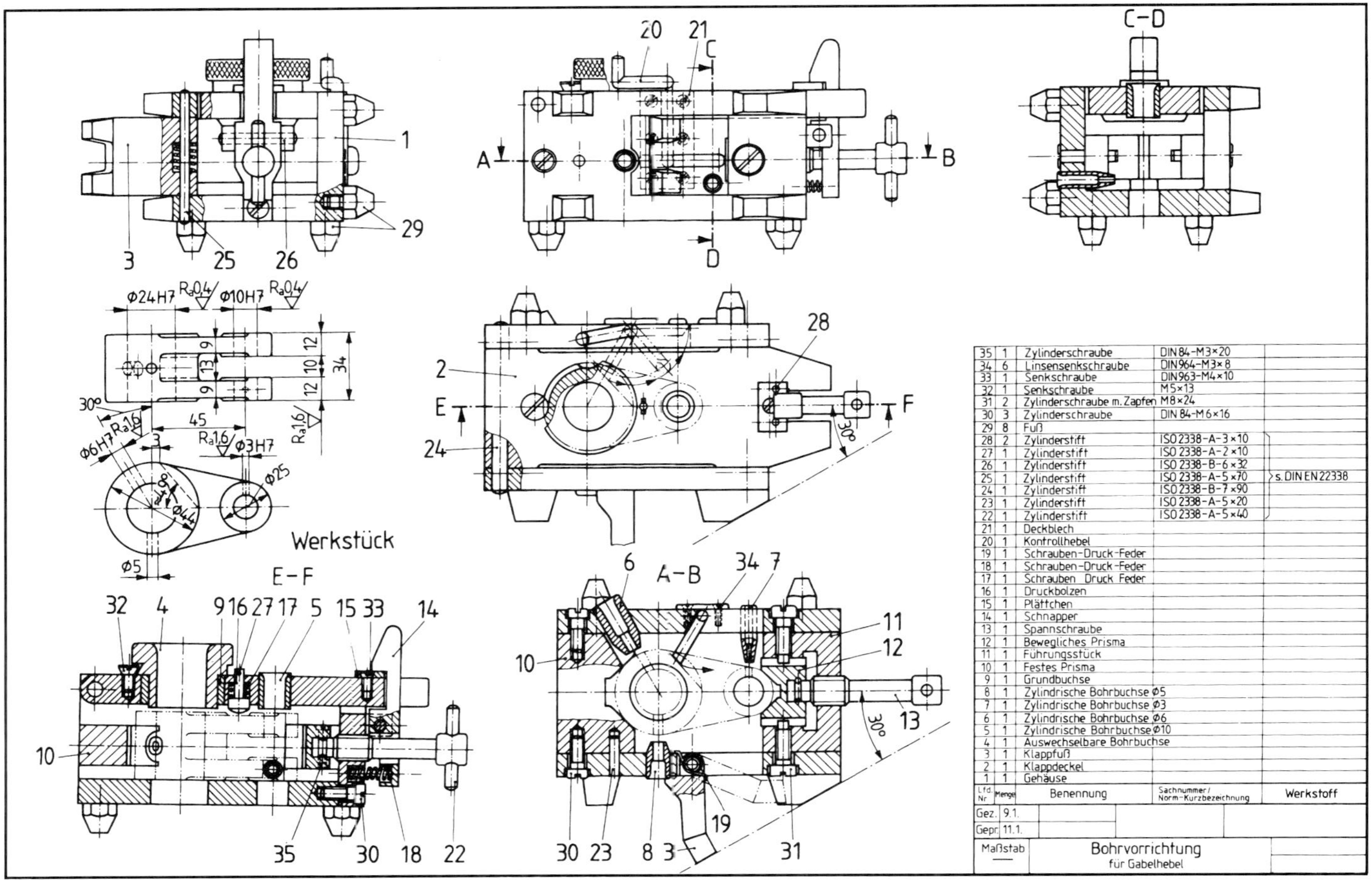

Lfd. Nr.	Menge	Benennung	Sachnummer / Norm-Kurzbezeichnung	Werkstoff
35	1	Zylinderschraube	DIN 84-M3×20	
34	6	Linsensenkschraube	DIN 964-M3×8	
33	1	Senkschraube	DIN 963-M4×10	
32	1	Senkschraube	M5×13	
31	2	Zylinderschraube m. Zapfen	M8×24	
30	3	Zylinderschraube	DIN 84-M6×16	
29	8	Fuß		
28	2	Zylinderstift	ISO 2338-A-3×10	s. DIN EN 22338
27	1	Zylinderstift	ISO 2338-A-2×10	s. DIN EN 22338
26	1	Zylinderstift	ISO 2338-B-6×32	s. DIN EN 22338
25	1	Zylinderstift	ISO 2338-A-5×70	s. DIN EN 22338
24	1	Zylinderstift	ISO 2338-B-7×90	s. DIN EN 22338
23	1	Zylinderstift	ISO 2338-A-5×20	s. DIN EN 22338
22	1	Zylinderstift	ISO 2338-A-5×40	s. DIN EN 22338
21	1	Deckblech		
20	1	Kontrollhebel		
19	1	Schrauben-Druck-Feder		
18	1	Schrauben-Druck-Feder		
17	1	Schrauben Druck Feder		
16	1	Druckbolzen		
15	1	Plättchen		
14	1	Schnapper		
13	1	Spannschraube		
12	1	Bewegliches Prisma		
11	1	Führungsstück		
10	1	Festes Prisma		
9	1	Grundbuchse		
8	1	Zylindrische Bohrbuchse Ø5		
7	1	Zylindrische Bohrbuchse Ø3		
6	1	Zylindrische Bohrbuchse Ø6		
5	1	Zylindrische Bohrbuchse Ø10		
4	1	Auswechselbare Bohrbuchse		
3	1	Klappfuß		
2	1	Klappdeckel		
1	1	Gehäuse		
Gez.	9.1.			
Gepr.	11.1.			
Maßstab		Bohrvorrichtung für Gabelhebel		

6.189 Bohrvorrichtung für Gabelhebel

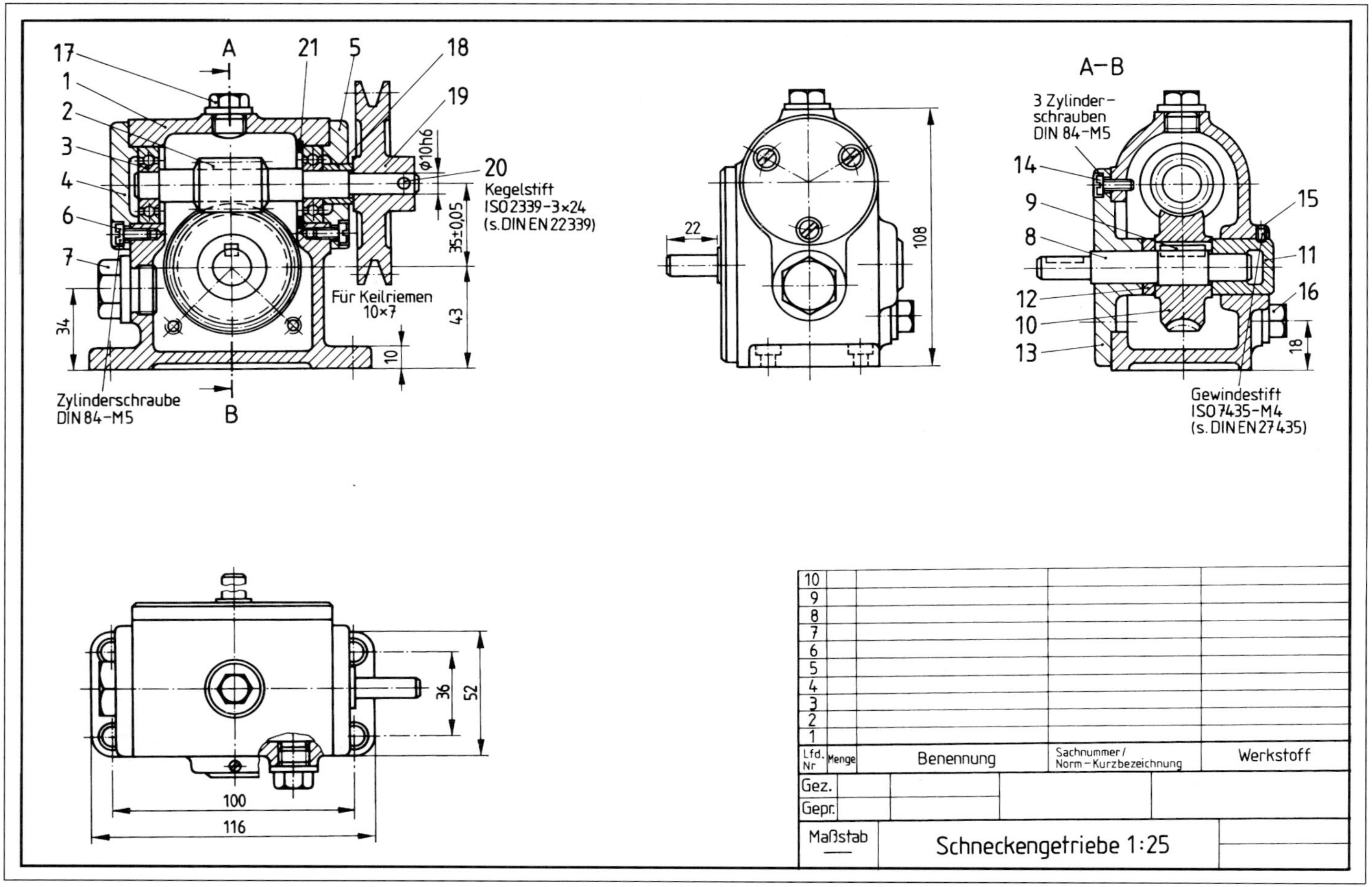

6.190 Schneckengetriebe 1 : 25

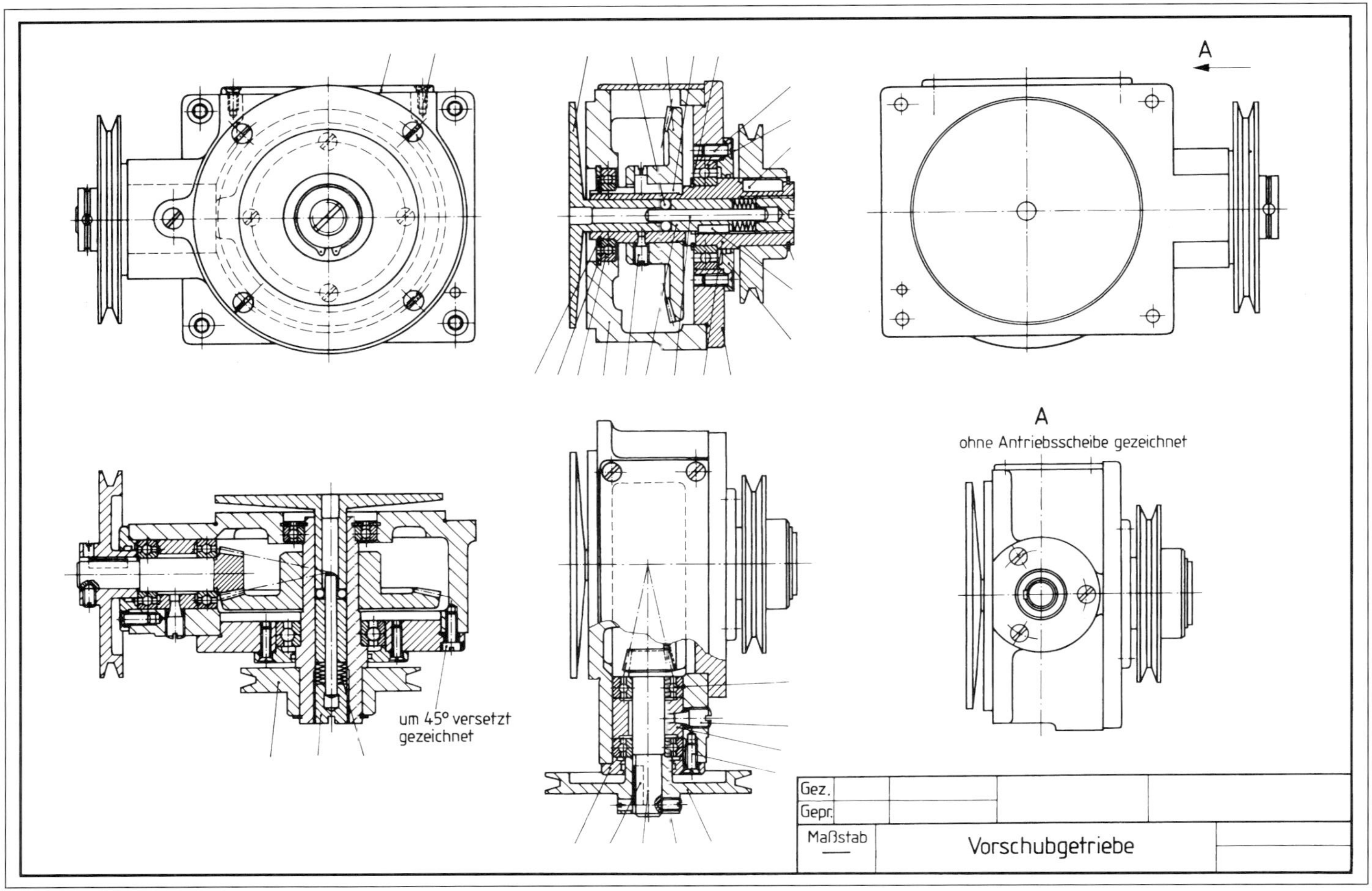

6.191 Vorschubgetriebe

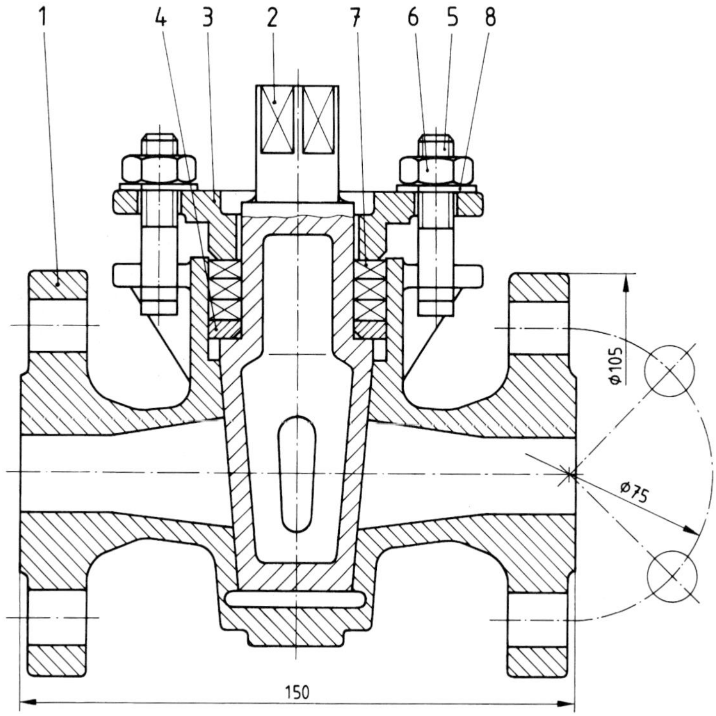

Lfd. Nr	Menge	Benennung	Sachnummer/ Norm-Kurzbezeichnung	Werkstoff
8	2	Scheibe	DIN 125–A 10,5	
7	1	Stopfbuchspackung	Φ46×Φ30×16	Hanfschnur
6	2	Sechskantmutter	ISO 4032–M10–8	s. DIN EN 24032
5	2	Hammerschraube	DIN 188–M10×40	
4	1	Sitzring	Rd DIN 1756–50×5	CuZn 36 Pb1
3	1	Stopfbuchse		GG 20
2	1	Hahnküken		G–CuZn 33 Pb
1	1	Gehäuse		GG 20

Gez.				
Gepr.				

Maßstab —	Hahnverschluss	

6.192 Hahnverschluss

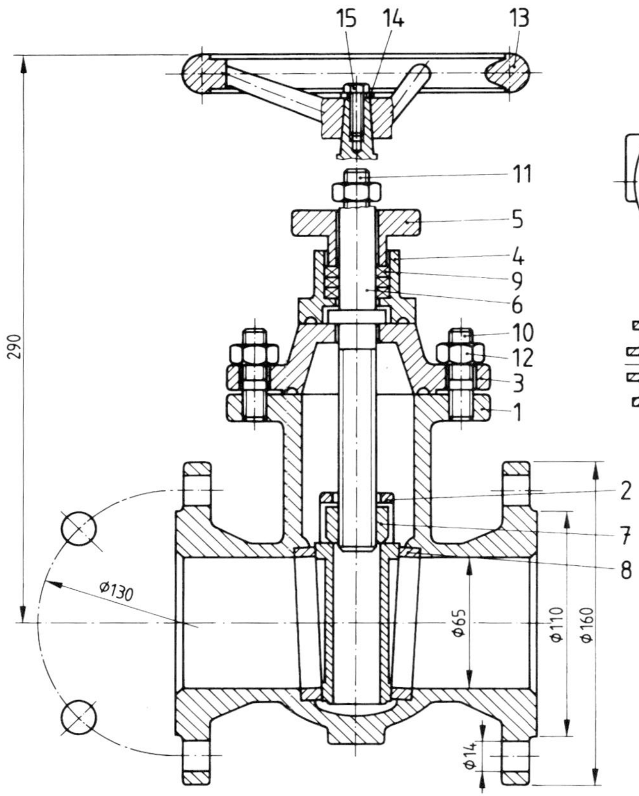

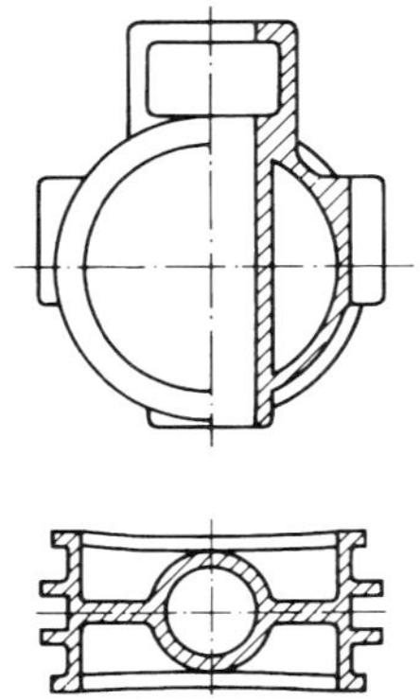

Teil 2

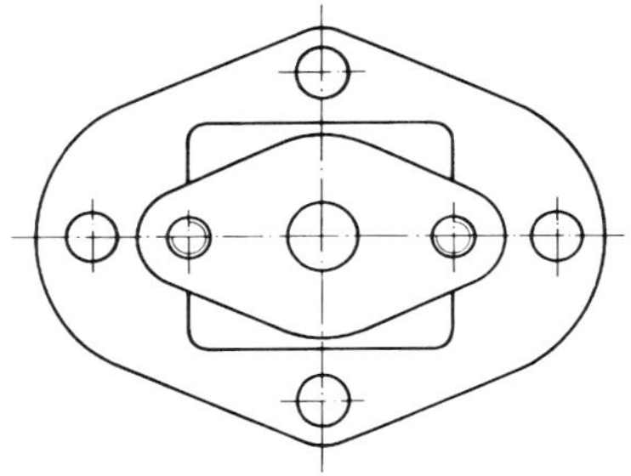

Teil 3

15	1	Sechskantschraube	ISO 4017-M6×20-5.6	s. DIN EN 24017
14	1	Scheibe	DIN 125-A 6,4	
13	1	Handrad	DIN 951-B160-GG	
12	8	Sechskantmutter	ISO 4032-M12-5.6	s. DIN EN 24032
11	2	Stiftschraube	DIN 939-M12×85-5.6	
10	4	Stiftschraube	DIN 939-M12×45-5.6	
9	1	Stopfbuchspackung	Φ30×Φ18×16	Hanfschnur
8	2	Dichtring	Rohr DIN 1755-80×11,7	CuZn 20 Al
7	1	Spindelmutter		CuZn 30 Al
6	1	Spindel		Rd CuZn 30 Al
5	1	Stopfbuchsenbrille		GG-25
4	1	Traverse		GG-25
3	1	Deckel		GG-25
2	1	Keilschieber		G-CuZn 34 Al 2
1	1	Gehäuse		GG-25
Lfd. Nr	Menge	Benennung	Sachnummer/ Norm-Kurzbezeichnung	Werkstoff

Gez.			
Gepr.			
Maßstab	Schieber		

6.193 Schieber

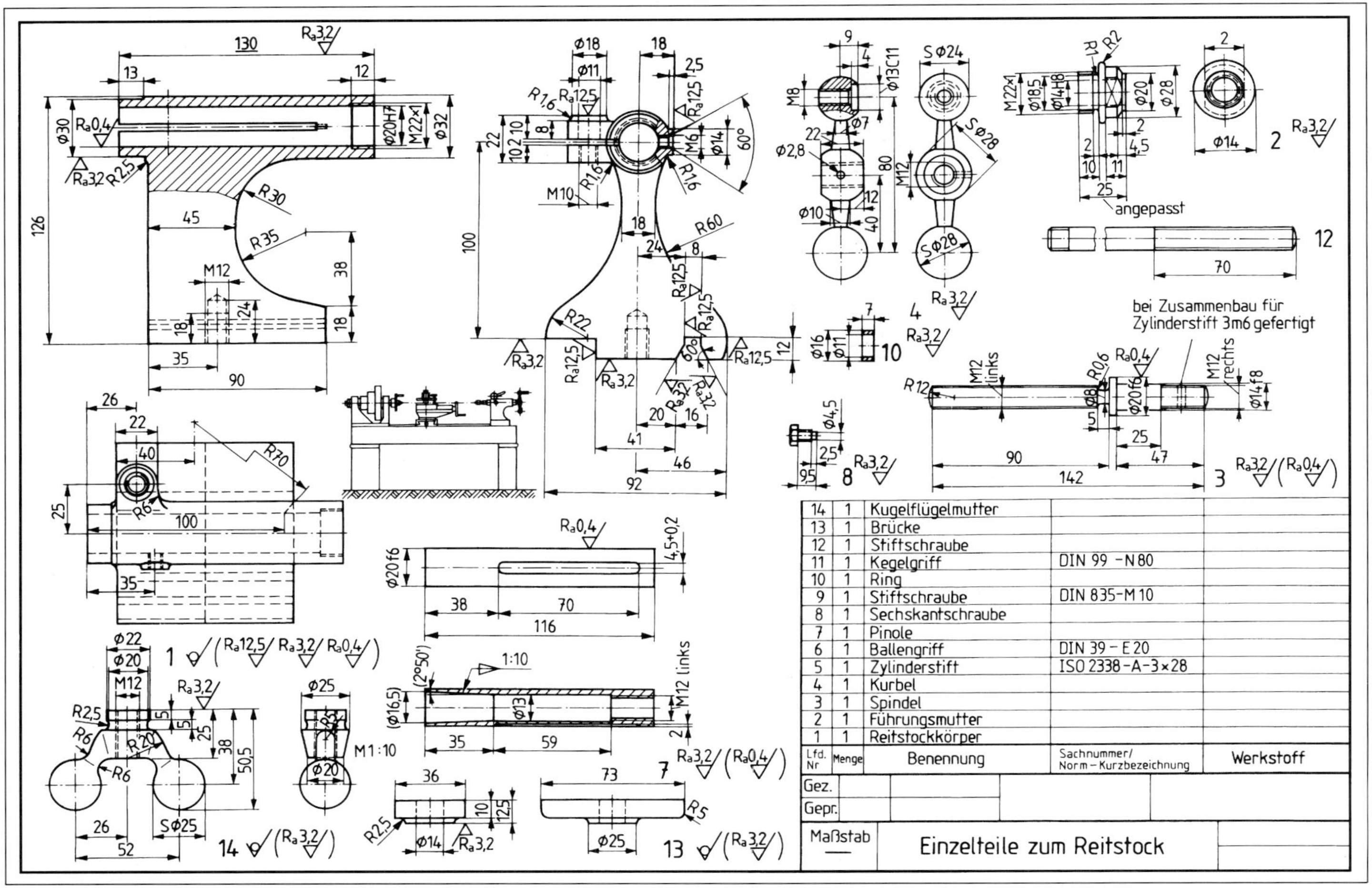

Lfd. Nr	Menge	Benennung	Sachnummer/ Norm-Kurzbezeichnung	Werkstoff
14	1	Kugelflügelmutter		
13	1	Brücke		
12	1	Stiftschraube		
11	1	Kegelgriff	DIN 99 -N 80	
10	1	Ring		
9	1	Stiftschraube	DIN 835-M 10	
8	1	Sechskantschraube		
7	1	Pinole		
6	1	Ballengriff	DIN 39 - E 20	
5	1	Zylinderstift	ISO 2338 -A-3×28	
4	1	Kurbel		
3	1	Spindel		
2	1	Führungsmutter		
1	1	Reitstockkörper		

6.194 Einzelteile zum Reitstock

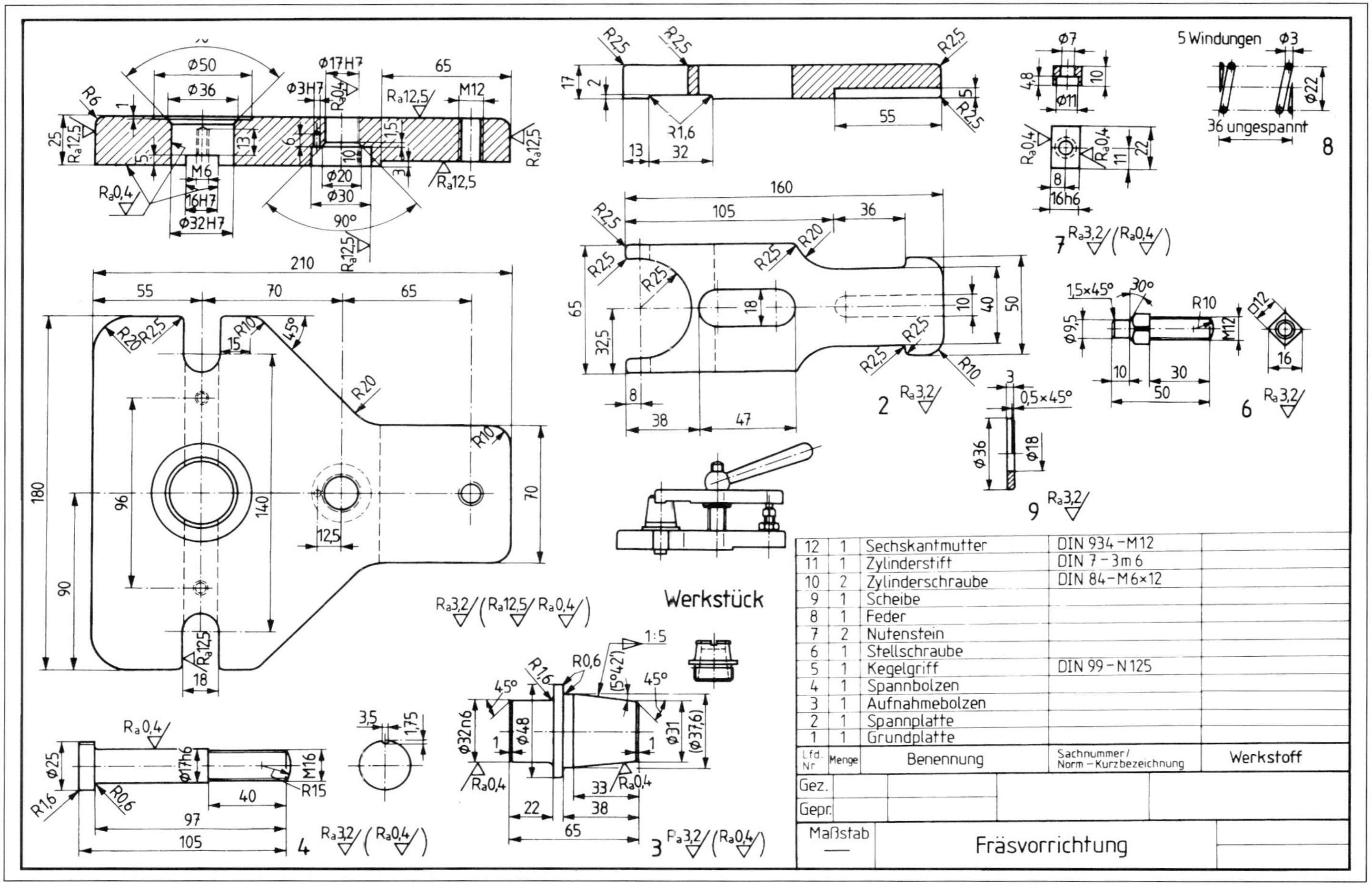

6.195 Einzelteile für eine Fräsvorrichtung

7 Technische Zeichnungen. Angaben für Toleranzen, Passungen und Oberflächen

7.1 Längen- und Winkelmaßtoleranzen

7.1.1 Grundbegriffe (DIN ISO 286-1)

Maße und Toleranz. Ein in der Zeichnung mit vorgeschriebenen Maßen dargestelltes Werkstück kann bei der Herstellung nur mit größeren oder kleineren Abweichungen vom Nennmaß gefertigt werden. Stets wird das am Werkstück als Messergebnis festgestellte Maß, das Istmaß, kleiner oder größer sein. Um die Abweichungen zu begrenzen, werden, wenn nötig, zwei Grenzmaße festgelegt, zwischen denen (beide einbegriffen) das Istmaß beliebig liegen darf. Das größere ist das Höchstmaß, das kleinere das Mindestmaß (**7**.1 bis **7**.3). Der Unterschied zwischen dem Höchstmaß und dem Mindestmaß (also auch die Differenz zwischen dem oberen und dem unteren Abmaß) heißt Maßtoleranz oder kurz Toleranz. Dabei ist die Toleranz ein absoluter Wert ohne Vorzeichen. In einer grafischen Darstellung von Toleranzen wird das Feld zwischen zwei Linien, die das Höchstmaß und das Mindestmaß darstellen, Toleranzfeld genannt (hier die enger schraffierten Flächen in den Zeichnungen **7**.1 bis **7**.3).

Das Toleranzfeld wird festgelegt durch die Größe der Toleranz und deren Lage zur Nulllinie (**7**.2).

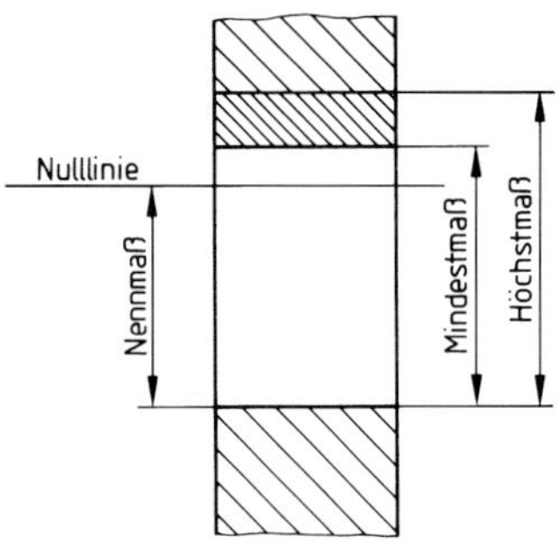

7.1 Nennmaß, Höchstmaß und Mindestmaß

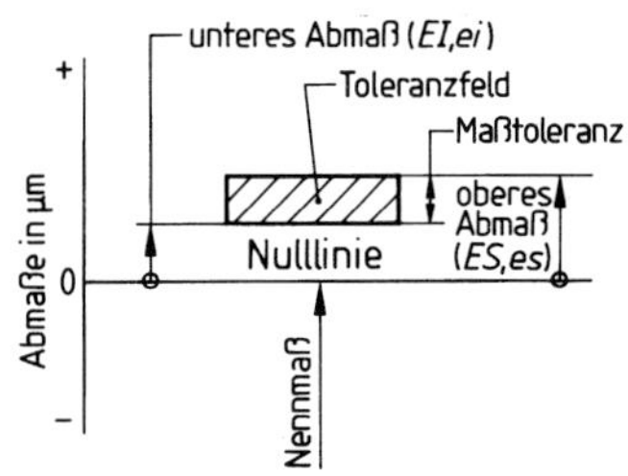

7.2 Übliche Darstellung eines Toleranzfelds

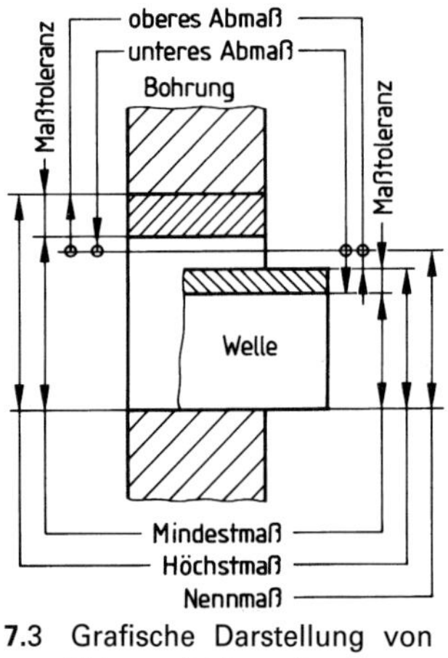

7.3 Grafische Darstellung von Toleranzfeldern. In diesem Beispiel sind die beiden Grenzabmaße der Bohrung positiv und die der Welle negativ.

Beispiel	Durchmesserhöchstmaß	= 50,05 mm
	Durchmessermindestmaß	= 49,98 mm
	Maßtoleranz	= 0,07 mm

Die Größe einer Toleranz wird grafisch durch die Feldhöhe ausgedrückt und richtet sich nach dem Verwendungszweck des Werkstücks. Sie soll nicht unnötig klein sein, damit sich die Herstellung nicht durch übertriebene Maßgenauigkeit verteuert.

Die Grenzmaße (Mindest- oder Höchstmaße) dürfen an keiner Stelle des Werkstücks über- bzw. unterschritten werden.

Toleranzen werden für Längen- und Winkelmaße, Formen und Lage der Werkstückflächen zueinander angegeben.

Eine vorgeschriebene zylindrische Form kann daher im Rahmen der Toleranz krumm, ballig, kegelig usw. sein. Beide Grenzmaße werden im Regelfall in der Zeichnung durch das Nennmaß und die Abmaße festgelegt.

Abmaß. Alle Abmaße werden von einer Linie, der Nulllinie, aus aufgebaut. Diese wird durch das Nennmaß festgelegt, auf das sich alle Abmaße beziehen.

Abmaße für Wellen werden mit Kleinbuchstaben (*es,ei*), Abmaße für Bohrungen mit Großbuchstaben (*ES,EI*) gekennzeichnet (**7**.2). Da sich diese internationalen Kurzzeichen in Deutschland noch nicht eingeführt haben, können noch die für die Abmaße gebräuchlichen Kurzzeichen (oberes Abmaß A_0, unteres A_u) verwendet werden.

Oberes Abmaß ist der Unterschied zwischen dem Höchstmaß und dem Nennmaß, unteres Abmaß der zwischen dem Mindestmaß und dem Nennmaß. Hieraus ergibt sich, dass die Abmaße Vorzeichen (+ oder −) haben. Die Vorzeichen geben die Lage der Toleranz zur Nulllinie, die Zahlen die Größe der Toleranz an.

Beispiel Nennmaß = 50 mm, Höchstmaß = 50,05 mm, Mindestmaß = 49,98 mm
Dann ist das obere Abmaß = 50,05 mm − 50 mm = + 0,05 mm
und das untere Abmaß = 49,98 mm − 50 mm = − 0,02 mm.

7.1.2 Eintragen der Toleranzen mittels Abmaßen (DIN 406-12)

Abmaße und die Kurzzeichen der Toleranzklassen werden vorzugsweise in gleicher Schriftgröße wie das Nennmaß ausgeführt. Sie dürfen auch in kleinerer Schrift, jedoch nicht unter 2,5 mm Höhe, hinter das Nennmaß geschrieben werden. Das obere Abmaß wird über oder vor dem unteren Abmaß eingetragen (**7**.4).

Gleich große Abmaße sind zu einer Zahl mit beiden Vorzeichen zusammenzufassen (**7**.5).

Das Abmaß 0 (Null) darf eingetragen werden (**7**.6).

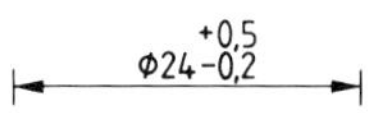

7.4 Das obere Abmaß steht über dem unteren

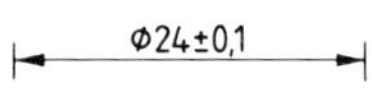

7.5 Gleich große Abmaße

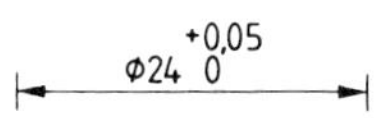

7.6 Das Abmaß 0 darf eingetragen werden

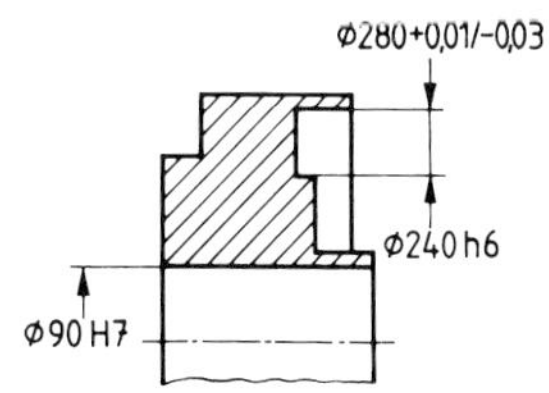

7.7 Toleranzangabe in derselben Zeile

Vereinfachend dürfen die Toleranzangaben in derselben Zeile hinter das Nennmaß geschrieben werden (**7**.7). Die Abmaße sind dann mit einem Schrägstrich voneinander zu trennen.

Innen- und Außenmaß. Ein Außenteil ist ein Werkstück, das ein Innenteil umschließt. Bohrungen sind somit Außenteile, Wellen Innenteile. Maße an Außenteilen (Bohrungsdurchmesser) sind Innenmaße, Maße an Innenteilen (Wellendurchmesser) Außenmaße. Bei ineinander gesteckt (zusammengebaut) gezeichneten Werkstücken steht das Maß für das Außenteil (Innenmaß) über dem Maß für das Innenteil (Außenmaß) (**7**.8).

Die Zuordnung der Maße wird durch Wortangaben (z. B. Innen, Außen) oder durch Positionsnummern gekennzeichnet.

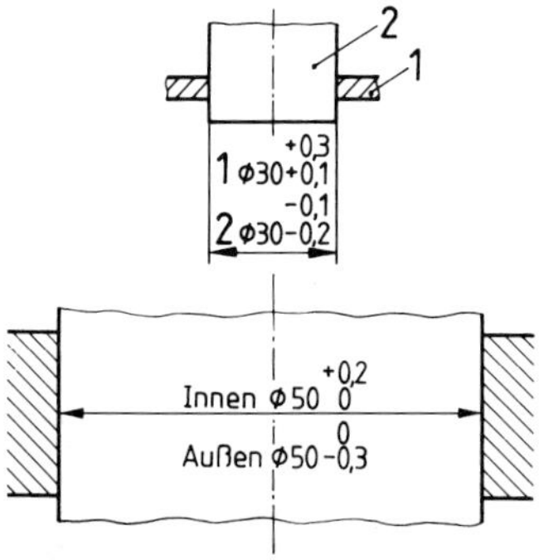

7.8 Zusammenfassen der Maße für Außenteil und Innenteil

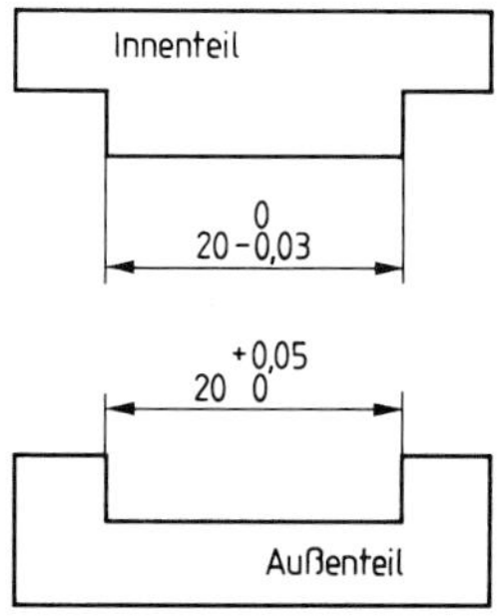

7.9 Maximum- und Minimum-Material-Grenze

Maximum- und Minimum-Material-Grenze (MML; LML). Die Maximum-Material-Grenze ist das bei Fertigung zuerst erreichte Grenzmaß (alte Bezeichnung: Gutgrenze). Es lässt die Wegnahme von Werkstoff innerhalb der Toleranz noch zu und ist bei Außenteilen (Bohrungen) das Mindestmaß, bei Innenteilen (Wellen) das Höchstmaß. Es kann als Nennmaß gewählt werden und hat demgemäß das Abmaß 0 (**7**.9). Mithin ist für das Außenteil und für das Innenteil 20 die Maximum-Material-Grenze. Das jeweils andere Grenzmaß (für das Außenteil $20 + 0{,}05 = 20{,}05$ und für das Innenteil $20 - 0{,}03 = 19{,}97$) ist die Minimum-Material-Grenze (alte Bezeichnung: Ausschussgrenze), weil bei seiner Überschreitung am Außenteil oder Unterschreitung am Innenteil der Toleranzbereich verlassen wird.

Wird die Maximum-Material-Grenze als Nennmaß eingesetzt, gehört zu einem Außenteil das obere Abmaß mit dem Vorzeichen + und zu einem Innenteil das untere Abmaß mit dem Vorzeichen −. Diese Eintragung ist vorteilhaft, weil die Maximum-Material-Grenze sofort erkennbar, nur ein Abmaß notwendig und dies zugleich die Größe der Toleranz ist.

Absatzmaße gehen gewöhnlich von einer Maßbezugsebene (zuerst fertigzustellende Bezugsebene) aus und können je nach Wahl der Bezugsebene als Innen- oder Außenmaße aufgefaßt werden. Die Maßbezugsebene ist in den Bildern **7**.10 mit „A" gekennzeichnet. Sie wird in Zeichnungen angegeben, z. B. bei Koordinatenbemaßung und im Zusammenhang mit Form- und Lagetoleranzen (s. Abschn. **7**.2, DIN ISO 1101).

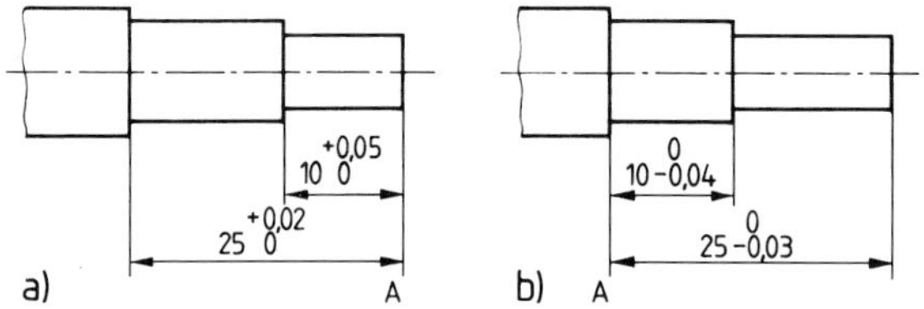

7.10 Die Vorzeichen richten sich nach Lage der Maßbezugsebene

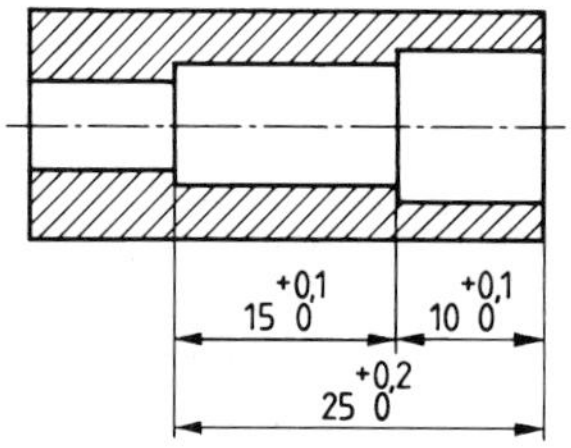

7.11 Falsche Bemaßung

Liegt die Maßbezugsebene in der Stirnfläche, haben die Absatzmaße die Bedeutung von Innenmaßen; die (oberen) Abmaße erhalten mithin das Vorzeichen + (**7**.10a). Sind die Absatzmaße gleichbedeutend mit Außenmaßen, haben die (unteren) Abmaße somit das Vorzeichen − (**7**.10b).

Maßketten. Aneinander gereihte Maße bilden eine Maßkette. Die einzelnen Maße der Maßkette und das Gesamtmaß dürfen nicht toleriert werden, wenn dadurch die Gefahr des Ausschusses bei der Fertigung entsteht (**7**.11).

Brächte man z.B. das Maß 25 + 0,2 mit der Summentoleranz + 0,2 auf das Mindestmaß = 25 und eines der Kettenmaße (z.B. 10 + 0,1) auf das Höchstmaß = 10,1, wären für das andere Maß nur 25 − 10,1 = 14,9 übrig. Die risikolose Herstellung des Teils ist also ausgeschlossen.

Mittenabstände werden gleichmäßig nach ± toleriert (**7**.12). Auch für den Abstand einer Lochmitte von einer zuvor bearbeiteten Kante ist die Maßtoleranz gewöhnlich nach beiden Seiten gleich groß. Wird aber der Abstand einer Fläche von der Lochmitte aus bestimmt, ist die Lochmitte die Maßbezugsebene (**7**.13). Bei beiden Maßen ist mithin das bei der Bearbeitung zuerst erreichte Maß (Maximum-Material-Grenze) als Nennmaß einzutragen und die Minimum-Material-Grenze durch ein Abmaß mit richtigem Vorzeichen festzulegen.

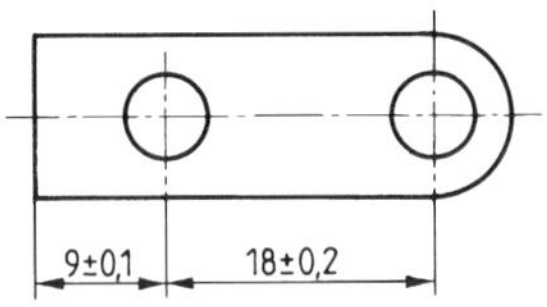

7.12 Tolerierte Lochabstände

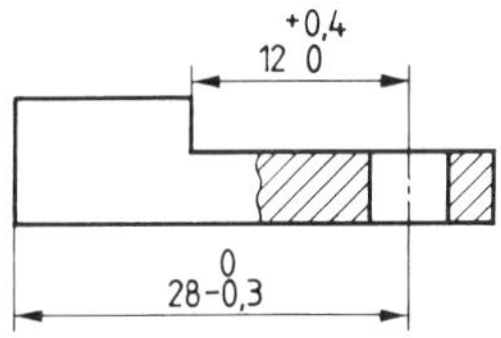

7.13 Lochmitte als Maßbezug

Tolerierte Abstände einzelner Löcher voneinander können von einer Lochmitte aus bemaßt werden (**7**.14). Bei gleichen Abmaßen ist dann die zulässige Abweichung des ersten Lochmittenabstands jedoch nur halb so groß (= 0,2) wie die jeder anderen Teilung (= 0,4). Legt man die Maßbezugsebene aber an eine geeignete Kante des Werkstücks (**7**.15) oder verfährt nach Bild **7**.16, sind die Toleranzen aller Teilungen untereinander gleich.

Teilungen für eckige Löcher und Nuten werden von Kante zu Kante bemaßt (**7**.17). Bei Anordnung der Maße gemäß **7**.15 und **7**.16 sind die zulässigen Abweichungen der Abmessungen zwischen gleich liegenden Lochkanten wiederum gleich groß.

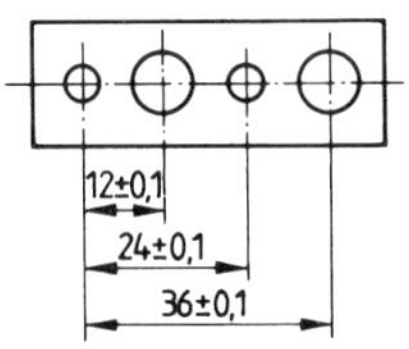

7.14 Von einer Lochmitte aus bemaßte Teilungen

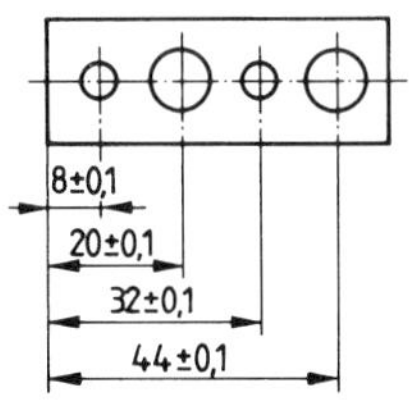

7.15 Werkstückkante als Maßbezugsebene

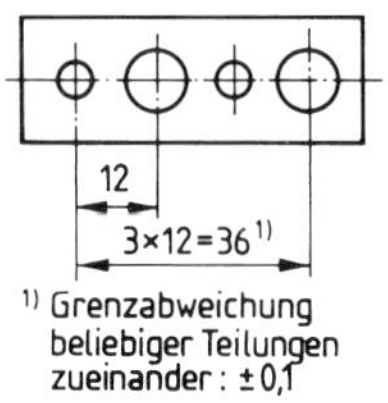

7.16 Vereinfachte Bemaßung

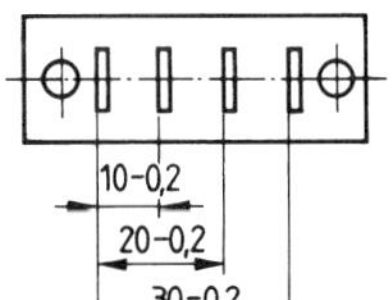

7.17 Abstände rechteckiger Löcher

Winkeltoleranzen werden nach Bild **7**.18 eingetragen. Damit ihre Auswirkung zwischen den Winkelschenkeln erkennbar wird, ist die Überprüfung in Längstoleranzen zu empfehlen.

Grenzmaße in einer Richtung. Bei einseitigen Schwankungen des Istmaßes trägt man das betreffende Grenzmaß und den Zusatz Höchstmaß oder max. bzw. Mindestmaß oder min. ein. Solche Angaben sollten nicht in Fertigungszeichnungen, sondern nur z.B. in Angebotszeichnungen verwendet werden.

Einschränkende Festlegungen. Soll eine Toleranz nur für einen bestimmten Bereich gelten, kann dieser Bereich mithilfe einer schmalen Volllinie angegeben und bemaßt werden (**5**.19).

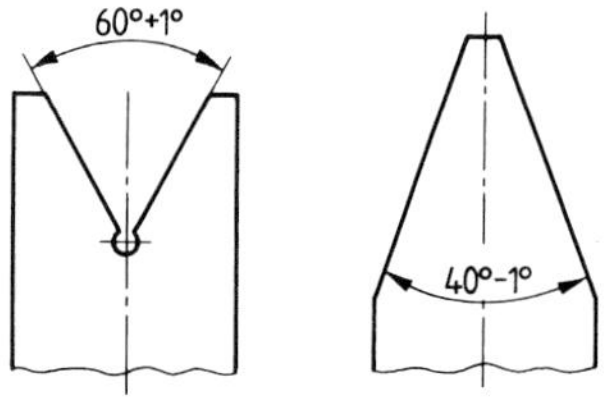

7.18 Eintragung der Winkeltoleranzen

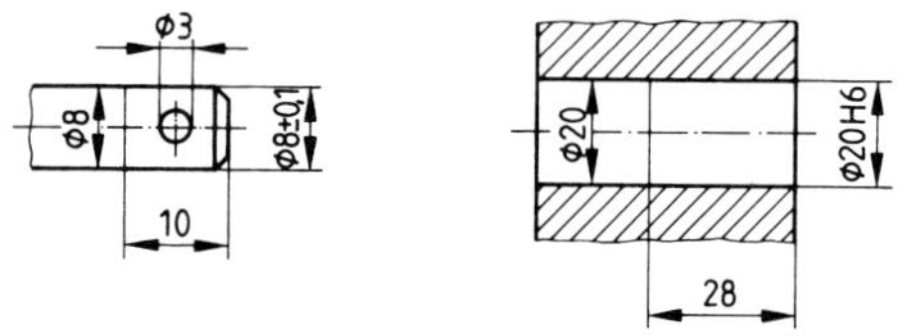

7.19 Toleranzbegrenzung auf einen bestimmten Bereich

Allgemeintoleranzen für Längenmaße, Rundungshalbmesser und Fasenhöhen (Schrägungen), Winkelmaße, Geradheit und Ebenheit sowie Zylinderform (DIN ISO 2768-1 und DIN ISO 2768-2, s. Abschn. 7.3.7).

7.2 Form- und Lagetolerierung (DIN ISO 1101)

Angaben über Form- und Lagetoleranzen dienen mit dazu, einwandfreie Bedingungen für die Funktion und Austauschbarkeit von Werkstücken und Baugruppen zu sichern. Sie sind aber nur dann erforderlich, wenn von ihnen die Funktion und/oder die wirtschaftliche Herstellung des betreffenden Teils abhängen. Andernfalls werden sie durch die festgelegten Maßtoleranzen zwangsläufig mit begrenzt. Eine Ausnahme bilden lediglich Symmetrie-, Koaxialitäts- und Laufabweichungen.

7.2.1 Grundbegriffe

Toleranzzone ist die Zone, innerhalb der alle Punkte eines geometrischen Elements (Fläche, Achse oder Mittelebene) liegen müssen. Je nach der zu tolerierenden Eigenschaft und ihrer Bemaßungsart ist die Toleranzzone:

- die Fläche innerhalb eines Kreises oder zwischen zwei konzentrischen Kreisen (Kreisen mit gemeinsamem Mittelpunkt),
- die Fläche zwischen zwei abstandsgleichen Linien oder zwei parallelen geraden Linien,
- der Raum innerhalb eines Zylinders oder zwischen zwei koaxial liegenden Zylindern (Zylindern mit gemeinsamer Achse),
- der Raum zwischen zwei abstandsgleichen Flächen oder zwei parallelen Ebenen,
- der Raum innerhalb eines Quaders.

Formtoleranzen geben die Höchstwerte für die Weite des zugelassenen Bereichs für eine Formabweichung an. Sie bestimmen die Toleranzen, innerhalb der das geometrische Element liegen muss und beliebige Form haben darf.

Lagetoleranzen. Hierzu gehören Richtungs-, Orts- und Lauftoleranzen. Sie geben die Höchstwerte für die zulässigen Abweichungen von der geometrisch idealen Lage zweier oder mehrerer Elemente zueinander an. Ein Element, erforderlichenfalls auch zwei, werden als Bezugselement festgelegt. Die Lagetoleranzen bestimmen die Toleranzzone, innerhalb der das tolerierte Element liegen muss. Ist keine Formtoleranz angegeben, darf das Element innerhalb dieser Toleranzzone beliebige Form haben.

Bezugselement ist ein an einem Teil vorhandenes Element (z. B. eine Kante, Fläche oder Bohrung), das zur Lagebestimmung eines Bezugs verwendet wird. Es dient bei der Lagetoleranz als Ausgangsbasis und sollte dies möglichst auch bei der Funktion des Werkstücks sein. Das Bezugselement muss genügend formgenau sein. Erforderlichenfalls sind Formtoleranzen vorzuschreiben.

Minimumbedingung. Bei der Prüfung, ob die Geradheit oder Ebenheit, die Rundheit oder Zylindrizität eines geometrischen Werkstückelements als einwandfrei (innerhalb der Toleranz) angenommen werden kann, ist die Minimumbedingung zu Grunde zu legen. Beim Messen von Formabweichungen sind die Begrenzungslinien bzw. die -flächen so an die Ist-Form anzulegen, dass sich die geringste Formabweichung ergibt (h_1 und Δr_1 in Bild **7.**20). Wird diese Minimumbedingung nicht beachtet, ergeben sich größere Abweichungen (h_2 und Δr_2 in Bild **7.**20), die zu falschen Messergebnissen führen.

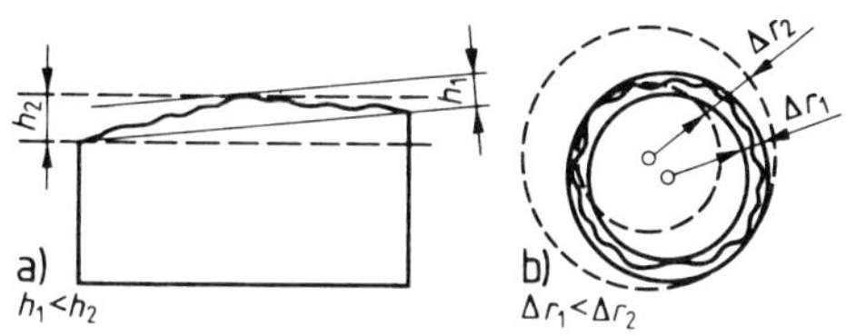

7.20 Minimumbedingung
a) für Geradheit oder Ebenheit
b) für Rundheit oder Zylinderform

Maximum-Material-Prinzip (DIN ISO 2692). Nach diesem Tolerierungsgrundsatz darf der wirksame Zustand für ein toleriertes Formelement oder die geometrisch ideale Form für ein Bezugselement die Maximum-Material-Bedingung nicht durchbrechen.

Die Maximum-Material-Bedingung gibt vor, dass das betreffende Formelement überall an dem Grenzmaß (Maximum-Material-Maß) liegt, bei dem das Material dieses Formelements sein Maximum hat (**7.**21). Zur Kennzeichnung der Maximum-Material-Bedingung dient das Symbol Ⓜ (**7.**26). Je nachdem, ob sich die Maximum-Material-Bedingung auf das tolerierte Element, das Bezugselement oder beide bezieht, erfolgt die Eintragung.

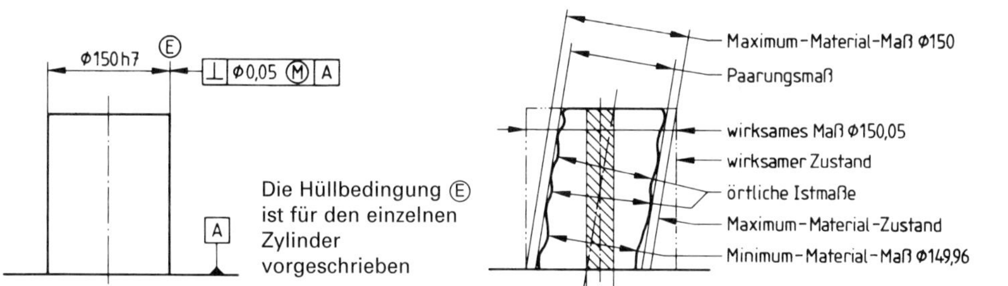

7.21 Maximum-Material-Bedingung

Die Bedeutung des Maximum-Material-Prinzips liegt darin, dass eine eingetragene Toleranz um den Betrag vergrößert werden darf, der bei einer anderen, mit ihr korrespondierenden Toleranz nicht ausgenutzt wird. Dies hat zur Folge, dass funktionstaugliche und zu paarende Teile u. U. nicht verworfen werden müssen, wenn einzelne Maße oder Lagetoleranzen nicht eingehalten sind (Ausschussverringerung). Die Anwendung des Tolerierungsgrundsatzes empfiehlt sich immer dann, wenn Teile (z. B. mit mehreren Bohrungen), mit Gegenstücken gepaart werden (u. a. für Lochbilder, die mit Bolzenlehren geprüft werden). In der Elektroindustrie sind fast alle Steckverbindungen auf diese Weise bemaßt.

Das Maximum-Material-Prinzip sollte nicht für kinematische Ketten, Getriebezentren, Gewindelöcher, Löcher bei Übermaßpassungen usw. angewendet werden, bei denen die Funktion durch eine Vergrößerung der Toleranz gefährdet werden kann.

7.2.2 Zusammenhang zwischen Maß-, Form- und Parallelitätstoleranzen (DIN 7167, DIN ISO 8015)

Bei Zeichnungen, die keine anders lautenden Festlegungen enthalten, gilt die Hüllbedingung nach DIN 7167 (**7**.22) für alle Formelemente. Zeichnungseintragungen sind nicht notwendig. Diese Bedingung stimmt grundsätzlich mit der Hüllbedingung in DIN ISO 8015 überein (**7**.22). Der neue Tolerierungsgrundsatz in DIN ISO 8015 legt Folgendes fest:

- Alle Maß-, Form- und Lagetoleranzen gelten unabhängig voneinander. Maßtoleranzen begrenzen nur die Istmaße an einem Formelement, nicht seine Formabweichungen (z. B. nicht die Rundheits- und Geradheitsabweichungen an parallelen Flächen).
- Soll bei bestimmten Formelementen (z. B. bei zylindrischen und parallelen Flächen, die für eine Passung vorgesehen sind) auch die Hüllbedingung gelten, drückt man dies durch das Symbol Ⓔ hinter der Maßangabe aus.

Bestehende Zeichnungen lassen sich nicht auf diesen neuen Tolerierungsgrundsatz „umfunktionieren". Deshalb ist bei Zeichnungen nach dem neuen Grundsatz in oder am Zeichnungsschriftfeld auf die Norm hinzuweisen (z. B. Tolerierung nach ISO 8015). Umgekehrt beugt ein Hinweis auf die Tolerierung nach DIN 7167 Missverständnissen vor.

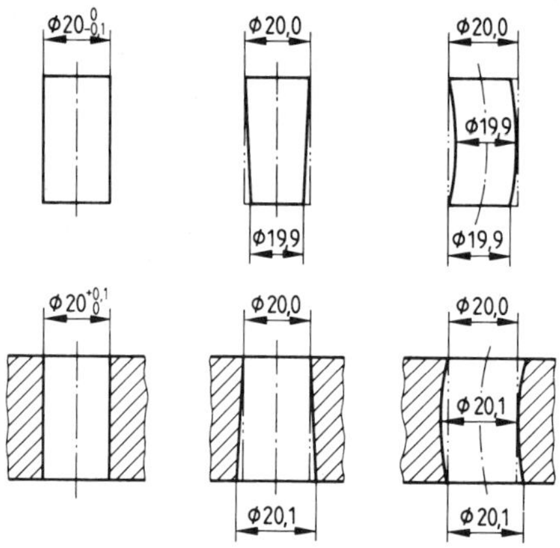

7.22
Hüllbedingung nach DIN 7167

Bei Wellen darf die Oberfläche des Formelements die geometrisch ideale Form (Zylinder) mit Höchstmaß nicht überschreiten (Hüllbedingung). Außerdem darf an keiner Stelle das Istmaß das Mindestmaß unterschreiten. Der Zylinder mit Höchstmaß wird durch den Gutlehrring verkörpert.

Bei Bohrungen darf die Oberfläche des Formelements die geometrisch ideale Form (Zylinder) mit Mindestmaß nicht unterschreiten (Hüllbedingung). Außerdem darf an keiner Stelle das Istmaß das Höchstmaß überschreiten. Der Zylinder mit Mindestmaß wird durch den Gutlehrdorn verkörpert.

7.2.3 Eintragen der Form- und Lagetoleranzen (DIN ISO 1101)

Es werden verwendet:

- Toleranzrahmen mit Bezugspfeil, auf das tolerierte Element weisend (**7**.23 a),
- Toleranzrahmen wie oben mit zusätzlichem Feld für Hinweis auf das Bezugselement (**7**.23 b und **7**.27),
- Bezugsdreieck mit Rahmen für den Bezugsbuchstaben zum Kennzeichnen des Bezugselements (**7**.24),
- rechteckiger Rahmen zum Kennzeichnen von theoretischen genauen Maßen (DIN ISO 5458) für die Angabe der geometrisch idealen Lage der Toleranzzone (**7**.25),
- Symbol für Maximum-Material-Bedingung (DIN ISO 2692, **7**.26).

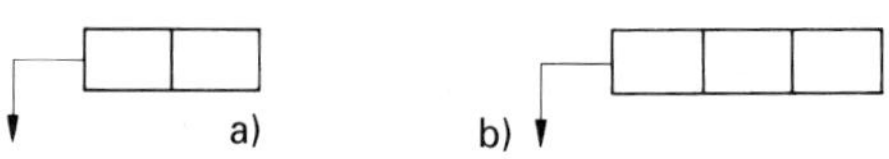

7.23

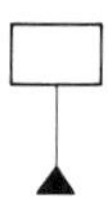

7.24

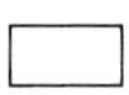

7.25

7.26

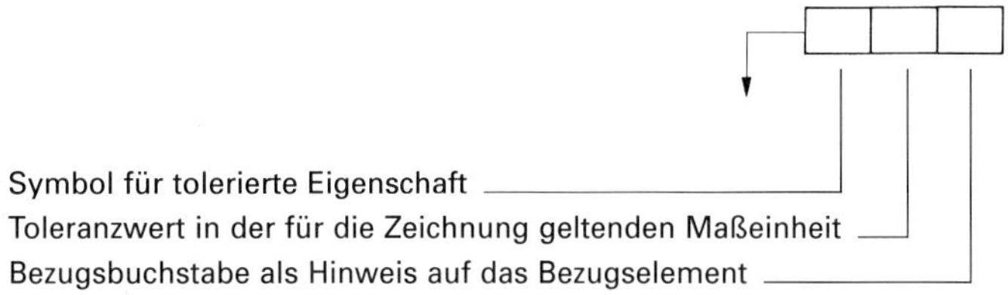

7.27

Das Symbol für die tolerierte Eigenschaft (Toleranzart) (s. Abschn. 7.2.4), der Toleranzwert und gegebenenfalls der Hinweis auf das Bezugselement werden im Toleranzrahmen mit Bezugspfeil wie in Bild **7**.27 angegeben.

Ist das tolerierte Element eine Fläche oder Linie (z. B. Mantellinie), aber keine Achse, wird der Bezugspfeil wie in Bild **7**.28 eingetragen. Um Verwechslungen zu vermeiden, müssen Maßlinien und Bezugspfeile deutlich versetzt angeordnet sein.

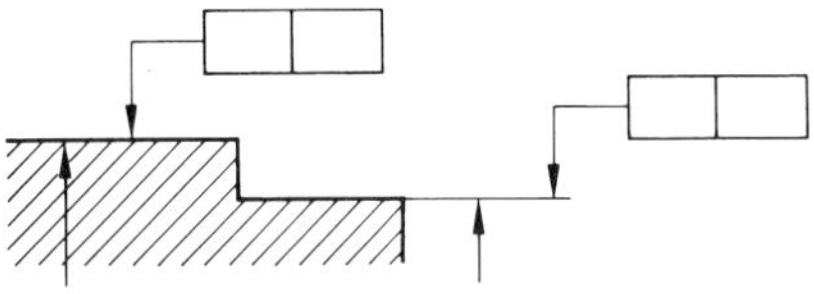

7.28

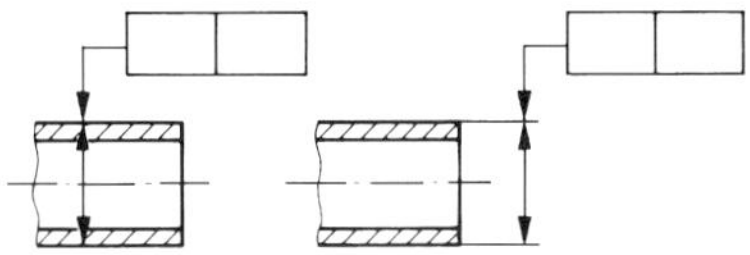

7.29

Ist das tolerierte Element eine Achse oder Mittellinie, zeichnet man Bezugspfeil und Hinweislinie als Verlängerung einer Maßlinie (**7**.29).

Bezieht sich die Toleranzangabe auf alle durch die Mittellinie dargestellten Achsen oder Mittelebenen gemeinsam, steht der Bezugspfeil senkrecht auf dieser Mittellinie (**7**.30).

Bei Platzmangel darf ein Maßpfeil als Bezugspfeil verwendet werden (**7**.31).

Ist die Toleranzzone des tolerierten Elements ein Kreis oder ein Zylinder, setzt man vor den Toleranzwert das Durchmesserzeichen (z. B. ∅ 0,1). Andernfalls liegt die Weite der Toleranzzone am tolerierten Element in Richtung des Bezugspfeils.

Gilt der Toleranzwert für ein toleriertes Element nur für eine bestimmte Teillänge, die jedoch beliebig innerhalb der Gesamtlänge liegt, setzt man diese Länge in der für die Zeichnung geltenden Maßeinheit durch einen Schrägstrich getrennt rechts neben den Toleranzwert (**7**.32). Das gilt auch für Flächen.

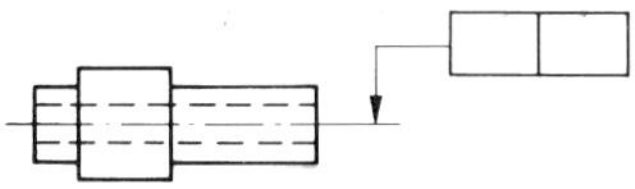

7.30

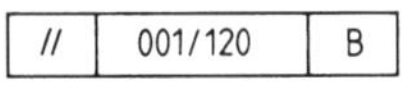

7.32

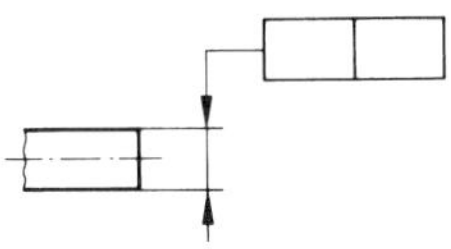

7.31

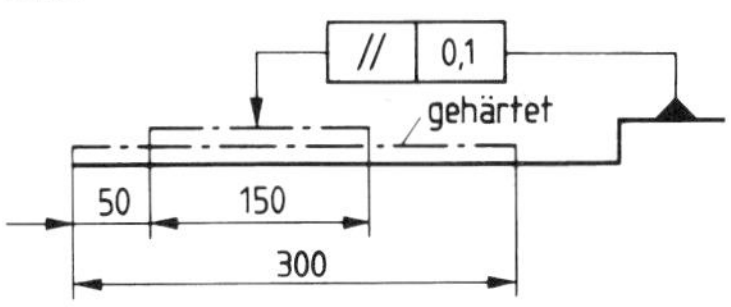

7.33

Gilt die Toleranzangabe nur für einen vorgeschriebenen Bereich, ist dieser mit einer breiten Strichpunktlinie zu kennzeichnen und zu bemaßen (**7**.33).

Gilt neben der Toleranz im Gesamten eine weitere gleichartige Toleranz für eine Teillänge beliebiger Lage, gibt man diese im unteren Teilfeld des waagerecht halbierten Feldes im Toleranzrahmen an (**7**.34).

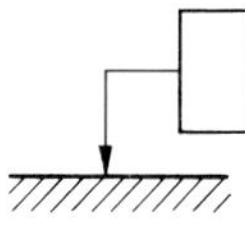

7.34

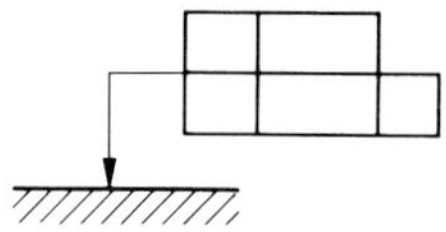

7.35

Sind zu einem tolerierten Element Toleranzen für zwei tolerierte Eigenschaften nötig, werden beide Toleranzangaben in besonderen Toleranzrahmen untereinander und mit nur einem Bezugspfeil an das tolerierte Element gesetzt (**7**.35).

Ein Bezugselement wird durch ein Bezugsdreieck gekennzeichnet, das entweder direkt mit dem Toleranzrahmen verbunden (**7**.36a) oder mit einem Bezugsbuchstaben gekennzeichnet ist (**7**.36b). Der Bezugsbuchstabe muss im Toleranzrahmen wiederholt werden (**7**.36c).

Kann der Toleranzrahmen direkt mit dem Bezug durch eine Hinweislinie verbunden werden, kann der Bezugsbuchstabe entfallen (**7**.33).

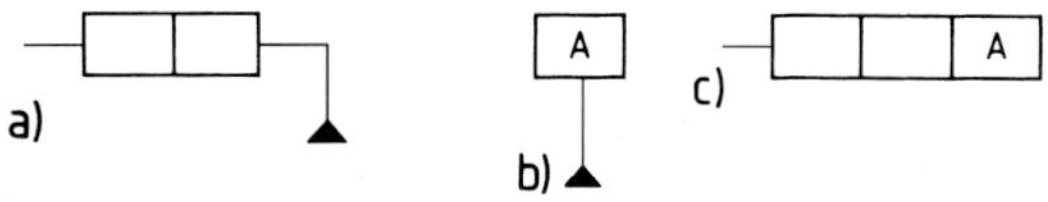

7.36

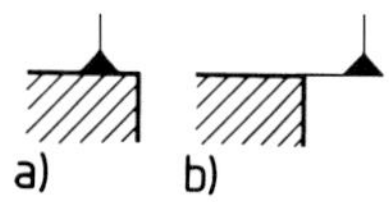

7.37

Das Bezugsdreieck steht entweder direkt auf der Konturlinie des Bezugselements (**7**.37a) oder auf der Maßhilfslinie (allerdings deutlich versetzt von der Maßlinie, **7**.37b).

Beispiele für eine ebene Fläche oder gerade Linie als Bezugselement zeigt Bild **7**.38, für eine Achse oder eine Mittelebene als Bezugselement Bild **7**.39, für eine Mantellinie oder Fläche Bild **7**.39c.

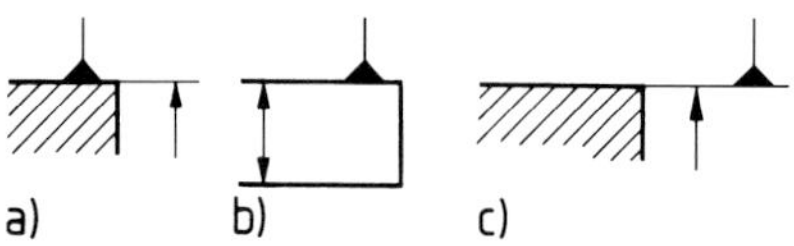

7.38

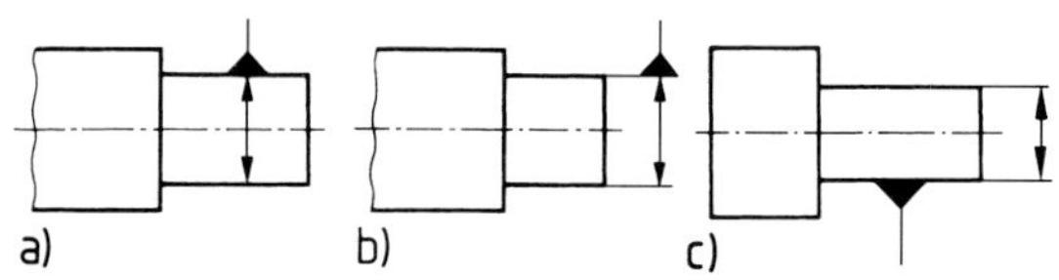

7.39

Bei Platzmangel darf das Bezugsdreieck an Stelle eines der beiden Maßpfeile eingetragen werden (**7**.40). Hat das Bezugselement eine mehreren Formelementen gemeinsame Achse oder Mittelebene, wird das Bezugsdreieck wie in Bild **7**.41 eingetragen.

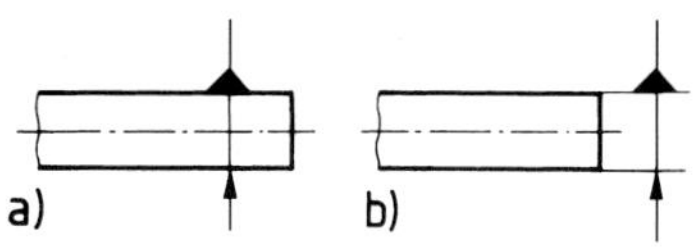

7.40

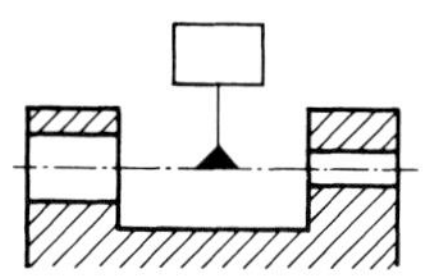

7.41

Theoretisch genaue Maße, die zur Angabe der geometrisch idealen (theoretisch genauen) Lage der Toleranzzone bei Neigungs-, Positions- oder Profiltoleranzen erforderlich sind, trägt man in rechteckige Rahmen ein. Für diese Maße gelten Grenzabweichungen für Maße ohne Toleranzangabe nicht. Die entsprechenden Istmaße am Werkstück unterliegen der eingetragenen Form- bzw. Lagetoleranz (**7**.42, **7**.43).

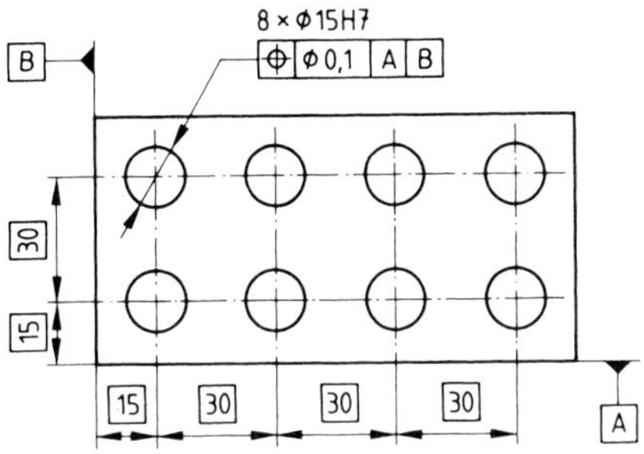

7.42

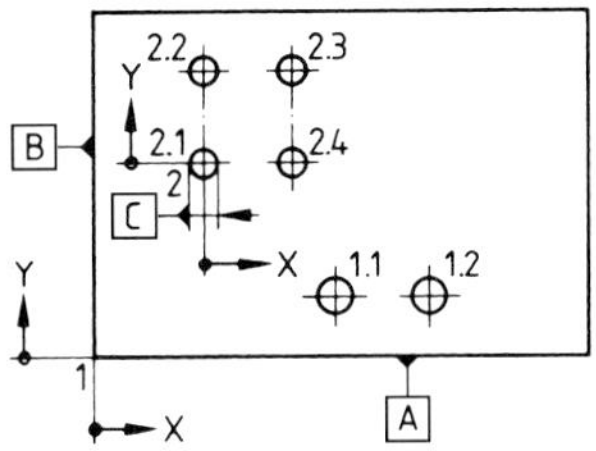

Koordinaten-ursprung	Pos.	x	y	d	Positionstoleranz
1	1	0	0	–	–
1	1.1	[50]	[20]	Ø 18	⌖ Ø0,1 A B
1	1.2	[70]	[20]	Ø 18	⌖ 0,1 B ⌖ 0,2 A
1	2	30±0,3	70±0,3	–	–
2	2.1	[0]	[0]	Ø11 H13	–

7.43 Koordinatenbemaßung mit theoretisch genauen Maßen und Positionstoleranzen

Das Symbol Ⓜ für die Maximum-Material-Bedingung setzt man rechts neben den Toleranzwert (**7**.44a), neben den Bezugsbuchstaben (**7**.44b) oder neben den Toleranzwert zusammen mit dem Bezugsbuchstaben (**7**.44c) – je nachdem, ob die Maximum-Material-Bedingung für das tolerierte Element, das Bezugselement oder beide gilt.

a) b) c)

7.44

Beispiel Anwendung des Maximum-Material-Prinzips für Positionstoleranzen.

Bild **7**.45 zeigt die Zeichnungseintragung für eine Gruppe von vier feststehenden Stiften, die in die Gruppe der vier Löcher passen. Bei den Berechnungen des wirksamen Maßes wird davon ausgegangen, dass die Stifte und Löcher Maximum-Material-Maß und geometrisch ideale Form haben.

Das Mindestmaß für die Löcher ist ∅ 8,1, das Höchstmaß für die Stifte ∅ 7,9.

Die Differenz zwischen dem Maximum-Material-Maß der Löcher und der Stifte beträgt 8,1 − 7,9 = 0,2. Die Summe der Positionstoleranzen für die Löcher und Stifte darf diese Differenz nicht überschreiten. In Bild **7**.45 ist die Toleranz gleichmäßig zwischen Löchern und Stiften verteilt. D. h., die Positionstoleranz für die Löcher beträgt ∅ 0,1 und die für die Stifte ebenfalls ∅ 0,1. Die Toleranzzonen von ∅ 0,1 liegen an ihrem theoretisch genauen Ort.

Abhängig vom Istmaß jedes Formelementes kann die Vergrößerung der Positionstoleranz für jedes Formelement verschieden sein.

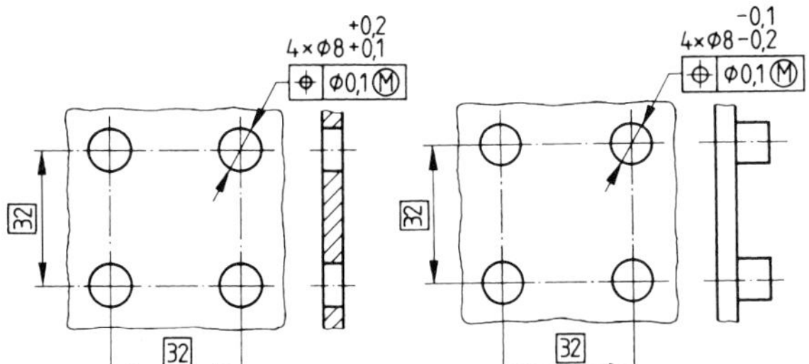

7.45 Zeichnungseintragung für eine Gruppe zueinander passender Löcher und Stifte unter Anwendung des Maximum-Material-Prinzips

7.2.4 Form- und Lagetoleranzen und Beispiele für die Zeichnungseintragung

Tabelle 7.46 **Übersicht**

Art der Toleranz	tol. Eigenschaft	Symbol	Anwendungsbeispiele: Toleranzzone	Anwendungsbeispiele: Zeichnungseintragung	Anwendungsbeispiele: Erklärung
Formtoleranzen	Geradheit	—	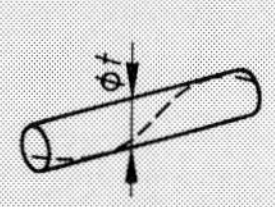	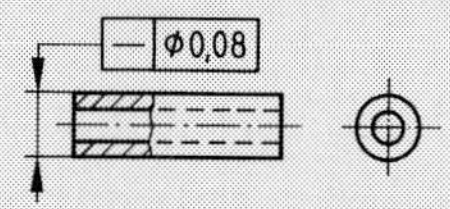	Die Achse des mit dem Toleranzrahmen verbundenen (äußeren) Zylinders muss innerhalb einer zylindrischen Toleranzzone mit ∅ 0,08 mm liegen.
	Geradheit	—	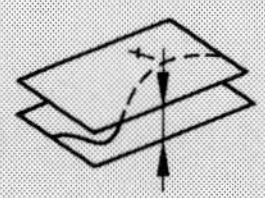	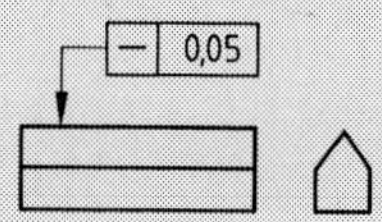	Die tolerierte Kante des Werkstücks muss zwischen zwei senkrecht zur tolerierten Richtung (Pfeil) liegenden parallelen Ebenen mit 0,05 mm Abstand liegen.
	Ebenheit	▱	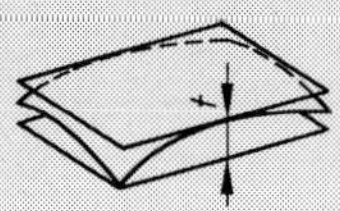	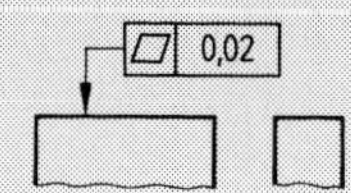	Die tolerierte Fläche muss zwischen zwei parallelen Ebenen mit 0,02 mm Abstand liegen.
	Rundheit (Kreisform)	○	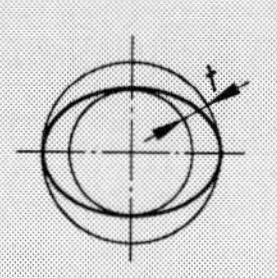	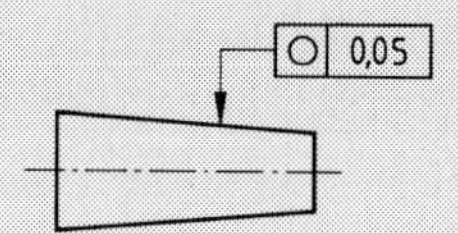	Die Umfangslinie jedes Querschnitts muss zwischen zwei in derselben Ebene liegenden konzentrischen Kreisen mit 0,05 mm Abstand liegen.
	Zylinderform	⌭	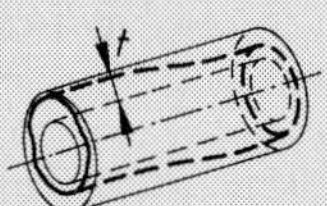	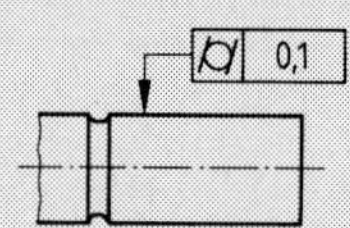	Die tolerierte Mantelfläche muss zwischen zwei koaxialen Zylindern liegen, die einen Abstand von 0,1 mm haben.
	Linienform	⌒	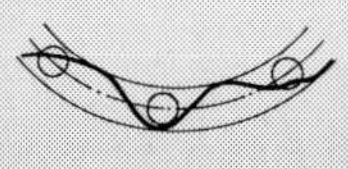	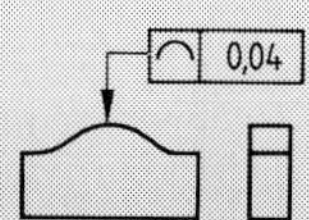	In jedem Schnitt parallel zur Zeichenebene muss das tolerierte Profil zwischen zwei Hülllinien an Kreisen mit ∅ 0,04 mm liegen, deren Mittelpunkte auf der geometrisch idealen Linienform liegen.

Fortsetzung s. nächste Seite

Tabelle **7**.46, Fortsetzung

Art der Toleranz	tol. Eigenschaft	Symbol	Anwendungsbeispiele Toleranzzone	Zeichnungseintragung	Erklärung
Formtoleranz	Flächenform	⌓	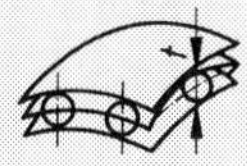	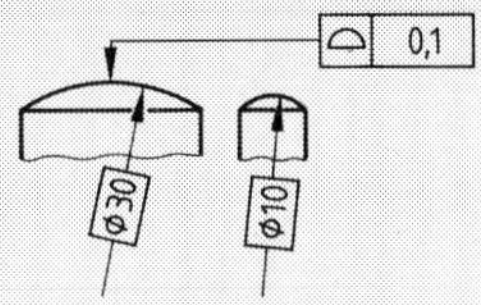	Die tolerierte Fläche muss zwischen zwei Hüllflächen an Kugeln mit ⌀0,1 mm liegen, deren Mittelpunkte auf der geometrisch idealen Fläche liegen.
Richtungstoleranzen	Parallelität	//	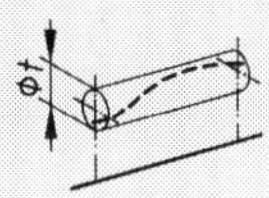	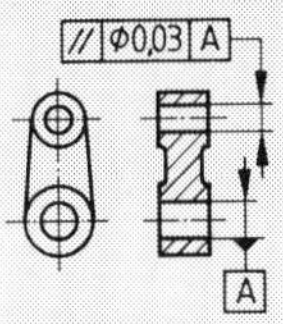	Die tolerierte Achse muss innerhalb eines Zylinders vom Durchmesser 0,03 mm liegen, der parallel zur Bezugsachse *A* ist.
	Parallelität	//	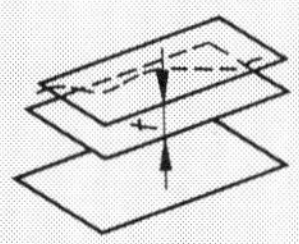	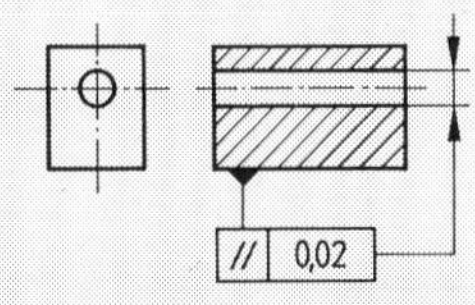	Die tolerierte Achse der Bohrung muss zwischen zwei zur Bezugsfläche parallelen Ebenen mit 0,02 mm Abstand liegen
	Rechtwinkligkeit	⊥	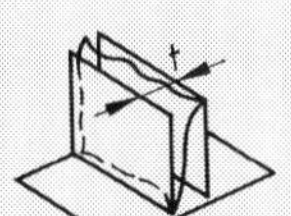	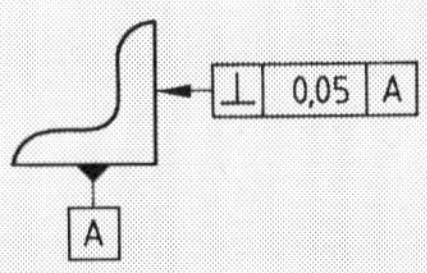	Die tolerierte Fläche muss zwischen zwei parallelen und zur Bezugsfläche *A* senkrechten Ebenen mit 0,05 mm Abstand liegen.
	Neigung (Winkligkeit)	∠	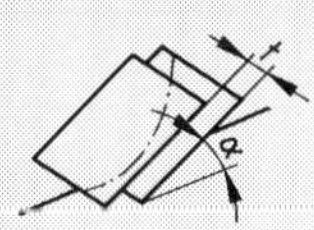	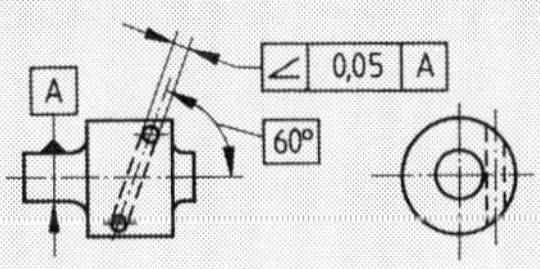	Die tolerierte Achse der Bohrung muss zwischen zwei parallelen und zur Bezugsachse im Winkel von 60° geneigten Ebenen mit 0,05 mm Abstand liegen.
Ortstoleranz	Position	⌖	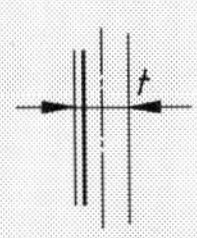	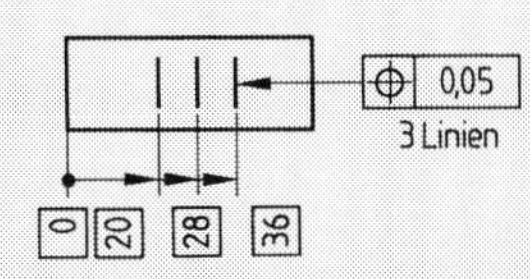	Jede der tolerierten Markierungslinien muss zwischen zwei parallelen geraden Linien vom Abstand 0,05 mm liegen, die symmetrisch zum theoretisch genauen Ort liegen.

Fortsetzung s. nächste Seite

Tabelle 7.46, Fortsetzung

Art der Toleranz	tol. Eigenschaft	Symbol	Anwendungsbeispiele		
			Toleranzzone	Zeichnungseintragung	Erklärung
Ortstoleranzen	Koaxialität	◎	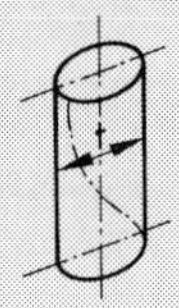	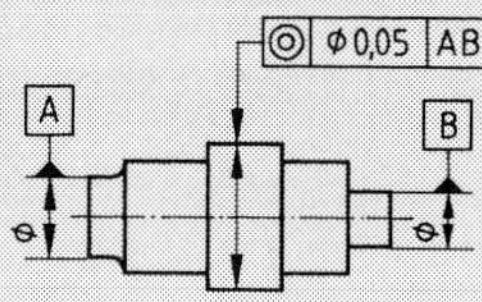	Die Achse des Zylinders, der mit dem Toleranzrahmen verbunden ist, muss innerhalb eines zur Bezugsachse *AB* koaxialen Zylinders mit ⌀ 0,05 mm liegen.
	Symmetrie	⌯	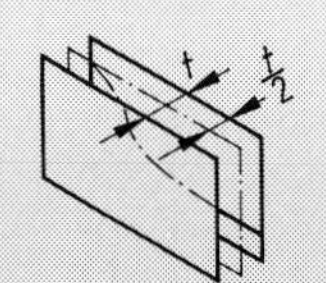	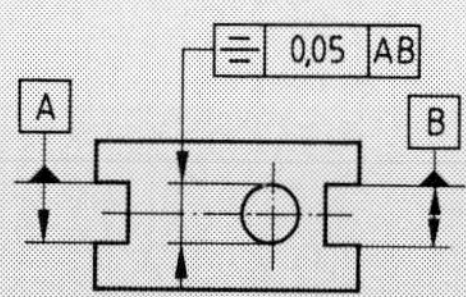	Die tolerierte Achse der Bohrung muss zwischen zwei parallelen Ebenen mit 0,05 mm Abstand liegen, die symmetrisch zur Mittelebene der Schlitze *A* und *B* angeordnet sind.
Lauftoleranzen	Rundlauf	↗	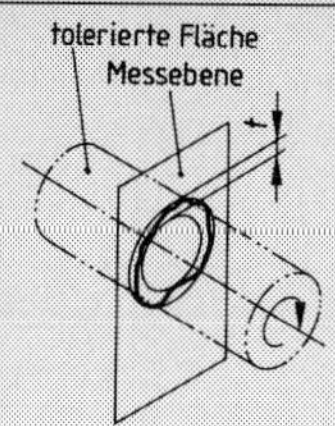	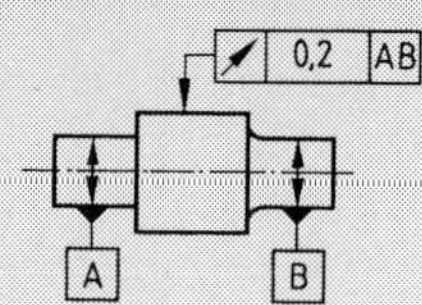	Bei einer Umdrehung um die Bezugsachse *AB* darf die Rundlaufabweichung in jeder achssenkrechten Messebene 0,2 mm nicht überschreiten.
	Planlauf		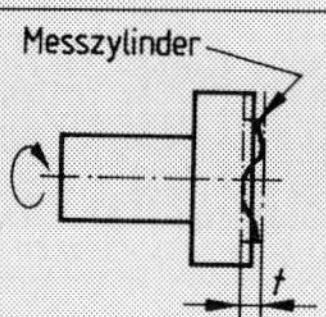	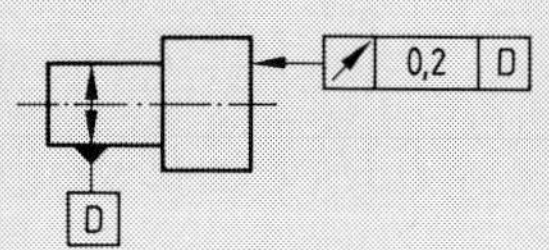	Bei Drehung um die Bezugsachse *D* darf die Planlaufabweichung an jeder beliebigen Messposition 0,2 mm nicht überschreiten.

7.3 Passungen

Bedeutung. Einheitliche Bauformen und Massenherstellung in Spezialbetrieben erleichtern die Bedarfsrechnung und wirken kostendämpfend. Die Einzelteile müssen einbaufertig und untereinander willkürlich austauschbar sein, sollen also ohne Nacharbeit so miteinander kombiniert werden können, wie es der Zweck erfordert. Wenn zwei Werkstücke gepaart werden sollen, heißt die Beziehung aus dem Unterschied ihrer Maße (Maß der Innenpassfläche minus Maß der Außenpassfläche) Passung. Bekanntestes Beispiel ist die Paarung von Bohrung und Welle (Kreiszylinderpassung).

7.3.1 Grundbegriffe (DIN ISO 286-1)

Passteile sind Werkstücke mit einer oder mehreren Passflächen. Passflächen sind mit einem Passmaß versehene Flächen, mit denen sich die Passteile bei der Paarung berühren können (Innenpassfläche an inneren, Außenpassfläche an äußeren Formelementen). Bohrungen und Wellen haben zylindrische Passflächen und ergeben Kreiszylinderpassungen. Die Passungen zwischen zwei Paaren paralleler Ebenen hießen bisher Flachpassungen. Zusammengehörige Passteile haben je nach Lage (positiv/negativ) des Maßunterschieds zwischen Innen- und Außenpassfläche Spiel oder Übermaß.

Spiel. Das Innenmaß des Außenteils (Maß der Innenpassfläche – Bohrung) ist größer als das Außenmaß des Innenteils (Maß der Außenpassfläche – Welle; **7**.47, positiver Unterschied).

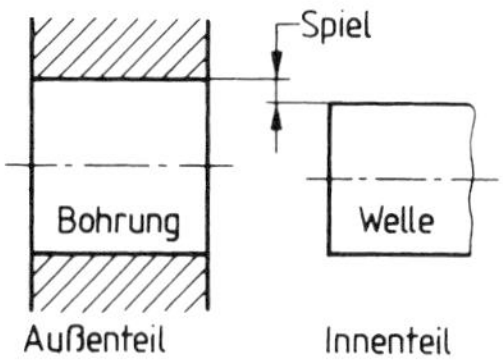

7.47 Spiel

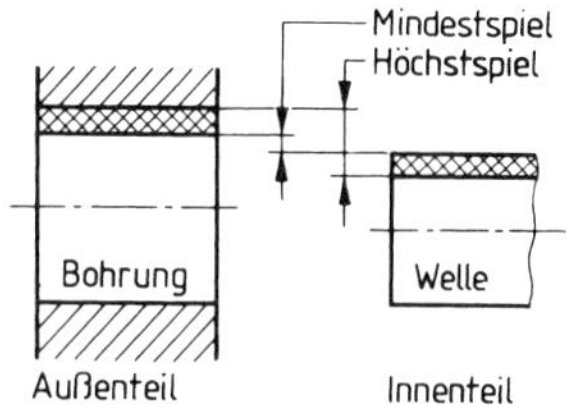

7.48 Spielpassung

Höchstspiel bei einer Spiel- oder Übergangspassung ist der positive Unterschied zwischen dem Höchstmaß des Außenteils (Bohrung) und dem Mindestmaß des Innenteils (Welle, **7**.48).

Mindestspiel bei einer Spielpassung ist der positive Unterschied zwischen dem Mindestmaß des Außenteils (Bohrung) und dem Höchstmaß des Innenteils (Welle, **7**.48).

Übermaß. Das Innenmaß des Außenteils (Maß der Innenpassfläche – Bohrung) ist kleiner als das Außenmaß des Innenteils (Maß der Außenpassfläche – Welle, **7**.49; negativer Unterschied).

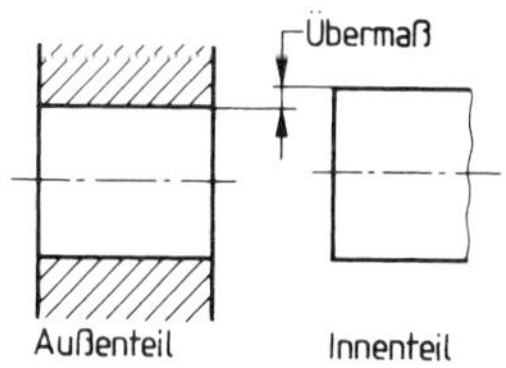

7.49 Übermaß

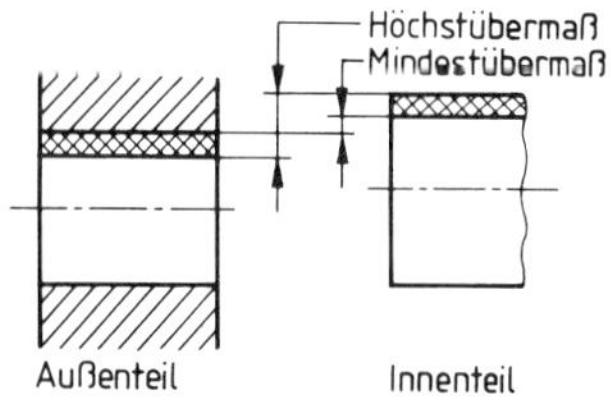

7.50 Übermaßpassung

Mindestübermaß bei einer Übermaßpassung ist die negative Differenz zwischen dem Höchstmaß der Bohrung (Außenteil) und dem Mindestmaß der Welle (Innenteil, **7**.50).

Höchstübermaß bei einer Übermaß- oder Übergangspassung ist die negative Differenz zwischen dem Mindestmaß der Bohrung (Außenteil) und dem Höchstmaß der Welle (Innenteil, **7**.50).

Passung ist die Beziehung, die sich aus dem Unterschied zwischen den Maßen zweier zu fügender Formelemente (Bohrung und Welle) ergibt. Die zwei zu einer Passung gehörenden Passteile haben dasselbe Nennmaß.

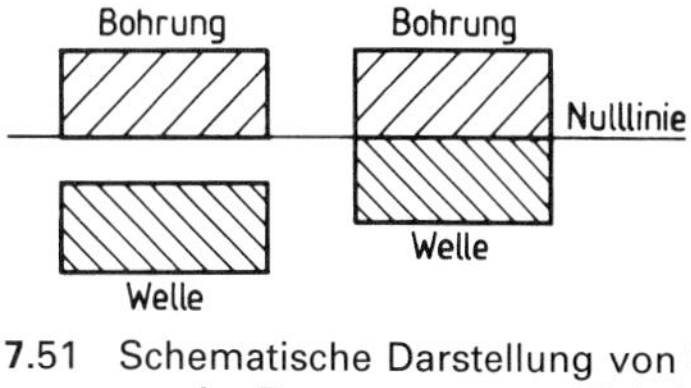

7.51 Schematische Darstellung von Spielpassungen im Passungssystem Einheitsbohrung

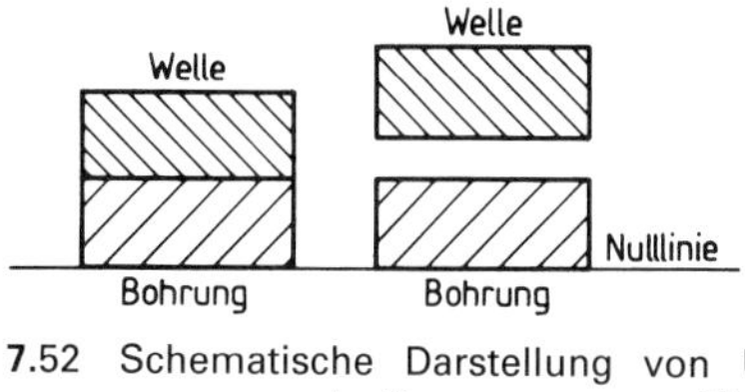

7.52 Schematische Darstellung von Übermaßpassungen im Passungssystem Einheitsbohrung

Spielpassung ist eine Passung, bei der beim Fügen vor Bohrung und Welle immer ein Spiel entsteht. D. h., das Mindestmaß der Bohrung ist größer oder im Grenzfall gleich dem Höchstmaß der Welle (**7**.51).

Übermaßpassung ist eine Passung, bei der beim Fügen von Bohrung und Welle überall ein Übermaß entsteht. D. h., das Höchstmaß der Bohrung ist kleiner oder im Grenzfall gleich dem Mindestmaß der Welle (**7**.52).

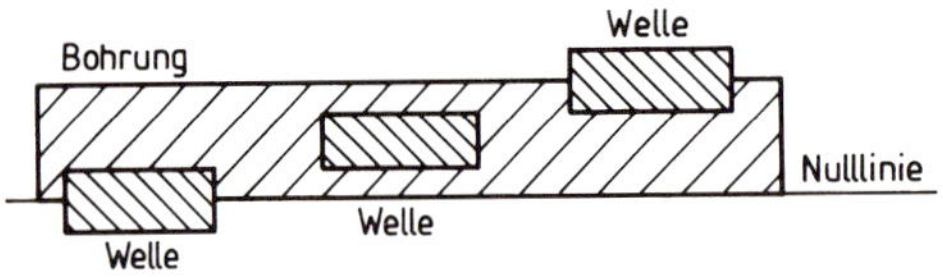

7.53 Schematische Darstellung von Übergangspassungen im Passungssystem Einheitsbohrung

Übergangspassung ist eine Passung, bei der beim Fügen von Bohrung und Welle – abhängig von den Istmaßen der Bohrung und Welle – entweder ein Spiel oder ein Übermaß entsteht. D. h., die Toleranzfelder von Bohrung und Welle überdecken sich vollständig oder teilweise (**7**.53).

Passtoleranz ist die arithmetische Summe der Toleranzen beider Formelemente (Bohrung und Welle), die zu einer Passung gehören. Die Passtoleranz ist ein absoluter Wert ohne Vorzeichen.

7.3.2 Passungssysteme

Unterschiede in den Größen der Spiele und Übermaße ergeben verschiedene Passungen. Eine sinnvoll aufgebaute Reihe Passtoleranzen heißt Passungssystem. Gleichberechtigt nebeneinander bestehen die ISO-Passungssysteme Einheitsbohrung und Einheitswelle; mit jedem ist der gleiche Zweck erreichbar.

Im System Einheitsbohrung ist für alle Bohrungen das untere Abmaß A_u gleich Null. D. h., das Mindestmaß der Bohrung ist gleich dem Nennmaß und fällt mit der Nulllinie zusammen (**7**.54). Die für die verschiedenen Passungen erforderlichen Spiele und Übermaße entstehen durch entsprechend gewählte Wellenmaße. Demgemäß sind das untere Abmaß A_u der Bohrung gleich Null und das obere Abmaß A_o gleich der Maßtoleranz der Bohrung. Wellen mit verschiedenen Toleranzklassen sind Bohrungen mit einer einzigen Toleranzklasse zugeordnet.

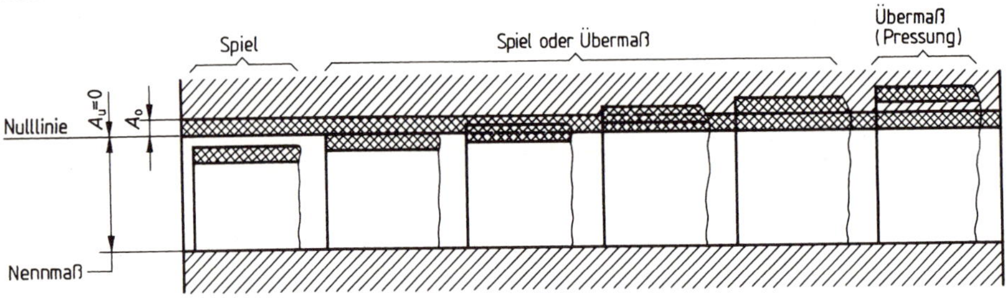

7.54 ISO-Paßsystem Einheitsbohrung

Im System Einheitswelle ist die Welle für alle Passungen desselben Nenndurchmessers gleich groß (**7**.55). Die für die verschiedenen Passungen erforderlichen Spiele und Übermaße entstehen durch größere und kleinere Bohrungsdurchmesser. Bei der Einheitswelle liegt die Nulllinie im Höchstmaß der Welle und ist damit gleich dem Nennmaß. Mithin sind

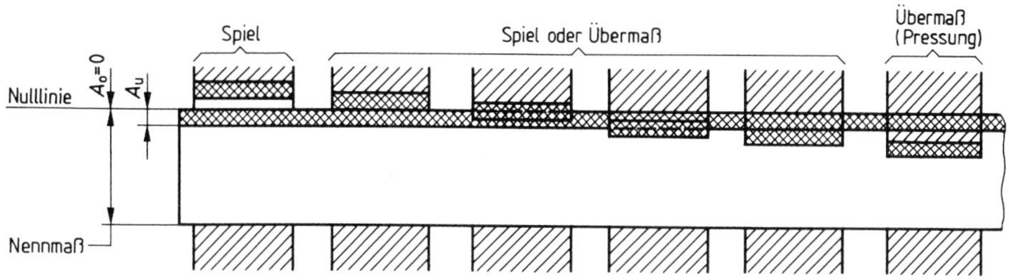

7.55 ISO-Passungssystem Einheitswelle

deren oberes Abmaß A_o gleich Null und das untere Abmaß A_u gleich der Maßtoleranz der Welle. Bohrungen mit verschiedenen Toleranzklassen sind Wellen mit einer einzigen Toleranzklasse zugeordnet.

7.3.3 Aufbau des ISO-Systems für Grenzmaße und Passungen (DIN ISO 286-1 und DIN ISO 286-2)

Das in der Internationalen Norm festgelegte ISO-System für Grenzmaße und Passungen bezieht sich auf Maße an Teilen für Rund- und Flachpassungen (z. B. Durchmesser, Längen, Breiten oder Tiefen).

ISO-Grundtoleranzen sind für die Abmessungen von 1 bis 500 mm festgelegt. Diese sind in 13 Nennmaßbereiche gegliedert, und zwar:

bis 3 mm	>18 bis 30 mm	>80 bis 120 mm	>250 bis 315 mm
>3 bis 6 mm	>30 bis 50 mm	>120 bis 180 mm	>315 bis 400 mm
>6 bis 10 mm	>50 bis 80 mm	>180 bis 250 mm	>400 bis 500 mm
>10 bis 18 mm			

Einige Bereiche sind für Abmaße a bis c und t bis zc oder A bis C und R bis ZC in Zwischenbereiche unterteilt.

Toleranzreihe. Für jeden Nennmaßbereich gibt es 20 verschiedene Grundtoleranzen. Diese Grundtoleranzgrade werden mit den Zahlen 01, 0, 1, 2 bis 18 benannt. Zum Toleranzgrad 01 gehören die kleinsten, zum Toleranzgrad 18 die größten Toleranzen. Nun lässt sich aber mit derselben Toleranz für eine größere Abmessung am Werkstück nicht der gleiche Zweck erreichen wie mit einer kleineren. Für größere Werkstücke sind also für gleiche Zwecke größere Toleranzen vorzusehen. Jedem einzelnen Toleranzgrad sind daher, mit der Stufung der Nennmaßbereiche steigend, gröbere Toleranzen zugeordnet. Die Gesamtheit der Toleranzen innerhalb eines Toleranzgrads heißt Grundtoleranzreihe.

Toleranzfaktor (bisher Toleranzeinheit). Die Werte aller Grundtoleranzen werden in μm ausgedrückt (1 μm = 1 Mikrometer = 0,001 mm) und sind aus dem ISO-Toleranzfaktor *i* entstanden. Der Toleranzfaktor wird berechnet nach der Gleichung

$$i = 0{,}45 \cdot \sqrt[3]{D} + 0{,}001 \cdot D. \qquad i \text{ in } \mu\text{m}, \ D \text{ in mm}$$

Der Wert *D* wird als geometrisches Mittel der beiden Grenzwerte (Bereichsgrenzen) des jeweiligen Nennmaßbereichs eingesetzt. Liegen diese z. B. bei 80 mm und 120 mm, wird

$$D = \sqrt{80 \text{ mm} \cdot 120 \text{ mm}} = \sqrt{9600 \text{ mm}^2} \approx 98 \text{ mm}.$$

Der den Grundtoleranzen dieses Nennmaßbereichs zu Grunde liegende Toleranzfaktor ist also

$$i = 0{,}45 \cdot \sqrt[3]{D} + 0{,}001\, D = 0{,}45 \cdot \sqrt[3]{98} + 0{,}001 \cdot 98 \approx 0{,}45 \cdot 4{,}61 + 0{,}098 \approx 2{,}173 \ \mu\text{m}.$$

Der Toleranzfaktor ist mithin eine veränderliche Größe und von den Grenzwerten eines Nennmaßbereichs abhängig.

Grundtoleranzreihe. In Anlehnung an die Toleranzklassenzahlen tragen die Grundtoleranzreihen die Bezeichnung IT01 bis IT18 (**IT** = **I**SO-**T**oleranzreihe). Für Nennmaße > 3 bis 500 sind die Werte der Toleranzgrade ≥ 5 als Vielfaches des Toleranzfaktors *i* festgelegt (**7**.56).

Tabelle **7**.56 **Grundtoleranzgrade**

Grundtoleranzgrade	IT5	IT6	IT7	IT8	IT9	IT10	IT11	IT12	IT13	IT14	IT15	IT16	IT17	IT18
Anzahl der Toleranzfaktoren *i*	≈7	10	16	25	40	64	100	160	250	400	640	1000	1600	2500

Beispiel Die Toleranz für die Toleranzklasse 9 und für den Nennmaßbereich 80 mm bis 120 mm wird durch Multiplizieren des für diesen Bereich berechneten Toleranzfaktors $i \approx 2{,}173\ \mu m$ mit der für IT9 geltenden Anzahl Toleranzfaktoren (= 40) ermittelt:

$2{,}173\ \mu m \cdot 40 \approx 87\ \mu m.$

Nach diesem Beispiel sind die Toleranzen von IT6 bis IT18 aufgestellt worden; für die Übrigen gelten andere Regeln.

Die Grundtoleranzgrade IT01 bis IT7 sind überwiegend für die Lehrenherstellung vorgesehen. IT5 bis IT13 gelten besonders für Toleranzen an spanabhebend bearbeiteten Werkstücken, IT14 bis IT18 für die spanlose Formung (Walzen, Ziehen, Pressen, Schmieden, Stanzen u.a.).

7.3.4 Bezeichnung der ISO-Toleranzklassen

Die Lage der Toleranzfelder (Grundabmaße) zur Nulllinie wird durch Buchstaben angegeben.

Grundabmaße sind die Abmaße, die die Lage der Toleranzfelder in Bezug zur Nulllinie festlegen. Dies kann das obere oder das untere Abmaß sein. Üblicherweise ist es das Abmaß, das der Nulllinie am nächsten liegt.

Außen- und Innenteile. Für Außenteile (Innenmaße von Bohrungen) werden die Großbuchstaben A bis Z (**7**.57), für Innenteile (Außenmaße von Wellen) die Kleinbuchstaben a bis z verwendet (**7**.58). I, L, O, Q, W, i, l, o, q und w scheiden jedoch zur Kennzeichnung aus, um Missverständnisse zu vermeiden. Für später angefügte Toleranzen sind dann die Bezeichnungen CD, EF, FG, JS (hier nicht wiedergegeben) sowie ZA, ZB, ZC und cd, ef, fg, js (hier nicht wiedergegeben), za, zb und zc hinzugekommen.

Die Toleranzklasse wird entsprechend der Reihe, in die sie gehört, mit der Zahl des Grundtoleranzgrads von 01 bis 18 gekennzeichnet.

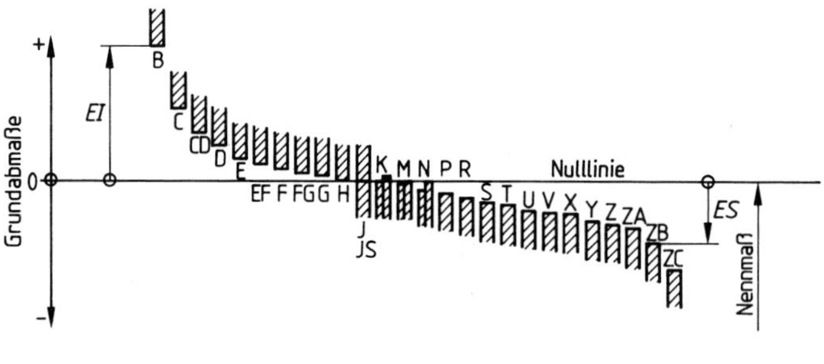

7.57
Schematisch dargestellte Lage von Grundabmaßen für Außenteile (Bohrungen; innere Formelemente)

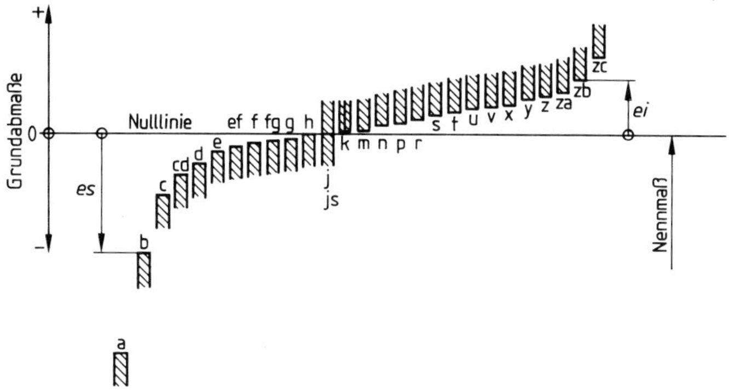

7.58
Schematisch dargestellte Lage von Grundabmaßen für Innenteile (Wellen; äußere Formelemente)

Der Buchstabe für das Grundabmaß und die dahinterstehende Zahl bilden das Toleranzklassen-Kurzzeichen, z. B. „H7" oder „m6". Es legt somit Lage und Größe des Toleranzfelds eindeutig fest. Unter Voraussetzung bestimmter Toleranzklassen entstehen:

- **Spielpassungen** durch Bohrung H (**7**.57) mit den Wellen a bis h (**7**.58) und durch die Welle h (**7**.58) mit Bohrungen A bis H (**7**.57).
- **Übergangspassungen,** von kleinen Nennmaßen in Grenzfällen abgesehen, durch die Bohrung H mit den Wellen j bis p (**7**.58) und durch die Welle h mit den Bohrungen J bis P (**7**.57).
- **Übermaßpassungen** (**7**.58) durch die Bohrung H mit den Wellen r bis zc (**7**.58) und durch die Welle h mit den Bohrungen R bis ZC (**7**.57).

DIN ISO 286-2 enthält ein umfangreiches Tabellenwerk für berechnete Grenzabmaße, das hier nicht wiedergegeben werden kann. Empfohlen wird die für die Anwendung im allgemeinen Maschinenbau als Ringbuch mit Daumenregister erstellte Zusammenfassung „ISO-Toleranztabellen für Nennmaße von 1 bis 500 mm nach DIN ISO 286", Beuth-Verlag GmbH, Berlin, Wien, Zürich.

7.3.5 Passungsauswahl nach DIN 7154-1 und DIN 7155-1

Alle Toleranzklassen für Außen- und für Innenteile können beliebig miteinander gepaart werden. Damit ergeben sich zahlreiche unterschiedliche Passungen. Mit Rücksicht auf geringe Kosten für Werkzeuge und Messgeräte muss jedoch eine Auswahl getroffen werden.

Für das Passungssystem Einheitsbohrung wurden die acht Bohrungen (innere Formelemente) H6 bis H13 ausgewählt (DIN 7154-1). Zu jeder Einheitsbohrung gehören mehrere Wellen (äußere Formelemente) mit größeren und kleineren Durchmessern. Alle Passungen mit der gleichen Einheitsbohrung bilden eine Passungsfamilie.

Für das System Einheitswelle wurden entsprechend dic acht Wellen (äußere Formelemente) h5, h6 und h8 bis h13 ausgewählt (DIN 7155-1). Auch sie bilden mit je einer Reihe unterschiedlicher Bohrungen (innere Formelemente) Passungsfamilien.

Die Normen DIN 7154-1, DIN 7155-1 und DIN 7157 wurden nicht durch DIN ISO 286-1 und DIN ISO 286-2 ersetzt. Da auf Grund der sachlichen Übereinstimmung und bezüglich der geänderten Benennungen (z. B. Toleranzfeld, -klasse) keine Missverständnisse zu erwarten sind, wurden die Normen nicht überarbeitet.

7.3.6 Auswahlsystem nach DIN 7157

Zur weiteren Verbesserung der Wirtschaftlichkeit in Konstruktion und Fertigung wurde eine noch engere Auswahl von Passungen aus beiden Systemen (Einheitsbohrung und -welle) zusammengestellt (**7**.59). Sie entspricht nicht mehr in allen Festlegungen dem heutigen Stand der Technik, reicht für die meisten Zwecke bzw. für eine Orientierung aber noch aus.

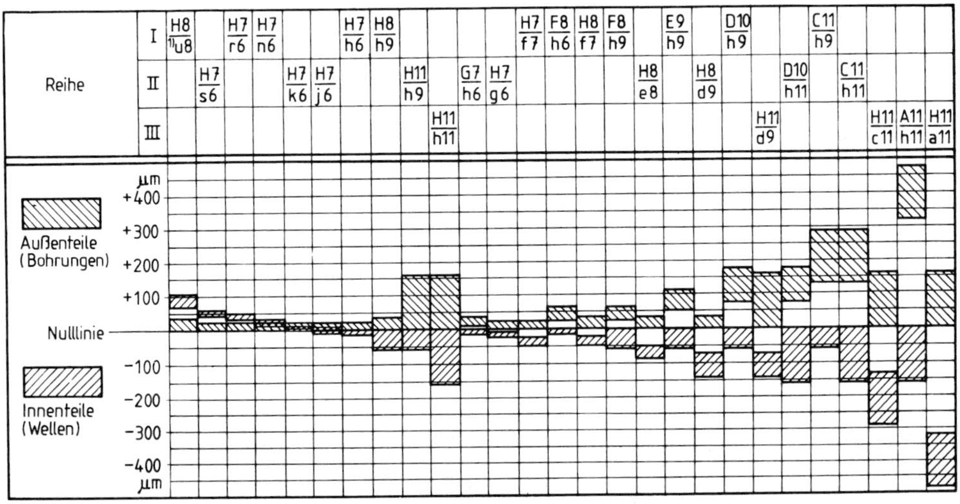

[1] x8 bis 24mm, u8 über 24mm Nennmaß

7.59 Ausgewählte Passungen nach DIN 7157, dargestellt für Nennmaß 50 mm

Die Passungen in Bild **7.59** sind wie folgt zusammengestellt: Reihe I aus Toleranzklassen der Reihe 1, Reihe II aus Toleranzklassen der Reihen 1 und 2, Reihe III nur aus Toleranzklassen der Reihe 2. Es ist aber jede beliebige Paarung innerhalb der Reihen möglich. Für besondere Zwecke können auch andere Toleranzklassen gebildet werden (DIN ISO 286-1). Das Istmaß einer mit dem Spiralbohrer hergestellten Bohrung liegt gewöhnlich innerhalb der Toleranz H11. Sie ist nur für Spielpassungen zu gebrauchen. Tab. **7.61** enthält Abmaße für Toleranzklassen zum Berechnen der Toleranzen und Passungsmaße.

Beispiel (**7.60**)

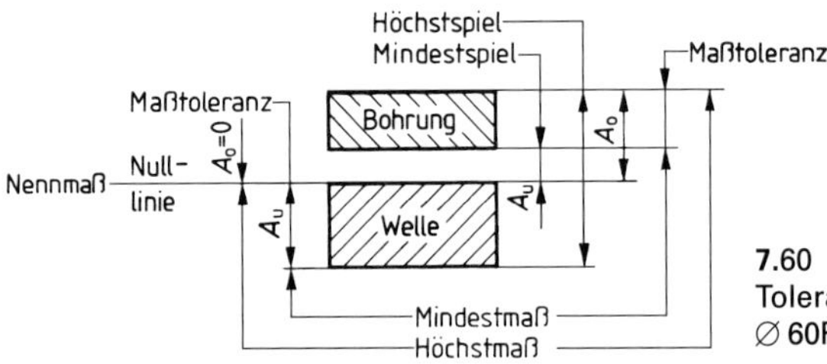

7.60
Toleranzfelder der Spielpassung ∅ 60F8/h9 im Maßstab 100 : 1

Rundpassung ∅ 60 F8/h9	Bohrung ∅ 60 F8	Welle ∅ 60 h9
oberes Abmaß A_o	(+ 76 µm =) + 0,076	(0 µm =) 0
unteres Abmaß A_u	(+ 30 µm =) + 0,03	(− 74 µm =) −0,074
Höchstmaß	60 + 0,076 = 60,076	60 ± 0 = 60
Mindestmaß	60 + 0,03 = 60,03	60 − 0,074 = 59,926
Maßtoleranz	60,076 − 60,03 = 0,046	60 − 59,926 = 0,074
	Passung	
Höchstpassung	60,076 − 59,926 = 0,15	
Mindestpassung	60,03 − 60 = 0,03	
Passtoleranz	0,15 − 0,03 = 0,12	

Tabelle 7.61 **Abmaße in µm für ausgewählte Toleranzklassen (DIN 7157).** Reihe 1 = Vorzugsreihe, Reihe 2 = Ergänzungsreihe (Auswahl)

Kurzzeichen Reihe 1	x8 u8[1]		r6	n6			h6	h9			f7					H7	H8			F8	E9	D10	C11	
Reihe 2		s6			k6	j6			h11	g6		e8	d9	c11	a11			H11	G7					A11
1 bis 3	+34 +20	+20 +14	+16 +10	+10 +4	+6 0	+4 −2	0 −6	0 −25	0 −60	−2 −8	−6 −16	−14 −28	−20 −45	−60 −120	−270 −330	+10 0	+14 0	+60 0	+12 +2	+20 +6	+39 +14	+60 +20	+120 +60	+330 +270
> 3 bis 6	+46 +28	+27 +19	+23 +15	+16 +8	+9 +1	+6 −2	0 −8	0 −30	0 −75	−4 −12	−10 −22	−20 −38	−30 −60	−70 −145	−270 −345	+12 0	+18 0	+75 0	+16 +4	+28 +10	+50 +20	+78 +30	+145 +70	+345 +270
> 6 bis 10	+56 +34	+32 +23	+28 +19	+19 +10	+10 +1	+7 −2	0 −9	0 −36	0 −90	−5 −14	−13 −28	−25 −47	−40 −76	−80 −170	−280 −370	+15 0	+22 0	+90 0	+20 +5	+35 +13	+61 +25	+98 +40	+170 +80	+370 +280
> 10 bis 14	+67 +40	+39 +28	+34 +23	+23 +12	+12 +1	+8 −3	0 −11	0 −43	0 −110	−6 −17	−16 −34	−32 −59	−50 −93	−95 −205	−290 −400	+18 0	+27 0	+110 0	+24 +6	+43 +16	+75 +32	+120 +50	+205 +95	+400 +290
> 14 bis 18	+72 +45																							
> 18 bis 24	+87 +54	+48 +35	+41 +28	+28 +15	+15 +2	+9 −4	0 −13	0 −52	0 −130	−7 −20	−20 −41	−40 −73	−65 −117	−110 −240	−300 −430	+21 0	+33 0	+130 0	+28 +7	+53 +20	+92 +40	+149 +65	+240 +110	+430 +300
> 24 bis 30	+81 +48																							
> 30 bis 40	+99 +60	+59 +43	+50 +34	+33 +17	+18 +2	+11 −5	0 −16	0 −62	0 −160	−9 −25	−25 −50	−50 −89	−80 −142	−120 −280	−310 −470	+25 0	+39 0	+160 0	+34 +9	+64 +25	+112 +50	+180 +80	+280 +120	+470 +310
> 40 bis 50	+109 +70													−130 −290	−320 −480								+290 +130	+480 +320
> 50 bis 65	+133 +87	+72 +53	+60 +41	+39 +20	+21 +2	+12 −7	0 −19	0 −74	0 −190	−10 −29	−30 −60	−60 −106	−100 −174	−140 −330	−340 −530	+30 0	+46 0	+190 0	+40 +10	+76 +30	+134 +60	+220 +100	+330 +140	+530 +340
> 65 bis 80	+148 +102	+78 +59	+62 +43											−150 −340	−360 −550								+340 +150	+550 +360
> 80 bis 100	+178 +124	+93 +71	+73 +51	+45 +23	+25 +3	+13 −9	0 −22	0 −87	0 −220	−12 −34	−36 −71	−72 −126	−120 −207	−170 −390	−380 −600	+35 0	+54 0	+200 0	+47 +12	+90 +36	+159 +172	+260 +120	+390 +170	+600 +380
> 100 bis 120	+198 +144	+101 +79	+76 +54											−180 −400	−410 −630								+400 +180	+630 +410
> 120 bis 140	+233 +170	+117 +92	+88 +63											−200 −450	−460 −710								+450 +200	+710 +460
> 140 bis 160	+253 +190	+125 +100	+90 +65	+52 +27	+28 +3	+14 −11	0 −25	0 −100	0 −250	−14 −39	−43 −83	−85 −148	−145 −245	−210 −460	−520 −770	+40 0	+63 0	+250 0	+54 +14	+106 +43	+185 +85	+305 +145	+460 +210	+770 +520
> 160 bis 180	+273 +210	+133 +108	+93 +68											−230 −480	−580 −830								+480 +230	+830 +580
> 180 bis 200	+308 +236	+151 +122	+106 +77											−240 −530	−660 −950								+530 +240	+950 +660
> 200 bis 225	+330 +258	+159 +130	+109 +80	+60 +31	+33 +4	+16 −13	0 −29	0 −115	0 −290	−15 −44	−50 −96	−100 −172	−170 −285	−260 −550	−740 −1030	+46 0	+72 0	+290 0	+61 +15	+122 +50	+215 +100	+355 +170	+550 +260	+1030 +740
> 225 bis 250	+356 +284	+169 +140	+113 +84											−280 −570	−820 −1110								+570 +280	+1110 +820

[1]) Toleranzfeld x8 für Nennmaße ≤ 24, u8 für Nennmaße > 24

7.3.7 Eintragen von Toleranzklassen (DIN 406-12), Allgemeintoleranzen (DIN ISO 2768-1 und DIN ISO 2768-2)

Bei Absatzmaßen und Lochmittenabständen sowie Mittigkeiten sind Kurzzeichen nicht anwendbar. Die Toleranzen hierfür werden durch Abmaße in Zahlen bestimmt.

Bei Passungsmaßen (tolerierte Maße für eine Passfläche bzw. zusammengehörige Passflächen) wird die Toleranzklasse stets hinter das Nennmaß geschrieben. Beide zusammen bilden das Passungsmaß. Kurzzeichen der Toleranzklasse sind vorzugsweise in gleicher Schriftgröße wie die Maßzahl, Kurzzeichen der Toleranzklasse für Innenmaße (mit Großbuchstaben, **7**.62) stehen wie die für Außenmaße (mit Kleinbuchstaben, **7**.63) auf einer Linie mit der Maßzahl. Innenmaß und Außenmaß bei ineinander gesteckt gezeichneten Pass-

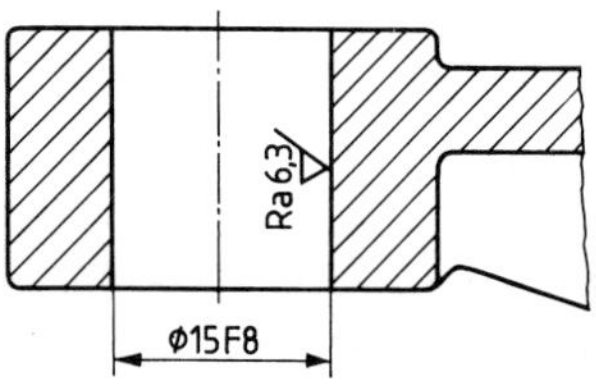

7.62 Passungsmaß für Innenmaß

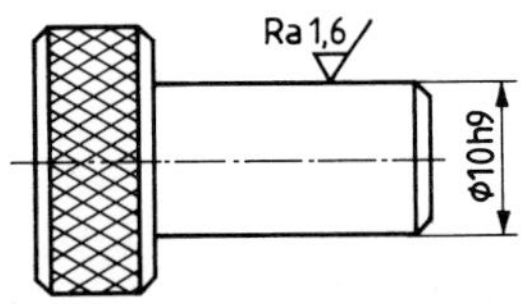

7.63 Passungsmaß für Außenmaß

teilen haben eine gemeinsame Maßlinie (**7**.64). Hierbei werden Kurzzeichen der Toleranzklasse für die Innenmaße vor dem Kurzzeichen für die Außenmaße (oder auch darüber) angeordnet.

Gilt eine Toleranzklasse nur für einen Bereich der bemaßten Länge, wird der Geltungsbereich begrenzt (**7**.65).

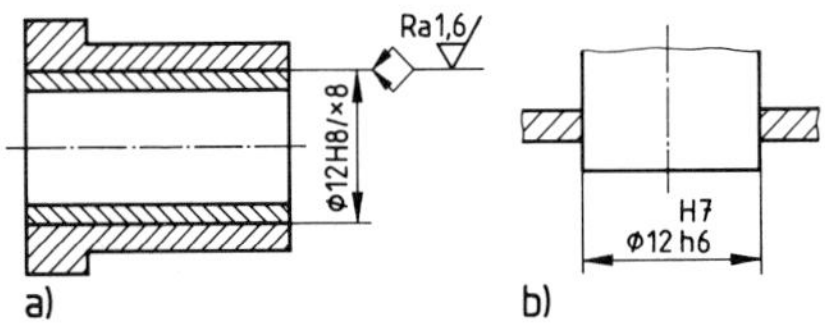

7.64 Kurzzeichen der Toleranzklassen für Innenmaße stehen a) vor oder b) über denen für Außenmaße

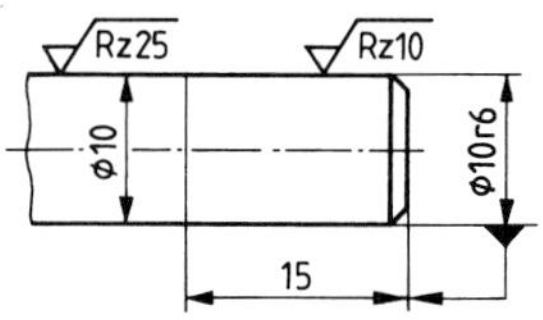

7.65 ISO-Toleranzklasse auf einen Bereich der Länge begrenzt

> Die Kurzzeichen der Toleranzklassen beziehen sich nur auf die Maßhaltigkeit der Werkstücke, nicht aber auf die Oberflächenbeschaffenheit. Für diese sind zusätzliche Oberflächenangaben erforderlich.

Einer feinen Toleranz kann zwar eine grobe Oberfläche nicht zugeordnet werden, wohl aber einer groben Toleranz eine feine Oberfläche. Es kann daher sinnvoll sein, zu einer vorgesehenen Toleranz angemessene Rauheitsangaben festzulegen.

Sind Abmaße für die Toleranzen erwünscht, fügt man sie in mm in Klammern den Kurzzeichen der Toleranzklassen bei (**7.66**). Die Abmaße für alle in der Zeichnung enthaltenen

Passungsmaße können auch in einer besonderen Tab. (**7**.67) neben oder über dem Schriftfeld oder an anderer Stelle als Stempeldruck oder auf Klebe- und Reibfolien eingetragen werden. Statt der Abmaße kann man Höchstmaße und Mindestmaße angeben.

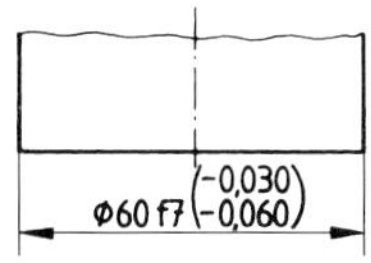

7.66 Zusätzliche Angabe der Abmaße

Tabelle **7**.67 **Passungen**

∅ 32 h6	0 – 0,016
∅ 18 D10	+ 0,120 + 0,050
Passungsmaße	Abmaße

Da Passungsmaße auch bei galvanisierten Teilen den Endzustand angeben, sind in der vorangehenden Fertigung bei Innenteilen Untermaße und bei Außenteilen Übermaße einzuhalten.

Allgemeintoleranzen für Längen- und Winkelmaße sind nach DIN ISO 2768-1 gleichmäßig nach + und – im Rahmen der üblichen Fertigungsgenauigkeit festgelegt. Allgemeintoleranzen für Form und Lage sind in DIN ISO 2768-2 enthalten. Für Gussrohteile, Stanzteile, Schmiedestücke, Schweißkonstruktionen, Optikeinzelteile usw. sind sie in weiteren DIN-Normen festgelegt.

Hinsichtlich betrieblich bedingter Unterschiede in der erreichbaren Genauigkeit sind Allgemeintoleranzen nach Teil 1 in vier, nach Teil 2 in drei Toleranzklassen unterteilt und einzuhalten, wenn ein Vermerk (z.B. „ISO 2768" oder „ISO 2768-m" oder „Allgemeintoleranzen ISO 2768-m" oder „Allgemeintoleranzen ISO 2768-mk") in die Zeichnung eingetragen wurde oder in sonstigen Unterlagen (z.B. Lieferbedingungen) auf DIN ISO 2768 verwiesen wird. Für die Eintragung in der Zeichnung ist im Schriftfeld ein Feld vorgesehen (s. Abschn. 2.2).

Die Allgemeintoleranzen nach DIN ISO 2768-1 gelten für Längen- und Winkelmaße an Teilen aus allen Werkstoffen, die durch Spanen oder spanlos durch Umformen (z.B. Ziehen, Treiben, Sicken, Stanzen), DIN ISO 2768-2 für Form und Lageabweichungen an Formelementen, die durch Spanen gefertigt sind.

Allgemeintoleranzen gelten

- für Längenmaße (Außenmaße, Innenmaße, Absatzmaße, Durchmesser, Breiten, Höhen, Dicken, Lochmittenabstände; **7**.68),
- für Rundungshalbmesser und Fasenhöhen (Schrägungen; **7**.69),
- für Winkelmaße, sowohl eingetragene als auch üblicherweise nicht eingetragene (z.B. rechte Winkel; **7**.70) (Fortsetzung, nächste Seiten)

Tabelle **7**.68 **Grenzabmaße für Längenmaße nach DIN ISO 2768-1**

Toleranzklasse	Grenzabmaße in mm für Nennmaßbereiche in mm							
	0,5 bis 3	> 3 bis 6	> 6 bis 30	> 30 bis 120	> 120 bis 400	> 400 bis 1000	> 1000 bis 2000	> 2000 bis 4000
f (fein)	± 0,05	± 0,05	± 0,1	± 0,15	± 0,2	± 0,3	± 0,5	–
m (mittel)	± 0,1	± 0,1	± 0,2	± 0,3	± 0,5	± 0,8	± 1,2	± 2
g (grob)	± 0,2	± 0,3	± 0,5	± 0,8	± 1,2	± 2	± 3	± 4
v (sehr grob)	–	± 0,5	± 1	± 1,5	± 2,5	± 4	± 6	± 8

Allgemeintoleranzen gelten (Fortsetzung)

- für Längen- und Winkelmaße, die durch Bearbeiten gefügter Teile entstehen (**7**.68),
- für alle Formelemente, die zueinander in Bezug gesetzt werden können,
- für die Geradheit und Ebenheit einzelner Formelemente (**7**.71),
- für Rechtwinkligkeit (**7**.72); der längere (bei gleich langen jeder) der den rechten Winkel bildenden beiden Schenkel dient als Bezugselement,
- für Symmetrie (**7**.73); das längere (oder eines) der beiden Formelemente muss dabei eine Mittelebene haben, oder die Achsen stehen im rechten Winkel zueinander (Fortsetzung nächste Seite)

Tabelle **7**.69 **Grenzabmaße für gebrochene Kanten (Rundungshalbmesser und Fasenhöhen, Schrägungen) nach DIN ISO 2768-1**

Toleranzklasse	Grenzabmaße in mm für Nennmaßbereiche in mm		
	0,5 bis 3	> 3 bis 6	> 6
f (fein) und m (mittel)	± 0,2	± 0,5	± 1
g (grob) und v (sehr grob)	± 0,4	± 1	± 2

Tabelle **7**.70 **Grenzabmaße für Winkelmaße nach DIN ISO 2768-1**

Toleranzklasse	Abmaße in Winkeleinheiten für Nennmaßbereich in mm (Länge des kürzeren Schenkels)				
	≤ 10	> 10 bis 50	> 50 bis 120	> 120 bis 400	> 400
f (fein) und m (mittel)	± 1°	0°30′	0°20′	± 0°10′	± 0°5′
c (grob)	± 1°30′	± 1°	± 0°30′	± 0°15′	± 0°10′
v (sehr grob)	± 3°	± 2°	± 1°	± 0°30′	± 0°20′

Tabelle **7**.71 **Allgemeintoleranzen für Gerad- und Ebenheit nach DIN ISO 2768-2**

Toleranzklasse	Allgemeintoleranz in mm für Geradheit und Ebenheit für Nennmaßbereiche in mm					
	≤ 10	> 10 bis 30	> 30 bis 100	> 100 bis 300	> 300 bis 1000	> 1000 bis 3000
H	0,02	0,05	0,1	0,2	0,3	0,4
K	0,05	0,1	0,2	0,4	0,6	0,8
L	0,1	0,2	0,4	0,8	1,2	1,6

Tabelle **7**.72 **Allgemeintoleranzen für Rechtwinkligkeit nach DIN ISO 2768-2**

Toleranzklasse	Rechtwinkligkeitstoleranz in mm für Nennmaßbereiche in mm für den kürzeren Winkelschenkel			
	≤ 100	> 100 bis 300	≤ 300 bis 1000	≤ 1000 bis 3000
H	0,2	0,3	0,4	0,5
K	0,4	0,6	0,8	1
L	0,6	1	1,5	2

Tabelle **7**.73 **Allgemeintoleranzen für Symmetrie nach DIN ISO 2768-2**

Toleranzklasse	Symmetrietoleranz in mm für Nennmaßbereiche in mm			
	≤ 100	> 100 bis 300	≤ 300 bis 1000	≤ 1000 bis 3000
H	0,5			
K	0,6		0,8	1
L	0,6	1	1,5	2

Tabelle **7**.74 **Allgemeintoleranzen für Rund- und Planlauf nach DIN ISO 2768-2**

Toleranzklasse	Lauftoleranz in mm
H	0,1
K	0,2
L	0,5

Allgemeintoleranzen gelten (Fortsetzung)

- für Lauf (Rund- und Planlauf sowie beliebige Rotationsflächen; **7**.74); als Bezugselemente gelten die Lagerstellen, wenn sie als solche gekennzeichnet sind,
- für Rundheit ist die Allgemeintoleranz gleich dem Zahlenwert der Durchmessertoleranz (**7**.68); sie darf aber nicht größer als die Werte für die Rundlauftoleranz sein (**7**.73),
- für die Parallelität ergibt sich die Abweichungsbegrenzung aus den Allgemeintoleranzen für die Geradheit oder Ebenheit (**7**.71) oder aus der Toleranz für das Abstandsmaß (**7**.68) – je nachdem, welche von beiden die größere ist. Das längere Formelement gilt als Bezugselement,
- für die Zylinderform sind Allgemeintoleranzen nicht festgelegt. Soll bei Passungen mit zylindrischen Flächen die Hüllbedingung gelten, ist das Maß nach DIN ISO 8015 mit dem Symbol Ⓔ zu kennzeichnen (z. B. ∅ 25 H 7 Ⓔ).

Allgemeintoleranzen gelten nicht

- für Maße, für die Toleranzen angegeben oder für die in der Zeichnung andere Normen über Allgemeintoleranzen festgelegt sind,
- für Koaxialität; im Extremfall dürfen deren Abweichungen so groß sein wie die Werte für den Rundlauf (**7**.74),
- für in Klammern stehende Hilfsmaße,
- für rechteckig eingerahmte theoretische Maße,
- für Maße, die sich beim Zusammenbau von Teilen ergeben.

Tolerierungsgrundsatz. Die Allgemeintoleranzen nach DIN ISO 2768-2 sollten in jedem Fall angewendet werden, wenn in der Zeichnung auf DIN ISO 8015 hingewiesen ist. Dann gelten die Allgemeintoleranzen für Form und Lage unabhängig von den Istmaßen der Formelemente. Jede Toleranz muss für sich eingehalten werden. Die Allgemeintoleranzen für Form und Lage dürfen somit auch bei Formelementen mit überall Maximum-Material-Maß ausgenutzt werden. Passungen erfordern zusätzlich die einschränkende Hüllbedingung, die in Zeichnungen gesondert anzugeben ist Ⓔ.

Zeichnungseintragung. Sollten die Allgemeintoleranzen nach DIN ISO 2768-2 in Verbindung mit den Allgemeintoleranzen nach DIN ISO 2768-1 gelten, sind folgende Eintragungen in oder neben dem Zeichnungsschriftfeld vorzunehmen:

Beispiel **ISO 2768 – mK**

In diesem Fall gelten die Allgemeintoleranzen für Winkelmaße nach Teil 1 nicht für nicht eingetragene 90°-Winkel, da Teil 2 Allgemeintoleranzen für Rechtwinkligkeit festlegt.

Sollten die Allgemeintoleranzen für Maße (Toleranzklasse m) nicht gelten, entfällt der entsprechende Kennbuchstabe:

Beispiel **ISO 2768 – K**

In Fällen, in denen die Hüllbedingung Ⓔ auch für alle einzelnen Maßelemente (zylindrische Flächen oder zwei parallele ebene Flächen) gelten soll, wird der Buchstabe E der allgemeinen Bezeichnung angefügt.

Beispiel **ISO 2768 – mk – E**

Die Hüllbedingung Ⓔ kann nicht für Formelemente mit einzeln eingetragenen Geradheitstoleranzen gelten, die größer als die Maßtoleranz sind (z. B. Halbzeuge). Wenn DIN 7167 gilt, darf das E in der Bezeichnung entfallen.

Um die vielen bestehenden Zeichnungen, in denen Allgemeintoleranzen nach DIN 7168 zitiert sind, weiterhin verständlich und lesbar zu halten und den Anwender darauf hinzuweisen, dass für Neukonstruktionen DIN ISO 2768-1 und DIN ISO 2768-2 angewendet werden sollen, wurden DIN 7168-1 und DIN 7168-2 zu einer Norm DIN 7168 zusammengefasst und mit entsprechenden Erläuterungen versehen (s. Norm).

Tabelle 7.75 **Kennzeichen und Anwendungsbeispiele wichtiger Passungen**

	ISO-Passungen nach DIN 7154 Einheitsbohrung	DIN 7155 Einheitswelle	DIN 7157 Passungsauswahl	Kennzeichen	Anwendungsbeispiele
Übermaßpassungen	H7/s6 H7/r6	R7/h6 S7/h6	H8/x8 bis u8 H7/r6	Teile unter hohem Druck, durch Erwärmen oder Kühlen fügbar. Zusätzliche Sicherung gegen Verdrehung ist nicht erforderlich.	Kupplungen auf Wellenenden, Buchsen in Radnaben, festsitzende Zapfen und Bunde, Bronzekränze auf Schneckenradkörpern, Ankerkörper auf Wellen
Übergangspassungen	H7/n6	N7/h6	H7/n6	Festsitzteile unter hohem Druck fügbar. Zusätzliche Sicherung gegen Verdrehen ist erforderlich.	Zahn- und Schneckenräder, Lagerbuchsen, Winkelhebel, Radkränze auf Radkörpern, Antriebsräder
	H7/m6	M7/h6		Treibsitzteile unter erheblichem Kraftaufwand, z.B. mit Handhammer fügbar. Sichern gegen Verdrehen ist erforderlich.	Werkzeugmaschinenteile die ausgewechselt werden müssen (z.B. Zahnräder, Riemenscheiben, Kupplungen, Zylinderstifte, Passschrauben, Kugellagerinnenringe)
	H7/k6	K7/h6	H7/k6	Haftsitzteile unter geringem Kraftaufwand fügbar. Ein Sichern gegen Verdrehen und Verschieben ist erforderlich.	Riemenscheiben, Zahnräder und Kupplungen sowie Wälzlagerinnenringe auf Wellen für mittlere Belastungen, Bremsscheiben
	H7/j6	J7/h6	H7/j6	Schiebesitzteile bei guter Schmierung von Hand fügbar und verschiebbar. Ein Sichern gegen Verschieben und Verdrehen ist notwendig.	Häufig auszubauende, aber durch Keile gesicherte Scheiben, Räder und Handräder; Buchsen, Lagerschalen, Kolben auf der Kolbenstange und Wechselräder
Spielpassungen	H7/h6	H7/h6	H7/h6	Gleitsitzteile bei guter Schmierung durch Handdruck verschiebbar.	Pinole im Reitstock, Fräser auf Fräsdornen, Wechselräder, Säulenführungen, Dichtungsringe
	H8/h9	H8/h9	H8/h9	Schlichtgleitsitzteile leicht fügbar und über längere Wellenteile verschiebbar.	Scheiben, Räder, Kupplungen, Stellringe, Handräder, Hebel, Keilsitz für Transmissionswellen
	H7/g6	G7/h6	H7/g6	Enge Laufsitzteile gestatten gegenseitige Bewegung ohne merkliches Spiel.	Schieberäder in Wechselgetrieben, verschiebbare Kupplungen, Spindellagerungen an Schleifmaschinen und Teilapparaten
	H7/f7	F7/h6	H7/f7	Laufsitze gewähren ein leichtes Verschieben der Passteile und haben ein reichliches Spiel, das eine einwandfreie Schmierung erleichtert.	Meist angewendete Lagerpassung im Maschinenbau, bei Lagerung der Welle in zwei Lagern (z.B. Spindellagerung an Werkzeugmaschinen, Kurbel- und Nockenwellenlagerung, Gleitführungen)

Fortsetzung s. nächste Seite

Tabelle **7**.75, Fortsetzung

	ISO-Passungen nach			Kennzeichen	Anwendungsbeispiele
	DIN 7154 Einheits-bohrung	DIN 7155 Einheits-welle	DIN 7157 Passungs-auswahl		
Spielpassungen	H8/f8	F8/h9	F8/h9	Schlichtlaufsitzteile haben merkliches bis reichliches Spiel, sodass sie gut ineinander beweglich sind.	Für mehrfach gelagerte Wellen; Kolben in Zylindern, Ventilspindeln in Führungsbuchsen, Lager für Zahnrad- und Kreiselpumpen, Kreuzkopfführungen
	H8/e8	E8/h6		Leichte Laufsitzteile haben reichliches Spiel.	Mehrfach gelagerte Wellen, bei denen ein einwandfreies Ausrichten und Fluchten nicht voll gewährleistet ist
	H8/d9	D9/h8		Passteile für weiten Laufsitz haben sehr reichliches Spiel.	Für genaue Lagerungen von Transmissionswellen und für schnelllaufende Maschinenteile
	H9/d10	D10/h9	D10/h9	Weite Schlichtlaufsitzteile haben sehr reichliches Spiel.	Achsbuchsen für Fuhrwerke und Landmaschinen, für Transmissionslager und Losscheiben
	H11/h11	H11/h11	H11/h11	Passteile haben große Toleranzen bei geringem Spiel.	Teile, die verstiftet, verschraubt, zusammengesteckt und verschweißt werden (z. B. Griffe, Hebel, Kurbeln)
	H11/d11	D11/h11		Passteile haben große Toleranzen bei bestimmten Kleinstspiel.	Lager an Land- und Baumaschinen, Seilrollen und Teile aus gezogenem Werkstoff
	H11/c11	C11/h11	C11/h11	Passteile haben große Toleranzen und große Spiele.	Lager an landwirtschaftlichen und Haushaltsmaschinen
	H11/a11	A11/h11	A11/h11	Passteile haben sehr große Toleranzen und sehr lockeren Sitz.	Türangeln, Kuppelbolzen, Feder- und Bremsgehänge an Fahrzeugen

Im Wesentlichen gehören die Übermaß- und Übergangspassungen zum System der Einheitsbohrung, die Spielpassungen (zwecks Verwendung gezogener Wellen) zum System der Einheitswelle. Für abgesetzte Wellen in Getrieben usw. können g6 f7 e8 d9 c11 und a11 mit H-Bohrungen (Einheitsbohrung) zu Spielpassungen gepaart werden. Bei den 3 Übermaßpassungen H8 / x8 bzw. u8 H7 / r6 und H7 / s6 erübrigt sich im Allgemeinen eine Berechnung nach DIN ISO 286-1. Großes Spiel ergeben: h11 / H11 und A11 / a11. H11 ist mit üblichen Spiralbohrern ohne Nacharbeit zu erreichen. Gleiche Passtoleranzen haben: G7 / h6 und H7 / g6, C11 / h11 und H11 / c11, A11 / h11 und H11 / a11.

ISO-Toleranzen, Toleranzen für die Feinwerktechnik s. DIN 58700-1 und DIN 58700-2. Toleranzsystem für Holzbe- und -verarbeitung s. DIN 68100.

7.4 Angabe der Oberflächenbeschaffenheit

Aus der Zeichnung eines Werkstücks muss auch die Beschaffenheit der Werkstückoberflächen im Endzustand des Teiles hervorgehen.

In Konstruktionszeichnungen werden technische Oberflächen vorrangig funktionsgerecht beschrieben. Hierfür ist zunächst die Frage zu klären, welche Eigenschaften zur Funktionserfüllung gefordert werden, z. B.

- geringer Verschleiß, Glätte,
- gutes Tragverhalten,
- exakte Führung,
- Haftfähigkeit, Griffigkeit,
- mattes oder glänzendes Aussehen.

Danach sind die Zeichnungsangaben festzulegen, die die geforderten Eigenschaften beschreiben, z. B.

- Rauheits-Höchstwerte (Kleinstwerte),
- Formtoleranzen (Toleranzen, s. Abschn. 7.1 bis 7.3),
- Härte, Zähigkeit (Wärmebehandlung, s. Abschn. 8),
- Beschichtung (s. Abschn. 8),
- Oberflächenprofil,
- Rillenrichtung,
- Fertigungsverfahren.

Zur Eintragung der Rauheitsanforderungen in Zeichnungen wurden zur Orientierung der Konstrukteure in DIN 4763 für die wichtigsten Rauheitsmessgrößen Stufungen der Zahlenwerte festgelegt (**7**.76).

Tabelle **7**.76

a) Gemittelte Rautiefe R_z und maximale Rautiefe R_{max} in µm									
				0,025	0,032	0,04	0,05	0,06	0,08
0,1	0,125	0,16	0,2	0,25	0,32	0,4	0,5	0,63	0,8
1	1,25	1,6	2,0	2,5	3,2	4,0	5,0	6,3	8,0
10	12,5	16	20	25	32	40	50	63	80
100	125	160	200	250	320	400	500	630	800
1000	1250	1600							
b) Arithmetischer Mittenrauwert R_a in µm									
0,008	0,01	0,012	0,016	0,02	0,025	0,032	0,04	0,05	0,063
0,08	0,1	0,125	0,16	0,2	0,25	0,32	0,4	0,5	0,63
0,8	1	1,25	1,6	2	2,5	3,2	4	5	6,3
8	10	12,5	16	20	25	32	40	50	63
80	100	125	160	200	250	320	400		

Die nachstehend wiedergegebenen Oberflächenangaben bestimmen die Güte der Oberfläche.

7.4.1 Kennzeichnung der Oberflächen durch Rauheitsangaben (DIN ISO 1302)

Die Oberflächengüte kann durch Rauheitsangaben vorgeschrieben werden. Dazu gehören maximale Profilhöhe, Profilkuppenhöhe (bisher Glättungstiefe), Zehnpunkthöhe, Mittenrauwert, Profiltraganteil und Materialanteil. Diese Begriffe gehen auf Oberflächenprofile zurück, die in den Bildern **7**.77 bis **7**.80 erklärt werden. Näheres s. DIN 4762, DIN 4768 und DIN 4776.

Hinweis: Die Oberflächenangaben werden unterschiedlich dargestellt. In Zeichnungen sind Großbuchstabe und Kleinbuchstabe steil und auf eine Linie zu setzen. In Texten ist der Großbuchstabe kursiv, der Kleinbuchstabe steil und als Index zu schreiben. (s. auch DIN 1338 und DIN 461)

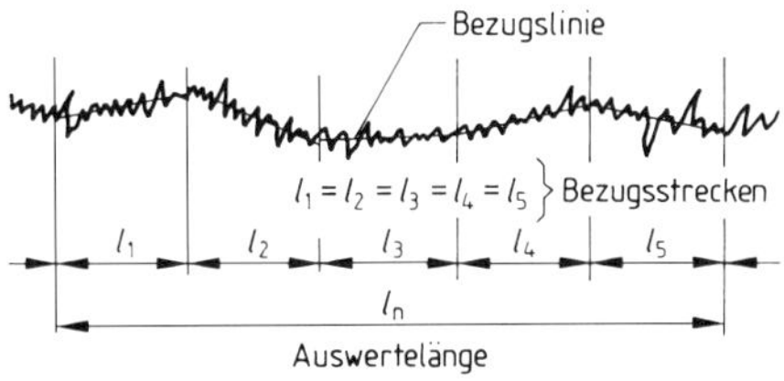

7.77 Bezugsstrecke l und Auswertelänge l_n

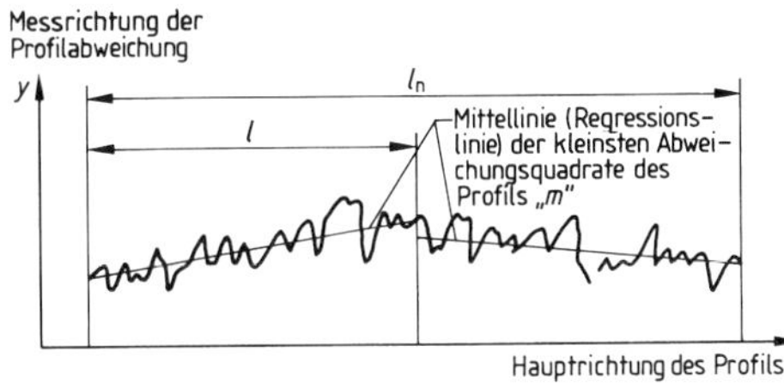

7.78 Regressionslinie m

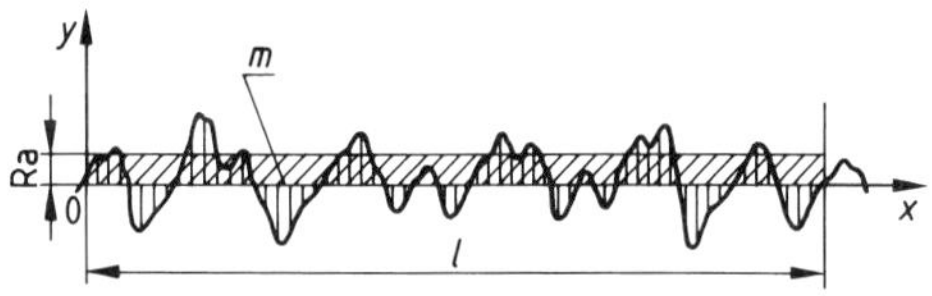

7.79 Arithmetischer Mittenrauwert R_a

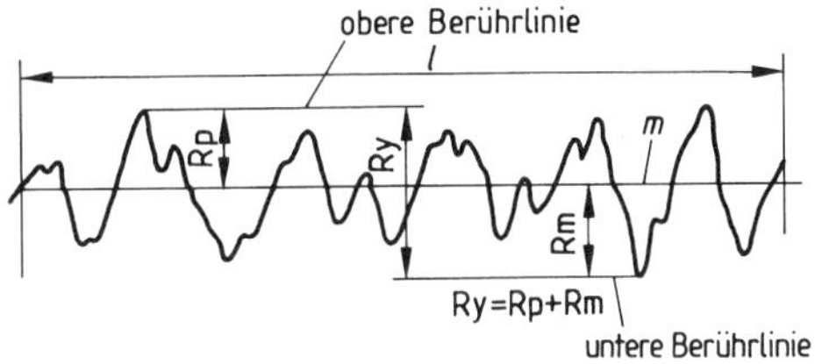

7.80 Maximale Profilhöhe R_y, obere und untere Berührlinie

Bezugsstrecke *l*. Länge der Bezugslinie, die zum Ermitteln der die Oberflächenrauheit kennzeichnenden Unregelmäßigkeiten dient. Die Auswertelänge l_n ist die Länge, über die man die Werte der Rauheitskenngrößen insgesamt ermittelt. Sie kann eine oder mehrere Bezugsstrecken enthalten (**7**.77 und **7**.78).

Regressionslinie *m*. Bezugslinie (Mittellinie) von der Form des geometrischen Profils, die innerhalb der Bezugsstrecke das Profil so durchschneidet, dass die Quadratsumme der Profilabweichungen von dieser Linie ein Minimum wird (**7**.78).

Arithmetischer Mittenrauwert R_a (in µm). Arithmetisches Mittel der absoluten Werte aller Profilabweichungen innerhalb der Bezugsstrecke (**7**.79). In der Praxis ermittelt man R_a-Werte innerhalb der Auswertelänge.

Maximale Profilkuppenhöhe R_p (in µm). Abstand des höchsten Profilpunkts von der Regressionslinie m innerhalb der Bezugsstrecke (**7**.80). Die maximale Profiltaltiefe R_m ist der Abstand des tiefsten Profilpunkts zur Regressionslinie.

Tragende Länge η_p . Summe der Schnittlängen b_1, b_2 usw., die eine zur Regressionslinie m in vorgegebener Schnittlinientiefe c (in µm) parallelverlaufende Linie aus den Profilkuppen herausschneidet (**7**.81).

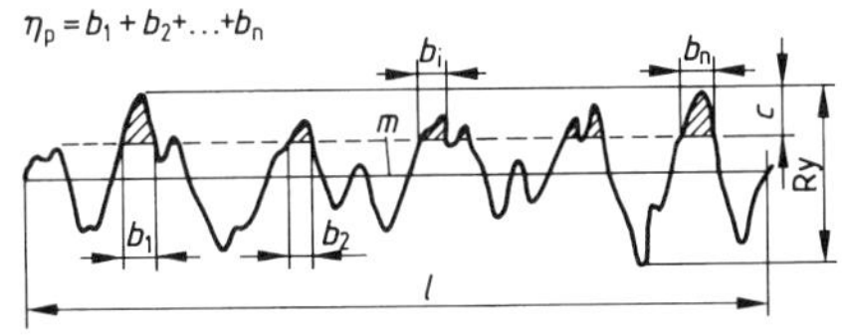

7.81 Tragende Länge η_p

Maximale Profilhöhe R_y (in µm). Abstand zwischen der Profilkuppenlinie (obere Berührlinie) und der Profiltallinie (untere Berührlinie) innerhalb der Bezugsstrecke (**7**.80). Der frühere Begriff Rautiefe R_t soll wegen seiner unterschiedlichen messtechnischen Auslegungen nicht mehr verwendet werden. (R_y entspricht R_{max} nach DIN 4768).

Tabelle 7.82 **Symbole der Oberflächenangaben**

Symbol	Bedeutung	Bemerkung	Beispiel	Erläuterung
√ oder √‾	Grundsymbol	Es darf nur allein benutzt werden, wenn seine Bedeutung „eine Oberfläche, die behandelt wird",ist, oder wenn es durch eine Anmerkung erklärt wird.	√ glatt	unbearbeitete Fläche im Rohzustand oder geputzt
			Ra 6,3 √	spanend oder spanlos hergestellte Oberfläche mit Mittenrauwert $R_a \leq 6{,}3\ \mu m$
			√ Rz 16 / Rz 4	spanend oder spanlos hergestellte Oberfläche mit gemittelter Rautiefe $R_z = 4$ bis $16\ \mu m$ (oberer und unterer Grenzwert)
√‾○	dieselbe Oberflächenbeschaffenheit auf allen Oberflächen des Teiles		y√ ; z√	Oberflächenzeichen, das an anderer Stelle auf der Zeichnung erklärt ist, z. B. y√ = √ lackiert, RAL 1073 ; z√ = √ R_{max} 4
∇√ oder ∇√‾	zu bearbeitende Oberfläche[1])	die Oberfläche muss materialabtrennend bearbeitet werden	Ra 0,4 / Ra 0,8 ∇√	spanend hergestellte Oberfläche mit Mittenrauwert $R_a = 0{,}4$ bis $0{,}8\ \mu m$ (oberen und unteren Grenzwert)
			∇√ ISO 9013-IA	durch Brennschneiden erzeugte Oberfläche, Güte I, Genauigkeitsgrad A nach DIN EN ISO 9013
○√ oder ○√‾	ohne Zusatzangabe: Oberfläche bleibt im Anlieferungszustand (Zustand des vorhergehenden Fertigungsvorgangs)	z. B. Rohguss, Halbzeug, geschmiedete Flächen	○√ (Ra 0,3 √)	Rohteil (z. B. gezogener Stahl), bei dem nur eine Oberfläche spanend bearbeitet wird, alle anderen Oberflächen bleiben unbehandelt
	mit Zusatzangaben: Oberfläche muss ohne materialabtrennende Bearbeitung (spanlos) hergestellt werden	z. B. durch Urformen, Umformen, galvanische Überzüge (Beschichten), jedoch nicht durch Spanen erzeugte Oberfläche	○√ Rz 3 ; ○√ Fe/Ni 20p Cr r / Rz 1	spanlos hergestellte Oberfläche mit gemittelter Rautiefe $R_z \leq 3\ \mu m$ nickel-/chrombeschichtet, Rautiefe allseitig $R_z \leq 1$

[1]) Hierzu gehören Spanen, Zerteilen (nach DIN 8589) oder Abtragen (nach DIN 8590)

Gemittelte Rautiefe R_z. Arithmetisches Mittel aus den Einzelrautiefen (Profilhöhen) von 5 aneinander grenzenden Einzelmessstrecken. Diese nach DIN 4768 ermittelte Kenngröße ist vergleichbar der nach ISO eingeführten Zehnpunkthöhe R_z nach DIN 4762 (ggf. Unterscheidung durch R_{zISO} bzw. R_{zDIN}, s. Norm).

Der Profiltraganteil t_p wird in Prozenten der tragenden Länge η_p zur Bezugsstrecke l ausgedrückt (**7**.83).

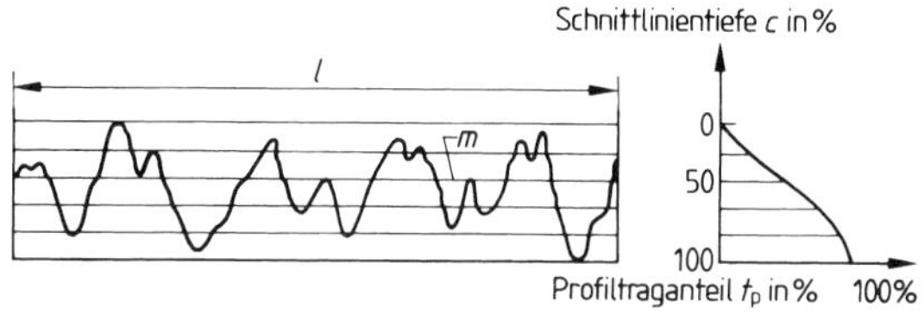

7.83 Profiltragteil t_p

Für die Eintragung der Oberflächenangaben in Zeichnungen verwendet man die in Tab. **7**.82 enthaltenen Symbole (DIN ISO 1302). Ihre Größe richtet sich nach den einzutragenden Oberflächenangaben (**7**.84).

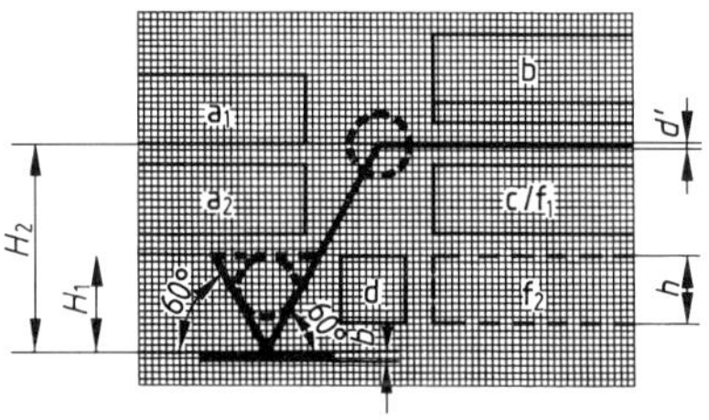

Größe der Ziffern und Großbuchstaben (h)		2,5	3,5	5	7
Linienbreite für Symbole (d') und Linienbreite für die Beschriftung		0,25	0,35	0,5	0,7
Höhe H_1	für die Symbole	3,5	5	7	10
Höhe H_2		8	11	15	21

7.84 Größe des Symbols zum Eintragen der Oberflächenbeschaffenheit mit einzelnen zugeordneten Angaben

a = Rauheitswert R_a in µm hinter dem Kurzzeichen R_a

b = Fertigungsverfahren, Behandlung oder Überzug, sonstige Wortangaben

c = Welligkeit in µm hinter dem entsprechenden Kurzzeichen oder Bezugsstrecke in mm

d = Rillenrichtung

e = Bearbeitungszugabe

f = andere Rauheitswerte als R_a mit Parameterkurzzeichen (z. B. R_z 0,4)[1]

Kennzeichnung der Rillenrichtung (Feld *d* in **7**.84)

= parallel zur Projektionsebene verlaufend

⊥ senkrecht zur Projektionsebene verlaufend

× in 2 Richtungen schräg zur Projektionsebene gekreuzt verlaufend

M in vielen Richtungen verlaufend

C annähernd zentrisch zum Mittelpunkt der Oberfläche verlaufend

P nichtrillige Oberfläche, ungerichtet oder muldig

Anordnung der Symbole. Symbole mit den Angaben *a, b, c, d, e* und *f* sind so anzuordnen, dass sie von unten oder von der rechten Seite zu lesen sind (**7**.85). Um diese Regel immer einzuhalten, kann das Symbol mit der Oberfläche auch durch eine Hinweislinie mit Pfeil verbunden werden. Symbol oder Pfeil müssen von außen entweder auf die Körperkante oder auf eine Maßhilfslinie als Verlängerung der Körperkante zeigen (**7**.85).

---

[1]) Es ist vorgesehen, Angaben von Rauheitswerten (auch andere als R_a) nur noch unter der Position *a* anzugeben. Rauheitswerte sollten deshalb nur noch zusammen mit dem Kurzzeichen eingetragen werden.

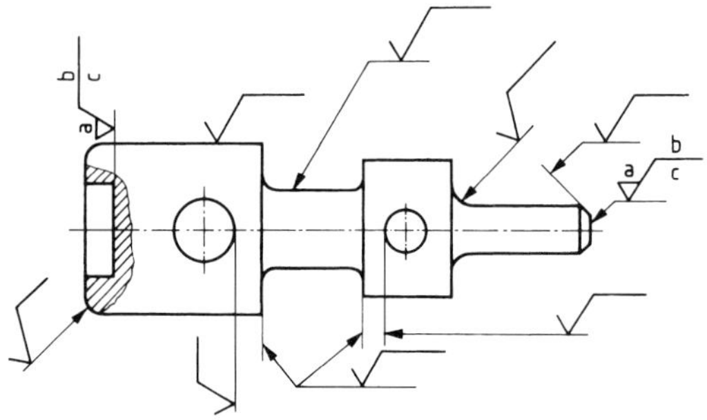

7.85 Symbole müssen von unten oder von der rechten Seite her lesbar sein

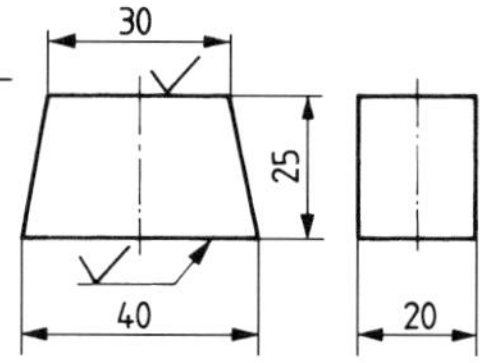

7.86 Oberflächenzeichen für bestimmte, bemaßte Flächen

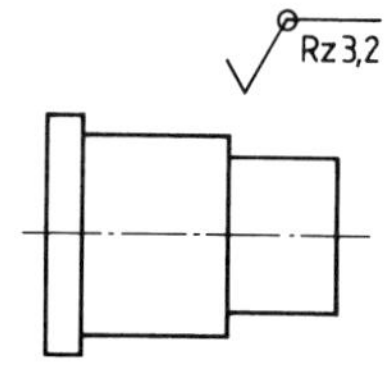

7.87 Oberflächenzeichen für allseitig dieselbe Oberflächenbeschaffenheit

Beispiele für die Eintragung in Zeichnungen:

- **Oberflächenzeichen** sind für eine bestimmte Oberfläche nur einmal einzutragen und in die Ansicht zu setzen, in der die betreffende Fläche bemaßt ist (**7**.86).
- **Wird dieselbe Oberflächenbeschaffenheit allseitig für ein ganzes Teil** gefordert, ist als Symbol ein am Oberflächensymbol eingefügter Kreis zu zeichnen (**7**.87).
- **Zylindrische und prismatische Oberflächen** müssen nur einmal gekennzeichnet werden, wenn durch eine Mittellinie angegeben wird, dass dieselbe Oberflächenbeschaffenheit gefordert wird (**7**.88 und **7**.89).
- **Bei zusammengehörenden Pass- und Gleitflächen** mit gleicher Oberflächenbeschaffenheit kann man Oberflächenangaben nach Bild **7**.90 eintragen.

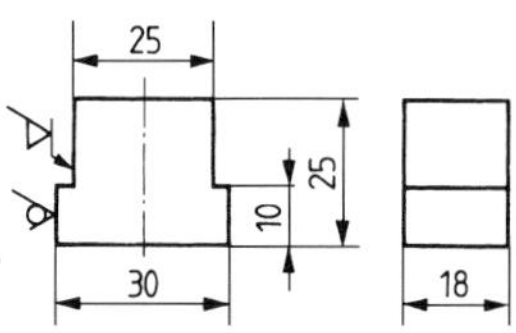

7.88 Oberflächenzeichen für symmetrisch liegende Flächen gleicher Beschaffenheit

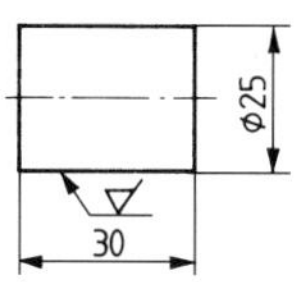

7.89 Oberflächenzeichen für eine Mantelfläche

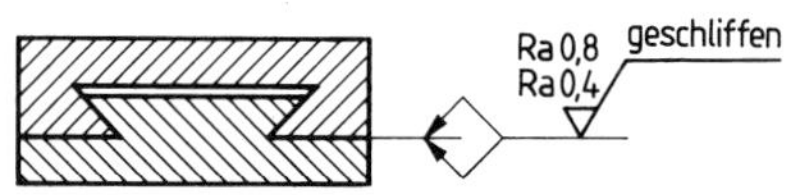

7.90 Zusammengesetzt gezeichnete Teile mit gleicher Oberflächenbeschaffenheit

- **Die Oberflächenangaben von Zahnflanken,** die in der Zeichnung nicht dargestellt sind, setzt man an die Teilkreise (**7**.91 und **7**.92).
- **Bei Teilen mit einer allseitigen Oberflächenrauheit R_z 6,3** (ausgenommen bei einer Oberfläche mit R_a 6,3) wird die Letztere in Klammern hinter das Hauptsymbol und an die betreffende Fläche gesetzt (**7**.93).
- **Tritt eine Oberflächenbeschaffenheit überwiegend auf,** die andere (oder mehrere andere) dagegen seltener, wird das Hauptoberflächenzeichen in die Nähe der Darstellung oder des Schriftfelds gesetzt, die seltenere(n) Oberflächenbeschaffenheit(en) dagegen in Klammern hinter das erste Zeichen und außerdem an die betreffende(n) Fläche(n) (**7**.94).
- **Für Außen- und Innenrundungen** (Hohlkehlen) sowie Fasen können die Oberflächenangaben auch mit den Maßeintragungen (oder durch Verwenden derselben Hinweislinie) kombiniert werden (**7**.95).
- **Bei Rundungen mit gleicher Oberflächenbeschaffenheit** kann man statt der Einzelangabe in der Nähe des Teils oder des Schriftfelds einen Hinweis mit entsprechendem Symbol aufnehmen (**7**.96). Tritt eine Oberflächenbeschaffenheit der Rundungen dagegen seltener auf, fügt man diese Ausnahme in Klammern an und gibt sie in der Darstellung an (**7**.97). Rundungen und Fasen ohne Oberflächenangaben sollen die gleiche Oberflächenbeschaffenheit aufweisen wie die sich der Fase oder dem Radius anschließende Oberfläche. Sollen sie einen kleineren Rauheitswert haben, sind sie mit entsprechenden Angaben zu versehen.

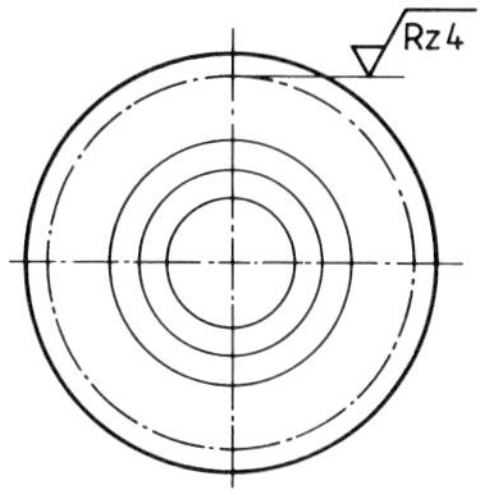

7.91 Oberflächenangaben von Zahnflanken (Draufsicht)

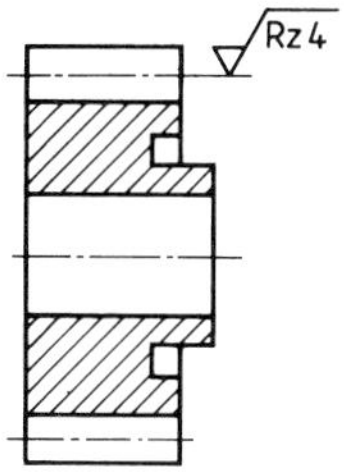

7.92 Oberflächenangaben von Zahnflanken (Seitenansicht)

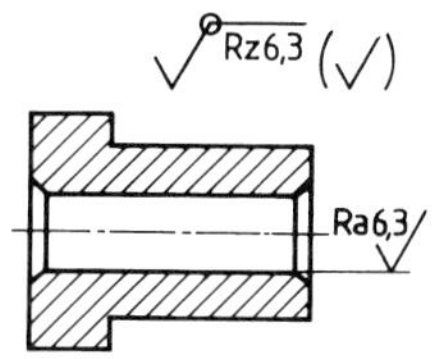

7.93 Allseitige Oberflächenbeschaffenheit mit Ausnahme

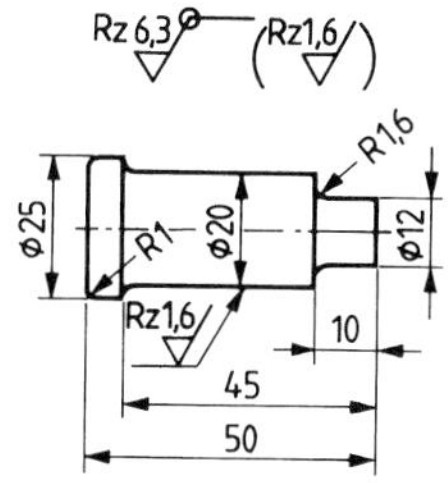

7.94 Teile mit verschiedener Oberflächenbeschaffenheit

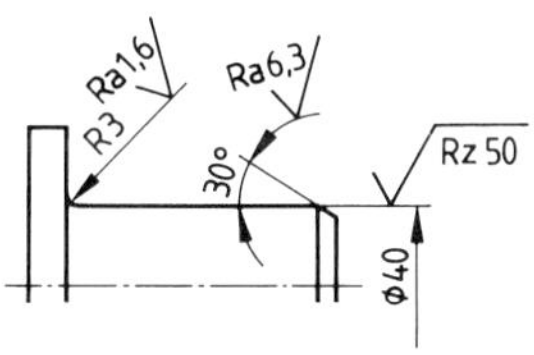

7.95 Oberflächenangaben von Innenrundungen und Schrägungen

7.96 Teile mit Rundungen mit gleicher Oberflächenbeschaffenheit

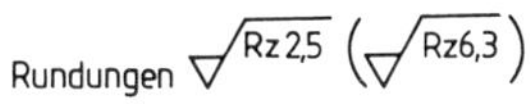

7.97 Teile mit verschiedener Oberflächenbeschaffenheit der Rundungen

- **Bezieht sich eine bestimmte Oberflächenbeschaffenheit nur auf einen Teil der Oberfläche,** legt man den Geltungsbereich durch ein Maß fest (**7**.98).
- **Die Oberflächenbeschaffenheit wiederkehrender Formen** ist nur einmal an der bemaßten Form einzutragen (**7**.99).
- **Die Angabe von Abmaßen und/oder Toleranzklassen** gewährleistet keine bestimmte Oberflächenbeschaffenheit. Diese ist, wenn gefordert, besonders anzugeben (**7**.100).

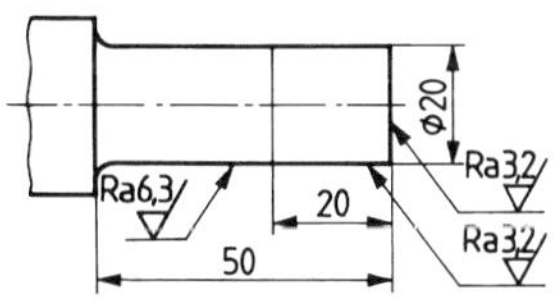

7.98 Bemaßter Bereich für eine Oberflächenbeschaffenheit

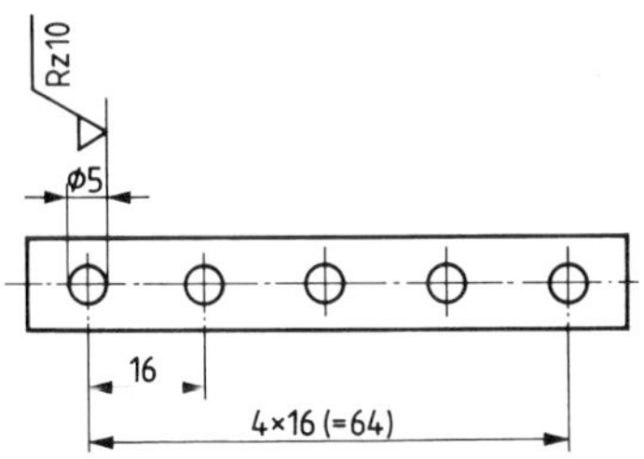

7.99 Oberflächenbeschaffenheit wiederkehrender Formen

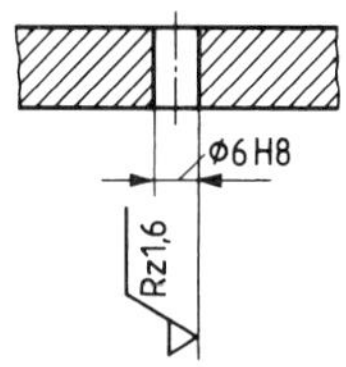

7.100 Toleranzklasse und Oberflächenbeschaffenheit

An Gussstücken gilt für die Kennzeichnung der Oberflächenbeschaffenheit bei überwiegend rohen Flächen:

- Die Oberflächenangaben für die rohen Flächen entfallen, wenn das Herstellverfahren eine ausreichende Oberflächenbeschaffenheit gewährleistet (**7**.102). Oder
- das Symbol ∀ wird als allgemeiner Hinweis angegeben (**7**.102).
- Bearbeitete Flächen sind in beiden Fällen mit einem Oberflächensymbol zu versehen (**7**.101, **7**.102).

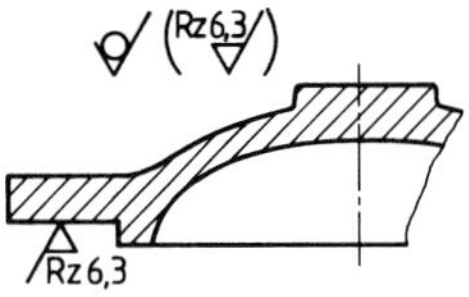

7.101 Roh bleibende Gussflächen erhalten kein Oberflächenzeichen

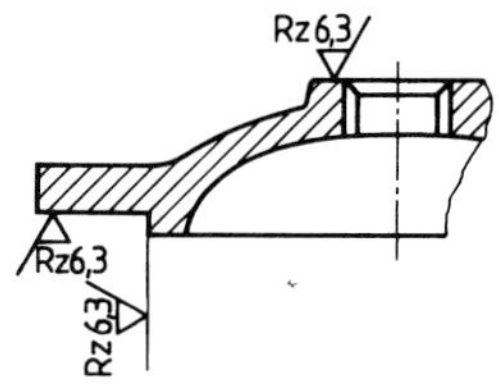

7.102 Zu bearbeitende Gussflächen erhalten Oberflächenzeichen

Bei überwiegend spanend bearbeiteten Flächen:

- Die rohen Flächen bezeichnet man mit dem Symbol ⊘̸.
- Für die bearbeiteten Flächen wird ein allgemeiner Hinweis aufgenommen, z. B. Rz6,3 ▽ (⊘̸) (**7**.105).

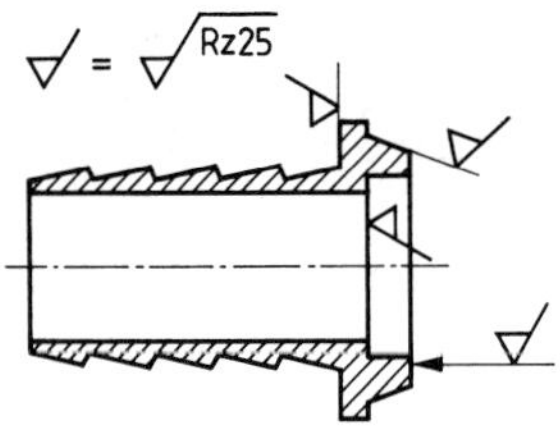

7.103 Vereinfachte einheitliche Angabe bei mehreren Oberflächen gleicher Beschaffenheit

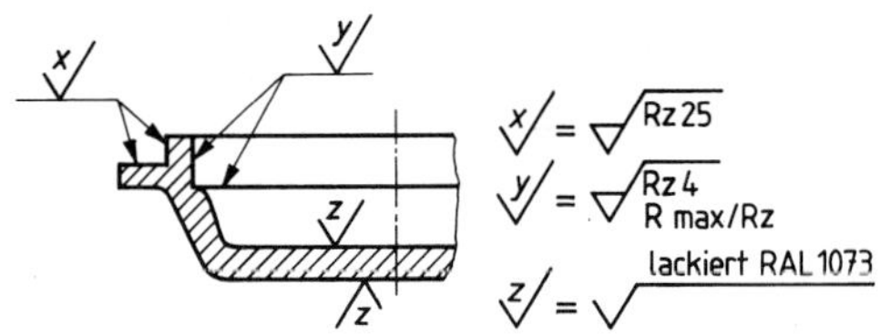

7.104 Vereinfachte Oberflächenangaben durch Grundsymbol und Buchstaben

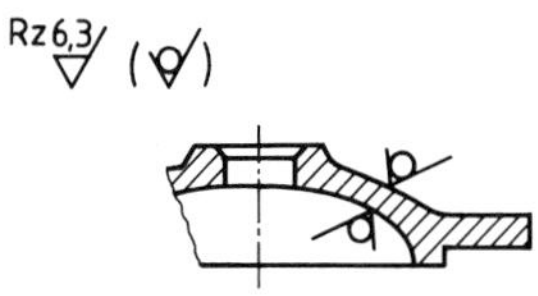

7.105 Allgemeiner Hinweis der roh bleibenden und der zu bearbeitenden Flächen

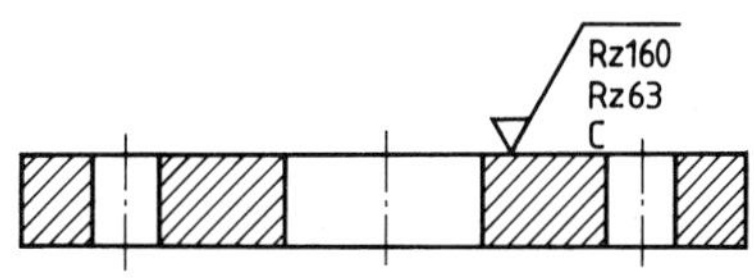

7.106 Oberfläche mit Angabe der Rillenrichtung

Zur Vereinfachung zieht man das Grundsymbol mit Buchstaben an die Flächen des Werkstücks heran. Die Bedeutung wird in der Nähe des Teils oder des Schriftfelds erklärt (**7**.104). Bei einheitlicher Oberflächenbeschaffenheit mehrerer Flächen genügt die Eintragung des Symbols z. B. ▽̸, dessen Bedeutung an anderer Stelle auf der Zeichnung erklärt wird (**7**.103). Muss – z. B. bei Dichtflächen – die Rillenrichtung (hier C = zentrisch zum Mittelpunkt) angegeben werden, verfährt man wie in Bild **7**.106 dargestellt.

Etwa erforderliche Anflächungen an Durchgangslöchern dürfen vereinfacht durch Angabe der Maße und Oberflächenangaben dargestellt werden (**7**.107).

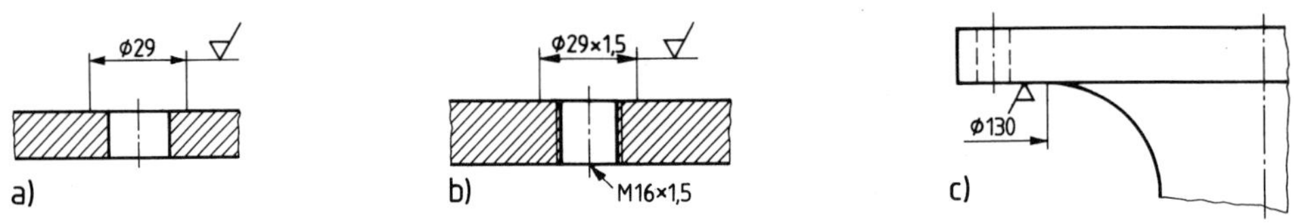

7.107 Anflächungen an Durchgangslöchern

An Werkstücken aus vorgefertigten Halbzeugen (z. B. gewalzter gezogener Stahl), bei dem die weiteren Oberflächen zu bearbeiten sind, erhalten die im Anlieferungszustand bleibenden Flächen das Symbol ∇⁄ (**7**.108). Sollen an einem vorwiegend spanend herzustellenden Werkstück einzelne Flächen spanlos bearbeitet werden, erhalten diese das gleiche Symbol mit den entsprechenden Zusatzangaben. Bei der Oberflächenbeschaffenheit genügt das in Klammern gesetzte Grundsymbol ∇⁄ (**7**.109).

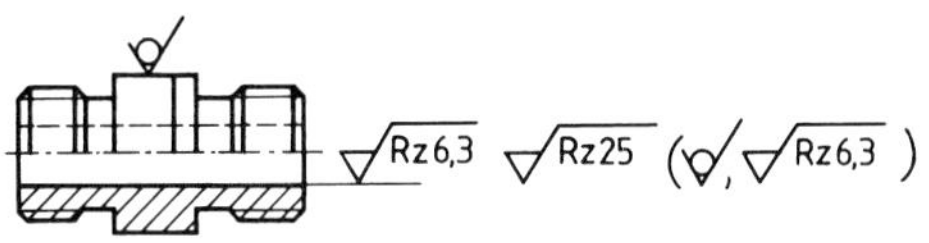

7.108 Kennzeichnung der Flächen, die im Anlieferungszustand bleiben sollen

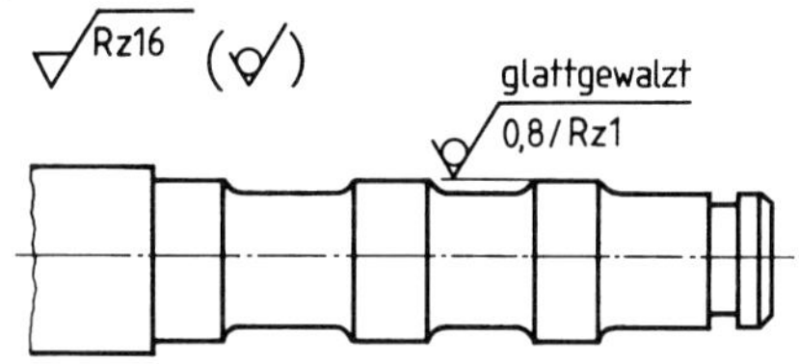

7.109 Überschneidungen zwischen spanlos und spanend hergestellten Flächen

7.4.2 Gegenüberstellung bisheriger und aktueller Oberflächenangaben

Die Kennzeichnung nach der zurückgezogenen Norm DIN 3141 soll nicht mehr verwendet werden. Um Zeichnungen, die sich dieser Darstellungsweise noch bedienen, leichter umsetzen zu können, wurde Tab. **7**.110 aufgenommen.

Tabelle **7**.110 **Gegenüberstellung der bisherigen und neuen Oberflächenangaben**

	Unverändert: Oberflächen ohne Zeichen Oberflächen, an die keine bestimmten Anforderungen gestellt werden, weil die üblichen Fertigungsverfahren einen ausreichenden Endzustand sicherstellen.			
bisher	Rautiefe beliebig Oberflächen, an die nur die Forderungen größerer Gleichmäßigkeit und besseren Aussehens gestellt werden.			
neu	Oberflächen, die nicht bearbeitet werden dürfen, die z. B. im Anlieferzustand bleiben.	roh Oberflächen, die roh bleiben; Unebenheiten dürfen spanend nachgearbeitet werden.	geputzt Oberflächen, die roh bleiben, aber geputzt werden müssen.	geglättet Oberflächen mit höheren Anforderungen an die Glätte; ggf. Rauheitswerte angeben.

bisher	DIN 3141 Reihe 2		▽			▽▽			▽▽▽						▽▽▽▽	
bisher	DIN 3141 Reihe 3			▽			▽▽			▽▽▽					▽▽▽▽	
bisher	Rautiefe R_t	160	100	63	40	25	16	10	6,3	4	2,5	1,6	1			
neu	Rauheitsklassen (vermeiden)	N 12	N 11	N 10	N 9	N 8		N 7	N 6		N 5	N 4	N 3	N 2		N 1
neu	Mittenrauwert R_a in μm¹)	50	25	12,5	6,3	3,2		1,6	0,8		0,4	0,2	0,1	0,05		0,025
neu	Gemittelte Rautiefe R_z in μm¹)	160	100	63	40	25	16	10	6,3	4	2,5	1,6	1	0,63	0,4	0,25

¹) R_a und R_z nach DIN 4768. Eine genaue Umrechnung von R_a nach R_z und umgekehrt ist nicht möglich, da dies von der Profilform abhängig ist. Die Tabellenwerte sind als grobe Richtwerte anzusehen. Sie können jedoch für die Umstellung bestehender Angaben oder R_t-Angaben verwendet werden, da die Messung von R_t ohne klare Messbedingungen sehr vieldeutig war. R_t-Werte können in der Regel wertgleich in R_z-Werte umgesetzt werden.

Beispiele bisher neu neu

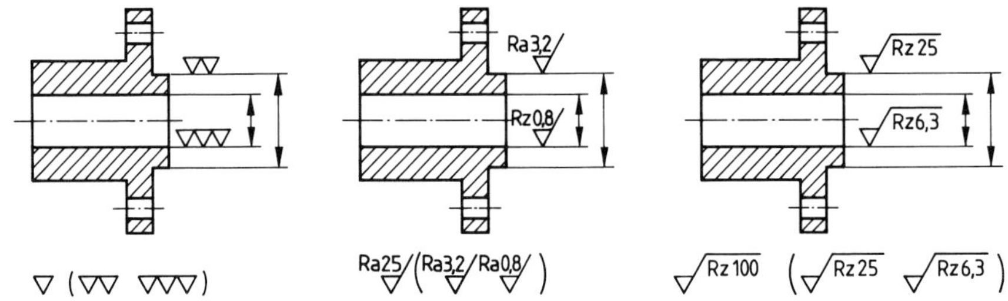

7.5 Eintragungsbeispiele für Form- und Lagetoleranzen sowie Angaben zur Oberflächenbeschaffenheit

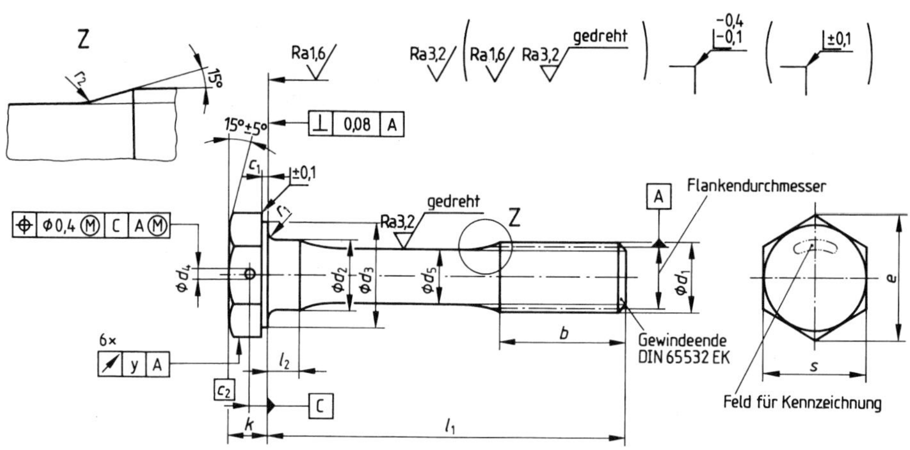

7.111 Dehnschraube nach DIN 65115 (Maße s. Norm)

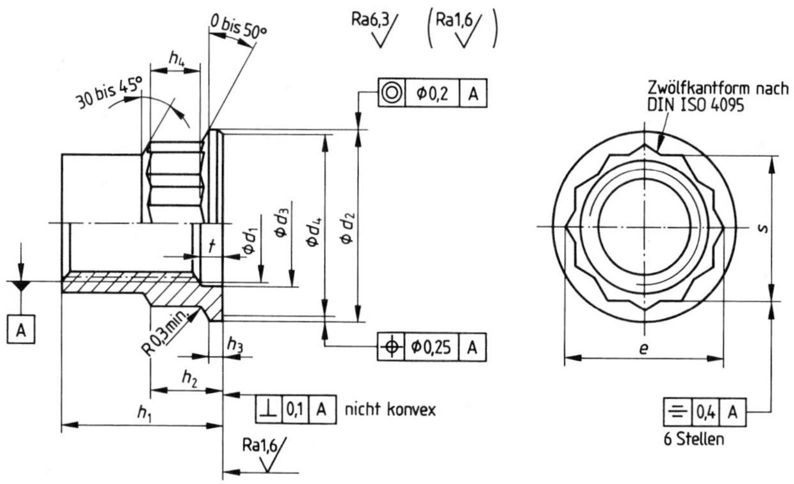

7.112 Mutter nach DIN 65529 (Maße s. Norm)

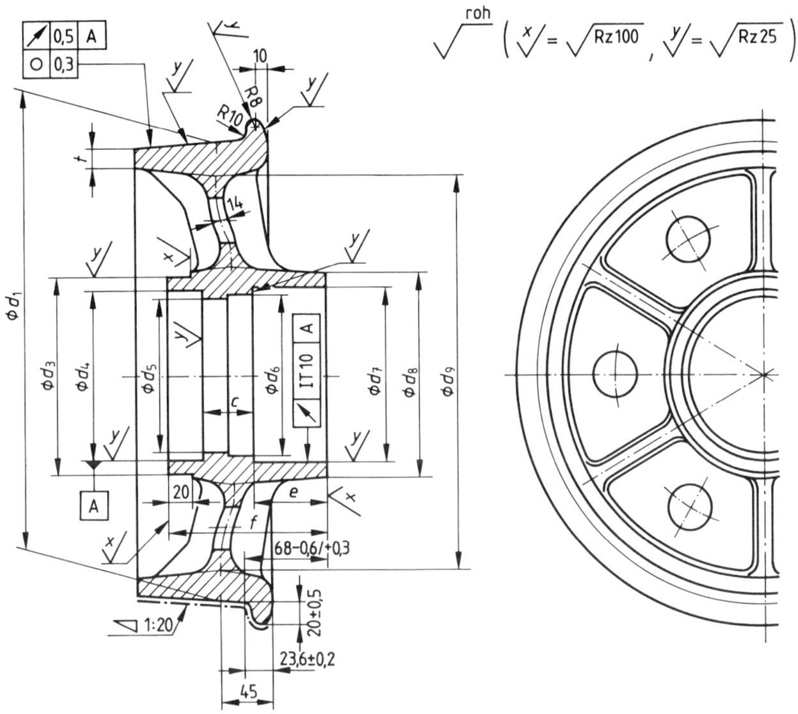

7.113 Rad für Förderwagen (für Achse in Bild **7**.114) nach DIN 20556 (Maße s. Norm)

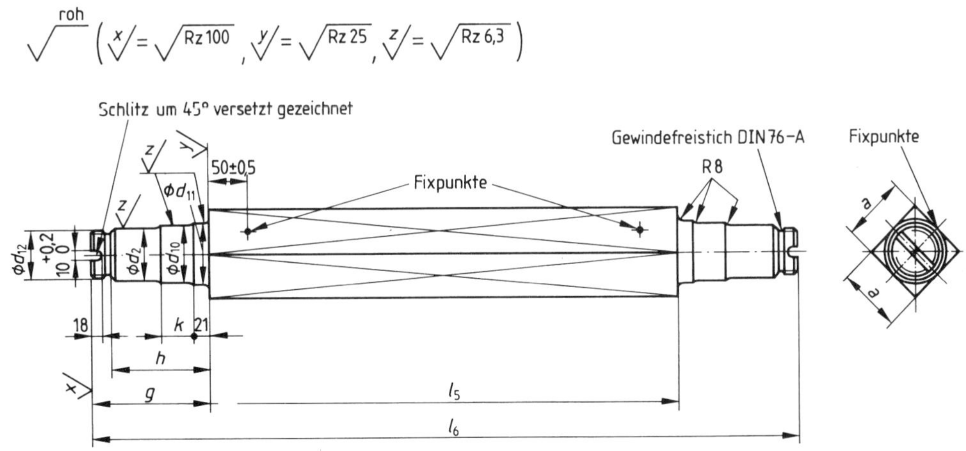

7.114 Achse für Förderwagen (Räder s. Bild **7**.113) nach DIN 20556 (Maße s. Norm)

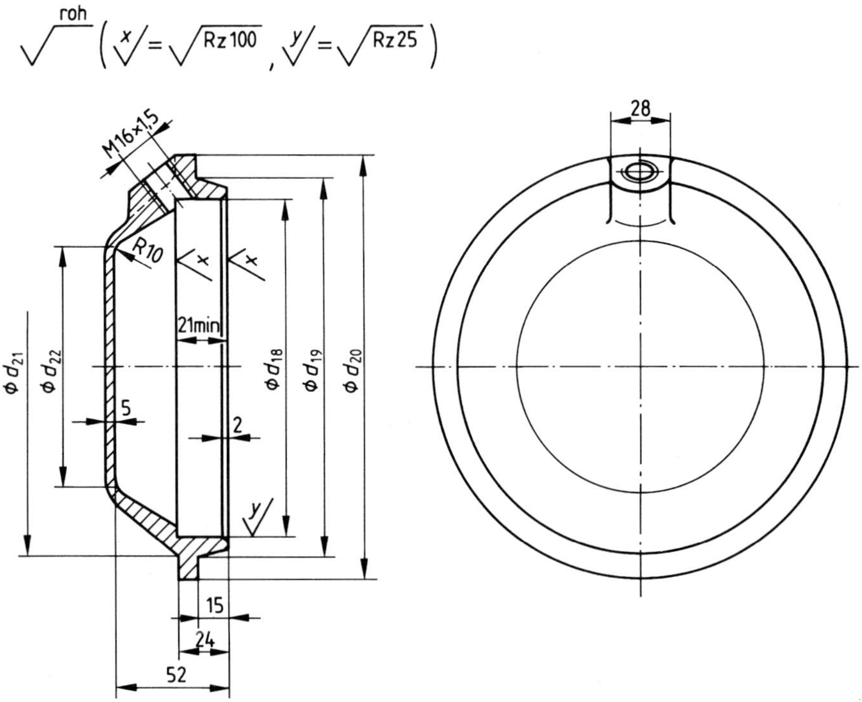

7.115 Radkappe (Achse und Rad s. Bilder 7.113 und 7.114) nach DIN 20556 (Maße s. Norm)

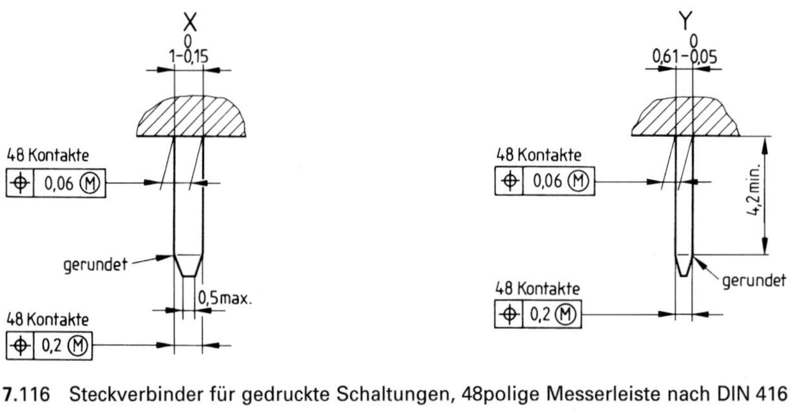

7.116 Steckverbinder für gedruckte Schaltungen, 48polige Messerleiste nach DIN 41612-9

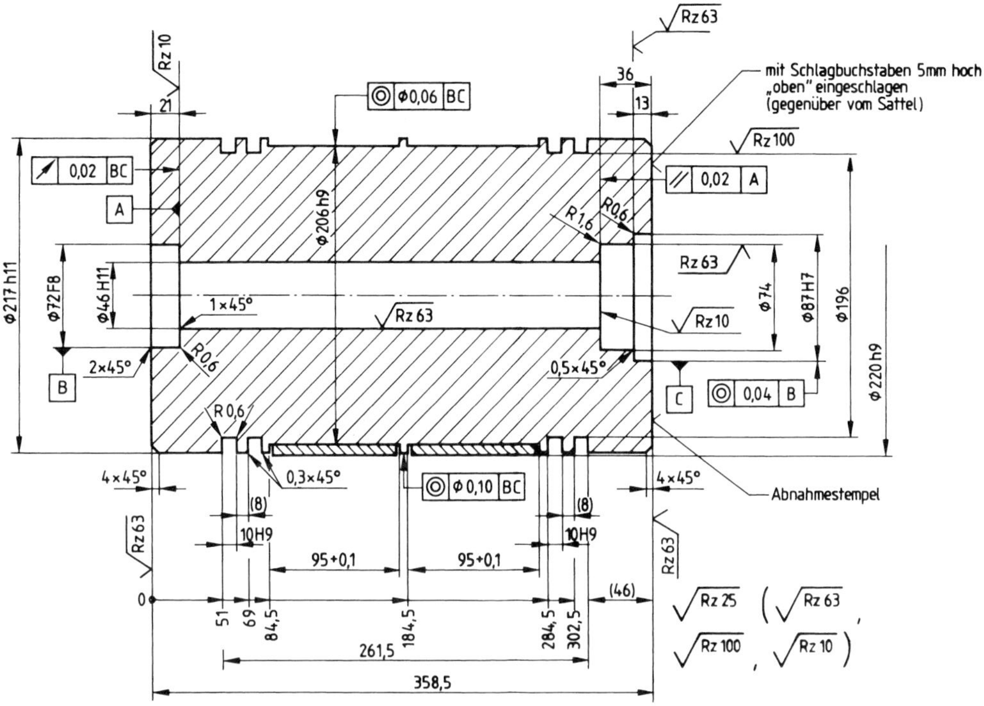

7.117 Darstellung eines Kolbens im Schnitt

Zeichnungseintrag | Bedeutung | Tolerierung ISO 8015 Allgemeintoleranzen ISO 2768–mH

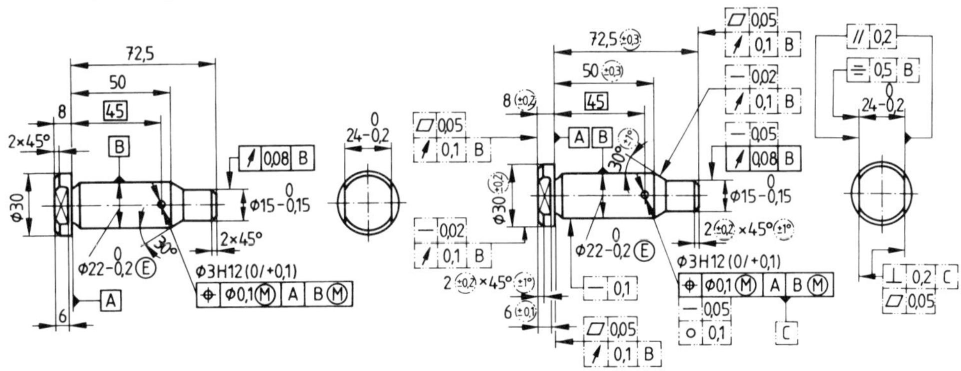

7.118 Beispiel für Zeichnungseintragungen der Allgemeintoleranzen nach DIN ISO 2768-1 und DIN ISO 2768-2

Anmerkung 1 Die in dünnen Strich-Zweipunkt-Linien (rechteckiger und kreisförmiger Rahmen) eingetragenen Toleranzen sind Allgemeintoleranzen. Diese Toleranzwerte würden automatisch durch eine Fertigung mit werkstattüblicher Genauigkeit gleich oder kleiner als ISO 2768 – mH erreicht und brauchten üblicherweise nicht geprüft zu werden.

Anmerkung 2 Da einige Toleranzeigenschaften auch andere Form- und Lageabweichungen desselben Formelements begrenzen (z.B. begrenzt die Rechtwinkligkeitstoleranz auch die Geradheitsabweichung), sind nicht alle Allgemeintoleranzen eingetragen.

7.6 Rechnerunterstütztes Zeichnen

Bei Einarbeitung der in diesem Abschnitt angesprochenen Zeichnungsangaben in eine rechnerunterstützt erstellte Zeichnung spielt die zur Verfügung stehende CAD-Software hinsichtlich der Arbeitserleichterung eine wichtige Rolle.

Bezüglich der Eintragung von Toleranzen, seien es Abmaße oder die Angabe von Toleranzklassen bei Passungen, besteht bei komfortableren CAD-Programmen die Möglichkeit, diese Angaben schon bei der Routinebemaßung mit in der Zeichnung anzugeben.

Verwendet man eine Tabelle zur Angabe von Toleranzen, kann diese z. B. als Symbol in die Zeichnung eingefügt und die entsprechenden Textangaben dort eingetragen bzw. editiert werden.

Ist die Angabe von Form- und Lagetoleranzen oder Oberflächenangaben notwendig, so bieten einige Programme entsprechende Menüs für diese Angaben an. Trifft man eine Auswahl des gewünschten Kriteriums (z. B. das Symbol für Ebenheit oder Rundlauf), können beim Aufruf des gesamten Symbols noch die Variablen für den Toleranzwert und das Bezugselement angegeben und das Symbol positioniert werden. Ebenso kann bei Oberflächenangaben verfahren werden.

8 Technische Zeichnungen. Angaben für Werkstoffe, Wärmebehandlungen und Beschichtungen

8.1 Werkstoffangaben

Die Bezeichnungsweisen für Werkstoffe sollen europäisch auf eine einheitliche Grundlage gestellt werden. Mit den Normen DIN EN 10027-1 und DIN EN 10027-2 sowie DIN V 17006-100, Bezeichnungssysteme für Stähle, liegen die ersten Ergebnisse vor. Während die Systematik der Werkstoffnummern weitestgehend erhalten bleibt, ist der künftige Aufbau der Werkstoffkurznamen verschieden von den bisherigen (Einzelheiten s. Normen).

Da in derzeitigen technischen Unterlagen sowie in den in diesem Buch angeführten Werkstoffnormen die neue Bezeichnungsweise noch nicht allgemein eingeführt ist, wird zum besseren Verständnis zunächst weiterhin die bisherige Systematik vorgestellt. Bei Neuerstellung von Zeichnungen bzw. Neukonstruktionen sollte jedoch darauf geachtet werden, die Werkstoffe nach dem neuen System zu kodieren bzw. zu benennen.

Ein kurze Einführung in die künftige Bezeichnungsweise sowie eine vergleichende Übersicht bisher gebräuchlicher Kurzzeichen und neuer Bezeichnungen ist im Abschn. 8.1.5 enthalten.

Um Werkstoffe kurz und eindeutig benennen zu können, wurden zwei Bezeichnungssysteme festgelegt:

Kurzzeichen. Mithilfe einer Buchstaben-Zahlen-Kombination nach zurückgezogener Normenreihe DIN 17006 (für Eisen und Stahl) und nach DIN 1700 (für Nichteisenmetalle) wurden die Werkstoffe, ihre etwaigen Legierungsbestandteile und bestimmte Merkmale kodiert beschrieben.

Werkstoffnummern. Die siebenstellige Ziffernkombination für metallische und nichtmetallische Werkstoffe nach zurückgezogener Normenreihe DIN 17007 bestand aus drei Gruppen von Ziffern, die durch Punkte voneinander getrennt wurden (**8**.1). Verschlüsselt wurden Werkstoffhauptgruppen, gegeneinander abgegrenzte Sorten sowie die Werkstoffe kennzeichnende Gewinnungsverfahren, Zustände usw.

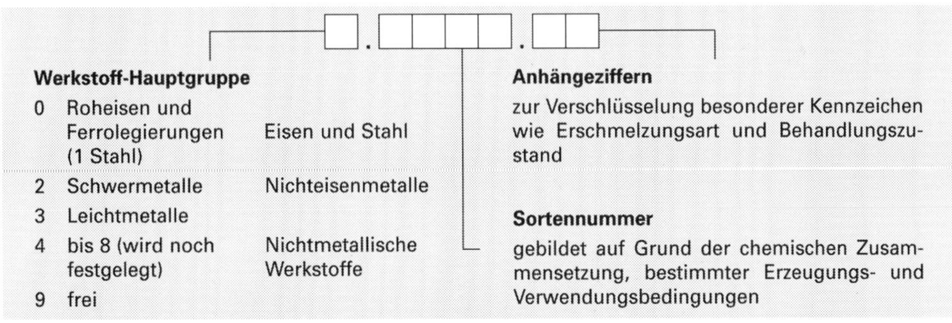

8.1 Grundaufbau des Nummernsystems für Werkstoffnummern nach zurückgezogener DIN 17007-1

8.1.1 Bezeichnung von Eisen und Stahl

Die systematische Bezeichnung von Eisen und Stahl mittels Kurzzeichen zeigt Bild **8**.2. Durch die abkürzenden Zeichen wurden Herstellungsart, Legierungselemente und deren Anteile, besondere Eigenschaften, Behandlungszustände, Festigkeiten usw. gekennzeichnet.

[1] Klammern nur, wenn Missdeutungen möglich werden

Gusseisen

G	gegossen (allg.)
GG	Gusseisen mit Lamellengraphit (z. B. **GG**-20)
GH	Hartguss
GS	Stahlguss (z. B. **GS**-E25CrMo56V + S65)
GT	Temperguss (allg.)
GTS	Temperguss, schwarz
GTW	Temperguss, weiß

Anhängezeichen:

K	Kokillenguss (z. B. Kokillengrauguss GGK-)
Z	Schleuderguss (Zentrifugalguss) (z. B. Schleuder-Stahlguss GS**Z**-)

Erschmelzungsart

B	Bessemerbirne
E	Elektroofen (z. B. GS-**E**25CrMo56V + S65)
F	Flammofen
J	Elektroofen (Induktion)
LE	Elektroofen (Lichtbogen)
M	Siemens-Martinofen
T	Thomasbirne
TI	Tiegel
W	Windgefrischter Austauschstahl
Y	Sauerstoffblasstahl

Anhängezeichen:
B basisch Y sauer

besondere Eigenschaften

A	alterungsbeständig (z. B. ASt42.6N)
G	mit größerem P- und/oder S-Gehalt
H	halbberuhigt vergossen
K	mit kleinem P- und/oder S-Gehalt
L	laugenrissbeständig
P	pressschweißbar (feuerschweißbar)
Q	kaltstauchbar (quetschbar)
R	ruhig vergossen (beruhigt)
RR	besonders beruhigt
S	schmelzschweißbar
U	unruhig vergossen (unberuhigt)
Z	ziehbar

hochlegierte Stähle

X kennzeichnet hochlegierte Stähle, mit Massenanteilen charakteristischer Legierungselemente >5% (z. B. X10CrNi188V)

Weitere besondere Eigenschaften und indirekter Hinweis auf Eigenschaften durch Angabe der sie hervorrufenden Legierungselemente

St	für Stähle (z. B. A**St**42.6N), die nicht nach ihrer chemischen Zusammensetzung benannt werden
C	für unlegierte Stähle (z. B. **C45**, Vergütungsstahl nach DIN EN 10083-2), die nach ihrer chemischen Zusammensetzung benannt werden
Kennzahl	Kohlenstoffkennzahl (bei legierten Stählen Angabe der Massenanteile von C in % unter Weglassen des chem. Symbols C, z. B. GS-E**25**CrMo56V + S65)
Kennzahl	Mindestzugfestigkeit in 1/10 N/mm^2 (z. B. ASt**42**.6N, GG-**20**)
chem. Symbole + Kennzahl	chemische Symbole der bestimmte Eigenschaften hervorrufenden Legierungselemente (nach fallenden Massenanteilen oder bei gleichen Massenanteilen alphabetisch geordnet) und Legierungskennzahlen (Massenanteile in % multipliziert mit festgelegtem Multiplikator nach Tab. **8.3** für Anteile <5%; bei hochlegierten Stählen ist der Multiplikator 1) in der Reihenfolge der Legierungselemente (z. B. GS-E25**CrMo56**V + S65 oder X5**CrNi1810**)

Gewährleistungsumfang

Beispiele

.6 zugesichert:	Streckgrenze und Kerbschlagzähigkeit (z. B. ASt42.6N)
.8 zugesichert:	Warmfestigkeit oder Dauerfestigkeit
.9 zugesichert:	Elektrische oder magnetische Eigenschaften

Gütestufe

W2	2. Güte
W3	3. Güte
WS	für Sonderzwecke

Behandlungszustand

A	angelassen
R	beste Bearbeitbarkeit
BF	wärmebehandelt auf bestimmte Zugfestigkeit
C	behandelt auf Scherbarkeit
E	einsatzgehärtet
G	weichgeglüht
H	gehärtet
HF	Oberfläche flammengehärtet
HJ	Oberfläche induktionsgehärtet
K	kaltverformt
KBK	blankgezogen
N	normalgeglüht (z. B. ASt42.6N)
NT	nitriert
S	spannungsfreigeglüht
U	unbehandelt
V	vergütet (z. B. GS-E25CrMo56**V** + **S65**)

besondere Eigenschaft aufgrund der Behandlung

Kennzahl
u. a. für Mindestzugfestigkeit

Beispiel
GS-25CrMo56V + S**65**

Beispiele

allgemeiner Baustahl mit 370 N/mm^2 Mindestzugfestigkeit
St37

unlegierter, alterungsbeständiger Stahl mit 420 N/mm^2 Mindestzugfestigkeit, mit gewährleisteter Streckgrenze und Kerbschlagzähigkeit, normalgeglüht
ASt42.6N

Gusseisen (Grauguss) mit Lamellengraphit mit 200 N/mm^2 Mindestzugfestigkeit
GG-20

Vergütungsstahl (unlegierter Stahl) mit 0,45% C
C45

niedriglegierter E-Stahlguss mit 0,25% C, 1,25% Cr, 0,6% Mo, vergütet und spannungsfrei geglüht auf 650 N/mm^2
GS-E25CrMo56V + S65

hochlegierter Stahl, nichtrostend, mit 0,05% C, 18% Cr, 10% Ni, vergütet
X5CrNi1810

8.2 Systematische Bezeichnung von Eisen und Stahl nach zurückgezogener Normenreihe DIN 17006

Die systematische Bezeichnung von Eisen und Stahl mittels Werkstoffnummern ist in den Bildern **8**.4 und **8**.5 dargestellt. Unter der Werkstoffnummern-Hauptgruppe 0 wurden alle Roheisen-, Vorlegierungs-, Gusseisen- und Tempergusssorten erfasst (**8**.4), unter der Hauptgruppe 1 alle Stähle, einschließlich der Stahlgusssorten (**8**.5).

Tabelle **8**.3 **Chemische Symbole der Legierungselemente und ihre Multiplikatoren nach zurückgezogener Normenreihe DIN 17006** (Anwendung s. Bild **8**.2)

Legierungszusätze	Multiplikator bei niedriglegierten Werkstoffen
Chrom (Cr), Kobalt (Co), Mangan (Mn), Nickel (Ni), Silicium (Si), Wolfram (W)	4
Aluminum (Al), Beryllium (Be), Blei (Pb), Bor (B), Kupfer (Cu), Molybdän (Mo), Niob (Nb), Tantal (Ta), Titan (Ti), Vanadium (V), Zirkon (Zr)	10
Phosphor (P), Schwefel (S), Stickstoff (N), Cer (Ce), Kohlenstoff (C)	100

Der ungefähre Massenanteil eines Legierungselements wird durch Dividieren der betreffenden Legierungskennzahl durch den Multiplikator bestimmt.

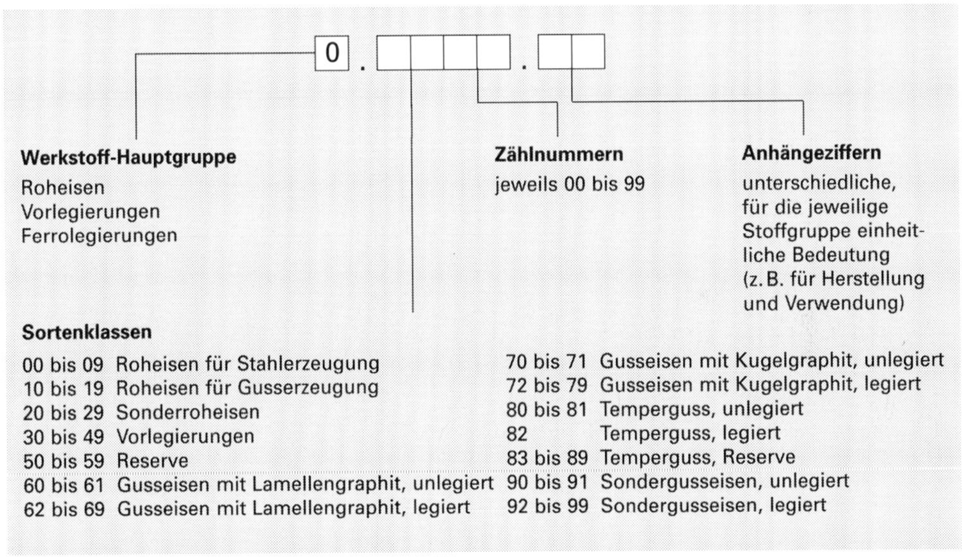

8.4 Systematik der Hauptgruppe 0 der Werkstoffnummer nach zurückgezogener DIN 17007-3

Unterteilung innerhalb dieser Gruppen nach chemischer Zusammensetzung; Einordnung in der Regel auf Grund des Legierungselements mit dem größten Massenanteil

Vergleichsbeispiele zwischen Werkstoff-Kurzbezeichnung und Werkstoffnummer

GG-20 = 0.6020 — Zählnummer nach DIN 1691

GGL-NiCr 303 = 0.6676 — Zählnummer nach DIN 1694

GTS-45-06 = 0.8145 — Zählnummer nach DIN 1692

1 . □□□□ . □□

Werkstoff-Hauptgruppe

Stahl (einschließlich Stahlguss)

Sortenklassen

00 bis 09 Massen- und Qualitätsstähle; allgemeine Sortenunterteilung nach chem. Zusammensetzung und Massenanteilen der Legierungselemente

10 bis 19 Unlegierte Edelstähle; Unterteilung nach chem. Zusammensetzung und Herstell- sowie Verwendbarkeitsmerkmalen

20 bis 29 Legierte Edelstähle; Werkzeugstähle; Unterteilung nach chem. Zusammensetzung

30 bis 39 Legierte Edelstähle; verschiedene Stähle; Unterteilung nach Herstell- und Verwendbarkeitsmerkmalen

40 bis 49 Legierte Edelstähle; chem. beständige Stähle; Unterteilung nach chem. Zusammensetzung

50 bis 84 Legierte Edelstähle; Baustähle; Unterteilung nach chem. Zusammensetzung

85 Legierte Edelstähle; Nitritstähle

88 Legierte Edelstähle; Hartlegierungen

90 bis 99 Massen- und Qualitätsstähle; Sondersorten; Unterteilung nach chem. Zusammensetzung

Zählnummern

jeweils 00 bis 99

Stahlgewinnungsverfahren[1]

0 unbestimmt oder ohne Bedeutung
1 unberuhigter Thomasstahl
2 beruhigter Thomasstahl
3 unberuhigter Stahl sonstiger Erschmelzungsart
4 beruhigter Stahl sonstiger Erschmelzungsart
5 unberuhigter Siemens-Martin-Stahl
6 beruhigter Siemens-Martin-Stahl
7 unberuhigter Sauerstoffblas-Stahl
8 beruhigter Sauerstoffblas-Stahl
9 Elektrostahl

Behandlungszustand[1]

0 keine oder beliebige Behandlung
1 normalgeglüht
2 weichgeglüht
3 wärmebehandelt auf gute Zerspanbarkeit
4 zähvergütet
5 vergütet
6 hartvergütet
7 kaltverformt
8 federhart kaltverformt
9 behandelt nach besonderen Angaben

8.5 Systematik der Hauptgruppe 1 der Werkstoffnummern nach zurückgezogener DIN 17007-2

[1]) Das neue Nummernsystem für Stähle nach DIN EN 10027-2 sieht als hauptsächliche Änderung keine Anhänge-Zahlen (alte Bezeichnung: Anhängeziffern) mehr vor. Das System der Stahlgruppennummern wurde gering modifiziert (s. Tab. **8.**15).

Vergleichsbeipiele zwischen Werkstoff-Kurzbezeichnung und Werkstoffnummer

C45 = 1.05 03

Sortenklasse 05 für unlegierte Qualitätsstähle

Zählnummer

nach DIN EN 10083-2

UST37-2 = 1.00 36

Sortenklasse 00 für Massenstähle, allg. Sorte in Handels- und Grundgüte

Zählnummer

nach DIN EN 10025

X5CrNi1810 = 1.43 01

Sortenklasse 43 für nicht rostenden Stahl, ohne Mo, Nb oder Ti

Zählnummer

nach DIN EN 17440

8.1.2 Bezeichnung von Nichteisenmetallen

Die Bezeichnungsweise mittels Kurzzeichen zeigt Bild **8**.6. Verschlüsselt wurden Herstellung und Verwendung, die chemische Zusammensetzung und besondere Eigenschaften. Zur Angabe der chemischen Zusammensetzung dienen die chemischen Symbole der Legierungsbestandteile. Neben dem Grundwerkstoff (größter einzelner Massenanteil) wurden die einzelnen Legierungselemente mit nachgeordneter Kennzahl für ihre Massenanteile (in %) erfasst (**8**.6).

☐ – ☐☐ ... ☐ ☐☐

Kennbuchstaben für Herstellung und Verwendung

E	Werkstoff für die Elektrotechnik	L	Lot
G	Guss (allgemein) (z. B. **G**-CuZn7ZnPb)	Lg	Lagermetall
GC	Strangguss	S	Schweißzusatzwerkstoff
GD	Druckguss	V	Vorlegierung
GK	Kokillenguss (z. B. **GK**-AlSi5Mgwa)	VR	Vorlegierung höheren Reinheitsgrads
GZ	Schleuderguss („Zentrifugalguss")		

Chemische Zusammensetzung

chemisches Symbol des Grundwerkstoffs (größter einzelner Massenanteil)

Beispiele

Cu Kupfer (z. B. G-**Cu**Sn7ZnPb)
Al Aluminium (z. B. GK-**Al**Si5Mgwa und **Al**Mg3F18)

Chemische Zusammensetzung

chemische Symbole der Legierungselemente mit jeweils nachgeordneter Kennzahl für ihre Massenanteile (in %)

Beispiele

G-Cu**Sn7ZnPb**; GK-Al**Si5Mg**wa; Al**Mg3**F18

Kennzeichen für besondere Eigenschaften

u. a. F mit Angabe für Mindestzugfestigkeit (1/10 N/mm²) oder Zustandskurzzeichen (wa = warmausgehärtet)

Beispiele GK-AlSi5Mg**wa**; AlMg3**F18**

8.6 Systematische Bezeichnung von Nichteisenmetallen nach DIN 1700

Beispiele **G-CuSn7ZnPb**: Kupfer-Zinn-Zink-Gusslegierung (Sandguss) nach **DIN 1705** mit einem Cu-Gehalt von 81,0 bis 85,0% sowie Sn-Anteil von 6,8 bis 8,0%, Zn-Anteil von 3,0 bis 5,0% und Pb-Anteil von 5,0 bis 7,0%

GK-AlSi5Mgwa: Aluminiumgusslegierung (Kokillenguss) nach **DIN 1725-2** warmausgehärtet (wa) mit 5–6% Si-Anteil sowie 0,4 bis 0,8% Mg, bis 0,4% Mn, 0 bis 0,2% Titan und Rest Al

AlMg3F18: Stangen aus Aluminumknetlegierung mit 2,0 bis 4,0% Mg, 0 bis 0,4% Mn, 0 bis 0,3% Cr und Rest Al sowie 180 N/mm² Mindestzugfestigkeit nach **DIN 1747-1**

Werkstoffnummer. Für Nichteisenmetalle sind die Werkstoffnummern-Hauptgruppen 2 (Schwermetalle) und 3 (Leichtmetalle) festgelegt. Die vierstelligen Sortennummern sind entsprechend den NE-Grundmetallen aufgeteilt, die Anhängeziffern dienen zum Verschlüsseln bestimmter Zustände (**8**.7).

☐.☐☐☐☐.☐☐

Werkstoff-Hauptgruppe

2 Schwermetalle } NE-Metalle
3 Leichtmetalle }

Sortennummern (Aufteilung nach NE-Grundmetallen)

2.0000 bis 2.1799	Cu (z. B. **2.1090**.01)
2.1800 bis 2.1999	Reserve
2.2000 bis 2.2499	Zn, Cd (z. B. **2.2141**.05)
2.2500 bis 2.2999	Reserve
2.3000 bis 2.3499	Pb
2.3500 bis 2.3999	Sn
2.4000 bis 2.4999	Ni, Co
2.5000 bis 2.5999	Edelmetalle
2.6000 bis 2.6999	Hochschmelzende Metalle
2.7000 bis 2.9999	Reserve
3.0000 bis 3.4999	Al (z. B. **3.2341**.62 und **3.3535**.08)
3.5000 bis 3.5999	Mg (z. B. **3.5812**.02 und **3.5912**.05)
3.6000 bis 3.6999	Reserve
3.7000 bis 3.7999	Ti
3.8000 bis 3.9999	Reserve

Anhängeziffern für dekadisch aufgeteilte Zustandsgruppen

Dekade
0 unbehandelt (z. B. 2.1090.**01** und 3.3535.**08**)
1 weich
2 kaltverfestigt
3 kaltverfestigt
4 lösungsgeglüht
5 lösungsgeglüht
6 warmausgehärtet (z. B. 3.2341.**62**)
7 warmausgeglüht
8 entspannt
9 Sonderbehandlung

Anhängeziffern für detaillierte Zustandsangabe

Beispiele für Dekade 0 (unbehandelt)
0 Masseln, Pulver, Schlamm usw., unbehandelt
1 Sandguss, unbehandelt (z. B. 2.1090.**01**)
2 Kokillenguss, unbehandelt (z. B. 3.5812.**02**)
3 Schleuderguss, unbehandelt
4 Strangguss, unbehandelt
5 Druckguss, unbehandelt (z. B. 3.5912.**05**)
6 Sintermetall, unbehandelt
7 warmgewalzt/warmgezogen
8 (strang-)gepresst/(warm-)geschmiedet (Freiform/Gesenk) (z. B. 3.3535.**08**)
9 Sonderfälle

Beispiel für Dekade 6 (warmausgehärtet)
2 lösungsgeglüht, warmausgelagert (z. B. 3.2341.**62**)

8.7 Systematik der Hauptgruppen 2 und 3 der Werkstoffnummern nach zurückgezogener DIN 17007-4

Vergleichsbeipiele zwischen Werkstoff-Kurzbezeichnung und Werkstoffnummer

G-CuSn7ZnPb = 2.1090.01	GD-ZnAl4Cu1 (Z410) = 2.2141.05
GK-AlSi5Mgwa = 3.2341.62	GK-MgAl8Zn1 = 3.5812.02
AlMg3F18 = 3.3535.08	GD-MgAl9Zn1 = 3.5912.05

8.1.3 Werkstoffangaben in Zeichnung und Stückliste

Der Werkstoff für das herzustellende Teil muss aus der Zeichnung und gegebenenfalls auch aus der Stückliste eindeutig hervorgehen (s. Abschn. 2.2). Wird es der Arbeitsvorbereitung und Fertigungsvorbereitung überlassen, ein bestimmtes Halbzeug festzulegen oder handelt es sich z. B. um Gussteile, genügt im Allgemeinen die Angabe der Werkstoffbezeichnung oder Werkstoffnummer. (Eine Auswahl unlegierter Baustähle, die häufig im Maschinenbau verwendet werden, ist in Tab. **8**.8 zusammengestellt.) In der Regel wird unter Zugrundelegen der betreffenden Maßnorm eine Normbezeichnung nach DIN 820-2 gebildet (Beispiele s. nachstehend).

Zur Vereinfachung können in Anlehnung an die Metallbaunorm DIN ISO 5261 (s. Abschn. 6.1.8) statt der Benennung wie Rechteckstange oder Rundstahl Symbole für die Halbzeugform (Querschnittsform) verwendet werden.

Die Normbezeichnung ist an der entsprechenden Stelle in das Schriftfeld der Zeichnung oder in die Stückliste einzutragen (s. Abschn. 2.2).

Beispiele **U 100 DIN 1026 – USt37-2**: warmgewalzter, rundkantiger U-Stahl mit einer Höhe h = 100 mm aus Stahl mit der Bezeichnung USt37-2 (bzw. 1.0036) nach DIN EN 10025

Rund DIN 668 – 15S10K – 10 × 30: kaltverformter (gezogener) blanker Rundstahl, IT h 11, d = 10 mm, 30 mm lang, nach DIN 668 aus Automatenstahl 15S10 mit ≈ 0,15% Kohlenstoff und ≈ 0,10% Schwefelgehalt nach DIN 1651

Winkel DIN 1028 – St37-2 – 80 × 10: warmgewalzter, gleichschenkliger, rundkantiger Winkelstahl mit 80 mm Schenkellänge, 60 mm lang, nach DIN 1028, aus Baustahl St37-2 mit einer Mindestzugfestigkeit von 370 N/mm^2 nach DIN EN 10025

L-Profil DIN 1771 – AlMgSi0,5F22 EQ – E1 – S30 × 20 × 4: Scharfkantiges (S) Winkelprofil nach DIN 1771 in Eloxalqualität (EQ) für Oberflächenbehandlung E1 (geschliffen, anodisiert nach DIN 17611) mit den Abmessungen h = 30 mm, b = 20 mm und einer Dicke von s = 4 mm, aus Aluminium-Knetlegierung AlMgSi0,5F22 (bzw. 3.3206.71; mit ≈ 0,5% Mg und Si) nach DIN 1748-2 mit einer Mindestzugfestigkeit von 220 N/mm^2

Abkürzungen von Benennungen (z. B. Rd für Rund) für Profile, Stangen, Bleche, Bänder usw. s. DIN 1353-1 und DIN 1353-2.

Eine Zusammenfassung aller wichtigen DIN-Normen über Stahl, Eisen und Nichteisenmetalle bieten die vom DIN Deutsches Institut für Normung herausgegebenen DIN-Taschenbücher 401 bis 405 „Stahl und Eisen: Gütenormen 1 bis 5", 28 „Stahl und Eisen: Maßnormen", 26 „Kupfer und Kupferknetlegierungen". Eine Arbeitshilfe für Konstrukteure, Werkstofffachleute, Handwerker sowie Stahleinkäufer ist das vom Beuth Verlag gemeinsam mit dem Verlag Stahleisen herausgebrachte „Tabellenbuch Stahl für Auswahl und Anwendung". Das Werk „Klein, Einführung in die DIN-Normen" (Beuth Verlag Berlin, Wien, Zürich und Teubner Verlag Stuttgart, Leipzig) gibt einen für die Ausbildung geeigneten Überblick über die einschlägigen Normen.

Tabelle **8.8** **Stahlsorten nach zurückgezogener Norm DIN 17100** (Auswahl)

Stahlsorte Kurzname	Werkstoffnummer	Desoxidationsart[1]	Stahlart[2]	Mechanische und technologische Eigenschaften					Hinweise für die Verwendung			
				Zugfestigkeit R_m[3]) für Erzeugnisdicken in mm		Streckgrenze R_{eH}[3]) für Erzeugnisdicken in mm		Bruchdehnung[4]) für Erzeugnisdicken in mm	für Erzeugnisse	Schmelzschweißen	besondere Eigenschaften: geeignete Stahlsorten zum	
				< 3 N/mm²	≥ 3 ≤ 100 N/mm²	≤ 16 N/mm² min.	> 16 ≥ 40 N/mm² min.	≤ 3 ≥ 40 % min.			Abkanten[5]) (KQ)	Walzprofilieren (WP)
St 33	1.0035	–	BS	310 bis 540	290 bis 510	185	175	18 (16)	im unbehandelten (warmgeformten) Zustand (U): Form- und Stabstahl, Walzdraht, Band, Halbprofile und Halbzeug; im normalgeglühten Zustand (N): Blech, Breitflachstahl und Schmiedestücke; ST 52-3 für Schrauben und Niete	–	–	–
St 37-2 USt 37-2	1.0037 1.0036	– FU	BS	–	–	235	225	26 (24)		×	UQSt 37-2	UPSt 37-2
RSt 37-2 St 37-3 N	1.0038 1.0116	FN FF	BS QS	360 bis 510	340 bis 470	235	225			×	RQSt 37-2 QSt 37-3 N	RPSt 37-2 PSt 37-3 N
St 44-2	1.0044	FN	BS	430 bis 580	410 bis 560	275	265	22 (20)		×	QSt 44-2	PSt 44-2
St 44-3 N	1.0144	FF	QS							×	QSt 44-3 N	PSt 44-3 N
St 52-3 N	1.0570	FF	QS	510 bis 680	490 bis 630	355	345	22 (20)		×	QSt 52-3 N	PSt 52-3 N
St 50-2	1.0050	FN	BS	490 bis 660	470 bis 610	295	285	20 (18)		–	–	–
St 60-2	1.0060	FN	BS	590 bis 770	570 bis 710	335	325	16 (14)		–	–	–
St 70-2	1.0070	FN	BS	690 bis 900	670 bis 830	360	355	11 (10)		–	–	–

[1]) – freigestellt, FU unberuhigter Stahl, FN unberuhigter Stahl nicht zulässig, FF vollberuhigter Stahl mit ausreichendem Gehalt an stickstoffabbindenden Elementen
[2]) BS Grundstahl, QS Qualitätsstahl
[3]) Werte für den Zugversuch gelten für Längsproben
[4]) Werte der Bruchdehnung gelten für Längsproben, Klammerwerte für Querproben
[5]) einschließlich Eignung zum Kaltbiegen, Kaltflanschen und Kaltbördeln

8.1.4 Europäische Normen über Bezeichnungssysteme für Stähle

Im Zuge der europäischen Normung wurde das Bezeichnungssystem für das Bilden von Kurznamen für Stähle geändert und das Nummernsystem etwas modifiziert.

Um den Umgang mit den neuen Bezeichnungen (dort wo sie schon angewendet werden) zu erleichtern und ggf. auch Bezeichnungen umschlüsseln zu können, werden nachfolgend die wesentlichen Unterschiede gegenüber dem bisherigen System vorgestellt.

Im Allgemeinen gilt die Empfehlung, dass bis zur Veröffentlichung der nächsten Folgeausgaben der jeweiligen Europäischen Normen übergangsweise die bisherigen nationalen Bezeichnungen der Werkstoffe oder die Werkstoffnummern verwendet werden sollten.

Bezeichnungen der Stähle auf Grund der Verwendung und der mechanischen oder physikalischen Eigenschaften

Tabelle **8.9** **Bezeichnung der Stähle mittels Kennbuchstaben und -zahlen (DIN EN 10027-1 und DIN EN 10027-2)**

Hauptsymbol		Bedeutung	Eigenschaft	Zusatzsymbole Gruppe 1	Zusatzsymbole Gruppe 2	Bezeichnungsbeispiele
S		Stähle für den allgemeinen Stahlbau	Mindeststreckgrenze für die kleinste Erzeugnisdicke	M; N; Q	C; D; E; F; H; L; M; N; O; P; Q; S; T; W	S 185 S 355 NL S 235 J 2 W
P		Stähle für den Druckbehälterbau		M; N; Q; S	L; H; X	P 265 B P 355 NH
L		Stähle für den Rohrleitungsbau		M; N; Q		
E		Maschinenbaustähle				E 335
B		Betonstahl	charakteristische Streckgrenze			B 500 N
M		Spannstahl	Mindestzugfestigkeit	Q; C; H; S		Y 1770 C
R		Stähle für oder in Form von Schienen		Mn; Cr	Q	R 0900 Mn
H		kaltgewalzte Flacherzeugnisse in höherfesten Ziehgüten	Mindeststreckgrenze	B; P; X	D	H 420 M
H	T		Mindestzugfestigkeit			
D		Flacherzeugnisse aus weichen Stählen zum Kaltumformen	Kennziffer, zweistellig	D; EK; ED; H		
	C	kaltgewalzte Flacherzeugnisse				DC 03 DC 12 EK
	D	zur unmittelbaren Kaltumformung bestimmte Flacherzeugnisse				
	X	Flacherzeugnisse, deren Walzart nicht vorgegeben ist				

Fortsetzung s. nächste Seite

Tabelle **8**.9, Fortsetzung

Haupt-symbol		Bedeutung	Eigenschaft	Zusatzsymbole Gruppe 1	Zusatzsymbole Gruppe 2	Bezeichnungs-beispiele
T		Verpackungsblech und -band				
	H	bei einfach reduzierten Erzeugnisarten	mittlerer Härtewert			TH52
		bei doppelt reduzierten Erzeugnissen	Nennstreckgrenze			T660
M		Elektroblech und -band	höchstzulässige Ummagnetisierungsverluste	A; D; E; N; S; P		M400-50A M390-50E

Tabelle **8**.10 **Zusatzsymbole Gruppe 1**

Zusatzsymbole Gruppe 1		zum Hauptsymbol
M	thermomechanisch gewalzt	S; P; L; H
N	normalgeglüht oder normalisierend gewalzt	S; P; L
Q	vergütet	S; P; L; Y
B	Gasflaschen	P
S	einfache Druckbehälter	P
T	Rohre	P; D
C	kaltgezogener Draht	Y
H	warmgezogene oder vorgespannte Stähle	Y
S	Litze	Y
Mn	hoher Mn-Gehalt	R
Cr	chromlegiert	R
B	Bake hardening	H
P	phosphorlegiert	H
X	Dualphase	H
Y	Interstitial free steel	H
D	Schmelztauchüberzug	D
EK	für konventionelle Emaillierung	D
ED	für Direktemaillierung	D
H	für Hohlprofile	D

Tabelle **8**.11 **Zusatzsymbole Gruppe 2**

Zusatzsymbole Gruppe 2		zum Hauptsymbol
C	mit besonderer Kaltumformbarkeit	S
D	für Schmelzüberzüge	S; H
E	für Emaillierung	S
F	zum Schmieden	S
H	Hohlprofile	S; D
H	Hochtemperatur	P
L	für tiefe Temperaturen	P
M	thermomechanisch gewalzt	S
N	normalgeglüht oder normalisierend gewalzt	S
O	für Offshore	S
P	Spundwandstahl	S
Q	Vergütet	S; R
S	für Schiffbau	S
T	für Rohre	S
W	wetterfest	S
X	Hoch- und Tieftemperatur	P

Tabelle 8.12 **Zusatzsymbole der Gruppe 1 für die Kerbschlagarbeit**

27 J	40 J	60 J	Prüftemperatur in °C
JR	KR	LR	+ 20
JO	KO	LO	0
J2	K2	L2	− 20
J3	K3	L3	− 30
J4	K4	L4	− 40
J5	K5	L5	− 50
J6	K6	L6	− 60

Tabelle 8.13 **Zusatzsymbole für Elektroblech und -band**

A	nicht kornorientiert
D	unlegiert, nicht schlussgeglüht
E	legiert, nicht schlussgeglüht
N	kornorientiert, mit normalen Ummagnetisierungsverlusten
S	kornorientiert, mit eingeschränkten Ummagnetisierungsverlusten
P	kornorientiert, mit geringen Ummagnetisierungsverlusten

Bezeichnungen der Stähle auf Grund der chemischen Zusammensetzung

Unlegierte Stähle mit mittlerem Mn-Gehalt < 1%, außer Automatenstähle

Der Kurzname setzt sich aus dem Kennbuchstaben C und einer Zahl, die dem Hundertfachen des Mittelwertes des für den Kohlenstoffgehalt vorgeschriebenen Bereichs entspricht, zusammen.

Zusatzsymbole: E = vorgeschriebener max. S-Gehalt, R = vorgeschriebener Bereich des S-Gehaltes, D = zum Drahtziehen, C = besondere Kaltumformbarkeit, S = für Federn, U = für Werkzeuge, W = für Schweißdraht.

Den Symbolen E und R kann eine Zahl angehängt werden, die den mit dem Faktor 100 multiplizierten, zuvor auf 0,01% gerundeten höchstzulässigen bzw. mittleren Schwefelgehalt darstellt.

Beispiele **C 36 E4; C 35 R3**

Unlegierte Stähle mit ≥ 1% Mn sowie legierte Stähle (außer Schnellarbeitsstähle), sofern der mittlere Gehalt der einzelnen Legierungselemente unter 5% liegt

Der Kurzname setzt sich zusammen aus einer Zahl, die dem Hundertfachen des Mittelwertes des für den Kohlenstoffgehalt vorgeschriebenen Bereichs entspricht, gefolgt von den chemischen Symbolen der charakteristischen Legierungselemente, nach abnehmenden Gehalten geordnet, ergänzt um Zahlen, die in der Reihenfolge der charakteristischen Legierungselemente einen Hinweis auf ihren Gehalt geben. Die Zahlen stehen nicht hinter dem Symbol. Sie werden mittels Faktoren ermittelt.

Tabelle 8.14 **Faktoren für die Ermittlung von Legierungskennzahlen**

Element	Faktor
Cr, Co, Mn, Ni, Si, W	4
Al, Be, Cu, Mo, Nb, Pb, Ta, Ti, V, Zr	10
Ce, N, P, S	100
B	1000

Beispiel **28 Mn 6**

Legierte Stähle, wenn mindestens für ein Legierungselement der Gehalt ≥ 5 Gewichtsprozent beträgt

Der vorgesetzte Buchstabe X kennzeichnet hochlegierte Stähle. Im weiteren setzt sich der Kurzname aus der verschlüsselten Angabe des Kohlenstoffgehaltes, gefolgt von den chemischen Symbolen der charakteristischen Legierungselemente, nach abnehmenden Gehalten geordnet, zusammen. Zahlen, in der Reihenfolge der Legierungselemente, jeweils durch Bindestrich voneinander getrennt, bilden den Abschluss. Die Zahlen werden unverschlüsselt, gerundet auf die nächste ganze Zahl, angegeben.

Beispiel **X 5 CrNi 18-10**

Schnellarbeitsstähle

Der Kurzname setzt sich aus den Kennbuchstaben HS sowie aus ganzen Zahlen zusammen. Die Zahlen sind durch Bindestrich voneinander getrennt. Sie kennzeichnen jeweils den mittleren Gehalt folgender Legierungselemente: W, Mo, V, Co.

Beispiel **HS 2-9-1-8**

Tabelle **8.15** **Werkstoff-Nummernsystem für Stähle, Stahlgruppennummern nach DIN EN 10027-2**

Unlegierte Stähle			legierte Qualitätsstähle	legierte Edelstähle						
Grundstähle	Qualitätsstähle	Edelstähle		Werkzeugstähle	Verschiedene Stähle	Chem. best. Stähle 6), 7)	Bau-, Maschinenbau-, Behälterstähle			
0 90 1)		10 Stähle mit besonderen physikalischen Eigenschaften		20 Cr	30	40 mit < 2,5% Ni ohne Mo, Nb und Ti	50 Mn, Si, Cu	60 Cr-Ni mit ≥ 2,0 < 3% Cr	70 Cr Cr-B	80 Cr-Si-Mo Cr-Si-Mn-Mo Cr-Si-Mo-V Cr-Si-Mn-Mo-V
	01 | 91 Allgemeine Baustähle mit R_m < 500 N/mm²	11 Bau-, Masch.-bau-, Behälterstähle < 0,50%		21 Cr-Si Cr-Mn Cr-Mn-Si	31	41 mit < 2,5% Ni mit Mo ohne Nb und Ti	51 Mn-Si Mn-Cr	61	71 Cr-Si Cr-Mn Cr-Mn-B Cr-Si-Mn	81 Cr-Si-V Cr-Mn-N Cr-Si-Mn-V
	02 | 92 Sonstige nicht für eine Wärmebehandlung bestimmte Baustähle mit R_m < 500 N/mm²	12 Maschinenbaustähle mit ≥ 0,50% C		22 Cr-V Cr-V-Si Cr-V-Mn Cr-V-Mn-Si	32 mit Co 3)	42	52 Mn-Cu Mn-V Si-V Mn-Si-V	62 Ni-Si Ni-Mn Ni-Cu	72 Cu-Mo mit < 0,35% Mo Cr-Mo-B	82 Cr-Mo-W Cr-Mo-W-V
	03 | 93 Stähle mit im Mittel < 0,12% C oder R_m < 400 N/mm²	13 Bau-, Masch.-bau und Behälterstähle mit bes. Anforderungen		23 Cr-Mo Cr-Mo-V Mo-V	33 ohne Co	43 mit ≥ 2,5% Ni ohne Mo, Nb und Ti	53 Mn-Ti Si-Ti	63 Ni-Mo Ni-Mo-Mn Ni-Mo-Cu Ni-Mo-V Ni-Mn-V	73 Cr-Mo mit ≥ 0,35% Mo	83
	04 | 94 Stähle mit im Mittel ≥ 0,12% C < 0,25% C o. R_m ≥ 400 < 500 N/mm²	14		24 W Cr-W	34	44 mit ≥ 2,5% Ni mit Mo ohne Nb und Ti	54 Mo Nb, Ti, V W	64	74	84 Cr-Si-Ti Cr-Mn-Ti Cr-Si-Mn-Ti
	05 | 95 Mittel ≥ 0,25% < 0,55% C oder R_m ≥ 500 N/mm² < 700 N/mm²	15		25 W-V Cr-W-V	35 Wälzlagerstähle	45 mit Sonderzusätzen	55 B Mn-B < 1,65% Mn	65 Cr-Ni-Mo mit < 0,4% Mo + < 2% Ni	75 Cr-V mit < 2,0% Cr	85 Nitrierstähle
	06 | 96 Stähle mit im Mittel ≥ 0,55% C oder R_m < 700 N/mm²	16 2)		26 W außer Klassen 24, 25 und 27	36 ohne Co 4)	46 Chemisch best. und hochwarmfeste Ni-Leg.	56 Ni	66 Cr-Ni-Mo mit < 0,4% Mo + ≥ 2,0% < 3,5% Ni	76 Cr-V mit < 2,0% Cr	86
	07 | 97 Stähle mit höherem P- oder S-Gehalt	17		27 mit Ni	37 mit Co	47 mit < 2,5% Ni	57 Cr-Ni mit < 1,0% Cr	67 Cr-Ni-Mo mit < 0,4% Mo + ≥ 3,5 < 5,0% Ni oder ≥ 0,4% Mo	77 Cr-Mo-V	87 8)
		18	08 | 98 Stähle mit bes. physikal. Eigenschaften	28 Sonstige	38 ohne Ni 5)	48 mit ≥ 2,5% Ni	58 Cr-Ni mit ≥ 1,0 < 1,5% Cr	68 Cr-Ni-V Cr-Ni-W Cr-Ni-V-W	78	88
		19	09 | 99 Stähle für verschiedene Anwendungsbereiche	29	39 mit Ni	49 Hochwarmfeste Werkstoffe	59 Cr-Ni mit ≥ 1,5 < 2,0% Cr	69 Cr-Ni außer Klassen 57 bis 68	79 Cr-Mn-Mo Cr-Mn-Mo-V	89 9)

1) Grundstähle
2) Werkzeugstähle
3) Schnellarbeitsstähle
4) Werkstoffe mit besonderen magnetischen Eigenschaften
5) Werkstoffe mit besonderen physikalischen Eigenschaften
6) Nicht rostende Stähle: Nummern 40 bis 45
7) Hitzebeständige Stähle: Nummern 47 bis 48
8) nicht für eine Wärmebehandlung beim Verbraucher bestimmte Stähle
9) Hochfeste schweißgeeignete Stähle

Tabelle **8**.16 **Mechanische Eigenschaften der Flach- und Langerzeugnisse nach DIN EN 10025**

Stahlsorte Bezeichnung nach DIN EN 10027-1 und ECISS IC 10	nach DIN EN 10027-2	Desoxidationsart	Stahlart [2])	Streckgrenze R_{eH} N/mm², min. [1]) für Nenndicken in mm ≤ 16	> 16 ≤ 40	> 40 ≤ 63	> 63 ≤ 80	> 80 ≤ 100	> 100 ≤ 150	> 150 ≤ 200	> 200 ≤ 250	Zugfestigkeit R_m N/mm² [1]) für Nenndicken in mm ≤ 3	> 3 ≤ 100	> 100 ≤ 150	> 150 ≤ 250
S185 [3])	1.0035	freigestellt	BS	185	175	–	–	–	–	–	–	310 bis 540	290 bis 510	–	–
S235JR [3])	1.0037	freigestellt	BS	235	225	–	–	–	–	–	–			–	–
S235JRG1 [3])	1.0036	FU	BS	235	225	–	–	–	–	–	–			–	–
S235JRG2	1.0038	FN	BS	235	225	215	215	215	195	185	175	360	340	340	320
S235JO	1.0114	FN	QS	235	225	215	215	215	195	185	175	bis	bis	bis	bis
S235J2G3	1.0116	FF	QS	235	225	215	215	215	195	185	175	510	470	470	470
S235J2G4	1.0117	FF	QS	235	225	215	215	215	195	185	175				
S275JR	1.0044	FN	BS	275	265	255	245	235	225	215	205	430 bis 580	410 bis 560	400 bis 540	380 bis 540
S275JO	1.0143	FN	QS												
S275J2G3	1.0144	FF	QS												
S275J2G4	1.0145	FF	QS												
S355JR	1.0045	FN	BS	355	345	335	325	315	295	285	275	510 bis 680	490 bis 630	470 bis 630	450 bis 630
S355JO	1.0553	FN	QS												
S355J2G3	1.0570	FF	QS												
S355J2G4	1.0577	FF	QS												
S355K2G3	1.0595	FF	QS												
S355K2G4	1.0596	FF	QS												
E295 [4])	1.0050	FN	BS	295	285	275	265	255	245	235	225	490 bis 660	470 bis 610	450 bis 610	440 bis 610
E335 [4])	1.0060	FN	BS	335	325	315	305	295	275	265	255	590 bis 770	570 bis 710	550 bis 710	540 bis 710
E360 [4])	1.0070	FN	BS	360	355	345	335	325	305	295	285	690 bis 900	670 bis 830	650 bis 830	640 bis 830

Stahlsorte Bezeichnung nach DIN EN 10027-1 und ECISS IC 10	nach DIN EN 10027-2	Desoxidationsart	Stahlart [2])	Probenlage [1])	Bruchdehnung, %, min. [1]) $L_0 = 80$ mm für Nenndicken in mm ≤ 1	> 1 ≤ 1,5	> 1,5 ≤ 2	> 2 ≤ 2,5	> 2,5 ≤ 3	$L_0 = 5{,}65\sqrt{S_0}$ für Nenndicken in mm > 3 ≤ 40	> 40 ≤ 63	> 63 ≤ 100	> 100 ≤ 150	> 150 ≤ 250
S185 [3])	1.0035	freigestellt	BS	*l*	10	11	12	13	14	18	–	–	–	–
				t	8	9	10	11	12	16	–	–	–	–
S235JR [3])	1.0037	freigestellt	BS											
S235JRG1 [3])	1.0036	FU	BS	*l*	17	18	19	20	21	26	25	24	22	21
S235JRG2	1.0038	FN	BS	*t*	15	16	17	18	19	24	23	22	22	21
S235JO	1.0114	FN	QS											
S235J2G3	1.0116	FF	QS											
S235J2G4	1.0117	FF	QS											
S275JR	1.0044	FN	BS											
S275JO	1.0143	FN	QS	*l*	14	15	16	17	18	22	21	20	18	17
S275J2G3	1.0144	FF	QS	*t*	12	13	14	15	16	20	19	18	18	17
S275J2G4	1.0145	FF	QS											

Fortsetzung und Fußnoten s. nächste Seite

Tabelle **8**.16, Fortsetzung

Stahlsorte Bezeichnung nach DIN EN 10027-1 und ECISS IC 10	nach DIN EN 10027-2	Desoxidationsart	Stahlart [2]	Probenlage [1]	Bruchdehnung, %, min. [1]) $L_0 = 80$ mm für Nenndicken in mm ≤ 1	> 1 ≤ 1,5	> 1,5 ≤ 2	> 2 ≤ 2,5	> 2,5 ≤ 3	$L_0 = 5{,}65\sqrt{S_0}$ für Nenndicken in mm > 3 ≤ 40	> 40 ≤ 63	> 63 ≤ 100	> 100 ≤ 150	> 150 ≤ 250
S355JR	1.0045	FN	BS	*l*	14	15	16	17	18	22	21	20	18	17
S355JO	1.0553	FN	QS	*t*	12	13	14	15	16	20	19	18	18	17
S355J2G3	1.0570	FF	QS											
S355J2G4	1.0577	FF	QS											
S355K2G3	1.0595	FF	QS											
S355K2G4	1.0596	FF	QS											
E295 [4])	1.0050	FN	BS	*l*	12	13	14	15	16	20	19	18	16	15
				t	10	11	12	13	14	18	17	16	15	14
E335 [4])	1.0060	FN	BS	*l*	8	9	10	11	12	16	15	14	12	11
				t	6	7	8	9	10	14	13	12	11	10
E360 [4])	1.0070	FN	BS	*l*	4	5	6	7	8	11	10	9	8	7
				t	3	4	5	6	7	10	9	8	7	6

[1]) Die Werte für den Zugversuch in der Tabelle gelten für Längsproben (*l*), bei Band, Blech und Breitflachstahl in Breiten ≥ 600 mm für Querproben (*t*).

[2]) BS: Grundstahl; QS: Qualitätsstahl.

[3]) Nur in Nenndicken ≤ 25 mm lieferbar.

[4]) Diese Stahlsorten kommen üblicherweise nicht für Profilerzeugnisse (I-, U-Winkel) in Betracht.

Werkstoff-Nummernsystem für Stähle (DIN EN 10027-2)

DIN EN 10027-2 ersetzt DIN 17007-2 sowie die entsprechenden Festlegungen über Stähle in DIN 17007-1.

Das neue Nummernsystem folgt weitgehend den bisherigen DIN-Normen. Die Anhängezahlen (alte Bezeichnung: Anhängeziffern) für das Stahlgewinnungsverfahren und den Behandlungszustand wurden jedoch gestrichen.

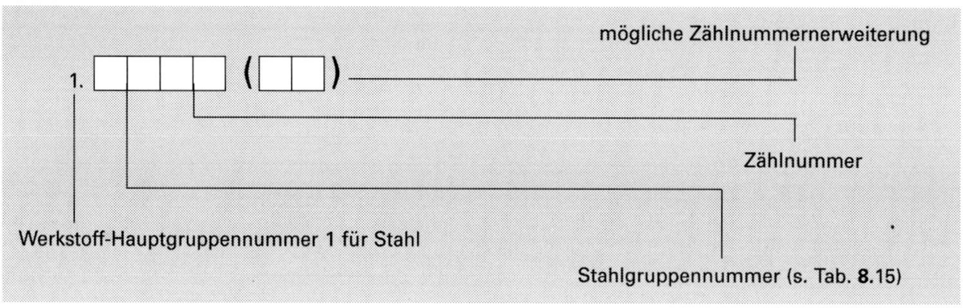

8.17 Aufbauschema der Werkstoffnummern für Stähle

Tabelle **8**.18 **Gegenüberstellung der bisher gebräuchlichen und der neuen Stahlsorten-Bezeichnungen**

Bisherige Werkstoffbezeichnung			Neue Werkstoffbezeichnung		
Stahlsorten-Bezeichnung	Werkstoff-nummer	DIN	Stahlsorten-Bezeichnung	Werkstoff-nummer	DIN
10CrMo910	1.7380	17155	10CrMo9-1	1.7380	EN 10028-2
C45	1.0503	17200	1C45	–	EN 10083-2
Ck35	1.1181	17200	2C35	–	EN 10083-1
Ck45	1.1191	17200	2C45	–	EN 10083-1
RSt37-2	1.0038	17100	S235JRG2	1.0038	EN 10025
St33	1.0035	17100	S185	1.0035	EN 10025
St37-2	1.0037	17100	S235JR	1.0037	EN 10025
St37-3N	1.0116	17100	S235J2G3	1.0116	EN 10025
St37-3U	1.0114	17100	S235JO	1.0114	EN 10025
St44-2	1.0044	17100	S275JR	1.0044	EN 10025
St44-3N	1.0144	17100	S275J2G3	1.0144	EN 10025
St50-2	1.0050	17100	E295	1.0050	EN 10025
St52-3N	1.0570	17100	S355J2G3	1.0570	EN 10025
St60-2	1.0060	17100	E335	1.0060	EN 10025
St70-2	1.0070	17100	E360	1.0070	EN 10025
USt37-2	1.0036	17100	S235JRG1	1.0036	EN 10025

8.1.5 Kennzeichnung der Werkstoffe durch Schraffuren

Werkstoffe sind durch die in die Zeichnung eingeschriebenen Werkstoffangaben eindeutig bestimmt und bedürfen im Allgemeinen keiner weiteren Kennzeichnung. Wird z.B. wegen der Übersichtlichkeit eine Darstellungsunterscheidung gefordert, stehen nach DIN 201 verschiedene Schraffuren zur Verfügung (**8**.19).

> Alle Schraffuren (mit Ausnahme der Grundschraffur U (**8**.19) sind grundsätzlich in der Zeichnung zu erläutern (z.B. Schraffuren nach DIN 201). Für eventuell erforderliche Ergänzungen verwendet man Wortangaben, chemische Formeln usw.

Die Abstände der Schraffuren (Schraffurlinien, wie Punkte, Linsen, Kreuze usw.) sind der Größe der zu kennzeichnenden Fläche anzupassen. Schnittflächen sind im Allgemeinen ohne Rücksicht auf den Werkstoff mit der Grundschraffur U zu schraffieren (**8**.19). Die Richtung der Schraffur ist dabei so zu wählen, dass die Schraffurlinien möglichst nicht mit Umrisslinien zusammenfallen.

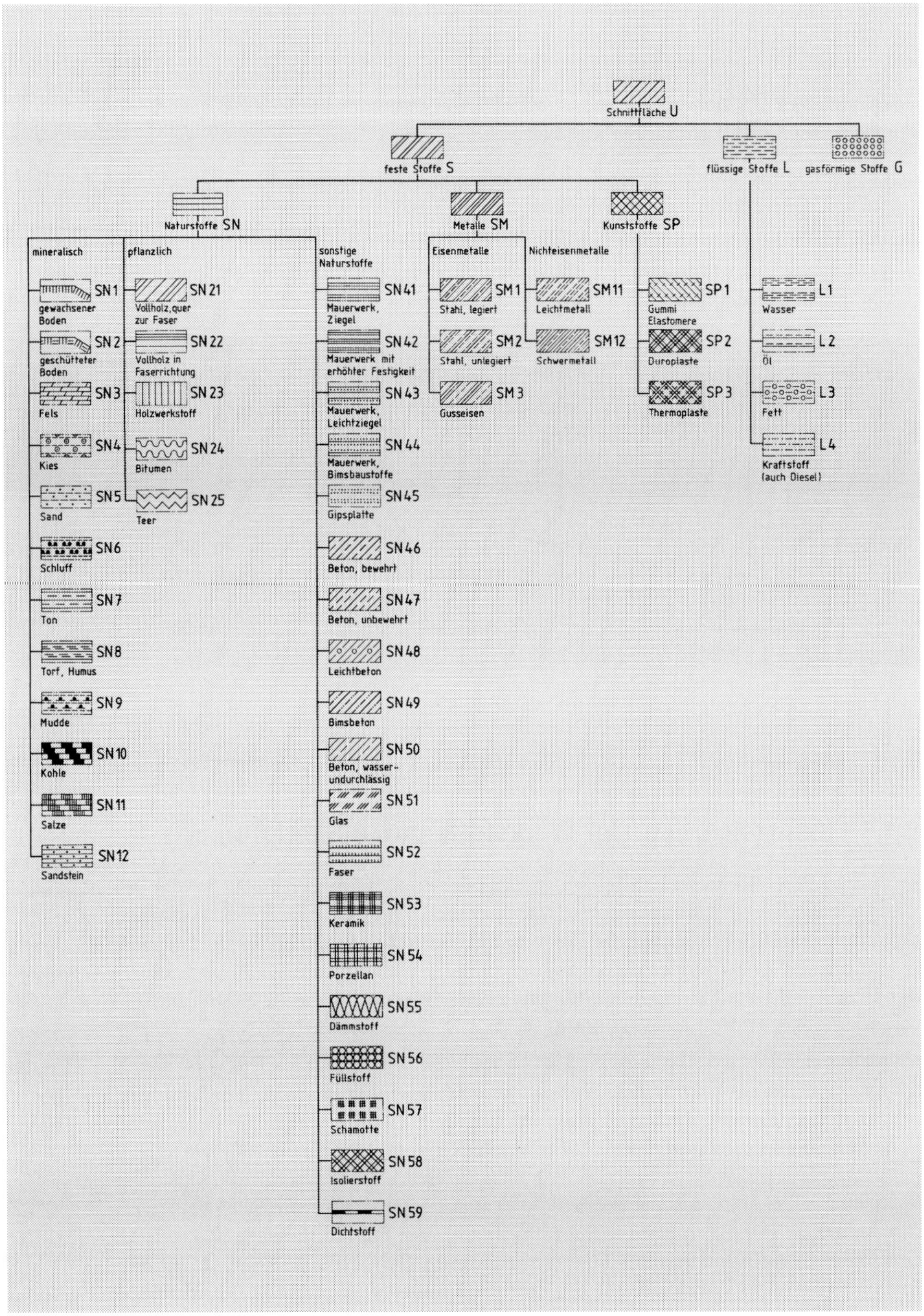

8.19 Kennzeichnung der Werkstoffe durch Schraffuren nach DIN 201

Beispiele für die Kennzeichnung von Werkstoffen im Baugewerbe (s. DIN 1356) zeigen die Bilder **8**.20 bis **8**.22.

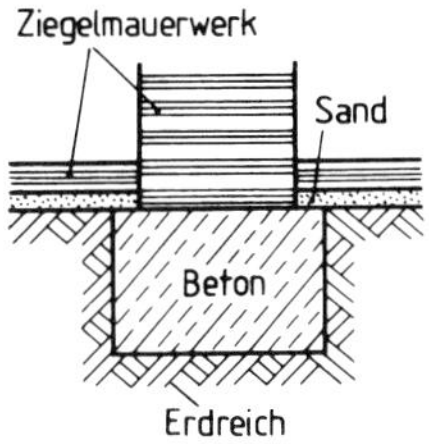

8.20 Grundmauerwerk

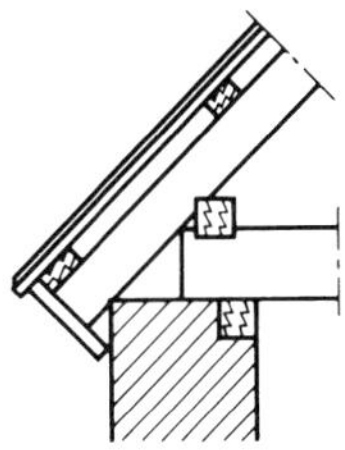

8.21 Dachtraufe

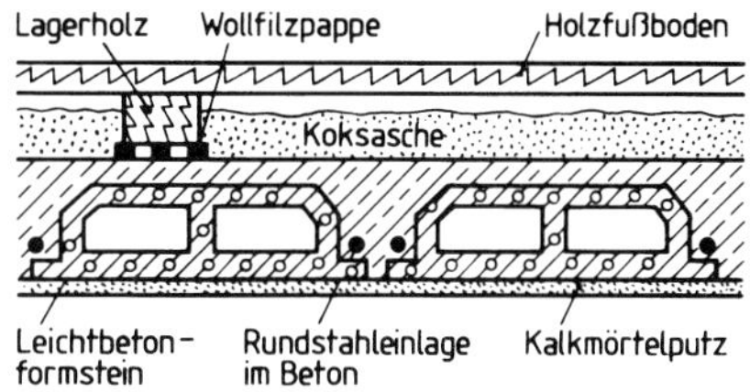

8.22 Stahlbeton-Rippendecke

8.2 Wärmebehandlungsangaben

8.2.1 Begriffe der Wärmebehandlung

Durch Wärmebehandlungen werden die Eigenschaften von Werkstoffen (z.B. Festigkeit, Härte, Umformbarkeit) verändert. Diese Stoffeigenschaftsänderungen finden wir im Zusammenhang mit Stählen. So ist das Härten von Stählen eine sehr häufig benutzte Wärmebehandlung. DIN EN 10052 definiert die wichtigsten Begriffe für die Wärmebehandlung von Eisenwerkstoffen (**8**.23).

Tabelle **8**.23 **Begriffe der Wärmebehandlung nach DIN EN 10052**
Die Darstellungsweise und die Zeichnungsangaben werden in der in Klammern angegebenen DIN-Norm behandelt (s.a. Abschn. 8.2.3).

Abschrecken	Rasches Abkühlen eines Werkstücks mit größerer Geschwindigkeit als an ruhender Luft. Das zu verwendende Abschreckmittel sollte mit angegeben werden (z.B. Wasserabschrecken, Ölabschrecken).
Anlassen (DIN 6773-2)	Ein- oder mehrmaliges Erwärmen eines gehärteten Werkstücks auf eine vorgegebene Temperatur, Halten bei dieser Temperatur mit folgendem, zweckentsprechendem Abkühlen.
Aufkohlen	Wärmebehandlung eines Werkstücks in einem Kohlenstoff abgebenden Mittel zum Anreichern der Randschicht mit Kohlenstoff. Es wird empfohlen, das Aufkohlungsmittel mit anzugeben (z.B. Gasaufkohlen, Pulveraufkohlen).
Carbonitrieren	Thermochemisches Behandeln eines Werkstücks zum Anreichern der Randschicht mit Kohlenstoff und Stickstoff.
Einhärtungstiefe (nach Randschichthärten) (DIN 6773-4)	Senkrechter Abstand von der Oberfläche eines gehärteten Werkstücks bis zu der Schicht, deren Vickershärte 80% des für die Oberflächenhärte vorgegebenen Mindesthärtewerts beträgt (s. DIN 50190-2).
Einsatzhärten (DIN 6773-4)	Härten nach vorhergegangenem Aufkohlen, ggf. unter gleichzeitigem Aufsticken.
Einsatzhärtungstiefe	Senkrechter Abstand von der Oberfläche eines einsatzgehärteten Werkstücks bis zu der Schicht, deren Vickershärte im Regelfall 550 HV 1 beträgt (s. DIN 50190-1).
Härten (DIN 6773-2)	Wärmebehandlung eines Werkstücks unter Bedingungen, die eine Härtezunahme des Werkstoffs zur Folge haben.

Fortsetzung s. nächste Seite

Tabelle 8.23, Fortsetzung

Nitrieren (DIN 6773-5)	Wärmehandlung in einem Stickstoff abgebenden Mittel zum Anreichern der Randschicht eines Werkstücks mit Stickstoff. Es wird empfohlen, das Nitriermittel anzugeben (z. B. Gasnitrieren, Pulvernitrieren).
Randschichthärten (DIN 6773-3)	Auf die Randschicht eines Werkstücks beschränktes Härten. Es ist zweckmäßig, den Begriff durch die Art des Wärmens zu kennzeichnen (z. B. Flammhärten, Induktionshärten, Laserstrahlhärten). Einsatzhärteverfahren fallen nicht darunter.
Vergüten (DIN 6773-2)	Härten mit nachfolgendem Anlassen, um eine gewünschte Kombination von Werkstoffeigenschaften zu erreichen. In der Regel soll die Zähigkeit gegenüber dem gehärteten Zustand verbessert werden.

8.2.2 Härteprüfverfahren

Soll ein Werkstück gehärtet werden, muss in der Zeichnung die gewünschte Härte angegeben werden. Die Härte gibt zugleich einen Hinweis auf das anzuwendende Prüfverfahren. Zur genormten Prüfung der Härte metallischer Werkstoffe dienen die Verfahren von Brinell, Vickers oder Rockwell.

Härteprüfung nach Brinell (DIN EN 10003-1). Ein Eindringkörper (Kugel aus Hartmetall oder aus gehärtetem Stahl mit Durchmesser *D*) wird senkrecht in die Oberfläche einer Probe eingedrückt und der Durchmesser *d* des Eindrucks gemessen, der in der Oberfläche nach Wegnahme der Prüfkraft *F* zurückbleibt (**8**.24).

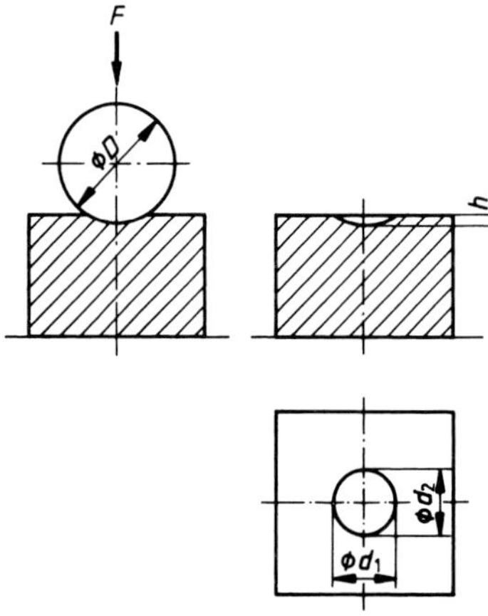

8.24 Härteprüfung nach Brinell, Prüfprinzip

Die Brinellhärte ist proportional dem Quotienten aus der Prüfkraft und der gekrümmten Oberfläche des Eindrucks, von dem man annimmt, dass er kalottenförmig ist mit einem Krümmungsradius, der den halben Durchmesser wie der Eindringkörper hat.

Die Angabe der Brinellhärte setzt sich zusammen aus dem Härtewert, dem Symbol HBS (bei Verwendung einer Stahlkugel) oder HBW (bei Verwendung einer Hartmetallkugel) und den Prüfbedingungen. Der Härtewert steht vor dem Symbol HBS oder HBW, dem die Prüfbedingungen folgen.

Die Prüfbedingungen setzen sich zusammen aus:

- dem Kugeldurchmesser in mm,
- nach einem Schrägstrich – einer Zahl, die die Prüfkraft kennzeichnet,
- nach einem Schrägstrich – der Einwirkdauer der Prüfkraft in s, falls diese von der in der Norm festgelegten Zeitspanne abweicht.

Beispiele **600 HBW 1/30/20** bedeutet, dass der Brinellhärtewert 600 mit einer Hartmetallkugel von 1 mm Durchmesser, einer Prüfkraft von 294,2 N und einer Einwirkdauer von 20 s bestimmt worden ist.

250 HBS 5/750 bedeutet, dass der Brinellhärtewert 250 mit einer Stahlkugel von 5 mm Durchmesser, einer Prüfkraft von 7355 N und einer Einwirkdauer von 10 bis 15 s bestimmt worden ist.

Härteprüfung nach Rockwell (DIN EN 10109-1). Hierzu wird ein Eindringkörper (Kegel aus Diamant mit gerundeter Spitze oder Kugel aus gehärtetem Stahl) in 2 Stufen in die Probe eingedrückt. Die bleibende Eindringtiefe dieses Eindringkörpers wird unter bestimmten Bedingungen ermittelt, aus der Eindringtiefe die Rockwellhärte abgeleitet.

Man unterscheidet 11 Verfahren (A, B, C, D, E, F, G, H, K, N und T). Der Härtewert steht vor dem Zeichen für das Verfahren.

Beispiele 45 HRC, 80 HRB, 76 HR 45 N, 65 HR 30 T

Härteprüfung nach Vickers (DIN 50133). Für die Härteprüfung nach Vickers wird zurzeit die Europäische Norm EN ISO 6507-1 als Übernahme der Internationalen Norm ISO 6507-1 vorbereitet, die nach Herausgabe DIN 50133 ersetzen wird. Ein Eindringkörper aus Diamant in Form einer geraden Pyramide mit quadratischer Grundfläche (mit einem Winkel von $\alpha = 136°$ zwischen gegenüberliegenden Flächen) wird in die Oberfläche einer Probe eingedrückt und die Diagonalen d_1 und d_2 des Eindrucks gemessen, der in der Oberfläche nach Wegnahme der Prüfkraft F zurückbleibt (**8**.25 und **8**.26).

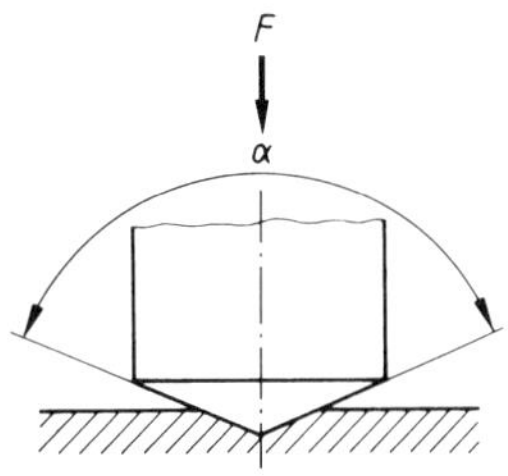

8.25 Eindringkörper (Diamantpyramide)

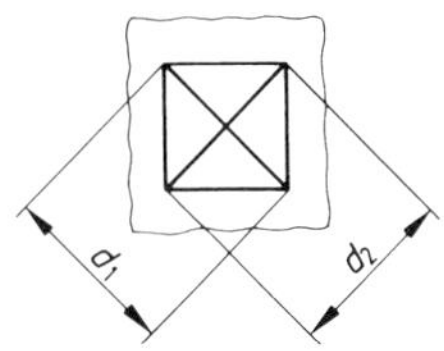

8.26 Vickers-Eindruck

Die Vickershärte ist proportional dem Quotienten aus der Prüfkraft und der Oberfläche des Eindrucks, der als gerade Pyramide mit quadratischer Grundfläche und gleichem Winkel wie der Eindringkörper angenommen wird.

Die Angabe der Vickershärte setzt sich zusammen aus dem Härtewert und den Prüfbedingungen. Der Härtewert steht vor den Prüfbedingungen. Die Prüfbedingungen setzen sich zusammen aus:

- den Kennbuchstaben HV,
- einer Zahl, die die Prüfkraft kennzeichnet,
- nach einem Schrägstrich – der Einwirkdauer der Prüfkraft in *s*, falls diese von der in der Norm festgelegten Zeitspanne abweicht.

Beispiele **640 HV 30** bedeutet, dass der Vickershärtewert 640 mit einer Prüfkraft von 294,2 N und einer Einwirkdauer von 10 s bis 15 s bestimmt worden ist.

545 HV 1 / 20 bedeutet, dass der Vickershärtewert 545 mit einer Prüfkraft von 9,807 N und einer Einwirkdauer von 20 s bestimmt worden ist.

8.2.3 Zeichnungsangaben für Wärmebehandlungen

> Alle für den Endzustand erforderlichen Werkstoffangaben müssen in der Zeichnung stehen. Z.B. Kurzname und Kurzbezeichnung, Werkstoffnummer, Ausgangsform, Lieferzustand, Hinweise auf Liefer- und Bestellunterlagen.

Den gewünschten Endzustand nach der Wärmebehandlung bestimmt man als „gehärtet", „gehärtet und angelassen", „gehärtet und *n*-mal angelassen", „vergütet", „randschichtgehärtet", „randschichtgehärtet und angelassen", „einsatzgehärtet", „nitriert" mit entsprechenden Einzelangaben.

Die Wahl des Verfahrens bestimmt die Gebrauchseigenschaften. Deshalb sind ergänzende Fertigungsunterlagen nötig, z. B. eine Wärmebehandlungs-Anweisung (WBA, DIN 17023) oder ein Wärmebehandlungsplan (WBP). Allen Härtewerten ist eine größtmögliche Plus-Toleranz zuzuordnen. Die Oberflächen-Härteangaben für die verschiedenen Wärmebehandlungsverfahren zeigt Tab. **8**.27.

Tabelle **8**.27 **Oberflächenangaben**

Wärmebehandlungs-verfahren	DIN	Oberflächen-Härteangaben in	DIN
Härten Härten und Anlassen Vergüten	DIN 6773-2	Rockwellhärte Vickershärte Brinellhärte	DIN EN 10109-1 DIN 50133 DIN EN 10003-1
Randschichthärten	DIN 6773-3	Vickershärte Rockwellhärte	DIN 50133 DIN EN 10109-1
Einsatzhärten	DIN 6773-4	Vickershärte Rockwellhärte	DIN 50133 DIN EN 10109-1
Nitrieren	DIN 6773-5	Vickershärte	DIN 50133

Zu berücksichtigen ist, dass sich je nach Werkstoff, Dicke und Art der Verbindungsschicht unterschiedliche Härtewerte ergeben. Trotzdem ist die Angabe von Werten für die Oberflächenhärte in einigen Fällen erforderlich.

Den Zusammenhang zwischen Oberflächenhärte, Prüfverfahren und Wärmebehandlung zeigen DIN 6773-3, Tab. 1 bis 3 für das Randschichthärten, DIN 6773-4, Tab. 1 bis 3 für das Einsatzhärten, DIN 6773-5, Tab. 1 für das Nitrieren.

Sollen die Teile im Endzustand an der Oberfläche Bereiche mit unterschiedlicher Härte aufweisen (z. B. für stellenweise angelassene Bereiche), sind zusätzliche Härtewerte anzugeben.

Die Kernhärte trägt man in der Zeichnung nur ein, wenn ihre Prüfung im Endzustand vorgeschrieben ist. Sie wird angegeben als Vickershärte nach DIN 50133, als Brinellhärte nach DIN EN 10003-1 oder als Rockwellhärte (Verfahren B und C) nach DIN EN 10109-1. Muss die Messstelle in der Zeichnung gekennzeichnet werden, trägt man ein grafisches Symbol ein (**8**.28). Man kann es direkt mit einer Kennzahl für die Messstelle verbinden und die Lage entsprechend bemaßen (**8**.29).

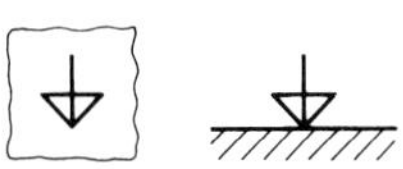

8.28 Messstelle

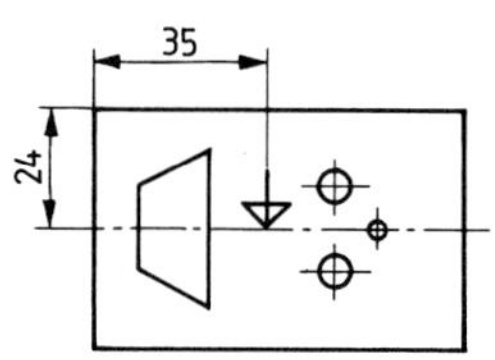

gehärtet und angelassen
59 + 4 HRC

8.29 Bemaßte Messstelle (DIN 406-11)

Festigkeitswerte werden nur angegeben, wenn Form und Maße eines Teils die Festigkeitsprüfung zulassen. Dem Festigkeitswert ist eine Toleranz zuzuordnen. Sie ergibt sich für Härten, Härten und Anlassen, Vergüten aus DIN 17211, für Randschichthärten aus DIN 17212. Die Stelle, an der eine Probe entnommen werden muss, legt man erforderlichenfalls maßlich fest. Sind Festigkeitsangaben vorgesehen, entfällt die Angabe der Kernhärte.

Die Angaben über die Wärmebehandlung trägt man zweckmäßig in der Nähe des Schriftfelds ein. Zu beachten ist der Unterschied zwischen der Wärmebehandlung des ganzen Teils und der örtlich begrenzten Wärmebehandlung.

Wärmebehandlung des ganzen Teils. Bei gleichen Härtewerten kennzeichnet man die erforderliche Wärmebehandlung durch Wortangaben (**8**.30). Bei unterschiedlichen Härtewerten versieht man die Bereiche jeweils mit Kennzahl und Maßangaben und wiederholt sie unter den Wortangaben mit den geforderten Härtewerten (**8**.31).

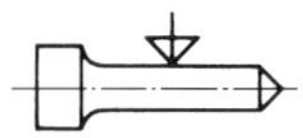

gehärtet
60 + 4 HRC

8.30 Teil mit gleichmäßiger Härte

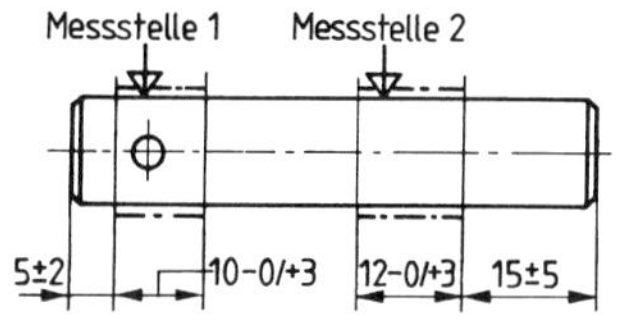

— · — · — randschichtgehärtet und angelassen
Messtabelle 1: 25 + 10 HRC
Messtabelle 2: 500 + 150 HV 30
Rht400 = 1 + 1

8.31 Teil mit unterschiedlichen Härten

Die örtlich begrenzte Wärmebehandlung ist meist mit Mehraufwand verbunden und sollte daher sorgfältig geprüft werden. U.a. ist der Übergang vom wärmebehandelten zum nicht wärmebehandelten Bereich zu berücksichtigen. In der Zeichnung werden die zu behandelnden Teile durch eine breite Strichpunktlinie außerhalb der Körperkanten angegeben (DIN ISO 128-20). Bei rotationssymmetrischen Teilen genügt es, eine Mantellinie (die „Erzeugende") zu kennzeichnen (**8**.31). Größe und Lage des Bereichs sind, so weit erforderlich, durch Maße und Toleranzen festzulegen.

Der Übergang zwischen wärmebehandeltem und nicht behandeltem Bereich liegt innerhalb der Toleranzen für die Länge des behandelten Bereichs. Bereiche, die wärmebehandelt sein dürfen, sind durch eine breite Strichlinie außerhalb der Körperkanten zu kennzeichnen (DIN ISO 128-20) und nötigenfalls zu bemaßen. Eine Toleranzangabe für diese Bereiche ist nicht erforderlich (**8**.32).

Nicht gekennzeichnete Bereiche dürfen nicht wärmebehandelt werden.

Lage und Bereich von Schlupfzonen gibt das grafische Symbol nach Bild **8**.33 mit Maßen an.

gehärtet und angelassen
Bereich 1: 50 + 6 HRC
Bereich 2: 60 + 4 HRC
Bereich 3: 38 + 8 HRC

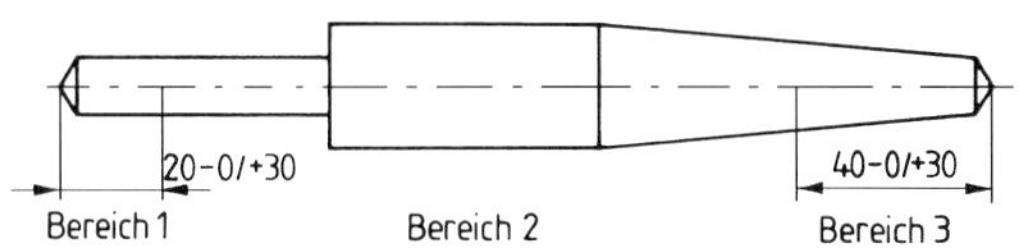

8.32 Bereiche, die wärmebehandelt sein dürfen

— · — · — randschichtgehärtet nach WBP XYZ
48 + 4,0 HRC Rht400 = 1,3 + 1,1

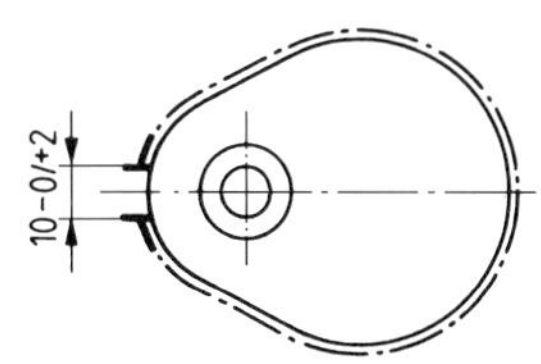

8.33 Angabe der Schlupfzone

Ein Wärmebehandlungsbild fügt man der Darstellung hinzu, wenn sie durch die Angaben unübersichtlich wird oder eine Verwechslung mit anderen Behandlungsverfahren möglich scheint. Es wird als „Wärmebehandlungsbild" gekennzeichnet und in der Nähe des Schriftfelds angeordnet, braucht nicht maßstabgetreu zu sein und kann auch ein Teilbild sein. Die für die Wärmebehandlung nötigen Einzelheiten muss es enthalten, nicht unbedingt erforderliche Zeichnungseinzelheiten können wegbleiben (**8**.34). Man kann Wärmebehandlungsbilder auch als Einzelheit, d.h. mit einem Kreis in schmaler Volllinie und entsprechender Kennzeichnung, darstellen.

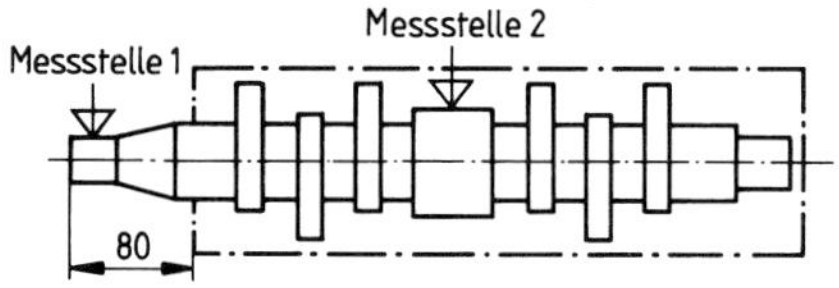

——— - ———	einsatzgehärtet und angelassen
	ganzes Teil gehärtet und angelassen
Messstelle 1:	25 + 15 HRC
Messstelle 2:	58 + 4 HRC
	Eht = 1,2 + 0,6

8.34 Wärmebehandlungsbild

8.3 Zeichnungsangaben für Beschichtungen

Galvanische Überzüge (DIN 50960-2) werden durch Kurzzeichen (nach DIN 50960-1) angegeben, z.B. Fe/Znph r 3 a. Hierin bedeuten:

- Fe = Grundwerkstoff, Stahl
- Znph = Zinkphosphat
- r = Haftvermittlung
- 3 = 3 g/m^2 flächenbezogene Masse
- a = Nachbehandlung zum Aufbringen von Anstrichstoffen

Weitere Kennbuchstaben sind:

- **für den Überzugswerkstoff** (z.B. Zn (Zink), Ni (Nickel), Cr (Chrom), Sn (Zinn), Cu (Kupfer);
- **für besondere Eigenschaften** z.B.: b (Glanznickel), s (Matt- oder Halbglanznickel), sw (Schwarzchrom), r (Glanzchrom), i (elektrische Isolation), z (Erleichtern der Kaltumformung);
- **für Nachbehandlungen** z.B.: e (einfärben), f (fetten oder ölen), w (wachsen).

Nicht erforderliche Angaben entfallen. Nicht angegebene Einzelheiten werden dem Hersteller überlassen.

Bei mehreren Überzügen auf demselben Teil werden die Überzugswerkstoffe in der Reihenfolge des Aufbringens eingetragen.

Beispiel Überzug mit 12 μm Mindestschichtdicke Nickel und 0,3 μm Chrom: Ni12Cr.

Die Dicke der Chromschicht wird nicht angegeben, sie beträgt bei allen Nickel-Chrom-Überzügen einheitlich 0,3 μm – es sei denn, die Schicht soll dicker sein (1 μm = 1 Mikrometer = 0,001 mm).

In Teilzeichnungen wird ein einheitlicher, allseitiger Überzug z.B. in der Nähe des Schriftfelds angegeben (**8**.35 und **7**.77 grafisches Symbol für Oberflächenangaben). Alle Flächen des Teiles gelten dann als wesentliche Flächen.

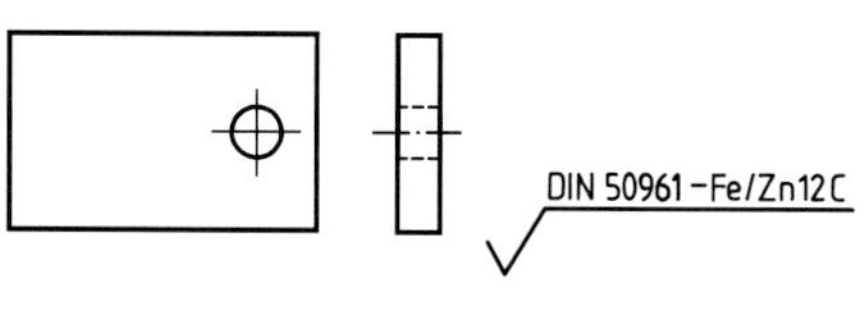

8.35 Allgemeine Angabe für allseitigen Überzug

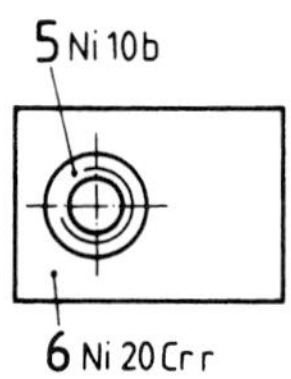

8.36 Vereinfachte Angabe für allseitig überzogene Teile (Gruppenzeichnung)

In Zusammenbau-Zeichnungen (Gruppenzeichnungen) oder in Hauptzeichnungen, in denen die Angabe eines Überzugs nicht als Fertigungsangabe gilt, darf die Kurzbezeichnung auch als Zusatz zur Positionsnummer angegeben werden (**8**.36).

Begrenzte Bereiche sind durch besondere Linien zu kennzeichnen. Wenn an einem Teil nur einzelne Bereiche einen Überzug erhalten sollen, werden diese durch eine Strichpunktlinie breit (Linie DIN 15–J) gekennzeichnet. Alle in dem so gekennzeichneten Bereich liegenden Bohrungen, Gewindelöcher, Aussparungen usw. sind ebenfalls wesentliche Flächen.

Auf den nicht gekennzeichneten Bereichen darf kein Überzug vorhanden sein. Die Angabe der Überzugsart erfolgt an der Strichpunktlinie (**8**.37) oder als Erklärung der Strichpunktlinie (**8**.38) oder als allgemeine Angabe (**8**.40).

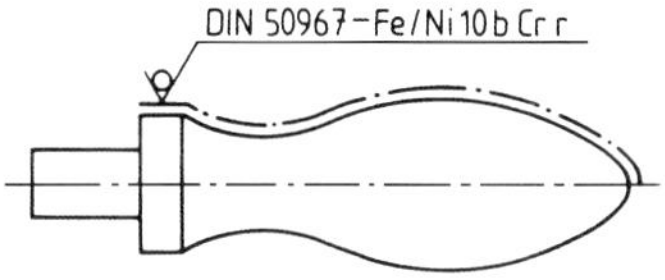

8.37 Kennzeichnung eines beschichteten Bereichs mit zugeordneter Angabe der Überzugsart

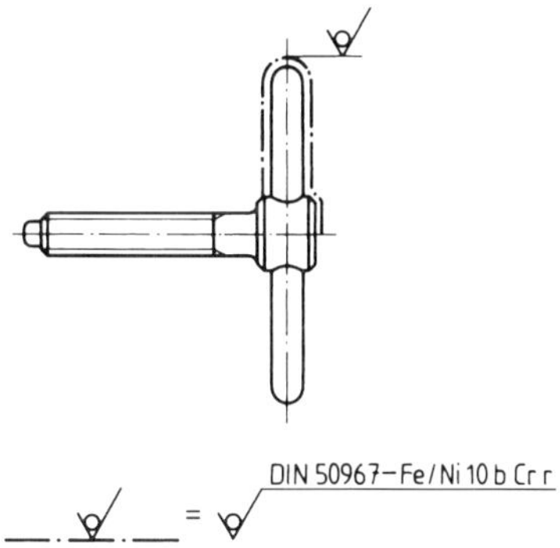

8.38 Kennzeichnung eines beschichteten Bereichs und Erklärung der Strichpunktlinie

Flächen, die einen Überzug erhalten dürfen, obwohl dies nicht erforderlich ist (Fertigungserleichterung), werden durch eine Strichlinie breit (Linie DIN 15–E) gekennzeichnet.

Wenn an einem Teil einzelne Bereiche ohne Überzug bleiben müssen, sind sie durch eine Strich-Zweipunktlinie schmal (Linie DIN 15–K) zu kennzeichnen und gegebenenfalls zu bemaßen. Alle in dem so gekennzeichneten Bereich liegenden Bohrungen, Gewindelöcher, Aussparungen usw. sind dann auch vom Überzug ausgenommen (**8**.39 und **8**.40). Die Bedeutung der Linien E und K muss auf der Zeichnung erklärt sein (**8**.40).

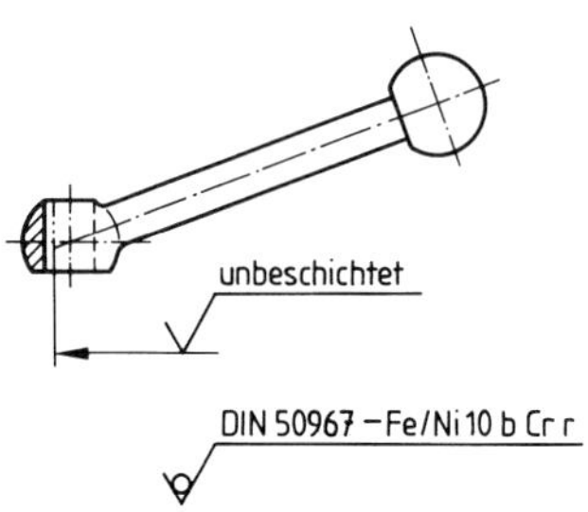

8.39 Kennzeichnung eines unbeschichteten Bereichs

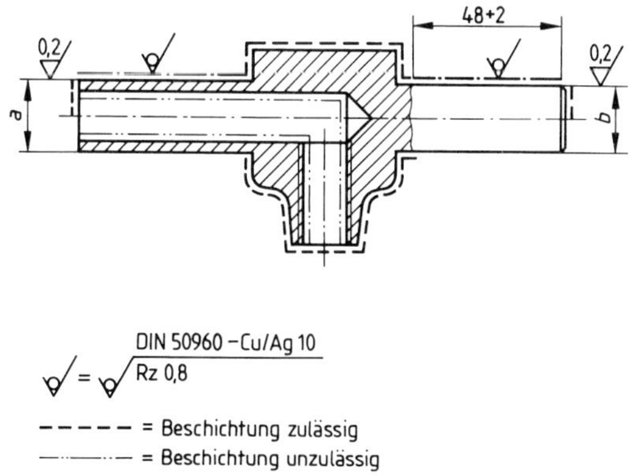

8.40 Beschichtungsbild mit den für die Beschichtung notwendigen Angaben

Die in Bild **8**.40 nicht direkt angegebenen Maße *a* und *b* dürfen in einer Tabelle stehen, in der z. B. das Fertigmaß, das Vorbearbeitungsmaß, die Grenzabmaße und die Schichtdicke enthalten sind. Wenn es erforderlich ist, die Oberflächenbeschaffenheit vor und nach der Oberflächenbehandlung (Überzug) anzugeben, wird dies im Beispiel nach Bild **8**.40 angegeben.

Normen

DIN 50960-1	Galvanische und chemische Überzüge – Bezeichnung und Angaben in technischen Unterlagen
DIN 50960-2	Galvanische und chemische Überzüge – Zeichnungsangaben
DIN 50961	Galvanische Überzüge – Zink- und Cadmiumüberzüge auf Eisenwerkstoffen – Chromatierung der Überzüge
DIN 50967	Galvanische Überzüge – Nickel-Chrom-Überzüge auf Stahl, Kupfer- und Zinkwerkstoffen sowie Kupfer-Nickel-Chrom-Überzüge auf Stahl- und Zinkwerkstoffen
DIN 50976	Korrosionsschutz – Feuerverzinken von Einzelteilen (Stückverzinken) – Anforderungen und Prüfung
DIN 55928	Korrosionsschutz von Stahlbauten durch Beschichtungen und Überzüge
DIN 55928-1	– Allgemeines
DIN 55928-2	– Korrosionsschutzgerechte Gestaltung von Stahlbauten
DIN 55928-4	– Oberflächenvorbereitung und -prüfung
DIN 55928-5	– Beschichtungsstoffe und Schutzsysteme

Emaillierungen. Emails sind Überzüge auf Metallen, vor allem auf Stahlblech und Gusseisen aus vorzugsweise glasig erstarrter Masse. Sie werden aus korrosionstechnischen und hygienischen Gründen aufgebracht. Die Werkstoffe und die Konstruktion der Teile müssen für die Emaillierung geeignet sein.

Normen und Richtlinien

DIN ISO 2722	Emails, Bestimmung der Beständigkeit gegen Zitronensäure bei Raumtemperatur
DIN ISO 2723	Stahlblech-Emails, Herstellung von Proben
DIN ISO 2733	Emails, Gerät für die Prüfung mit sauren und neutralen Flüssigkeiten und ihren Dämpfen
DIN ISO 2744	Emails, Bestimmung der Beständigkeit gegen kochendes Wasser und Wasserdampf
Merkblatt 414	Emailgerechtes Konstruieren in Stahlblech (Deutsches Email-Zentrum)

Kunststoffbeschichtung. Als Beschichtungsstoffe verwendet man vorwiegend warmhärtende kunststoffgebundene Beschichtungsmassen. Sie schützen vor Korrosion. Die Konstruktion der Teile muss für die Beschichtung geeignet sein. Gestaltungsregeln enthält DIN 28051 „Chemischer Apparatebau – Konstruktive Gestaltung zu schützender metallischer Bauteile bei Beschichtungen und Auskleidungen mit organischen Werkstoffen" (Einzelheiten s. Norm).

Auskleidung. Auskleidungen bestehen aus natürlichem oder synthetischem Kautschuk. Sie werden fest mit dem Stahl verbunden und dienen zum Oberflächenschutz. Auch hier sind die Festlegungen in DIN 28051 (s. o.) zu beachten.

8.4 Rechnerunterstütztes Zeichnen

Die in Abschnitt 8 behandelten Angaben, die ebenso in rechnerunterstützten Zeichnungen angegeben werden können bzw. müssen, werden (für Werkstoffangaben oder Härteangaben) durch eine Texteingabe realisiert. Werden bestimmten Teilen in einer Zeichnung (bei geschnittener Darstellung) Werkstoffe zugewiesen, so können (wenn gefordert) diese Teile schraffiert werden. Die Schraffurdarstellungen müssen nach den entsprechenden Normen (z.B. DIN 201) gestaltet sein. Schraffurmenüs können je nach System selbst erstellt werden oder sind z.T. schon in der Software vorhanden.

Bei Wärmebehandlungen kann das erforderliche Zeichen für die Messstelle als Symbol (sofern erstellt oder vorhanden) hinzugefügt werden. In der Zeichnung selbst kann die Wärmebehandlungsdarstellung (nach Einstellung der Linienart und Linienbreite) über die Funktion „Äquidistante zu" oder „Parallele zu" erzeugt werden. Es muss hierbei noch der Abstand eingegeben und die zu behandelnde Körperkante identifiziert werden.

Ist die Angabe von Beschichtungen notwendig, verfährt man wie bei Wärmebehandlungen, nur mit dem Unterschied, dass die Angabe der Beschichtungsart in Verbindung mit dem Oberflächenzeichen dargestellt wird. Der Beschichtungsbereich wird in der Zeichnung ebenfalls über „Äquidistante zu" oder „Parallele zu" erzeugt.

9 Technische Zeichnungen. Bauelemente

9.1 Schraubverbindungen

9.1.1 Gewinde

Alle am Gewinde vorkommenden geometrischen Elemente sind in DIN 2244 (Gewinde, Begriffe) definiert.

Maße. Es gibt Außengewinde (Bolzengewinde, **9**.1) und Innengewinde (Muttergewinde, **9**.2). Beide werden miteinander verschraubt. Hierfür sind übereinstimmende Gewindeabmessungen notwendig.

Das Hauptmaß ist der Gewinde-Nenndurchmesser. Er wird beim Innengewinde mit D und beim Außengewinde mit d bezeichnet. Zieht man hiervon den Kerndurchmesser d_3 ab und halbiert das Ergebnis, ergibt sich die Gewindetiefe h_3. Das Maß P bezeichnet die Steigung des Gewindes. Ein Gewinde verläuft nach einer Schraubenlinie (s. Abschn. 3.5). Es ist eingängig, wenn die Windungen einer einzigen Schraubenlinie angehören. Sind mehrere Schraubenlinien vorhanden, wie an der zweigängigen Schnecke (**9**.3), handelt es sich um ein mehrgängiges Gewinde.

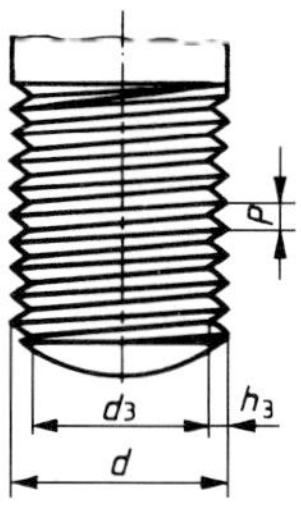

9.1 Außengewinde

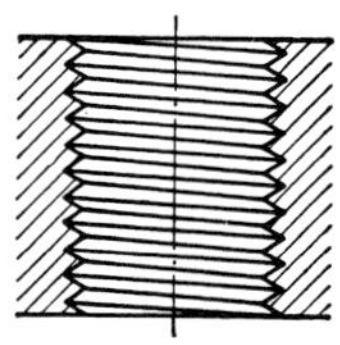

9.2 Innengewinde

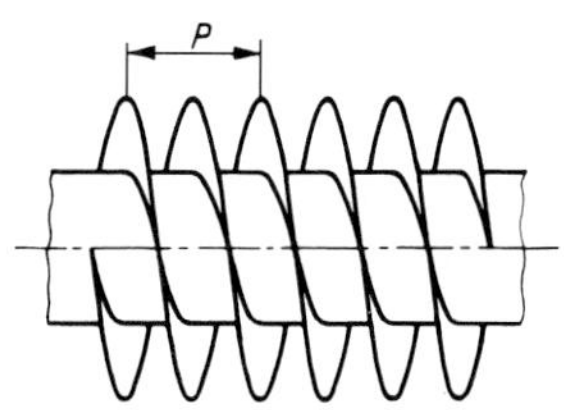

9.3 Zweigängige Schnecke

Die Steigung *P* ist das Maß, um das sich Außen- und Innengewinde in Richtung der Mittelachse gegeneinander verschieben, wenn eines davon eine ganze Umdrehung macht. Sie reicht bei eingängigem Gewinde von einer Windung bis zur nächsten, bei zweigängigem bis zur übernächsten usw.

Rechtsgewinde ist das übliche Gewinde. Hierbei steigen die Windungen am aufrechtstehenden Bolzen nach rechts an (**9**.1), im aufgeschnittenen Innengewinde dagegen nach links (**9**.2). Beim Linksgewinde laufen die Steigungen entgegengesetzt.

Gewindequerschnitte. Die Form des Gewindequerschnitts richtet sich nach dem Verwendungszweck des Schraubteils. Genormt sind Spitz-, Trapez-, Sägen- und Rundgewinde. Spitzgewinde verwendet man überwiegend für Befestigungsschrauben und -muttern (**9**.4), Trapezgewinde hauptsächlich auf Bewegungs- und Verstellspindeln (**9**.5). Sägengewinde kommt für Spindeln mit einseitig starker Druckbeanspruchung in Achsrichtung in Betracht (**9**.6). Rundgewinde nimmt man für Spindeln, die merklicher Abnutzung durch Schmutz und der Gefahr der Beschädigung durch Stöße unterliegen, und für in Blech gedrückte Gewinde (Edison-Gewinde, **9**.7). Zum Spitzgewinde zählen die Metrischen Ge-

9.4 Spitzgewinde

9.5 Trapezgewinde

9.6 Sägengewinde

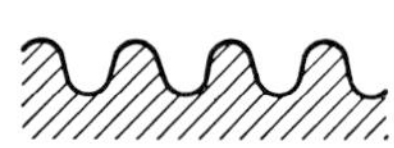

9.7 Rundgewinde

winde, alle Whitworth-Gewinde und andere. Die einzelnen Arten unterscheiden sich besonders in den Abmessungen für Gewindetiefen und Steigungen.

Tabelle **9**.8 **Metrisches ISO-Gewinde; Regelgewinde**[1]), Nennmaße nach DIN 13-1 (Auszug)

Gewinde-Nenndurchmesser $d = D$ Reihe 1	Steigung	Kerndurchmesser		Gewindetiefe		Spannungsquerschnitt A_s[2])
	P	d_3	D_1	h_3	H_1	in mm²
3	0,5	2,387	2,459	0,307	0,271	5,03
4	0,7	3,141	3,242	0,429	0,379	8,78
5	0,8	4,019	4,134	0,491	0,433	14,2
6	1	4,773	4,917	0,613	0,541	20,1
8	1,25	6,466	6,647	0,767	0,677	36,6
10	1,5	8,160	8,376	0,920	0,812	58,0
12	1,75	9,853	10,106	1,074	0,947	84,3
16	2	13,546	13,835	1,227	1,083	157
20	2,5	16,933	17,294	1,534	1,353	245
24	3	20,319	20,752	1,840	1,624	353

[1]) Regelgewinde genannt, weil es in der Regel allgemein anwendbar ist; Gewinde-Nenndurchmesser D/d und Steigung P haben eine bestimmte Zuordnung.

[2]) Der Spannungsquerschnitt ist nicht in DIN 13-1, sondern in DIN 13-28 enthalten. Er gilt als grundlegender Faktor für das Berechnen der Prüflast einer Schraube nach DIN EN 20898-1 (s. Norm).

$A_s = \frac{\pi}{4}\left(\frac{d_2 + d_3}{2}\right)^2$: hierin sind d_2 und d_3 Nennmaße.

$D = d$ = Gewindedurchmesser
P = Steigung des eingängigen Gewindes
H = Höhe des Profildreiecks $0{,}86603\,P$
$D_2 = d_2$ = Flankendurchmesser $d - 0{,}64952\,P$
D_1 = Kerndurchmesser (Mutter) $d - 2\,H_1$
d_3 = Kerndurchmesser (Bolzen) $d - 1{,}22687\,P$
h_3 = Gewindetiefe am Bolzen $0{,}61343\,P$
H_1 = Flankenüberdeckung $0{,}54127\,P$
$R = \frac{H}{6} = 0{,}14434\,P$

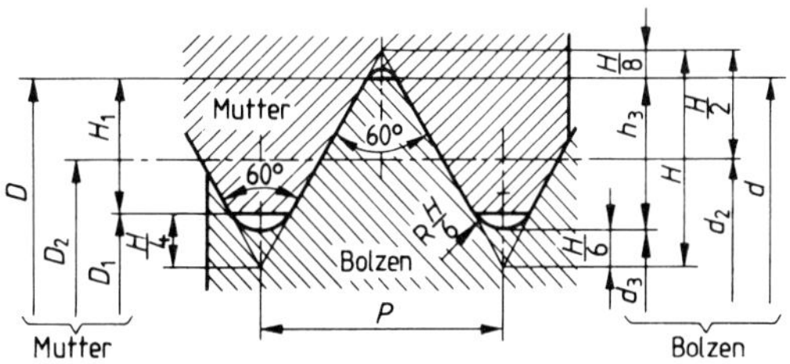

9.9 Nullprofile des Metrischen ISO-Gewindes (ohne Flankenspiel) nach DIN 13-19

Gewindedarstellung (DIN ISO 6410)

Gewindelinien. Bei sichtbaren Gewinden sind die Gewindespitzen (Gewindedurchmesser D bzw. d nach Bild **9**.9) durch eine breite Volllinie und der Gewindegrund (D_1 bzw. d_3) durch eine schmale Volllinie darzustellen (**9**.10 bis **9**.13). Bei verdeckten Gewinden sind die Gewindespitzen und der Gewindegrund durch eine Strichlinie darzustellen (**9**.12 und **9**.13).

Der Abstand zwischen den Linien, die die Gewindespitzen bzw. den Gewindegrund darstellen, soll möglichst genau der Gewindetiefe h_3 bzw. H_1 (**9**.8 und **9**.9) entsprechen. Für Metrisches Gewinde nach DIN 13-1 sind die Werte der Tab. **9**.8 zu entnehmen (der Kerndurchmesser beträgt danach etwa 80% des Gewindedurchmessers).

Für Metrisches Feingewinde beträgt die Gewindetiefe h_3 etwa 65% der in der Gewindebezeichnung angegebenen Steigung P des eingängigen Gewindes.

Die Gewindetiefen der anderen Gewinde sind den entsprechenden Normtabellen zu entnehmen.

Der Abstand zwischen den Linien in der Darstellung darf jedoch nicht geringer sein als
- die zweifache Breite der breiteren Linie oder
- 0,7 mm, je nachdem, welcher Wert der größere ist.

Bei den im Schnitt dargestellten Gewindeteilen ist die Schraffur bis an die Linie heranzuziehen, die die Gewindespitzen darstellt (**9**.11 bis **9**.13).

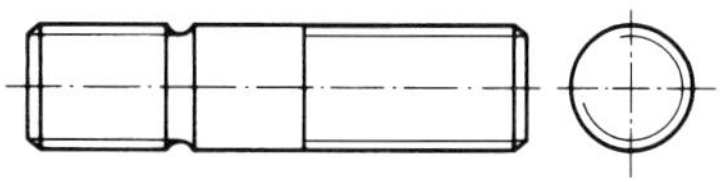

9.10 Bolzengewinde

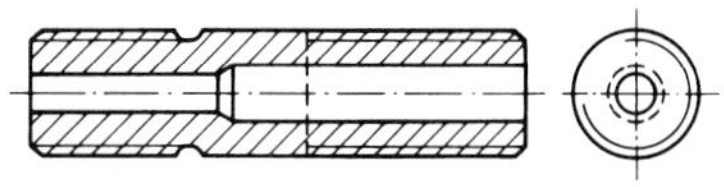

9.11 Bolzengewinde am geschnittenen Teil

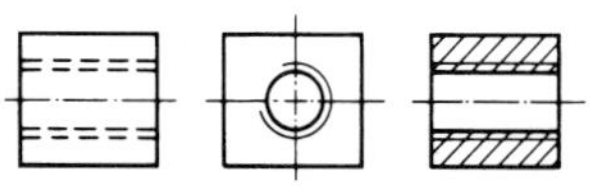

9.12 Muttergewinde

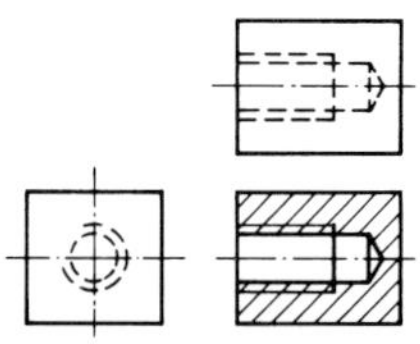

9.13 Gewindegrundloch

In der Ansicht in Achsrichtung auf ein sichtbar (nicht verdeckt) dargestelltes Gewinde ist der Gewindegrund durch einen beliebig liegenden $^3/_4$-Kreis darzustellen, der mit einer schmalen Volllinie zu zeichnen ist (**9**.10 bis **9**.12). Bei verdeckt gezeichneten Gewinden ist der beliebig liegende $^3/_4$-Kreis mit einer Strichlinie zu zeichnen (**9**.13). Günstiger ist aber die Darstellung durch ein Mittelkreuz im Schnitt oder im Ausbruch und in Achsrichtung gesehen.

Zugabe. Die Tiefe t bzw. t_1 eines Gewindegrundlochs (Sacklochs) ist größer als die nutzbare Gewindelänge b (**9**.14 und **9**.15), die wiederum größer sein muss als die Einschraublänge des Bolzengewindes. Die Zugabe zur Länge b bis zur Gewindegrundlochtiefe t bzw. t_1 ist für den Gewindeauslauf und für etwa herunterfallende Späne beim Gewindeschneiden vorgesehen. Die Zugabe kann aus DIN 76-1 entnommen werden und beträgt im Regelfall:

für Gewinde	M3	M4	M5	M6	M8	M10	M12	M14 M16	M18 M20 M22	M24 M27	M30 M33	M36 M39	M42 M45	M48 M52
e_1	2,8	3,8	4,2	5,1	6,2	7,3	8,3	9,3	11,2	13,1	15,2	16,8	18,4	20,8
g_2	2,7	3,8	4,2	5,2	6,7	7,8	9,1	10,3	13	15,2	17,7	20	23	26

Die übliche Aussenkung unter 120° bis auf den Außendurchmesser des Gewindes wird gewöhnlich nicht gezeichnet (**9**.13). Andere Senkungen hingegen müssen dargestellt und

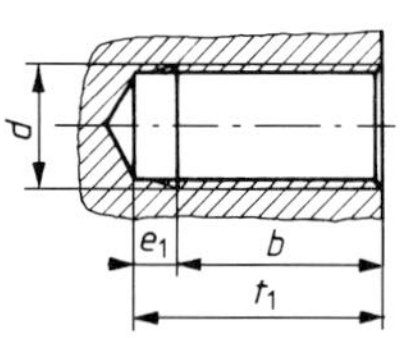

9.14 Gewindeauslauf

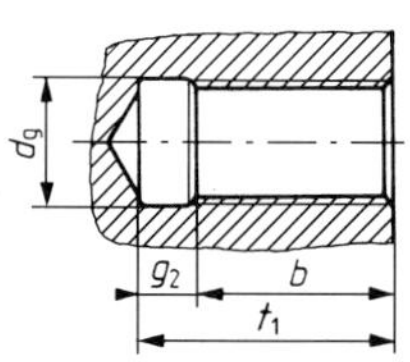

9.15 Gewindefreistich

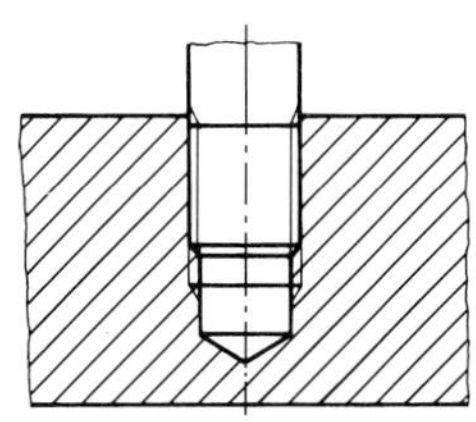

9.16 Zusammengebaute Gewindeteile, nutzbare Gewindelänge

bemaßt werden (s. Abschn. 9.1.3). Die Grenze der nutzbaren Gewindelänge ist bei sichtbaren Gewinden durch eine breite Volllinie und bei verdeckten Gewinden durch eine Strichlinie darzustellen. Diese Linie endet an der Linie, die die Gewindespitzen bzw. den Gewindegrund darstellt (**9**.10, **9**.11, **9**.13 bis **9**.16).

> Bei zusammengebauten Gewindeteilen sind Teile mit Außengewinde stets so darzustellen, dass sie die Teile mit Innengewinde überdecken und nicht von diesen verdeckt werden (**9**.16 und **9**.17).

Durchdringungskurven für Gewindelöcher sind nur für das Kernloch und nicht für die Gewindelinien zu zeichnen. Bei kleinen Bohrungen ergeben sich kleine Kurven; es ist daher zugelassen, die Körperkante geradlinig durchzuziehen (**9**.18).

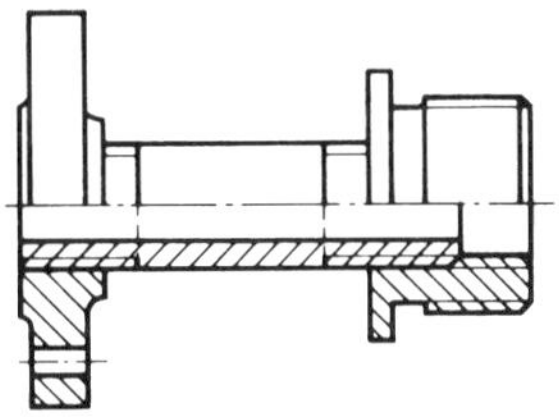

9.17 Zusammengebaute Gewindeteile

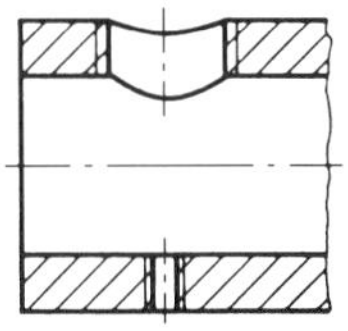

9.18 Durchdringungslinien

Gewindebezeichnungen. Gewinde werden durch Kurzzeichen näher bezeichnet (**9**.20). Das Gewindekurzzeichen steht immer beim Nennmaß (D oder d) für den Gewindeaußendurchmesser (**9**.9 und **9**.20 sowie **9**.107 und **9**.108).

Gewindetoleranzen. Festlegungen für die Ausführung und Maßgenauigkeit von Schrauben und Muttern sind in DIN ISO 4759-1 und DIN 267-2 enthalten. Falls in einzelnen Produktnormen nicht anders festgelegt, gelten für die Gewinde die Toleranzen nach DIN 13-14. Für den Außendurchmesser d des Bolzengewindes (**9**.19) und für den Kerndurchmesser D_1 des Muttergewindes sind Toleranzen (T_d und T_{D1}), abhängig von der Steigung P, vorgesehen; ebenso für beide Flankendurchmesser d_2 und D_2 (T_{d2} und T_{D2}), hier aber abhängig von der Einschraublänge des Gewindes.

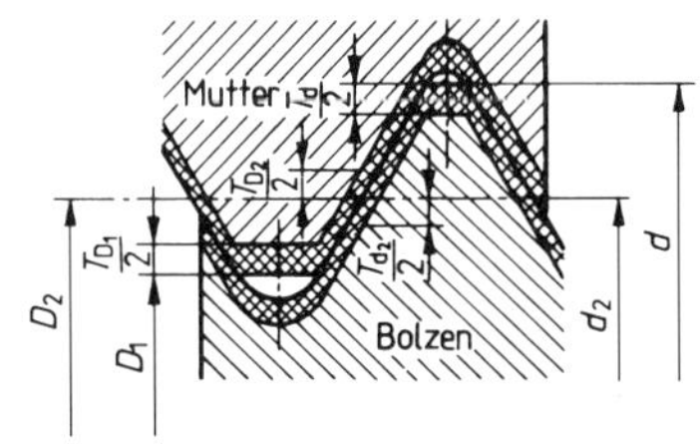

9.19 Gewindetoleranzen

Wie bisher können in Deutschland hinter die Gewindebezeichnungen die Anfangsbuchstaben der Toleranzklassen „fein“, „mittel“ und „grob“ eingetragen werden (DIN 13-14; z.B. M12g, M12 × 1,5f), Abmaße und Toleranzen sind in DIN 13-15 festgelegt. Tab. **9**.21 enthält einen Auszug aus DIN 13-14 für die Einschraubgruppe N (handelsübliche Schrauben und Muttern).

Tabelle **9**.20 **Abgekürzte Gewindebezeichnungen** (Auszug aus DIN 202)

Gewindeart		nach DIN	Zeichen vor Maßangabe	Gewindebezeichnung: Maßangabe	Gewindebezeichnung: Eintragungsbeispiele
Eingängiges Rechtsgewinde					
Spitzgewinde	Metisches ISO-Gewinde	13-1	M	Gewindeaußendurchmesser in mm	M20
Spitzgewinde	Metr. ISO-Feingewinde	13-2 bis 13-11	M	Gewindeaußendurchmesser in mm × Steigung in mm	M50×1,5
Spitzgewinde	Metr. kegeliges Außengewinde (Kegel 1 : 16) [1]	158	M	Gewindeaußendurchmesser in mm × Steigung in mm und Kegel	M10×1keg DIN158
Spitzgewinde	Rohrgewinde	ISO 228-1	G	Gewinde-Nenngröße des Rohres in Zoll	G1/2
Metr. ISO-Trapezgewinde		103-2	Tr	Gewindeaußendurchmesser in mm × Steigung in mm	Tr50×8
Metr. Sägengewinde		513-2	S	Gewindeaußendurchmesser in mm × Steigung in mm	S100×12
Rundgewinde		405-1	Rd	Gewindeaußendurchmesser in mm × Steigung in Zoll	Rd20×1/8

Besondere Angaben	Eintragungsbeispiele
Besondere Angaben (Gewindetoleranzen s. nachstehend)	
Linksgewinde wird durch das Kurzzeichen „LH" (LH = Left-Hand) gekennzeichnet, das hinter die Gewindebezeichnung gesetzt wird.	M50×1,5LH
Mehrgängiges Rechtsgewinde erhält hinter der Gewindebezeichnung einen Vermerk in Klammern, bestehend aus *P* und der Teilung[2]). Als Steigung P_h des *n*-gängigen Gewindes gilt stets das Maß der Verschiebung in Richtung der Achse bei einer Umdrehung des Gewindes (d. h. $P_h = n \cdot P$).	Tr40×14(P7)
Bei mehrgängigem Linksgewinde hängt man das Kurzzeichen „LH" und einen Vermerk, bestehend aus *P* und der Teilung[2]) an. Als Steigung P_h des *n*-gängigen Gewindes gilt stets das Maß der Verschiebung in Richtung der Achse bei einer Umdrehung des Gewindes, d. h. $P_h = n \cdot P$.	Tr40×14(P7)LH
Bei Rechts- und Linksgewinde an einem Werkstück wird auch das Rechtsgewinde mit dem Kurzzeichen „RH" (RH = Right-Hand) gekennzeichnet.	Rd20×1/8 RH
Gas- und dampfdichtes Gewinde erhält den Zusatz „dicht".	M20dicht
Für Sondergewinde und solche, an die bestimmte Anforderungen gestellt werden, ist die DIN-Nummer hinzuzufügen. DIN 2999-1 bis DIN 2999-6 z. B. betrifft Whitworth-Rohrgewinde, zylindrisches Innen- und kegeliges Außengewinde (Rohrgewinde für die im Gewinde dichtenden Verbindungen).	R1/2 DIN2999

[1]) Bei kegeligem Gewinde darf in der Bezeichnung statt der Abkürzung „keg" das Kegelsymbol „▷" verwendet werden, z. B. M20 × 1,5 ▷-16.

[2]) **Beispiel** Gangzahl $(n) = \frac{\text{Steigung } P_h}{\text{Teilung } P} = \frac{14}{7} =$ **2gängig.**

Tabelle **9**.21 **Toleranzfelder für handelsübliche Schrauben und Muttern nach DIN 13-14 (Einschraubgruppe N)**

Produktklasse	Toleranzklasse	Toleranzfeldlage	
A und B	m und mg	Schraube 6g	6h für Schrauben bis M14
		Mutter 6H	
C	g	Schraube 8g	für Gewinde-Außendurchmesser auch Werte nach DIN 59130 zul.
		Mutter 7H	

Da Lage und Größe der Toleranzen für Gewinde von denen der Flach- und der Rundpassungen abweichen, stehen die Zahlen hier vor den Buchstaben. Obendrein sind die mit Kleinbuchstaben bezeichneten Toleranzfelder dem Bolzengewinde und die mit Großbuchstaben bezeichneten Toleranzfelder dem Muttergewinde zugeordnet (z.B. M10–8g für das Bolzengewinde bzw. M10–BG für das Muttergewinde).

Ferner gelten die Toleranzfelder für Gewinde ohne Oberflächenschutz und bei Oberflächenschutz vor dem Aufbringen der Schutzschicht. Im Endzustand jedoch darf das Nullprofil des Gewindes (**9**.9) nicht überschritten worden sein. Ist keine Toleranz angegeben, gilt die Toleranzklasse „mittel".

Toleranzkurzzeichen. Für andere als die in der Tab. **9**.21 genannten Toleranzen aber müssen, wie das in ausländischen Zeichnungen der Fall ist, Toleranzkurzzeichen eingeschrieben werden (DIN 13-14). Bei gleichen Toleranzen für den Flankendurchmesser d_2 und den Außendurchmesser d des Bolzengewindes bzw. für den Flankendurchmesser D_2 und den Kerndurchmesser D_1 des Muttergewindes wird das jeweils gemeinsame Kurzzeichen angegeben (z.B. M10–4g für das Bolzengewinde bzw. M10–6G für das Muttergewinde).

Sind die Toleranzen des Gewindes aber verschieden, müssen beide Kurzzeichen eingesetzt werden, wobei das Kurzzeichen für den Flankendurchmesser dem anderen voransteht (z.B. M10–6g5g für den Bolzen bzw. M10–4G5G für die Mutter).

Eine Gewindepassung wird durch die Toleranzfelder des Mutter- und des Bolzengewindes, getrennt durch einen Schrägstrich, angegeben (z.B. M10–8G/6e) oder – wenn ein Kurzzeichen unter dem anderen steht – ohne Strich dazwischen (z.B. M10–$\frac{8G}{6e}$).

9.1.2 Schrauben und Muttern

Schlüsselweiten sind für alle zwei-, vier-, sechs- und achtkantigen Formen vorgesehen und für Schrauben, Armaturen und Fittings in DIN 475-1 (die Bezeichnungen eingeschlossen) genormt (**9**.22). Für die Schlüsselweiten von Sechskantschrauben und -muttern ist in DIN ISO 272 eine Auswahl festgelegt (**9**.23).

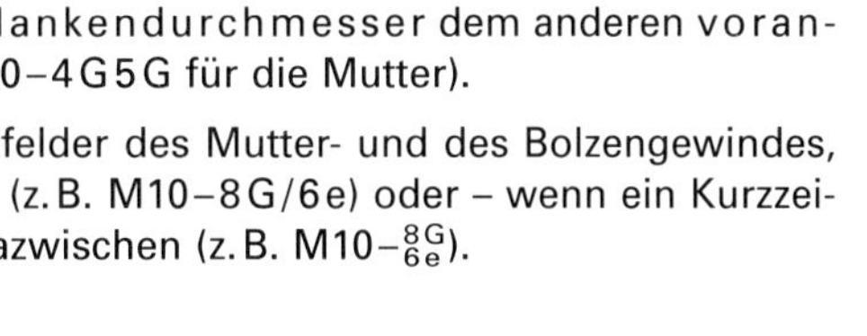

9.22 Schlüsselweiten und Eckenmaße für Schrauben, Armaturen und Fittings

Vierkante und Vierkantlöcher für Spindeln und Bedienteile werden nach DIN 79, Vierkante für Werkzeuge nach DIN 10 gewählt.

Tabelle **9**.23 **Schlüsselweiten und Eckenmaße für Teile nach Bild 9.22 und Zuordnung nach DIN ISO 272 zu den Sechskantschrauben und -muttern**

Schlüsselweite s Nennmaß[1]) SW		3,2[2])	4[2])	5[2])	5,5[2])	7[2])	8[2])	10[2])	13[2])	16[2])[3])	18[2])[3])	20[3])	21[2])[3])	24[2])
Schrauben Armaturen Fittings	2kt *d*	3,7	4,5	6	7	8	9	12	15	18	21	23	24	28
	4kt e_1	4,5	5,7	7,1	7,8	9,9	11,3	14,1	18,4	22,6	25,4	28,3	29,7	33,9
	6kt e_3[4])	3,41	4,32	5,45	6,01	7,71	8,84	11,05	14,38	17,77	20,03	22,23	23,36	26,75
	8kt e_5[4])												22,7	26
für Sechskantschrauben und -muttern nach DIN ISO 272[5])		M1,6	M2	M25	M3	M4	M5	M6	M8	M10	M12		M14	M16

[1]) Für Schrauben, Armaturen und Fittings gleichzeitig das Größtmaß
[2]) entsprechen der Auswahlreihe für Sechskantschrauben und -muttern nach DIN ISO 272
[3]) SW, die vor allem im Kraftfahrwesen benutzt werden.
[4]) Mindestmaß
[5]) Maße s. Tab. **9**.67

Schraubenenden werden verschieden ausgeführt (DIN 78). Sie erhalten gewöhnlich eine Linsenkuppe (**9**.24) oder eine Kegelkuppe (**9**.25), die stets in den Längenmaßen enthalten sind. Für Spann- und Druckschrauben werden Kernansatz (**9**.26), Zapfen (**9**.27), der auch zur Aufnahme eines Splintes durchbohrt sein kann, und Ansatzkuppe (**9**.28) vorgesehen. Sie schränken eine Beschädigung des Gewindes ein. Ringschneiden (**9**.29) kommen für Stellschrauben an Stellringen in Betracht. Die Spitze (**9**.30) und die Ansatzspitze (**9**.31) treten an Sicherungsschrauben auf und werden in kegelige Senkungen eingelassen.

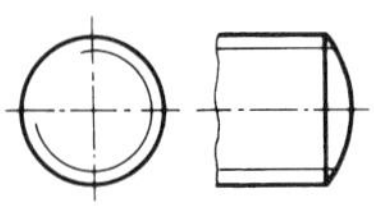

9.24 Linsenkuppe (L)

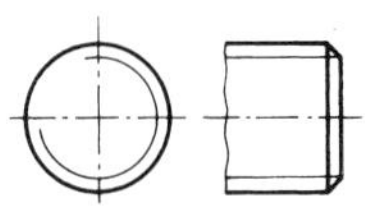

9.25 Kegelkuppe (K)

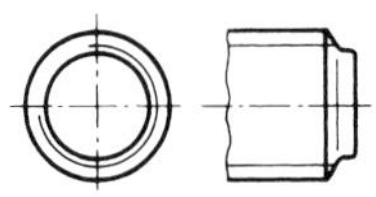

9.26 Kernansatz (Ka)

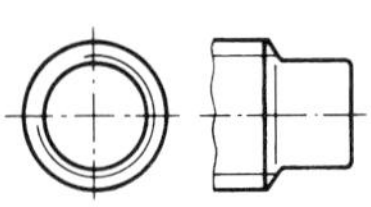

9.27 Zapfen (Za)

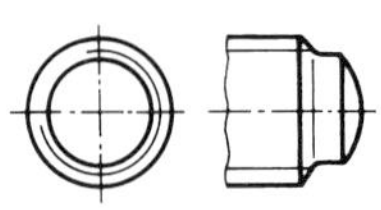

9.28 Ansatzkuppe (AK)

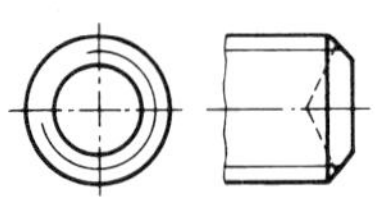

9.29 Ringschneide (Rs)

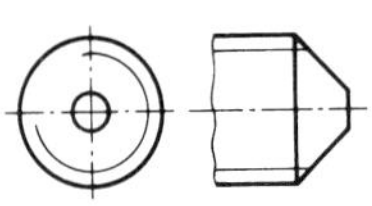

9.30 Spitze (Sp)

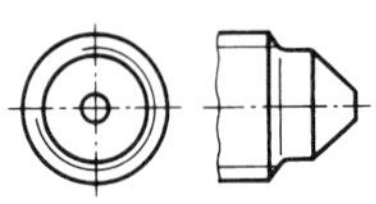

9.31 Ansatzspitze (Asp)

Der Gewindeauslauf (DIN 76-1) kann je nach dem Herstellungsverfahren bei Außengewinden unterschiedlich sein. Er liegt meist außerhalb der bemaßten Gewindelänge (**9**.32 und **9**.35) und wird gewöhnlich nicht gezeichnet. Bild **9**.32 zeigt den Regelfall am Außengewinde in Gewindegrundlöchern. Bild **9**.33 zeigt den Gewindeabstand für Außengewinde. Maße für Gewindeausläufe, Gewindeabstände und Gewindefreistiche s. Tab. **9**.37.

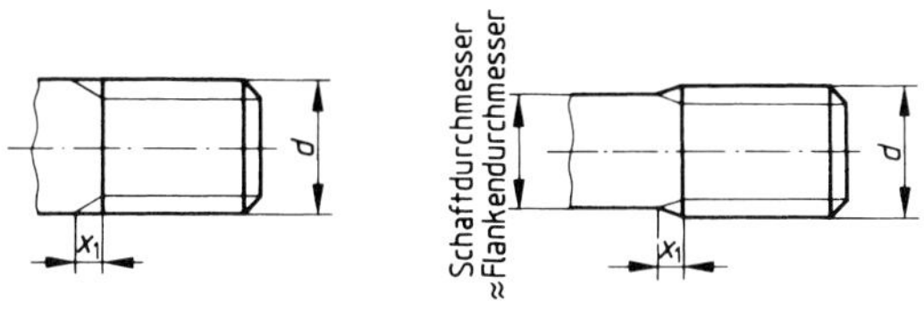

9.32 Gewindeausläufe für Außengewinde

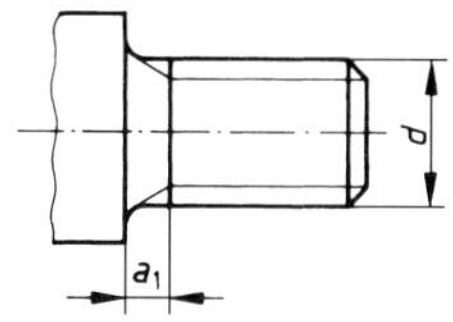

9.33 Gewindeabstand für Außengewinde

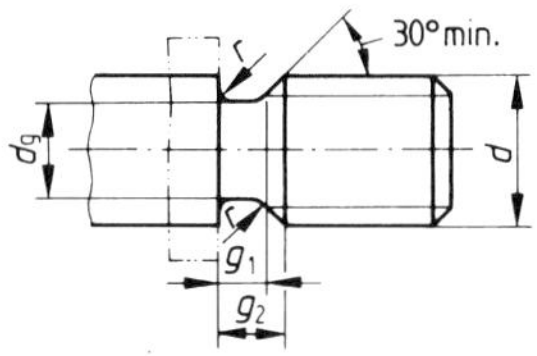

9.34 Gewindefreistich für Außengewinde

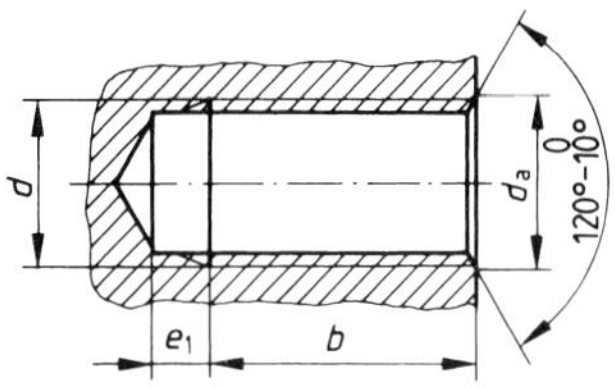

9.35 Gewindeauslauf in Gewindegrundlöchern

$d_{a\,min} = 1\,d$

$d_{a\,max} = 1{,}05\,d$

b = nutzbare Gewindelänge

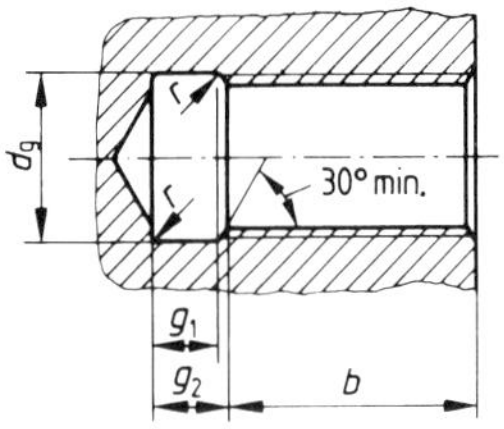

9.36 Gewindefreistich in Gewindegrundlöchern

übrige Maße wie in Bild **9**.35

Tabelle **9**.37 **Gewindeausläufe, -abstände und -freistiche für Außengewinde und in Gewindegrundlöchern nach DIN 76-1**

Regelgewinde	Gewindesteigung	Außengewinde						Gewindegrundloch			
d	P	x_1 max.	a_1 max.	d_g*) h13	g_1 min.	g_2 min.	r ≈	e_1	d_g*) H13	g_1 min.	g_2 max.
3	0,5	1,25	1,5	2,2	1,1	1,75	0,2	2,8	3,3	2	2,7
4	0,7	1,75	2,1	2,9	1,5	2,45	0,4	3,8	4,3	2,8	3,8
5	0,8	2	2,4	3,7	1,7	2,8	0,4	4,2	5,3	3,2	4,2
6	1	2,5	3	4,4	2,1	3,5	0,6	5,1	6,5	4	5,2
8	1,25	3,2	4	6	2,7	4,4	0,6	6,2	8,5	5	6,7
10	1,5	3,8	4,5	7,7	3,2	5,2	0,8	7,3	10,5	6	7,8
12	1,75	4,3	5,3	9,4	3,9	6,1	1	8,3	12,5	7	9,1
16	2	5	6	13	4,5	7	1	9,3	16,5	8	10,3
20	2,5	6,3	7,5	16,4	5,6	8,7	1,2	11,2	20,5	10	13
24	3	7,5	9	19,6	6,7	10,5	1,6	13,1	24,5	12	15,2
30	3,5	9	10,5	25	7,7	12	1,6	15,2	30,5	14	17,7

*) Toleranzfelder nach DIN ISO 286-1

Gewindefreistich (DIN 76-1) sind in Bild **9**.34 und Tab. **9**.37 ausführlich dargestellt und bemaßt. Gewinderillen für Verschlussschrauben s. DIN 3852-1.

Sind Sechskant-Muttern ausführlich darzustellen, werden die Fasenkanten vereinfacht als Kreisbögen gezeichnet. Die Lage der Mittelpunkte der Radien und die Formeln zum Ermitteln ihrer Maße zeigt Bild **9**.38. Der Wert für das Maß *e* ist DIN ISO 272, die Mutterhöhe *m* der Maßnorm (z.B. DIN EN 24032) zu entnehmen.

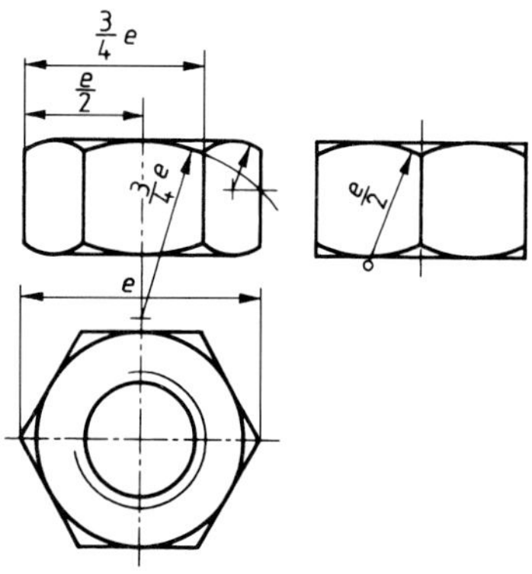

9.38 Konstruktion der Fasenbogen

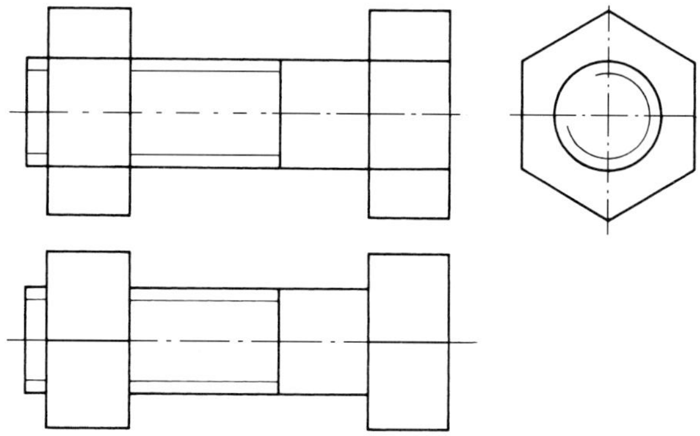

9.39 Vereinfachte Darstellung

Die Köpfe der Sechskantschrauben sind niedriger als die Muttern und nur an einer Seite abgefast. Bei der vereinfachten Darstellung der Sechskantschrauben und -muttern werden die Fasenbogen weggelassen und die üblichen Formen des Schraubenendes nicht dargestellt (**9**.39).

Schrauben, Muttern und ähnliche Gewindeteile sind weitgehend genormt[1]). Nachstehend sind davon einige Teile dargestellt.

Der Kopf der Sechskantschraube gehört nicht zur Schraubenlänge. Sechskantschrauben nach DIN ISO 24014 u.a. haben in der Regel einen Telleransatz (**9**.40), der aber nicht immer mitgezeichnet zu werden braucht. Sie werden meist als Befestigungsschrauben verwendet und hierbei in Schaftrichtung auf Zug beansprucht (**9**.41 bis **9**.43). Ist das Schraubenende als Zapfen oder Spitze ausgeführt (**9**.44 und **9**.45), wird es als Stell-, Halte- oder Abdrückschraube auf Druck beansprucht.

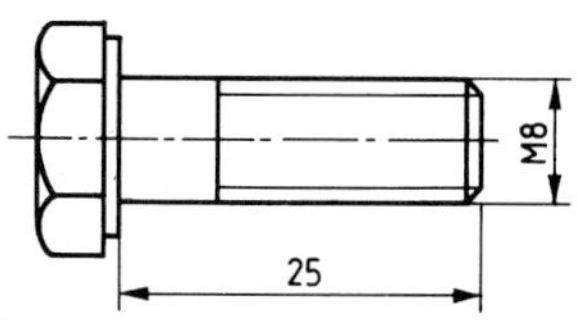

9.40 Sechskantschraube ISO 4014–M8 × 25–8.8 (s. DIN EN 24014)

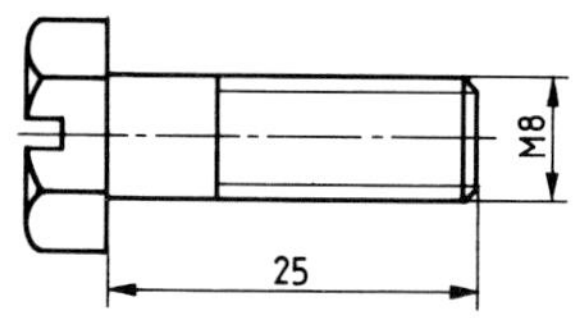

9.41 Sechskantschraube ISO 4014–M8 × 25–8.8 jedoch Form Sz und To[2]) (s. DIN EN 24014)

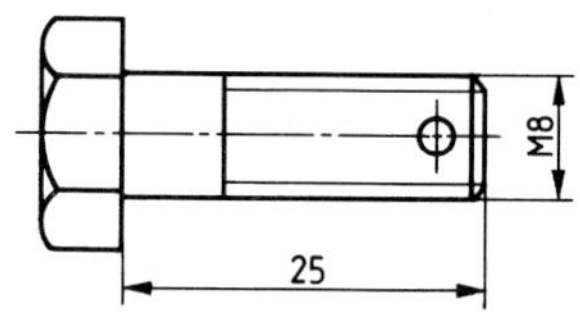

9.42 Sechskantschraube ISO 4014–M8 × 25–8.8 jedoch Form S und To[2]) (s. DIN EN 24014)

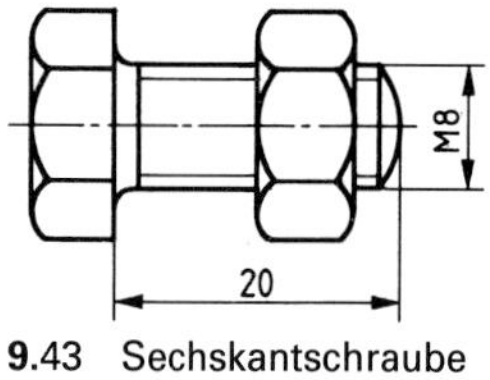

9.43 Sechskantschraube ISO 4016–M8 × 20 jedoch Form Mu[2]) (s. DIN EN 24016)

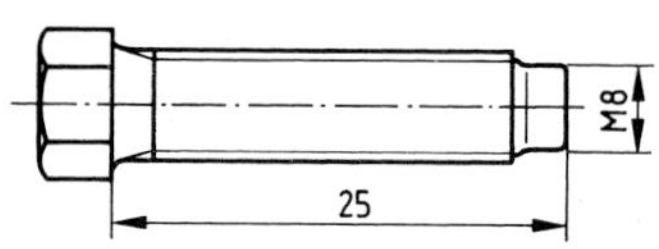

9.44 Sechskantschraube DIN 561–M8 × 25–14H

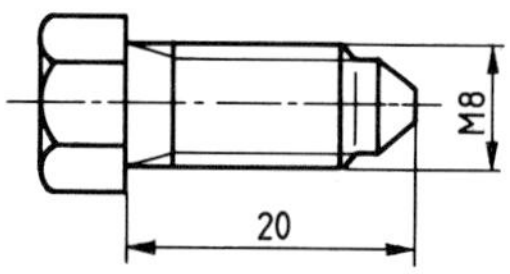

9.45 Sechskantschraube DIN 564–M8 × 20–14H

[1]) Siehe DIN-Taschenbuch 10: Maßnormen für Schrauben; DIN-Taschenbuch 55: Techn. Lieferbedingungen für Schrauben und Muttern; DIN-Taschenbuch 140: Zubehörteile für Schraubenverbindungen. Beuth-Verlag, Berlin, Wien, Zürich.

[2]) Zusätzliche Bestellangaben für Formen und Ausführungen von Sechskant- und Stiftschrauben sind in DIN 962 enthalten. Es bedeuten Sz: mit Schlitz, S: mit Spintloch, Mu: mit Sechskantmutter, To: ohne Telleransatz, Sk: Splintloch im Schraubenkopf.

Zylinderschrauben mit Innensechskant (**9**.46) werden vorwiegend im Werkzeugmaschinenbau verwendet und mit einem Sechskantstiftschlüssel bedient. Die Köpfe sind in zylindrische Senkungen einzulassen.

Passschrauben (**9**.47) haben einen nach einer ISO-Toleranz, im Regelfall k6, hergestellten Schaftteil, der mit einer Bohrung H7 eine Passung bildet.

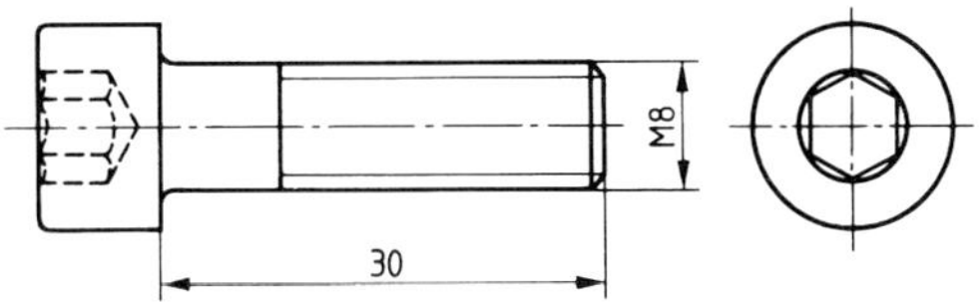

9.46 Zylinderschraube mit Innensechskant
ISO 4762–M8 × 30–8.8

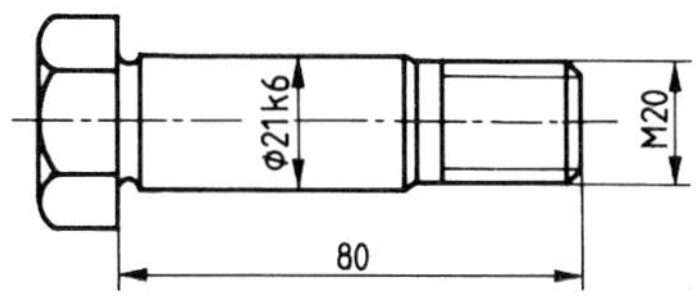

9.47 Sechskant-Passschraube
DIN 609–M20 × 80–8.8

Die genormten Bezeichnungen für Schrauben, Muttern und ähnliche Gewindeteile legen alle Merkmale fest.

Beispiel Sechskantschraube ISO 8765–M16 × 1,5 × 40 To–B 6.8

Sechskantschraube	=	Benennung des Werkstücks
ISO 8765	=	Bezeichnung der Norm, in der Schraubenform und -maße angegeben sind (hier DIN EN 28765, die identisch ist mit ISO 8765)
M16 × 1,5	=	Metrisches Feingewinde, Gewindedurchmesser 16 mm, Steigung 1,5
40	=	Länge des Schafts in mm einschließlich des Kegelansatzes oder der Linsenkuppe
To	=	ohne Telleransatz
B	=	Kennzeichen für die Produktklasse der Schraube (B, bisher mg = mittelgrob)
6.8	=	Kennzeichen der Festigkeitsklasse für Stahl

Die Produktklasse bezieht sich nach DIN ISO 4759-1 bzw. DIN 267-2 auf die Oberflächenbeschaffenheit, auf Maßgenauigkeit (Toleranzen), auf zulässige Gewindetoleranzen, Mittigkeitsabweichungen und Unwinkligkeiten, z. B. des Schraubenkopfes zum Schaft. Es sind drei Produktklassen vorgesehen: A (bisher Ausführung m), B (bisher Ausführung mg) und C (bisher Ausführung g) (s. auch Tab. **9**.21).

Die Kennzeichen der Festigkeitsklassen gelten nur für Außengewinde aus unlegiertem oder legiertem Stahl bis 39 mm Gewindedurchmesser und bestehen aus zwei durch einen Punkt getrennte Zahlen, z. B. 3.6 (**9**.48). Für Neukonstruktionen gilt DIN EN 20898-1.

Tabelle **9**.48 **Festigkeitsklassen für Schrauben aus unlegierten und legierten Stählen (DIN EN 20898-1 und DIN 267-3)**

Festigkeitsklasse	DIN 267-3	3.6	4.6	4.8	5.6	5.8	6.6	6.8	6.9	8.8	–	10.9	12.9	14.9
	DIN EN 20898-1	3.6	4.6	4.8	5.6	5.8	–	6.8	–	8.8	9.8	10.9	12.9	–
Mindestzugfestigkeit in N/mm²	DIN 267-3	340	400	400	500	500	600	600	600	800	–	1000	1200	1400
	DIN EN 20898-1	330	400	420	500	520	–	600	–	800[1])	900	1040	1220	–
Mindeststreck- bzw. Dehngrenze in N/mm²	DIN 267-3	200	240	320	300	400	360	480	540	640	–	900	1080	1260
	DIN EN 20898-1	190	240	320	300	420	–	480	–	640[2])	720	940	1100	–

[1]) über M 16: 830
[2]) über M 16: 660.

Die Festigkeitseigenschaften einer Klasse können durch mehrere Werkstoffe erreicht werden. Bei Teilen, die nicht aus Stahl bestehen, tritt das betreffende Werkstoffkurzzeichen an die Stelle des Werkstoffkennzeichens:

Sechskantschraube ISO 8765– M10 × 0,75 × 20–A NiCr 15 Fe.

Ein galvanischer Überzug wird am Schluss angegeben:

Sechskantschraube ISO 4014 M16 × 50–A 8.8 gal Zn 5 bk (s. DIN EN 24014); oder durch das dafür in DIN ISO 4042 festgelegte und nach einem Trennstrich zu setzende Kennzeichen –A2E.

Die erste Zahl gibt etwa $^1/_{100}$ der Mindestzugfestigkeit: $340/100 \approx 3$, die zweite Zahl das ungefähr verzehnfachte Verhältnis der Mindetstreckgrenze zur Mindestzugfestigkeit an:

$$10 \frac{200}{340} \approx 6.$$

Das Kennzeichen für die Ausführung wird weggelassen, wenn für das Schraubteil normgemäß nur eine Ausführung besteht oder sie dem Hersteller überlassen bleiben soll. Sind Schraubteile in nur einer Ausführung und in nur einer Festigkeitseigenschaft festgelegt oder der Wahl des Herstellers überlassen, sind weder Ausführung noch Festigkeitseigenschaften anzugeben (**9**.43).

Schraubensonderformen

Vierkantschrauben nach DIN 478 werden als Spannschraube im Werkzeugmaschinenbau verwendet, wobei der Bund das Abgleiten des Schraubenschlüssels verhindert (**9**.49).

Halbrundschrauben nach DIN 607 sind rohe Schrauben und haben eine Nase, die ein Mitdrehen beim Anziehen und Lösen der Mutter verhindert (**9**.50). Für die Nasen sind Nuten vorzusehen.

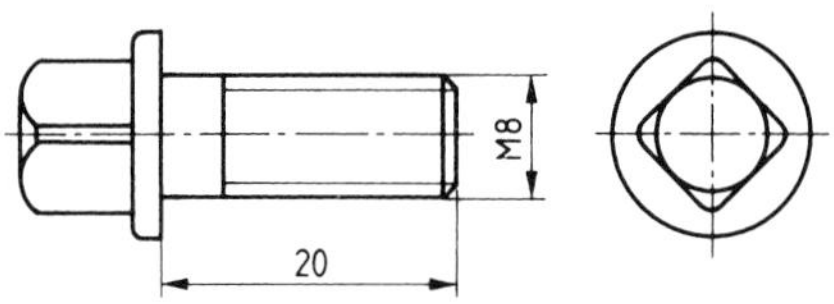

9.49 Vierkantschraube DIN 478–M8 × 20–5.8

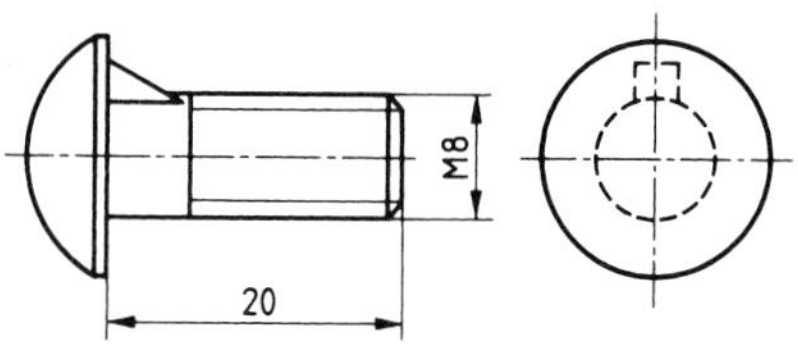

9.50 Halbrundschraube DIN 607–M8 × 20

Hammerschrauben (**9**.51) nach DIN 188 haben schmale Köpfe, die seitlich in Vertiefungen anliegen (um Mitdrehen zu vermeiden) oder in Nuten eingelassen werden.

Kegelsenkschrauben (**9**.52), deren Kegelwinkel 30° beträgt, werden dort verwendet, wo für vorstehende Köpfe Raum nicht zur Verfügung steht.

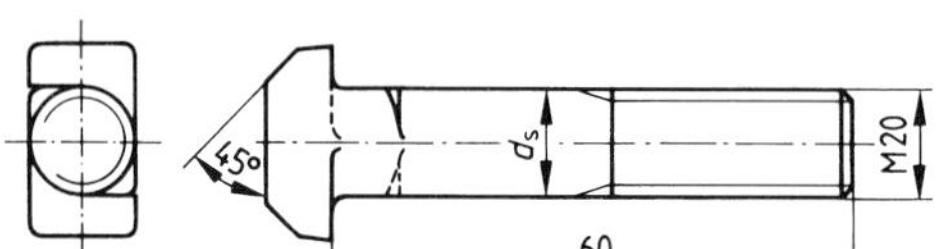

9.51 Hammerschraube DIN 188–M20 × 60

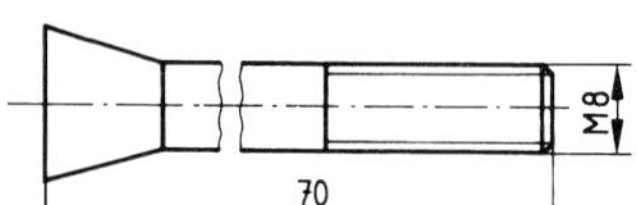

9.52 Kegelsenkschraube

Stiftschrauben nach DIN 938 und DIN 939 haben Kegelkuppen nach DIN 78 (**9**.53). Als Nennlänge der Stiftschraube gilt die Länge des nach dem Einschrauben aus dem Werkstück herausragenden Teils. Die Einschraublänge schließt ausnahmsweise den Gewindeauslauf ein und richtet sich nach dem Werkstoff, in den die Schraube geschraubt wird. Sie ist bei

Stahl	1	× Gewindedurchmesser
Grauguss	1,25	× Gewindedurchmesser
Aluminiumlegierung	2	× Gewindedurchmesser
Weichmetall	2,5	× Gewindedurchmesser

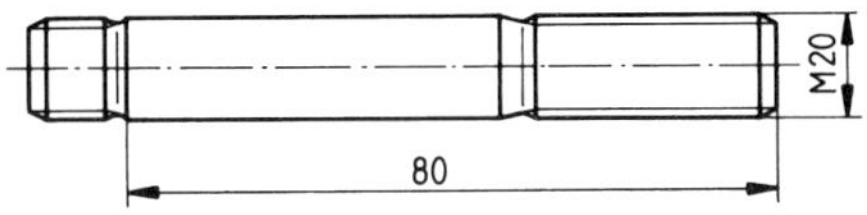

9.53 Stiftschraube
DIN 938–M20 × 80–8.8

Einschraubende und Schaftende haben nicht immer das gleiche Gewinde. Die unterschiedlichen Gewinde sind in der Bezeichnung anzugeben, wobei in der Reihenfolge zuerst das Einschraubgewinde zu nennen ist:

Stiftschraube DIN 938–M12–M12 × 1,5 × 80–8.8

Toleranzen der Durchmesser am Gewinde des Einschraubendes und deren Bezeichnungen für nicht dichte Verbindungen s. DIN 13-14, für dichte Verbindungen s. DIN 13-15.

Gewindestifte mit Spitze (**9**.54) oder mit Zapfen (**9**.55) haben Gewinde über die ganze Länge, weil sie vollständig in den Werkstoff eingeschraubt werden, Schaftschrauben (**9**.56) nur über einen Teil der Länge.

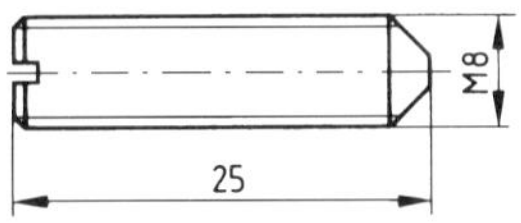

9.54 Gewindestift
ISO 7434–M8 × 25–14H
(s. DIN EN 27434)

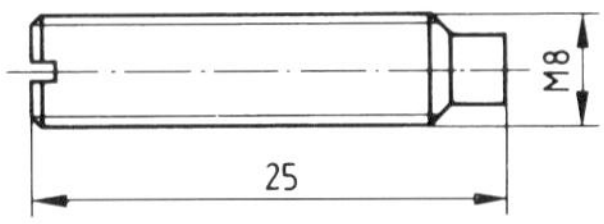

9.55 Gewindestift
ISO 7435–M8 × 25–14H
(s. DIN EN 27434)

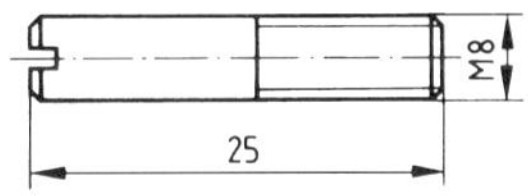

9.56 Schaftschraube
ISO 427–M8 × 25–14H

Gewindestifte und Schaftschrauben werden hauptsächlich zur Sicherung der Lage von Teilen nach dem Zusammenbau benutzt (z. B. Stellringe auf Wellen). Gewindestifte mit Zapfen dienen zum Einstellen von Teilen, z. B. einer Membrane oder Führungsleiste. Gewindestifte mit Innensechskant sind in den Normen DIN 913 (mit Kegelkuppe), DIN 914 (mit Spitze), DIN 915 (mit Zapfen) und DIN 916 (mit Ringschneide) festgelegt.

Schlitzschrauben. Die Köpfe der Zylinderschraube (**9**.57), der Flachkopfschraube (**9**.58) und der Rändelschraube (**9**.59) gehören nicht zur Schraubenlänge (Nennlänge), dagegen wird der Kopf der Senkschraube (**9**.60) einbezogen.

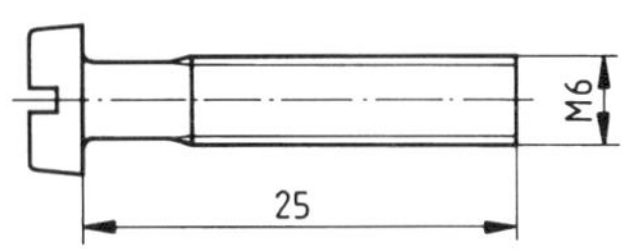

9.57 Zylinderschraube
ISO 1207–M6 × 25–4.8
(s. DIN EN ISO 1207)

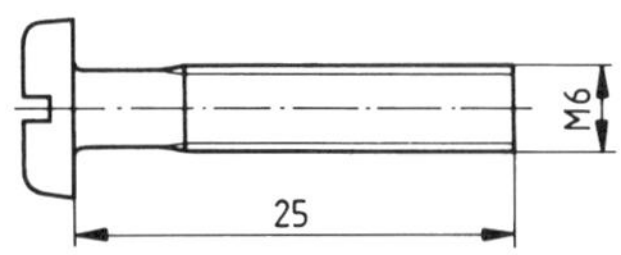

9.58 Flachkopfschraube
ISO 1580–M6 × 25–4.8
(s. DIN EN ISO 1580)

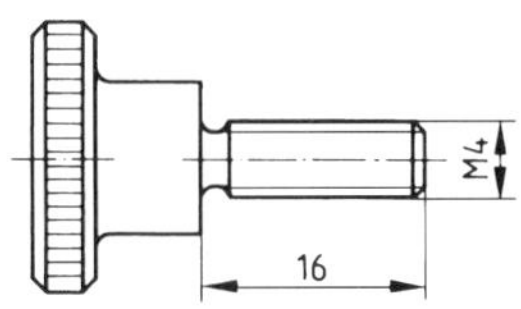

9.59 Rändelschraube
DIN 464–M4 × 6–Sz[1])–St

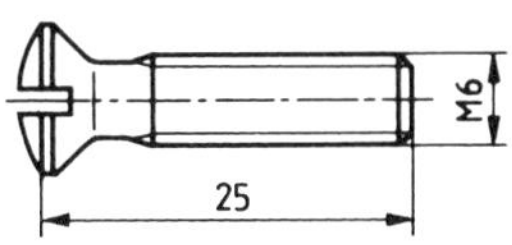

9.60 Senkschraube
ISO 2009–M6 × 25–5.8
(s. DIN EN ISO 2009)

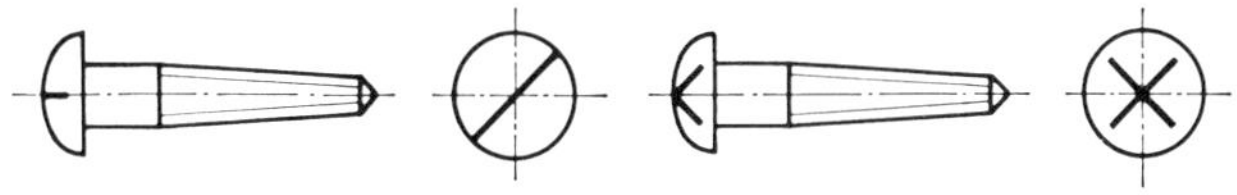

9.61 Halbrundholzschrauben mit Längs- und Kreuzschlitz

[1]) Sz: mit Schlitz

Die Schlitzkanten der Schrauben werden beim Blick auf den Kopf in Richtung der Schraubenachse unter 45°, bei Sechskantköpfen unter 60/30° gezogen (**9**.62). Ist eine dritte Ansicht erforderlich, zeichnet man auch dort den Schlitzquerschnitt. Bild **9**.61 zeigt vereinfacht dargestellte Schlitze.

9.62 Schlitzlage in Übersichtszeichnungen

Muttern und Scheiben. Das Kernloch der Muttern ist beiderseits unter 120° bis auf den Gewindedurchmesser ausgesenkt (**9**.63). Sechskantmuttern sind meist an beiden Stirnflächen abgefast. Kronenmuttern dienen zur Aufnahme eines Splints als Sicherung gegen Lockern (**9**.64). Vierkantmuttern haben nur eine oder keine Fase und werden seltener benutzt (**9**.65). Ist der Werkstoff der zu verbindenden Teile weicher als der der Mutter oder ist die Auflagefläche nicht eben, sind Scheiben unterzulegen (**9**.66).

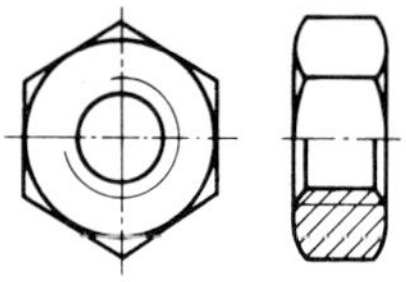

9.63 Sechskantmutter ISO 4032–M8–8 (s. DIN EN 24032)

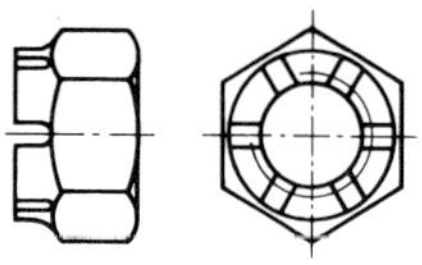

9.64 Kronenmutter DIN 935–M20–8

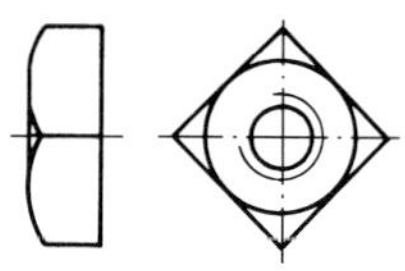

9.65 Vierkantmutter DIN 557–M6

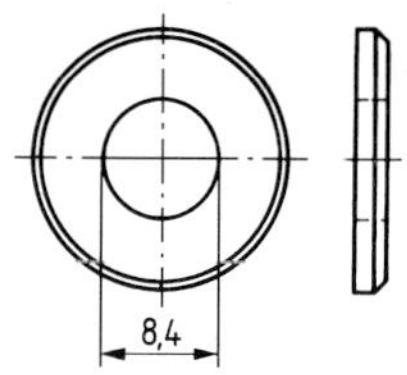

9.66 Scheibe DIN 125–B8,4 –200 HV

Vierkantunterlegscheiben (**6**.137) mit passender Neigung werden an den Flanschen der [- und I-Stähle gebraucht.

Eine Zusammenstellung von Maßen der gebräuchlichsten Schrauben, Muttern sowie der zugehörigen Konstruktions- und Einbaumaße zeigt Tab. **9**.67.

Rändel (DIN 82) erhöhen die Griffsicherheit und entstehen durch Eindrücken spitzgezahnter, gehärteter Rändelräder (DIN 403) in den Mantel des sich drehenden Teils. Durch Herausquetschen des Werkstoffs wird der Nenndurchmesser d_1 größer als der Ausgangsdurchmesser d_2 (**9**.68). Er lässt sich für Rändel mit Profilwinkel 90° (je nach Form des Rändels und Größe der Teilung) aus den in Tab. **9**.72 angegebenen Formeln errechnen. Hierbei sind jedoch die beim Rändelvorgang entstehende Balligkeit der Riefen und die spezifischen Eigenschaften der zu rändelnden Werkstoffe nicht berücksichtigt. Rändel mit Profilwinkel 105° sind ebenfalls möglich.

Folgende Teilungen t sind genormt: 0,5, 0,6, 0,8, 1, 1,2, 1,6 mm.

An Stelle der Fase kann eine Rundung treten, Kreuzrändel wird bisweilen nur angedeutet (**9**.71).

Ein Kreuzrändel, Spitzen erhöht (RKE) mit einer Teilung $t = 0{,}8$ mm, wird bezeichnet: Rändel DIN 82–RKE 08.

Rändel werden mit schmalen Volllinien angedeutet und haben keine seitlichen Begrenzungslinien, wenn sie auf einer Wölbung auslaufen oder auf einem Teil des Mantels liegen (**9**.70).

Tabelle **9**.67 **Die gebräuchlichsten Verschraubungsteile und ihre Einbaumaße**

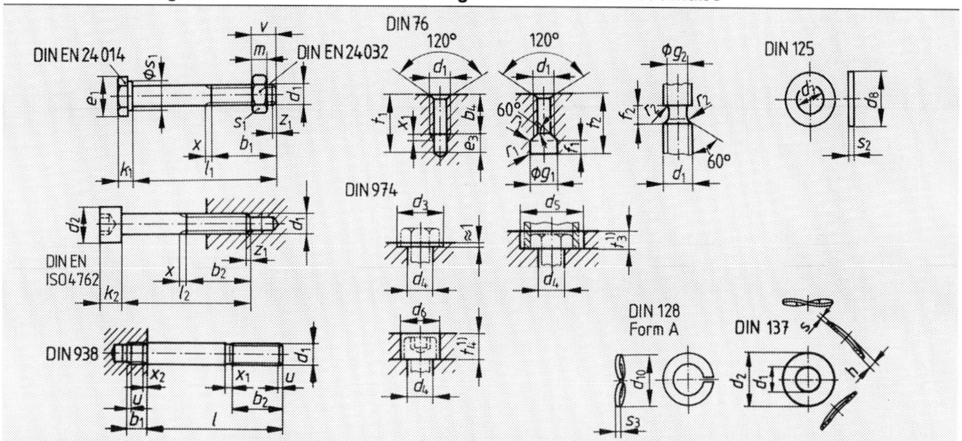

	Gewinde-Nenn-∅	d_1	M4	M5	M6	M8	M10	M12	M16	M20	M24	M30	M36
Sechskantschraube DIN EN 24014	Länge l_1 von	$l_1$²)	25	25	30	35	40	45	55	65	80	90	110
	bis		40	50	60	80	100	120	160	200	240	300	300
	Gewindelänge für: $l_1 \leq 125$	b_1	14	16	18	22	26	30	38	46	54	66	78
	$125 < l_1 \leq 200$		–	–	–	28	32	36	44	52	60	72	84
	$l_1 > 200$		–	–	–	–	–	–	57	65	73	85	97
	Kopfhöhe	k_1	2,8	3,5	4	5,8	6,4	7,5	10	13	15	19	23
	Eckenmaß	e_1	7,66	8,79	11,05	14,38	17,77	20,03	26,75	33,53	39,98	50,85	60,79
Sechskantmutter DIN EN 24032	Schlüsselweite	s_1	7	8	10	13	16	18	24	30	36	46	55
	Mutternhöhe	m	3,2	4,7	5,2	6,8	8,4	10,8	14,8	18	21,5	25,6	31
	Schraubenüberstand min	v	4,2	5,2	6,5	8,3	10,2	12,5	16	19,5	23,5	29	35
Zylinderschraube mit Innensechskant DIN EN ISO 4762	Länge l_2	$l_2$²)	6	10	10	(14)	(14)	20	30	40	50	80	100
	Gewindelänge für: $l_1 \leq 125$	b_2	14	16	18	22	26	30	38	46	54	66	78
	$125 < l_1 \leq 200$		–	–	24	28	32	36	44	52	60	72	84
	Kopfhöhe für DIN 912	k_2	4	5	6	8	10	12	16	20	24	30	36
	Kopf-∅	d_2	7	8,5	10	13	16	18	24	30	36	45	54
Stiftschraube DIN 938	Länge von	l³)	20	(22)	25	30	35	40	50	60	70	80	(95)
	bis		40	50	60	80	100	120	160	200	200	300	360
	Gewindelänge für: $l_1 \leq 125$	b_3	14	16	18	22	26	30	38	46	54	66	78
	$125 < l_1 \leq 200$		20	22	24	28	32	36	44	52	60	72	84
	Einschraubende ≈ 1d	b_1	4	5	6	8	10	12	16	20	24	30	36
	Gewindeauslauf (≈ 2,5P)	x_1	1,75	2	2,5	3,2	3,8	4,3	5	6,3	7,5	9	10
Gewindefreistich DIN 76-1	Kernlochüberstand	e_3	3,8	4,2	5,1	6,2	7,3	8,3	9,3	11,2	13,1	15,2	16,8
	Rillen-∅	g_1	4,3	5,3	6,5	8,5	10,5	12,5	16,5	20,5	24,5	30,5	36,5
	Rillenbreite (4 P)	f_1	2,8	3,2	4	5	6	7	8	10	12	14	16
	Abrundungen	r_1	0,35	0,4	0,5	0,6	0,75	0,9	1	1,25	1,5	1,75	2
	Rillen-∅	g_2	2,9	3,7	4,4	6	7,7	9,4	13	16,4	19,6	25	30,3
	Rillenbreite (3,5 P)	f_2	2,45	2,8	3,5	4,4	5,2	6,1	7	8,7	10,5	12,5	14
	Abrundungen (≈ 0,5 P)	r_2	0,35	0,4	0,5	0,6	0,75	10,9	1	1,25	1,5	1,75	2
Senkung für Sechskant- und Zylinderschraube DIN 974-1, DIN 974-2	Durchgangsloch³)	d_4	4,5	5,5	6,6	9	11	13,5	17,5	22	26	33	39
	Senkungs-∅, Form R	d_3	10	11	13	18	22	26	33	40	48	61	71
	Senkungs-∅, Form SA, TA	d_5	13	15	18	24	28	33	40	46	50	71	82
	Senktiefe Form SA, SB	t_3	3,5	4,2	4,8	6,5	8	9	11,5	14,5	16,5	21	25
	Senkungs-∅, Form J, K	d_6	8	10	11	15	18	20	26	33	40	48	57
	Senktiefe für DIN 912¹)	t_4	4,6	5,7	6,8	9	11	13	17,5	21,4	25,5	32	38
Scheibe DIN 125	Außen-∅	d_8	9	10	12,5	17	21	24	30	37	44	56	66
	Dicke	s_2	0,8	1	1,6	1,6	2	2,5	3	3	4	4	5
Federring für Sechskantschraube DIN 128	Außen-∅	d_{10}	7,6	9,2	11,8	14,8	18,1	21,1	27,4	33,6	40	48,2	58,2
	Dicke	s_3	0,8	1	1,3	1,6	1,8	2,1	2,8	3,2	4	6	6
Federscheibe DIN 137	Außen-∅	d_{12}	9	11	12	15	21	24	30	36	44	56	68
	Dicke	s_3	0,5	0,5	0,5	0,8	1,0	1,2	1,6	1,6	1,8	2,2	2,5

¹) Werden Federringe verwendet, ändert sich die Senktiefe t um die Dicke der Federringe.
²) Gewindeabmessungen nach DIN 13-1, s. Tab. **9**.8.
³) Nach DIN EN 20273, Ausführung mittel.

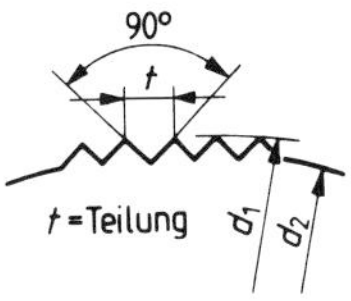

9.68 Aufwerfen des Werkstoffs

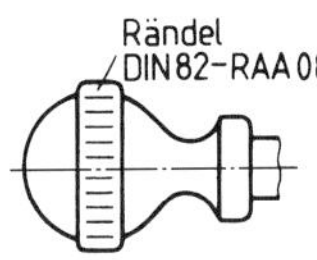

9.69 Kennzeichnung einer Rändelung

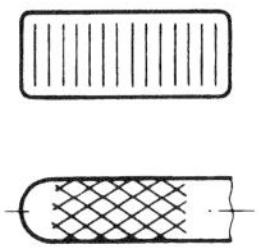

9.70 Fortfall der Begrenzungslinien

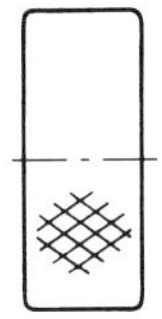

9.71 Andeutung eines Rändels

Tabelle **9**.72 **Formen und Benennungen der Rändel**

Form	RAA	RBL	RBR	RGE	RGV	RKE	RKV
Benennung	Rändel mit achsparallelen Riefen	Linksrändel	Rechtsrändel	Links-Rechtsrändel, Spitzen erhöht[1]	Links-Rechtsrändel, Spitzen vertieft[2]	Kreuzrändel, Spitzen erhöht	Kreuzrändel, Spitzen vertieft
Darstellung	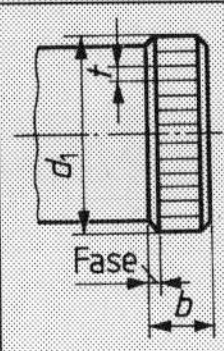	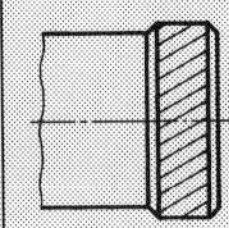	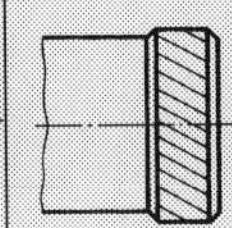	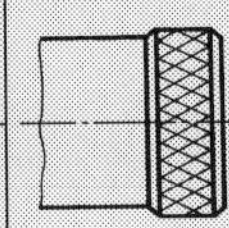	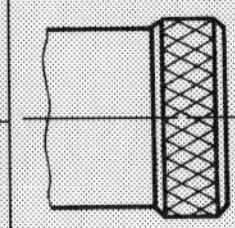	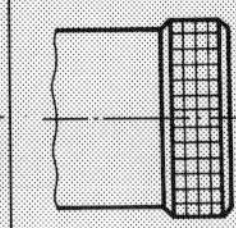	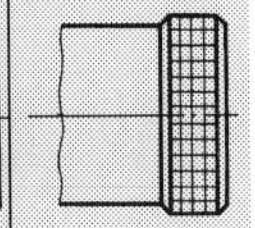
Ausgangs-Ø d_2	$d_1 - 0{,}5\,t$			$d_1 - 0{,}67\,t$	$d_1 - 0{,}33\,t$	$d_1 - 0{,}67\,t$	$d_1 - 0{,}33\,t$

[1]) Alte Benennung „Kordel"
[2]) Alte Benennung „Negativ Kordel"

9.1.3 Verbindungen mit Schrauben und Muttern

Sie lassen sich beliebig oft ohne Zerstörung der Verbindungselemente auseinander nehmen und zusammensetzen. Daher heißen sie lösbare Verbindungen.

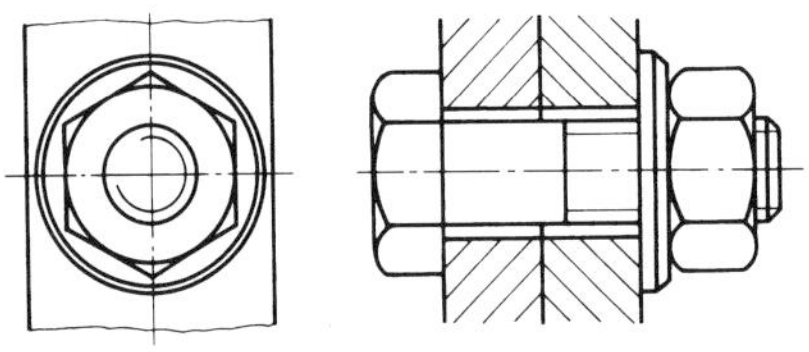

9.73 Maschinenschraubverbindung

Maschinenschraubverbindungen (**9**.73). Die zu verbindenden Teile haben durchgehende Löcher; Schrauben, Muttern und Unterlegscheiben werden nicht im Schnitt dargestellt. Die Schraubenlänge wählt man so, dass das Schaftende aus der Mutter nur wenig herausragt.

Maße hierzu sind in DIN 78 enthalten. Die Trennlinie der zusammengeschraubten Werkstücke wird bis an den Schraubenschaft herangeführt.

Durchgangslöcher sind etwas größer als die Schraubendurchmesser und in DIN EN 20273 festgelegt (Tab. **9**.74). Vereinfachte Darstellungen für Durchgangs- und Gewindelöcher vorzugsweise für den Metallbau s. DIN ISO 5261 (s. Abschn. 6).

Tabelle **9**.74 **Durchgangslöcher nach DIN EN 20273 für Schrauben**

Gewindedurchmesser d	3	4	5	6	8	10	12	16	20	24	30
Durchgangsloch d_h	3,4	4,5	5,5	6,6	9	11	13,5	17,5	22	26	33

Kopfschraubenverbindung (**9**.75). Ein Werkstück hat ein Gewindegrundloch, das andere ein Durchgangsloch. Von dem Gewindegrundloch ist nur der Teil zu zeichnen, der vom Schraubenschaft nicht verdeckt ist. In Grauguss, Weich- und Leichtmetall können die ersten Gewindegänge durch häufiges Ein- und Ausschrauben beschädigt werden. Bei Verwendung von Stiftschrauben besteht diese Gefahr nicht.

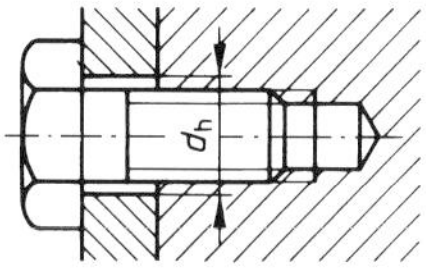

9.75 Kopfschraubenverbindung

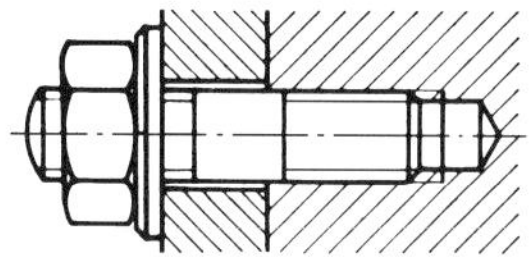

9.76 Stiftschraubenverbindung

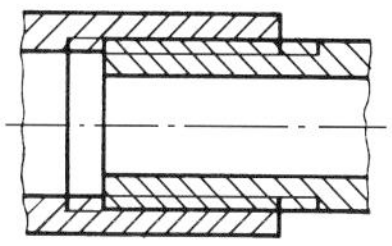

9.77 Rohrverschraubung

Stiftschraubenverbindung (**9**.76). Stiftschrauben werden in der ganzen Länge des Einschraubgewindes einschließlich des Gewindeauslaufs fest eingedreht. Die breite Gewindebegrenzungslinie gemäß ISO-Darstellung kennzeichnet stets das Ende der vollausgeschnittenen Gewindegänge. Sie wird daher am Einschraubende gegenüber der Oberkante des Gewindelochs um die Größe des Gewindeauslaufs versetzt, die DIN 76-1 entnommen werden kann (s. Tab. **9**.37).

Rohrverschraubung (**9**.77). Bei der im Schnitt dargestellten Rohrverschraubung wird das Innengewinde des äußeren Rohrs durch das Außengewinde des inneren Rohrs verdeckt.

Senkungen (DIN 74-1, DIN 974-1, DIN 974-2)

Senkungen für Senkschrauben nach DIN 74-1 (**9**.78, **9**.79) bestehen infolge unterschiedlicher Größen in den Formen A, B, C und E. Für A und B gibt es zwei Ausführungen, nämlich mittel (m) und fein (f). Die Senkungen „fein" haben zylindrische Vertiefungen, kleinere Bohrungen und kleinere Toleranzen und liegen daher enger an (**9**.74). Man verwendet:

A vorwiegend für Senkschrauben nach DIN EN ISO 2009 und DIN EN ISO 7046-1, DIN EN ISO 7046-2 und Linsensenkschrauben nach DIN EN ISO 2010 sowie für Senkholzschrauben nach DIN 97 und DIN 7997 und für Linsensenkholzschrauben nach DIN 95 und DIN 7995.

B vorwiegend für Senkschrauben nach DIN 7991.

C für Senkblechschrauben nach DIN ISO 1482 und DIN ISO 7050 und Linsensenkblechschrauben nach DIN ISO 1483 und DIN ISO 7051.

E für Senkschrauben nach DIN 7969 (für Stahlbaukonstruktionen).

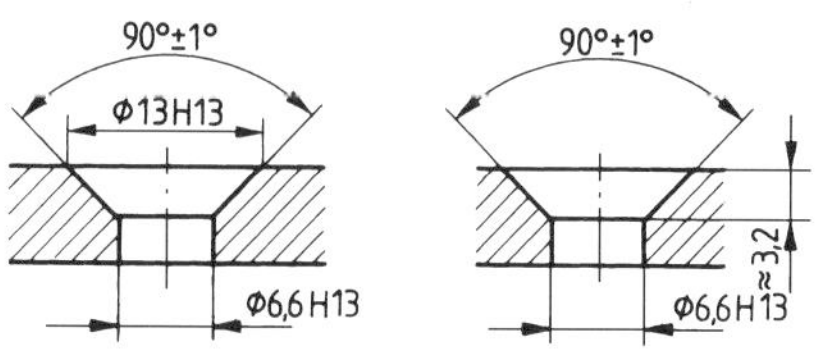

So oder so!

9.78 Senkung B „mittel"

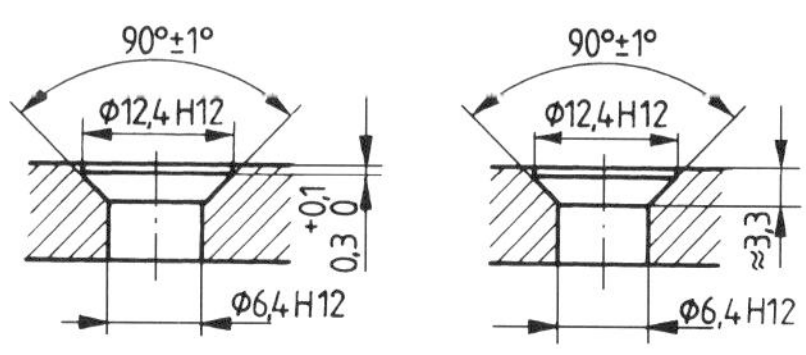

So oder so!

9.79 Senkung B „fein"

Senkungen können verschieden bemaßt werden. Der Mittelpunkt für das Winkelmaß liegt im Schnittpunkt der verlängerten Kegelseiten. Ist die Senktiefe größer als die Dicke des Werkstoffs, wird auch das Anschlussteil ausgesenkt, und zwar etwas weiter, da die Schraube sonst nicht anzieht (**9**.80). Besonders in Kleindarstellungen können an Stelle der Maße Kurzzeichen treten (**9**.81).

Beispiel DIN 74–Bm6 bedeutet Senkung B mittel, für 6 mm Gewindedurchmesser, nach DIN 74-1.

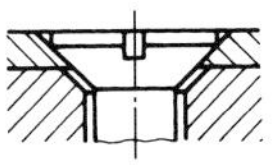

9.80 Angesenktes Anschlussteil

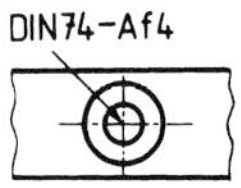

9.81 Kurzbezeichnung für Senkung

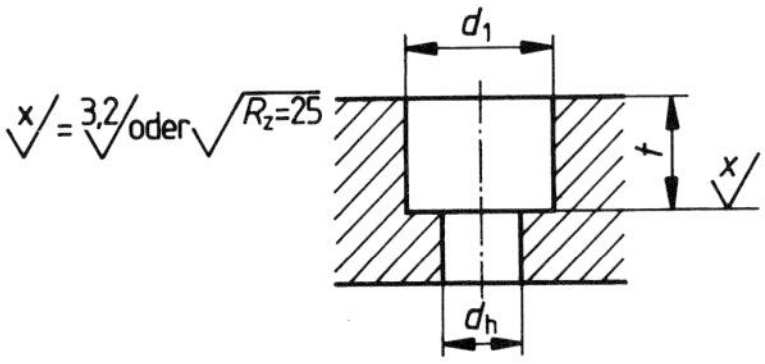

9.82 Senkung für Zylinderschraube

Senkungen für Zylinderschrauben werden nach DIN 974-1 ausgeführt (**9**.82). Die Konstruktionsmaße des Senkdurchmessers sind von der Schraubenart und dem vorgesehenen Unterlegteil abhängig (Tab. **9**.83). Die Senktiefe ist nicht festgelegt, sie ist dem jeweiligen Anwen-

Tabelle **9**.83 **Senkdurchmesser für Zylinderschrauben und Sechskantschrauben und -muttern nach DIN 974-1 und DIN 974-2**

Gewinde-Nenndurchmesser d	Senkdurchmesser (d_1) für Zylinderschrauben – H13					Senkdurchmesser (d_1) für Sechskantschrauben und -muttern – H13		
	Reihe 1	Reihe 2	Reihe 4	Reihe 5	Reihe 6	Reihe 1	Reihe 2	Zugabe für Senktiefe t
3	6,5	7	7	9	8	11	11	0,4
4	8	9	9	10	10	13	15	0,4
5	10	11	11	13	13	15	18	0,4
6	11	13	13	15	15	18	20	0,4
8	15	18	16	18	20	24	26	0,6
10	18	24	20	24	24	28	33	0,6
12	20	–	24	26	33	33	36	0,6
16	26	–	30	33	43	40	46	0,6
20	33	–	36	40	48	46	54	0,6
24	40	–	43	48	58	58	73	0,8
30	50	–	54	61	73	73	82	1,0

Reihe 1: Für Schrauben*) nach DIN 84, DIN 912, DIN 6912 und DIN 7984 ohne Unterlegteile
Reihe 2: für Schrauben*) nach DIN 85, DIN ISO 1580 und DIN 7985 ohne Unterlegteile
Reihe 4: für Schrauben mit Zylinderkopf mit folgenden Unterlegteilen:
Scheiben nach DIN 433-1, DIN 433-2 und DIN 6902 Form C
Federscheiben nach DIN 137 Form A
Federringe nach DIN 127, DIN 128 und DIN 6905
Zahnscheiben nach DIN 6797
Fächerscheiben nach DIN 6798 und DIN 6907
Reihe 5: für Schrauben mit Zylinderkopf mit folgenden Unterlegteilen:
Scheiben nach DIN 125-1, DIN 125-2 und DIN 6902 Form A
Federscheiben nach DIN 137 Form B und DIN 6904
Reihe 6: für Schrauben mit Zylinderkopf mit Spannscheiben nach DIN 6796 und DIN 6908.

Reihe 1: für Steckschlüssel nach DIN 659, DIN 896, DIN 3112 oder Steckschlüsseleinsätze nach DIN 3124
Reihe 2: für Ringschlüssel nach DIN 838, DIN 897 oder Steckschlüsseleinsätze nach DIN 3129

(Unabhängig von der unter den Reihen 1 und 2 getroffenen Werkzeugordnung können in vielen Fällen Werkzeuge, die unter Reihe 2 genannt sind, auch in Senkungen der Reihe 1 eingesetzt werden. Dies ist im Einzelfall zu prüfen.)

*) Gilt auch für gewindeschneidende Schrauben nach DIN 7513 und DIN 7516 und gewindefurchende Schrauben nach DIN 7500-1, soweit sie Köpfe nach den angegebenen Maßnormen für Schrauben haben.

dungsfall entsprechend zu wählen. Es wird empfohlen, die Senktiefe für einen bündigen Abschluss aus der Summe der Maximalwerte der Kopfhöhe der Schraube und der Höhe des Unterlegteiles sowie einer Zugabe zu berechnen.

Senkungen für Sechskantschrauben und -muttern sind in DIN 974-2 festgelegt. In Abhängigkeit von der Art der Schraubwerkzeuge werden zwei Reihen für Senkdurchmesser ausgeführt (Tab. **9**.83). Sie gelten unabhängig davon, ob Unterlegteile vorgesehen sind. Die Senktiefe wird analog zu den Senkungen für Zylinderschrauben errechnet.

Schraubensicherungen

Schraubenverbindungen an beweglichen Teilen und solche, die Erschütterungen ausgesetzt sind, müssen gegen Lockern gesichert werden. Das geschieht unter anderem durch:

Doppelmuttern (**9**.84). Die zuerst aufgeschraubte Mutter kann niedriger als die andere sein. Flache Sechskantmuttern s. DIN EN 24035, DIN EN 24036, DIN EN 28675.

Kronenmuttern mit Splint (**9**.85). Die Nachstellmöglichkeit ist durch mehrere Schlitze in der Krone gewährleistet. Splinte s. Abschn. 9.3.3.

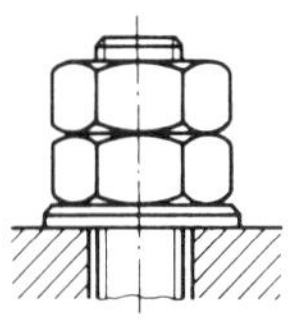

9.84 Doppelmutter

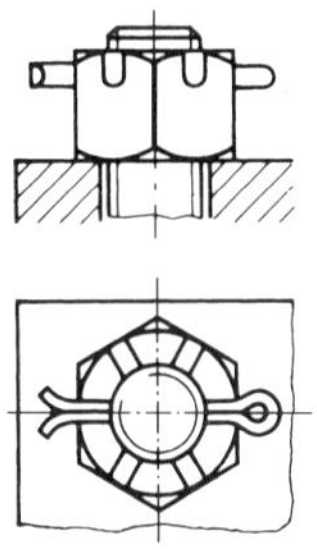

9.85 Kronenmutter mit Splint

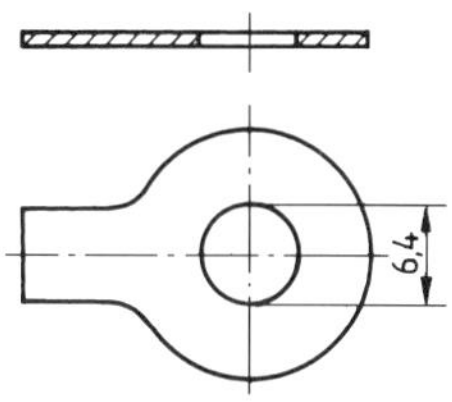

9.86 Sicherungsblech DIN 93–6,4

Sicherungsbleche mit Lappen (**9**.86). Der Lappen wird nach dem Festziehen der Mutter umgebogen (**9**.87). Es müssen immer beide Teile – Schraube und Mutter – gesichert sein.

Sicherungsbleche mit Nase (**9**.88). Die Nase wird vor dem Festziehen und Umbiegen in eine Bohrung eingelassen (**9**.89). Auch hier sind beide Teile (Schraube und Mutter) zu sichern.

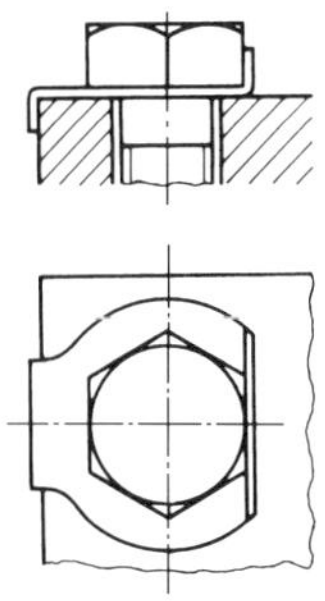

9.87 Gesicherte Schraube

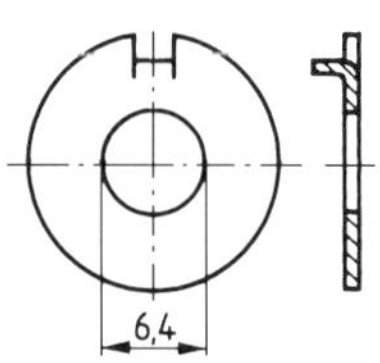

9.88 Sicherungsblech DIN 432–6,4

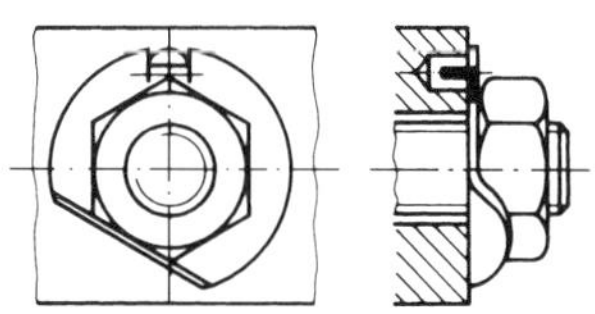

9.89 Gesicherte Mutter

Federringe nach DIN 128 (**9**.90) haben meißelförmig angeschärfte Enden, die aufgebogen sind. Sie dringen beim Festschrauben in den Werkstoff ein (**9**.91).

Federscheiben nach DIN 137 sind gewellt (**9**.92). Sie werden im Regelfall für Verbindungen durch Sechskantschrauben angewendet. Maße für Federringe nach DIN 128 und Federscheiben nach DIN 137 s. Tab. **9**.67.

Form A gewölbt

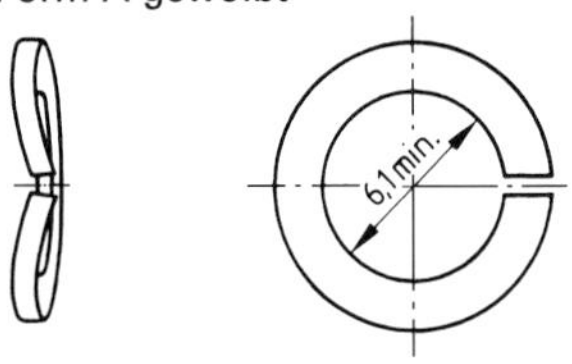

9.90 Federring DIN 128–A6

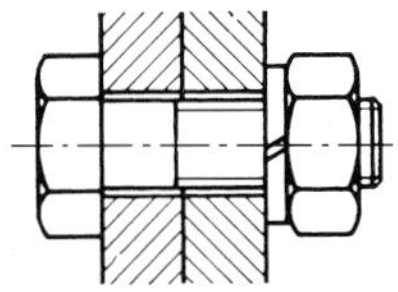

9.91 Sicherung durch Federring

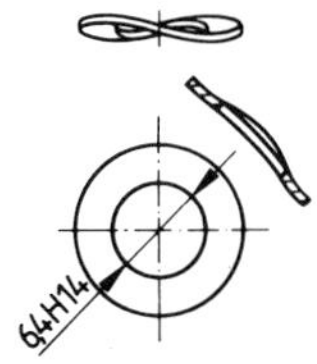

9.92 Federscheibe DIN 137–B6

Sicherungsnäpfe nach DIN 526 für versenkte Zylinderschrauben nach DIN EN ISO 1207 (**9**.93). Die Sicherung erfolgt durch in eine Nut gelegte Lasche und den in den Schraubenschlitz eingedrückten Rand (**9**.94).

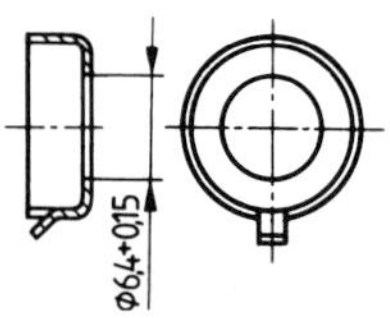

9.93 Sicherungsnapf nach DIN 526

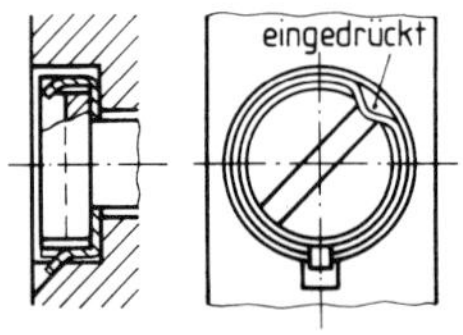

9.94 Sicherung der Zylinderschraube

9.95 Sicherungsmutter DIN 7967–M6

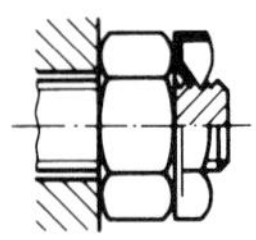

9.96 Sicherung der Sechskantmutter

Sicherungsmuttern aus Blech (**9**.95) werden nach dem Aufschrauben von Hand mit einem Schraubenschlüsel angezogen (**9**.96). Vor dem Lösen wird die gesicherte Sechskantmutter kräftig angezogen, damit die Federwirkung der Sperrzähne aufgehoben wird.

Fächerscheiben (**9**.97) und f e d e r n d e Z a h n s c h e i b e n (**9**.98) gibt es in je 3 Ausführungen, und zwar mit Außenverzahnung als Form A, mit Innenverzahnung als Form J und für kegelige Senkungen als Form V.

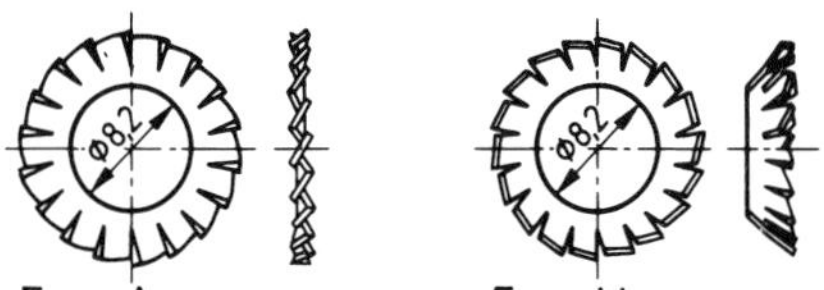

9.97 Fächerscheibe DIN 6798–A8,2
Fächerscheibe DIN 6798–V8,2

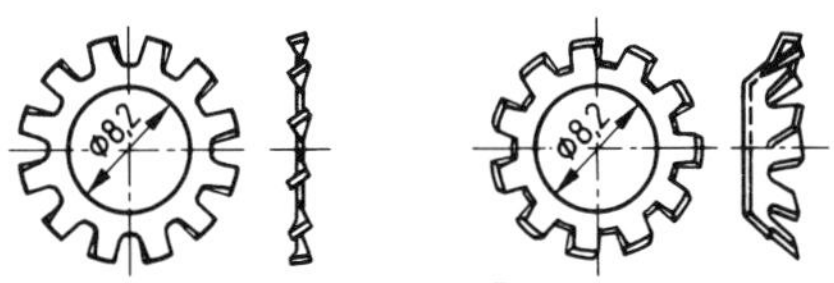

9.98 Zahnscheibe DIN 6797–A8,2
Zahnscheibe DIN 6797–V8,2

Sechskantmuttern mit Klemmteil (selbstsichernde Muttern) nach DIN EN ISO 7040 (**9**.99) haben einen nichtmetallischen Einsatz; nach DIN EN ISO 7042 sind es Ganzmetallmuttern, wobei in beiden Fällen die Gestaltung des Klemmteils nach Wahl des Herstellers ist. Hutmuttern nach DIN 986 (**9**.100) Klemmteil aus Polyamid oder aus Vulkanfieber, in den sich das Bolzengewinde beim Aufschrauben eindrückt.

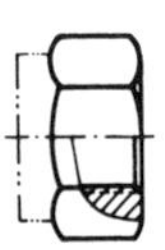

9.99 Sechskantmutter mit Klemmteil nach DIN 6924

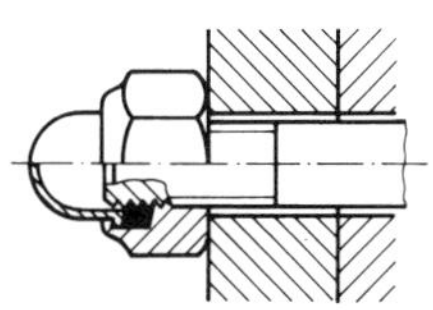

9.100 Hutmutter mit Klemmteil nach DIN 986

Tab. **9**.101 gibt eine Übersicht über die Anwendung und Wirksamkeit der Schraubensicherungen.

Tabelle **9**.101 **Schraubensicherungen, Anwendung und Wirksamkeit** (nach DIN 25201)

Ursachen des Vorspann-kraftabfalls	Sicherungs-art	Funktionsart	Sicherungselement[1]	Bild	Grundregel	Anwendungsbereich
Lockern	Setz-sicherung	mitverspannt federnd	Tellerfeder nach DIN 2093 Spannscheibe nach DIN 6796 Federring nach DIN 128	**9**.214 **9**.91	Keine Sicherung gegen Losdrehvorgänge unter wechselnden Querbelastungen; daher nur begrenzt wirksam und anzuwenden bei axial beanspruchten Schrauben der unteren Festigkeitsklassen zur Kompensierung von Setzbeträgen.	nur bei Schrauben der Festigkeitsklassen < 8.8
		mitverspannt Flächen-pressung herabsetzend	Unterlegscheibe St 50 oder gehärtet, möglichst großflächig	**9**.66 **9**.67		
Losdrehen	Losdreh-sicherung	sperrend z. T. mitverspannt	Sperrzahnschraube, Sperrzahnmutter, Sicherungsscheibe[2]) Keilsicherungsscheibenpaare[2]) Sicherungsring[2]) Sperrkantring[2])	– – –	Überall dort anzuwenden, wo hoch vorgespannte Schraubenverbindungen überwiegend senkrecht zur Schraubenachse beansprucht werden und keine gehärteten Oberflächen vorhanden sind.	Härte der Auflageflächen muss niedriger als die der Auflageflächen von Schraube und Mutter bzw. der mitverspannten Elemente sein
		klebend	Mikroverkapselter Klebstoff	–	Überall dort anzuwenden, wo hoch vorgespannte Schraubenverbindungen überwiegend senkrecht zur Schraubenachse beansprucht werden und gehärtete Oberflächen den Einsatz sperrender Schraubenelemente nicht erlauben. Die Temperaturgrenzen für die zur Anwendung kommenden Kleber sind zu beachten.	temperaturabhängig (ohne Entfettung)
			Flüssigklebstoff	–		temperaturabhängig (Entfettung erforderlich)
		nicht lösbar	Schweißpunkt	–	Kann nur bei Schrauben der unteren Festigkeitsklassen angewendet werden.	nur bei Schrauben der Festigkeitsklassen < 8.8
		mitverspannt formschlüssig	Scheibe mit Lappen[3]) nach DIN 93; Scheibe mit Außennase[3]) nach DIN 432; Scheibe mit zwei Lappen[3]) nach DIN 463; Kronenmutter[3]) nach DIN 935-1 und DIN 935-3 und DIN 937, mit Splint nach DIN EN ISO 1234	**9**.86 **9**.88 – **9**.64 **9**.85 **9**.161	Nur dort einzusetzen, wo Schrauben der unteren Festigkeitsklassen überwiegend senkrecht zur Schraubenachse beansprucht werden.	nur bei Schrauben der Festigkeitsklassen < 8.8
	Verlier-sicherung	klemmend	Muttern mit Klemmteil nach DIN 6924, DIN EN ISO 7042, DIN EN ISO 1663, DIN EN ISO 1664; Gewindefurchende Schrauben nach DIN 7500-1 und DIN 7500-2; Schrauben mit Kunststoffbeschichtung im Gewinde	**9**.99 **9**.100 –	Dort einzusetzen, wo es bei querbelasteten Schraubenverbindungen primär darum geht, eine restliche Vorspannkraft zu erhalten und die Verbindung gegen Auseinanderfallen zu sichern.	z. T. temperaturabhängig

[1]) Die aufgeführten Sicherungselemente sind Beispiele, die andere gleichwertige Sicherungen nicht ausschließen.
[2]) Diese Sicherungselemente sind nur wirksam, wenn sie direkt unter dem Schraubenkopf und der Mutter angeordnet sind.
[3]) In Teilen der Fachliteratur auf Grund neuer Erkenntnisse als teilweise unwirksam bezeichnet, daher nur bei untergeordneten Verbindungen anzuwenden.

9.1.4 Vereinfachte Darstellung von Gewinden, Schrauben und Muttern

Gewinde, Schrauben und Muttern können vereinfacht gezeichnet werden, wobei nur wesentliche Merkmale gezeigt werden. Fasen von Muttern und Schraubenköpfen, Gewindeausläufe, Gewindeenden und Freistiche werden nicht gezeichnet (**9**.102).

Tabelle **9**.102 **Vereinfachte Darstellung von Schrauben und Muttern nach DIN ISO 6410-3**

Nr	Bezeichnung	Vereinfachte Darstellung	Nr	Bezeichnung	Vereinfachte Darstellung
1	Sechskantschraube	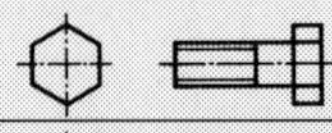	9	Senkschraube mit Kreuzschlitz	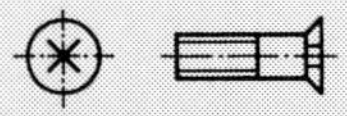
2	Vierkantschraube	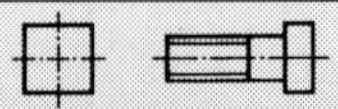	10	Stiftschraube mit Schlitz	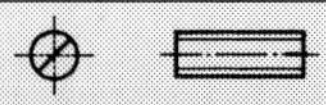
3	Innensechskant	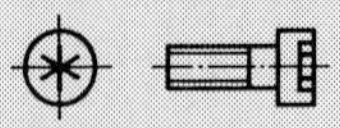	11	Holz- und selbstschneidende Schraube mit Schlitz	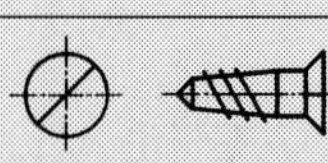
4	Zylinderschraube (Flachkopf) mit Schlitz	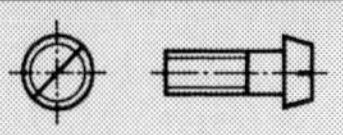	12	Flügelschraube	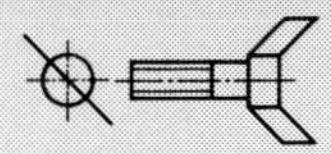
5	Zylinderschraube mit Kreuzschlitz	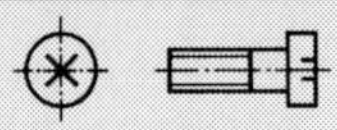	13	Sechskantmutter	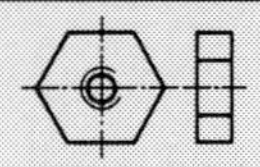
6	Linsensenkschraube mit Schlitz	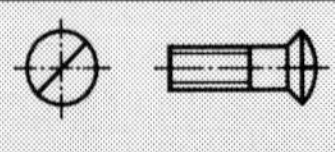	14	Kronenmutter	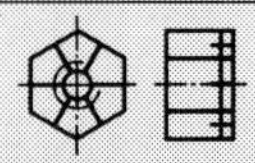
7	Linsensenkschraube mit Kreuzschlitz	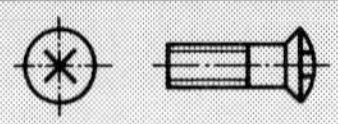	15	Vierkantmutter	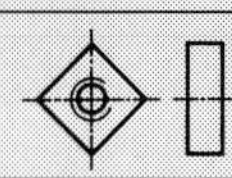
8	Senkschraube mit Schlitz	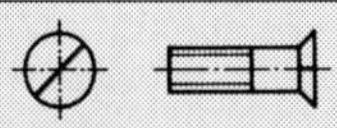	16	Flügelmutter	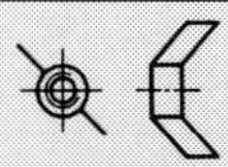

Es ist zulässig, die Darstellung sowie die Angabe von Maßen zu vereinfachen, wenn

- der Durchmesser größer als 6 mm ist
- es ein regelmäßiges Muster von Löchern oder Gewinden derselben Art und Größe gibt.

Die Bezeichnung muss alle Merkmale einschließen, die in einer konventionellen Darstellung oder Maßeintragung dargestellt sind. Die Bezeichnung erscheint auf der Hinweislinie, die auf die Mittellinie des Loches weist und mit einem Pfeil endet (**9**.103 bis **9**.106).

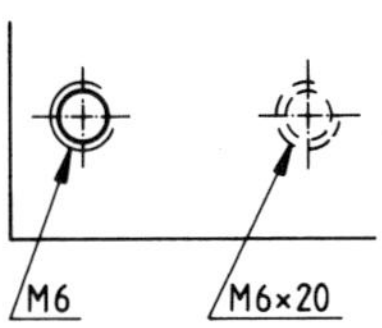

9.103 Vereinfachte Maßeintragung

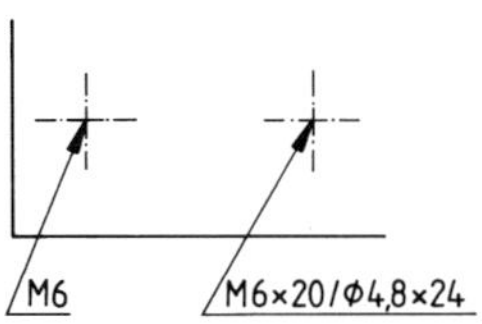

9.104 Vereinfachte Darstellung und Maßeintragung

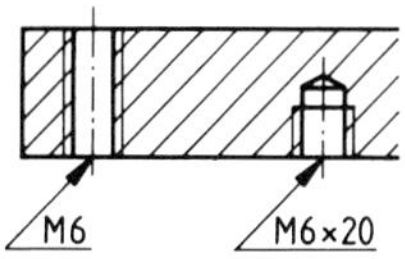

9.105 Vereinfachte Maßeintragung

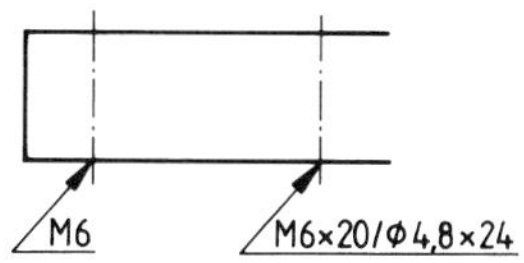

9.106 Vereinfachte Darstellung und Maßeintragung

Besonderheiten. Bei gedrückten Gewinden muss hinter dem Gewindekurzzeichen die Angabe „gedrückt" stehen (**9.**107). Blechdurchzüge mit Innengewinde (s. DIN 7952-1 bis DIN 7952-4) sind nach Bild **9.**108 zu bemaßen; dabei bedeuten: V = vertieft, A = aufwärts. Wird Gewinde in eine Buchse erst nach dem Einnieten geschnitten, sind in der Darstellung der Buchse nur das Kernloch vorzusehen (**9.**109) und das Gewinde in der Gesamtzeichnung anzugeben (**9.**110).

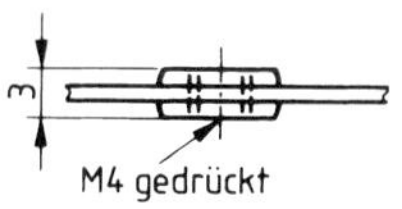

9.107 Gedrücktes Gewinde

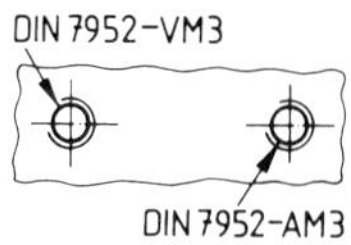

9.108 Blechdurchzüge

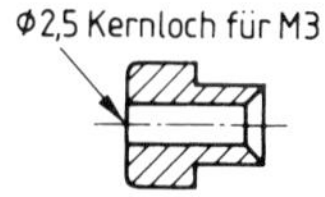

9.109 Buchse ohne Gewinde

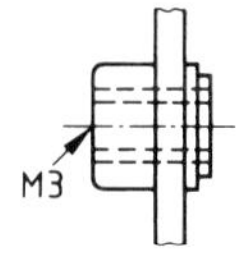

9.110 Eingebaute Buchse mit Gewinde

9.2 Nietverbindungen

Nietverbindungen sind unlösbar, ein Auseinandernehmen ohne Zerstörung der Niete oder der verbundenen Teile ist nicht möglich. Der geschlagene Niet besteht aus Setzkopf, Schaft und Schließkopf (**9.**111). Nietstähle sind in DIN 17111 genormt. Der Setzkopf befindet sich am Schaft des Rohniets, während der Schließkopf erst bei der Nietarbeit am anderen Schaftende entsteht. Die Gesamtdicke der zu verbindenden Teile heißt Klemmlänge.

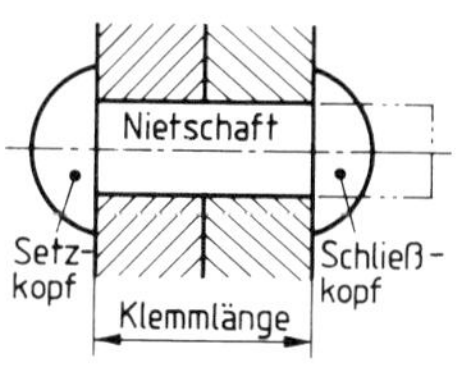

9.111 Nietverbindung

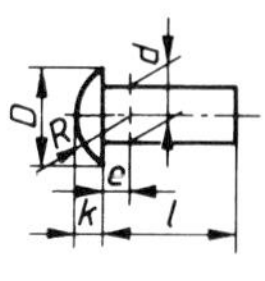

9.112 Halbrundniet nach DIN 660

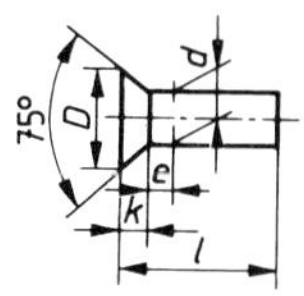

9.113 Senkniet nach DIN 661

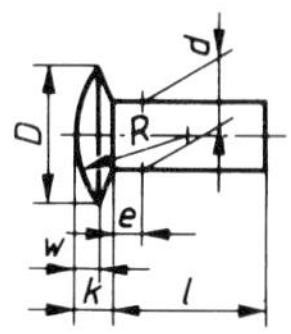

9.114 Linsenniet nach DIN 662

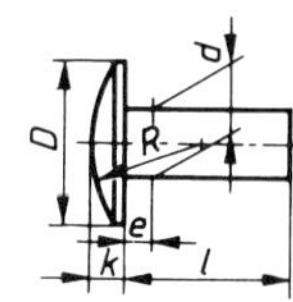

9.115 Flachrundniet nach DIN 674

Es gibt Halbrundniete (**9.**112), Senkniete (**9.**113), Linsenniete (**9.**114), Flachrundniete (**9.**115), Rohrniete (**9.**119) und andere. Der Schließkopf kann eine vom Setzkopf abweichende Form haben.

Der Durchmesser des geschlagenen Niets, der Nietlochdurchmesser d_1, richtet sich nach der kleinsten zur Verbindung gehörenden Plattendicke und ist für die Berechnung ausschlaggebend.

9.2.1 Arten

Es gibt feste, feste und dichte sowie dichte Nietverbindungen. Feste Nietverbindungen sollen vornehmlich Kräfte übertragen. Hierzu gehören die Nietverbindungen des Metallbaus, für Stützen, Brücken, Krane, Dachkonstruktionen, Blechträger u.a. Feste und dichte Nietverbindungen haben Bedeutung im Kesselbau. Sie unterscheiden sich äußerlich von den Nietverbindungen im Stahlbau durch größere Nietköpfe und kleinere Nietabstände. Dichte Nietverbindungen sind im Behälterbau erforderlich.

Übereinander geschobene und vernietete Bleche ergeben eine Überlappungsnietung (**9**.116). Wird über stumpf aneinander stoßende Bleche eine Lasche gelegt, handelt es sich um eine Laschennietung (**9**.117). Bei der Doppellaschennietung (**9**.118) liegen auf beiden Seiten der Bleche Laschen. Es gibt ferner einschnittige (**9**.116 und **9**.117) und mehrschnittige (**9**.118) Vernietungen, je nachdem, ob die Klemmlänge aus den Dicken zweier oder mehrerer Bleche besteht, der Nietschaft also ein- oder mehrmals auf Abscheren beansprucht wird. Überlappungsnietungen und einfache Laschennietungen sind demnach einschnittig, Doppellaschennietungen hingegen zweischnittig und demgemäß haltbarer.

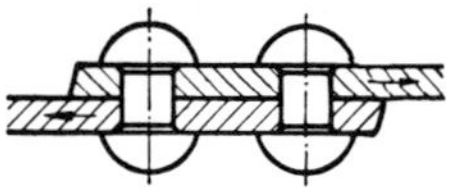

9.116 Zweireihige Überlappungsnietung

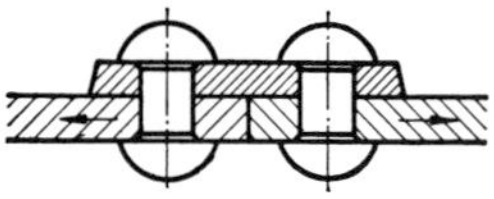

9.117 Einreihige Laschennietung

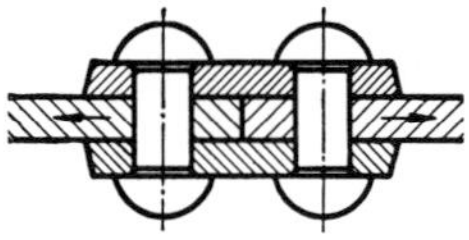

9.118 Einreihige Doppellaschennietung

Die Maße für Nietverbindungen ergeben sich aus Festigkeitsberechnungen und Erfahrungswerten (s. Zahlentafeln in technischen Handbüchern). Nietverbindungen verlieren jedoch an Bedeutung; sie werden mehr und mehr durch Schweißverbindungen ersetzt.

9.2.2 Niete unter 10 mm Durchmesser

Sie werden kalt genietet (**9**.112 bis **9**.115 und **9**.119). Solche Verbindungen sind nicht sehr dicht und halten nur geringen Kräften stand. Der Schaftdurchmesser d wird im Abstand e vom Kopf gemessen. Der Nietbezeichnung werden DIN-Nummer, Durchmesser und Länge des Niets und Werkstoffangabe beigefügt, z.B. „Halbrundniet DIN 660-5 × 20 – CuZn". Als Nietlänge gilt bei Halbrund-, Flachrund- und Linsennieten die Schaftlänge allein, bei Senknieten die Schaftlänge mit Setzkopf.

Weitere Niete sind: Riemenniete DIN 675, Nietstifte DIN 7341, ferner Hohlniete DIN 7331 und 7339, Niete für Brems- und Kupplungsbeläge DIN 7338 u.a. Vereinfachte Darstellungen für Niete und Schrauben s. Abschn. 6.

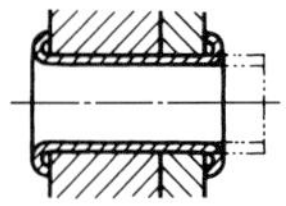

9.119 Geschlagener Rohrniet nach DIN 7340 (Form B)

9.2.3 Metallbau- und Kesselbauniete

Sie haben Durchmesser von 10 bis 36 mm und werden warm genietet (**9**.120 bis **9**.122).

Rohrnietdurchmesser d in mm	**10**	**12**	14	**16**	18	**20**	**22**	**24**	**27**	**30**	33	**36**
Nietlochdurchmesser d_1 in mm [1]	**11**	**13**	15	**17**	19	**21**	**23**	**25**	**28**	**31**	34	**37**

[1] $d_1 = d + 1$ mm. Die fett gedruckten Größen werden bevorzugt.

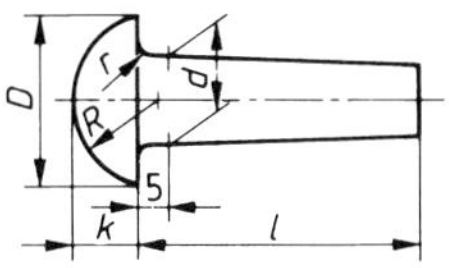

9.120 Halbrundniet (für Kesselbau)

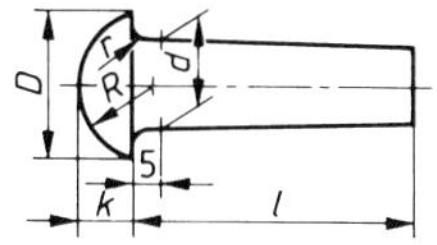

9.121 Halbrundniet nach DIN 124 (für Metallbau)

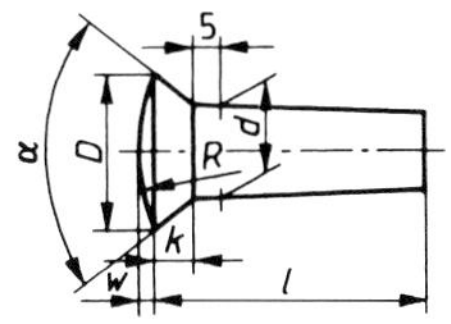

9.122 Senkniet nach DIN 302 (für Metall- und Kesselbau)

Die Klemmlänge soll aus Gründen der Herstellung nicht größer sein als der 4- bis 5fache Nietlochdurchmesser. Bei Senknieten soll die Klemmlänge 6,5 d_1 nicht überschreiten. Für die Wahl der Nietlängen sind die Normen nach folgender Übersicht heranzuziehen:

Nietlängen in Abhängigkeit von den Klemmlängen für	Metallbauniete	Kesselbauniete
Halbrundsetzkopf und Halbrundschließkopf	DIN 124	–
Halbrundsetzkopf und Senkschließkopf	DIN 124	–
Senksetzkopf und Senkschließkopf	DIN 302	DIN 302
Senksetzkopf und Halbrundschließkopf	DIN 302	DIN 302

Die vollständige Bezeichnung eines Senkniets von $d = 16$ mm und $l = 30$ mm lautet „Senkniet DIN 302–16×30–USt36-2".

Kesselniete sind zwischen Nietschaft und Setzkopf mit $r = 0{,}1\,d$ gerundet (**9**.120). Hierfür wird das Nietloch unter 90° ausgesenkt (**9**.123). Die Senktiefe a ist gleich dem Halbmesser r.

Metallbauniete haben eine wesentlich kleinere Ausrundung, so dass die Nietlöcher nur zu entgraten sind (**9**.124).

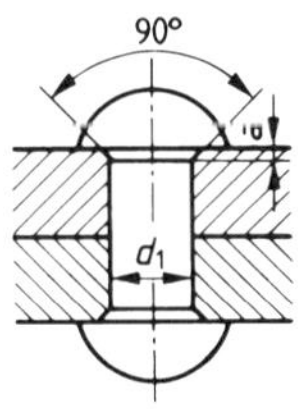

9.123 Kesselnietung

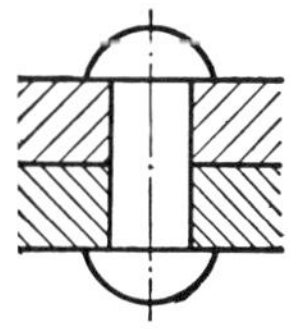

9.124 Metallbaunietung

9.2.4 Nietdarstellungen

Niete werden in der Längsachse nicht geschnitten gezeichnet (**9**.125). Beim Blick auf die Nietung in Richtung der Nietachsen (Seitenansicht) werden die Niete meist so dargestellt, als seien die Köpfe abgebrochen. Ein Niet wird somit durch einen schraffierten Lochkreis dargestellt, auch wenn es sich um einen Senkniet handelt. Sind die Kreise bei kleinen Zeichnungsmaßstäben jedoch so klein, dass das Zeichnen Schwierigkeiten bereitet, zeichnet man die Kreise der Köpfe. Die Schraffur fällt dann fort.

so

oder so

9.125 Darstellung einer Kesselnietverbindung

Nietverbindungen können vereinfacht dargestellt werden:

Tabelle **9**.126 **Kleindarstellungen**

Vorderansicht		Draufsicht	
vereinfacht	weiter vereinfacht	vereinfacht	weiter vereinfacht
DIN 660-2×5-USt 36-2 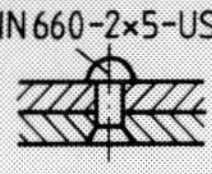	DIN 660-2×5 USt 36-2 mit Senk-Schließkopf 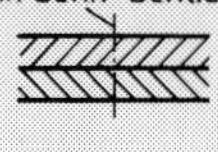	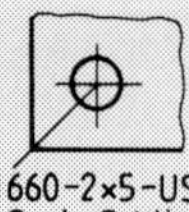 DIN 660-2×5-USt 36-2 mit Senk-Schließkopf	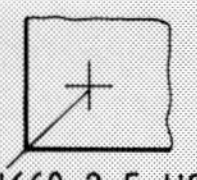 DIN 660-2×5-USt 36-2 mit Senk-Schließkopf

9.3 Keile, Federn, Bolzen und Stifte

9.3.1 Keile

Nach der Richtung des Eintreibens zur Achse unterscheidet man Querkeile und Längskeile, nach dem Verwendungszweck Befestigungs-, Spann- und Nachstellkeile. Keile bestehen gewöhnlich aus gezogenem Stahl St50-1K oder für Dicken > 25 mm St60-2K nach DIN 1652. Die Abmessungen am Querschnitt des Keilstahls sind toleriert.

Keile erzeugen durch ihren Anzug Pressungen; Keilverbindungen sind mithin Spannungsverbindungen und halten die Werkstücke meist durch Selbsthemmung zusammen. Die Keilneigung ist 1:15 bis 1:25, wenn die Verbindung oft gelöst werden muss, sonst 1:30 oder 1:40 und für Dauerverbindungen bis 1:100.

Querkeile dienen gewöhnlich zur Verbindung von Stangen (**9**.127) und werden rechtwinklig zu den Achsen der Werkstücke eingeschlagen, eingedrückt oder eingezogen.

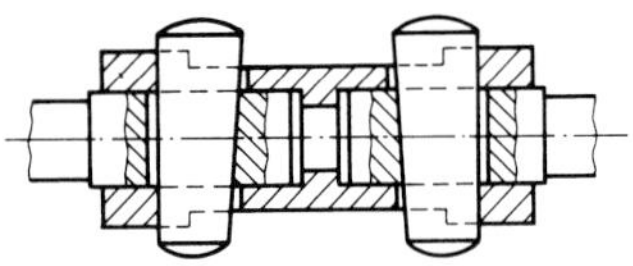

9.127 Stangenverbindung durch Querkeile

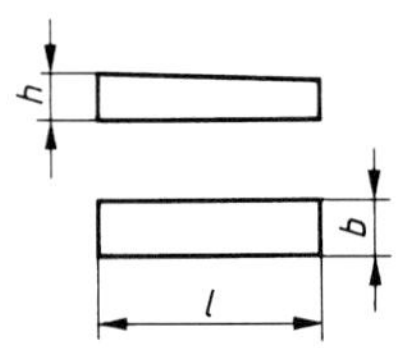

9.128 Treibkeil (Keil DIN 6886-B)

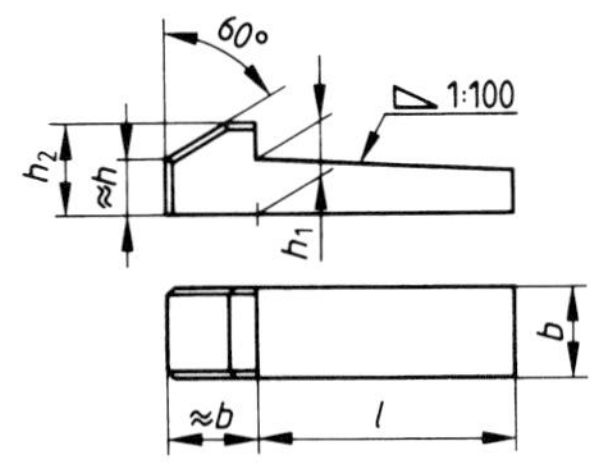

9.129 Nasenkeil nach DIN 6887

Längskeile dienen vorwiegend zur Befestigung von Zahnrädern und Riemenscheiben auf Wellen, damit Drehbewegungen übertragen werden können. Sie erfordern einen strammen Sitz der zu verbindenden Teile und liegen meist in der Wellen- und der Nabennut (**9.**138). Die Neigung der Längskeile und Nabennuten ist 1:100. Durch die Neigung entstehen beim Eintreiben Pressungen zwischen den Rückenflächen des Keils und den Nutgründen in Nabe und Welle. Das festgekeilte Rad kann dadurch Schlag bekommen.

Treibkeile haben gerade Stirnflächen (**9**.128).

Nasenkeile sind wegen der Unfallgefahr lediglich an geschützten Stellen zu verwenden, wenn nur von einer Seite ein- und ausgetrieben werden kann (**9**.129). Treibkeile und Nasenkeile können große Kräfte übertragen.

Flachkeile sind nicht so tief in die Nut eingelassen (**9**.130 und **9**.131) und können auch auf einer Abflachung der Welle liegen.

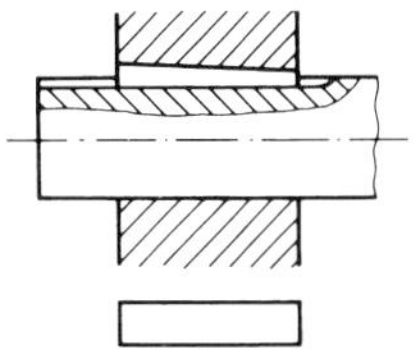

9.130 Flachkeil nach DIN 6883

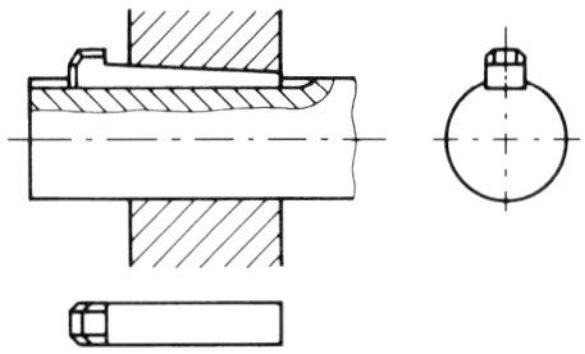

9.131 Nasenflachkeil nach DIN 6884

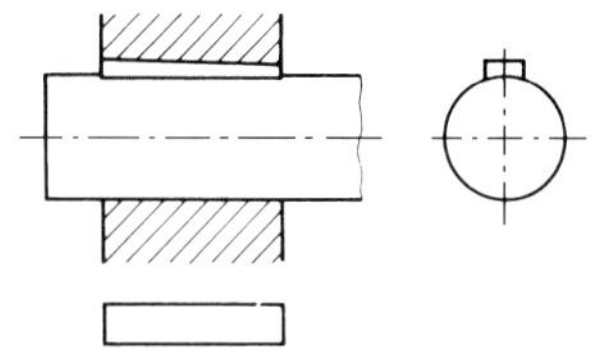

9.132 Hohlkeil nach DIN 6881

Hohlkeile (**9**.132 und **9**.133) sitzen lediglich durch Reibung auf der Welle fest und übertragen nur geringe Kräfte.

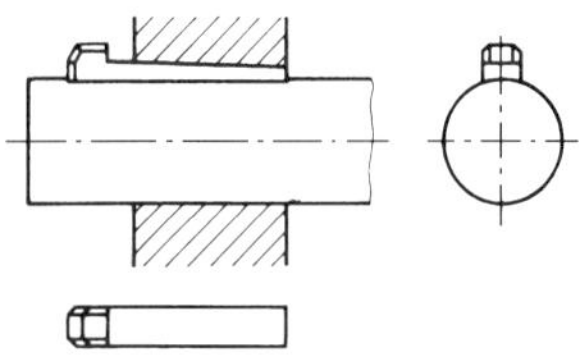

9.133 Nasenhohlkeil nach DIN 6889

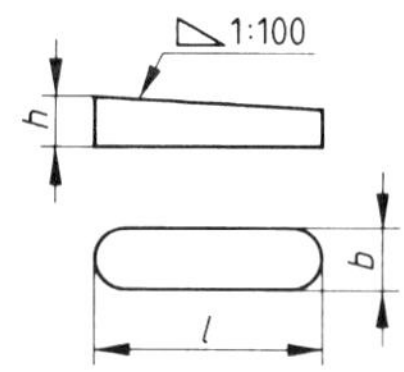

9.134 Einlegekeil (Keil A) nach DIN 6886

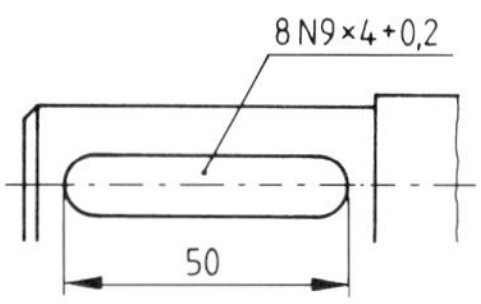

9.135 Passfedernut

Einlegekeile (**9**.134) haben runde Stirnflächen und werden an Stelle der Treibkeile und Nasenkeile gebraucht, wenn der Platz zum Aus- und zum Eintreiben fehlt. Der Einlegekeil wird vor dem Aufschieben des Nabenteils in die Wellennut eingelegt.

Zweckmäßige Bemaßung einer Naben- und einer Wellennut zeigen die Bilder **9**.136 und **9**.137. Maße der Keilverbindungen nach DIN 6886 und DIN 6887 sind aus den Bildern **9**.138 und **9**.139 sowie Tab. **9**.141 zu ersehen. Zeichnerische Darstellung nach DIN 406-11.

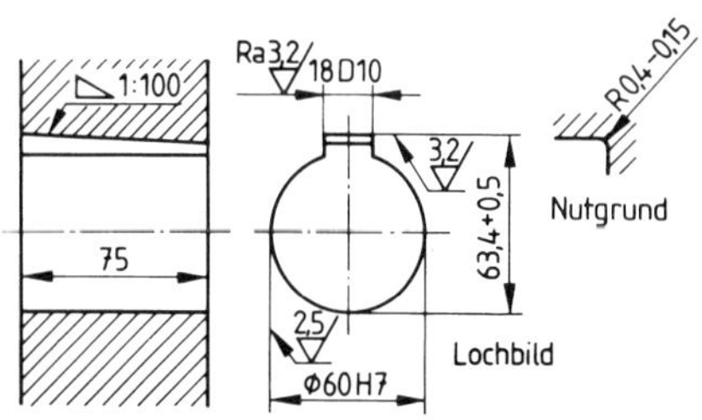

9.136 Keilnut in der Nabe

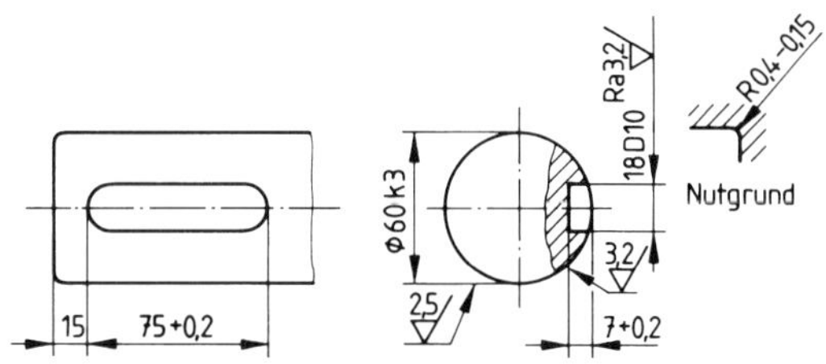

9.137 Keilnut in der Welle

Die Richtung der Neigung wird durch ein Symbol angegeben (**9**.134). Sie ist (abgesehen von Einlegekeilen) zugleich die Richtung, in der die Keile eingetrieben werden. An die Anzugsfläche der Keile wird ein Bezugshaken mit der Bemerkung „eingepasst in lfd. Nr. ..." gesetzt (**9**.138 und **9**.139). Meist fasst man Bohrungsdurchmesser und Nuttiefe zu einem Maß zusammen (63,4 + 0,5 in Bild **9**.136). Als Tiefe der Nabennut gilt stets die größte Tiefe. Vereinfacht kann sie mittels einer Hinweislinie angegeben werden, wobei die Toleranzangaben direkt dem zutreffenden Nennmaß zugeordnet werden (**9**.137).

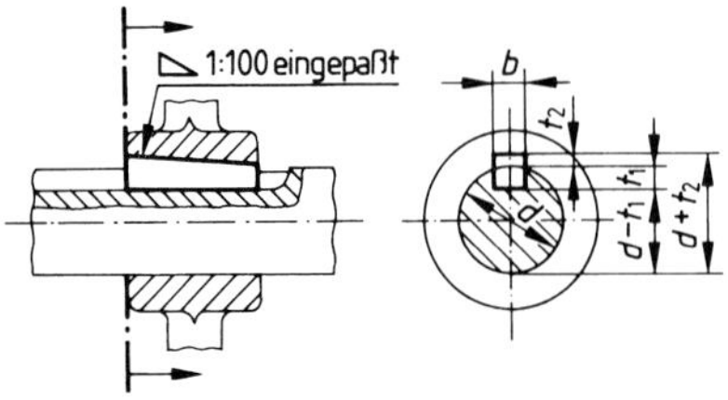

9.138 Keilverbindung mit rundstirnigem Einlegekeil nach DIN 6886

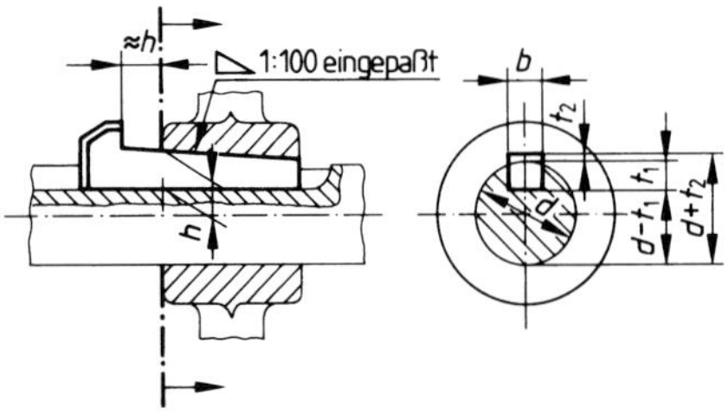

9.139 Keilverbindung mit Nasenkeil nach DIN 6887

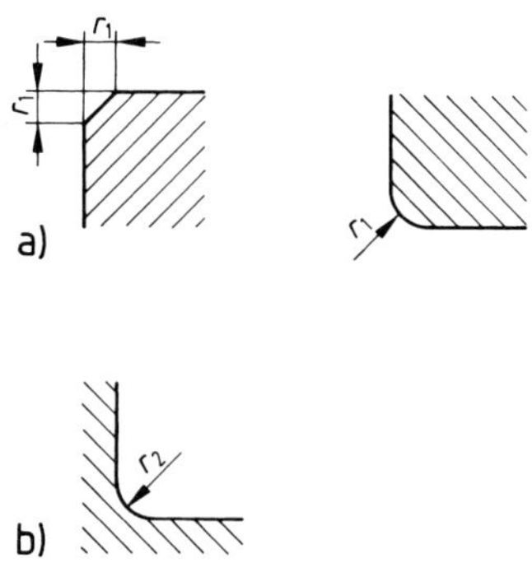

9.140 Keil- und Nutgestaltung
a) Kantenbrechung (allseitig), Schrägung/Rundung nach Wahl des Herstellers
b) Rundung des Nutgrunds für Welle und Nabe

Tabelle **9**.141 **Keilverbindungen nach DIN 6886 und DIN 6887**

Keilbreite	*b* h9	6	10	14	16	22
Keilhöhe	*h* Nennmaß	6	8	9	10	14
für Wellendurchmesser d[1])	über	17	30	44	50	75
	bis	22	38	50	58	85
Keilhöhe	h_1	6,1	8,2	9,2	10,2	14,2
	Grenzabmaße	−0,1	−0,2	−0,2	−0,2	−0,2
Nasenhöhe	h_2	10	12	14	16	22
Nutbreite	*b* D10	6	10	14	16	22
Wellennuttiefe	t_1	3,5	5	5,5	6	9
	Grenzabmaße	+0,1	+0,2	+0,2	+0,2	+0,2
Nabennuttiefe	t_2	2,2	2,4	2,9	3,4	4,4
	Grenzabmaße	+0,1	+0,2	+0,2	+0,2	+0,2
Schrägung oder Rundung	min.	0,25	0,4	0,4	0,4	0,6
	max.	0,4	0,6	0,6	0,6	0,8
Rundung des Nutgrunds	max.	0,25	0,4	0,4	0,4	0,6
	min.	0,16	0,25	0,25	0,25	0,4
Länge *l*	von	16	25	40	45	70
	bis	70	110	160	180	250

[1]) Für Anschlussmaße, besonders von Wellenenden, ist die Zuordnung des Keilquerschnitts zu den Wellendurchmessern unbedingt einzuhalten.

Keile haben genormte Bezeichnungen. Ein Treibkeil, geradstirnig (Form B), von 12 mm Breite, 8 mm Höhe und 70 mm Länge aus St50–1K wird bezeichnet:

Keil DIN 6886–B 12 × 8 × 70–St50–1K.

Die Tiefe eines parallel zur Kegelachse liegenden Nutgrunds wird unter Berücksichtigung der Toleranzen möglichst von der Mantelfläche einer benachbarten Zylinderform aus bemaßt (**9**.142a), sonst von der Kegelachse aus (**9**.142b). Bleibt an einer kegeligen Nabenbohrung ein Teil der zylindrisch vorgedrehten Bohrung erhalten, wird der Nutgrund vom gegenüberliegenden Scheitel der Bohrung aus angegeben (**9**.142c), andernfalls von der Mittelachse aus (**9**.142d). Die Bemaßung der Tiefe einer parallel zur Kegelseitenlinie laufenden Nut geschieht nach Bild **9**.142e und f.

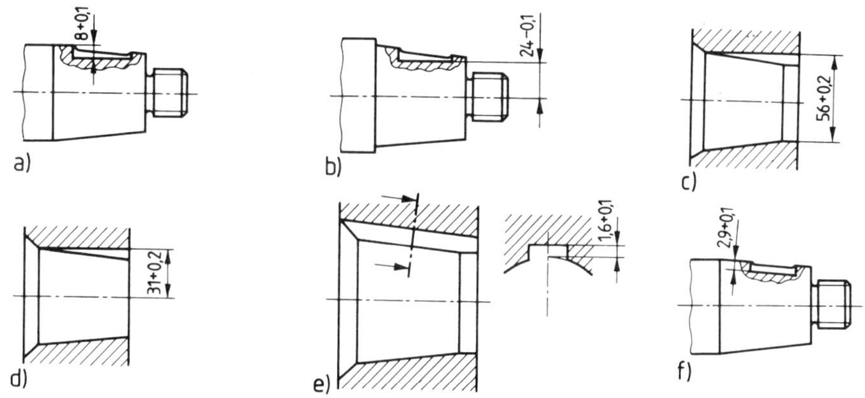

9.142 Besondere Bemaßung der Nuttiefen (DIN 406-11)

Tangentkeile (DIN 271) übertragen sehr große Kräfte, z. B. von Kurbelwellen auf Schwungräder, und werden paarweise verwendet (**9**.143). Tritt wie in Walzwerken stoßartiger Wechseldruck auf, werden Tangentkeile mit größeren Abmessungen gewählt (DIN 268).

Spann- und Nachstellkeile haben größere Neigungen (1:10 oder 1:5) und damit keine Selbsthemmung (**9**.144). Der Keil wird durch eine Schraube angezogen und kann durch eine Gegenschraube gelöst werden; beide sind gegen Lockern zu sichern.

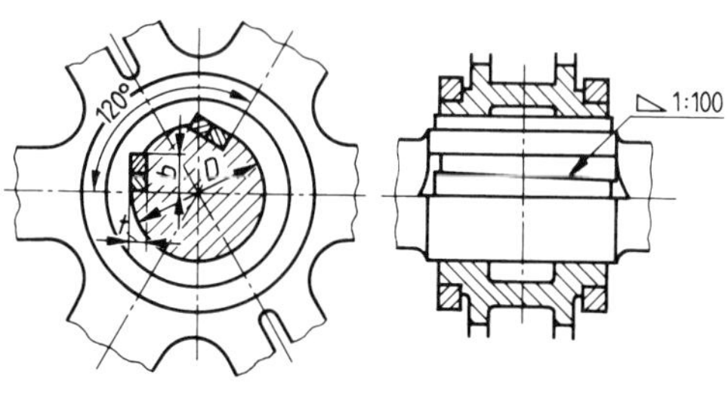

9.143 Tangentkeilnuten DIN 271

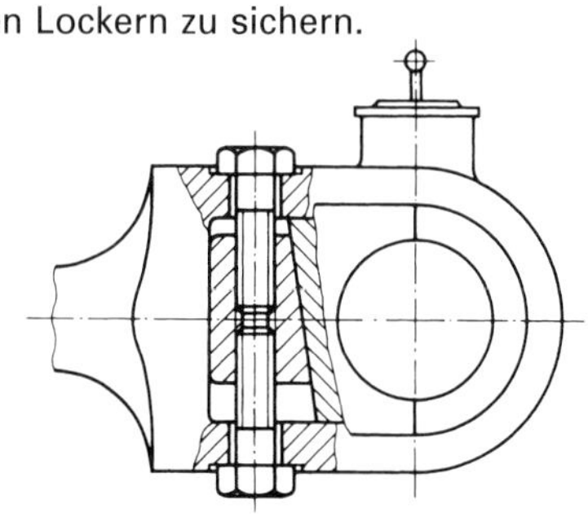

9.144 Stangenkopflager mit Spann- und Nachstellkeil

9.3.2 Passfedern, Scheibenfedern, Keilwellenverbindungen und Kerbverzahnungen

Passfedern haben keine Neigung, also keinen Anzug, und tragen nur mit den schmalen Längsseitenflächen, den Flanken (**9**.145). Sie übertragen Drehbewegungen und erlauben die

Verschiebung von Bohrung oder Welle in Achsrichtung. Diese Verbindungen sind spannungsfrei und heißen Mitnehmerverbindungen. Es gibt drei Ausführungen:

- hohe Passfedern, DIN 6885-1 (**9**.148),
- hohe Passfedern für Werkzeugmaschinen, DIN 6885-2,
- niedrige Passfedern, DIN 6885-3.

Passfedern sind rund- oder geradstirnig, je nachdem, ob sie in eine mit dem Schaft- oder mit dem Scheibenfräser gefertigte Nut gelegt werden (**9**.148 Form A und B). Alle geradstirnigen Federn und die rundstirnigen, sofern sie zur Führung hin- und hergleitender Teile dienen, sind mit Zylinderschrauben zu befestigen (**9**.146 und Tab. **9**.149). Federn unter 8×7-Querschnitt werden verstiftet, verstemmt oder fest eingepasst. Zum bequemen Lösen aus der Nut dienen Abdrückschrauben (Form E und F) oder Schrägungen (Form G und H, **9**.148).

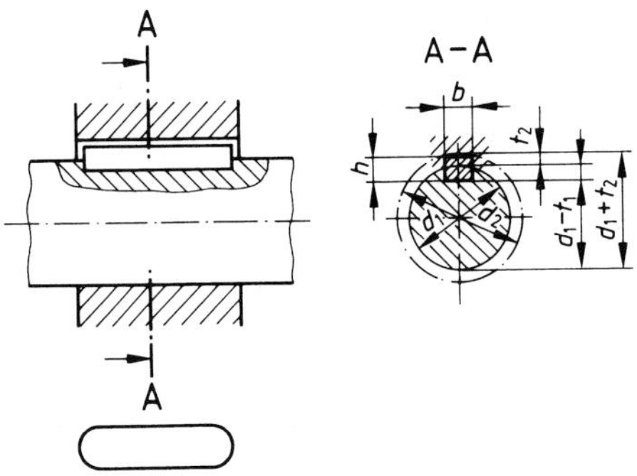

9.145 Passfeder DIN 6885–A

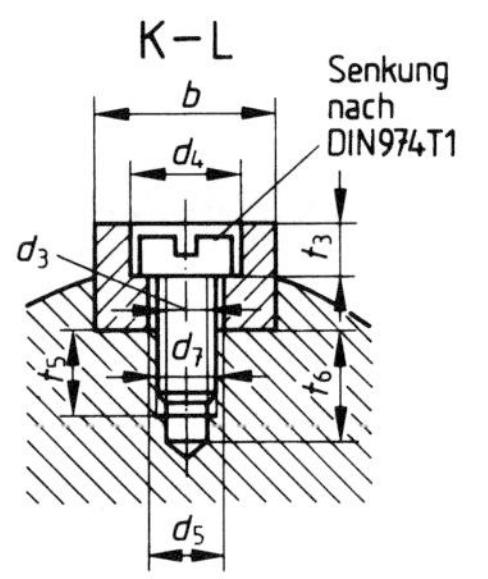

9.146 Festgeschraubte Passfeder

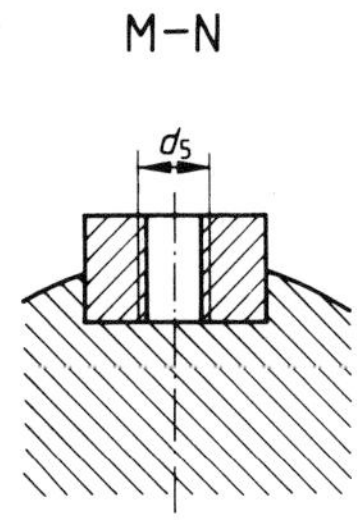

9.147 Gewindeloch für Abdrückschraube

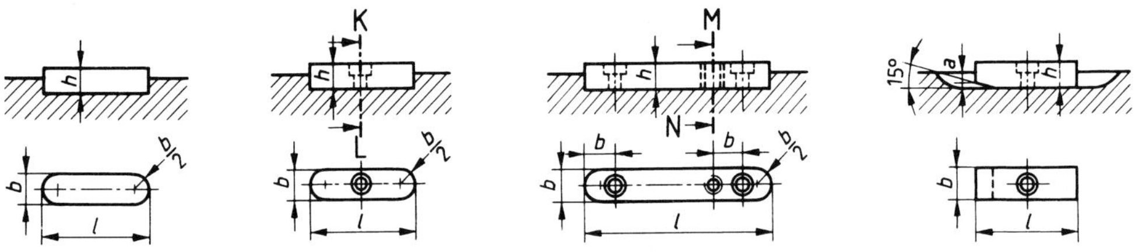

A rundstirnig ohne Halteschraube

C rundstirnig für 1 Halteschraube über der Stufenlinie

E rundstirnig für 2 Halteschrauben und 1 oder 2 Abdrückschrauben unter der Stufenlinie

G geradstirnig für 1 Halteschraube und Schrägung

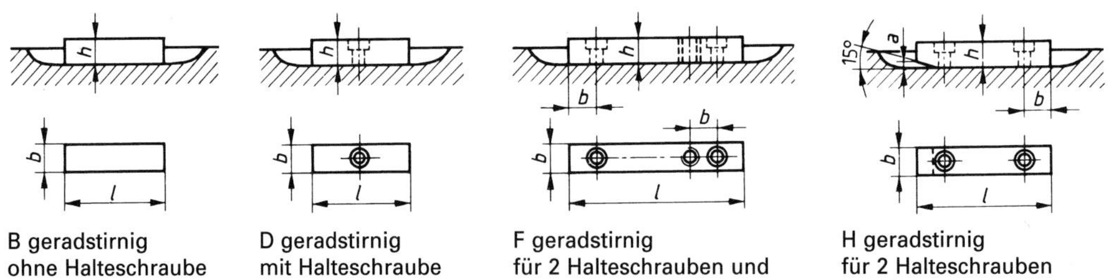

B geradstirnig ohne Halteschraube

D geradstirnig mit Halteschraube

F geradstirnig für 2 Halteschrauben und 1 oder 2 Abdrückschrauben

H geradstirnig für 2 Halteschrauben und Schrägung

Die Passfeder der Form J ist geradstirnig, mit Schrägung und Bohrung für eine Spannhülse.

9.148 Passfedern DIN 6885-1 (Auszug)

Tabelle **9**.149 **Maße für Nute und Passfedern nach DIN 6885-2**

				10	12	14	16	18
Passfeder-Querschnitt (Keilstahl nach DIN 6880)			Breite b	**10**	**12**	**14**	**16**	**18**
			Höhe h	**8**	**8**	**9**	**10**	**11**
Für Wellendurchmesser d_1 [1])			über	30	38	44	50	58
			bis	38	44	50	58	65
Wellennut	Breite b	fester Sitz	P 9	10	12	14	16	18
		leichter Sitz	N 9					
	Tiefe		t_1 $^{+0,2}_{0}$	6	6	6,5	7,5	8
Nabennut	Breite b	fester Sitz	P 9	10	12	14	16	18
		leichter Sitz	JS 9					
	Tiefe		t_2 $^{+0,2}_{0}$	2,1	2,1	2,6	2,6	3,1
	d_2 Mindestmaß[2])		d_1 +	5,5	6	7	8	8,5
Länge l	Grenzabmaß Feder	Grenzabmaß Nut		Zuordnung der Längen durch × gekennzeichnet				
25	0 −0,2	+0,2 0		×				
28				×				
32	0 −0,3	+0,3 0		×	×			
36				×	×			
40				×	×	×		
45				×	×	×	×	
50				×	×	×	×	×
56				×	×	×	×	×
63				×	×	×	×	×
70				×	×	×	×	×
80				×	×	×	×	×
90	0 −0,5	+0,5 0		×	×	×	×	×
100				×	×	×	×	×
110				×	×	×	×	×
Bohrungen für Halteschrauben und Abdrückschrauben	Bohrungen der Passfeder		d_3	3,4	4,5	5,5		6,6
			d_4	6	8	10		11
			d_5	M 3	M 4	M 5		M 6
			t_3	2,4	3,2	4,1		4,8
	Bohrungen der Welle		d_7	M 3	M 4	M 5		M 6
			t_5	5	6	6		6
			t_6	8	10	10		11
Halteschraube (Zylinderschraube nach DIN 7984 oder DIN 6912)				M 3 × 10	M 4 × 10	M 5 × 10		M 6 × 12

[1]) Für Anschlussmaße, besonders von zylindrischen Wellenenden, ist die Zuordnung der Passfeder-Querschnitte zu den Wellen-Nenndurchmessern unbedingt einzuhalten. Die Zuordnung der Passfeder-Querschnitte zu kegeligen Wellenenden und die Maße für die Nuttiefen sind den Normen über kegelige Wellenenden zu entnehmen.

[2]) Die Werte für d_2 entsprechen dem kleinsten Durchmesser von Teilen, die zentrisch über die Passfeder übergeschoben werden können.

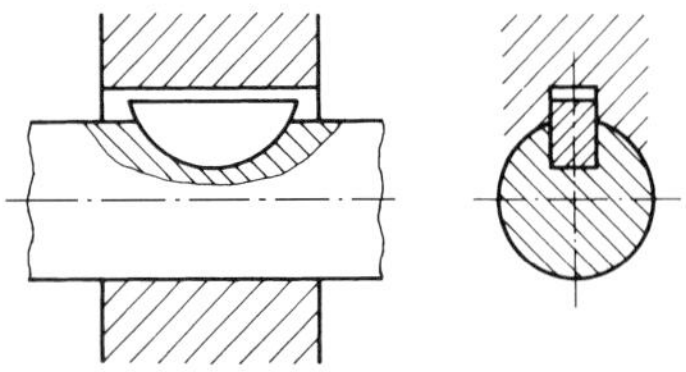

9.150 Scheibenfedern nach DIN 6888

Scheibenfedern haben Seitenflächen in Form von Kreisabschnitten und sind besonders an Werkzeugmaschinen üblich (**9**.150).

Die Herstellung ist verhältnismäßig billig, doch wird die Welle durch die tiefere Nut merklich geschwächt. (S. auch DIN 748-1 und DIN 748-3 Zylindrische Wellenenden.)

Passfedern haben genormte Bezeichnungen. Für eine Feder der Form A von 20 mm Breite, 12 mm Höhe und 100 mm Länge aus ST50–1K nach DIN 1652 lautet die Bezeichnung:

Passfeder DIN 6885–A20 × 12 × 100–St50–1K–DIN 1652.

Keilwellenverbindungen übertragen große Kräfte. Keilwellenverbindungen mit geraden Flanken (**9**.151) eignen sich besonders für Verschieberäder in Hochleistungsschaltgetrieben und sind in DIN ISO 14, DIN 5464, DIN 5466-1, DIN 5471 und DIN 5472 genormt. Die vorstehenden Rippen haben überall gleiche Höhe, also keinen Anzug, und sind als einzelne Längsfedern anzusehen. Zahnnaben- und Zahnwellenprofile mit Evolventenflanken s. DIN 5480 (mehrere Teile) und DIN 5481-1 und DIN 5481-3.

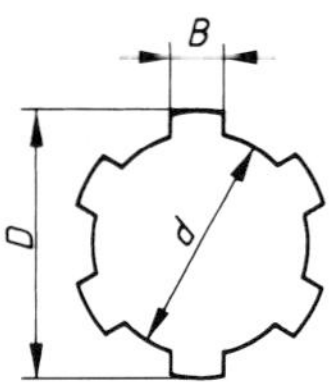

9.151 Keilwelle und Keilnabenprofil mit geraden Flanken DIN ISO 14

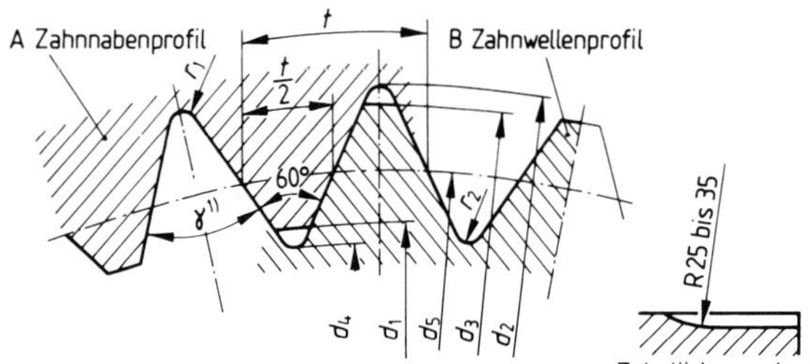

9.152 Kerbverzahnung DIN 5481-1

Kerbverzahnungen schwächen die Welle in nur geringem Maße, zentrieren die Nabe zwangsläufig und übertragen große Kräfte (**9**.152). Voraussetzungen sind genaue Zahnteilungen und Zahnflankenwinkel.

Vereinfachte Darstellung von Keilwellen und Kerbverzahnungen s. DIN ISO 6413.

9.3.3 Bolzen und Splinte

Bolzen sind Verbindungselemente für Gelenke, werden gewöhnlich mit Spielpassung gelagert und durch Scheiben und Splinte gesichert.

Es sind mehrere Arten genormt: Bolzen ohne Kopf (**9**.153 und **9**.154) und Bolzen mit Kopf (**9**.155 und **9**.156). Ausführung B ist mit einem Splintloch bzw. zwei Splintlöchern versehen. Maße s. Tab. **9**.159. Für Bolzen können blanke (**9**.157) oder rohe Scheiben (**9**.158) genommen werden.

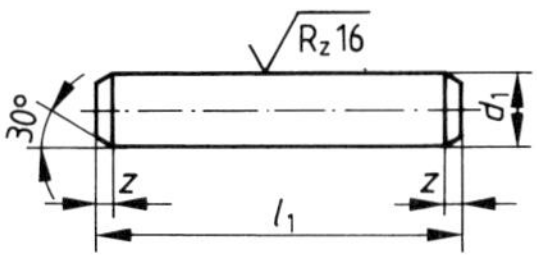

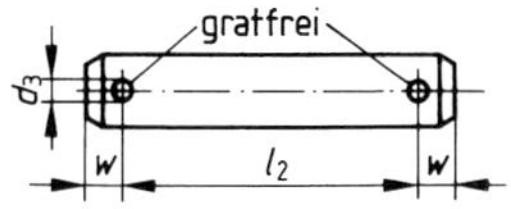

Übrige Maße wie Form A

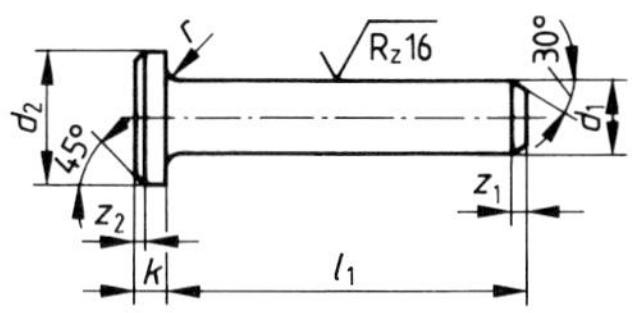

9.153 Bolzen ohne Kopf Form A nach DIN EN 22340

9.154 Bolzen ohne Kopf Form B nach DIN EN 22340

9.155 Bolzen mit Kopf Form A nach DIN EN 22341

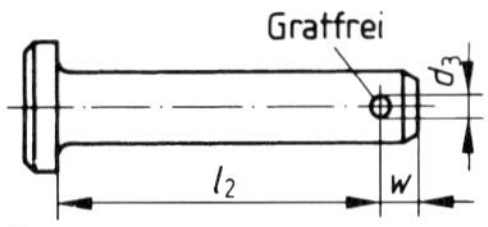

Übrige Maße wie Form A

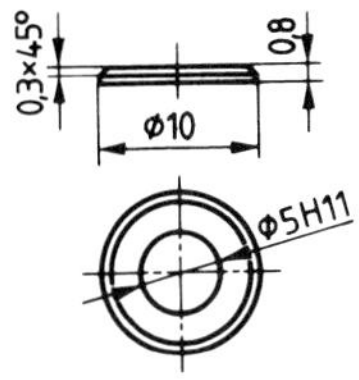

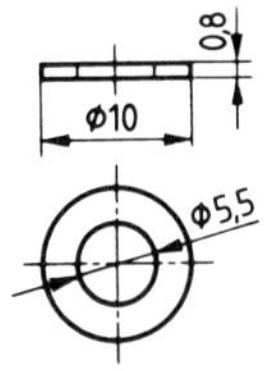

9.156 Bolzen mit Kopf Form B nach DIN EN 22341

9.157 Blanke Scheibe nach DIN EN 28738

9.158 Rohe Scheibe DIN 1441–5,5

Tabelle **9**.159 **Bolzen nach DIN EN 22340, DIN EN 22341** (Auszug)

d_1		3	4	5	6	8	10	12	14	16	18	20	22	24
d_2	h14	5	6	8	10	14	18	20	22	25	28	30	33	36
d_3	H13	0,8	1	1,2	1,6	2	3,2	3,2	4	4	5	5	5	6,3
k	js14	1	1	1,6	2	3	4	4	4	4,5	5	5	5,5	6
r		0,6	0,6	0,6	0,6	0,6	0,6	0,6	0,6	0,6	1	1	1	1
w		1,6	2,2	2,9	3,2	3,5	4,5	5,5	6	6	7	8	8	9
z_1	max.	1	1	2	2	2	2	3	3	3	3	4	4	4
z_2	≈	0,5	0,5	1	1	1	1	1,6	1,6	1,6	1,6	2	2	2

Stufung der Länge l_1: 6 8 10 12 (14) 16 (18) 20 (22) 25 (28) 30 bis 100 mm in Stufen von 5 mm

Werkstoff: St: 9SMnPb28k nach DIN 1651 oder Cq35 nach DIN 1654 oder nach Wahl des Herstellers

Bolzen haben genormte Bezeichnungen. Für einen Bolzen nach DIN EN 22341 mit Splintloch (Form B), einem Nenndurchmesser $d = 20$ mm, einer Nennlänge $l = 100$ mm aus Stahl lautet die Bezeichnung: Bolzen ISO 2341–B–20 × 100–St

Maße für Schmierlöcher in Bolzen s. DIN 1442.

Der Splint (**9**.160) hat einen kleineren Durchmesser als das Splintloch. Er ist abhängig von dem Bolzen- bzw. Schraubendurchmesser. Angaben hierüber enthält DIN EN ISO 1234, s. Tab. **9**.162. Die Verteilung der Splinte an Bolzen- und Schraubenenden (**9**.161) sind den Maßnormen, z.B. DIN 962, zu entnehmen.

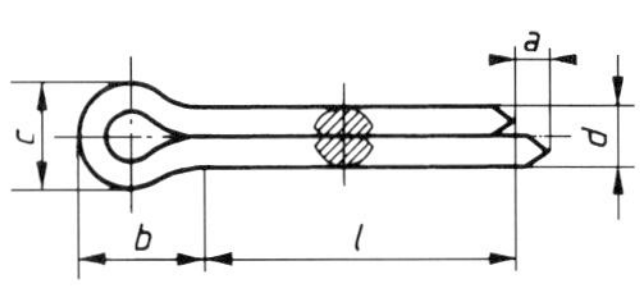

9.160 Splint nach DIN 94

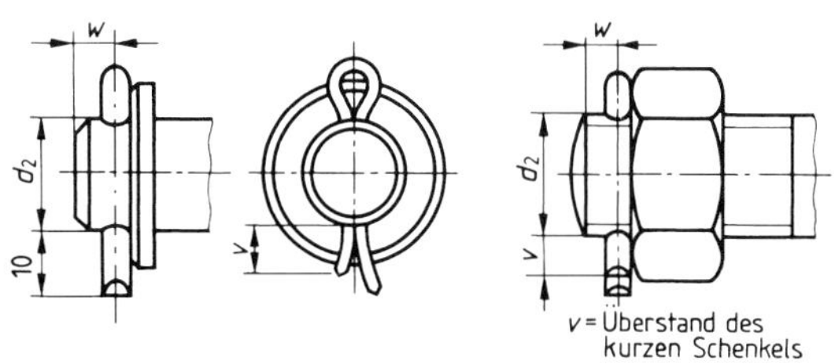

9.161 Splinte an Bolzen und Schraubenenden

Tabelle **9**.162 **Splinte nach DIN EN ISO 1234**

Nenndurchmesser			0,6	0,8	1	1,2	1,6	2	2,5	3,2	4	5	6,3	8	10	13	16	20
	d	*max.*	*0,5*	*0,7*	*0,9*	*1*	*1,4*	*1,8*	*2,3*	*2,9*	*3,7*	*4,6*	*5,9*	*7,5*	*9,5*	*12,4*	*15,4*	*19,3*
		min.	*0,4*	*0,6*	*0,8*	*0,9*	*1,3*	*1,7*	*2,1*	*2,7*	*3,5*	*4,4*	*5,7*	*7,3*	*9,3*	*12,1*	*15,1*	*19*
	a	max.	1,6	1,6	1,6	2,5	2,5	2,5	2,5	3,2	4	4	4	4	6,3	6,3	6,3	6,3
	b	≈	2	2,4	3	3	3,2	4	5	6,4	8	10	12,6	16	20	26	32	40
	c	min.	0,9	1,2	1,6	1,7	2,4	3,2	4	5,1	6,5	8	10,3	13,1	16,6	21,7	27	33,8
		max.	1	1,4	1,8	2	2,8	3,6	4,6	5,8	7,4	9,2	11,8	15	19	24,8	30,8	38,6
Für Durchmesserbereich d_2	Schrauben	über	–	2,5	3,5	4,5	5,5	7	9	11	14	20	27	39	56	80	120	170
		bis	2,5	3,5	4,5	5,5	7	9	11	14	20	27	39	56	80	120	170	–
	Bolzen	über	–	2	3	4	5	6	8	9	12	17	23	29	44	69	110	160
		bis	2	3	4	5	6	8	9	12	17	23	29	44	69	110	160	–
	v	min.	3	3	4	5	5	6	6	8	8	10	12	14	16	20	25	32

Stufung der Länge *l*: 4 5 6 8 10 12 14 16 18 20 22 25 28 32 36 40 45 50 56 63 71 80 90 100 112 125 140 160 180 200 224 250 280

Werkstoff: Stahl, Kupfer-Zink-Legierung, Kupfer, Aluminiumlegierung (bei Bestellung angeben)

Splinte haben genormte Bezeichnungen. Für einen Splint nach DIN EN ISO 1234 mit dem Nenndurchmesser $d = 5$ mm und einer Länge von 50 mm aus Stahl lautet die Bezeichnung:

Splint DIN EN ISO 1234–5 × 50–St.

9.3.4 Sicherungsringe

Sicherungsringe sind Verbindungselemente zur Arretierung von Bauelementen auf Wellen bzw. in Bohrungen (z.B. Zahnräder, Federn, Wälzlager). Sie sind zur Aufnahme von Längskräften geeignet. Sicherungsringe für Wellen sind in DIN 471 und solche für Bohrungen in DIN 472 genormt (**9**.163 und **9**.164).

Tabelle **9**.163 **Sicherungsringe DIN 471 für Wellen und DIN 472 für Bohrungen $d_1 < 10$ mm**

Wellen- bzw. Bohrungs-∅ d_1	*s* h11	*a* ≤	*b* ≈	d_2	d_3	Grenzabweichung	d_4 gespannt	d_5 ≥	*n* ≥
für Wellen DIN 471-1									
7	0,8	3,1	1,4	6,7	6,5	+ 0,09 − 0,18	13,8	1,2	0,45
8		3,2	1,5	7,6	7,4		15,2		0,6
9	1	3,3	1,7	8,6	8,4		16,4		
für Bohrungen DIN 472									
8	0,8	2,4	1,1	8,4	8,7	+ 0,36 − 0,18	2,8	1	0,6
9		2,5	1,3	9,4	9,8		3,5		

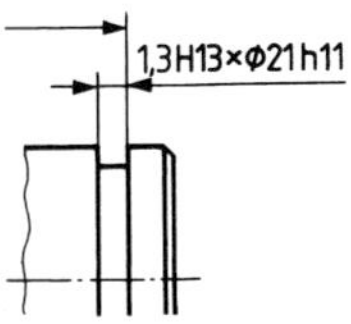

9.164 Einstich für Sicherungsring

Einstiche für Sicherungsringe dürfen vereinfacht nach Bild **9**.164 bemaßt werden.

Tab. **9**.165 enthält die Maße für Sicherungsringe und Nuten für Wellen und Bohrungen ≥ 20 mm Durchmesser.

Tabelle **9**.165 **Sicherungsringe DIN 471 für Wellen und DIN 472 für Bohrungen $d_1 \geq 20$ mm**

Wellen-Ø d_1	s h11	a ≤	b ≈	d_2	d_3	d_3 Grenz-abwei-chung	d_4 ge-spannt	d_5 ≥	n ≥
20	1,2	4	2,6	19	18,5	+ 0,21 −0,42	29	2	1,5
22		4,2	2,8	21	20,5		31,4		
24		4,4	3	22,9	22,2		33,8		1,7
25				23,9	23,2		34,8		
26		4,5	3,1	24,9	24,2		36		
28	1,5	4,7	3,2	26,6	25,9		38,4		2,1
30		5	3,5	28,6	27,9		41		
32		5,2	3,6	30,3	29,6		43,4		2,6
35		5,6	3,9	33	32,2	+ 0,25 −0,50	47,2	2,5	3
36	1,75		4	34	33,2		48,2		
38		5,8	4,2	36	35,2		50,6		

DIN 471
Form für $D_1 = 10$ bis 165
ungespannt

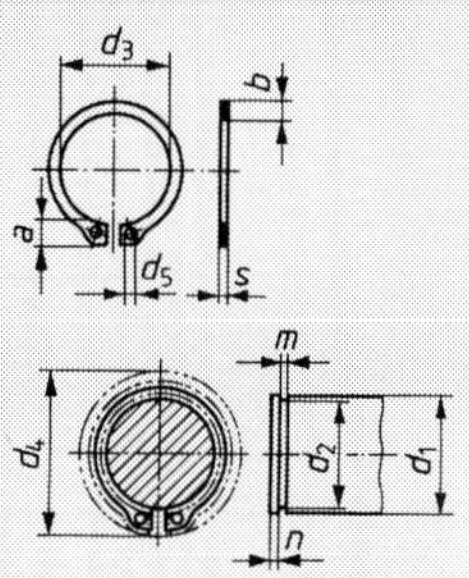

Nutgrund scharfkantig
m (Regelausführung) $= s + 0{,}1$
für $s \leq 1{,}75$

Bohrungs-Ø d_1	s h11	a ≤	b ≈	d_2	d_3	d_3 Grenz-abwei-chung	d_4 ge-spannt	d_5 ≥
20		4,2	2,3	21	21,5	+0,42 −0,21	10,6	2
22			2,5	23	23,5		12,6	
24	1,2	4,4	2,6	25,2	25,9		14,2	
25		4,5	2,7	26,2	26,9		15	
26		4,7	2,8	27,2	27,9		15,6	
28		4,8	2,9	29,4	30,1	+0,50 −0,25	17,4	
30			3	31,4	32,1		19,4	
32		5,4	3,2	33,7	34,4		20,2	2,5
35	1,5		3,4	37	37,8		23,2	
36			3,5	38	38,8		24,2	
38		5,5	3,7	40	40,8		26	

DIN 472 ungespannt

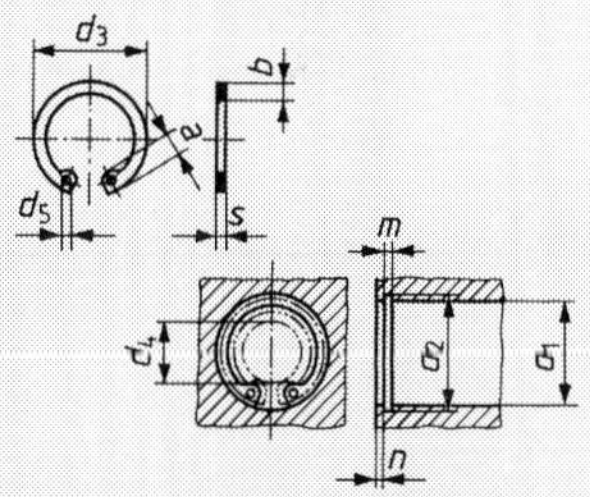

Nutgrund scharfkantig
m (Regelausführung) $= s + 0{,}1$
für $s \leq 1{,}75$
n wie für die gleichen Wellen-Ø d_1 (s. vorst.), jedoch $\geq 1{,}8$ für $d_1 = 24, 25, 26$

9.3.5 Stifte

Kegelstifte haben Durchmesser von 0,6 bis 50 mm, den Kegel 1:50 und eine geschliffene (Ra 0,8) oder gedrehte (Ra 3,2) Mantelfläche (**9**.166). Sie dienen als Haltestifte zur Befestigung von Werkstücken (wie Ringe auf Wellen **9**.167) oder als Passstifte zur Sicherung der gegenseitigen Lage der Teile und stellen bei wiederholtem Zusammenbau infolge zentrierender Wirkung die alte Lage wieder her. Der Durchmesser d wird am dünnen Ende gemessen; l ist die tragende Länge (Maße s. **9**.174).

Die Bezeichnung eines Kegelstifts nach DIN EN 22339, Typ B (gedreht), von $d = 4$ mm Durchmesser und $l = 26$ mm Länge aus gezogenem Stahl mit 500 N/mm² Mindestzugfestigkeit lautet:

Kegelstift ISO 2339−B4×26−St50K.

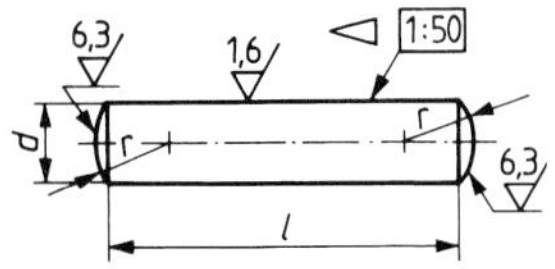

9.166 Kegelstift nach DIN EN 22339

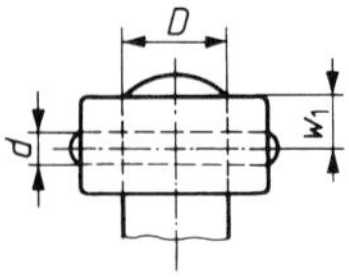

9.167 Befestigung mit Kegelstift nach DIN EN 22339

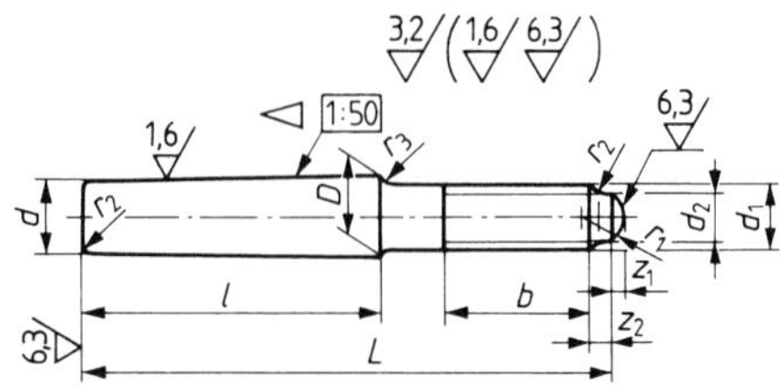

9.168 Kegelstift mit Gewindezapfen nach DIN 258

Kegelstifte mit Gewindezapfen (**9**.168) haben entweder konstante Zapfenlängen (DIN EN 28737) oder konstante Kegellängen (DIN 258). Es gibt auch Kegelstifte mit Innengewinde (DIN EN 28736). Die Befestigungslöcher für alle Kegelstifte müssen kegelig aufgerieben werden.

Zylinderstifte haben Durchmesser von 0,8 bis 50 mm (Auswahl aus DIN EN ISO 2338 s. Tab. **9**.174) und unterscheiden sich in den Toleranzen. Werkstoff ist ungehärteter oder nichtrostender Stahl. Stifte mit Toleranzfeld m6 (**9**.169) sind hauptsächlich Passstifte. Stifte mit Toleranzfeld h8 (**9**.171) werden meist als Verbindungs- und Befestigungsstifte gebraucht. Zulässige Stiftenden sind nach Wahl des Herstellers. Bild **9**.172 zeigt eine Zylinderstiftverbindung. Gehärtete Zylinderstifte, Toleranzfeld m6 s. DIN EN ISO 28734, Zylinderstifte mit Innengewinde s. DIN EN ISO 8733 und DIN EN ISO 8735.

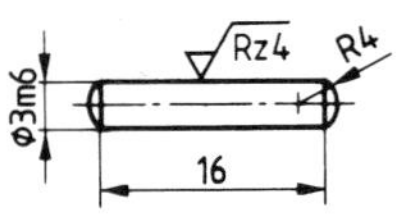

9.169 Zylinderstift ISO 2338–3 m6 × 16 (u. DIN EN ISO 2338)

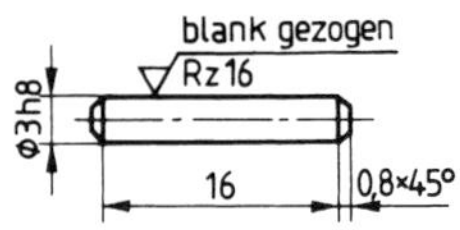

9.170 Zylinderstift ISO 2338–3 h8 × 16 (u. DIN EN ISO 2338)

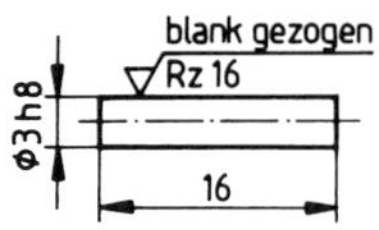

9.171 Zylinderstift ISO 2338–3 h8 × 16 (u. DIN EN ISO 2338)

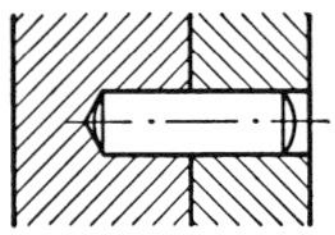

9.172 Zylinderstiftverbindung

Spannstifte (**9**.176) sind durchgehend geschlitzte Hohlzylinder, bestehend aus Federstahl und sind in schwerer und in leichter Ausführung in DIN EN ISO 8752 bzw. DIN EN ISO 13337 genormt (**9**.173).

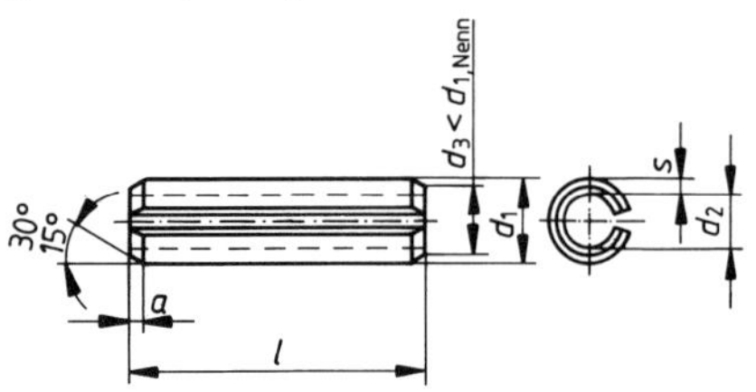

bis 12 mm Nenndurchmesser

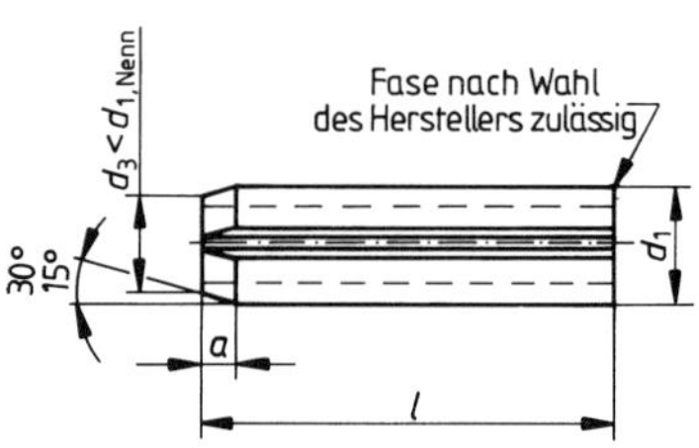

ab 14 mm Nenndurchmesser

Bezeichnung eines Spannstifts von 10 mm Nenndurchmesser und Lage $l = 40$ mm:
Spannstift ISO 8752–10 × 40–A–St

9.173 Spannstifte nach DIN EN ISO 8752

Tab. **9**.174 enthält die Maße für Stifte und die Stiftverbindungen nach den Bildern **9**.166 bis **9**.173.

Tabelle **9**.174 **Maßangaben für Stifte sowie Stiftverbindungen nach den Bildern 9**.166 **bis 9**.173

	Nenndurchmesser d 1,5		2	3	4	5	6	8		10			
Kegelstifte DIN EN ISO 2339	10/24		12/36	14/50	16/60	20/70	24/90	28/100		32/100		von/bis	Länge l [1])
	4/5	5/6	6/8	8/11	11/17	17/23	23/30	30/38	38/45	45/50	50/75	von/bis	Wellenbereich D ∅
	3,5	4	4,5	5	6	7,5	9	10	11	11,5	13		Abstand w_1
Zylinderstifte DIN EN ISO 2338	3/16		4/20	4/32	5/40	5/50	6/60	8/80		10/100		von/bis	Länge l [1])
Spannstifte DIN EN ISO 8752	1,8		2,4	3,5	4,6	5,6	6,7	8,8		10,8			Durchmesser d_1
	1,1		1,5	2,1	2,8	3,4	3,9	5,5		6,5			Durchmesser d_2
	4/20		4/30	4/40	4/50	5/80	10/100	10/100		10/100		von/bis	Länge l [1])
							M3	M4		M5		Schraube	Nenn-∅ (**9**.177)
							3,2	4,3		5,3		Scheibe DIN 7349	

[1]) Stufung der Länge l: 3, 4, 5, 6, 8, 10, 12, 14, 16, 18, 20, 24, 28, 32, 36, 40, 45, 50, 55, 60, 70, 80, 90, 100

Kerbstifte haben Durchmesser bis 25 mm (**9**.175 bis **9**.179) und sind durch eingedrückte Schlitze so weit aufgekeilt, dass gegenüber dem Loch Übermaß vorhanden ist. Sie werden in ungeriebene Bohrungen eingetrieben, sitzen sehr fest und sind vielseitig verwendbar. Ein Beispiel zeigt Bild **9**.180.

In Leichtmetall sind sie jedoch nur für untergeordnete Zwecke zulässig. Zylinderkerbstifte mit Einführende s. DIN EN 8739, Passkerbstifte mit Hals s. DIN 1469.

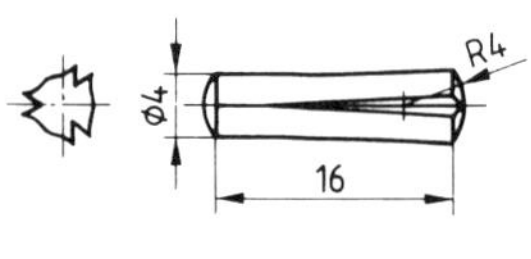

9.175 Kegelkerbstift ISO 8744-4 × 16 (s. DIN EN ISO 8744)

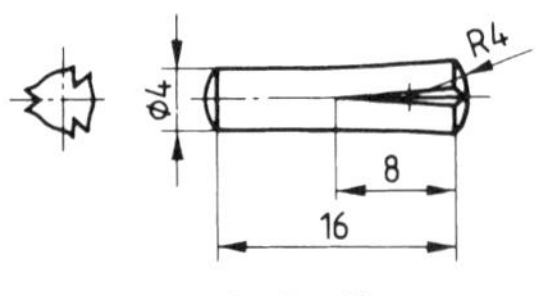

9.176 Passkerbstift ISO 8745-4 × 16 (s. DIN EN ISO 8745)

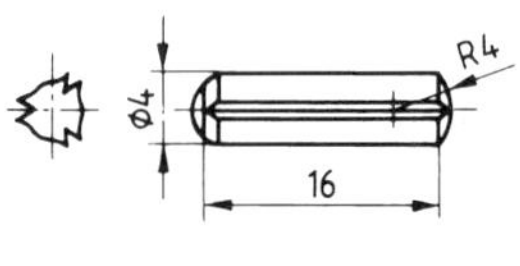

9.177 Zylinderkerbstift ISO 8740-4 × 16 (s. DIN EN ISO 8740)

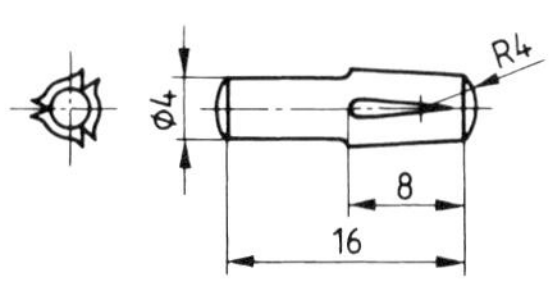

9.178 Steckkerbstift ISO 8741-4 × 16 (s. DIN EN ISO 8741)

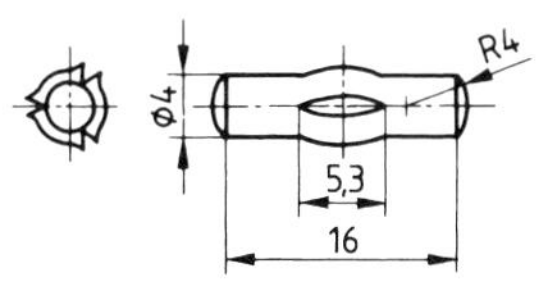

9.179 Knebelkerbstift ISO 8742-4 × 16 (s. DIN EN ISO 8742)

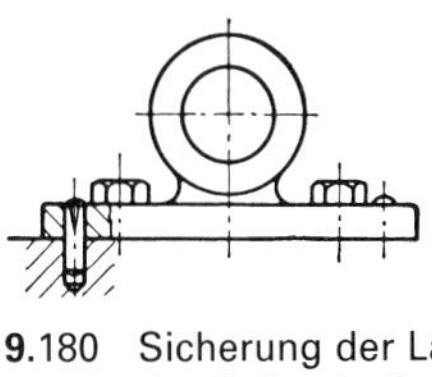

9.180 Sicherung der Lage durch Passkerbstift

Kerbnägel (**9**.181 und **9**.182) verwendet man nur zu solchen Verbindungen, die nicht belastet und nicht gelöst werden, z. B. zur Befestigung von Schildern.

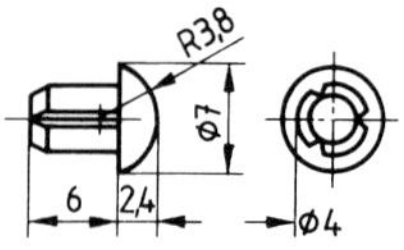

9.181 Halbrundkerbnagel ISO 8746–4 × 6
(s. DIN EN ISO 8746)

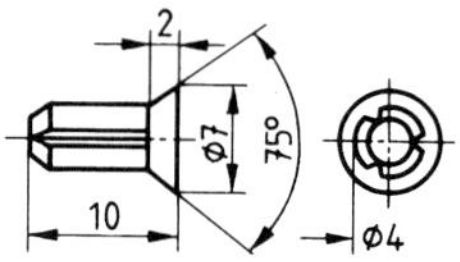

9.182 Senkkerbnagel ISO 8747–4 × 10
(s. DIN EN ISO 8747)

9.3.6 Bohrbuchsen

Bohrbuchsen (**9**.183 und **9**.184) dienen dazu, Bohrwerkzeuge beim Anbohren zu führen. Sie bestimmen mit ihrer Lage in der Bohrplatte (Bohrvorrichtung, s. **6**.188 u. **6**.189) weitgehend die Lage der erzeugten Bohrung im Werkstück und verhindern das Verlaufen des Bohrwerkzeugs im Werkstück. Bohrbuchsen ersetzen z. B. das bei der Einzelfertigung übliche Ankörnen oder Vorzentrieren.

Bei den Formen B in beiden Normen sind die Bohrungen an beiden Enden mit Radius *r* gerundet.

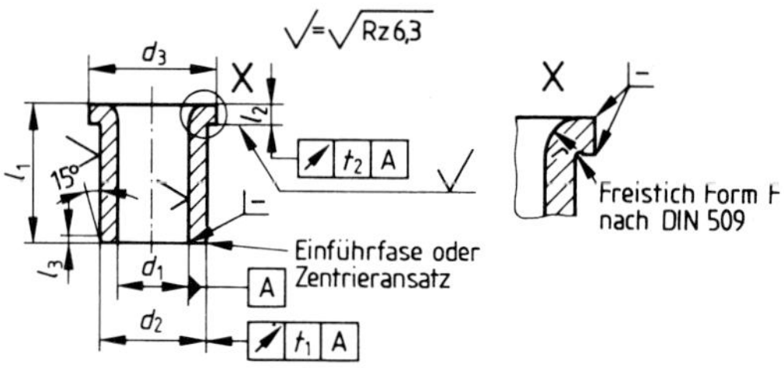

9.183 Bundbohrbuchse Form A nach DIN 172

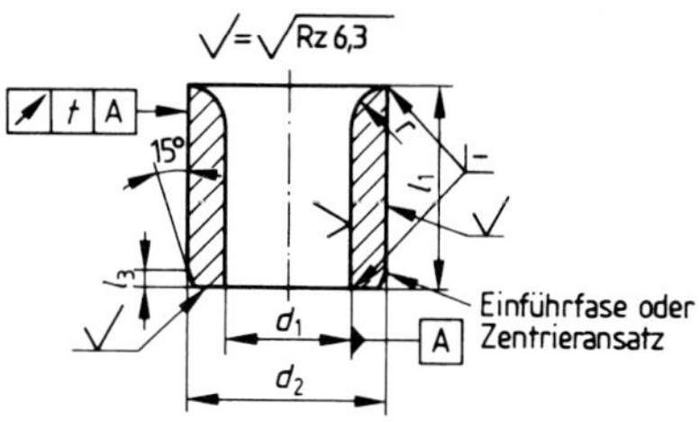

9.184 Bohrbuchse Form A nach DIN 179

Tabelle **9**.185 **Bohrbuchsen nach DIN 172 und DIN 179**

d_1 F7 über	bis	l_1 kurz	l_1 mittel	l_1 lang	d_2 n6	d_3	l_2	l_3	r	t_1	t_2
2,6	**3,3**				6	9					
3,3	**4**	8	12	16	7	10	2,5	1	1	0,01	0,03
4	**5**				8	11					
5	**6**	10	16	20	10	13		1,25	1,5		
6	**8**				12	15	3			0,02	0,03
8	**10**	12	20	25	15	18		1,5	2		
10	**12**				18	22					
12	**15**	16	28	36	22	26	4	1,5	2	0,02	0,03
15	**18**				26	30					
18	**22**	20	36	45	30	34	5	2,5	3	0,02	0,03
22	**26**				35	39					0,05

Steckbohrbuchsen s. DIN 173-1 und DIN 173-2

Beispiel Bohrbuchse DIN 179–A 18 × 16

9.4 Schweiß- und Lötverbindungen

Durch Schweißen und Löten werden Werkstoffe unter Aufwand von Wärme und/oder Druck stoffschlüssig miteinander verbunden. Das geschieht mit oder ohne Beigabe von Zusatzwerkstoffen[1]). Die Schweißverfahren werden unterschieden (DIN 1910-1 bis DIN 1910-5, DIN 1910-10 und DIN 1910-11)

- **nach der Art der Grundwerkstoffe** in Schweißen von Metallen, Kunststoffen, anderen Werkstoffen und von Werkstoffkombinationen,
- **nach dem Zweck des Schweißens** in Verbindungsschweißen, bei dem die Teile zusammengefügt werden, und Auftragsschweißen, das im stellenweisen Beschichten der Werkstücke besteht,
- **nach dem Ablauf des Schweißens** in Pressschweißen, wenn die hoch zu erhitzenden Verbindungsstellen unter Druck vereinigt werden, und Schmelzschweißen, bei dem die Verbindung der bis zum flüssigen Zustand erhitzten Stellen meist unter gleichzeitigem Schmelzen des Zusatzwerkstoffes geschieht,
- **nach der Art der Fertigung** im Schweißen von Hand, in teilmechanisiertem, vollmechanisiertem und automatischem Schweißen.

(Die Angaben gelten für das Löten sinngemäß)

Zum Pressschweißen zählen Feuer-, Widerstandsschweißen und andere. Beim Feuerschweißen werden die Teile bis zum teigigen Zustand erhitzt, dann durch Hämmern, Walzen oder Pressen verbunden. Beim Widerstandsschweißen erhitzt man die Berührungsstellen durch elektrischen Strom. Hierzu gehören das Pressstumpfschweißen, bei dem die Stücke mit den Stirnflächen verbunden werden, das Punkt- und das Rollennahtschweißen.

Zum Schmelzschweißen gehören das Gasschweißen, bei dem die Werkstücke an den Schweißstellen und ggf. der Schweißstab als Zusatzwerkstoff durch eine Acetylen-Sauerstoff- oder eine Wasserstoff-Sauerstoffflamme bis zum Schmelzfluss erhitzt werden, und das Lichtbogenschweißen. Die Hitze wird hier durch einen elektrischen Lichtbogen zwischen Schweißstab und Werkstück oder zwischen zwei Elektroden erzeugt.

Kunststoffe werden durch warme Luft, durch Heizelemente, durch Reiben, durch hochfrequente Ströme oder durch Ultraschall erwärmt.

9.4.1 Darstellung (DIN 1912-1, DIN 1912-2 und DIN EN 22553)

Zu schweißende Teile werden am Schweißstoß durch Schweißnähte zu einem Schweißteil gefügt. Eine Schweißgruppe entsteht durch Schweißen von Schweißteilen. Das fertige Teil kann aus einer oder mehreren Schweißgruppen bestehen.

Schweißstoß ist der Bereich, in dem die Teile durch Schweißen vereinigt werden. Die Stoßart wird durch die konstruktive Anordnung der Teile zueinander bestimmt (Verlängerung, Verstärkung, Abzweigung, **9**.186). Die Stoßform dagegen wird durch die Vorbereitung der Teile und durch Maße und Lageangaben am Stoß festgelegt (z.B. Fuge).

Schweißnaht. Sie vereinigt die Teile am Schweißstoß. Die Nahtart wird bestimmt z.B. durch die Art des Schweißstoßes, Art und Umfang einer Vorbereitung, den Werkstoff oder das Schweißverfahren.

---

[1]) S. DIN-Taschenbuch 8 „Schweißzusätze, Fertigung, Güte und Prüfung" und DIN-Taschenbuch 145 „Schweißverbindungen und elektrische Schweißeinrichtungen; Begriffe, Zeichnerische Darstellungen"; zu beziehen bei der Beuth Verlag GmbH, Berlin, Wien, Zürich.

Tabelle **9**.186 **Schweißstoßarten**

Art	Kennzeichen	Merkmale
Stumpfstoß		Die Teile liegen in einer Ebene und stoßen stumpf gegeneinander
Parallelstoß		Die Teile liegen parallel aufeinander
Überlappstoß		Die Teile liegen parallel aufeinander und überlappen sich
T-Stoß		Die Teile stoßen rechtwinklig (T-förmig) aufeinander
Doppel-T-Stoß (Kreuzstoß)		Zwei in einer Ebene liegende Teile stoßen rechtwinklig (kreuzend, Doppel-T) gegen ein dazwischenliegendes drittes
Schrägstoß		Ein Teil stößt schräg gegen ein anderes
Eckstoß		Zwei Teile stoßen unter beliebigem Winkel aneinander (Ecke)
Mehrfachstoß		Drei oder mehr Teile stoßen unter beliebigem Winkel aneinander
Kreuzungsstoß	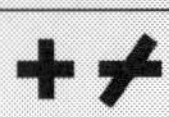	Zwei Teile liegen kreuzend übereinander

Man unterscheidet:

- **Stumpfnaht.** Die Teile liegen in einer Ebene und sind durch Schweißen gefügt (z. B. I-Naht).
- **Kehlnaht.** Hier bilden die Teile eine Kehlfuge zur Aufnahme der Schweißnaht. Es gibt die Kehl- und die Doppelkehlnaht.
- **Sonstige Nähte,** bei denen gleichzeitig verschiedene Fugen- und Kehlformen angewendet werden (z. B. HV-Naht mit Kehlnaht, HY-Naht mit Kehlnähten am Schrägstoß, Quetschnaht am Stumpfstoß, Liniennaht am Überlappstoß). – Nahtvorbereitung s. DIN 1912-1.

Kennzeichnung. Schweiß- und Lötverbindungen müssen eindeutig gekennzeichnet und sollen den allgemeinen Regeln für technische Zeichnungen entsprechend eingetragen sein. Zur Vereinfachung verwendet man grafische Symbole und Kennzeichen (z. B. für die Bewertungsgruppen). Wenn sie nicht eindeutig sind, sind die Nähte gesondert zu zeichnen und vollständig zu bemaßen (bildliche Darstellung, **9**.187).

Grafische Symbole kennzeichnen die Form, Vorbereitung und Ausführung der Naht. Sie sind nicht an bestimmte Schweiß- und Lötverfahren gebunden.

Das allgemeine grafische Symbol darf eingetragen werden, wenn die Art und Ausführung der Naht freigestellt ist (**9**.188).

Tab. **9**.189 zeigt die Grundsymbole. Sie enthält auch Beispiele zur Anwendung von Zusatzsymbolen für die Oberflächenform und zur Nahtausführung (**9**.190 und **9**.191). Sind keine Zusatzsymbole enthalten, ist die Oberflächenform bzw. Nahtausführung freigestellt. Ergänzungssymbole weisen auf den Nahtverlauf (z. B. „ringsum“-verlaufend) und die Baustellennähte hin (**9**.192). Zusammengesetzte grafische Symbole bestehen aus Kombinationen von Grundsymbolen (**9**.193). Wenn die symbolische Darstellung zu schwierig ist, ist eine derartige Kombination gesondert darzustellen.

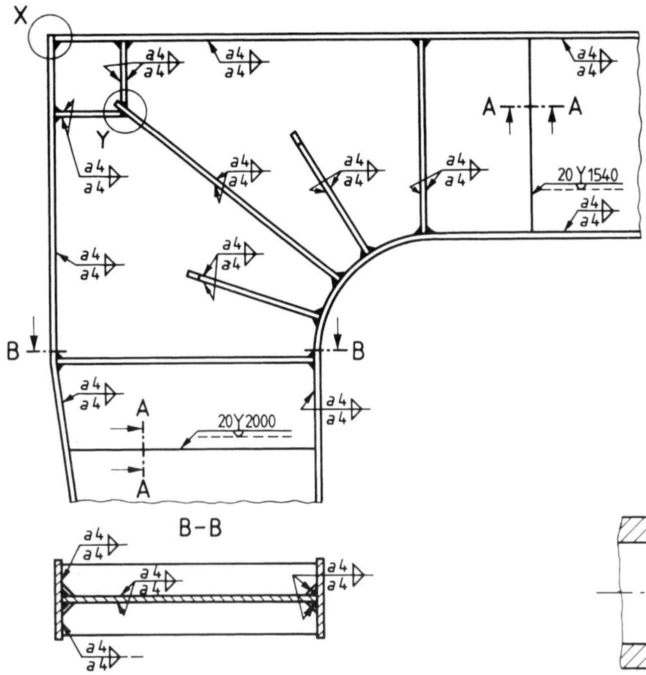

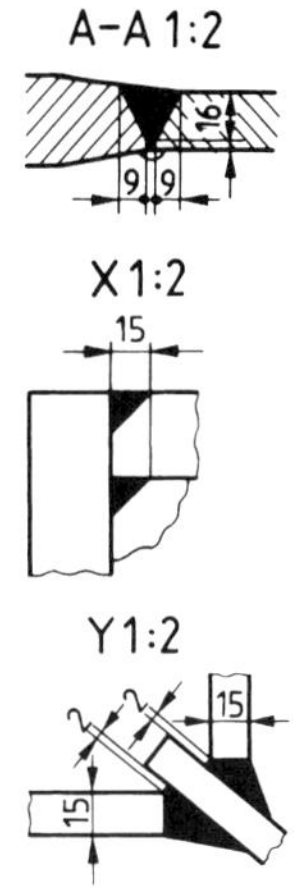

9.187 Rahmenecke (bildliche Darstellung mit Hilfe grafischer Symbole)

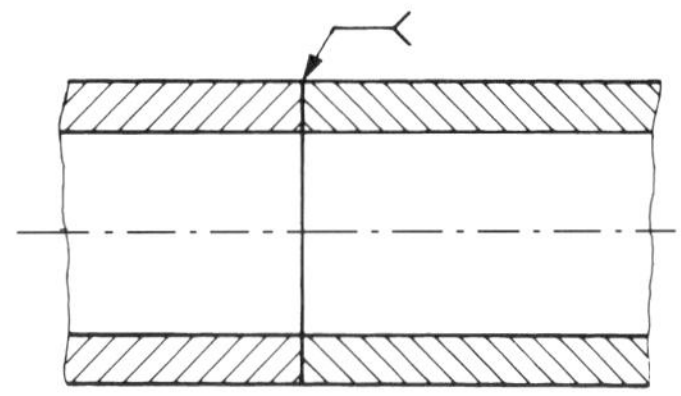

9.188 Allgemeines grafisches Symbol

Tabelle 9.189 **Grundsymbole und Anwendungsbeispiele (Auszug aus DIN EN 22553)**

Nr	Benennung und Symbolnummer	räumlich	Darstellung erläuternd 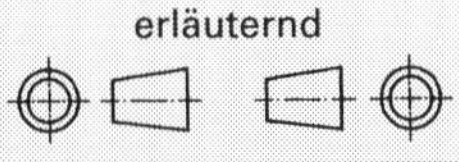	Symbolische Darstellung wahlweise	
1	Bördelnaht 1	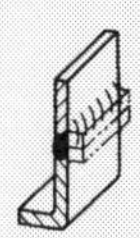	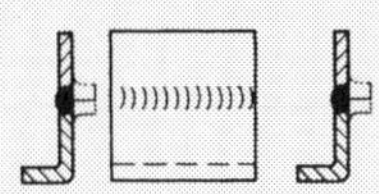	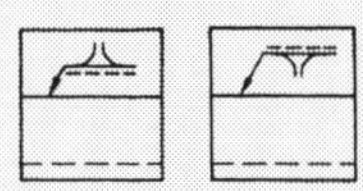	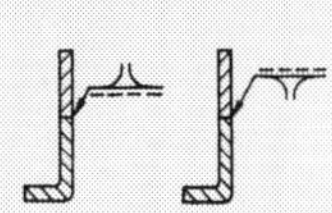
2			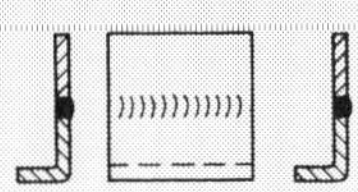	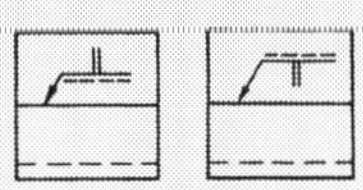	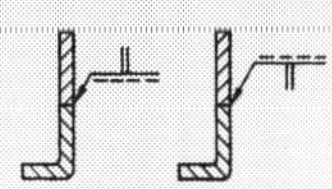
3	I-Naht ‖ 2	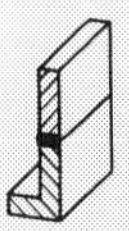	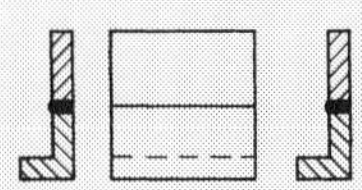	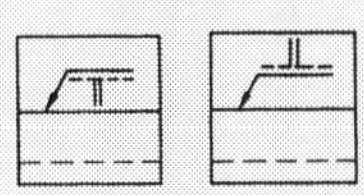	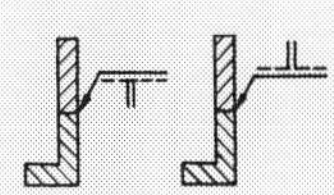
4		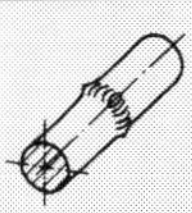	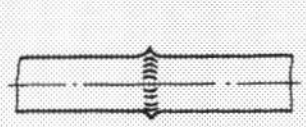	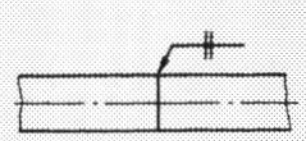	

Fortsetzung s. nächste Seite

Tabelle **9**.189, Fortsetzung

Nr	Benennung und Symbolnummer	Darstellung räumlich	Darstellung erläuternd	Symbolische Darstellung wahlweise	
			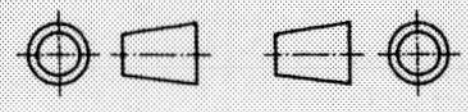		
5	V-Naht ∨ 3		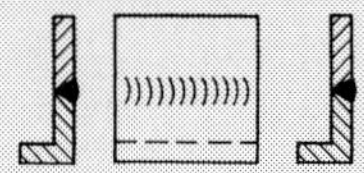	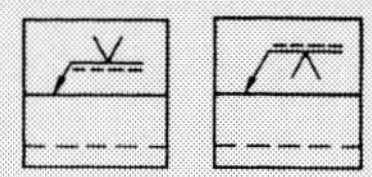	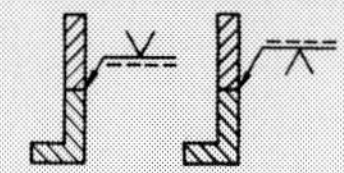
6		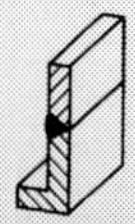	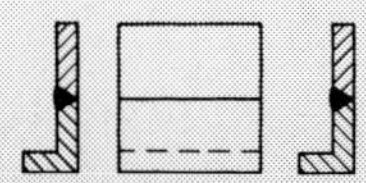	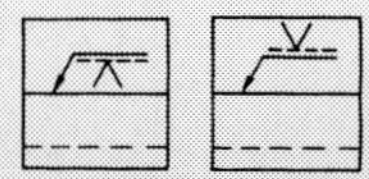	
7				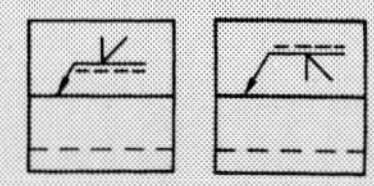	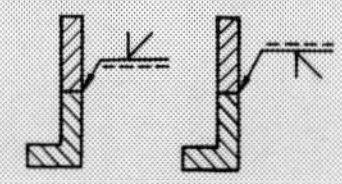
8	HV-Naht 4		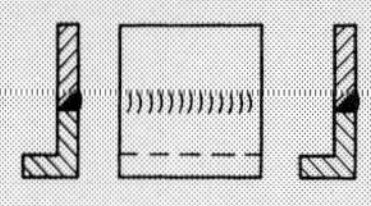	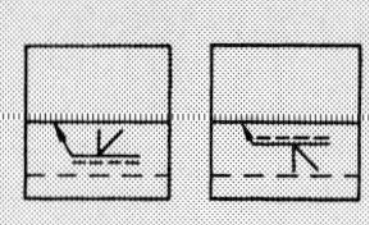	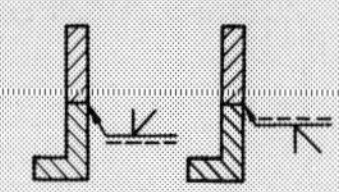
9		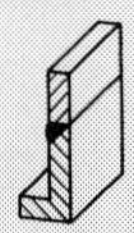	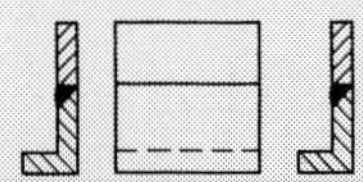	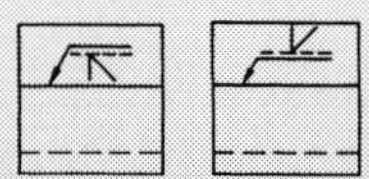	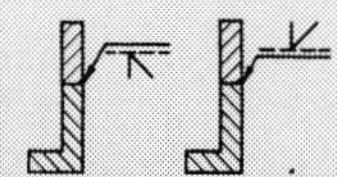
10		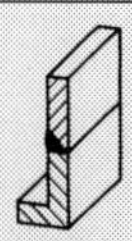	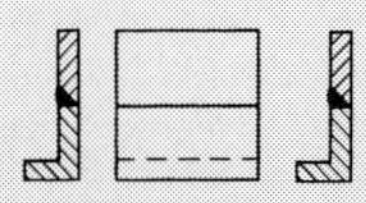	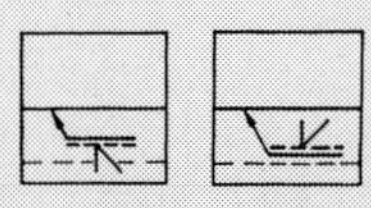	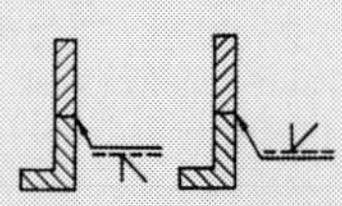
11	Y-Naht Y 5		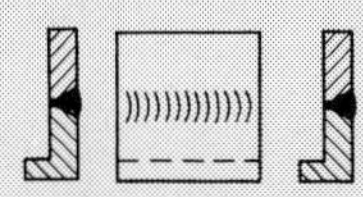	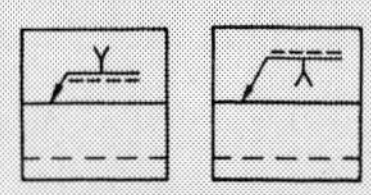	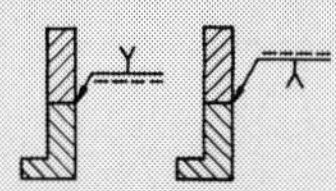
12	HY-Naht 6		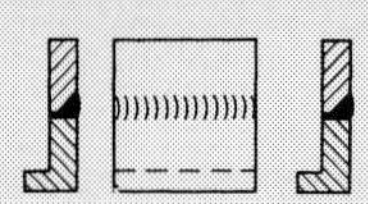	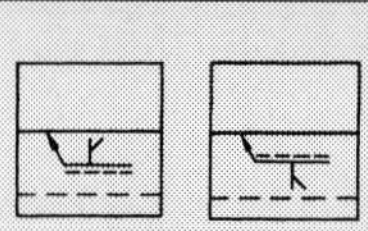	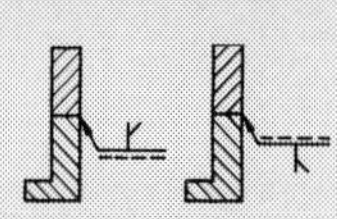
13			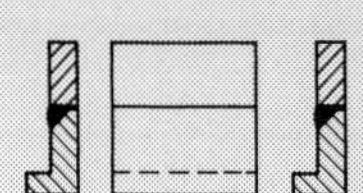	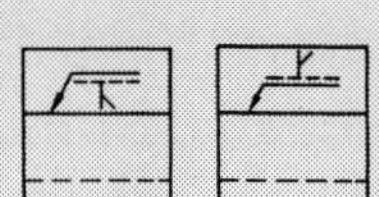	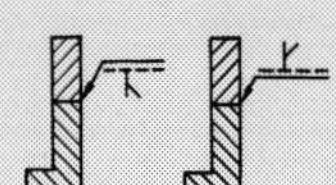

Fortsetzung s. nächste Seite

Tabelle **9**.189, Fortsetzung

Nr	Benennung und Symbolnummer	Darstellung räumlich / erläuternd; Symbolische Darstellung / wahlweise
14	U-Naht 7	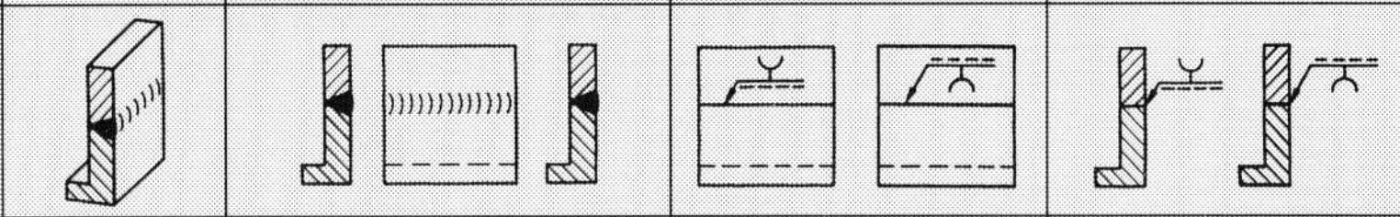
15	HU-Naht (Jot-Naht) 8	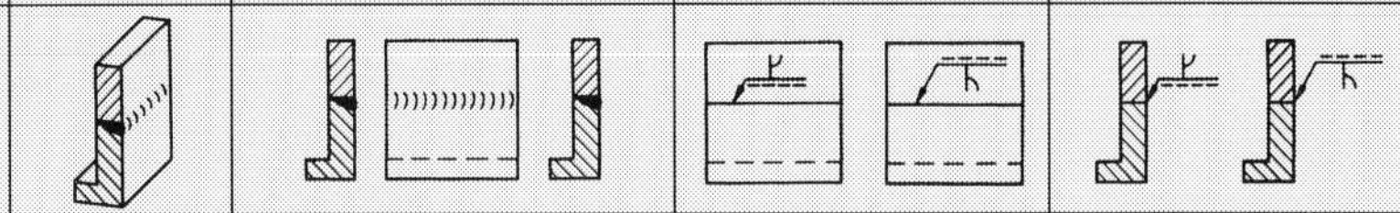
16		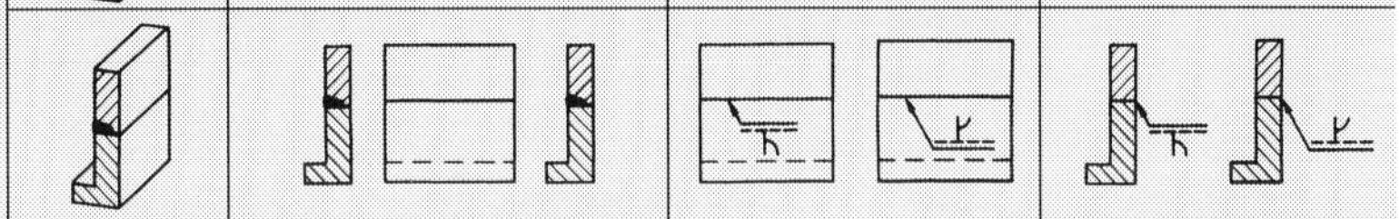
17	Kehlnaht 10	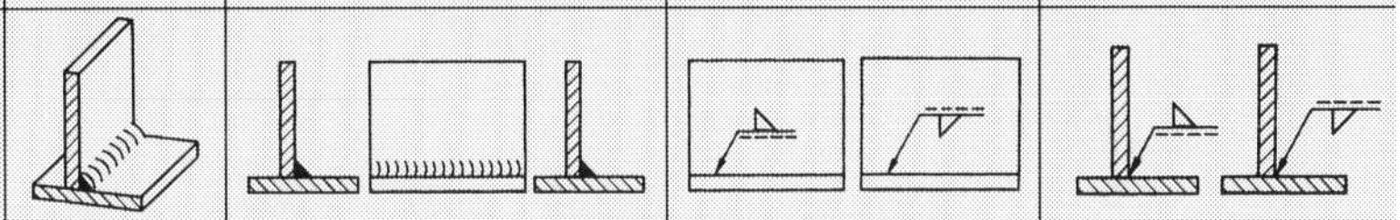
18		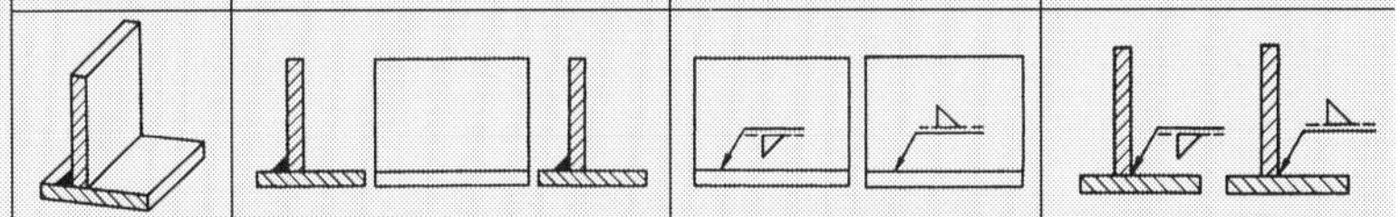
19		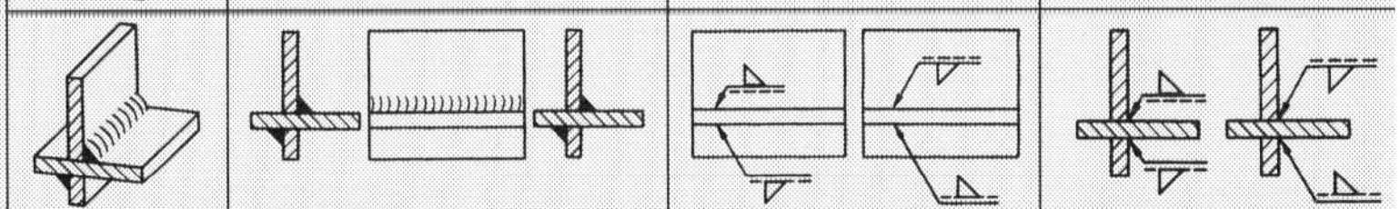
20		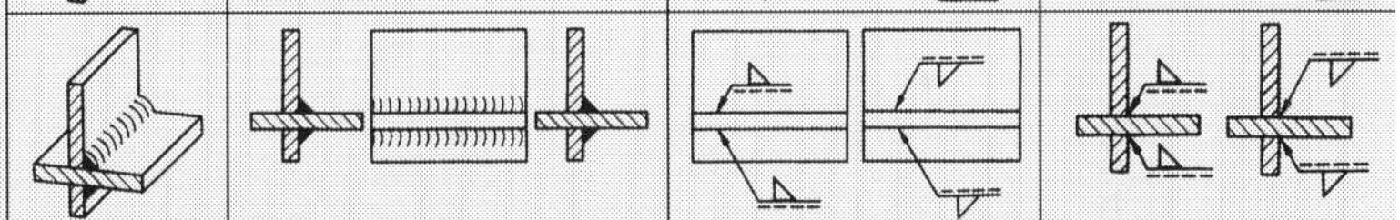
21		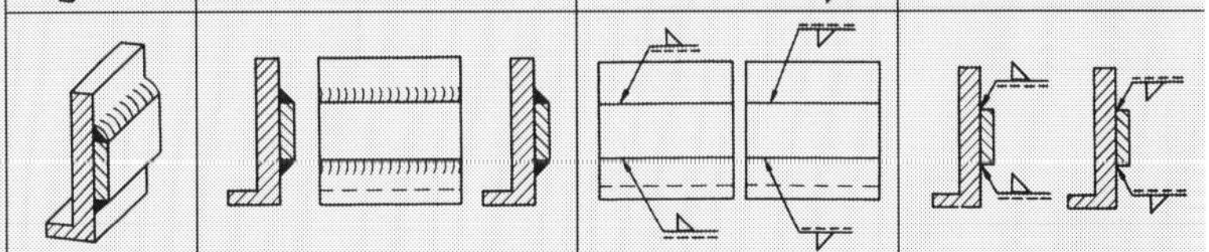
22	Lochnaht 11	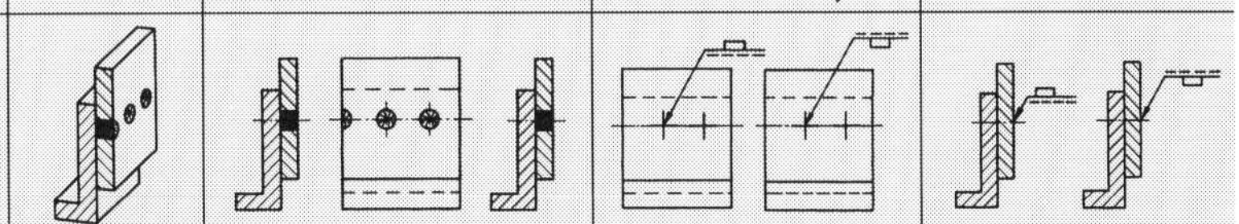
23		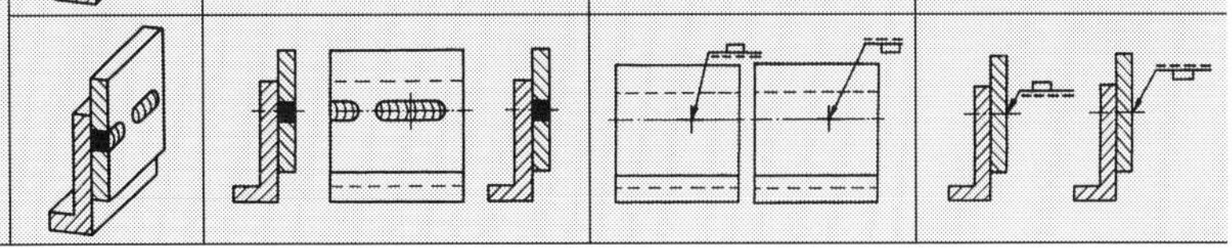

Fortsetzung s. nächste Seite

Tabelle **9**.189, Fortsetzung

Nr	Benennung und Symbolnummer	Darstellung räumlich	Darstellung erläuternd	Symbolische Darstellung	wahlweise
			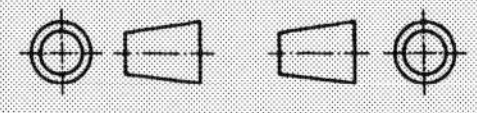		
24	Punktnaht ○ 12	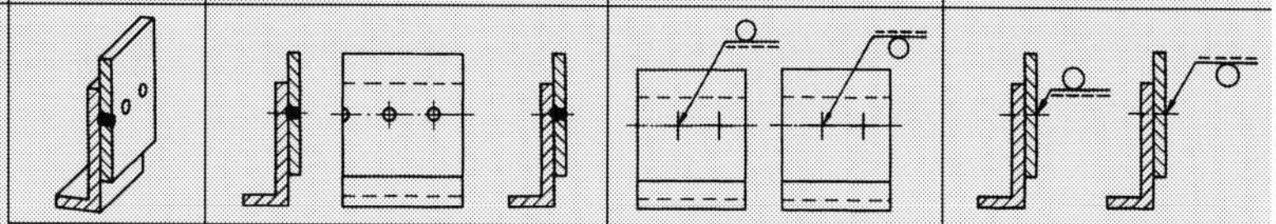			
25		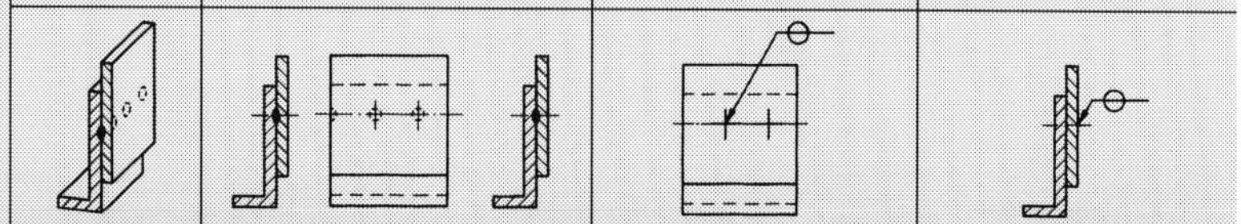			
26	Liniennaht  13	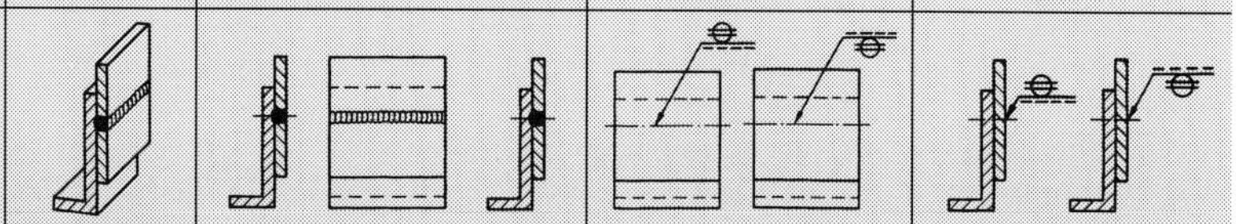			
27		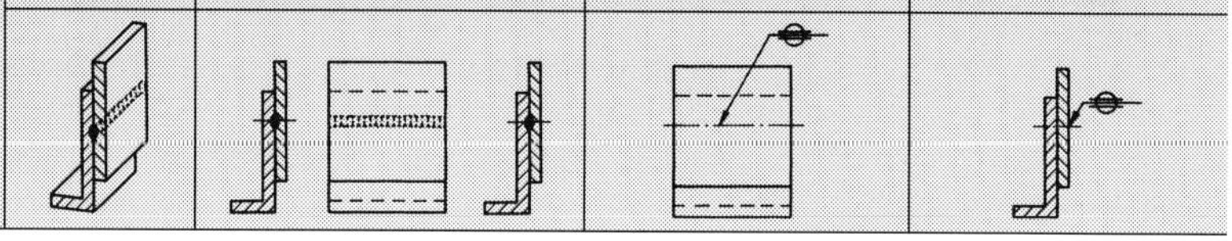			

Tabelle **9**.190 **Zusatzsymbole**

Form der Oberflächen oder der Naht	Symbol
a) flach (üblicherweise flach nachbearbeitet)	—
b) konvex (gewölbt)	⌒
c) konkav (hohl)	⌣
d) Nahtübergänge kerbfrei	
e) verbleibende Beilage benutzt	M
f) Unterlage benutzt	MR

Tabelle **9**.191 **Anwendungsbeipiele für Zusatzsymbole**

Benennung	Darstellung	Symbol
Flache V-Naht		
Gewölbte Doppel-V-Naht		
Hohlkehlnaht		
Flache V-Naht mit flacher Gegenlage	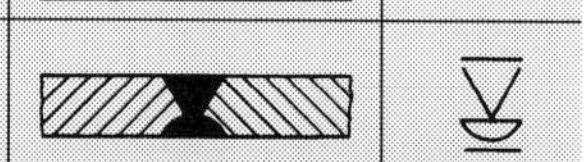	
Y-Naht mit Gegenlage	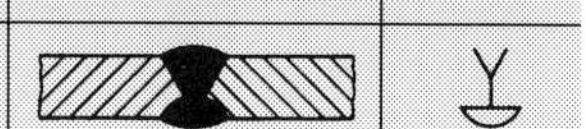	
Flach nachbearbeitete V-Naht	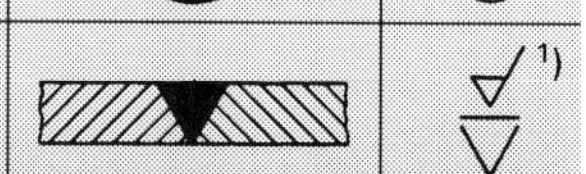	[1]
Kehlnaht mit kerbfreiem Nahtübergang	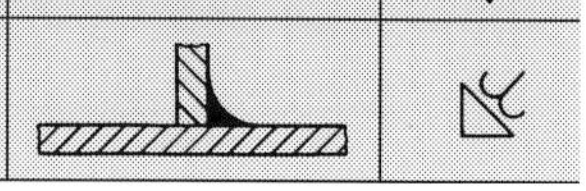	

[1]) Symbol nach ISO 1302; es kann auch das Hauptsymbol $\sqrt{}$ benutzt werden.

Tabelle **9.192** **Ergänzungssymbole**

Bedeutung	grafisches Symbol	Bedeutung	grafisches Symbol
Ringsum-Naht	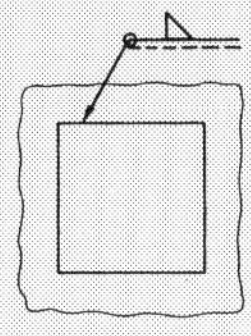	Schweißprozess (nach DIN EN 24063)	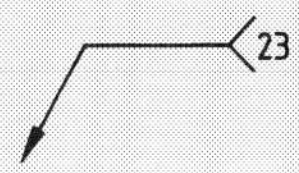
Baustellennaht	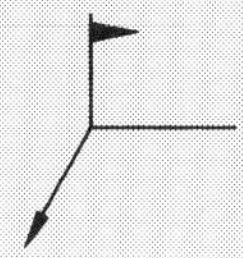	Bezugsangabe	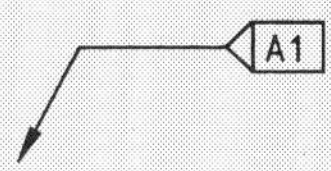

Tabelle **9.193** **Zusammengesetzte grafische Symbole**

Benennung und Symbolnummer	Darstellung		symbolische Darstellung	
	räumlich	erläuternd 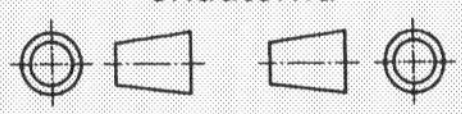	wahlweise	
Bördelnaht 1 mit Gegenlage 9 1-9	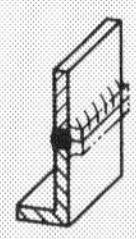	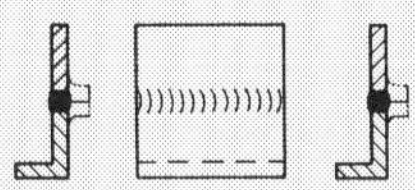	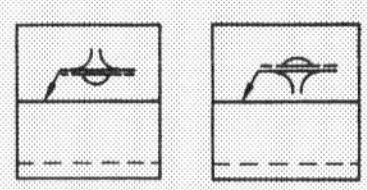	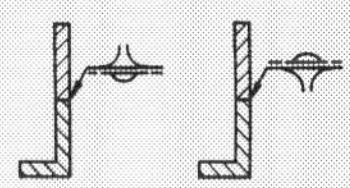
I-Naht ‖ 2 geschweißt von beiden Seiten 2-2		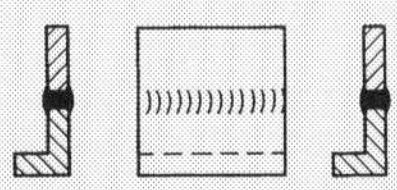	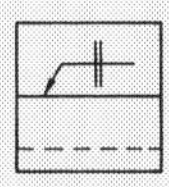	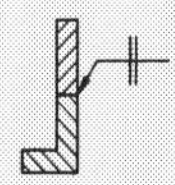
Doppel-V-Naht V 3 (X-Naht) 3-3	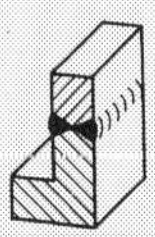	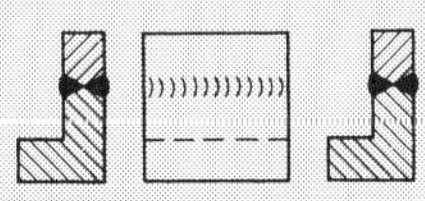	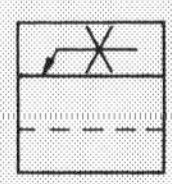	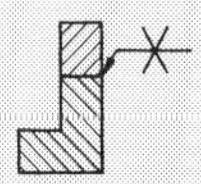
Doppel-HV-Naht V 4 (K-Naht) 4-4	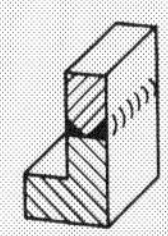	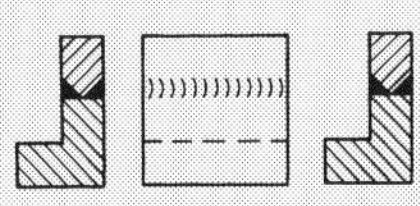	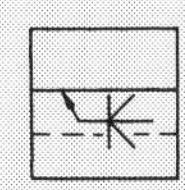	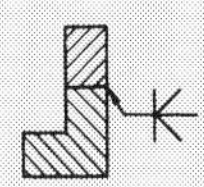
	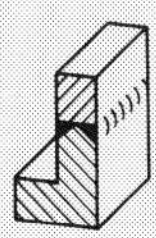	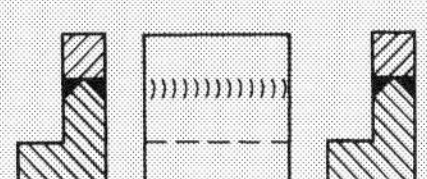	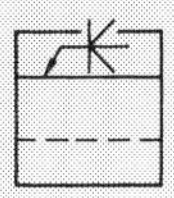	

Fortsetzung s. nächste Seite

Tabelle **9**.193, Fortsetzung

Benennung und Symbolnummer	räumlich	Darstellung erläuternd	symbolische Darstellung wahlweise	
		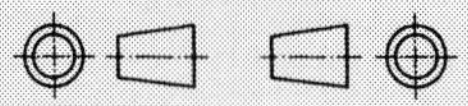		
Doppel-Y-Naht Y 5 5-5	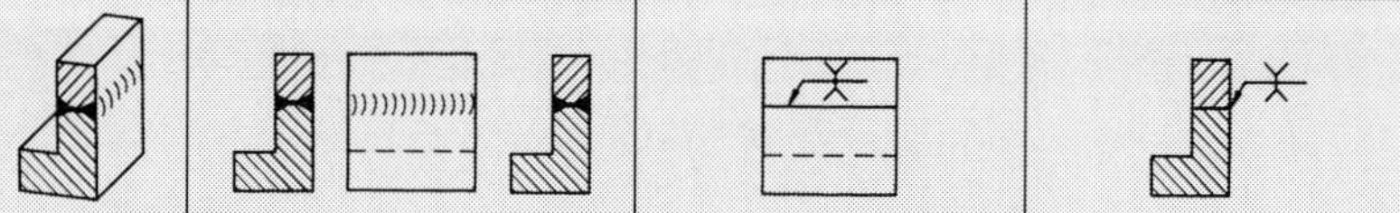			
Doppel-HY-Naht ϒ 6 (K-Stegnaht) 6-6				
V-U-Naht V 3 Y 7 3-7	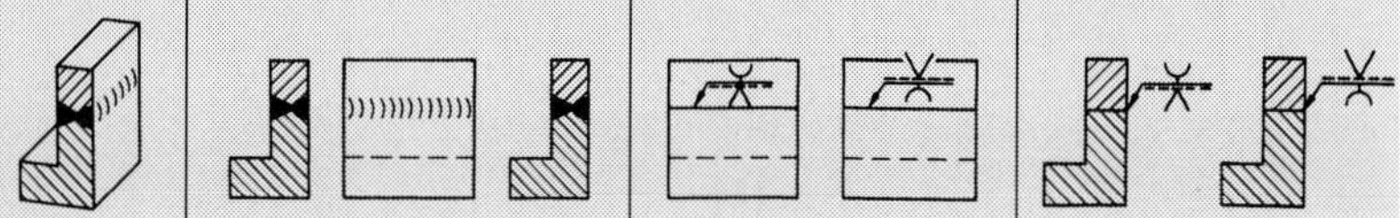			
Doppel-Kehlnaht ◺ 10 ◺ 10 10-10	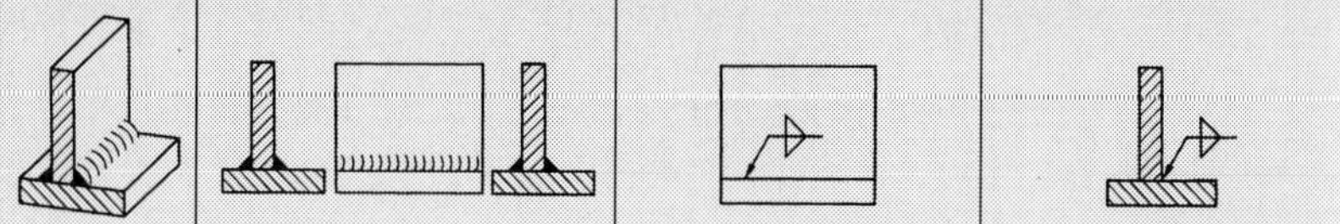			
	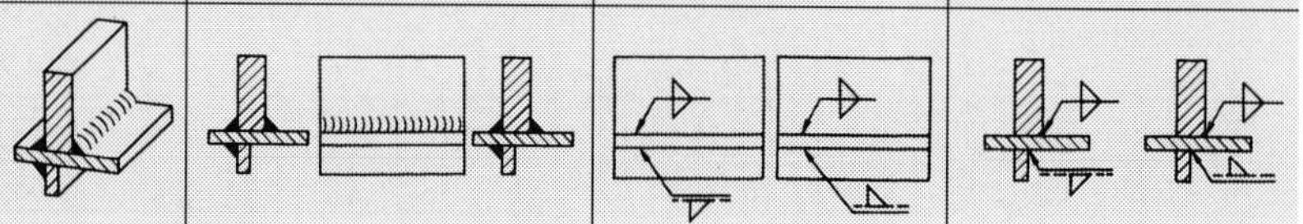			

Tabelle **9**.194 **Beispiele für die Kombination von Grund- und Zusatzsymbolen**

Symbol	räumlich	Darstellung erläuternd	symbolische Darstellung wahlweise	
		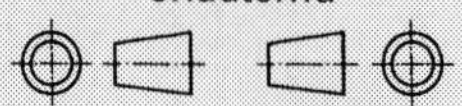		
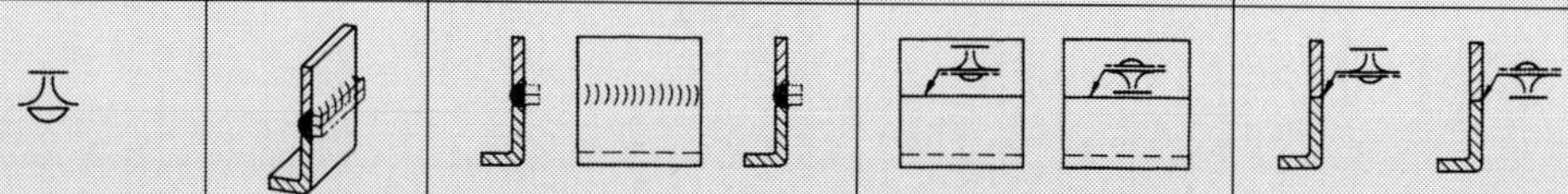				
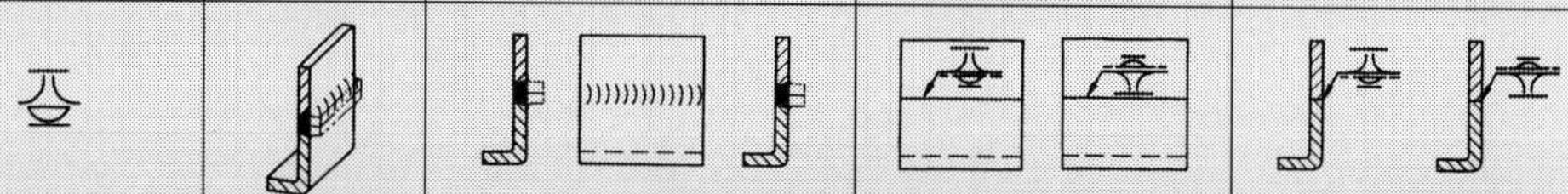				
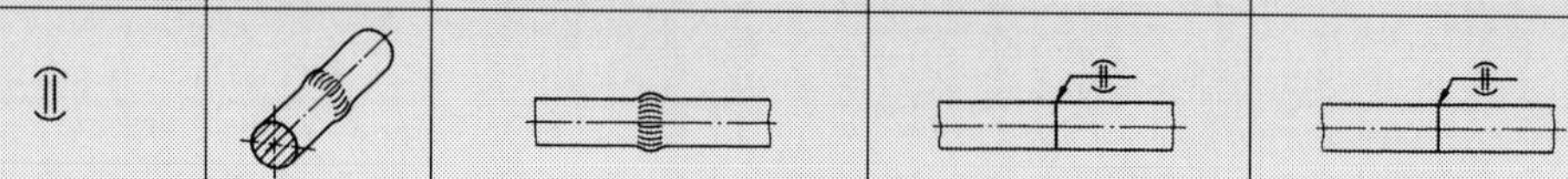				

Fortsetzung s. nächste Seite

Tabelle **9**.194, Fortsetzung

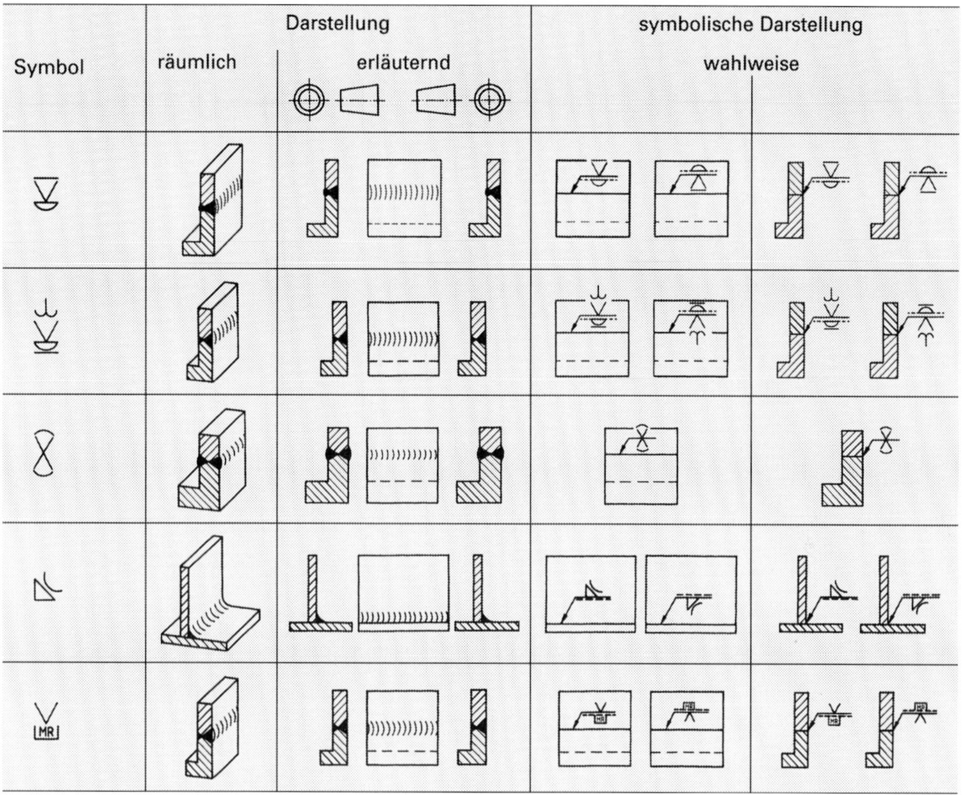

Die Schnittfläche in Schweißteilzeichnungen haben unterschiedliche Schraffur. Eine Kennzeichnung soll sich in der Zeichnung nicht wiederholen. In den Tabellen sind jedoch die Schweißstellen sowohl im Schnitt als auch in der Ansicht gekennzeichnet, um beide Möglichkeiten zu zeigen.

Das Bezugszeichen (**9**.195) besteht

- aus der Bezugslinie (zwei Parallellinien, und zwar der Bezugsvolllinie und der Bezugsstrichlinie, die je nach Projektionsmethode über oder unter der Bezugsvolllinie angegeben werden kann); bei symmetrischen Nähten darf sie entfallen;
- aus einer Pfeillinie je Stoß;
- aus der Gabel (nur erforderlich bei Angaben über Verfahren, Bewertungsgruppe, Schweißposition, Zusatzwerkstoffe und Hilfsstoffe);
- aus dem grafischen Symbol, das auf die Seite der Bezugsvollinie oder Bezugsstrichlinie gesetzt werden darf (**9**.196).

Die Bezugslinie soll waagerecht zur Zeichnungshauptlage oder (wenn dies nicht möglich ist) senkrecht dazu verlaufen.

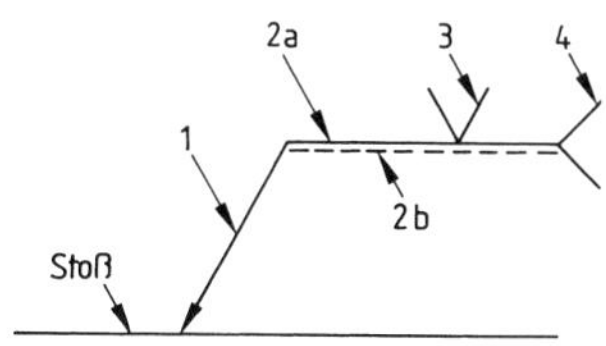

9.195 Bezugszeichen
1 Pfeillinie
2a Bezugslinie (Vollinie)
2b Bezugslinie (Strichlinie)
3 Symbol
4 Gabel

Das grafische Symbol steht senkrecht zur Bezugslinie. Die Lage der Naht am Stoß wird durch die Stellung des Symbols zur Bezugslinie gekennzeichnet.

- Wenn das Symbol auf der Seite der Bezugs-Volllinie angeordnet wird, befindet sich die Naht (die Nahtoberseite) auf der Pfeilseite des Stoßes (**9**.196 a).
- Wenn das Symbol auf der Seite der Bezugs-Strichlinie angeordnet wird, befindet sich die Naht (die Nahtoberseite) auf der Gegenseite des Stoßes (**9**.196 b). Bei Punktschweißungen, die durch Buckelschweißen hergestellt werden, gilt die Buckelseite als Nahtoberseite.

a) Naht, ausgeführt von der Pfeilseite

b) Naht, ausgeführt von der Gegenseite

9.196 Lage des Symbols zur Bezugslinie

Bei einseitigen Kehlnähten wird unterschieden zwischen Pfeil- und Gegenseite. Die Pfeilseite ist die Seite, auf die die Pfeillinie weist (**9**.197). Das grafische Symbol steht oberhalb der Bezugslinie, wenn die Kehlnaht auf der Pfeilseite liegt, und unterhalb, wenn sie sich auf der Gegenseite befindet. Dabei zeigt die Spitze des grafischen Symbols für die Kehlnaht nach rechts.

Die Richtung der Pfeillinie zur Naht hat nur Bedeutung bei unsymmetrischen Nähten (grafische Symbole Nr. 4, 6 und 8 der Tab. **9**.188). In diesen Fällen muss die Pfeillinie zu dem Teil zeigen, an dem die Nahtvorbereitung vorgenommen wird (**9**.198 a). Um das bearbeitete Teil eindeutig zu kennzeichnen, darf die Pfeillinie auch gewinkelt dargestellt werden (**9**.198 b).

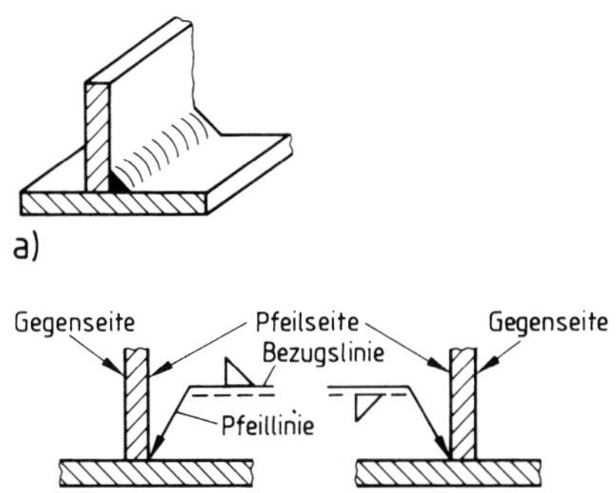

9.197 Stellung des grafischen Symbols für Kehlnähte
a) Illustration, b) symbolhafte Darstellung

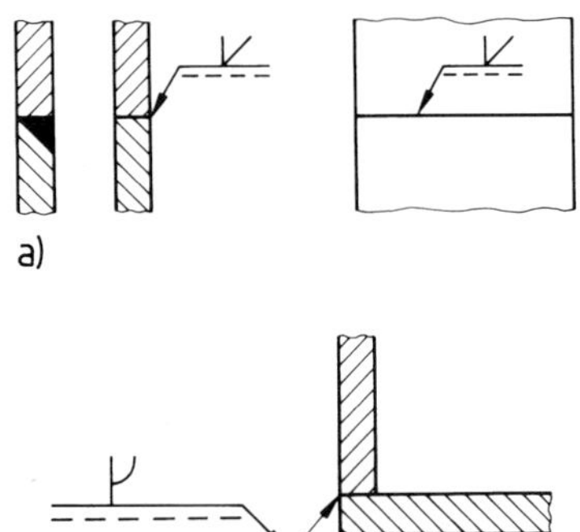

9.198 Richtung der Pfeillinie
a) bei einer HV-Naht,
b) bei gewinkelter Pfeillinie (HU-Naht)

9.4.2 Bemaßung (DIN EN 22553)

Die symbolische Darstellung von Schweiß- und Lötnähten und die Maßeintragung in Zeichnungen sind unabhängig vom Schweiß- bzw. Lötverfahren. Sie müssen klar und unmissverständlich sein. Reichen die Schweißzeichen zum Kennzeichnen der Vorbereitung und des Endzustands nicht aus, werden Einzelheiten gesondert, ggf. vergrößert dargestellt (z.B. die vorzubereitende Fugenform).

Die Form der Schweißfugen hängt ab vom Werkstoff, der Dicke des Werkstücks, der Stoßart, dem Schweißverfahren, der Schweißposition und der Fertigungsmöglichkeit (**9**.202). Fugenformen an Stählen für Unterpulverschweißen s. DIN 8551-4; Fugenformen für Stumpfstoßverbindungen an Stahlrohren s. DIN 2559-1 und DIN 2559-2 (**9**.199).

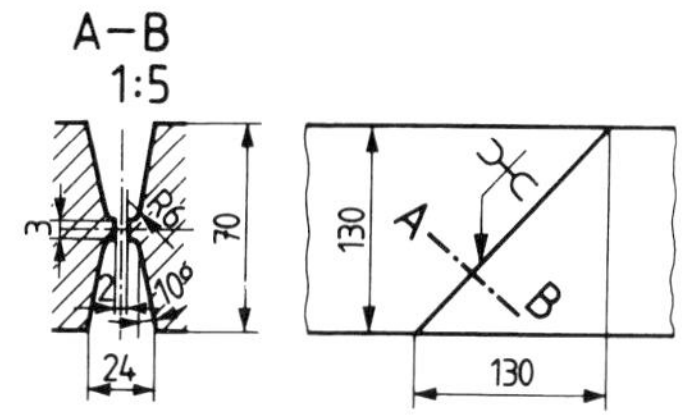

9.199 U-Naht mit vorbereiteter Fuge

Zur Bemaßung darf jedem Nahtsymbol eine bestimmte Anzahl von Maßen zugeordnet sein:

- Hauptquerschnittsmaße werden auf der linken Seite des Symbols,
- Längenmaße auf der rechten Seite des Symbols eingetragen.

Das Maß, das den Abstand der Naht zum Werkstückrand festlegt, erscheint nicht in der Symbolisierung, sondern in der Zeichnung. Das Fehlen einer Angabe nach dem Symbol bedeutet, dass die Naht durchgehend über die gesamte Länge des Werkstückes läuft.

Tabelle **9**.200 **Schweißnähte – Hauptmaße**

Nr	Benennung	Darstellung	Definition	Eintragung
1	Stumpfnaht	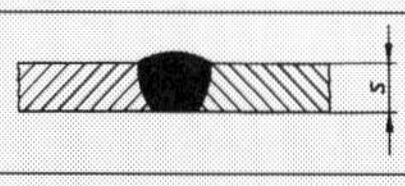	*s*: Mindestmaß von der Werkstückoberfläche bis zur Unterseite des Einbrandes; es kann nicht größer sein als die Dicke des dünneren Werkstükkes.	V
		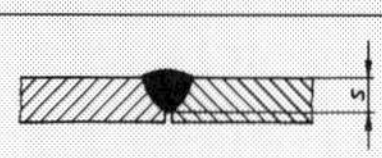		s ‖
		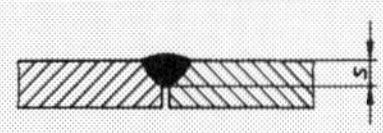		s Y
2	Bördelnaht	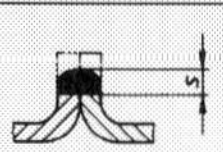	*s*: Mindestmaß von der Nahtoberfläche bis zur Unterseite des Einbrandes.	
3	Durchgehende Kehlnaht	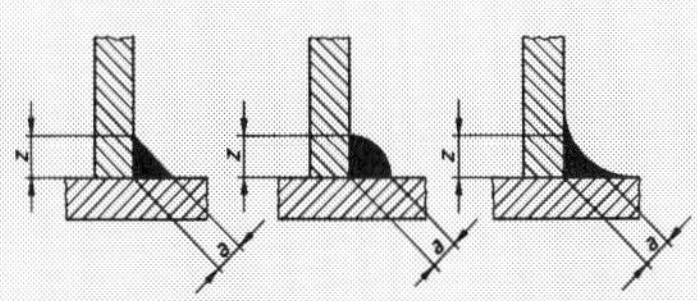	*a*: Höhe des größten gleichschenkligen Dreiecks, das sich in die Schnittdarstellung eintragen lässt. *z*: Schenkel des größten gleichschenkligen Dreiecks, das sich in die Schnittdarstellung eintragen lässt.	a ◺ z ◺

Fortsetzung s. nächste Seite

Tabelle **9**.200, Fortsetzung

Nr	Benennung	Darstellung	Definition	Eintragung
4	Unterbrochene Kehlnaht	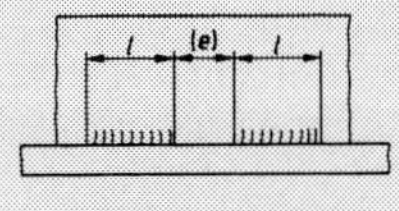	*l*: Einzelnahtlänge (ohne Krater) (*e*): Nahtabstand *n*: Anzahl der Einzelnähte *a*, *z* } (s. Nr. 3)	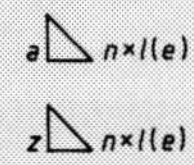
5	Versetzte, unterbrochene Kehlnaht	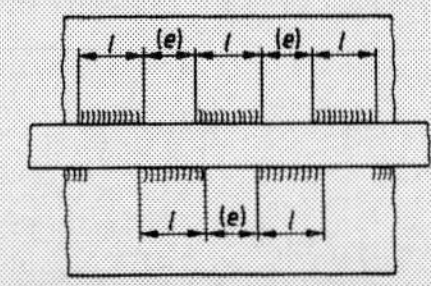	*l*, (*e*), *n* } (s. Nr. 4) *a*, *z* } (s. Nr. 3)	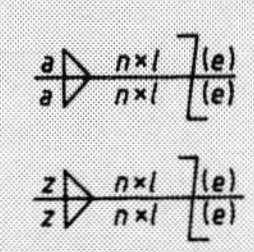
6	Langlochnaht	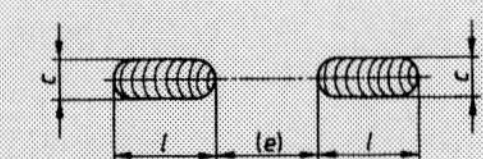	*l*, (*e*), *n* } (s. Nr. 4) *c*: Lochbreite	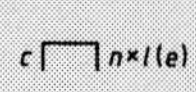
7	Liniennaht	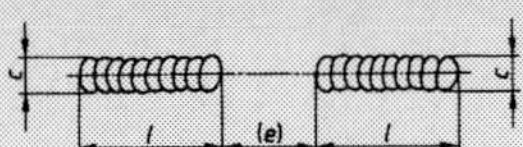	*l*, (*e*), *n* } (s. Nr. 4) *c*: Breite der Naht	
8	Lochnaht	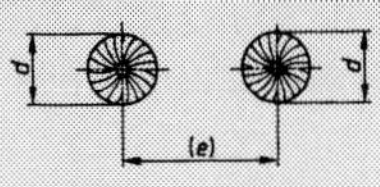	*n*: (s. Nr. 4) (*e*): Abstand *d*: Lochdurchmesser	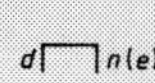
9	Punktnaht	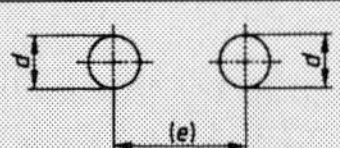	*n*: (s. Nr. 4) (*e*): Abstand *d*: Punktdurchmesser	

Stumpfnähte. Hier wird die Nahtdicke *s* (Mindestmaß von der Oberfläche des Teiles bis zur Unterseite der Durchschweißung) nur angegeben, wenn der Querschnitt nicht voll durchgeschweißt werden soll. Sie steht dann vor dem grafischen Symbol für die Nahtart. Die Nahtlänge *l* in mm gibt man nur bei Nähten an, die nicht über die ganze Stoßlänge verbunden sind. Das Maß steht hinter dem Nahtartsymbol. Wenn nicht anders angegeben, gelten Stumpfnähte als voll angeschlossen.

Bei unterbrochenen Nähten (z.B. Heftnähten) stehen nach dem grafischen Symbol die Anzahl *n* und die Länge *l* der jeweiligen Einzelnähte sowie die Länge der Zwischenräume *e*[1]).

Bei Bördelnähten wird die Nahtdicke *s* nicht angegeben, wenn der Bördel vollständig niedergeschmolzen ist. Soll er dies nicht, wendet man das grafische Symbol für die I-Naht und die Nahtdicke an.

Bei Kehlnähten gibt es für die Angabe von Maßen zwei Methoden (**9**.201). Deshalb ist der Buchstabe *a* oder *z* stets vor das entsprechende Maß zu setzen. Für Kehlnähte mit tiefem Einbrand wird die Nahtdicke mit *s* angegeben (**9**.202).

Kehlnähte können je nach dem Nahtquerschnitt eine hohle (konkave), flache (ebene) oder gewölbte (konvexe) Oberflächenform haben (**9**.203 bis **9**.205). Für die Nahtlängen gelten die gleichen Bemaßungsgrundsätze wie für Stumpfnähte, wobei jedoch Krater, Nahtanfänge und -enden nicht zur Nahtlänge zählen.

[1]) *e* ist bei symbolhafter Darstellung stets in Klammern zu setzen.

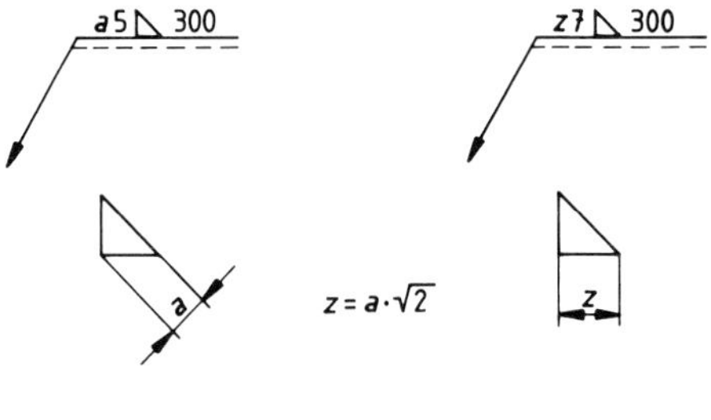

9.201 Eintragungsart für Kehlnähte

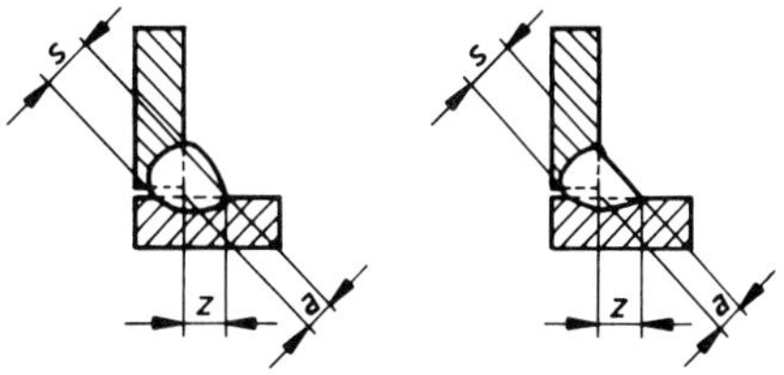

Für Kehlnähte mit tieferem Einbrand werden die Maße z. B. angegeben mit *s*8 a6◺.

9.202 Eintragungsart für Kehlnähte mit tiefem Einbrand

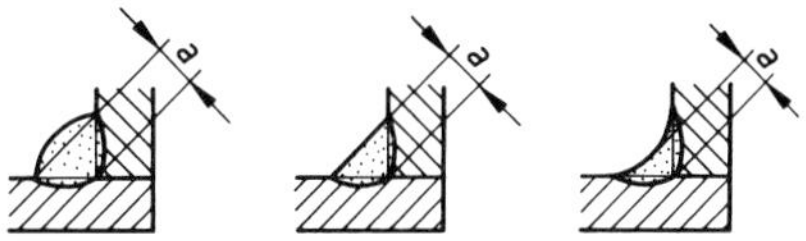

9.203 **9.**204 **9.**205

Lochnähte. Das kreisförmige oder längliche Loch ist mit Schweiß- oder Lötgut ausgefüllt. Schweißt man bei größeren Löchern nur Kehlnähte am Lochumfang, handelt es sich um Lochnähte. Bei einer Loch- oder Schlitznaht mit schrägen Flanken gilt das Maß am Grund des Lochs.

Punkt- und Liniennaht. Die Bemaßung geht aus Tab. **9.**200 hervor.

Schweiß-Zusatzwerkstoffe [1])

Umhüllte Stabelektroden für das Verbindungsschweißen von un- und niedriglegiertem Stahl[2]) sind in DIN EN 499 genormt. Aus der Bezeichnung der Stabelektroden kann der Verbraucher die Auswahl und Anwendung der Elektroden ersehen (Einzelheiten s. Norm).

Gasschweißstäbe für das Verbindungsschweißen von unlegiertem und niedriglegiertem Stahl[2]) sind in DIN 8554-1 festgelegt.

Schweiß-Zusatzwerkstoffe für Aluminium-Werkstoffe s. DIN 1732-1, für Kupfer und Kupferlegierungen s. DIN 1733-1, für Nickel und Nickellegierungen s. DIN 1736-1, für Verbindungsschweißen von Stählen s. DIN 8554-1, für Auftragsschweißen s. DIN 8555-1 und für das Schweißen nicht rostender und hitzebeständiger Stähle s. DIN 8556-1, für das Schweißen von Gusseisen s. DIN 8573-1, Zusatzwerkstoffe und Schweißpulver für das Unterpulverschweißen s. DIN EN 756, Schweißzusatzwerkstoffe, Schutzgase für das Schutzgas-Lichtbogenschweißen s. DIN 8559-100 bis DIN 8559-102 und Zusatzwerkstoffe zum Schmelzschweißen s. DIN 8571.

Nachbehandlung und Prüfung werden durch Angaben, wie „spannungsfrei geglüht", „Dichtheitsprüfung mit 10 bar", „Durchschallung" u. a. sowie durch besondere Abnahmevorschriften unter Hinweis darauf z. B. „DIN 18800-1 und DIN 18800-7 sowie DIN 18801", „Germanischer Lloyd" usw.) festgelegt.

Zur eindeutigen symbolhaften Darstellung sind folgende Angaben auf dem Bezugszeichen erforderlich (**9.**206):

---

[1]) S. DIN-Taschenbuch 8 „Schweißzusätze, Fertigung, Güte und Prüfung". Zu beziehen bei der Beuth Verlag GmbH, Berlin, Wien, Zürich.

[2]) Hierzu gehören z. B. Stähle nach DIN EN 10025, DIN EN 10028, DIN 17175.

① bei Schweißnähten: Nahtdicke *s* in mm, wenn der Querschnitt nicht voll durchgeschweißt wird; bei Kehlnähten: Nahtdicke *a* in mm; bei Loch-, Punkt- und Liniennähten: Lochbreite *c*, Lochlänge *l*, Punktdurchmesser *d* bzw. Breite der Liniennaht *c*;
② grafisches Symbol für die Naht;
③ Anzahl der Nahtlängen × Nahtlänge bei unterbrochenen Nähten;
④ Nahtabstand bei unterbrochenen Nähten;
⑤ Zusätzliche Angaben in dieser Reihenfolge und durch Schrägstriche voneinander abgegrenzt: Verfahren (z. B. Kennzahl nach DIN EN 24063) / Bewertungsgruppe (z. B. nach DIN EN 25817) / Schweißposition nach DIN 1912-2 / Schweißzusatzwerkstoff (z. B. nach DIN 1732, DIN EN 499, DIN 8556-1).

Sofern die Angaben nicht in der Gabel, sondern getrennt aufgeführt werden sollen, ist in der Gabel eine Bezugsangabe einzutragen und die Gabel zu schließen (**9**.207). Die Erläuterung für die Bezugsangabe ist anzugeben, z. B. in der Nähe des Zeichnungsschriftfelds.

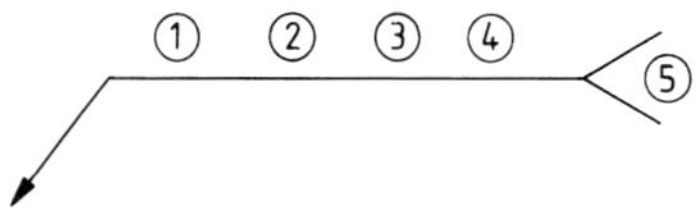

9.206 Angaben auf dem Bezugszeichen

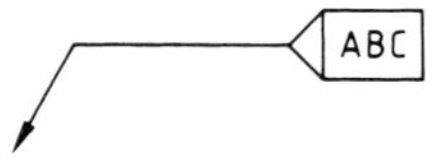

9.207 Bezugsangabe

Die Schweißposition wird bestimmt durch die Lage einer Schweißnaht im Raum und die Schweißrichtung. Die Schweißpositionen und ihre Toleranzen von geraden und gekrümmten Schweißnähten werden beschrieben durch den Nahtneigungswinkel υ und den Nahtdrehwinkel ϱ (Einzelheiten s. DIN 1912-2, Auftragsschweißen s. DIN EN 22553).

9.5 Schraubenfedern

Schraubenfedern sind schraubenlinig, gewöhnlich rechtsgewundene federnde Metalldrähte mit rundem, seltener viereckigem Querschnitt. Sie werden als elastische Werkstücke zwischen andere Teile eingebaut und auf Druck, Zug oder Drehung beansprucht.

9.5.1 Zylindrische Druckfedern (DIN 2095)

Druckfedern mit Drahtdurchmessern bis 10 mm werden kalt, solche mit Durchmessern zwischen 10 und 17 mm je nach Werkstoff, Verwendung und Beanspruchung der Feder kalt oder warm geformt.

Zum Vermeiden einseitiger Beanspruchung wird an jedem Ende eine ganze nicht federnde Windung angebogen. Die Drahtenden liegen auf entgegengesetzten Seiten der Federachse und werden bis auf den vierten Teil des Drahtdurchmessers heruntergeschliffen (**9**.208).

Bei Federn unter 0,5 mm Drahtdurchmesser ist meist kein Planschliff erforderlich. Es wird der äußere Windungsdurchmesser bemaßt, wenn die Feder in einer Bohrung arbeitet (D_h) oder der innere , wenn sie über einem Dorn sitzt (D_d). Der Durchmesser der Bohrung oder des Bolzens sollte im Text angegeben sein. Der mittlere Windungsdurchmesser dient zur Berechnung der Drahtlänge. Die Federlänge (L_0) bezieht sich stets auf den ungespannten Zustand. Linksgewundene Federn erhalten zum Durchmesser den Zusatz LH „linksgewickelt" – auch dann, wenn dieser Windungssinn aus der Darstellung bereits hervorgeht. Eine Grenzabweichung (e_1) der Mantellinie von der Senkrechten an der unbelasteten Feder kann eingetragen werden, wenn sie für die Wirksamkeit bedeutungsvoll ist. Dasselbe gilt für eine auf den Außendurchmesser bezogene zulässige Abweichung (e_2) in der Parallelität der geschliffenen Auflageflächen.

Anzahl der wirksamen Windungen ..., dazu angebogen je Ende eine bis auf $\frac{1}{4}d$ heruntergeschliffene Windung = ... Gesamtwindungen

Durchmesser des Bolzens in der Feder ... mm

Als Fertigungsausgleich werden freigegeben: Federlänge, Anzahl der wirksamen Windungen und Drahtdurchmesser

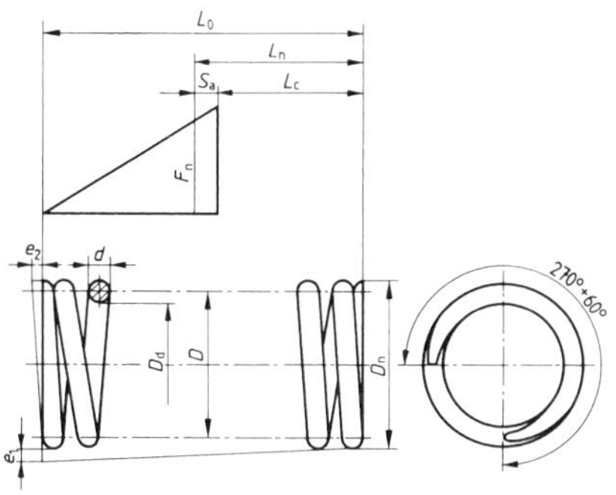

9.208 Zylindrische Druckfeder (DIN 2095)

D_d Dorndurchmesser
D_h Hülsendurchmesser
D mittlerer Windungsdurchmesser
L_0 Länge der unbelasteten Feder
L_c Blocklänge der Feder (alle Windungen liegen aneinander)
L_n kleinste zul. Federlänge
F_n höchste zul. Federkraft in N, zugeordnet der Federlänge L_n
R Federrate in N/mm
d Drahtdurchmesser
S_a Summe der lichten Mindestabstände zwischen den wirksamen Windungen
S_n größter zul. Federweg, zugeordnet der Federkraft F_n
n Anzahl der wirksamen Windungen
n_t Anzahl der gesamten Windungen
η Federratenverhältnis

Belastungsprüfung. Wird die Belastung der Feder geprüft, ist ein Kraft-Weg-Diagramm zu zeichnen (**9**.208). Darin gibt man in der Regel an: die im Gebrauch auftretende größte Federkraft und die Prüfkraft (F_n) mit den dazugehörigen Längen (L_0 und L_n), die Blocklänge (L_c), bei der alle Windungen aneinander liegen, und die Summe (S_a) der Mindestabstände zwischen den Windungen.

Als Fertigungsausgleich der Feder müssen zur Herstellung einige Angaben freigegeben und gekennzeichnet werden, und zwar:

- bei einer vorgeschriebenen Federkraft und vorgeschriebener Länge (L_0) die Zahl der wirksamen Windungen und entweder der Drahtdurchmesser (d) oder der innere oder äußere Windungsdurchmesser,
- bei zwei vorgeschriebenen Federkräften dieselben Werte, außerdem die Federlänge (L_n).

Normen. Runder Federdraht ist in DIN 2076 (Maßnorm) und DIN 17223-1 und DIN 17223-2 (Gütevorschriften) genormt. Die Bezeichnung eines Drahts von 2,5 mm Durchmesser der Maßgenauigkeitsklasse C nach DIN 2076 aus vergütetem Federdraht nach DIN 17223-1 (Stahlsorte C) lautet: Draht DIN 2076–C2,5–C. Federn werden auch aus Kupferknetlegierungen u.a. hergestellt. In DIN ISO 2162 sind die bildliche und die sinnbildliche Darstellung der bekanntesten Federn genormt (**9**.209 bis **9**.211).

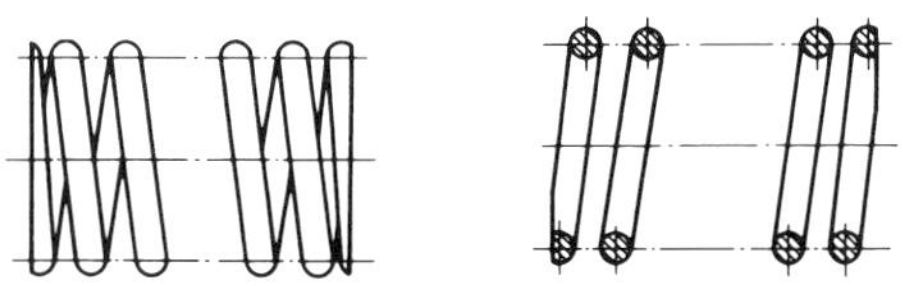

Ansicht Schnitt

9.209 Darstellungen einer Druckfeder

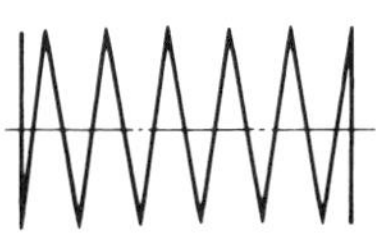

9.210 vereinfachte Darstellung

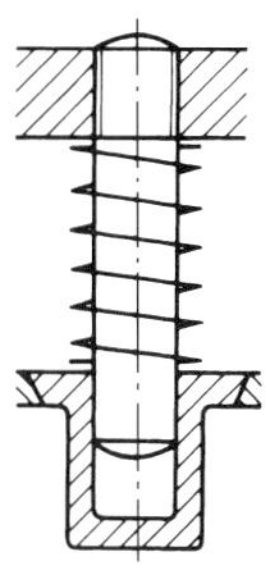

9.211 eingebaute Druckfeder

Die Windungen im Mittelteil fallen sowohl in Ansichts- als auch in Schnittzeichnungen weg. Häufig reicht die Darstellung einer Feder durch eine breite Zickzacklinie aus.

Berechnung und Konstruktion der zylindrischen Druckfedern aus rundem Werkstoff s. DIN 2089-1, aus Flachstahl s. DIN 2090; Angaben und Vordruck für Druckfedern s. DIN 2099-1. In DIN 2098-1 sind kaltgeformte zylindrische Druckfedern verschiedener Größen angegeben (Maße s. Tab. **9**.212). Eine Druckfeder mit dem Drahtdurchmesser 2,5 mittlerem Windungsdurchmesser 20 (**9**.210) und der Baulänge 54 wird bezeichnet:

Druckfeder DIN 2098–2,5 × 20 × 54.

Tabelle **9**.212 **Federn nach DIN 2098-1 und DIN 2098-2,** Fortsetzung s. nächste Seite

			Dorn	Hülse	$\eta = 3{,}5$				$\eta = 5{,}5$				$\eta = 8{,}5$			
d	D	F_n	D_d max.	D_h min.	L_0 ≈	L_n	S_n ≈	R	L_0 ≈	L_n	S_n ≈	R	L_0 ≈	L_n	S_n ≈	R
0,4	5	4,09	4,1	6,0	10,9	3,2	7,7	0,53	16,4	4,4	12,0	0,34	24,7	6,1	18,6	0,22
	4	5,03	3,2	5,0	7,9	3,1	4,8	1,04	11,7	4,2	7,6	0,66	17,5	5,8	11,7	0,43
	3,2	6,12	2,5	4,0	6	3,0	3,0	2,04	8,7	4,0	4,7	1,30	12,8	5,5	7,3	0,84
	2,5	7,47	1,8	3,3	4,7	2,9	1,7	4,27	6,7	3,9	2,7	2,72	9,6	5,4	4,2	1,76
	2	8,72	1,3	2,8	3,9	2,9	1,0	8,34	5,5	3,8	1,6	5,31	7,8	5,3	2,5	3,44
0,5	6,3	6,70	5,3	7,5	13,5	4,3	9,2	0,74	20	6,0	14,0	0,47	30	8,7	21,3	0,31
	5	8,20	4,0	6,2	9,4	3,9	5,5	1,49	14	5,4	8,6	0,95	20,5	7,6	12,9	0,62
	4	9,50	3,1	5,0	7	3,7	3,3	2,89	10	5,1	4,9	1,85	15	7,1	7,9	1,19
	3,2	10,2	2,4	4,1	5,5	3,7	1,8	5,68	7,9	5,1	2,8	3,60	11,5	7,1	4,4	2,33
	2,5	10,6	1,7	3,4	4,4	3,5	0,9	11,8	6,1	4,7	1,4	7,57	8,7	6,5	2,2	4,89
0,63	8	10,2	6,8	9,4	16	5,1	10,9	0,91	24,5	7,1	17,4	0,58	37	10,2	26,8	0,38
	6,3	12,7	5,1	7,6	11,5	4,6	6,9	1,87	17	6,2	10,8	1,19	25,5	8,9	16,6	0,77
	5	15,8	3,9	6,1	8,5	4,3	4,2	3,76	12,5	5,8	6,7	2,40	18,5	8,2	10,3	1,55
	4	17,5	3,0	5,0	6,7	4,3	2,4	7,30	9,6	5,8	3,8	4,64	14	8,2	5,8	3,00
	3,2	21,4	2,3	4,2	5,5	4,0	1,5	14,3	7,8	5,4	2,4	9,08	11	7,5	3,5	5,88
0,8	10	15,7	8,6	11,6	20	6,9	13,1	1,22	30	9,8	20,2	0,77	45,5	14,3	31,2	0,50
	8	19,9	6,6	9,6	14,5	6,1	8,4	2,37	21,5	8,4	13,1	1,51	32	12,0	20,0	0,98
	6,3	24,5	5,0	7,7	10,5	5,6	4,9	4,86	15,5	7,7	7,8	3,09	23	10,9	12,1	2,00
	5	26,5	3,8	6,3	8,3	5,6	2,7	9,72	12	7,7	4,3	6,19	17,5	10,9	6,6	4,00
	4	32,5	2,8	5,3	6,9	5,2	1,7	18,9	9,7	7,0	2,7	12,1	14	9,8	4,2	7,82
1	12,5	22,4	10,8	14,4	24	9,4	14,6	1,52	36,5	13,4	23,1	0,97	55,5	19,4	36,1	0,62
	10	27,9	8,4	11,8	17,5	8,0	9,5	2,96	26	11,2	14,8	1,89	39	16,0	23,0	1,22
	8	33,8	6,5	9,6	13	7,3	5,7	5,79	19	10,1	8,9	3,68	28,5	14,3	14,2	2,38
	6,3	34,8	4,9	7,8	10	7,3	2,7	1,8	14,5	10,1	4,4	7,54	21,5	14,3	7,2	4,88
	5	44,6	3,6	6,5	8,5	6,6	1,9	23,7	12	9,0	3,0	15,1	17	12,6	4,4	9,76
1,25	16	55,3	14,1	18,2	40,5	9,1	31,4	1,76	62	12,9	49,1	1,12	94	18,5	75,5	0,73
	12,5	70,4	10,6	14,6	27	8,2	18,8	3,70	41,5	11,6	29,9	2,36	62,5	16,5	46,0	1,52
	10	87,1	8,2	11,9	20	7,7	12,3	7,23	29,5	10,8	18,7	4,60	44,5	15,2	29,3	2,98
	8	107	6,1	9,9	15	7,4	7,6	14,6	22	10,5	11,5	9,10	33	14,9	18,1	5,95
	6,3	136	4,7	8,1	12	7,2	4,8	29,6	17	9,8	7,2	18,4	25	13,8	11,2	12,0
1,6	20	86,5	17,5	22,6	48	12,4	35,6	2,43	73,5	17,6	55,9	1,55	110	25,5	84,5	1,01
	16	108	13,7	18,5	34	11,0	23,0	4,74	51,5	15,5	36,0	3,02	77,5	22,2	55,3	1,96
	12,5	138	10,3	14,7	24	10,0	14,0	9,95	36	14,1	21,9	6,35	53,5	20,1	33,4	4,12
	10	173	7,9	12,1	18,5	9,4	9,1	19,5	27	13,2	13,8	12,4	40,5	18,9	21,6	8,03
	8	216	5,9	10,1	14,5	9,0	5,5	38,0	21,5	12,6	8,9	24,2	31,5	17,9	13,6	15,7
2	25	130	22,0	28,0	58	15,0	43,0	3,04	88,5	21,4	67,1	1,94	135	31,0	104	1,25
	20	162	17,1	22,9	41	13,6	27,4	5,94	62	19,2	42,8	3,78	94	27,6	66,4	2,44
	16	202	13,4	18,6	30	12,5	17,5	11,6	45	17,7	27,3	7,38	68	25,5	42,5	4,78
	12,5	259	9,9	15,1	22,5	11,7	10,8	24,4	33	16,4	16,6	15,5	49,5	23,5	26,0	10,0
	10	324	7,5	12,5	18	11,2	6,8	47,5	26,5	15,6	10,9	30,3	38,5	22,0	16,5	19,6

Tabelle **9**.212, Fortsetzung

d	D	F_n	Dorn D_d max.	Hülse D_h min.	$\eta = 3{,}5$ L_0 ≈	L_n	S_n ≈	R	$\eta = 5{,}5$ L_0 ≈	L_n	S_n ≈	R	$\eta = 8{,}5$ L_0 ≈	L_n	S_n ≈	R
2,5	**32**	186	28,3	36,0	**71,5**	19,3	52,2	3,55	**110**	27,9	82,1	2,26	**170**	40,7	129	1,46
	25	238	21,6	28,4	**49**	16,8	32,2	7,43	**74,5**	24,0	50,5	4,73	**115**	34,8	80,2	3,06
	20	298	16,8	23,2	**36**	15,5	20,5	14,5	**54**	21,9	32,1	9,23	**81,5**	31,5	50,0	5,97
	16	372	12,9	19,1	**27,5**	14,6	12,9	28,3	**41**	20,5	20,5	18,0	**61**	29,3	31,7	11,7
	12,5	477	9,4	15,6	**22**	14,0	8,0	59,5	**32**	19,5	12,5	37,9	**47,5**	27,8	19,7	24,5
3,2	**40**	294	35,6	44,6	**82**	21,2	60,8	4,85	**125**	29,7	95,3	3,09	**190**	42,3	148	2,00
	32	368	27,6	36,5	**58,5**	19,8	38,7	9,49	**88,5**	27,4	61,1	6,04	**135**	38,8	96,2	3,90
	25	470	21,1	28,9	**42,5**	19,1	23,4	19,8	**63,5**	26,3	37,2	12,6	**94,5**	37,1	57,4	8,18
	20	588	16,1	23,9	**33,5**	18,5	15,0	38,9	**49,5**	25,9	23,6	24,7	**74**	37,1	36,9	16,0
	16	735	12,2	19,8	**27,5**	17,8	9,7	75,8	**40**	24,9	15,1	48,3	**59**	35,4	23,6	31,3
4	**50**	435	44,0	56,0	**99**	27,4	71,6	6,07	**150**	38,6	111	3,86	**230**	55,4	175	2,50
	40	534	34,8	45,2	**71**	25,2	45,8	11,9	**105**	35,1	69,9	7,55	**160**	50,0	110	4,88
	32	679	27,0	37,0	**53,5**	24,0	29,5	23,2	**79,5**	33,3	46,2	14,7	**120**	47,2	72,8	9,53
	25	869	20,3	29,7	**41**	22,9	18,1	48,6	**60,5**	32,2	28,3	30,9	**89,5**	46,0	43,5	20,0
	20	1090	15,3	24,7	**33,5**	22,2	11,3	94,9	**49**	31,0	18,0	60,4	**72**	44,2	27,8	39,1

Federn mit Drahtdurchmessern $d = 0{,}1$, 0,12, 0,16, 0,2, 0,25, 0,32 bzw. 5, 6,3, 8 und 10 mm und Federratenverhältnis $\eta = 12{,}5$ und 18,5 s. Normen.

9.5.2 Zylindrische Zugfedern (DIN 2097)

Zugfedern bis 17 mm Werkstoffdurchmesser werden gewöhnlich aus federhartem Werkstoff und mit Vorspannung kaltgeformt. Federn mit größeren Werkstoffdurchmessern und für hohe Beanspruchung schon ab 10 mm Durchmesser werden schlussvergütet. Sie haben dann keine Vorspannung; aneinander liegende Windungen sind deshalb nicht notwendig.

Statt des äußeren Windungsdurchmessers (D_a) kann der innere bemaßt werden (**9**.213). Die Länge (L_0) der unbelasteten Feder reicht von Innenkante zu Innenkante der Ösen und setzt sich aus der Länge (L_K) des Federkörpers und den zwei Abständen (L_H) bis zu den Öseninnenkanten zusammen. Ferner ist die Weite (m) der Ösenöffnung anzugeben.

Im Prüfdiagramm sind gewöhnlich erforderlich: die Vorspannkraft (F_0), die größere Betriebskraft (F_1), die Prüfkraft (F_n) und die dazugehörigen Längen (L_0, L_1 und L_n).

Anzahl der federnden Windungen ..., dazu angebogen je Ende eine ganze deutsche Öse. Als Fertigungsausgleich werden freigegeben: Anzahl der federnden Windungen, Werkstoffdurchmesser (d) und Vorspannkraft (F_0).

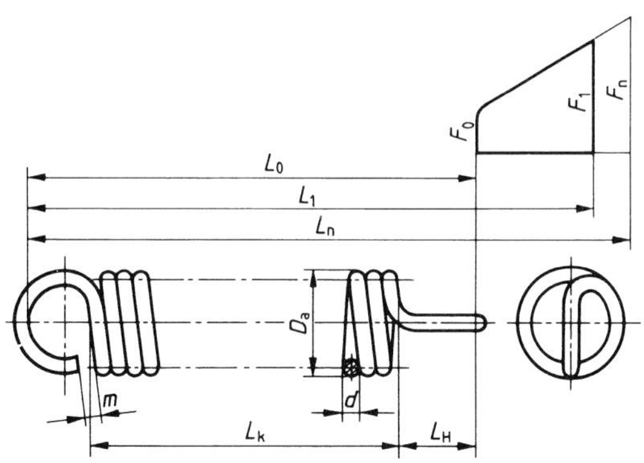

9.213 Zylindrische Zugfeder mit einer ganzen deutschen Öse (DIN 2097)

Die Ausführung der Ösen ist sehr verschieden; Näheres darüber s. DIN 2097. Zu bevorzugen ist die ganze deutsche Öse (**9**.213), bei der $L_H = 80\%$ des inneren Durchmessers ist. Die Ösen einer Feder stehen in der Regel parallel zueinander oder um 90° gegenseitig versetzt.

Als Fertigungsausgleich müssen freigegeben und gekennzeichnet werden:

- wenn eine Federkraft, Länge (L_0) und Vorspannkraft (F_0) vorgeschrieben sind: Die Anzahl der federnden Windungen und entweder der Werkstoffdurchmesser (d) oder der äußere oder innere Windungsdurchmesser.
- bei zwei vorgeschriebenen Federkräften die gleichen Größen, außerdem die Vorspannkraft (F_0).

Ansicht, Schnitt und vereinfachte Darstellung einer Zugfeder mit einer ganzen deutschen Öse zeigt Bild **9**.214.

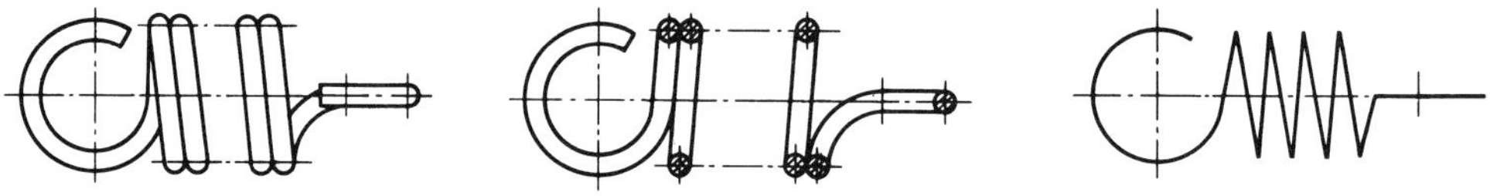

Ansicht — Schnitt — vereinfachte Darstellung

9.214 Darstellungen einer Zugfeder nach DIN ISO 2162-1

Angaben und Vordruck für zylindrische Zugfedern s. DIN 2099-2.

Tellerfedern sind in DIN 2093 angegeben; ihre Berechnung erfolgt nach DIN 2092. Ansichten, Schnitte und vereinfachte Darstellung zeigt Tab. **9**.215.

Tabelle **9**.215 **Darstellung von Tellerfedern nach DIN ISO 2162**

	Ansicht	Schnitt	Vereinfachte Darstellung
Tellerfeder	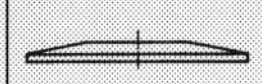	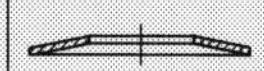	
Teilfederpaket (Teller in gleicher Richtung angeordnet)	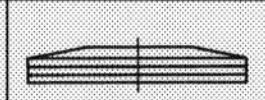	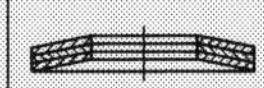	
Teilfederpaket (Teller der Reihe nach abwechselnd angeordnet	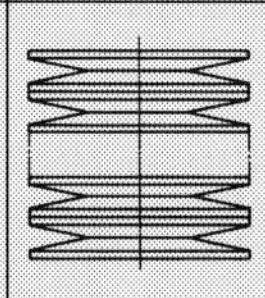	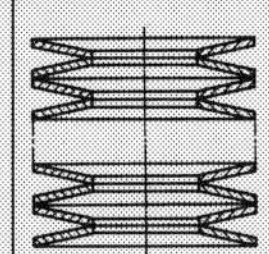	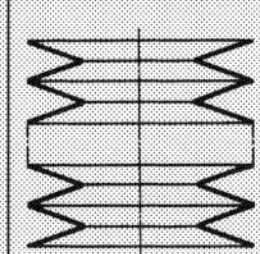

Darstellung anderer Federn nach DIN ISO 2162-1 s. Bild **9**.216 und **9**.217.

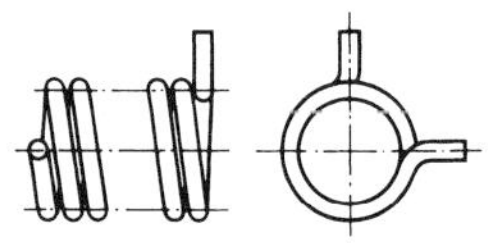

9.216 Zylindrische Schraubendrehfeder (DIN 2088)

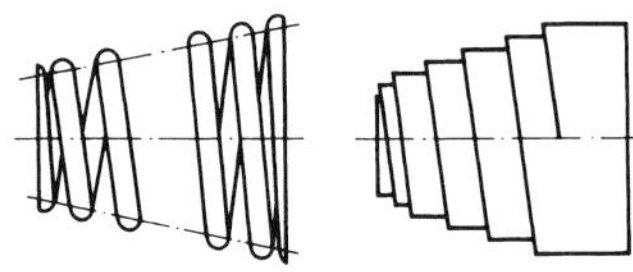

9.217 Kegelige Druckfedern mit rundem und mit rechteckigem Querschnitt

9.6 Zahnräder

Zahnräder dienen zur Übertragung von Kräften sowie zur Änderung von Drehzahlen, Drehsinn und Drehrichtungen.

9.6.1 Maße

Modul. Zur Einteilung der Zähne dient der Teilkreis (**9**.218). Die Teilung p ist der Abstand von Mitte zu Mitte Zahn, als Bogenmaß in mm am Teilkreis gemessen. Wird sie durch π geteilt, ergibt sich der Modul m in mm als Kenngröße der betreffenden Verzahnung. Er wird auch Durchmesserteilung genannt. Die Moduln sind in einer Reihe (Modulreihe) nach DIN 780-1 und DIN 780-2 genormt (**9**.219).

Der Modul ist also $m = \frac{p}{\pi}$ und die Teilung $p = \pi \cdot m$.

Beispiel 1 Bei einer Teilung $p = 15{,}7$ mm ist der Modul

$$m = \frac{p}{\pi} = \frac{15{,}7\ \text{mm}}{3{,}14} = \mathbf{5\ mm}.$$

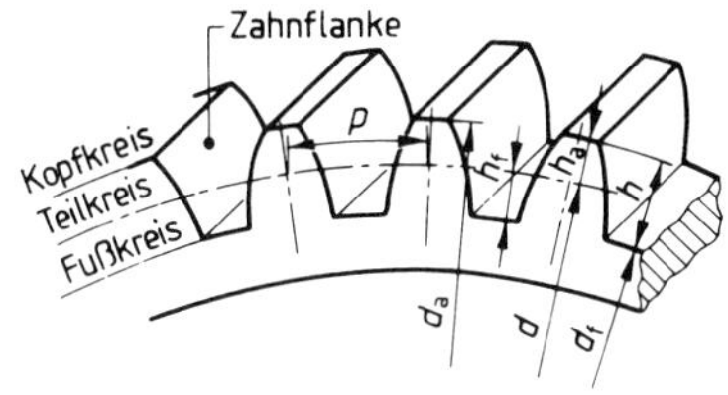

9.218 Bezeichnungen am Zahnrad

Tabelle **9**.219 **Moduln für Stirnrädern (DIN 780-1) in mm**

Die Moduln gelten für die Normalschnitte von Stirnrädern nach DIN 3960 und von entsprechenden Schraubrädern (s. DIN 868). Reihe I soll gegenüber Reihe II bevorzugt angewendet werden.

Reihe	Moduln																			
I	0,05		0,06		0,08		0,1		0,12		0,16		0,20		0,25		0,3		0,4	
II		0,055		0,07		0,09		0,11		0,14		0,18		0,22		0,28		0,35		0,45
I	0,5		0,6		0,7		0,8		0,9		1		1,25		1,5		2		2,5	
II		0,55		0,65		0,75		0,85		0,95		1,125		1,375		1,75		2,25		2,75
I	3		4		5		6		8		10		12		16		20		25	
II		3,5		4,5		5,5		7		9		11		14		18		22		28
I	32		40		50		60													
II		36		45		55		70												

Beispiel 2 Bei einem Modul $m = 4$ mm ist die Teilung
$p = \pi \cdot m = 3{,}14 \cdot 4\ \text{mm} = \mathbf{12{,}56\ mm}$.

Moduln für Zylinderschneckengetriebe (DIN 780-2) gelten für Axialschnitte der Zylinderschnecken nach DIN 3975 und für die Teilkreise der zugehörigen Schneckenräder (s. Norm).

Der Umfang des Teilkreises wird durch Multiplizieren des Teilkreisdurchmessers d mit π oder durch Multiplizieren der Zähnezahl z mit der Teilung p berechnet:

$$U = \pi \cdot d = d = z \cdot p$$

Mit $\pi \cdot m$ für p wird $\pi \cdot d = z \cdot \pi \cdot m$ und daraus $d = z \cdot m$ und $m = \frac{d}{z}$.

Beispiel 1 Der Teilkreisdurchmesser eines Zahnrads mit $z = 48$ Zähnen und dem Modul $m = 3$ mm ist $d = z \cdot m = 48 \cdot 3\ \text{mm} = \mathbf{144\ mm}$.

Beispiel 2 Der Modul eines Zahnrads mit $z = 25$ Zähnen und einem Teilkreisdurchmesser $d = 87{,}5$ mm ist

$$m = \frac{d}{z} = \frac{87{,}5\ \text{mm}}{25} = \mathbf{3{,}5\ mm}.$$

Es sind allgemein die

Zahnkopfhöhe $h_a = 1 \cdot m$

Zahnfußhöhe $h_f = 1 \cdot m + c_P$

Zahnhöhe $h = 2 \cdot m + c_P$,

wobei c_P = Kopfspiel = c_P^* (Kopfspiel-Faktor) $\cdot\ m$ = 0,1 bis 0,4; je nach Verzahnungswerkzeug und speziellen Anforderungen an das Getriebe.

Beispiel 3 Für Modul $m = 12$ mm und $c_P^* = 0{,}167$ sind die

Zahnkopfhöhe $h_a = 1 \cdot m = 1 \cdot 12 = \mathbf{12\ mm}$

Zahnfußhöhe $h_f = 1 \cdot m + c_P^* \cdot m = 12 + 0{,}167 \cdot 12 = \mathbf{14\ mm}$

Zahnhöhe $h = h_a + h_f = 12\ \text{mm} + 14\ \text{mm} = \mathbf{26\ mm}$.

Der Kopfkreisdurchmesser d_a ergibt sich durch Addieren der doppelten Kopfhöhe ($2\,h_{aP} = 2\,m$) zum Teilkreisdurchmesser d:

$$d_a = d + 2m$$

Eine Ausnahme hiervon besteht bei korrigierten Zahnrädern (s. DIN 3992).

Der Fußkreisdurchmesser d_f wird berechnet, indem die doppelte Fußhöhe h_{fP} vom Teilkreisdurchmesser d abgezogen wird:

Beispiel An einem Zahnrad mit dem Teilkreisdurchmesser $d = 600$ mm sind die Kopfhöhe $h_{aP} = 12$ mm und die Fußhöhe $h_{fP} = 14$ mm. Es sind dann der

Kopfkreisdurchmesser $d_a = d + 2\,m = 600\ \text{mm} + 2 \cdot 12\ \text{mm} = \mathbf{624\ mm}$,

Fußkreisdurchmesser $d_f = d - 2\,h_{fP} = 600\ \text{mm} - 2 \cdot 14\ \text{mm} = \mathbf{572\ mm}$.

Berechnung des Moduls aus Kopfkreisdurchmesser und Zähnezahl

Aus $d_a = d + 2m$ ist

$d = d_a - 2m$.

Es ist aber auch

$d = z \cdot m$.

$$z \cdot m = d_a - 2m$$
$$z \cdot m + 2m = d_a$$
$$m\,(z + 2) = d_a$$
$$m = \frac{d_a}{z + 2}$$

Der Modul wird also gefunden, indem der Kopfkreisdurchmesser durch die um 2 vermehrte Zähnezahl geteilt wird. Diese Art der Berechnung des Moduls ist sehr wichtig, da sich Kopfkreisdurchmesser und Zähnezahl an einem vorhandenen Zahnrad leicht feststellen lassen.

Beispiel Für ein Zahnrad mit $d_a = 75$ mm und $z = 23$ ist

$$m = \frac{d_a}{z + 2} = \frac{75\ \text{mm}}{23 + 2} = \frac{75\ \text{mm}}{25} = \mathbf{3\ mm}.$$

Nun können Teilung, Teilkreisdurchmesser usw. berechnet werden.

Zahnradpaar. Zwei miteinander arbeitende Zahnräder bilden ein Zahnradpaar (**9.**220). Ein einwandfreies Arbeiten der Zahnräder miteinander (Kämmen) ist nur dann möglich, wenn sie gleiche Teilung, also gleichen Modul haben. Die zu übertragende Kraft geht von dem treibenden Zahnrad auf das getriebene über. Wird ein größeres Zahnrad angetrieben, ist das eine Übersetzung in die kleinere, umgekehrt in die größere Drehzahl.

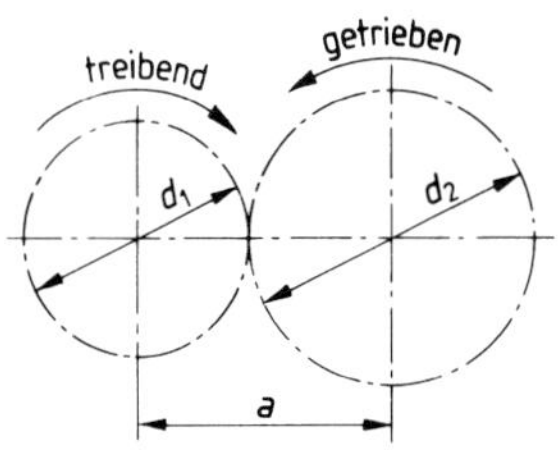

9.220 Zahnradpaar

Den Bezeichnungen für das treibende Rad wird eine ungerade Zahl (hier 1) und denen für das getriebene Rad eine gerade Zahl (hier 2) angehängt, z. B. d_1 und d_2. Der Abstand von Mitte zu Mitte Zahnrad ist so zu bemessen, dass sich die Teilkreise beider Zahnräder berühren. Demgemäß ist der Abstand $a =$ der halben Summe der beiden Teilkreisdurchmesser d_1 und d_2:

$$a = \frac{d_1 + d_2}{2}$$

Maße für Achsenabstände s. DIN 3964.

Übungen

1. Ein Zahnrad mit dem Kopfkreisdurchmesser $d_a = 162$ mm und 25 Zähnen treibt ein anderes mit 48 Zähnen. Bestimmen Sie den Modul, die Teilung, die Teilkreisdurchmesser, die Kopfhöhe, die Fußhöhe, den zweiten Kopfkreisdurchmesser, beide Fußkreisdurchmesser und den Mittenabstand der Räder.
2. Für einen Motorantrieb ist ein Getriebe zu berechnen. Die 3 Übersetzungen sind $i_1 = 3{,}3$,

   $i_2 = 3{,}1$, $i_3 = 2{,}9$ (**9**.221)

   $i_{ges} = i_1 \cdot i_2 \cdot i_3 = 3{,}3 \cdot 3{,}1 \cdot 2{,}9 = 29{,}66 \approx 30$

   $n_1 = 3600 \frac{1}{\text{min}}$ $n = 1091 \frac{1}{\text{min}}$

   $n_4 = 120 \frac{1}{\text{min}}$ $n_3 = 352 \frac{1}{\text{min}}$

   Zähnezahl für $z_1 = 22$ Zähne, $z_3 = 20$ Zähne, $z_5 = 18$ Zähne

   Modul (nach DIN 780) $m = 4{,}0$ mm

   Bestimmen Sie die Zahnradmaße und fertigen Sie die Zeichnung dafür an.

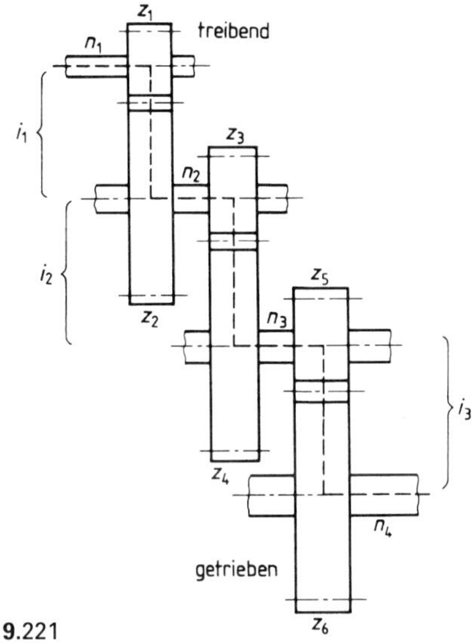

9.221

9.6.2 Zahnformen

Die Zahnflanken sollen sich mit möglichst geringer Reibung aufeinander abwälzen. Sie haben meist Evolventenform (**9**.222). Zahnflanken an Zahnstangen sind gerade (**9**.223).

9.222 Evolventenform

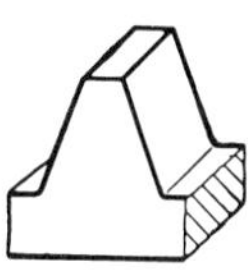

9.223 Gerade Zahnflanken

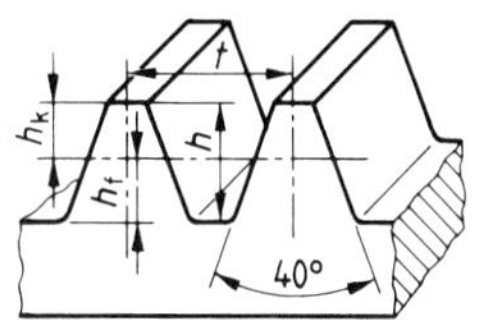

9.224 Zahnstange

Bei der Evolventenverzahnung (DIN 867) ist die Zahnflanke ein Teil der Evolvente. Zwei in Eingriff stehende Zahnflanken berühren sich an einer Stelle, die sich durch die Drehung beider Zahnräder geradlinig fortbewegt und die Eingriffslinie bildet (**9**.225). Sie ist die die Evolvente erzeugende Gerade und wird vom Punkt *P* auf dem Teilkreis unter einem Winkel von 20° (Eingriffswinkel) gezogen. Der kürzeste Abstand der Geraden vom Mittelpunkt des Teilkreises ist der Halbmesser des Grundkreises. Das Bogenstück von *0* bis zur senkrechten Mittellinie wird gleichmäßig unterteilt, ebenso der Bogen nach der anderen Seite. Durch eine vom Teilpunkt *1* auf der Tangente T_1 angetragene Strecke wird der Evolventenpunkt P_1 gefunden. Sie setzt sich aus der von *0* bis *1* reichenden Bogenlänge und dem Stück von *0* bis *P* zusammen. Für den Punkt P_1' ist die Strecke von *0* bis *P*, vermindert um die Bogenlänge *0* bis *1'*, auf T_1 von *1'* aus abzutragen. Evolventenpunkt P_2 wird durch Abtragen der Bogenlänge von

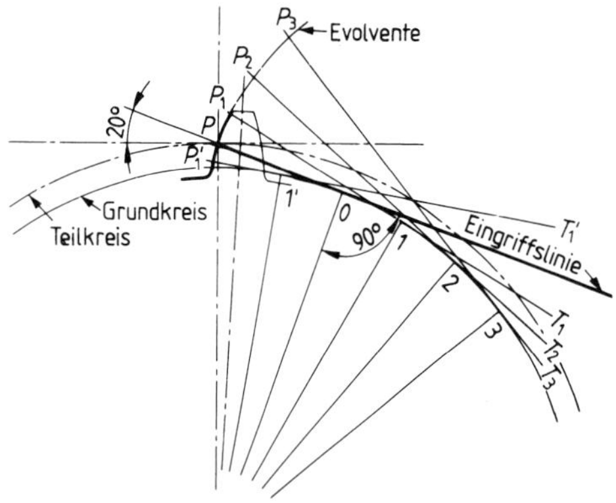

9.225 Entstehung der Evolventenform

2 bis 0 und der Strecke 0 bis P auf T_2 von 2 aus ermittelt usw. Der zwischen dem Grundkreis und dem Fußkreis liegende Teil der Zahnflanke wird von P_1' aus als Tangente weitergeführt und mit einer Rundung versehen. Die Punkte *1'*, *0*, *1*, *2*, *3* ... auf dem Grundkreis können als Mittelpunkte für Kreisbögen mit den Halbmessern $1'P'$, $0P$, $1P_1$ ... dienen. Die Bogen gehen ineinander über und sind Teile der gesuchten Evolvente.

Zahnflanken an Zahnstangen bilden miteinander einen Winkel von 40° (**9**.224).

9.6.3 Zahngetriebe

Teilkreise sind als Strichpunktlinien und Kopfkreise als breite Volllinien in rechnerisch richtigem Abstand voneinander zu zeichnen (**9**.226, **9**.227). Wenn erforderlich, ist der Zahnfußkreis durch eine schmale Volllinie zu kennzeichnen (**9**.226). Die Zähne werden nicht mitgeschnitten. Die Zahnform legt man entweder durch Hinweis auf eine Norm oder durch eine Zeichnung fest. Bei Kettenrädern ist die Zahnform stets anzudeuten oder als Einzelheit zu zeichnen.

Sind aus irgendeinem Grund einige Zähne des Rads darzustellen, wird empfohlen, die Flankenlinien unter Einhaltung der Zahnmaße freihändig zu entwerfen und dann einfach als Kreisbogen mit angenommenem Halbmesser nachzuziehen (**9**.226). Es empfiehlt sich, die Flankenlinien nach der Werkstoffseite zu versetzen (**9**.227), weil sonst die Zahnlücken zu klein erscheinen.

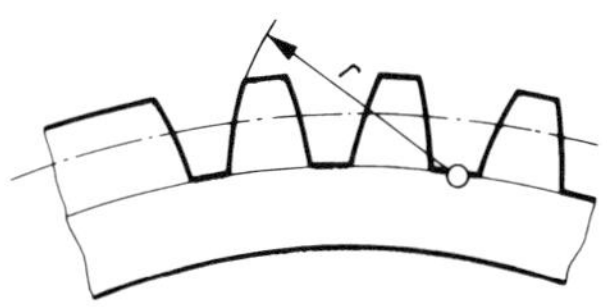

9.226 Angenäherte Evolventenform

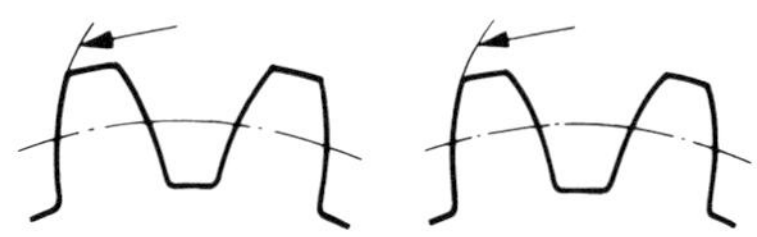

9.227 Lage der ausgezogenen Flankenlinie

Vereinfachte Darstellungen von Zahnrädern und Räderpaarungen sind in DIN ISO 2203 genormt; sie kommen in Betracht, wenn die ausführliche Wiedergabe des Zahnrads nicht nötig ist (**9**.235 und **9**.236). Die Vereinfachung kann so weit gehen, dass die Räder nur durch Mittellinien und Teilkreise angedeutet werden. Erforderlichenfalls ist in der Draufsicht auf die verzahnte Fläche in einer Darstellung parallel zu den Radachsen die Flankenrichtung am Zahnrad oder an der Zahnstange durch Kennzeichen nach Bild **9**.228 in schmalen Volllinien anzugeben. Bei Radpaaren sollte man die Flankenrichtung nur an einem Zahnrad zeigen.

Ein allgemeiner Härtevermerk (wie „einsatzgehärtet"), der sich in Bild **9**.230 nur auf die Zahnflanken bezieht, genügt, wenn kein Härtewert eingetragen zu werden braucht. Sonst verfährt man wie in Bild **9**.229 oder Abschn. 7.3.3.

Toleranz. Zum Aufspannen des Rads zur Bearbeitung, zum Ansetzen von Mess- und Prüfgeräten und aus anderen Gründen kann eine Tolerierung von Maßen des Radkörpers notwendig sein. So kann z. B. die zulässige Rund- und Planlauf-Abweichung des Außenzylinders zur Bohrung durch Form- und Lagetoleranzen eingeengt werden (**9**.230 und **9**.237).

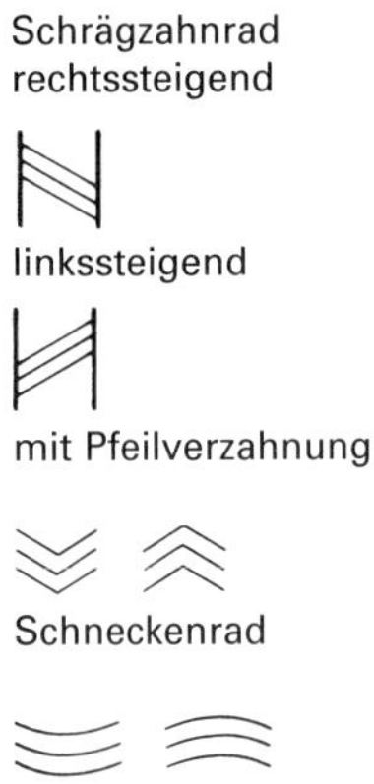

9.228 Kennzeichen für Flankenrichtung

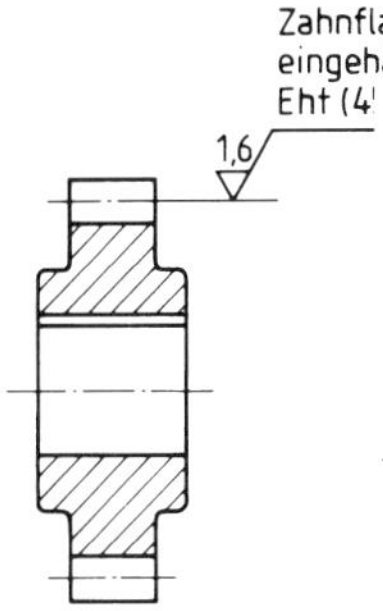

9.229 Härteangabe

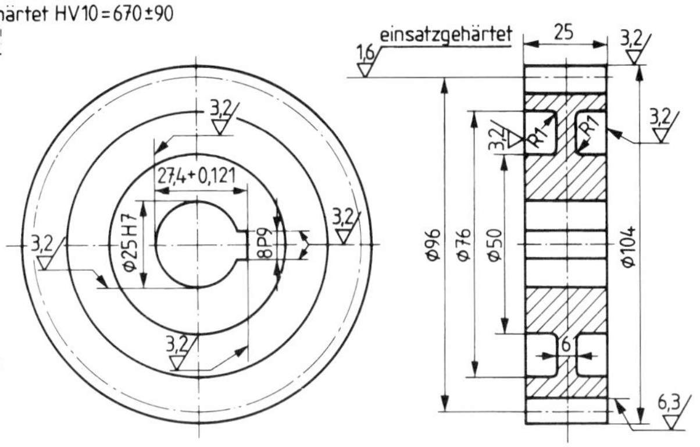

9.230 Darstellung eines Stirnrads

Bei einem Radpaar werden die ineinander greifenden Teile beider Räder nicht sichtbar gezeichnet, wenn das vorn liegende Rad einen beträchtlichen Teil des anderen Rads verdeckt (**9.240**). Sind beide Räder im Axialschnitt dargestellt, wobei ein Zahnrad Teile eines anderen verdeckt, ist freigestellt, welches der beiden Räder sichtbar dargestellt wird. In beiden Fällen sind verdeckte Kanten nur dann darzustellen, wenn sie zur Klarheit der Zeichnung erforderlich sind (**9.240**).

Hinweis. Bei Bedarf kann man einzelne Zähne auf einer Radseite (dadurch als Vorderseite erklärt) als Zähne 1 und 2 kennzeichnen. Dadurch wird gleichzeitig die Zählrichtung festgelegt (möglichst im Drehsinn des Uhrzeigers). Die Vorderseite ist maßgebend für die Bestimmung der Rechts- und Linksflanken, s. DIN 868.

Stirnräder übertragen Kräfte zwischen parallelen Wellen, haben zylindrische Grundform und sind meist außenverzahnt (**9.230**, **9.231** und **9.237**).

Bild **9.232** zeigt ein Stirnradpaar, **9.233** die ungeschnittene Seitenansicht. Ein Stirnradpaar mit Innenverzahnung ist in Bild **9.234** dargestellt. Vereinfachte Darstellungen zeigen die Bilder **9.235** und **9.236**.

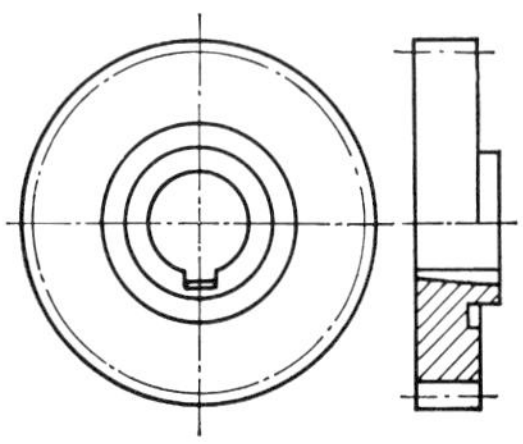

9.231
Stirnrad, Seitenansicht im Halbschnitt gezeichnet

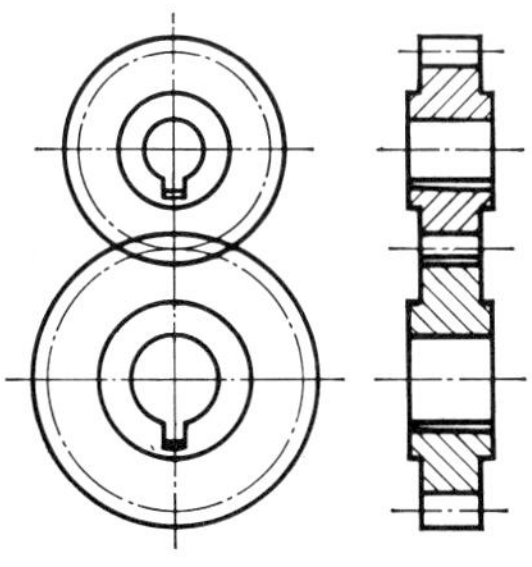

9.232
Stirnradpaar

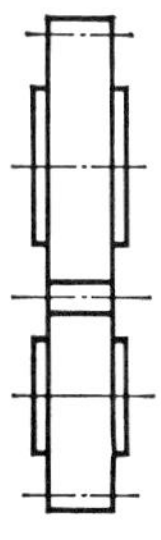

9.233
Ungeschnittene Seitenansicht

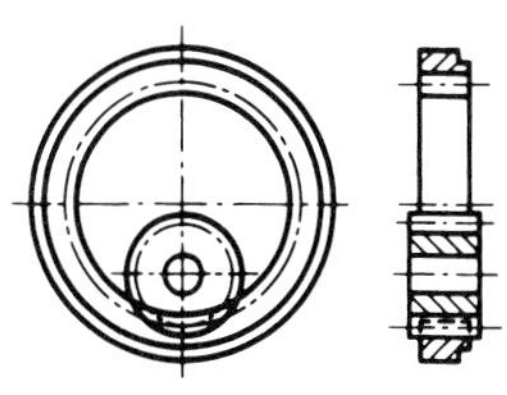

9.234
Stirnradpaar mit Innenverzahnung

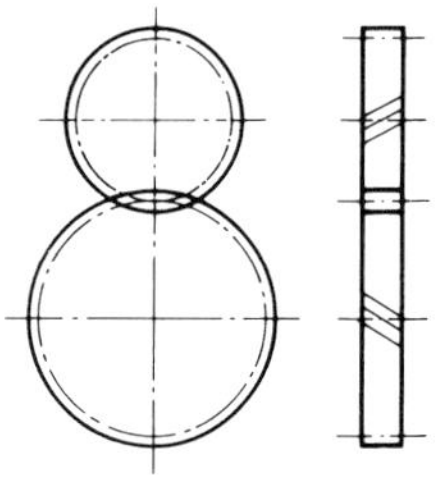

9.235 Vereinfachte Darstellung eines Stirnradgetriebes

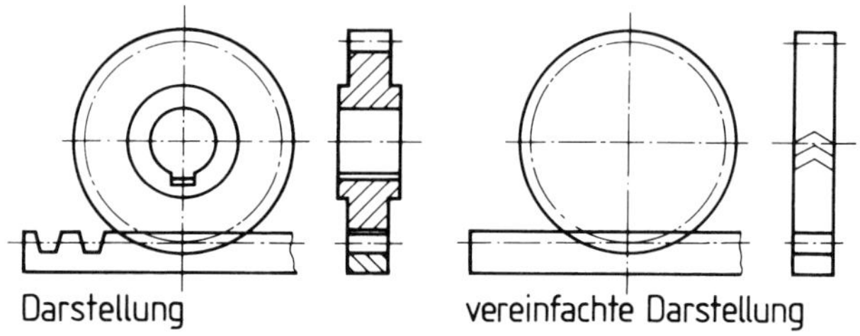

9.236 Stirnrad mit Zahnstange

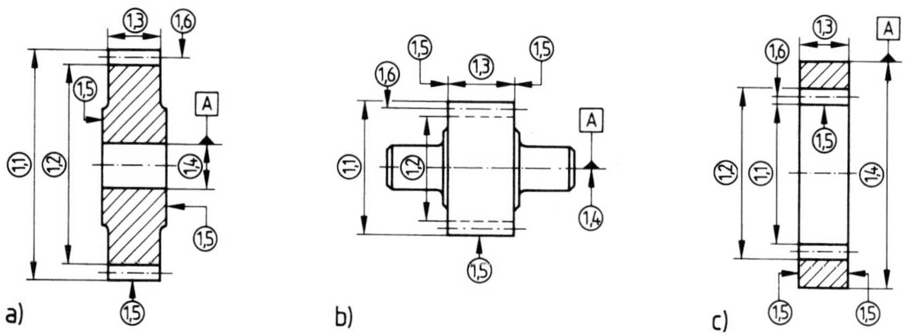

9.237 Maße und Kennzeichen in der Zeichnung (DIN 3966-1)
a) Außenverzahnung mit Lagerbohrung, b) mit Lagerzapfen, c) Innenverzahnung

Angaben zu Bild **9**.237

	Lfd. Nr	Benennung	Maß	Bemerkungen
Maße und Kennzeichen in der Zeichnung	1.1	Kopfkreisdurchmesser	d_a	bei Bedarf mit Angabe der Abmaße
	1.2	Fußkreisdurchmesser	d_f	bei Bedarf, wenn keine Zahnhöhe *h* angegeben wird, *l* bei Bedarf mit Angabe der Abmaße
	1.3	Zahnbreite	*b*	
	1.4	Kennzeichen der Bezugselemente	–	Bezugselement für Rund- und Planlauftolerierung ist die Radachse (Eintragung nach DIN ISO 1101)
	1.5	Rundlauf- und Planlauftoleranz sowie Parallelität der Stirnflächen des Radkörpers	–	wenn die Anforderungen über DIN ISO 2768-2 hinausgehen, sind Rundlauf- und Planlauftoleranzen nach DIN ISO 1101 festzulegen
	1.6	Oberflächen-Kennzeichen für die Zahnflanken nach DIN ISO 1302		erforderlichenfalls sind auch Oberflächen-Kennzeichen für die Zahnfuß- und Fußrundungsflächen anzugeben
	1.7	Kennzeichnung der Arbeitsflanken		bei Bedarf, z. B. durch den Hinweis „Arbeitsflanke" in einem Stirnschnitt (s. DIN 868)

Fortsetzung s. nächste Seite

Angaben zu Bild **9**.237, Fortsetzung

	Lfd. Nr	Benennung	Maß	Bemerkungen
Angaben in besonderer Tabelle	2.1	Modul	m	es ist ein Normalmodul m_n anzugeben
	2.2	Zähnezahl	z	
	2.3	Bezugsprofil der Verzahnung		bei Schrägstirnrädern gilt das Bezugsprofil für den Normalschnitt
	2.4	Werkzeug-Bezugsprofil		DIN 3972 oder DIN 58412 bzw. bes. Zeichnung
	2.5	Schrägungswinkel	β	DIN 3960
	2.6	Flankenrichtung		bei Schrägstirnrädern
	2.7	Teilkreisdurchmesser	d	ergibt sich aus den voranstehenden Verzahnungsdaten, wird für Erzeugung und Prüfung nicht gebraucht; Angabe daher nicht nötig
	2.8	Grundkreisdurchmesser	d_b	kann weggelassen werden, wenn nicht für die Erzeugung oder Prüfung der Verzahnung nötig
	2.9	Profilverschiebungsfaktor	x	ist mit den Vorzeichen „+" oder „−" anzugeben
	2.10	Zahnhöhe	h	angegeben wird das Nennmaß der Zahnhöhe h, das auch die Kopfhöhenänderung k, m_n enthält, so dass aus dem Kopfkreisdurchmesser in der Zeichnung und der Zahnhöhe h das Nennmaß des Fußkreisdurchmessers zu berechnen ist

Kegelräder übertragen Kräfte zwischen sich in einer Ebene schneidenden Wellen (**9**.238). Für die Herstellung eines Kegelrades sind neben den Maßen für den Radkörper weitere Angaben (**9**.239) von Wichtigkeit.

Begriffe und Bestimmungsgrößen von Kegelrädern und Kegelradpaaren enthält DIN 3971; die Eintragung von Toleranzen erfolgt nach DIN 3965-1 bis DIN 3965-4; die Tragfähigkeitsberechnung nach DIN 3991-1 bis DIN 3991-4.

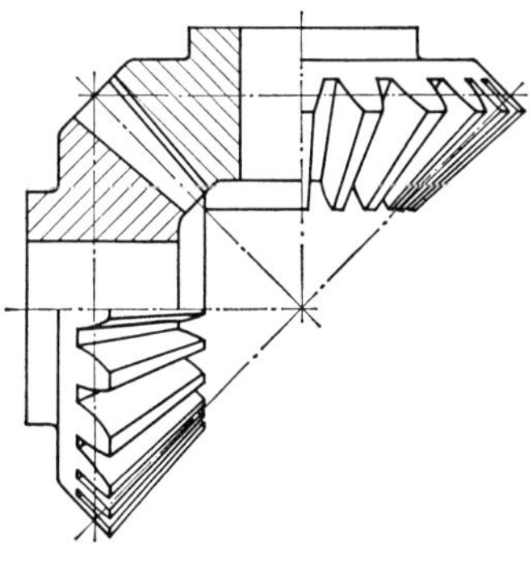

9.238 Kegelräderpaar

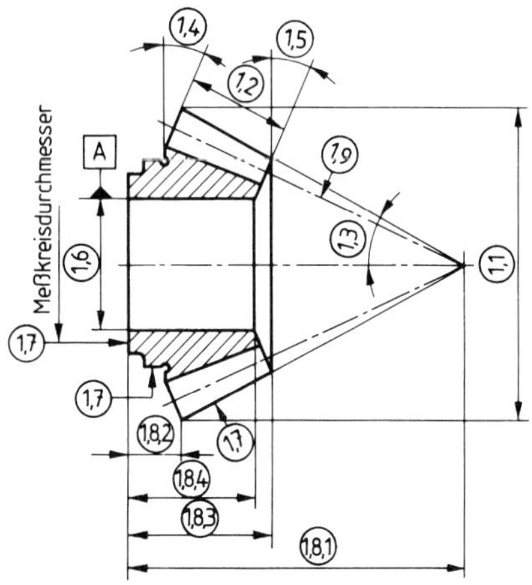

9.239 Maße und Kennzeichen in der Zeichnung (DIN 3966-2)

Angaben zu Bild **9.**239

	Lfd. Nr	Benennung	Maß-buch-stabe	Bemerkungen
Maße und Kennzeichen in der Zeichnung	1.1	Kopfkreisdurchmesser	d_a	mit Grenzabmaßen
	1.2	Zahnbreite	b	
	1.3	Kopfkegelwinkel	δ_a	
	1.4	Komplementwinkel des Rückenkegelwinkels	δ	
	1.5	Komplementwinkel des inneren Ergänzungskegelwinkels		bei Bedarf
	1.6	Kennzeichen des Bezugs-elements		Bezugselemente für die Rundlauf- und Planlauftolerierung ist die Radachse (Eintragung nach DIN ISO 1101)
	1.7	Rundlauf- und Planlauftoleranz des Radkörpers		wenn die Anforderungen über DIN ISO 2768-2 hinausgehen, sind Rundlauf- und Planlauftoleranzen nach DIN ISO 1101 festzulegen
	1.8	Axiale Abstände von der Bezugs-stirnfläche 1.8.1 Einbaumaß 1.8.2 Äußerer Kopfkreisabstand 1.8.3 Innerer Kopfkreisabstand 1.8.4 Hilfsebenenabstand		gegebenenfalls tolerieren
	1.9	Oberflächen-Kennzeichen für die Zahnflanken nach DIN ISO 1302		erforderlichenfalls auch für die Zahnfuß- und Fußrundungsflächen
	1.10	Kennzeichnung der Arbeitsflanke in einem Stirnabschnitt		bei Bedarf, z.B. durch den Hinweis „Arbeits-flanke" (s. DIN 868)
Angaben in besonderer Tabelle	2.1	Modul	m	
	2.2	Zähnezahl	z	
	2.3	Teilkegelwinkel	δ	
	2.4	Äußerer Teilkreisdurchmesser	d_e	
	2.5	Äußere Teilkegellänge	R_e	
	2.6	Planradzähnezahl	z_p	
	2.7	Zahndicken-Halbwinkel	ψ_p	
	2.8	Fußwinkel oder Fußkegelwinkel	ϑ_f δ_f	
	2.9	Profilwinkel	α_p	
	2.10	Verzahntoleranzen und deren Prüfmaße		
	2.11	Verzahnungsqualität		Angaben nach DIN 3965-1 bis DIN 3965-4
	2.12	Zahndicke und Zahndicken-grenzabmaße		wenn kein anderes Prüfmaß vorgeschrieben ist, Nennmaß der Zahndickensehne im Rücken mit Grenzabmaßen und die zugehö-rige Höhe über der Sehne

Auch Kegelräder können nach DIN 37 vereinfacht dargestellt werden (**9.**240).

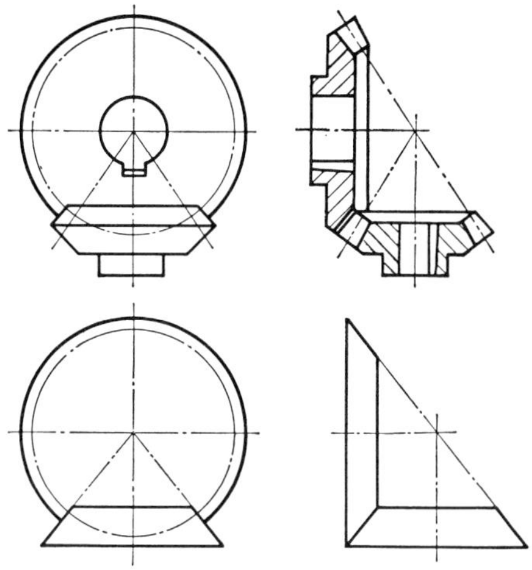

9.240 Darstellung und vereinfachte Darstellung eines Kegelradpaars

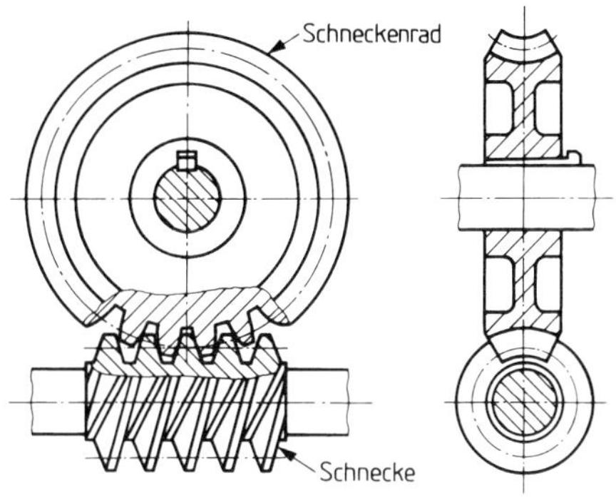

9.241 Zylinderschneckentrieb

Schneckengetriebe bestehen aus Schnecke und Schneckenrad. Sie liegen zwischen sich in verschiedenen Ebenen kreuzenden Wellen (**9**.241 bis **9**.244). Die Schnecke ist eine ein- oder mehrgängige Schraube mit trapezförmigem Gewindequerschnitt und greift in die ihm angepasste Evolventenverzahnung des Schneckenrads ein.

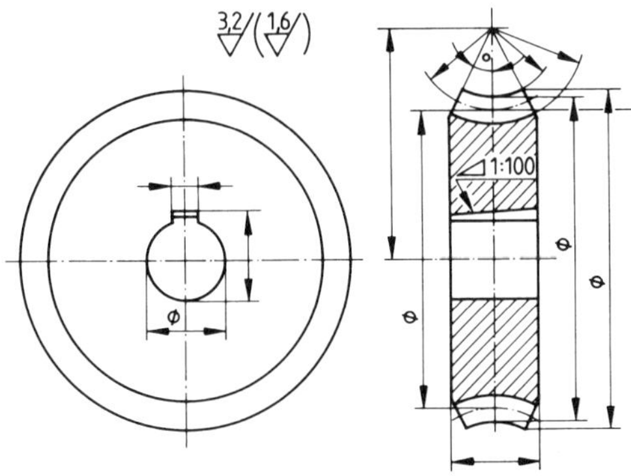

Zähne im Einsatz gehärtet und geschliffen

Modul ..... mm, Zähnezahl ....., Zahndicke im Teilkreis ..... mm, für Schnecke ..... gängig, rechts (links), Steigung ..... mm, Flankenwinkel der Schnecke 30°

9.242 Fertigungszeichnung eines Schneckenrads

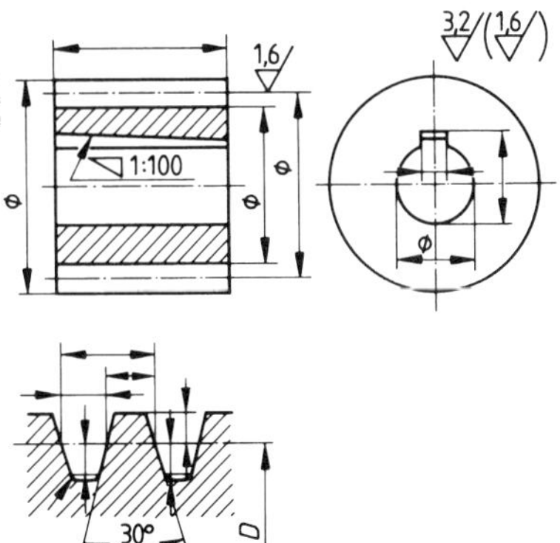

Zähne im Einsatz gehärtet und geschliffen

Steigung ..... mm, Steigungswinkel bezogen auf Durchmesser ....., gängig, rechts (links), Modul des zugehörigen Schneckenrades ..... mm

9.243 Fertigungszeichnung einer Schnecke

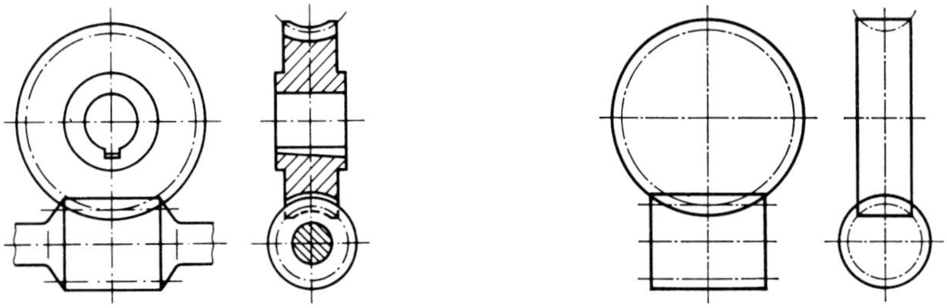

9.244 Darstellung und vereinfachte Darstellung eines Schneckentriebs

In den meisten Fällen treibt die Schnecke das Schneckenrad an, und zwar mit großer Übersetzung ins Langsame. Soll aber das Schneckenrad die Schnecke antreiben, muss sie eine sehr große Steigung haben. Dies erreicht man durch die Wahl mehrerer Gänge. Schneckengetriebe sind „selbsthemmend“, wenn sie sich vom Schneckenrad aus nicht in Drehbewegung versetzen lassen.

Schraubenräder sitzen auf sich kreuzenden Wellen und haben gewindeähnliche Verzahnung (**9**.245). In Schnittzeichnungen wird der verdeckte Teil eines Zahnes gestrichelt wiedergegeben (**9**.244 und **9**.245). Die Drehrichtung der Räder kann in allen Darstellungen durch Pfeile gekennzeichnet werden (**9**.245), Kettenräder werden wie in Bild **9**.246 dargestellt.

Weitere Hinweise auf Normen s. DIN-Katalog für technische Regeln.

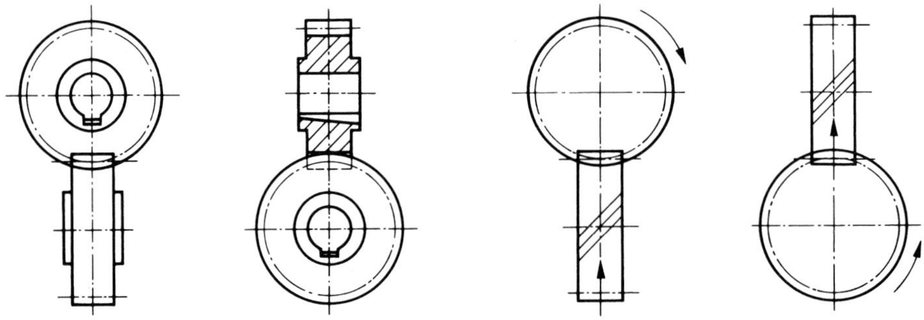

9.245 Darstellung und vereinfachte Darstellung eines Schraubenradtriebs

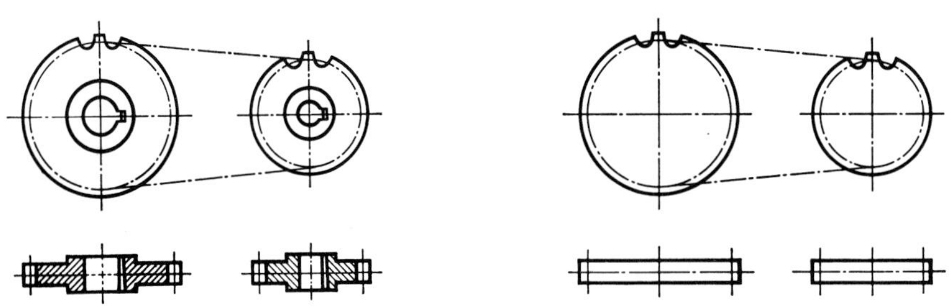

9.246 Darstellung und vereinfachte Darstellung eines Kettenradtriebs

9.7 Lager

9.7.1 Wälzlager

Wälzlager sind einbaufertige Maschinenteile, die aus Rollkörpern (Kugeln, Walzen usw.) und Rollbahnen (dem auf der Welle sitzenden Innenring und dem im Gehäuse angeordneten Außenring) bestehen. Ihr Aufbau richtet sich nach den zu übertragenen Radial- und/oder Axialkräften.

Genormt sind u.a. die folgenden Wälzlager:

Einreihige Radial-Schulterkugellager (DIN 615, **9**.248), einreihige Radial-Rillenkugellager ohne Füllnuten (DIN 625-1, **9**.248 und DIN 625-2, **9**.249), ein- und zweireihige Radial-Schrägkugellager (DIN 628-1, **9**.250), Radial-Pendelkugellager mit zylindrischer und kegeliger Bohrung (DIN 630, **9**.251 und **9**.252), einseitig wirkende Axial-Rillenkugellager (DIN 711, **9**.253) und einreihige Zylinderrollenlager mit Käfig (DIN 5412-1 sowie Nadellager mit Käfig DIN 617, **9**.254).

Außer den genannten sind für die Anwendung der Wälzlager hauptsächlich folgende Normen zu beachten:

DIN 611, in der die Systematik der Wälzlager enthalten ist; DIN 616, die die Übersicht für Außenmaße enthält, und DIN 5418, die die Anschlussmaße für Wälzlager festlegt.

Lagerreihe und Maßreihe dienen zur Bildung der Kennungen normgerechter Bezeichnungen für Wälzlager (s. DIN 623-1) Die Kennungen für die Lagerreihe ist aus Zeichen für die Lagerart und die Maßreihe zusammengesetzt (Lagerreihe 202 bedeutet z.B.: Lagerart 2 und Maßreihe 2). Die Zeichen der Maßreihe bestehen aus dem Kennzeichen für die Breiten- oder Höhenreihe und der Durchmesserreihe (s. DIN 616). Maßreihe 30 bedeutet z.B.: Breitenreihe 3 der Durchmesserreihe 0.

Tabelle **9**.247 **(Radial-)Schulterkugellager, einreihig (DIN 615)**

Kurzzeichen	d	D[1])	B	r	r_1	Kurzzeichen	d	D[1])	B	r	r_1
*E 3	3	16	5	0,3	0,2	* E 13	13	30	7	0,5	0,3
*E 4	4	16	5	0,3	0,2	* E 15	15	35	8	0,5	0,3
*E 5	5	16	5	0,3	0,2	* BO 15	15	40	10	1	0,6
*E 6	6	21	7	0,5	0,3	* L 17 a	17	40	10	1	0,5
*E 7	7	22	7	0,5	0,3	* BO 17	17	44	11	1	0,6
*E 8	8	24	7	0,5	0,3	* E 19	19	40	9	0,7	0,4
*E 9	9	28	8	0,5	0,3	* E 20	20	47	12	1,5	1
*E10	10	28	8	0,5	0,3	L 20	20	47	14	1,5	0,7
*E11	11	32	7	0,5	0,3	M 20	20	52	15	2	1
*E12	12	32	7	0,5	0,3	L 25	25	52	15	1,5	1
						L 30	30	62	16	1,5	1

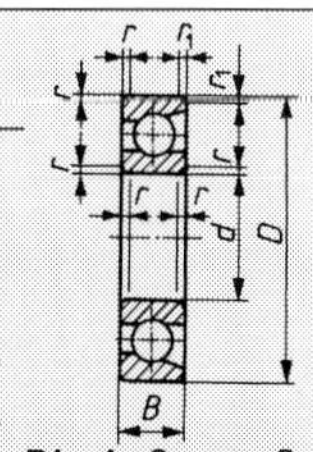

Die Außenmaße der mit einem * versehenen Lager und die Maße für r_1 stimmen nicht mit ISO 15 überein

[1]) oberes Grenzabmaß +0,010, unteres Grenzabmaß 0

Beispiel Schulterkugellager DIN 615–E 10

Tabelle **9**.248 **Wälzlager, Rillenkugellager (DIN 625-1)** ***d*** **< 10 mm**

Kurzzeichen	Maßreihe	d	D	B	r_s
623	02	3	10	4	0,15
624	02	4	13	5	0,2
625	02	5	16	5	0,3
626	02	6	19	6	0,3
607	10	7	19	6	0,3
608	10	8	22	7	0,3
609	10	9	24	7	0,3
634	03	4	16	5	0,3
635	03	5	19	6	0,3
627	02	7	22	7	0,3
629	02	9	26	8	0,3

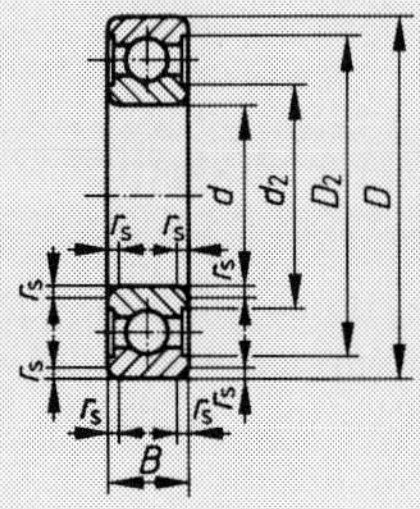

Beispiel Lagerreihe 60 mit $d = 9$ mm: Rillenkugellager DIN 625–609

Tabelle **9**.249 **Wälzlager, Rillenkugellager (DIN 625-1)** ***d*** **≥ 10 mm**

Lagerreihe 60					Lagerreihe 160[1])		
Kurzzeichen	d	D	B	r_s	Kurzzeichen	B	r_s
6000	10	26	8	0,3	–	–	–
6001	12	28	8	0,3	–	–	–
6002	15	32	9	0,3	160 02	8	0,3
6003	17	35	10	0,3	160 03	8	0,3
6004	20	42	12	0,6	160 04	8	0,3
6005	25	47	12	0,6	160 05	8	0,2
6006	30	55	13	1	160 06	9	0,3
6007	35	62	14	1	160 07	9	0,3
6008	40	68	15	1	160 08	9	0,3
6009	45	75	16	1	160 09	10	0,6
6010	50	80	16	1	160 10	10	0,6

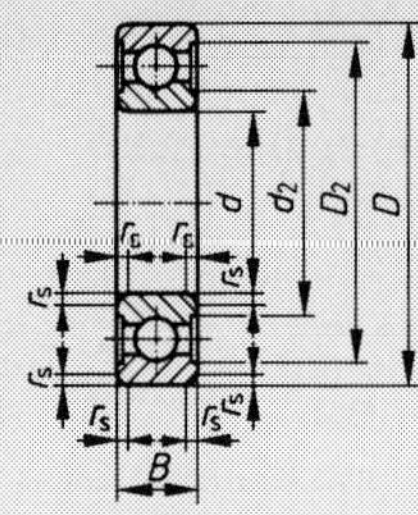

[1]) d und D wie Lagerreihe 60

Beispiel Lagerreihe 60 mit $d = 12$ mm: Rillenkugellager DIN 625–6001

Tabelle **9**.250 **Ein- und zweireihige Radial-Schrägkugellager, selbsthaltend (DIN 628-1)**

einreihig						zweireihig	
Lagerreihe 72 Maßreihe 02						Lagerreihe 32 Maßreihe 32	
Kurzzeichen	d	D	B	r	r_1	Kurzzeichen	B
7200	10	30	9	1	0,5	3200	14,0
7201	12	32	10	1	0,5	3201	15,9
7202	15	35	11	1	0,5	3202	15,9
7203	17	40	12	1	0,8	3203	17,9
7204	20	47	14	1,5	0,8	3204	20,6
7205	25	52	15	1,5	0,8	3205	20,6
7206	30	62	16	1,5	0,8	3206	23,8
7207	35	72	17	2	1	3207	27,0
7208	40	80	18	2	1	3208	30,2

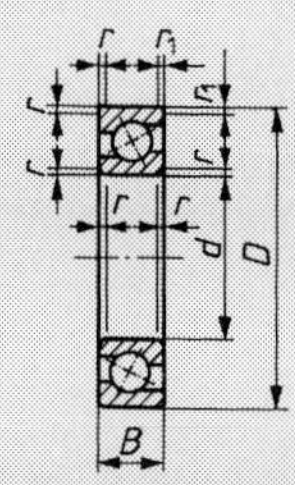

Beispiel Lagerreihe 72, Maßreihe 02, $d = 30$ mm: Schrägkugellager DIN 628–7206

Tabelle 9.251 **(Radial-)Pendelkugellager; zylindrische und kegelige Bohrung**[1] **(DIN 630-1)** ***d*** **< 10 mm**

Kurzzeichen neu	Kurzzeichen alt	Maßreihe	*d*	*D*	*B*	*r*
135	13300	03	5	19	6	0,5
126	13301	02	6	19	6	0,5
127	13302	02	7	22	7	0,5
108	13303	10	8	22	7	0,5
129	13304	02	9	26	8	1

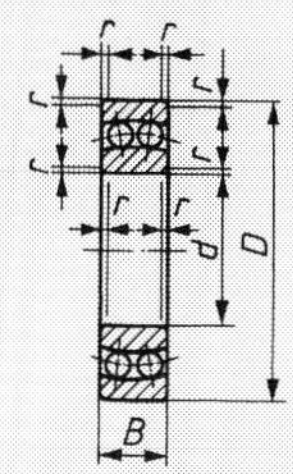

[1]) Mit kegeliger Bohrung s. Lagerreihen 12K, 22K, 13K und 23K

Beispiel Maßreihe 02, $d = 7$ mm, zylindrisch: Pendelkugellager DIN 630 – 127

Tabelle 9.252 **(Radial-)Pendelkugellager; zylindrische und kegelige Bohrung (DIN 630-1)** ***d*** **≥ 10 mm**

Lagerreihe 12[1]) Maßreihe 02					Lagerreihe 22[1]) Maßreihe 22	
Kurzzeichen[1])	*d*	*D*	*B*	*r*	Kurzzeichen[1])	*b*
1200	10	30	9	1	2200	14
1201	12	32	10	1	2201	14
1202	15	35	11	1	2202	14
1203	17	40	12	1	2203	16
1204	20	47	14	1,5	2204	18
1205	25	52	15	1,5	2205	18
1206	30	62	16	1,5	2206	20
1207	35	72	17	2	2207	23
1208	40	80	18	2	2208	23
1209	45	85	19	2	2209	23
1210	50	90	20	2	2210	23

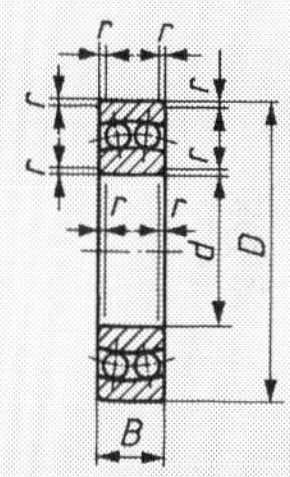

[1]) Mit kegeliger Bohrung erst ab $d \geq 20$ mm; Lagerreihen und Kurzzeichen erhalten den Zusatzkennbuchstaben K; Kegelverhältnis 1:12

Beispiele Lagerreihe 12, Maßreihe 02, $d = 30$ mm, zylindrisch: Pendelkugellager DIN 630 – 1206
dasselbe mit kegeliger Bohrung: Pendelkugellager DIN 630 – 1206K

Tabelle 9.253 **Wälzlager, Axial-Rillenkugellager, einseitig wirkend (DIN 711), Lagerreihe 512, Maßreihe 12**

Kurzzeichen	*d*	D_1	*D*	*T*	r_s
512/8	8	8	22	9	0,3
51200	10	12	26	11	0,6
51201	12	14	28	11	0,6
51202	15	17	32	12	0,6
51203	17	19	35	12	0,6
51204	20	22	40	14	0,6
51205	25	27	47	15	0,6
51206	30	32	52	16	0,6
51207	35	37	62	18	1
51208	40	42	68	19	1

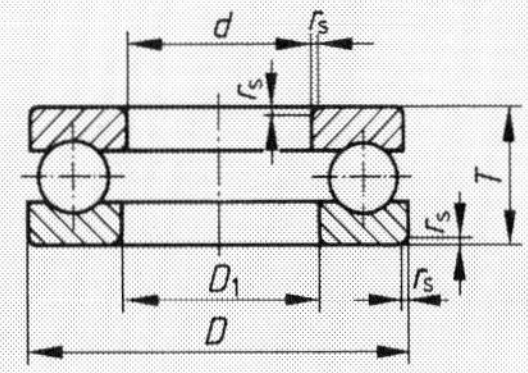

Beispiel einseitig wirkendes Axial-Rillenkugellager, mit ebener Gehäusescheibe von $d = 20$ mm Bohrungsdurchmesser der Wellenscheibe und $D = 40$ mm:
Manteldurchmesser der Gehäusescheibe: Axial-Rillenkugellager DIN 711 – 51204

Tabelle **9**.254 **(Radial-) Zylinderrollenlager mit Außenborden, einreihig mit Käfig (DIN 5412-1); Wälzlager, Nadellager mit Käfig (DIN 617)**

Zylinderrollenlager NU DIN 5412 Lagerreihen NU 49 Maßreihe 49					Nadellager DIN 617 Maßreihe 49	
Kurzzeichen	d	D	B	r_s	Kurzzeichen	F
NU 4900	10	22	13	0,5	NA 4900	14
NU 4901	12	24	13	0,5	NA 4901	16
NU 4902	15	28	13	0,5	NA 4902	20
NU 4903	17	30	13	0,5	NA 4903	22
NU 4904	20	37	17	0,5	NA 4904	25
NU 49/22	22	39	17	0,5	NA 49/22	28
NU 4905	25	42	17	0,5	NA 4905	30
NU 49/28	28	45	17	0,5	NA 49/29	32
NU 4906	30	47	17	0,5	NA 4906	35
NU 49/32	32	52	20	1	NA 49/32	40
NU 4907	35	55	20	1	NA 4907	42
NU 4908	40	62	22	1	NA 4908	48

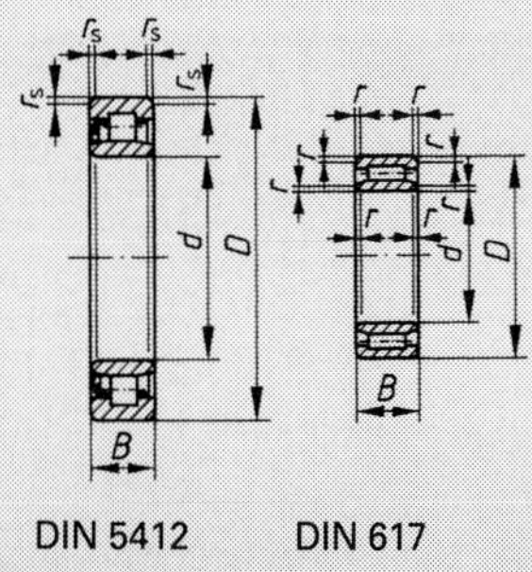

Die Darstellung von Wälzlagern (DIN ISO 8826-1) darf vereinfacht werden, wenn es nicht nötig ist, genaue Formen der Einzelheiten (z. B. in Zusammenbauzeichnungen) zu zeigen (**9**.255). Schraffuren sind in vereinfachten Darstellungen zu vermeiden. Falls schraffiert werden muss, sind alle Einzelteile des Wälzlagers in derselben Richtung zu schraffieren (**9**.256).

Für die detaillierte, vereinfachte Darstellung unterschiedlicher Wälzlager s. DIN ISO 8826-2. Wenn Wälzlager rechtwinklig zur Wälzachse gezeichnet werden, wird ein Wälzelement als Kreis unabhängig von seiner eigentlichen Form (Kugel, Rolle, Nadel usw.) und von seiner Größe gezeichnet (**9**.257).

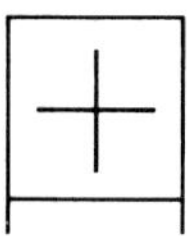

9.255
Vereinfachte Darstellung von Wälzlagern

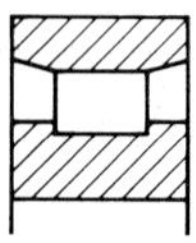

9.256
Vereinfachte Schraffur

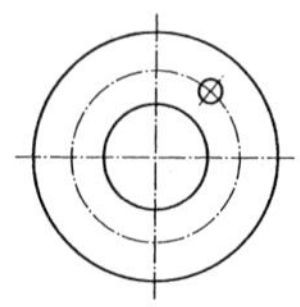

9.257
Vereinfachte Darstellung von Wälzlagern

9.7.2 Gleitlager

Als eigentliches Führungs- oder Lagerungselement (Gleitflächenträger) werden bei Gleitlagern vielfach Buchsen z. B. aus Kupferlegierungen, Sintermetallen, Kunstkohle oder Kunststoffen eingesetzt. Diese Buchsen werden in die betreffenden Gehäuse, Gehäuseteile, Lagerböcke u. a. eingepresst, -geklebt oder -gespannt.

Eine Auswahl genormter Buchsen für Gleitlager zeigt Tab. **9**.258.

Schmierung von Gleitlagerbuchsen. DIN 1850-2 bietet die Möglichkeit, Ausführungsformen der Schmierstoffzuführung und -verteilung den Buchsen für Gleitlager nach DIN ISO 4397, DIN 1850-1, DIN 1850-5 und DIN 1850-6 sowie Ausführungsformen der Zu- und Abführung der Medien den Buchsen aus Kunstkohle nach DIN 1850-4 zuzuordnen. Buchsen aus Sintermetall sind mit Schmierstoff getränkt, Buchsen aus Kunstkohle werden nicht mit Öl oder Fett geschmiert. Die Maße und Formen der Schmierlöcher und Schmiernuten für Buchsen nach dieser Form sind in DIN 1591 festgelegt.

Tabelle **9.258** **Buchsen für Gleitlager nach DIN ISO 4379 und DIN 1850-3 bis DIN 1850-6**

DIN	Buchsen für Gleitlager (Bezeichnung, Werkstoff)	Form, Durchmesserbereich Darstellung	Maße[1])

ISO 4379

aus Kupferlegierungen

Bezeichnung
z.B. Form C mit d_1 = 20 mm, d_2 = 24 mm, b_2 = 20 mm, Einpressfase C2 = 15° aus CuSn8P nach ISO 4382-2

Buchse
ISO 4379–C20 × 24 × 20Y–CuSn8P

Werkstoff:
Kupfer-Gusslegierungen nach ISO 4382-1,
Kupfer-Knetlegierungen nach ISO 4382-2

C

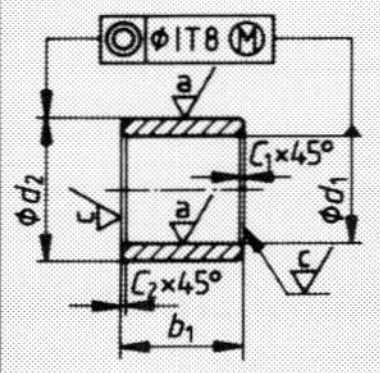

N

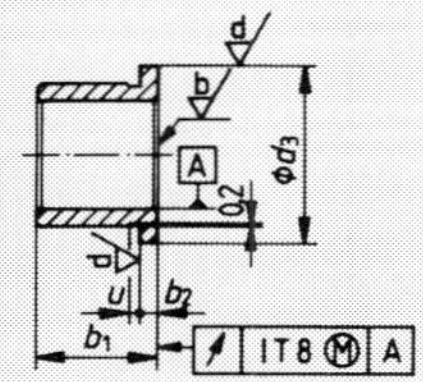

d_1	20	22	25	28	30	32	35	38	40	42	45	48	50	55	60
d_2 C u.F Reihe 1	23	25	28	32	34	36	39	42	44	46	50	53	55	60	65
d_2 C u.F Reihe 2	26	28	32	36	38	40	45	48	50	52	55	58	60	65	75
d_2 C	24	26	30	34	36	38	41	45	48	50	53	56	58	63	70
b_1	15		20				30		30			40		40	40
b_1	20		30				40		40			50		50	60
b_1	30		40				60		50			60		70	80
b_2	1,5	1,5	2				2				2,5				2,5
b_2	3	4	4				5				5				7,5
c_1, c_2 45° max.	0,5					0,8									
c_2 15° max.	2					3									
d_3 F Reihe 1	26	28	31	36	38	40	43	46	48	50	55	58	60	65	70
F Reihe 2	32	34	38	42	44	46	50	54	58	60	63	66	68	73	83
U	1,5				2										

1850-3

aus Sintermetall

Bezeichnung
z.B. Form J von d_1 = 18 mm mit G7, d_2 = 24 mm mit r6 und l = 18 mm, aus Sinterbronze Sint-B50, getränkt:

Buchse
DIN 1850–J18G7 × 24r6 × 18Sint-B50

Werkstoff:
Sintermetall DIN 30910-3, s. Norm

J d_1 = 1 bis 60

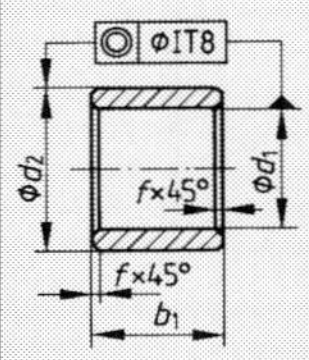

V[3]) d_1 = 1 bis 20

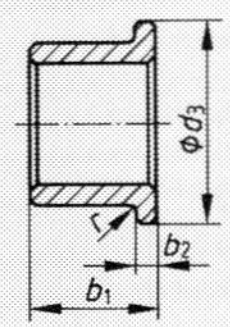

K[3]) d_1 = 1 bis 40

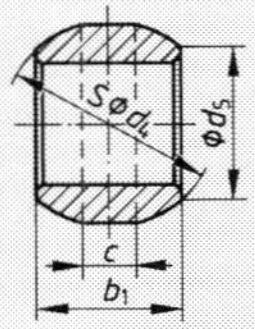

Form													
Form	d_1	1	1,5	2	2,5	3	4	5	6	7	8	9	10
J. u. V	d_2 r6	3	4	5	6	6	8	9	10	11	12	14	16
J	b_1 js13	1	1	2	2	3	3	4	4	5	6	6	8
V		2	2	3	3	4	3	4	4	5	6	6	8
K		2	3		4	6	8	9	10	11		12	
K	$c_{max.}$	0,7	1	1,2	1,5	2	3	3,5	4			4,5	
K	d_4 h11	3	4,5	5	6	8	10	12	14	16	16	18	19
K	$d_5 \approx$	2,2	3,3	4	4,5	5,3	6	7,9	9,8	11,6	11,6	13,4	13,4
J		0,2		0,3								0,4	
V u. K	$f_{max.}$	0,2	0,3									0,4	
V	$r_{max.}$	0,3										0,6	

1850-4

aus Kunstkohle

Bezeichnung
z.B. Form M von d_1 = 18 mm mit D8, d_2 = 24 mm mit z8 und l = 18 mm, aus Kunstkohle:

Buchse DIN 1850–M18D8 × 24z8 × 18

Werkstoff:
Kunstkohle, Sorte bei Bestellung vereinbaren

M[3]) d_1 = 3 bis 100

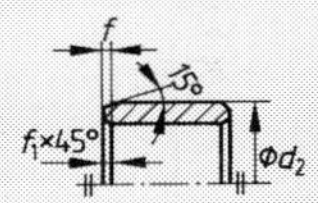

N[4]) d_1 = 3 bis 100

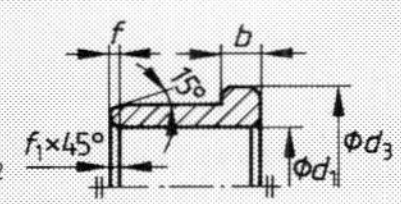

d_1	3	4	6	8	10	12	14	16	18	20
d_2	9	10	12	14	16	18	20	22	24	26
d_3	12	13	16	18	20	22	25	28	30	32
b	2		3			4		5		
$f = r$	0,2			0,3				0,4		

Fortsetzung und Fußnoten s. nächste Seite

Tabelle **9**.258, Fortsetzung

DIN	Buchsen für Gleitlager (Bezeichnung, Werkstoff)	Form, Durchmesserbereich Darstellung
1850-5	**aus Duroplasten** **Bezeichnung** z. B. Form P von d_1 = 20 mm, b_1 = 20 mm aus FS74: **Buchse DIN 1850–P20 × 20–FS74** Werkstoff: z. B. DIN 7708–FS74 Wegen der zahlreichen Modifikationen zwischen Lieferer und Abnehmer zu vereinbaren.	**P** d_1 = 3 bis 250 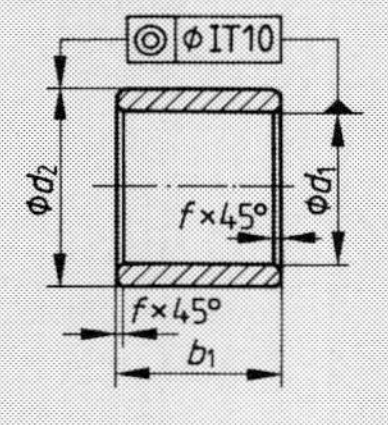 **R** d_1 = 3 bis 250[5]) 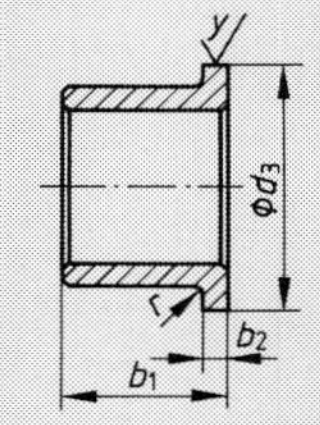
1850-6	**Einpressbuchsen aus Thermoplasten** **Bezeichnung** z. B. Form S von d_1 = 20 mm b_1 = 30 mm aus PA6: **Buchse DIN 1850–S20 × 30–PA6** Werkstoff: Thermoplast PA6, PA66, PA6G, PA11, PA12, PBTP, PETP,PE, POM (Kurzzeichen s. DIN 7728-1)	**S** d_1 = 6 bis 200 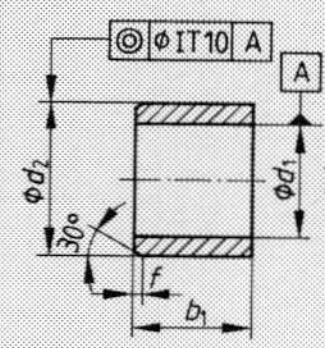 **T** d_1 = 6 bis 200 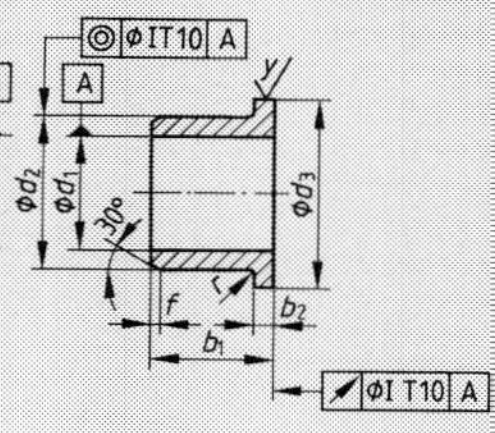

Maße[1]) – DIN 1850-5 (aus Duroplasten)

d_1		3	4	5	6	8	10	12	14	15	16	18	20	22	24	25	27
d_2		6	8	9	10	12	16	18	20	21	22	24	26	28	30	32	34
d_3	d13	9	12	13	14	16	20	22	25	27	28	30	32	34	36	38	40
b_1	js13	3	4		6			10			12		15			20	
		4	6		10			15				20				30	
		–						20				30				40	
b_2		1,5	2				3									4	
f_{max} r_{max}		0,2			0,3			0,5									

Maße[1]) – DIN 1850-6 (Einpressbuchsen aus Thermoplasten)

d_1		20	22	25	28	30	32	35	38	40	42	45	48	50	55	60
d_2[6])		26	28	32	36	38	40	45	48	50	52	55	58	60	65	75
d_3	d13	32	34	38	42	44	46	50	54	58	60	63	66	68	73	83
b_1	h13	15	15	20	20	20	20	30	30	30	30	30	40	40	40	40
		20	20	30	30	30	30	40	40	40	40	40	50	50	50	60
		30	30	40	40	40	40	50	50	60	60	60	60	70	70	80
b_2	h13	3	3	4	4	4	4	5	5	5	5	5	5	5	5	7,5
f	max.	0,8	0,8	0,8	0,8	0,8	1,2	1,2	1,2	1,2	1,2	1,2	1,2	1,2	1,2	1,2
r	≈	0,5	0,5	0,5	0,5	0,5	0,8	0,8	0,8	0,8	0,8	0,8	0,8	0,8	0,8	0,8

[1]) übrige Maße s. Normen. Maße in Klammern sind hier nicht übernommen worden.
[2]) übrige Maße wie Form C
[3]) übrige Maße wie Form J
[4]) übrige Maße wie Form V
[5]) übrige Maße wie Form P
[6]) Grenzabmaße f. Toleranzgruppe A: für d_1 = 20 bis 25: + 0,45/+ 0,15, für d_1 = 28 bis 32: + 0,60/+ 0,20, für d_1 = 35 bis 40: + 0,89/+ 0,23, für d_1 = 42 bis 45: + 0,90/+ 0,30, dür $d_1 \geq$ 60 nach Vereinbarung. Für Toleranzgruppe B: zb11

9.8 Rohrleitungen, Rohrverbindungen und Armaturen

Hierzu gehören Rohre, Formstücke, Rohrverbindungen, Armaturen und andere innendruckbeanspruchte Ausrüstungsteile von Rohrleitungen, Kesseln, Maschinen u. a. Sie dienen zum Transport, zur Regelung, zur Absperrung, zum Messen und Ablesen der Durchflussmedien (Wasser, Dampf, Gas usw.). Solche Bauteile aus metallischen Werkstoffen wählt man nach Druckstufen (DIN 2401-1, **9**.259) und Nennweiten aus (DIN 2402, **9**.260). Die Nenndruckstufen von Rohrleitungsteilen aus anderen Werkstoffen und Armaturen aus Stahl- oder Spannbeton in Rohrleitungen werden nach DIN 2401-3 bestimmt.

Nenndruck (PN). Ausgewählte Druck-Temperatur-Abhängigkeit zur Normung von Bauteilen; Nenndrücke sind nach Normzahlen gestuft (**9**.259).

Nennweite (DN). Kennzeichnendes Merkmal zueinander passender Teile. Sie hat keine Einheit und darf nicht als Maßeintragung im Sinne von DIN 406 benutzt werden. Sie entspricht annähernd dem lichten Durchmesser in mm der Rohrleitungsteile.

Tabelle **9**.259 **Nenndruckstufen (DIN 2401-1)**

	1	10	100	1000
		(12,5)	(125)	
	1,6	16	160	1600
	(2)	(20)	(200)	
	2,5	25	250	2500
	(3,2)	(32)	320	
	4	40	400	4000
(0,5)	(5)	(50)	(500)	
	6	63	630	6300
	(8)	(80)	(800)	

Tabelle **9**.260 **Nennweiten der Rohrleitungen (DIN 2402)**

10	100	1000	3	32	300	3000	5	50	500
12 [1])	125	1200				3200			
		1400			350	3400	6	65	600
						3600			700
15 [2])	150								
16 [1])		1600				3800	8	80	800
	(175)	1800	4	40	400	4000			
					(450)				900
20	200	2000							
		2200							
		2400							
25	250								
		2600							
		2800							

[1]) Diese Nennweite anwenden, wenn die enge Stufung 10 12 16 20 notwendig ist (z. B. bei Rohrverschraubungen, Lötfittings)

[2]) Diese Nennweiten anwenden, wenn die grobe Stufung 10 15 20 ausreicht (z. B. bei Flanschen, Gewindefittings usw.)

Zusammengehörende Teile (Rohrleitungen, Absperrteile, Armaturen usw.) mit derselben Nenndruckbezeichnung haben bei gleicher Nennweite gleiche Anschlussmaße.

Der zulässige Betriebsüberdruck ist der höchste Innen- oder Außendruck, der für ein Teil auf Grund des Werkstoffs und der Berechnungsgrundlagen bei der zulässigen Betriebstemperatur gestattet ist. Werkstoff, Betriebstemperatur und Berechnungsgrundlagen müssen dabei genannt werden.

Der Prüfdruck ist der Überdruck, dem ein Bauteil zur Prüfung ausgesetzt wird.

Die zulässige Betriebstemperatur ist die höchste Temperatur, die für ein Teil auf Grund des Werkstoffs und der Berechnungsgrundlagen beim zulässigen Betriebsüberdruck gestattet ist. Werkstoff, Betriebsüberdruck und Berechnungsgrundlagen müssen dabei genannt werden.

Für die Dichtheitsprüfung des Abschlusses von Armaturen gelten die einschlägigen Vorschriften, Normen s. DIN-Katalog für technische Regeln unter Sachworten wie Rohrleitungen, Rohrverbindungen und Armaturen.

9.9 Rechnerunterstütztes Zeichnen

In CAD-Programmen können Bibliotheken mit Bauelementen eingebunden werden. Sie werden vom Hersteller des CAD-Programmes oder von Unternehmen, die sich auf die Entwicklung von Bibliotheken spezialisiert haben, angeboten. Der Nutzer wählt menügesteuert Normteile aus, gibt die zur Darstellung notwendigen Maße ein und fügt das Teil an der gewünschte Stelle der Zeichnung oder des Modells ein.

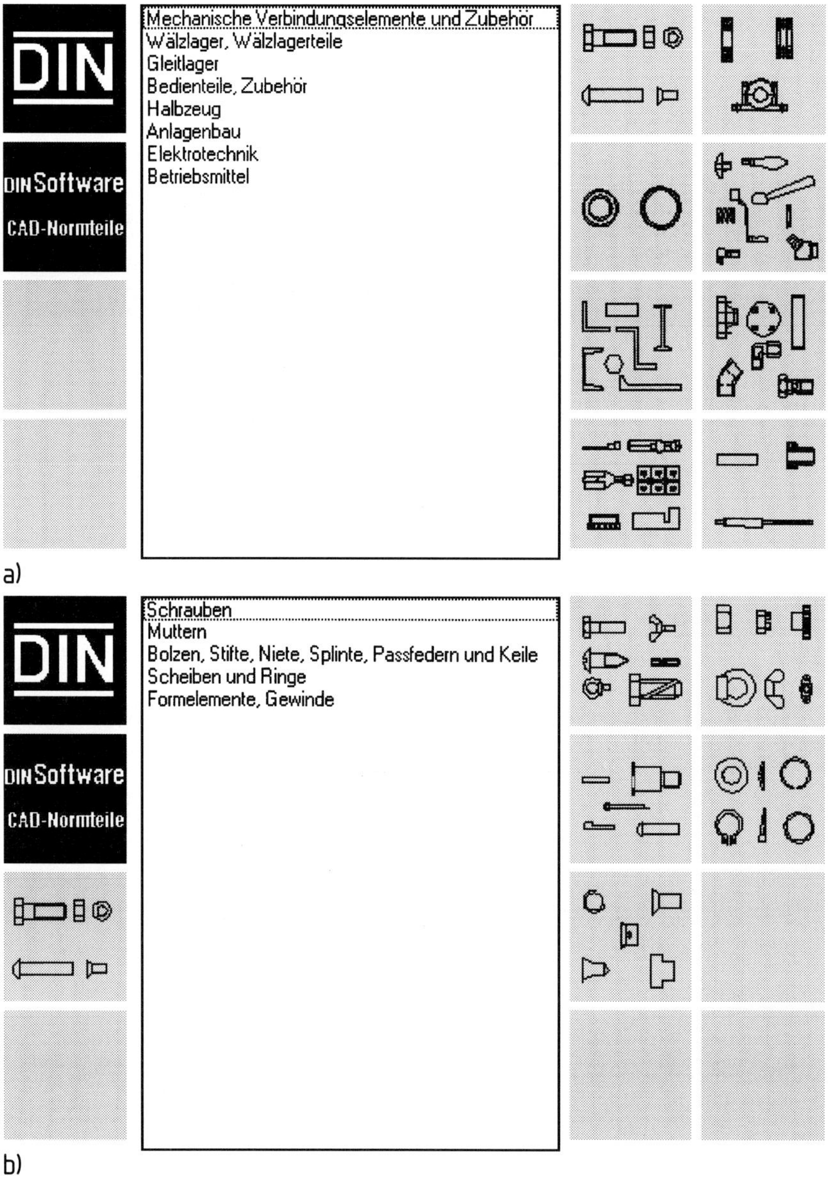

9.261 Dialog zur Normteilauswahl

Bild **9**.261, Fortsetzung

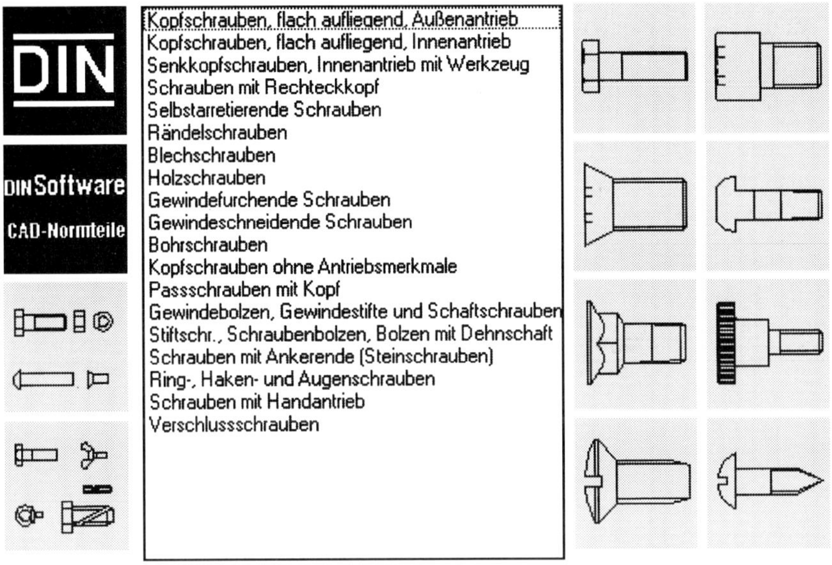

c)

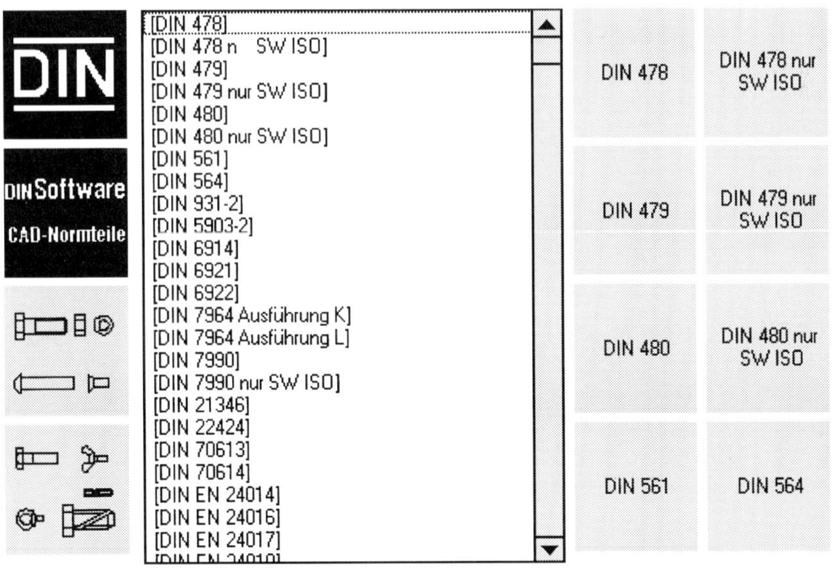

d)

Bild **9**.261, Fortsetzung

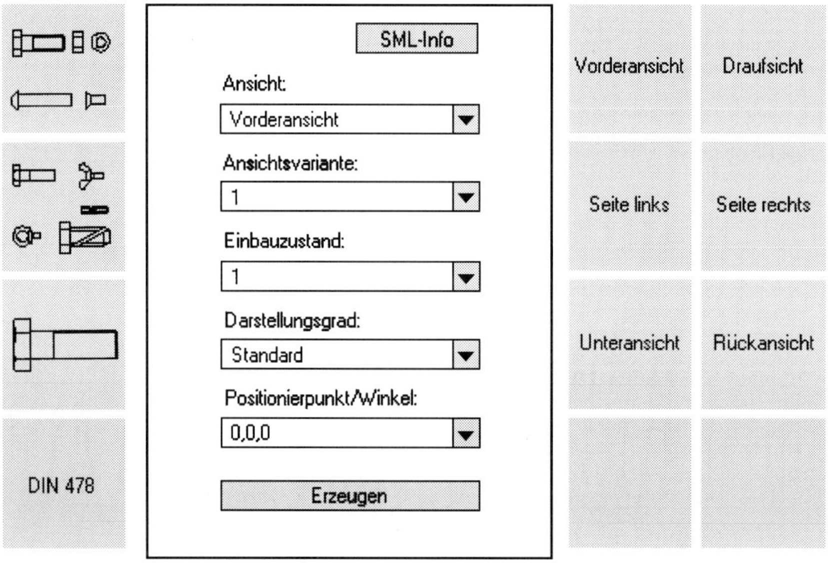

e)

Die Erstellung von Normteiledateien erfordert die CAD-spezifische Festlegung von Merkmalen. In den Normen der Reihe DIN 4000 sind für das Suchen und Auswählen erforderliche Merkmale für die verschiedenen Gegenstandsgruppen in Sachmerkmalleisten festgelegt (**9**.262).

Sachmerkmalleisten sind für die Bauelemente der Abschn. 9.1 bis 9.8 genormt, aber auch für z. B. Halbzeuge, Kondensatoren, Widerstände, Armaturen, Kabelschuhe, Halbleiter, Werkzeuge u. a.

Außengewinde

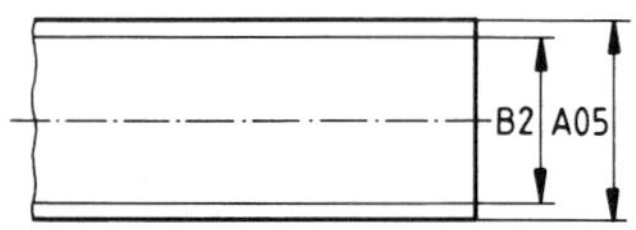

Innengewinde

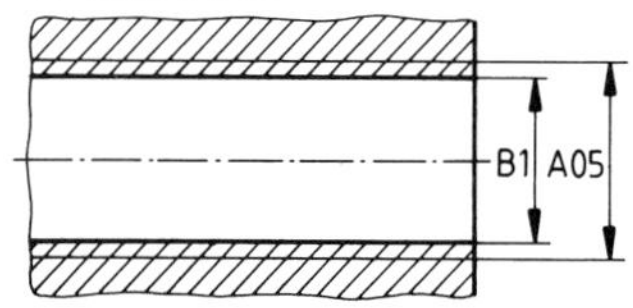

1 von 2	**Sachmerkmal-Leiste DIN 4000-85-1** **für Gewinde**										
Merkmal-Kennung	BLD	A 02	A 03	A 04	A 05	A 06	A 07	A 08	A 09	B 1	B 2
Merkmal-Benennung	Bild-Kennung	Gewinde-Kennbuchstabe	Gewindenenndurchmesser	Gewindesteigung	Gewindeaußendurchmesser	Norm-Nummer	Anzahl der Gewindegänge	Toleranz	Gewinde-Richtung	Kerndurchmesser Innengewinde	Kerndurchmesser Außengewinde
Einheit	–	–	mm	mm	mm	–	–	–	–	mm	mm

9.262 Sachmerkmalleiste für Gewinde

In den Vornormen der Reihe DIN V 4001 sind die Richtlinien für die Erstellung der Geometrieprogramme und der Merkmaldateien genormt. Um diese neutralen Dateiformate in CAD-Programme einzubinden, wird eine Programmierschnittstelle nach DIN V 66304 benötigt. Erst dann kann die Anwendung der CAD-Normteiledatei erfolgen.

Viele Programme beherrschen auch die Anpassung der Darstellung verdeckter Körperkanten. Beim Einfügen der Baugruppe Schraube, Scheibe, Mutter werden z.B. die hinter der Scheibe und der Mutter liegenden Linien des Schraubengewindes automatisch nicht dargestellt.

9.10 Zusammenfassende Übungen

Hauptzeichnung. Bild **9.**263 ist eine Zeichnung der Einzelteile eines Geräts (aus Übungsgründen auch Normteile). Die Unterbringung aller Teile eines Ganzen auf demselben Zeichenbogen kommt nur selten vor. Gehören aber viele Werkstücke zu einem Ganzen, wird für jedes Werkstück eine besondere Zeichnung mit Schriftfeld angefertigt. Eine Stückliste auf besonderem Blatt ist aufzustellen (**9.**264).

Gruppenzeichnungen. Die Aufteilung einer Hauptzeichnung in Gruppenzeichnungen hat die Reihenfolge der Arbeiten beim Zusammenbau zu berücksichtigen. Eine Gruppenzeichnung stellt eine in sich abgeschlossene Montageeinheit dar und kann daher schon notwendig sein, wenn zwei Teile miteinander zu vernieten sind. Die Gruppe ist mit Benennung und Zeichnungsnummer in die Stückliste der Hauptzeichnung aufzunehmen.

Übungen

1. Stellen Sie die Hauptzeichnung des Dämpfers aus den Einzelteilen (**9.**263) auf dem Format A4 in Vorderansicht (Schnitt) und Draufsicht im Maßstab 1:1 her.

   Der Bolzen (*4*) wird mit dem Federteller (*3*) genietet und von oben in das Unterteil (*1*) gesteckt. Dann setzt man die Schraubenfeder (*5*) auf den Federteller. Nachdem die Rändelschraube (*6*) von oben in das Gehäuse (*2*) geschraubt und mit dem anderen Federteller genietet worden ist, verbindet man Unterteil und Gehäuse mit den Sechskantschrauben (*7*).

2. Es ist die Hauptzeichnung einer Spannvorrichtung aus den Einzelteilen (**9.**265) im Maßstab 1:1 auf dem Format A3 in Vorderansicht (Schnitt) und Draufsicht anzufertigen.

   Nachdem die Führungsbacke (*2*) mit Stiften (*3*) und Schrauben (*4*) auf der Grundplatte (*1*) befestigt und der Stift (*7*) von oben in die Gleitbacke (*5*) getrieben worden sind, schiebt man diese in die Führungsbacke (*2*). Dann wird der Hebel (*6*) auf die Gleitbacke (*5*) so gelegt, dass der noch vorstehende Stift (*7*) im Schlitz des Hebels (*6*) liegt. Schließlich steckt man die Schraube (*8*) durch das Loch des Hebels (*6*) und durch das Langloch der Gleitbacke (*5*) und schraubt sie in der Grundplatte (*1*) fest.

3. Für die zum Bohrwerkzeug (**9.**267) und dem Lehrenhalter (**9.**268) gehörenden Werkstücke (Normteile ausgenommen) sind Einzelteilzeichnungen herzustellen. Außerdem ist für jede Hauptzeichnung eine Stückliste aufzustellen.

4. Für die zum Bohrwerkzeug (**9.**269) gehörenden Werkstücke (Normteile ausgenommen) sind Einzelteilzeichnungen herzustellen. Es ist auch die Stückliste aufzustellen.

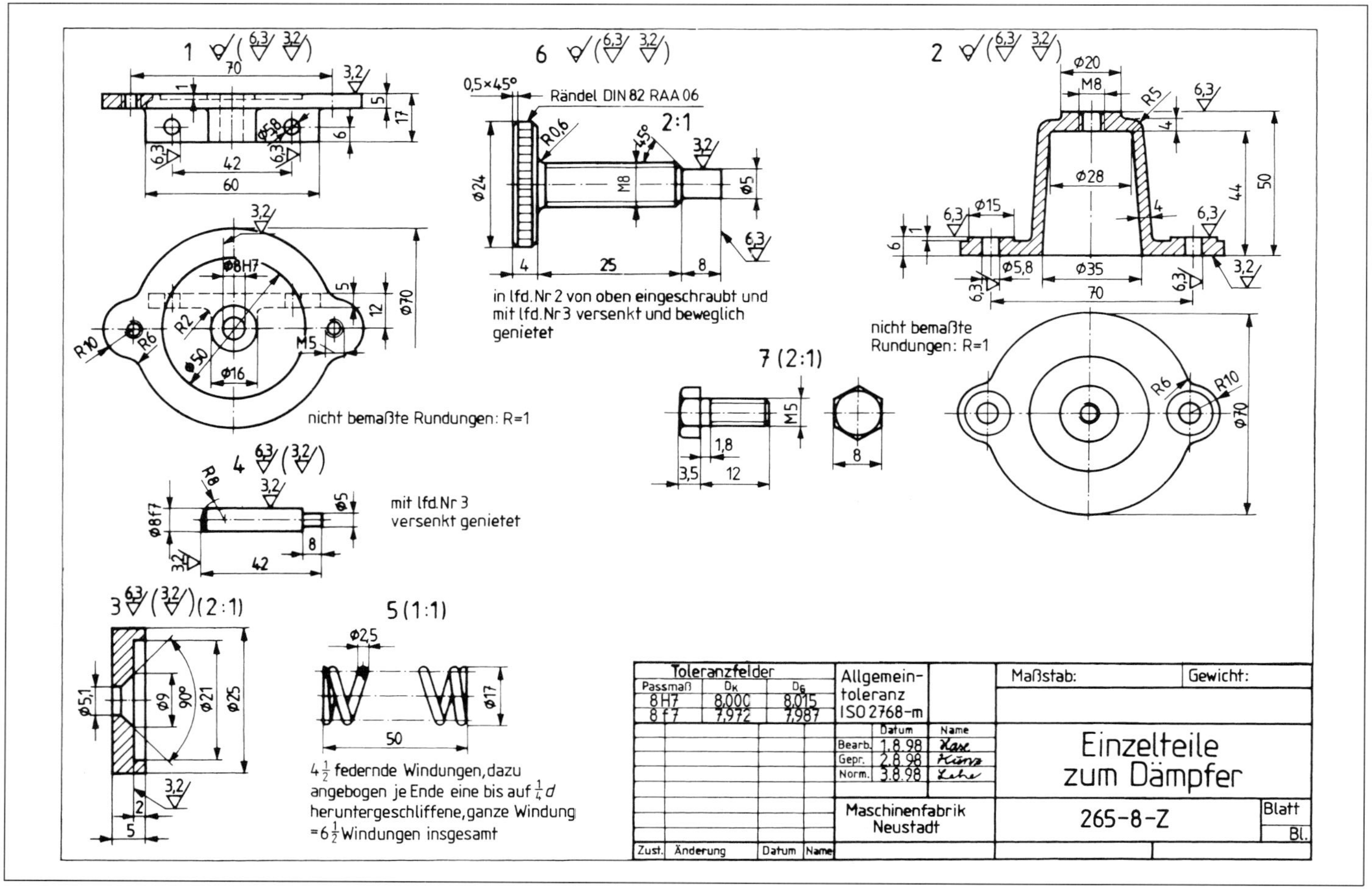

9.263 Sammelzeichnung

Pos.	Menge	Einheit	Benennung	Sachnummer/Norm-Kurzbezeichng.	Bemerkung
1	1	Stk	Unterteil	08854.01 - GG 20	
2	1	Stk	Gehäuse	08855.02 - GG 20	
3	2	Stk	Federteller	00265 - 8.01.01	
				Rund 28 - 8 DIN 1013 - St 42 - 2	
4	1	Stk	Bolzen	00265 - 8.00.02	
				DIN 175 Ø8 × 45 - St 50 - 2	
5	1	Stk	Schraubenfeder	00265 - 8.01.03	
				DIN 2026 - A - Dr 2,5 × 400 B	
6	1	Stk	Rändelschraube	08856.01 - 5.8	
7	2	Stk	Sechskantschraube	00265 - 8.00.04	
				ISO 4017 - M5 × 12 - 5.6	DIN EN 24017

Feld für Schutzvermerk

	Datum	Name
Bearb.	5.8.98	Pieper
Gepr.	5.8.98	Lose
Norm	6.8.98	Bauer

Zust.	Änderung	Datum	Name

Maschinenfabrik Neustadt

Einzelteile zum Dämpfer

265 - 8 - S

Blatt 1 / 1 Bl.

9.264

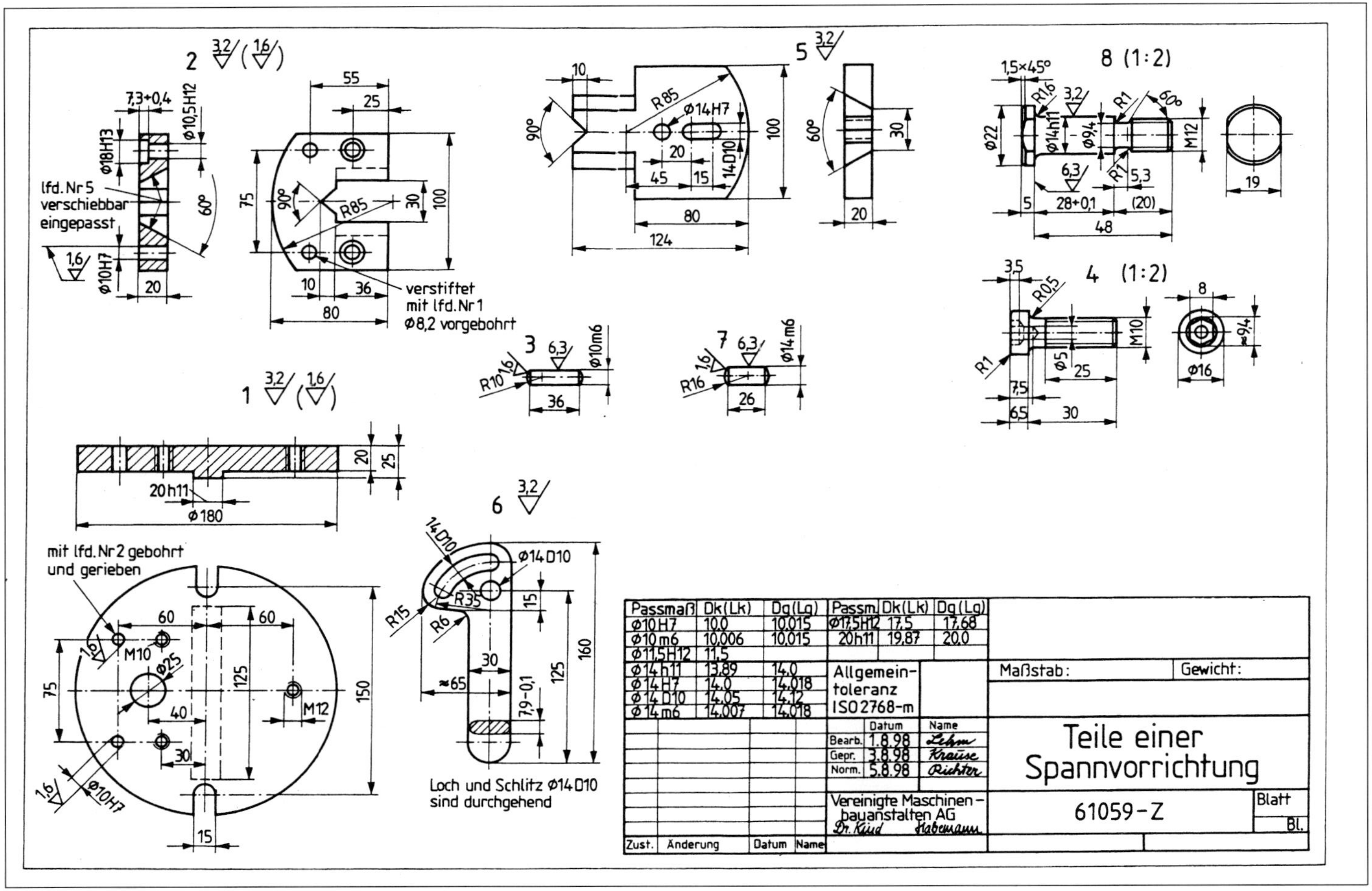
2
lfd. Nr 5 verschiebbar eingepasst
verstiftet mit lfd. Nr 1 ⌀8,2 vorgebohrt
5
8 (1:2)
4 (1:2)
3
7
1
mit lfd. Nr 2 gebohrt und gerieben
6
Loch und Schlitz ⌀14 D10 sind durchgehend
Passmaß Dk(Lk) Dg(Lg)
⌀10 H7 10,0 10,015
⌀10 m6 10,006 10,015
⌀11,5 H12 11,5
⌀14 h11 13,89 14,0
⌀14 H7 14,0 14,018
⌀14 D10 14,05 14,12
⌀14 m6 14,007 14,018
Passm. Dk(Lk) Dg(Lg)
⌀17,5 H12 17,5 17,68
20 h11 19,87 20,0
Allgemein-toleranz ISO 2768-m
Maßstab:
Gewicht:
Datum Name
Bearb. 1.8.98
Gepr. 3.8.98
Norm. 5.8.98
Teile einer Spannvorrichtung
Vereinigte Maschinen-bauanstalten AG
61059-Z
Blatt
Bl.
Zust. Änderung Datum Name

Pos.	Menge	Einheit	Benennung	Sachnummer/Norm-Kurzbezeichng.	Bemerkung
1	1	Stk	Grundplatte	61059.01.01	
				Rund 190 DIN 1013 - St 37-2	
2	1	Stk	Führungsbacke	61059.02.01	
				Flach 110 × 25 - 85 DIN 1017 -	
				St 37-2	
3	2	Stk	Zylinderstift	61059.03.00	DIN EN ISO 2338
				ISO 2338 - 10 m6 × 36 - St	
4	2	Stk	Zylinderschraube	61059.04.00	
			mit Innensechskant	DIN 6912 - M10 × 30 - 8.8	
5	1	Stk	Gleitbacke	61059.05.01	
				Flach 110 × 25 - 85 DIN 1017 - St 50 - 2	
6	1	Stk	Spannhebel	61059.06.01	
				Flach 70 × 8 × 165 DIN 1017 - St 50 - 2	
7	1	Stk	Zylinderstift	61059.07.00	DIN EN ISO 2338
				ISO 2338 - 14 m6 × 28 - St	
8	1	Stk	Bolzen mit	61059.08.02	
			Gewindezapfen	C 35K	

Feld für Schutzvermerk

	Datum	Name
Bearb.	5.8.98	Pieper
Gepr.	5.8.98	Lose
Norm	6.8.98	Bauer

Zust. | Änderung | Datum | Name

Vereinigte Maschinenbauanstalten AG

Teile einer Spannvorrichtung

61059-S

Blatt 1, 1 Bl.

9.266

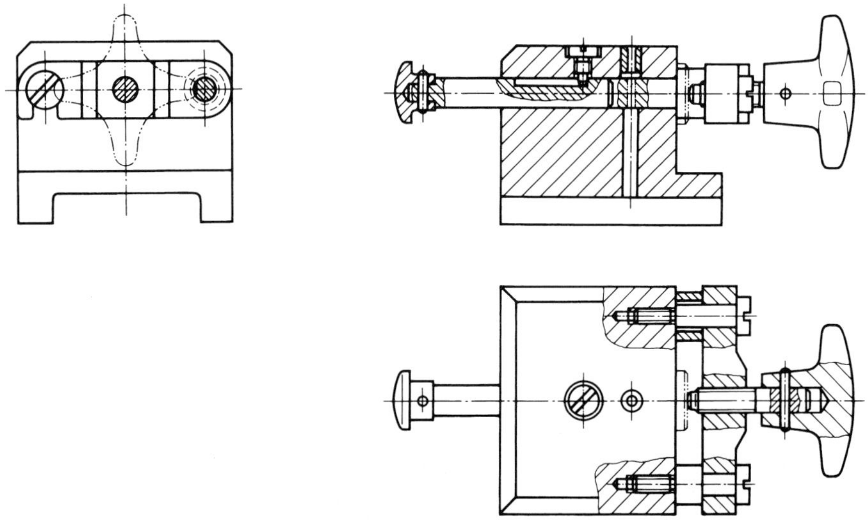

9.267 Bohrwerkzeug für Bolzen

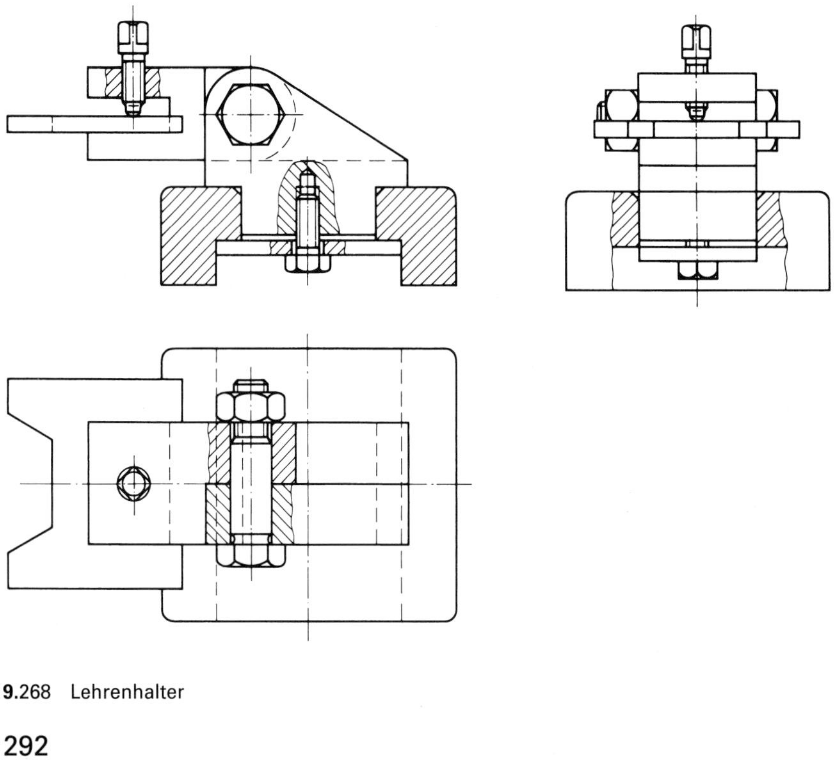

9.268 Lehrenhalter

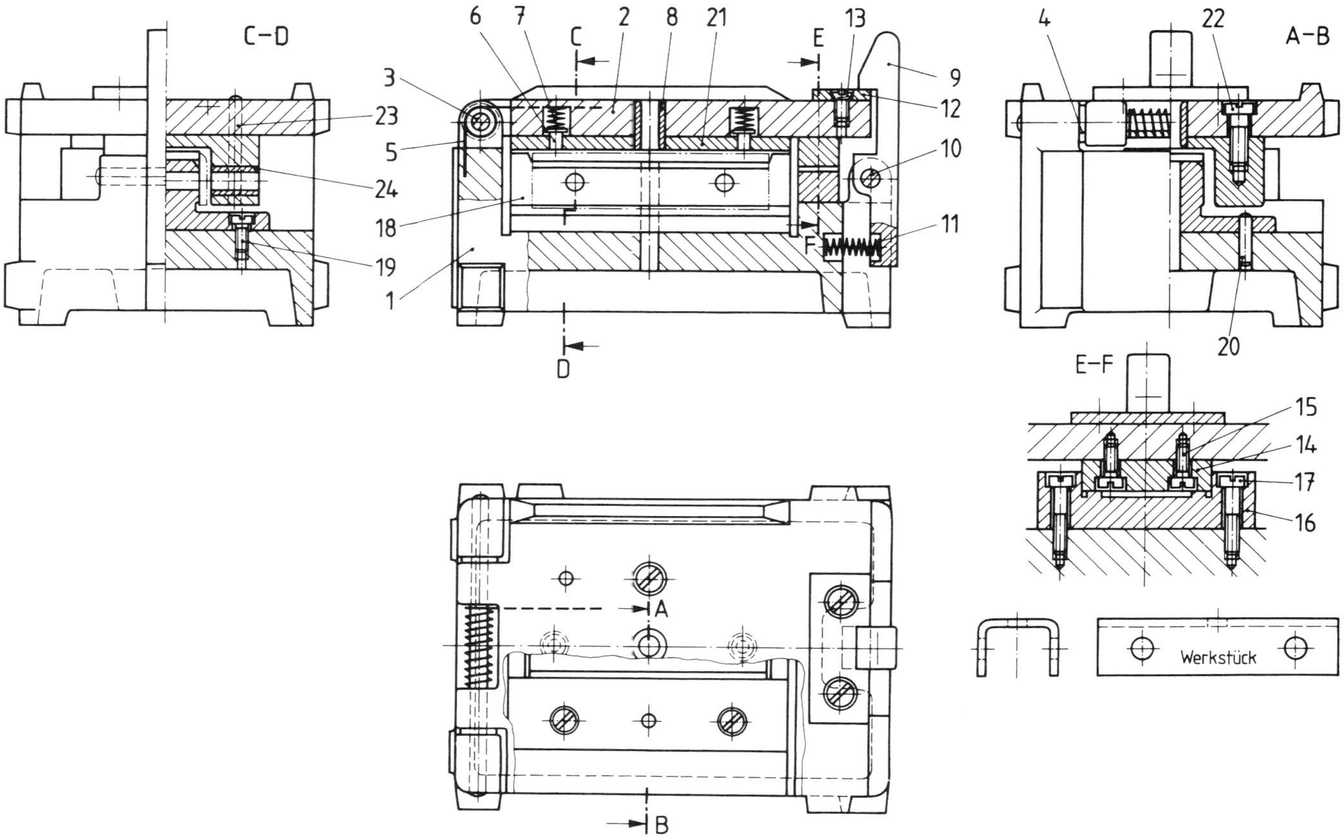

9.269 Bohrwerkzeug

10 Technische Zeichnungen. Pläne und Schaltungsunterlagen

Für Energieversorgungsnetze, Gas-, Wasser- und Elektroinstallationen, für Regel- und Steuerungsanlagen, fluidtechnische Systeme sowie für elektrische Geräte und Schaltanlagen dienen in der Regel grafische Symbole zur Darstellung der einzelnen Anlagenelemente (Funktionselemente) und deren funktionale Zusammenhänge.

10.1 Rohrleitungsanlagen

Als Planungs- und Ausführungsunterlagen (Konstruktionsunterlagen) für Rohrleitungen werden Fließbilder sowie orthogonale und/oder isometrische Rohrleitungszeichnungen (Rohrleitungspläne) angefertigt.

In Fließbildern werden die einzelnen Rohrleitungsteile, Zubehörteile, Maschinen, Ventile usw. mithilfe grafischer Symbole vereinfacht dargestellt und ihr funktionaler Zusammenhang aufgezeigt (**10**.1).

Rohre werden mittels einer breiten Volllinie dargestellt (**10**.1).

Tabelle **10**.1 **Grafische Symbole für Rohrleitungen (DIN 2429-2)** (Auszug)
Bereiche, die nicht Gegenstand des betreffenden grafischen Symbols sind (z.B. Leitungsanschlüsse), sind als Strich-Zweipunktlinie dargestellt.

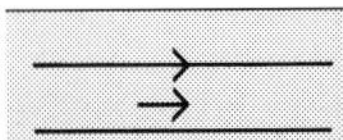	Grundleitung mit Angabe der Fließrichtung		Flanschverbindung
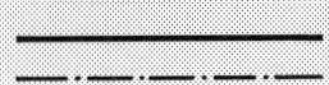	Grundleitung mit Heizung oder Kühlung	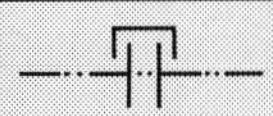	Klammerverbindung
	Leitung mit Dampf beheizt		Schraubverbindung
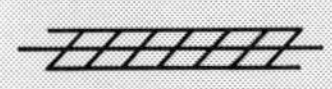	Rohr mit Dämmung	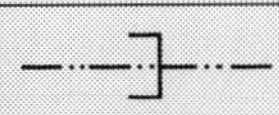	Einsteckmuffe
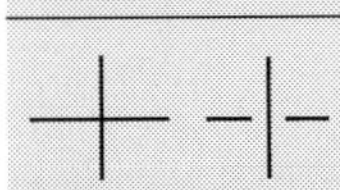	Überschneidung von Rohrleitungen ohne Verbindung	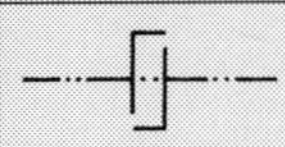	Kupplung
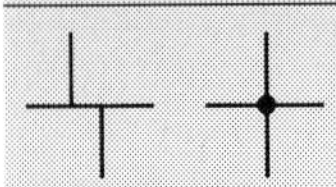	Verbindung von Rohrleitungen (Kreuzung mit Verbindungsstelle)		Schweiß- oder Lötverbindung
	T-förmige Verbindung	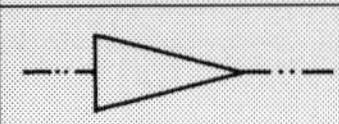	Reduzierung allgemein oder konzentrisch DN 200/150  DN 100/80 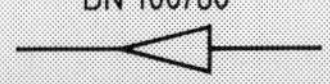
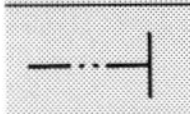	Verschluss allgemein		Trichter 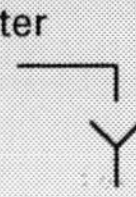 
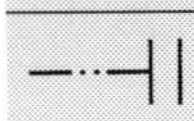	Blindflansch		

Fortsetzung s. nächste Seite

Tabelle **10**.1, Fortsetzung

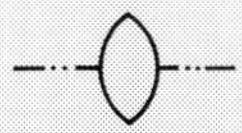	Kompensator allgemein
	Wellrohr-Kompensator
	Lyra-Kompensator
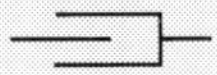	Schiebemuffe 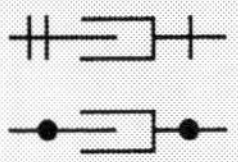
	Schauglas, allgemein
	Absperrarmatur, allgemein 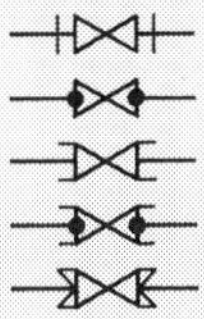
	Vierwegeventil
	Dreiwegehahn
	Absperrkegelhahn in Eckform
	Absperrschieber
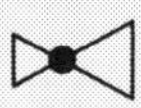	Druckminderventil
	Rückschlagventil
	Berstscheibe, gewölbt 
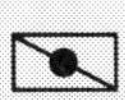	Absperrklappe

	Rückschlagklappe
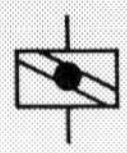	Brandschutzklappe
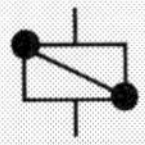	Be- und Entlüftungsarmatur
	Stellantrieb mit rotierendem System – allgemein
	– mit Elektromotor 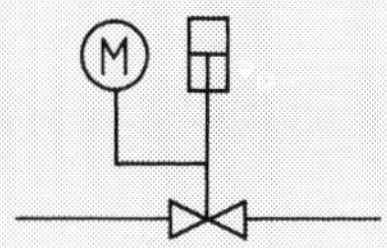
	Stellantrieb mit Kolben
	Stellantrieb mit Elektromagnet
	Stellantrieb, dessen Hilfsenergie der Durchflussstoff der Rohrleitung ist
	Stellantrieb, handbetätigt
	Stellantrieb mit Federkraft
	Stellantrieb mit Membrane
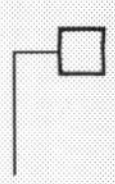	Stellantrieb mit Gewicht 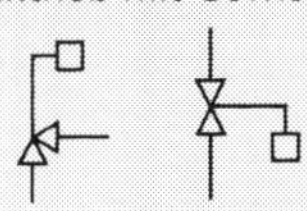

Fortsetzung s. nächste Seite

Tabelle **10**.1, Fortsetzung

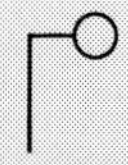	Stellantrieb mit Schwimmer	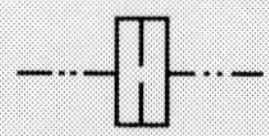	Durchflussbegrenzer mit Drosselscheibe
	Kondensatableiter, allgemein		Durchflussbegrenzer mit Druckrückgewinnung
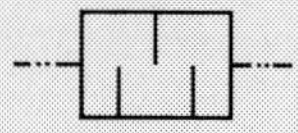	Schalldämpfer		Mischdüse 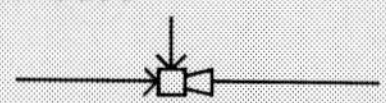
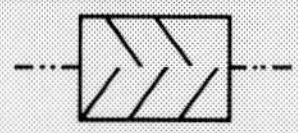	Mischstrecke 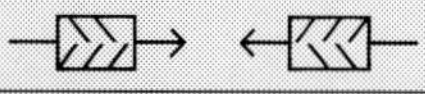		Schmutzfänger 
	Drosselscheibe 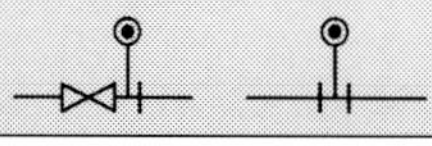		

Orthogonale und isometrische Rohrleitungszeichnungen sind vereinfachte Darstellungen eines Rohrleitungssystems. Sofern sie maßstabgetreu sind, wird dies in Übereinstimmung mit DIN ISO 5455 angegeben. Sie enthalten die Maße für den Verlauf (Fließlinie) der Rohrleitungen und die Lage der Rohrleitungsteile. Beispiele für die orthogonale Darstellungsweise zeigt Bild **10**.2, für isometrische Darstellungsweise Bild **10**.3 (DIN ISO 6412-1 und DIN ISO 6412-2).

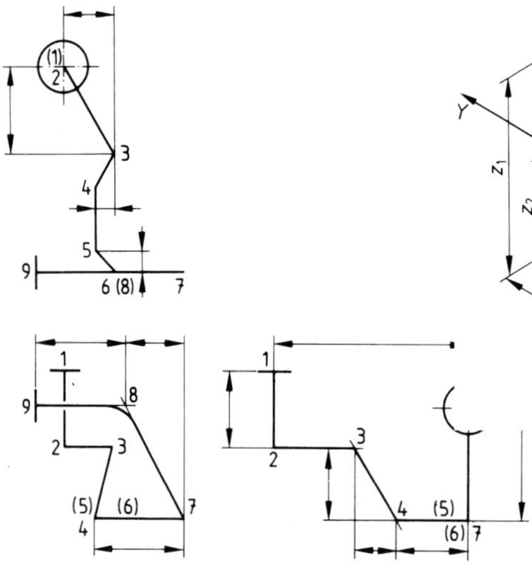

10.2 Beispiele einer orthogonalen Rohrleitungszeichnung

Die Positionsnummern geben die Punkte an, an denen das Rohr die Richtung ändert und/oder Verbindungen vorliegen. Rohrdarstellung und Positionsnummern sind mit denen in Bild **10**.3 identisch. Positionsnummern für Punkte, die hinter anderen Punkten verdeckt sind, werden in Klammern angegeben.

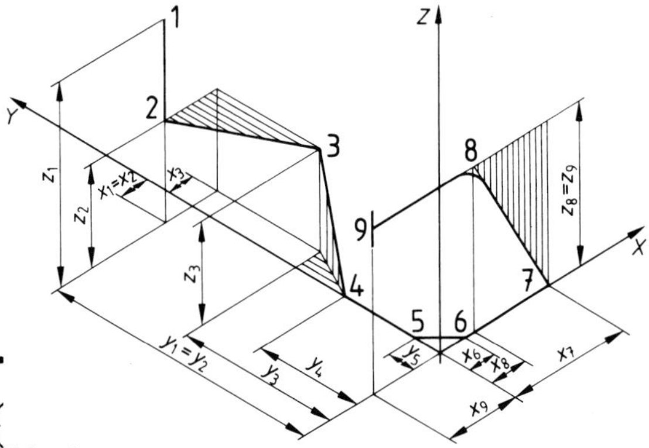

Pos.-Nr.	Koordinaten		
1	$x_1 = -8$	$y_1 = +72$	$z_1 = +50$
2	$x_2 = -8$	$y_2 = +72$	$z_2 = +25$
3	$x_3 = +7$	$y_3 = +42$	$z_3 = +25$
4	$x_4 = 0$	$y_4 = +28$	$z_4 = 0$
5	$x_5 = 0$	$y_5 = +7$	$z_5 = 0$
6	$x_6 = +7$	$y_6 = 0$	$z_6 = 0$
7	$x_7 = +32$	$y_7 = 0$	$z_7 = 0$
8	$x_8 = +10$	$y_8 = 0$	$z_8 = +40$
9	$x_9 = -20$	$y_9 = 0$	$z_9 = +40$

10.3 Beispiel einer isometrischen Rohrleitungszeichnung (s. Bild **10**.2).

Bögen dürfen, wenn ihre Projektionen elliptisch sind, vereinfacht als Kreisbögen oder grundsätzlich vereinfacht gezeichnet werden, indem man die gerade Länge der Fließlinie bis zum Scheitelpunkt verlängert. Bei der isometrischen Darstellungsweise sollten Abweichungen von den Richtungen der Koordinatenachsen mittels schraffierter Hilfsprojektionsebenen angegeben werden (**10**.4). Radien und Winkel trägt man wie in Bild **10**.5, Niveauangaben (sie beziehen sich in der Regel auf die Mitte des Rohrs) wie in Bild **10**.6 und Neigungen wie in Bild **10**.7 ein.

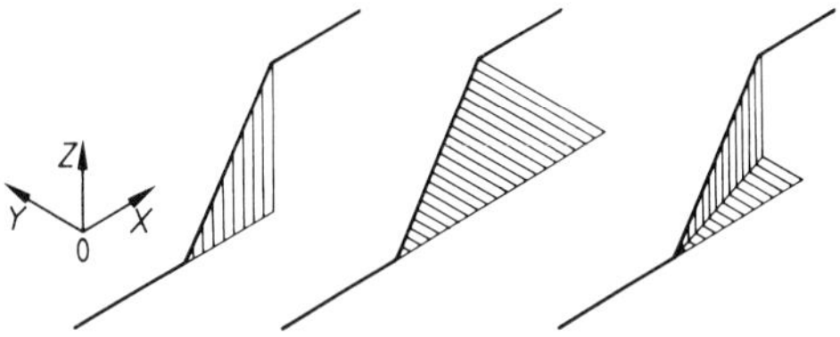

10.4 Isometrische Darstellung mit Hilfsprojektionsebenen

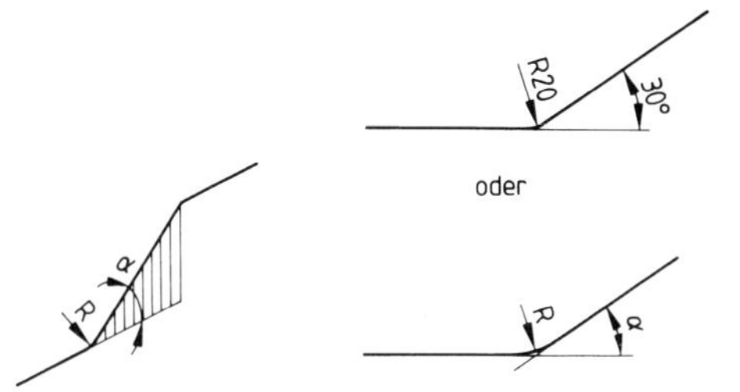

a) b)

10.5 Zeichnungsangaben für Radien und Winkel
a) isometrische, b) orthogonale Darstellung

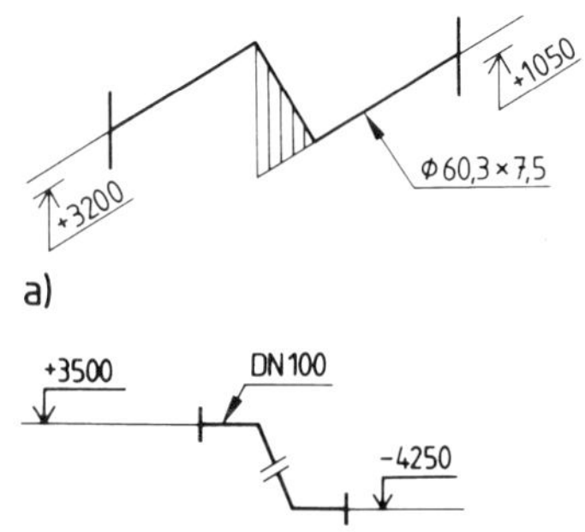

10.6 Niveauangaben
a) isometrische, b) orthogonale Darstellung

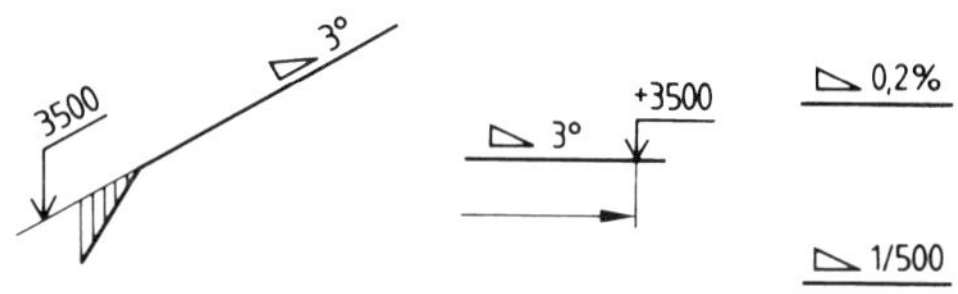

a) b)

10.7 Neigungsangaben
a) isometrische, b) orthogonale Darstellung

Nennmaße für Rohre dürfen mit der Kurzbezeichnung „DN" angegeben werden (**10**.6b). Es können aber auch die Außendurchmesser und die Wanddicken ($d \times t$) angegeben werden (**10**.6a).

Wenn notwendig, darf eine Stückliste mit zusätzlichen Informationen über die Rohre einschließlich Zubehör der Zeichnung zugeordnet werden. Längen beginnen an den Rohrenden, Flanschen oder der Mitte eines Verbindungs- oder Anschlusselements. Notwendige Maße von der äußeren oder inneren Wand oder der Oberfläche des Rohrs dürfen durch Maßlinien festgelegt werden, die auf kurze schmale, parallel zu den Maßhilfslinien liegende Striche weisen (**10**.6a).

Die Lage der Rohrenden werden mithilfe der Koordinaten der Mitte der Rohrenden angegeben.

Symbole für Hänger zeigt Bild **10**.8. Bei Trägern (Stützen) sind dieselben Symbole in umgekehrter Anordnung anzuwenden.

Die Bemaßung für Rohrbiegemaschinen wird auf der Basis eines Bezugssystems (Ursprung) definiert (**10**.3).

Für Angebots-, Herstellungs- und Aufstellungszeichnungen sowie Berechnungspläne wird weitgehend die isometrische Projektion angewendet (**10**.9 und **10**.10).

Über die zeichnerische Ausführung von Fließbildern für verfahrenstechnische Anlagen gibt der „Leitfaden der DIN-Normen in der Verfahrenstechnik" Auskunft[1]).

---

[1]) Graßmuck; Houben; Zollinger: DIN-Normen in der Verfahrenstechnik, 2. Aufl. Stuttgart, Leipzig/Berlin, Wien, Zürich: B.G.Teubner/Beuth Verlag GmbH, 1994

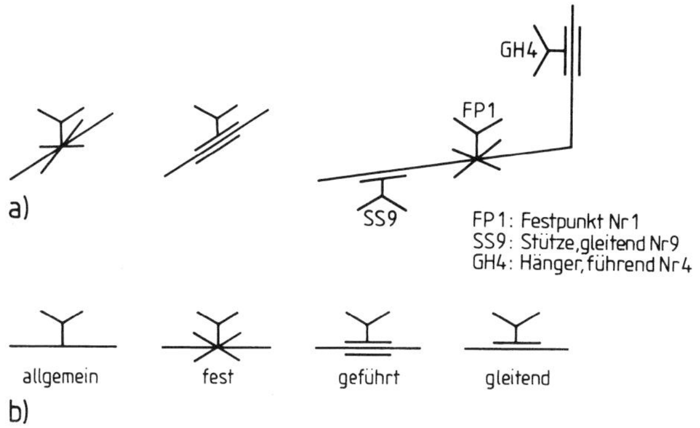

10.8 Symbole für Hänger (in umgekehrter Anordnung auch für Träger bzw. Stützen)
a) isometrische, b) orthogonale Darstellung

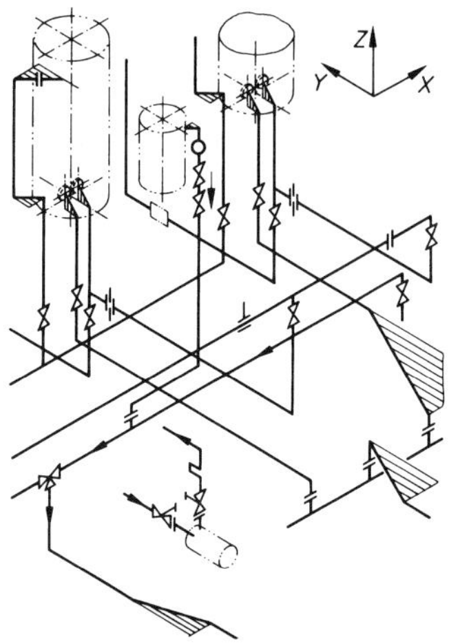

10.9 Rohrleitungsplan in isometrischer Projektion

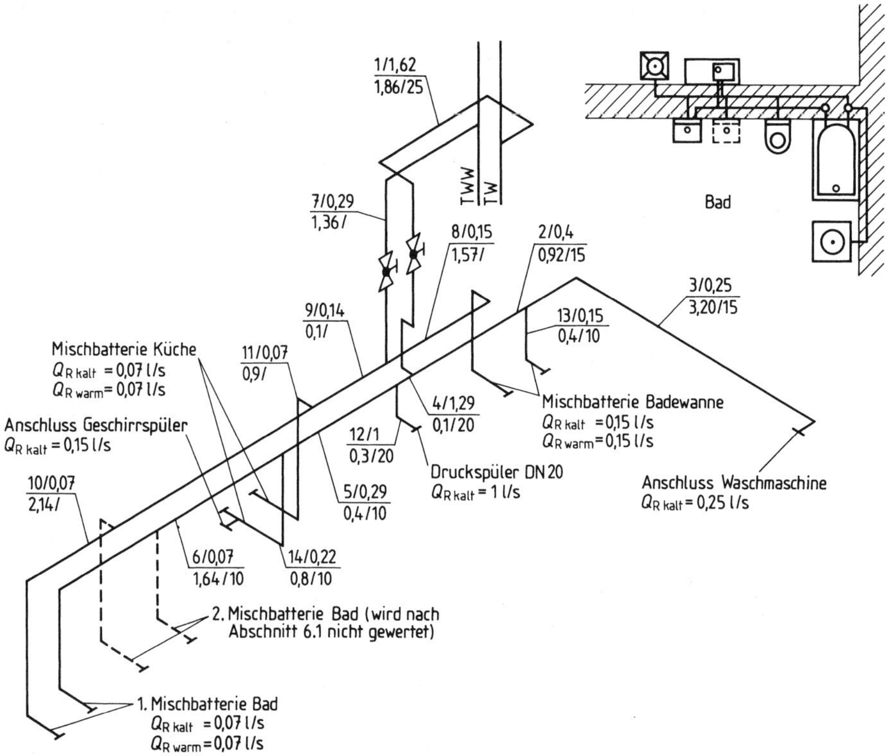

10.10 Anwendung eines in isometrischer Projektion ausgeführten Rohrleitungsplans als Berechnungsplan für einen Teil einer Kalt- und Warmwasserinstallation

Ablesebeispiel $\frac{1/1{,}62}{1{,}86/25}$ bedeutet: $\frac{\text{Nr der Teilstrecke/Summendurchfluss } \sum \dot{V}_e \text{ in } l/\text{s}}{\text{Länge der Teilstrecke in m/Nennweite DN}}$

10.2 Elektrische Anlagen

In Schaltungsunterlagen werden elektrische Anlagen und Einrichtungen durch Schaltzeichen für Maschinen, Apparate, Geräte, Leitungen u. a. dargestellt. Die Schaltzeichen (Tab. **10.**11 bis **10.**16) geben nicht notwendigerweise Auskunft über die Beschaffenheit der Betriebsmittel und deren Funktionen. Ist für ein konkretes Betriebsmittel kein Schaltzeichen in den Normen beschrieben, kann man durch Kombinieren von Grundsymbolen, Symbolelementen, Kennzeichen oder Schaltzeichen ein neues Schaltzeichen bilden (DIN 40900-1 bis DIN 40900-12 und DIN EN 60617-13).

Regeln für das rechnerunterstützte Erstellen von Schaltzeichen wurden erstmalig in der Vornorm DIN V 40900-1000 zusammengefasst (s. Norm).

Tabelle **10.**11 **Symbolelemente und Kennzeichen für Schaltzeichen**

Strom- und Spannungsarten			
—	Gleichstrom	≂	Allstrom
- - -	– bei Verwechslungsgefahr		Gleich- oder Wechselstrom, Gleich- oder Wechselspannung
Beispiel	Gleichstrom-Dreileitersystem mit 2 Außenleitern und einem Mittelleiter, 220 V (110 V zwischen jedem Außen- und dem Mittelleiter) **2M – 220 / 110 V**	~	Wechselstrom, niedrige Frequenzen (z. B. Stromversorgung)
~	Wechselstrom	≈	– mittlere Frequenzen (z. B. Tonfrequenzen)
Beispiel	Dreiphasen-Vierleitersystem mit 3 Außenleitern und einem Neutralleiter, 50 Hz, 400 V (230 V zwischen jedem Außen- und dem Neutralleiter) **3N ~ 50 Hz 400 / 230 V**	≋	– hohe Frequenzen (z. B. Ultraschall, Rundfunk)
Erde, Masse			
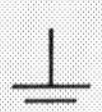	Erde		Schutzerde
	– fremdspannungsarm		Masse, Gehäuse (Schraffur darf entfallen, wenn keine Unklarheit besteht. Die Gehäuselinie muss dann breiter dargestellt werden: ⊥)

Tabelle **10.**12 **Schaltzeichenbeispiele für Widerstände, Kondensatoren und Induktivitäten**

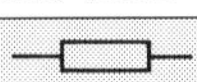	Widerstand, Dämpfungsglied		– Kapazität veränderbar, mit Kennzeichnung des bewegbaren Teils
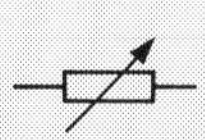	– veränderbar	  bevorzugte Form / andere Form	Induktivität, Spule, Wicklung, Drossel
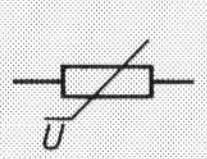	– spannungsabhängig, Varisator		
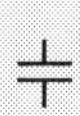	Kondensator	**Beispiele**	mit Magnetkern, mit Luftspalt im Magnetkern, mit festen Anzapfungen (hier zwei) 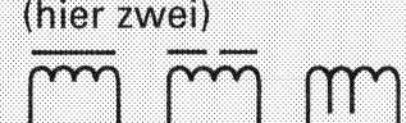
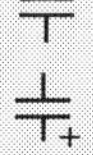	– gepolt (z. B. Elektrolyt-Kondensator)		

Tabelle **10.13** **Schaltzeichenbeispiele für Halbleiter**

Halbleiterdioden			
	Halbleiterdiode		Z-Diode
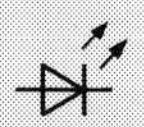	Leuchtdiode	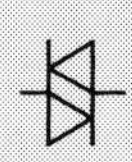	Zweirichtungsdiode, Diac
Thyristoren			
	Thyristordiode, rückwärts sperrend	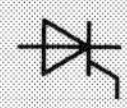	– rückwärts sperrend, Katode gesteuert (P-Gate)
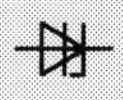	– rückwärts leitend		
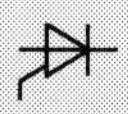	– rückwärts sperrend, Anode gesteuert (N-Gate)	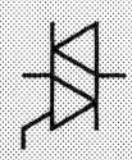	– bidirektional, Triac
Transistoren			
	PNP-Transistor		
	NPN-Transistor, Kollektor mit Gehäuse verbunden	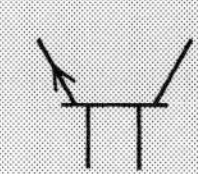	NPN-Transistor mit 2 Basisanschlüssen
Licht- und magnetempfindliche Elemente			
	Widerstand, lichtempfindlich, Fotowiderstand	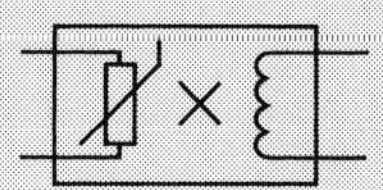	Magnetischer Koppler
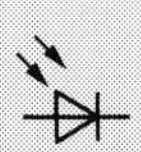	Diode, lichtempfindlich, Fotodiode	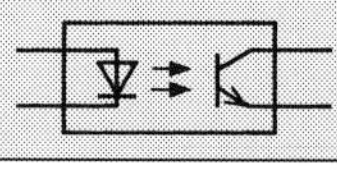	Optokoppler mit Leuchtdiode und Fototransistor

Tabelle **10.14** **Schaltzeichenbeispiele für die Erzeugung und Umwandlung elektrischer Energie**

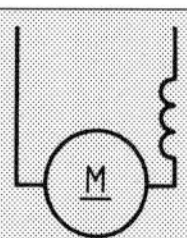	Gleichstrom-Reihenschlussmotor	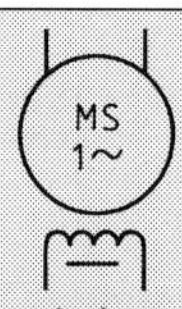	Synchronmotor, einphasig
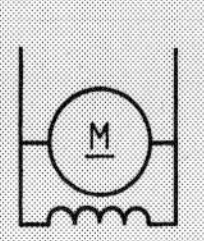	-Nebenschlussmotor	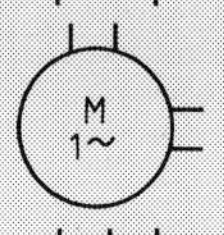	Asynchronmotor, einphasig, mit Käfigläufer, Enden für eine Anlaufwicklung herausgeführt
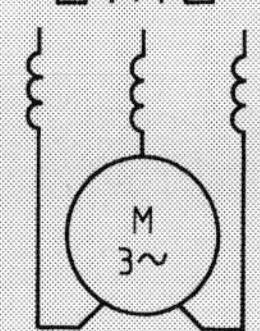	Drehstrom-Reihenschlussmotor	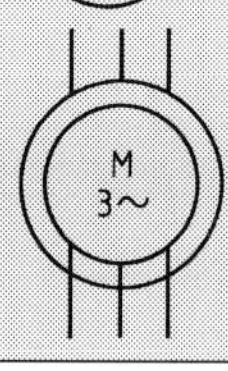	Drehstrom-Ansynchronmotor mit Schleifringläufer

Fortsetzung s. nächste Seite

Tabelle **10**.14, Fortsetzung

Form 1	Form 2		Form 1	Form 2	
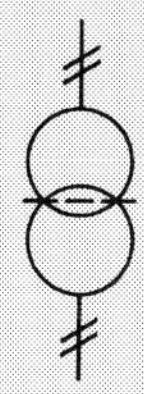	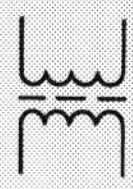	Einphasentransformator mit zwei Wicklungen und Schirm		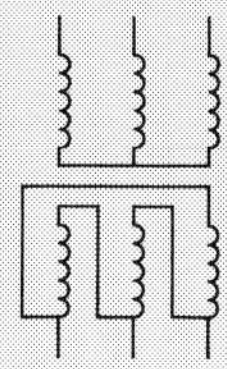	Drehstromtransformator, Stern-/Dreieckschaltung

Tabelle **10**.15 **Schaltzeichenbeispiele für Schalt- und Schutzeinrichtungen**

Kontakte				
Form 1	Form 2			
		Schließer (Schalter)		Schließer mit selbsttätigem Rückgang
		Öffner		– mit nichtselbsttätigem Rückgang
		Wechsler mit Unterbrechung		
Elektromechanische Relais				
Form 1	Form 2			**Beispiel**
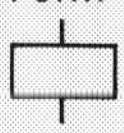		elektromechanischer Antrieb, Releaisspule	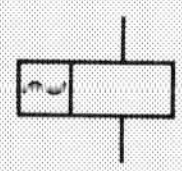	– eines Wechselstromrelais
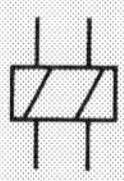		**Beispiel** Antrieb mit 2 getrennten Wicklungen (zusammenhängende Darstellung)		Schütz (Relais) mit 3 Schließern und 1 Öffner
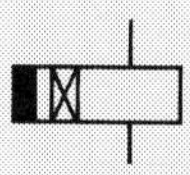		– mit Ansprech- und Rückfallverzögerung	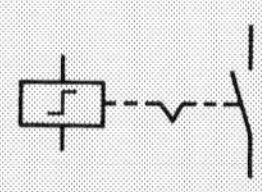	Fortschaltrelais (Stromstoßrelais)
Schalter				
		berührungsempfindlicher Schalter (Schließer)		Sicherungstrennschalter
		Lasttrennschalter		Motorschutzschalter, dreipolig, mit thermischer und magnetischer Auslösung, einpolige Darstellung
		Sicherungsschalter		Fehlerstrom-Schutzschalter, vierpolig
Sicherungen				
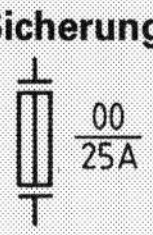		Niederspannungs-Hochleistungssicherung (NH), 25 A, Größe 00	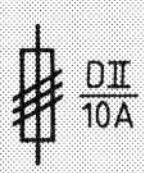	Schraubsicherung, 10 A, Typ DII, dreipolig

Tabelle **10.16** **Schaltzeichenbeispiele für Netze und Elektroinstallationen**

Leiter, Leitungen

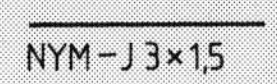	Leiter, Gruppe von Leitern, Leitung, Kabel, Stromweg, Übertragungsweg		Kabelkanal, Trasse, Elektro-Installationsrohr
	**Beispiele**		
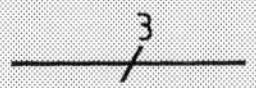	3 Leiter		Neutralleiter (N), Mittelleiter (M)
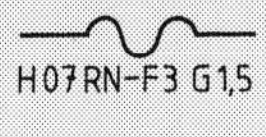	Leiter bewegbar	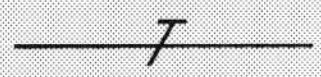	Schutzleiter (PE)
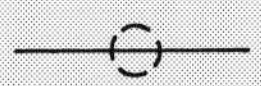	– geschirmt	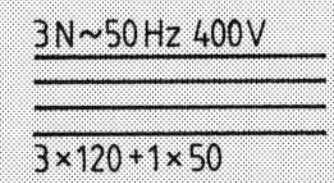	Dreiphasen-Vierleitersystem mit 3 Außenleitern und einem Neutralleiter, 50 Hz, 400 V, Außenleiter 120 mm², Neutralleiter 50 mm²
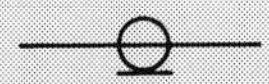	– koaxial		
	– auf Putz	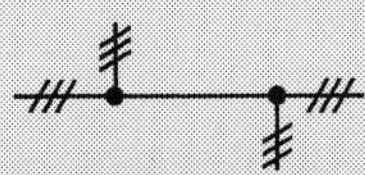	Leitungsverbindung (leitende Verbindung von Leitungen)
	– im Putz		Abzweigdose
	– unter Putz		

Installationen in Gebäuden

	Anschlussdose, Verbindungsdose	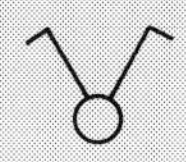	Serienschalter, einpolig, Schalter 5/1
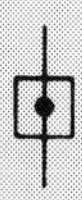	Hausanschlusskasten mit Leitung		Wechselschalter, einpolig, Schalter 6/1
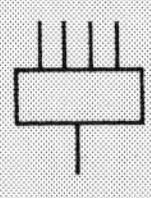	Verteiler mit 5 Anschlüssen	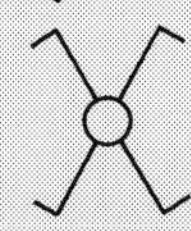	Kreuzschalter, Zwischenschalter, Schalter 7/1
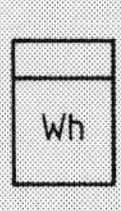	Wattstundenzähler, Elektrizitätszähler	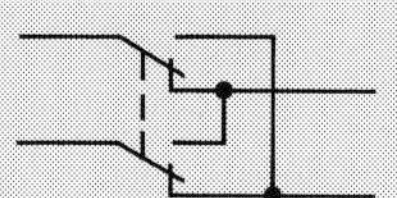	Kreuzschalter, Darstellung im Stromlaufplan
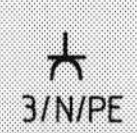	Schutzkontaktsteckdose für Drehstrom, fünfpolig		Dimmer
	Antennensteckdose		
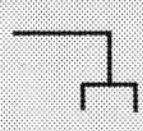	Fernmeldesteckdose		Taster mit Leuchte
	Ausschalter, einpolig, Schalter 1/1		Lampe, Leuchtmelder
	– zweipolig, Schalter 1/2	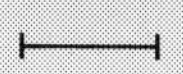	Leuchte für Leuchtstofflampe
		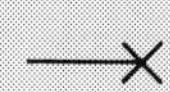	Leuchtenauslass mit Leitung

Fortsetzung s. nächste Seite

Tabelle **10.16**, Fortsetzung

Installationen in Gebäuden			
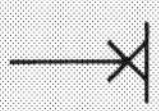	– auf Putz, mit nach links führender Leitung	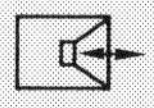	Wechselsprechstelle, Haus- oder Torsprechstelle
	Gong, Einschlagwecker		Temperaturmelder
	Türöffner	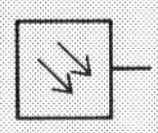	Rauchmelder, selbsttätig lichtabhängiges Prinzip
Elektro-Hausgeräte			
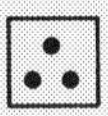	Elektroherd	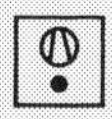	Wäschetrockner
	Mikrowellenherd	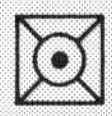	Geschirrspülmaschine
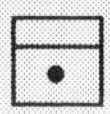	Backofen	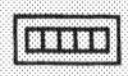	Speicherheizgerät
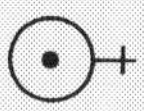	Heißwasserspeicher		Infrarotstrahler
	Durchlauferhitzer	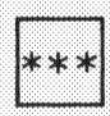	Kühlgerät, Tiefkühlgerät
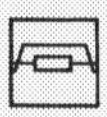	Infrarotgrill	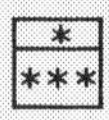	Gefriergerät
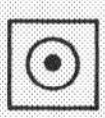	Waschmaschine		

Schaltpläne zeigen entweder die Wirkungsweise und den Stromverlauf oder die Leitungsverbindungen der Anlage. In ihnen wird festgelegt, wie die verschiedenen elektrischen Betriebsmittel zueinander in Beziehung stehen und miteinander verbunden sind. Zur Darstellung der Wirkungsweise und des Stromverlaufs dienen vorwiegend Übersichtsschalt- und Stromlaufpläne, zur Darstellung der Leitungsverbindungen dagegen Verbindungs- und Verdrahtungs-, Netz- und Installationspläne.

Für alle in Schaltplänen enthaltenen Teile sind einheitliche und eindeutige Bezeichnungen vorgesehen (s. DIN EN 61082-1 bis DIN EN 61082-4). Die Bezeichnungen sind allgemeiner Art oder beziehen sich auf technische Angaben oder auf Maschinen, Geräte und Anlagen. Die allgemeinen Angaben dienen zur Kennzeichnung der Abzweige, Felder oder Zeilen einer Anlage.

Übersichtsschaltpläne geben nur die wichtigsten Teile einer elektrischen Anlage oder Einrichtung an, in der Regel einpolig und mittels der Schaltzeichen ohne Hilfsleitungen. Dies genügt als Überblick über die Gliederung der Anlage, den Stromverlauf und die Schaltmöglichkeiten (Wirkungsweise) (DIN EN 61082-1 und DIN EN 61082-2).

Bild **10.17** zeigt die abzweiggebundenen Hilfsspannungsversorgungen (Sicherungen, Automaten) für einen 110-kV-Abzweig. Die einzelnen Einbauorte sind jeweils durch Begrenzungslinien gekennzeichnet. Die Hilfsstromkreise für Beleuchtung, Heizung und Steckdosen sind vollständig dargestellt, während umfangreiche Stromkreise wie Rückmeldung, Störmeldung, Schutz und dergleichen in den einzelnen Stromkreisen zugeordneten Schaltplänen erscheinen. Die entsprechenden Abzweige sind gekennzeichnet. Führt ein Hilfsstromkreis (wie der für die Steuerung und Meldung im rechten Teil des Schaltplans) über mehrere Folgeblätter, wird an dieser Stelle auf alle Folgeblätter verwiesen.

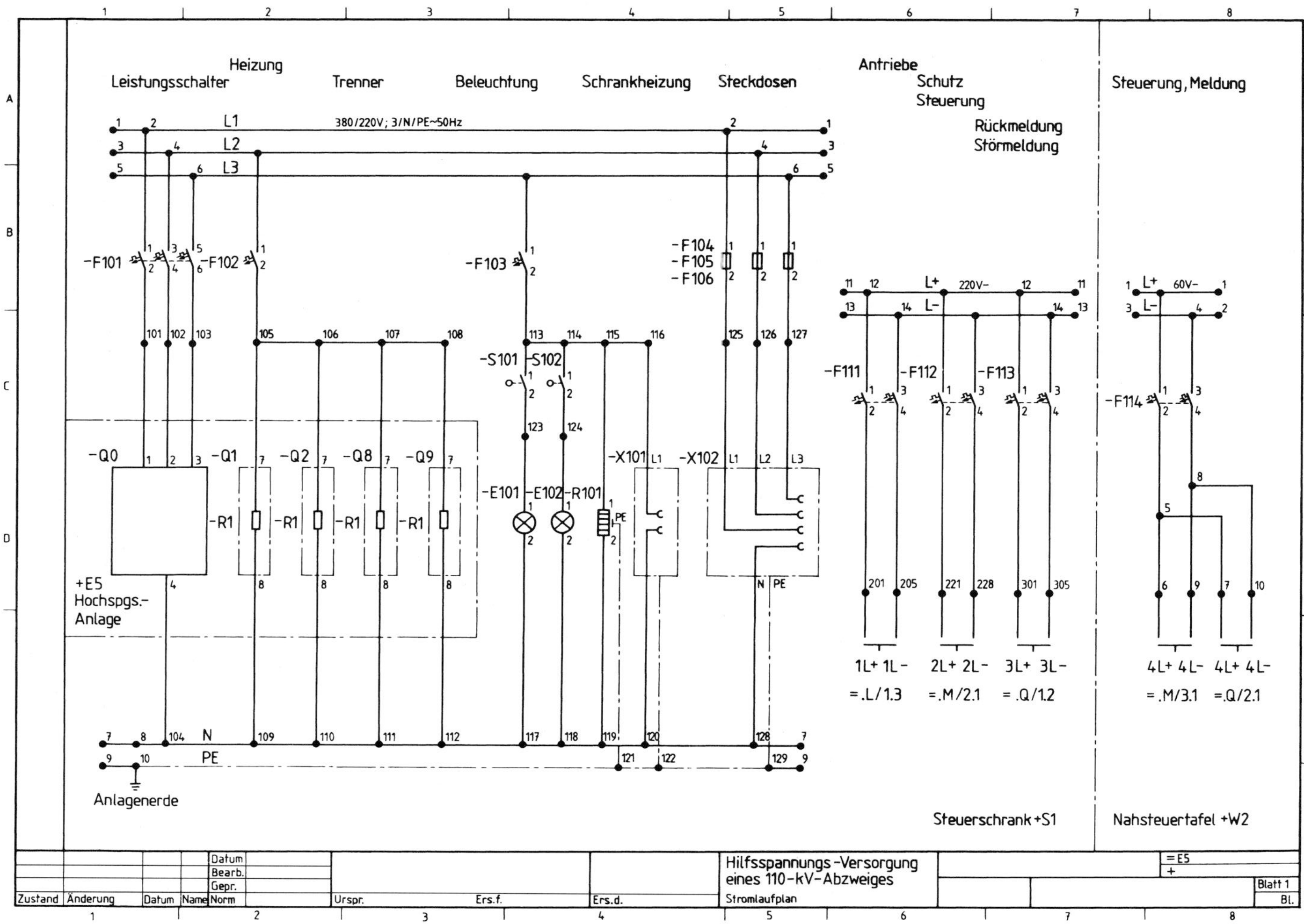

10.17 Hilfsspannungsversorgung eines 110 kV-Abzweigs

Bei der dargestellten Ringleitung genügt als Abschluss die Angabe von Klemmen. Zielhinweise auf Nachbarabzweige sind nicht erforderlich, da eine zusammenhängende Darstellung der Ringleitung in einem übergeordneten Übersichtsschaltplan vorhanden ist. Die Hilfskontakte der dargestellten Automaten für Meldungen werden in einem getrennten Schaltplan dargestellt.

Verbindungspläne vermitteln Informationen über die externen elektrischen Verbindungen zwischen Geräten (als Teile einer Anlage) oder Baueinheiten (als Teile eines Geräts). Sie werden für die Herstellung von Leitungsverbindungen und für Wartungszwecke verwendet.

Die Verbindungen werden durch gerade Linien und Geräte oder Baueinheiten durch einfache geometrische Figuren – Quadrate, Kreise oder Rechtecke – dargestellt. Die Verbindungslinien stellen die einzelnen Drähte oder komplette Kabel dar. Sie werden entsprechend gekennzeichnet (**10**.18). Alle Verbindungen zeichnet man so, als ob sie in einer Ebene verlaufen.

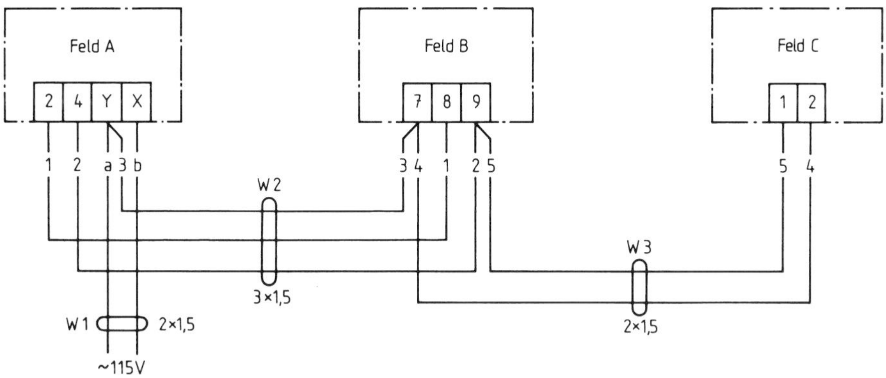

10.18 Verbindungsplan für elektrische Geräte (nach DIN EN 61082-3)

Verdrahtungspläne liefern Informationen über die elektrischen Innenverbindungen von Geräten oder Gerätekombinationen. Sie dienen in erster Linie zu Fertigungs- und Wartungszwecken.

Geräteverdrahtungspläne werden in ungefähr lagerichtiger Darstellung gezeichnet. Die Blickrichtung auf die Baueinheit wählt man so, dass die Anschlüsse oder Verdrahtungsseiten der einzelnen Bauteile oder Geräte so gezeigt werden, wie sie in der Baueinheit montiert sind. Für Geräteverdrahtungspläne werden gerade Linien und einfache Konturen – Quadrate, Kreise, Rechtecke – zur Darstellung der Betriebsmittel einer Baueinheit benutzt. Sind Betriebsmittel übereinander in verschiedenen Ebenen angeordnet, klappt oder dreht man die Betriebsmittel so, dass der Betrachter des Planes auf die Anschlüsse sieht. Die angewendete Methode ist entsprechend zu erläutern.

Bild **10**.19 zeigt z. B. eine Lötösenleiste (von der in der Baueinheit die Stirnseite sichtbar ist) um 90° nach links geklappt. Die lange Linie an der rechten Seite deutet die Klappachse an. In Bild **10**.20 deutet eine Anmerkung darauf hin, dass der bewegliche Teil rechts von der strichpunktierten Trennlinie von der Frontseite verdrahtet wird.

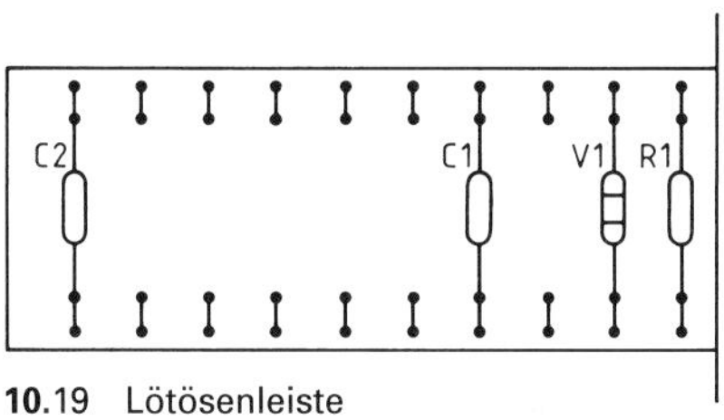

10.19 Lötösenleiste

Leitungsgruppen (Kabel, Formkabel usw.) können wie in Bild **10**.20 durch eine gemeinsame Linie dargestellt werden. Einzelleitungen kennzeichnet man durch Angabe der Adernfarben. Durch Bezugsziffern an den Stellen, an denen die Linien der Einzelleitungen in die der Formkabel übergehen, wird das Lesen des Planes erleichtert.

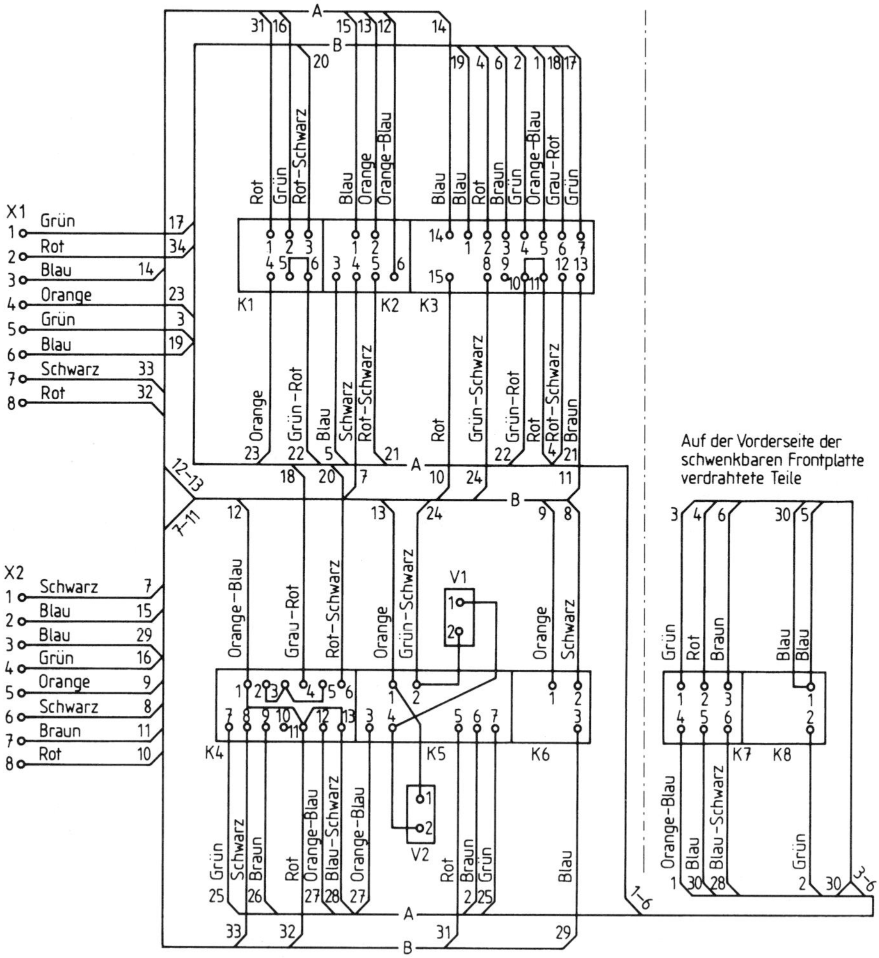

10.20 Verdrahtungsplan einer elektrischen Einrichtung mit zwei Formkabeln A und B (nach DIN EN 61082-3)

Ein Stromlaufplan (DIN EN 61082-1 und DIN EN 61082-2) ist die ausführliche Darstellung einer Schaltung mit Einzelheiten. Er zeigt und erläutert durch übersichtliche Darstellung der einzelnen Stromwege die Wirkungsweise einer elektrischen Schaltung. Die übersichtliche Darstellung darf nicht durch die Wiedergabe gerätetechnischer und räumlicher Zusammenhänge beeinträchtigt werden. Man verwendet die Schaltzeichen aus den Tab. **10.**11 bis **10.**15.

Der Stromlaufplan hat den Zweck,

- die elektrischen Betriebsmittel einer Anlage oder eines Geräts und ihr Zusammenwirken so übersichtlich darzustellen, dass das Lesen der Schaltung erleichtert wird;
- die Wirkungsweise eines Betriebsmittels, eines Geräts oder einer Anlage in möglichst einfacher Weise erkennen zu lassen;
- die Prüfung, Wartung und Fehlerortung zu ermöglichen und gegebenenfalls
- Daten für das Ausarbeiten von Verdrahtungsunterlagen bereitzustellen (evtl. zusätzlich Beschreibungen, Diagramme, Tabellen).

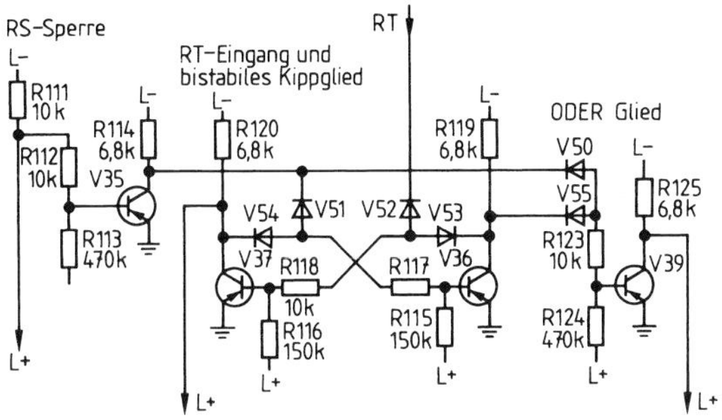

10.21 Stromlaufplan aus der Nachrichtentechnik (Teil des Steuerkreises eines Rufnummerngenerators, Auszug)

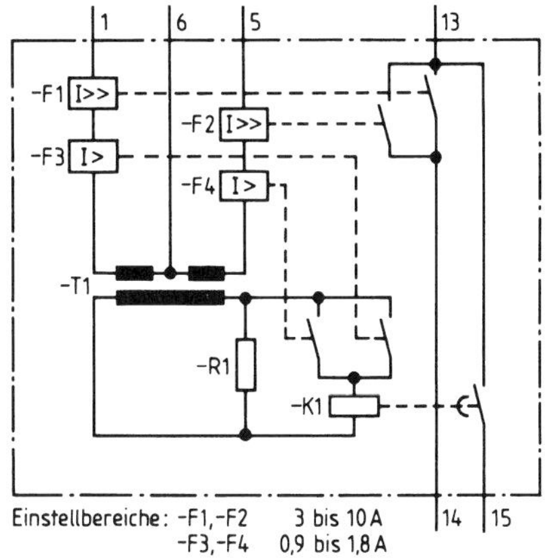

10.22 Stromlaufplan für ein Überstromrelais

Bild **10.**21 ist ein Stromlaufplan aus der Nachrichtentechnik. Die funktionelle Zusammengehörigkeit von Betriebsmitteln hat man hier durch ein Raster kenntlich gemacht. Ist eine Erläuterung der Funktionen der einzelnen Blöcke notwendig, erstellt man ggf. einen entsprechend gegliederten Blockschaltplan und trägt die textlichen Erläuterungen in die einzelnen Blöcke ein. Bild **10.**22 zeigt als Beispiel für einen Gerätestromlaufplan den Stromlaufplan für ein Uberstromrelais.

Netzpläne zeigen die Leitungen, Verbindungen oder Streckenführungen und die dazugehörigen Anlagen eines Netzes oder Netzteils und können in Landkarten oder Stadtpläne eingezeichnet werden (**10.**23).

Installationspläne (DIN EN 61082-4) geben die Anordnung der Geräte für Licht-, Kraft- und Fernmeldeanlagen an, werden der Wirklichkeit gemäß in Bauzeichnungen eingetragen und enthalten alle Angaben zum Legen der Leitungen (**10.**24). Die Bedeutung der Schaltzeichen zeigen die Tab. **10.**15 und **10.**16.

Leitungen verschiedener Art werden durch verschiedene Linienarten, Leitungen verschiedener Spannung oder Polarität durch verschiedene Strichbreiten, Geräte verschiedener Wichtigkeit durch unterschiedliche Größen der Sinnbilder gekennzeichnet. Die Anzahl der Leiter gibt man durch schräge, die Anzahl der Stromkreise durch senkrechte, kurze Querstriche in der Leitung an; außerdem den Leitungsquerschnitt in mm^2, die Bauart, die Art der Verlegung und erforderlichenfalls den Werkstoff der Leitungen und die Stromart, die Spannung und gegebenenfalls auch die Frequenz.

Welcher Plan für eine elektrische Einrichtung zu wählen ist, muss von Fall zu Fall entschieden werden; bisweilen sind zwei oder mehr Pläne erforderlich, aber auch Kombinationen untereinander möglich.

DIN-Normen über Schaltzeichen und Schaltungsunterlagen sind in den DIN-Taschenbüchern 501, 502, 512 und 514 enthalten (zu beziehen durch Beuth Verlag GmbH, Berlin, Wien, Zürich).

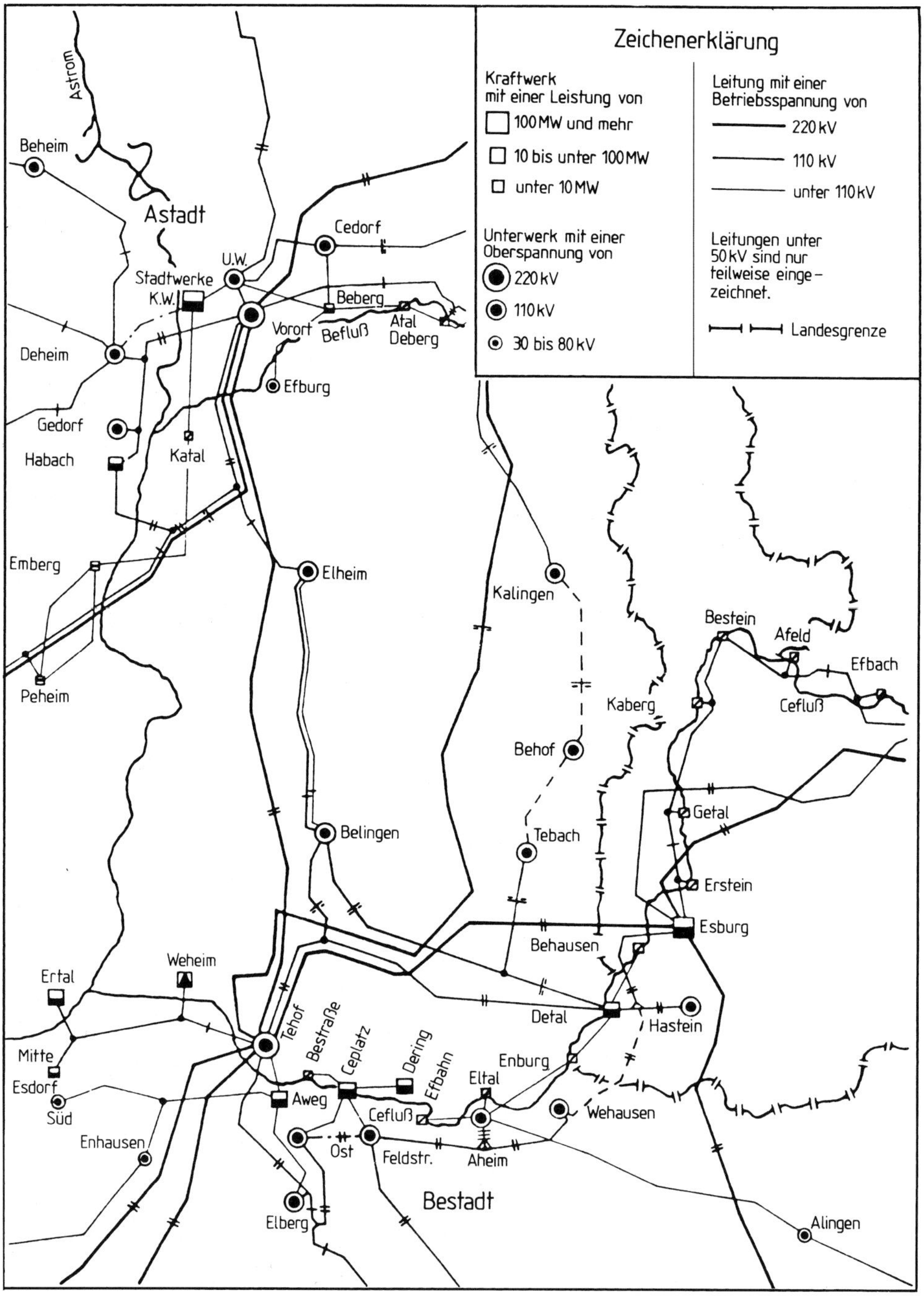

10.23 Planausschnitt eines Starkstrom-Verbundnetzes

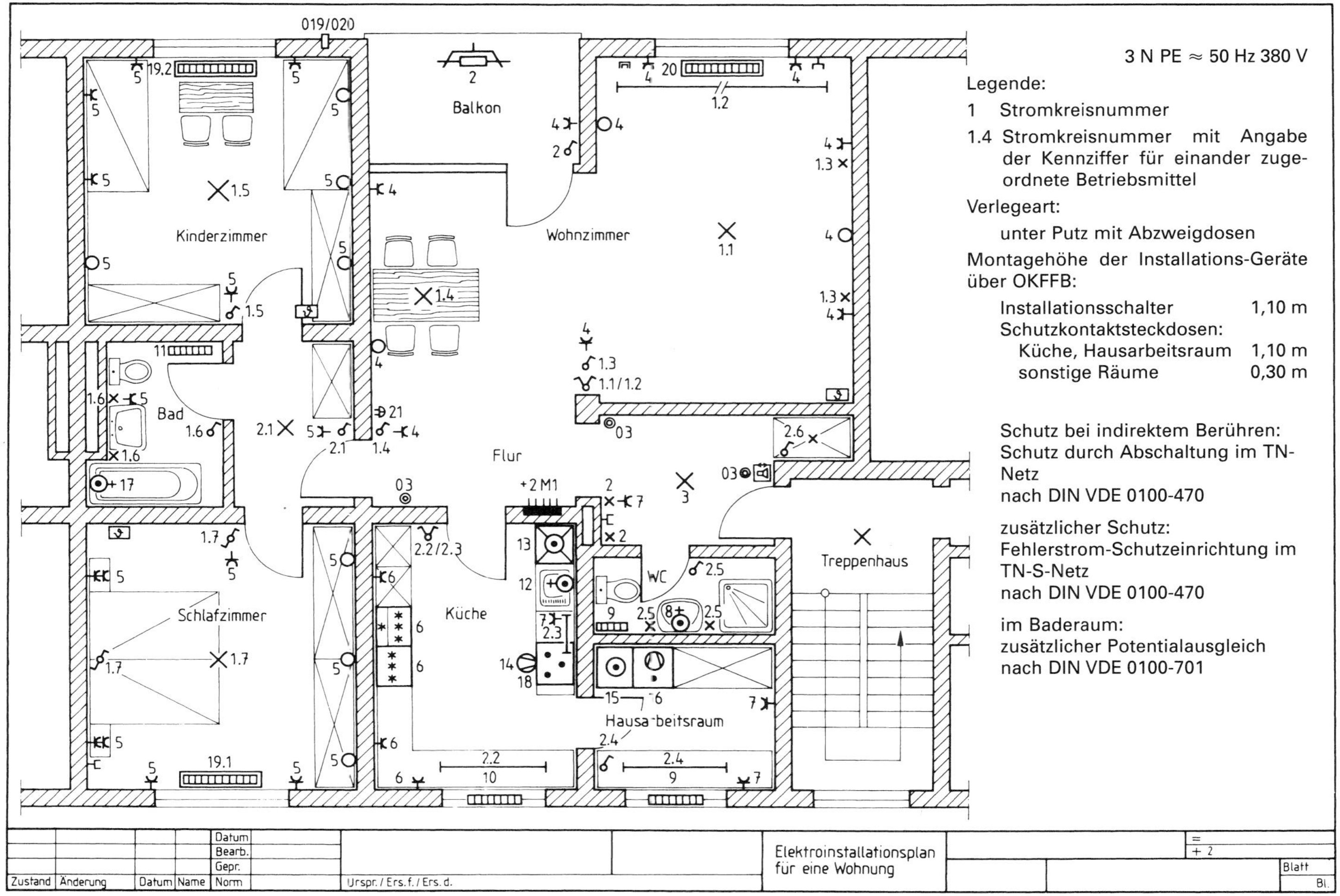

10.24 Beispiel eines Installationsplans für eine Wohnung

10.3 Fluidtechnische Systeme und Geräte

DIN ISO 1219-1 enthält grundsätzliche Angaben über die Bildung und den Einsatz grafischer Symbole und erläutert ihre Anwendung in Hydraulik- und Pneumatik-Schaltplänen (**10.**26 bis **10.**28). Die in Tab. **10.**25 abgebildeten Symbole sind nach DIN ISO 1219-1 aus Grund- und Funktionssymbolen gebildet und dienen als Beispiele für Pläne der Fluidtechnik.

Tabelle **10.**25 **Grafische Symbole für fluidtechnische Systeme und Geräte (nach DIN ISO 1219-1)**
L = Strichlänge, E = Strichdicke, D = Abstand zwischen Linien

Linien	Anwendung
$L > 10E$; $L < 5E$	Durchflussleitungen
$D < 5E$	mechanische Verbindungen (Wellen, Hebel, Kolbenstangen)
	Zum Umrahmen mehrerer Komponenten zu einer Baugruppe
$d \approx 5E$	Leitungsverbindung
Geräte, ohne Ventile	
	Meist Energieumformungseinheiten (Pumpe, Kompressor, Motor)
	Messinstrumente
	Rückschlagventile, Drehverbindungen usw.
	Mechanische Gelenke, Rollen usw.
	Schwenkmotoren
Aufbereitungsgeräte	
	(Filter, Abscheider, Schmiergeräte, Wärmeaustauscher)
Steuerventile	
	ausgenommen Rückschlagventile
	Feder
Drosselung	
	viskositätsabhängig
	viskositätsstabil
Richtung des Stroms und Art des Druckmittels	
	Hydrostrom
	Druckluftstrom oder Auslass zur Atmosphäre

Anzeige	
	Richtung
	Drehrichtung
	Durchflussweg und Richtung von Druckmittelstrom durch Ventile
	mögliche Verstellbarkeit oder zunehmende Veränderbarkeit
Hydraulik-Pneumatik-Stromleitung	
	Arbeitsleitung, Rücklauf- und Zuführleitung
	Steuerleitung
	Abfluss- oder Leckleitung
	flexible Leitungsverbindung
	Elektrische Leitung
	Rohrleitungsverbindung
	gekreuzte Rohrleitungen
	Entlüftung
Auslassöffnung	
	ohne Vorrichtung für einen Anschluss
	mit Gewinde für einen Anschluss
Energieabnahmestelle	
	mit Stopfen
	mit Entnahmeleitung
Schnell-Kupplungen	
	verbunden, ohne mechanisch öffnendes Rückschlagventil
	verbunden, mit mechanisch öffnenden Rückschlagventilen
	entkuppelt, mit offenem Ende
	entkuppelt, durch federloses Rückschlagventil gesperrtes Ende

Fortsetzung s. nächste Seite

Tabelle **10**.25, Fortsetzung

Drehverbindung	
	1 Weg
	3 Wege, konzentrisch
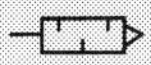	Geräuschdämpfer
Behälter	
	offen, mit Atmosphäre verbunden
	mit Rohrende über dem Flüssigkeitsspiegel
	mit Rohrende unterhalb des Flüssigkeitsspiegels
	mit Rohrende von unten im Behälter
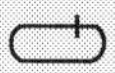	Druckbehälter
	**Hydrospeicher**
Hydropumpe mit konstantem Verdrängungsvolumen	
	mit einer Stromrichtung
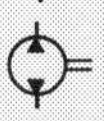	mit zwei Stromrichtungen
Hydropumpe mit veränderlichem Verdrängungsvolumen	
	mit einer Stromrichtung
	mit zwei Stromrichtungen
	Drehmomentwandler, Pumpen und/oder Motoren mit veränderlichem Verdrängungsvolumen, Ferngetriebe
Einfachwirkender Zylinder	
ausführlich / vereinfacht	
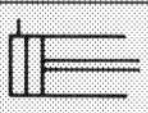 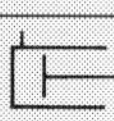	Rückhub durch nicht näher bestimmte Kraft
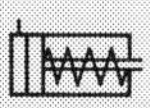 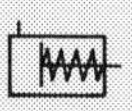	Rückhub durch Feder
Doppeltwirkender Zylinder	
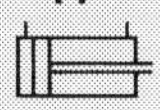 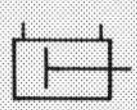	mit einfacher Kolbenstange
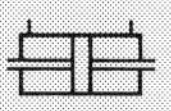 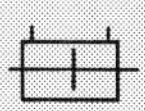	mit zweiseitiger Kolbenstange
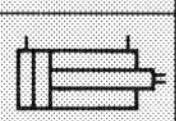 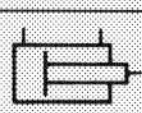	Differentialzylinder

Darstellungsmethode von Ventilen	

	vereinfacht
Durchflusswege	
	ein Durchflussweg
	zwei gesperrte Anschlüsse
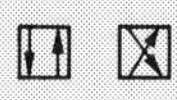	zwei Durchflusswege
	zwei Durchflusswege und ein gesperrter Anschluss
	zwei Durchflusswege mit Verbindung zueinander
	ein Durchflussweg in Nebenschlussschaltung, zwei gesperrte Anschlüsse
2/2-Wegeventil	
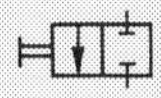	mit Handbetätigung
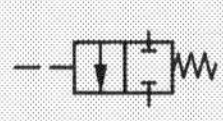	durch Druck betätigt (z. B. durch Druckbeaufschlagung) gegen eine Rückholfeder
3/2-Wegeventil	
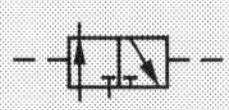	durch Druck betätigt, in beiden Richtungen
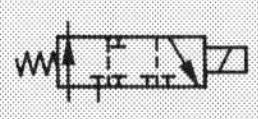	durch Elektromagneten betätigt, mit Rückholfeder
4/2-Wegeventil	
ausführlich 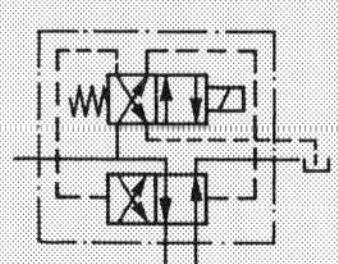	durch Druck in beiden Richtungen betätigt mittels eines Vorsteuerventils (mit einem einfachwirkenden Elektromagneten und einer Rückholfeder)
vereinfacht 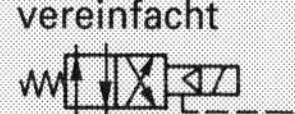	
5/2-Wegeventil	mit 5 Anschlussöffnungen und 2 bestimmten Schaltstellungen
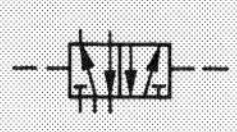	druckbetätigt, in beiden Richtungen

Fortsetzung s. nächste Seite

Tabelle **10**.25, Fortsetzung

Rückschlagventil	
	unbelastet; öffnet, wenn der Einlassdruck höher ist als der Auslassdruck federbelastet; öffnet, wenn Einlassdruck höher als Auslassdruck einschließlich der Federanpresskraft
Rückschlagventil, vorgesteuert	
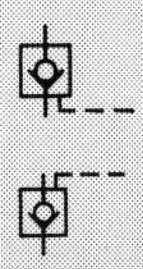	Schließen des Ventils Öffnen des Ventils
Druckbegrenzungsventil (Sicherheitsventil)	
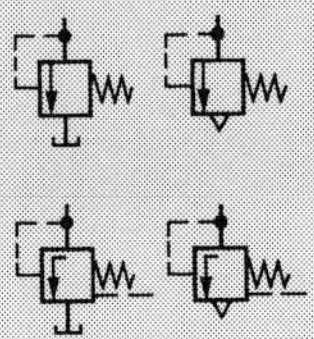	Einlassdruck durch Öffnen der Ablassöffnung gegen eine Gegenkraft (z. B. Feder) gesteuert mit Vorsteuerung. Der Druck in der Einlassöffnung ist begrenzt.
Stromregelventil	
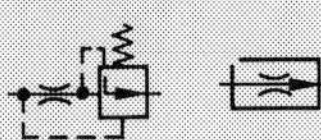 ausführlich vereinfacht	mit konstantem Ausgangsstrom
Geräte	
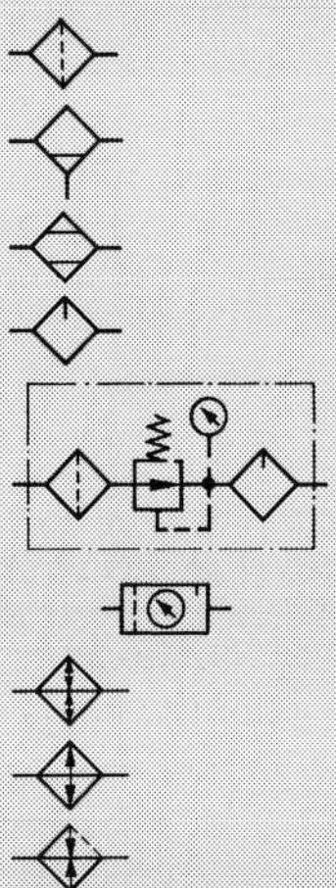	Filter oder Siebe Wasserabscheider mit Handbetätigung Lufttrockner Öler Aufbereitungseinheit Temperaturregler Kühler Vorwärmer
Mechanik	Rotierende Welle
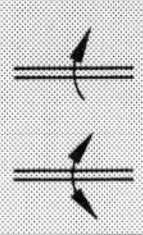	in einer Richtung in beiden Richtungen
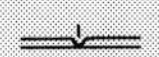	Raste
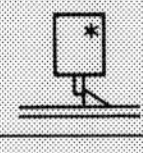	Sperrvorrichtung
	Sprungwerk
Gelenkverbindung	
	einfach mit Seitenhebel mit festem Drehpunkt
Muskelkraftbetätigung	
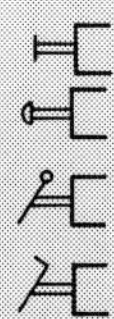	durch Druckknopf durch Hebel durch Pedal
Mechanische Betätigung	
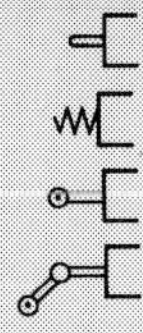	durch Stößel oder Taster durch Feder durch Rolle durch Rolle, nur in einer Richtung arbeitend
Elektrische Betätigung	
	durch Elektromagnet: – mit 1 Wicklung – mit 2 Wicklungen, die gegeneinander wirken – mit 2 Wicklungen, die gegeneinander wirken und die ein stufenloses, veränderbares Verhalten aufweisen – durch Elektromotor
Druckmessung	
	Manometer
Temperaturmessung	
	Thermometer
Strommessung	
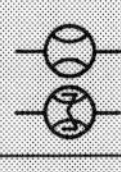	Strommesser Volumenmesser
Andere Geräte	
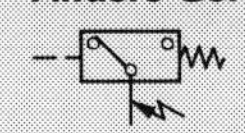	Druckschalter (hydraulisch-elektrisch)

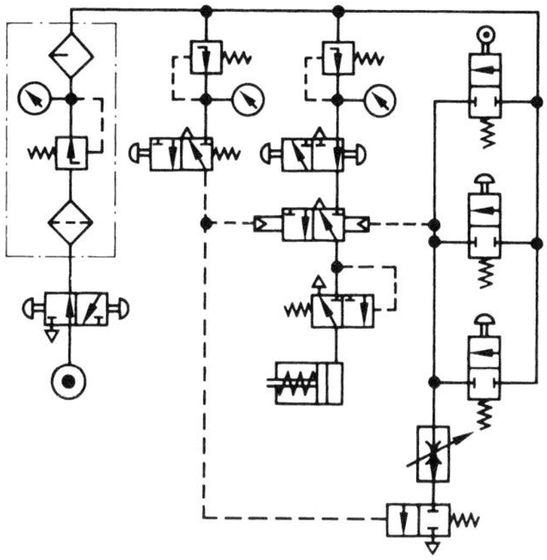

10.26 Anwendung der Sinnbilder nach Tab. **10**.25 bei einer Kupplungssteuerung

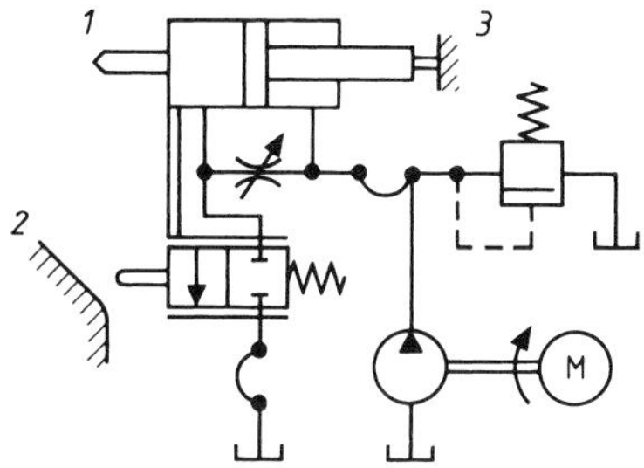

10.27 Anwendung der Sinnbilder nach Tab. **10**.25 bei einer Kopiersteuerung

1 = Werkzeug, *2* = Schablone, *3* = Maschinenrahmen

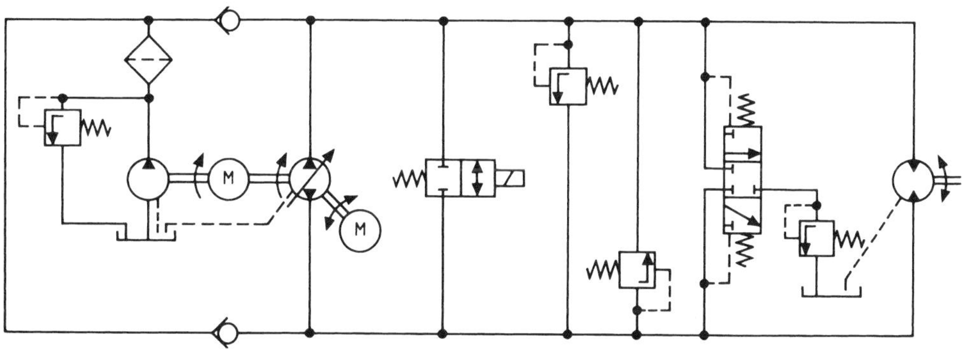

10.28 Anwendung der Sinnbilder nach Tab. **10**.25 bei einem Umkehrgetriebe

10.4 Rechnerunterstütztes Zeichnen

Für die Erstellung von Schaltplänen, Verdrahtungsplänen etc. ist das Vorhandensein einer guten Symbolbibliothek ein wichtiger Faktor. Zum Teil ist sie schon Bestandteil der erworbenen Software, kann aber auch hinsichtlich betrieblicher Erfordernisse selbst erstellt werden. Nicht nur die dementsprechenden Normen, sondern auch Faktoren wie z.B. Größe, Form, Lage oder das Vorhandensein bzw. Erstellen einer Symbolfamilie sollten beim Aufbau einer Symbolbibliothek beachtet werden.

Unterstützend zur Herstellung von Plänen aller Art können auch spezielle CAD-Programme oder Grafikprogramme sein, bei denen nur noch die grafischen Symbole eingesetzt werden müssen, während der Rest des zu Zeichnenden, wie z.B. Verbindungen, schon vorhanden ist bzw. automatisch erstellt wird.

11 Verzeichnis der DIN-Normen

Der erste Teil des Verzeichnisses „Technisches Zeichnen" gibt einen Überblick über alle wichtigen Normen, die sich mit der Zeichnung und der zeichnerischen Darstellung befassen. Zur Verdeutlichung der Zusammenhänge mit der internationalen Normung wird in der Spalte „Zusammenhang mit ISO oder IEC" auf die jeweiligen ISO- oder IEC-Dokumente unter Angabe des Übereinstimmungsgrades hingewiesen.

Hierin bedeuten: ISO = ISO-Norm, ISO/DIS = ISO-Norm-Entwurf, ISO/CD = ISO-Entwurfs-Vorschlag, ISO/TR = ISO-Technischer Bericht, IEC = IEC-Norm[1]), EN = Europäische Norm.

Der zweite Teil des Verzeichnisses „Weitere Normen" umfaßt DIN-Normen für Normteile/Maschinenelemente sowie Normen, die Konstruktionsgrundlagen beinhalten und die in dem Buch behandelt bzw. zitiert werden. Zitierte Normen sind ohne Seitenangaben aufgelistet.

Der Anhang zu diesem Abschnitt enthält eine kurze Einführung in die neue Bezeichnungsweise von Stählen, durch die nach und nach die bisher gebräuchlichen Kurzzeichen abgelöst werden. Eine vergleichende Übersicht erleichtert das Umschlüsseln der alten und neuen Kurzzeichen.

11.1 Technisches Zeichnen

DIN	Seite	Titel	Zusammenhang mit ISO oder IEC[2])	
6-1	86	Technische Zeichnungen – Darstellungen in Normalprojektion – Ansichten und besondere Darstellungen	128	MOD 2
6-2	86	... – ... – Schnitte	128	MOD 2
15-2	78	Technische Zeichnungen – Linien, Allgemeine Anwendung	128	MOD 2
30-5	12, 81	Zeichnungsvereinfachung – Fremdteil-Zeichnungen – Ausführung	– –	
30-6	12, 81	... – Sammel-Zeichnungen – Ausführung	– –	
30-7	12, 81	... – Vordruck-Zeichnungen – Ausführung	– –	
34	27	Technische Produktdokumentation – Schutzvermerke zur Beschränkung der Nutzung von Dokumenten und Produkten	CD 16016	IDT

Fortsetzung s. nächste Seiten

[1]) ISO- und IEC-Normen sind in englischer und französischer Fassung beziehbar durch: Beuth Verlag GmbH, 10772 Berlin (Hausanschrift: Burggrafenstraße 6, 10787 Berlin) Tel.: 030/2601-2260

[2]) Erläuterungen des Zusammenhangs:

IDT: Die genannten DIN-Normen, -Entwürfe sind mit der internationalen Vereinbarung identisch: Inhalt vollständig und unverändert; Aufbau formgetreu

EQV: Die genannten DIN-Normen, -Entwürfe sind zu der internationalen Vereinbarung äquivalent: Inhalt gleichwertig; Abweichungen nur im Aufbau oder unter Wahrung des Gegenseitigkeitsprinzips

MOD 1: Die genannten DIN-Normen, -Entwürfe stimmen mit der internationalen Vereinbarung *sachlich und redaktionell* überein, umfassen deren gesamten Inhalt, jedoch mit Ergänzungen

MOD 2: Die genannten DIN-Normen, -Entwürfe stimmen mit der internationalen Vereinbarung *sachlich und redaktionell* überein, umfassen aber nicht deren gesamten Inhalt

NEQ Die genannten DIN-Normen, -Entwürfe sind zu der internationalen Vereinbarung nicht äquivalent: Inhalt verändert (z.B. Umfang kleiner oder größer, Anforderungen geringer oder höher); Gegenseitigkeitsprinzip nicht gewahrt.

DIN	Seite	Titel	Zusammenhang mit ISO oder IEC	
108-2	83	Diaprojektoren und Diapositive – Dias mit wissenschaftlich-technischem Informationsinhalt – Originalvorlagen, Ausführung, Prüfung, Vorführbedingungen	– –	
128-20	78,86,201	Technische Zeichnungen – Allgemeine Grundlagen der Darstellung – Teil 20: Linien, Grundregeln	128-20	IDT
199-1	12	Begriffe im Zeichnungs- und Stücklistenwesen – Zeichnungen	10209-1	NEQ
199-2	13	... – Stücklisten	– –	
199-3	13	... – Stücklisten-Verarbeitung, Begriffe in Schlüsselsystemen	– –	
199-4	13	... – Änderungen	– –	
199-5	13	... – Stücklistenverarbeitung, Stücklistenauflösung	– –	
201	95, 201	Technische Zeichnungen – Schraffuren – Darstellung von Schnittflächen und Stoffen	– –	
406-10	108	... – Maßeintragung – Begriffe, allgemeine Grundlagen	129	MOD 1
406-11	108, 206	... – Maßeintragung – Grundlagen der Anwendung	129	MOD 1
406-12	149	... – Maßeintragung – Eintragung von Toleranzen für Längen und Winkelmaße	406	MOD 1
461	22, 175	Graphische Darstellung in Koordinatensystemen	– –	
509	248	Freistiche	– –	
824	27	Technische Zeichnungen – Faltung auf Ablageformat	– –	
ISO 1101	152, 274	Technische Zeichnungen – Form und Lagetolerierung – Form-, Richtungs-, Orts- und Lauftoleranzen – Allgemeines, Definitionen, Symbole, Zeichnungseintragungen	1101	IDT
ISO 1302	174, 254, 274	Technische Zeichnungen – Angabe der Oberflächen-beschaffenheit	1302	IDT
1505-2	83	Titelangaben von Dokumenten – Zitierregeln	– –	
1912-1	249	Zeichnerische Darstellung, Schweißen, Löten – Begriffe und Benennungen für Schweißstöße, -fugen, -nähte	– –	
1912-2	249	Zeichnerische Darstellung, Schweißen, Löten – Arbeitspositionen, Nahtneigungswinkel, Nahtdrehwinkel	– –	
2107	84	Büro und Datentechnik – Schriftfamilien für Maschinen der Textverarbeitung	– –	
ISO 2162-1	263	Technische Produktdokumentation – Federn – Teil 1: Vereinfachte Darstellung	2162-1	IDT
ISO 2203	270	Technische Zeichnungen – Darstellung von Zahnrädern	2203	IDT
2429-2	294	Graphische Symbole für technische Zeichnungen – Rohrleitungen – Funktionelle Darstellung	– –	
ISO 2692	153	Technische Zeichnungen – Form- und Lagetolerierung – Maximum-Material-Prinzip		
ISO 3040	122	Technische Zeichnungen – Eintragung von Maßen und Toleranzen für Kegel	3040	IDT
ISO 3098-2	79	... – Beschriftung – Griechische Schriftzeichen	3098-2	IDT
ISO 3461-2	85	Graphische Symbole – Gestaltungsregeln für graphische Symbole in der technischen Produktdokumentation	3461-2	IDT
3966-1	272	Angaben für Verzahnungen in Zeichnungen – Angaben für Stirnrad-(Zylinderrad-) Evolventenverzahnungen	1340	NEQ
3966-2	272	Angaben für Verzahnungen in Zeichnungen – Angaben für Geradzahn-Kegelradverzahnungen	– –	
ISO 5261	193, 226	Technische Zeichnungen – Vereinfachte Darstellung und Maßeintragung von Stäben und Profilen	5261	IDT

DIN	Seite	Titel	Zusammenhang mit ISO oder IEC	
ISO 5455	93, 296	Technische Zeichnungen – Maßstäbe	5455	IDT
ISO 5456-2	46	... – Projektionsmethoden – Orthogonale Darstellungen	5456-2	IDT
ISO 5456-3	67	... – ... – Axonometrische Darstellungen	5456-3	IDT
ISO 5458	154	... – Form- und Lagetolerierung – Positionstolerierung	5458	IDT
ISO 6410-1	213	... – Gewinde und Gewindeteile – Allgemeines	6410-1	IDT
ISO 6410-3	232	... – Gewinde und Gewindeteile – Vereinfachte Darstellung	6410-3	IDT
ISO 6412-1	296	... – Vereinfachte Darstellung von Rohrleitungen – Allgemeine Regeln und orthogonale Darstellung	6412-1	IDT
ISO 6412-2	296	... – Vereinfachte Darstellung von Rohrleitungen – Isometrische Darstellung	6412-2	IDT
ISO 6413	242	... – Darstellung von Keilwellen und Kerbverzahnungen	6413	IDT
ISO 6428	78	... – Anforderungen für die Mikroverfilmung	6428	IDT
6771-1	25	Schriftfelder für Zeichnungen, Pläne und Listen	7200	NEQ
6771-2	25	Vordrucke für technische Unterlagen – Stückliste	7573	NEQ
6771-6	25	... – Zeichnungen	5457	NEQ
6773-2	203, 206	Wärmebehandlung von Eisenwerkstoffen – Wärmebehandelte Teile – Darstellung und Angaben in Zeichnungen, Härten, Härten und Anlassen, Vergüten	– –	
6773-3	204, 206	... – ... – ... – Randschichthärten	– –	
6773-4	203, 206	... – ... – ... – Einsatzhärten	– –	
6773-5	204, 206	... – ... – ... – Nitrieren	– –	
6774-3	83	Technische Zeichnungen – Ausführungsregeln – Gezeichnete Vorlagen für Dias	– –	
6774-4	81	... – ... – Gezeichnete Vorlagen für Druckzwecke	– –	
6774-10	78	... – ... – Rechnerunterstützt erstellte Zeichnung	– –	
6776-1	19, 20, 24	... – Beschriftung – Schriftzeichen	3098-0 3098-1 3098-3	MOD 1 MOD 1 MOD 2
6784	127	... – Werkstückkanten	13715	MOD 2
6785	127	... – Butzen an Drehteilen	– –	
6789-3	19, 20	Dokumentationssystematik – Änderung von Dokumenten und Gegenständen – Allgemeine Anforderungen	– –	
6790-1	78	Wortangaben in technischen Zeichnungen – Einzelangaben	– –	
6790-2	78	... – Wortangaben im Satzverband	– –	
ISO 8015	154, 185	Technische Zeichnungen – Tolerierungsgrundsatz	8015	IDT
ISO 8826-1	280	Technische Zeichnungen – Wälzlager – Teil 1: Allgemeine, vereinfachte Darstellung	8826-1	IDT
ISO 8826-2	280	Technische Zeichnungen – Wälzlager – Teil 2: Detaillierte vereinfachte Darstellung	8826-2	IDT
19052-1 bis -6	78	Mikrofilmtechnik – Zeichnungsverfilmung	– –	
32742-5	78	Büro- und Datentechnik – Fernkopierer – Mindestanforderungen an Übertragungsvorlagen	– –	
40900-12	299	Graphische Symbole für Schaltungsunterlagen – Binäre Elemente	– –	
V 40900-1000	299	... – Regeln für das rechnerunterstützte Erstellen von Schaltzeichen	– –	
50960-2	208, 210	Galvanische und chemische Überzüge – Zeichnungsangaben	– –	
V 66304	287	Industrielle Automation – Rechnerunterstütztes Konstruieren – Format zum Austausch von Normteildaten	– –	

11.2 Normteile / Maschinenelemente

DIN	Seite	Titel
39	146	Ballengriffe
93	231	Scheiben mit Lappen
95	227	Linsensenk-Holzschrauben
97	227	Senk-Holzschrauben
99	146, 147	Kegelgriffe
124	206	Halbrundniete, Nenndurchmesser 10 bis 36 mm
125-1	224, 225	Scheiben – Produktklasse A, bis Härte 250 HV, vorzugsweise für Sechskantschrauben und -muttern
125-2	133, 228	Scheiben – Produktklasse A, ab Härte 300 HV, vorzugsweise für Sechskantschrauben und -muttern
128	225, 229	Federringe, gewölbt
137	225, 229	Federscheiben, gewellt
158-1	216	Metrisches kegeliges Außengewinde mit zugehörigem zylindrischen Innengewinde – Nennmaße, Grenzabmaße, Grenzmaße und Prüfung
172	148	Bundbohrbuchsen
173-1	148	Steckbohrbuchsen
179	140, 248	Bohrbuchsen
188	144, 222	Hammerschrauben mit Nase
228-1	216	Rohrgewinde
271	239	Tangentkeile und -keilnuten für gleichbleibende Beanspruchung
302	235	Senkniete, Nenndurchmesser 10 bis 36 mm
403	224	Rändelräder
427	223	Schaftschrauben mit Schlitz und Kegelkuppe
432	229, 321	Scheiben mit Außennase (Sicherungsbleche mit Nase)
433-1	228	Scheiben – Produktklasse A, bis Härte 250 HV, vorzugsweise für Zylinderschrauben
433-2	228	... – Produktklasse A, ab Härte 300 HV, vorzugsweise für Zylinderschrauben
463	231	Scheiben mit zwei Lappen
471	244	Sicherungsringe (Halteringe) für Wellen – Regelausführung und schwere Ausführung
472	244	Sicherungsringe (Halteringe) für Bohrungen – Regelausführung und schwere Ausführung
475-1	217	Schlüsselweiten
476-1	83	Schreibpapier und bestimmte Gruppen von Drucksachen – Endformate A- und B-Reihen
478	137, 222	Vierkantschrauben mit Bund
EN 499	261	Schweißzusätze – Umhüllte Stabelektroden zum Lichtbogenhandschweißen von unlegierten Stählen und Feinkornstählen – Einteilung
526	230	Sicherungsnäpfe für versenkte Zylinderschrauben nach DIN 84
557	224	Vierkantmuttern – Produktklasse C
561	17	Sechskantschrauben mit Zapfen und kleinem Sechskant
607	222	Halbrundschrauben mit Nase
609	221	Sechskant-Passschrauben
611	277	Wälzlager – Übersicht
615	277	... – Schulterkugellager
616	277	... – Maßpläne
617	277	... – Nadellager mit Käfig – Maßreihen 48 und 49
623-1	277	... – Grundlagen – Bezeichnung, Kennzeichnung

DIN	Seite	Titel
625-1	278	... – Rillenkugellager, einreihig
628-1	278	... – Radial-Schrägkugellager, einreihig, selbsthaltend
630-1	279	... – Radial-Pendelkugellager, zweireihig, zylindrische und kegelige Bohrung
659	228	Steckschlüssel aus Rohr
660	233, 236	Halbrundniete – Nenndurchmesser 1 bis 8 mm
661	233, 236	Senkniete – Nenndurchmesser 1 bis 8 mm
674	233, 236	Flachrundniete – Nenndurchmesser 1,4 bis 6 mm
675	234	Flachsenkniete (Riemenniete) – Nenndurchmesser 3 bis 5 mm
711	279	Wälzlager – Axial-Rillenkugellager, einseitig wirkend
748-1	242	Zylindrische Wellenenden – Abmessungen, Nenndrehmomente
748-3	242	Zylindrische Wellenenden für elektrische Maschinen
EN 756	261	Schweißzusätze – Drahtelektroden und Draht-Pulver-Kombinationen zum Unterpulverschweißen von unlegierten Stählen und Feinkornstählen – Einteilung
820-2	193	Normungsarbeit – Gestaltung von Normen
835	146	Stiftschrauben – Einschraubende ~ 2 *d*
838	228	Tief gekröpfte Doppelringschlüssel mit ungleichen Schlüsselweiten – Prüfdrehmomente nach Reihe A
896	228	Doppelsteckschlüssel – Prüfdrehmomente nach Reihe A
897	228	Flach gekröpfte Doppelringschlüssel mit ungleichen Schlüsselweiten – Prüfdrehmomente nach Reihe A
913	223	Gewindestifte mit Innensechskant und Kegelkuppe
914	223	Gewindestifte mit Innensechskant und Spitze
915	223	Gewindestifte mit Innensechskant und Zapfen
916	226	Gewindestifte mit Innensechskant und Ringschneide
921	134	Flachkopfschrauben mit Schlitz und grossem Kopf
935-1	224, 231	Kronenmuttern – Metrisches Regel- und Feingewinde – Produktklassen A und B
935-3	224, 231	... – Metrisches Regelgewinde – Produktklasse C
937	231	... – niedrige Form
938	223, 225	Stiftschrauben – Einschraubende ~ 1 *d*
939	145, 222	Stiftschrauben – Einschraubende ~ 1,25 *d*
951	145	Handräder, gekröpft – Nabenloch gerader Vierkant
962	220, 243	Schrauben und Muttern – Bezeichnungsangaben – Formen und Ausführungen
986	230	Sechskant-Hutmuttern mit Klemmteil, mit nichtmetallischem Einsatz
EN ISO 1207	17, 223, 230	Zylinderschrauben mit Schlitz
EN ISO 1234	243	Splinte
1441	243	Scheiben, Ausführung grob, für Bolzen
1442	243	Schmierlöcher für Bolzen – Baumaße
1469	247	Passkerbstifte mit Hals
ISO 1482	227	Senkblechschrauben
ISO 1483	227	Linsensenkblechschrauben
EN ISO 1580	223, 228	Flachkopfschrauben mit Schlitz – Produktklasse A
1651	193, 243	Automatenstähle – Technische Lieferbedingungen
EN 1663	231	Sechskantmuttern mit Klemmteil und Flansch (mit nichtmet. Einsatz)
EN 1664	231	Sechskantmuttern mit Klemmteil und Flansch – Ganzmetallmuttern
1732-1 bis -3	261	Schweißzusätze für Aluminium und Aluminiumlegierungen
1733-1	261	Schweißzusätze für Kupfer und Kupferlegierungen – Zusammensetzung, Verwendung und Technische Lieferbedingungen

DIN	Seite	Titel
1736-1, -2	261	Schweißzusätze für Nickel und Nickellegierungen
1850-1	280	Buchsen für Gleitlager, aus Kupferlegierungen, massiv
1850-3	281	... – Teil 3: Buchsen aus Sintermetall
1850-4	281	... – Teil 4: Buchsen aus Kunstkohle
1850-5	281	... – Teil 5: Buchsen aus Duroplasten
1850-6	281	... – Teil 6: Buchsen aus Thermoplasten
EN ISO 2009	223, 227	Senkschrauben mit Schlitz (Einheitskopf) – Produktklasse A
EN ISO 2010		Linsen-Senkschrauben mit Schlitz (Einheitskopf) – Produktklasse A
2076	140, 263	Runder Federdraht – Maße, Gewichte, zulässige Abweichungen
2088	266	Zylindrische Schraubenfedern aus runden Drähten und Stäben – Kaltgeformte Drehfedern (Schenkelfedern) – Berechnung und Konstruktion
2089-1	264	... – Berechnung und Konstruktion
2090	264	Zylindrische Schraubendruckfedern aus Flachstahl – Berechnung
2092	266	Tellerfedern – Berechnung
2093	231, 266	... – Maße, Qualitätsanforderungen
2095	262	Zylindrische Schraubenfedern aus runden Drähten – Gütevorschriften für kaltgeformte Druckfedern
2097	265	... – Gütevorschriften für kaltgeformte Zugfedern
2098-1	264	... – Baugrößen für kaltgeformte Druckfedern ab 0,5 mm Drahtdurchmesser
2098-2	264	... – Baugrößen für kaltgeformte Druckfedern unter 0,5 mm Drahtdurchmesser
2099-1	264	Zylindrische Schraubenfedern aus runden Drähten und Stäben – Angaben für Druckfedern, Vordruck
EN ISO 2338	136, 245, 247	Zylinderstifte aus ungehärtetem Stahl und austenitischem nicht rostendem Stahl
EN ISO 2339	245, 247	Kegelstifte, ungehärtet
2999-1 bis -6	216	Whitworth-Rohrgewinde für Gewinderohre und Fittings – Zylindrisches Innengewinde und kegeliges Außengewinde – Gewindemaße
3112	228	... – ... – Lehrensystem und Handhabung der Lehren
3124	228	Steckschlüsseleinsätze mit Innenvierkant für Sechskantschrauben, handbetätigt
3129	228	Steckschlüsseleinsätze mit Innenvierkant für Sechskantschrauben, maschinenbetätigt
3852-1	219	Einschraubzapfen, Einschraublöcher, für Rohrverschraubungen, Armaturen – Verschlussschrauben mit Metrischem Feingewinde – Konstruktionsmaße
3966-1, -4	272	Angaben für Verzahnungen in Zeichnungen – Angaben für Stirnrad-(Zylinderrad-) Evolventenverzahnungen
3991-1 bis -4	272	Tragfähigkeitsberechnung von Kegelrädern ohne Achsversetzung
ISO 4379	281	Gleitlager – Buchsen aus Kupferlegierungen
ISO 4759-1	221	Toleranzen für Verbindungselemente – Teil 1: Schrauben und Muttern mit Gewindedurchmessern von 1,6 bis 150 mm der Produktionsklassen A, B und C
5412-1	280	Wälzlager – Zylinderrollenlager
5481-1, -3	242	Kerbzahnnaben- und Kerbzahnwellen-Profile
EN ISO 6507-1	205	Metallische Werkstoffe – Härteprüfung nach Vickers – Teil 1: Prüfverfahren
6796	228, 231	Spannscheiben für Schraubenverbindungen
6797	228, 231	Zahnscheiben
6798	228, 230	Fächerscheiben
6881	237	Spannungsverbindungen mit Anzug – Hohlkeile, Abmessungen und Anwendung
6883	237	... – Hohlkeile, Abmessungen und Anwendung

DIN	Seite	Titel
6884	237	... – Nasenflachkeile, Abmessungen und Anwendung
6885-1 bis -3	240	Mitnehmerverbindungen ohne Anzug – Passfedern
6886	236, 237	Spannungsverbindungen mit Anzug – Keile, Nuten, Abmessungen und Anwendung
6887	236, 237	... – Nasenkeile, Nuten, Abmessungen und Anwendung
6888	242	Mitnehmerverbindungen ohne Anzug – Scheibenfedern, Abmessungen und Anwendung
6889	237	Spannungsverbindungen mit Anzug – Nasenhohlkeile, Abmessungen und Anwendungen
6902	227, 228	Scheiben für Kombi-Schrauben
6907	228	Fächerscheiben, außengezahnt für Kombi-Schrauben
6908	228	Spannscheiben für Kombi-Schrauben
6912	135, 228, 241	Zylinderschrauben mit Innensechskant, niedriger Kopf mit Schlüsselführung
EN ISO 7040	230, 231	Sechskantmuttern mit Klemmteil (mit nichtmetallischem Einsatz), Typ 1 – Festigkeitsklassen 5, 8 und 10
EN ISO 7042	230, 231	Sechskantmuttern mit Klemmteil (Ganzmetallmuttern), Typ 2 – Festigkeitsklassen 5, 8, 10 und 12
EN ISO 7046-1	227	Senkschrauben (Einheitskopf) mit Kreuzschlitz Form H oder Form Z – Produktklasse A – Teil 1: Festigkeitsklasse 4.8
EN ISO 7046-2	227	Senkschrauben mit Kreuzschlitz (Einheitskopf) – Produktklasse A – Teil 2: Stahl mit Festigkeitsklasse 8.8 – Nichtrostender Stahl und Nichteisenmetalle
ISO 7050	227	Senk-Blechschrauben mit Kreuzschlitz
ISO 7051	227	Linsensenk-Blechschrauben mit Kreuzschlitz
7331	234	Hohlniete, zweiteilig
7338	234	Niete für Brems- und Kupplungsbeläge
7339	234	Hohlniete, einteilig, aus Band gezogen
7340	234	Rohrniete aus Rohr gefertigt
7341	234	Nietstifte
7349	247	Scheiben für Schrauben mit schweren Spannhülsen
7500-1	228, 231	Gewindefurchende Schrauben für metrisches ISO-Gewinde – Teil 1: Maße, Anforderungen, Prüfung
7513	228	Gewinde-Schneidschrauben – Sechskantschrauben, Schlitzschrauben – Maße, Anforderungen, Prüfungen
7516	228	Gewinde-Schneidschrauben – Kreuzschlitzschrauben – Maße, Anforderungen, Prüfung
7967	230	Sicherungsmuttern
7984	228, 241	Zylinderschrauben mit Innensechskant und niedrigem Kopf
7995	227	Linsensenk-Holzschrauben mit Kreuzschlitz
7997	227	Senk-Holzschrauben mit Kreuzschlitz
8551-4	259	Schweißnahtvorbereitung – Fugenformen an Stahl, Unter-Pulver-Schweißen
8554-1	261	Schweißstäbe für das Gasschweißen, unlegiert und niedriglegiert – Bezeichnung, Technische Lieferbedingungen
8555-1	261	Schweißzusätze zum Auftragschweißen – Schweißdrähte, Schweißstäbe, Drahtelektroden, Stabelektroden – Bezeichnung, Technische Lieferbedingungen
8556-1	261	Schweißzusätze für das Schweißen nichtrostender und hitzebeständiger Stähle – Bezeichnung – Technische Lieferbedingungen

DIN	Seite	Titel
8559-100	261	Einteilung von Stäben, Drähten und Schweißgut zum Wolfram-Schutzgasschweißen von unlegierten und mikrolegierten Stählen
8559-102	261	Technische Lieferbedingungen für Stahl-Schweißzusätze – Art des Produktes, Masse, Grenzabmaße und Kennzeichnung
8571	261	Schweißzusätze und Schweißhilfsstoffe zum Metallschweißen – Begriffe, Einteilung
8573-1	261	Schweißzusätze zum Schweißen unlegierter und niedriglegierter Gusseisenwerkstoffe – Bezeichnung, Technische Lieferbedingungen
EN ISO 8733	245	Zylinderstifte mit Innengewinde aus ungehärtetem Stahl und austenitischem nichtrostendem Stahl
EN ISO 8734	245	Zylinderstifte aus gehärtetem Stahl und martensitischem nichtrostendem Stahl
EN ISO 8735	245	Zylinderstifte mit Innengewinde aus gehärtetem Stahl und martensitischem nichtrostendem Stahl
EN ISO 8739	247	Zylinderkerbstifte mit Einführende
EN ISO 8740	247	Zylinderkerbstifte mit Fase
EN ISO 8741	247	Steckkerbstifte
EN ISO 8742	247	Knebelkerbstifte mit kurzen Kerben
EN ISO 8743	247	Knebelkerbstifte mit langen Kerben
EN ISO 8744	247	Kegelkerbstifte
EN ISO 8745	247	Passkerbstifte
EN ISO 8746	248	Halbrundkerbnägel
EN ISO 8747	248	Senkkerbnägel
EN ISO 8752	247	Spannstifte (-hülsen) – Geschlitzt, schwere Ausführung
ISO 8765	221	Sechskantschrauben mit Schaft – Metrisches Feingewinde – Produktklassen A und B
EN ISO 13337	245	Spannstifte (-hülsen) Geschlitzt, leichte Ausführung
20556	183	Kegelrollenlager-Radsätze für Förderwagen, innen gefederte Ausführung
EN 20898-1	213, 221	Mechanische Eigenschaften von Verbindungselementen – Teil 1: Schrauben
EN 22340	243	Bolzen ohne Kopf
EN 22341	243	Bolzen mit Kopf
EN 24014	222, 225	Sechskantschrauben mit Schaft – Produktklassen A und B
EN 24016	220	Sechskantschrauben mit Schaft – Produktklasse C
EN 24032	224, 225	Sechskantmuttern – Typ 1 – Produktklassen A und B
EN 24035	229	Sechskantmuttern, niedrige Form (mit Fase) – Produktklassen A und B
EN 24036	229	Niedrige Sechskantmuttern ohne Fase – Produktklasse B
EN 24063	255	Schweißen, Hartlöten, Weichlöten und Fugenlöten von Metallen – Liste der Verfahren und Ordnungsnummern für zeichnerische Darstellung
EN 25817	262	Lichtbogenschweißverbindungen an Stahl – Richtlinie für die Bewertungsgruppen von Unregelmäßigkeiten
EN 28675	229	Niedrige Sechskantmuttern mit metrischem Feingewinde – Produktklassen A und B
EN 28739	245	Zylinderkerbstifte mit Einführende
EN 28737	245	Kegelstifte mit Gewindezapfen, ungehärtet
EN 28738	243	Scheiben für Bolzen – Produktklasse A
41612-9	184	Steckverbinder für gedruckte Schaltungen, indirektes Stecken, Rastermaß 2,54 mm – Maße der Bauform E
65115	182	Luft und Raumfahrt – Sechskant-Dehnschrauben mit MJ-Gewinde aus Stahl
65532	182	Luft und Raumfahrt – Gewindeausläufe, Gewindefreistiche und Gewindeenden für MJ-Gewinde nach DIN ISO 5855

11.3 Konstruktionsgrundlagen

DIN	Seite	Titel
10	217	Vierkante von Zylinderschäften für rotierende Werkzeuge
13-1	213, 216	Metrisches ISO-Gewinde – Regelgewinde von 1 bis 68 mm Gewinde-Nenndurchmesser – Nennmaße
13-2	216	... – Feingewinde mit Steigungen 0,2 mm, 0,25 mm und 0,35 mm von 1 bis 50 mm Gewinde-Nenndurchmesser – Nennmaße
13-14	215, 217, 223	... – Grundlagen des Toleranzsystems für Gewinde ab 1 mm Durchmesser
13-15	215, 223	... – Grundabmaße und Toleranzen für Gewinde ab 1 mm Durchmesser
13-19	213	... – Grundprofil und Fertigungsprofile
13-28	213	... – Regel- und Feingewinde von 1 bis 250 mm Gewindedurchmesser, Kernquerschnitte, Spannungsquerschnitte und Steigungswinkel
ISO 14	242	Keilwellen-Verbindungen mit geraden Flanken und Innenzentrierung – Maße, Toleranzen, Prüfung
74-1	227	Senkungen für Senkschrauben
76-1	218, 225	Gewindeausläufe, Gewindefreistiche für Metrisches ISO-Gewinde nach DIN 13
78	217	Gewindeenden, Schraubenüberstände für Metrische ISO-Gewinde nach DIN 13
79	218, 222, 226	Vierkante für Spindeln und Bedienteile
82	224	Rändel
103-2	216	Metrisches ISO-Trapezgewinde – Gewindereihen
202	216	Gewinde – Übersicht
228-1	123	Morsekegel und Metrische Kegel – Kegelschäfte
254	123	Kegel
ISO 272	217, 218, 219	Mechanische Verbindungselemente – Schlüsselweiten für Sechskantschrauben und -Verbindungselemente – Sechskantprodukte – Schlüsselweiten
ISO 286-1	148, 160, 163	ISO-System für Toleranzen und Passungen – Teil 1: Grundlagen für Toleranzen, Abmaße und Passungen
ISO 286-2	163	... – Teil 2: Tabellen für Standardtoleranzstufen sowie Grenzabmaße für Bohrungen und Wellen
405-1	216	Rundgewinde allgemeiner Anwendung - Teil 1: Gewindeprofile, Nennmaße
475-1	217	Schlüsselweiten für Schrauben, Armaturen, Fittings
513-2	216	Metrisches Sägengewinde – Gewindereihen
780-1	266	Modulreihe für Zahnräder – Moduln für Stirnräder
780-2	266	... – Moduln für Zylinderschneckengetriebe
867	269	Bezugsprofile für Evolventenverzahnungen an Stirnrädern (Zylinderrädern) für den allgemeinen Maschinenbau und den Schwermaschinenbau
868	267, 274	Allgemeine Begriffe und Bestimmungsgrössen für Zahnräder, Zahnradpaare und Zahnradgetriebe
974-1	227, 228	Senkdurchmesser für Schrauben mit Zylinderkopf – Konstruktionsmaße
974-2	227, 228	Senkdurchmesser für Sechskantschrauben und Sechskantmuttern – Konstruktionsmaße
997	124	Anreissmaße (Wurzelmaße) für Formstahl und Stabstahl
998	124	Lochabstände in ungleichschenkligen Winkelstählen
999	124	Lochabstände in gleichschenkligen Winkelstählen
1338	175	Formelschreibweise und Formelsatz
1591	82	Gleitlager – Schmierlöcher, -nuten und -taschen für allg. Anwendung
1910-1 bis -5, -10, -11	249	Schweißen – Begriffe, Verfahren
2244	212	Gewinde – Begriffe

DIN	Seite	Titel
2401-1	283	Innen- und außendruckbeanspruchte Bauteile – Druck- und Temperaturangaben – Begriffe, Nenndruckstufen
2402	283	Rohrleitungen; Nennweiten, Begriff, Stufung
2559-1	259	Schweißnahtvorbereitung – Richtlinien für Fugenformen, Schmelzschweißen von Stumpfstößen an Stahlrohren
2559-2	259	Schweißnahtvorbereitung – Anpassen der Innendurchmesser für Rundnähte an nahtlosen Rohren
ISO 2768-1	168	Allgemeine Toleranzen – Teil 1: Toleranzen für Längen- und Winkelmaße ohne einzelne Toleranzeintragung
ISO 2768-2	168, 274	... – geometrische Toleranzen für Konstruktionsmerkmale ohne einzelne Toleranzeintragung
3960	267, 272	Begriffe und Bestimmungsgrössen für Stirnräder (Zylinderräder) und Stirnradpaare (Zylinderradpaare) mit Evolventenverzahnung
3964	268	Achsabstandsabmaße und Achslagetoleranzen von Gehäusen für Stirnradgetriebe
3965-1 bis -4	272, 274	Toleranzen für Kegelradverzahnungen
3972	272	Bezugsprofile von Verzahnwerkzeugen für Evolventen-Verzahnungen nach DIN 867
3992	268	Profilverschiebung bei Stirnrädern mit Außenverzahnung
4000-85	266	Sachmerkmal-Leisten - Teil 85: Für Gewinde
V 4001-xxx (versch. Teile)	287	CAD-Normteiledatei – Vorgaben für Geometrie und Merkmale – Geometriebausteine der Klasse A
ISO 4095	182	Luft- und Raumfahrt – Zwölfkant – Antriebsform – Metrische Reihe
4762	174, 177	Oberflächenrauheit – Begriffe; Oberfläche und ihre Kenngrössen
EN ISO 4762	17, 134, 225	Zylinderschrauben mit Innensechskant
4763	174	Stufung der Zahlenwerte für Rauheitsmessgrössen
4768	174	Ermittlung der Rauheitskenngrössen R_a, R_z, R_{max} mit elektrischen Tastschnittgeräten – Begriffe, Messbedingungen
4776	174	Rauheitsmessung – Kenngrössen R_z, R_{pk}, R_{vk}, M_{r1}, M_{r2} zur Beschreibung des Materialanteils im Rauheitsprofil; Messbedingungen und Auswerteverfahren
5418	277	Wälzlager – Maße für den Einbau
5464	242	Keilwellen-Verbindungen mit geraden Flanken – Schwere Reihe
5466-1	242	Tragfähigkeitsberechnung von Zahn- und Keilwellen-Verbindungen - Teil 1: Grundlagen
5471	242	Werkzeugmaschinen – Keilwellen- und Keilnaben-Profile mit 4 Keilen, Innenzentrierung, Maße
5472	242	Werkzeugmaschinen – Keilwellen- und Keilnaben-Profile mit 6 Keilen, Innenzentrierung, Maße
5480-1 bis -16	242	Zahnwellen-Verbindungen mit Evolventenflanken
5481-1	242	Kerbzahnnaben- und Kerbzahnwellen-Profile (Kerbverzahnungen)
5481-2	242	... – Lehrung der Kerbzahnnaben, Lehrenmaße
7154-1	165, 172	ISO-Passungen für Einheitsbohrung – Toleranzfelder, Abmaße in µm
7155-1	165, 172	ISO-Passungen für Einheitswelle – Toleranzfelder, Abmaße in µm
7157	165, 172	Passungsauswahl – Toleranzfelder, Abmaße, Passtoleranzen
7167	154	Zusammenhang zwischen Maß-, Form- und Parallelitätstoleranzen – Hüllbedingung ohne Zeichnungseintragung
7952-1 bis -4	233	Blechdurchzüge mit Gewinde
8589-0 bis -17	176	Fertigungsverfahren Spanen
8590	176	Fertigungsverfahren Abtragen – Einordnung, Unterteilung, Begriffe

DIN	Seite	Titel
18800-1	261	Stahlbauten – Bemessung und Konstruktion
18801	261	Stahlhochbau – Bemessung, Konstruktion, Herstellung
EN 20273	226	Mechanische Verbindungselemente – Durchgangslöcher für Schrauben
28051	210	Chemischer Apparatebau – Beschichtungen und Auskleidungen aus organischen Werkstoffen für Bauteile aus metallischem Werkstoff – Konstruktive Gestaltung der metallischen Bauteile
50961	210	Galvanische Überzüge – Zink- und Cadmiumüberzüge auf Eisenwerkstoffen – Chromatierung der Zink- und Cadmiumüberzüge
50967	208, 210	Galvanische Überzüge – Nickel-Chrom-Überzüge und Kupfer-Nickel-Chrom-Überzüge
50976	210	Korrosionsschutz – Feuerverzinken von Einzelteilen (Stückverzinken) – Anforderungen und Prüfung
55928-1 bis -5	210	Korrosionsschutz von Stahlbauten durch Beschichtungen und Überzüge
50960-1	208, 210	Galvanische und chemische Überzüge – Bezeichnung und Angaben in technischen Unterlagen
58700-1	173	ISO-Passungen – Toleranzfeldauswahl für die Feinwerktechnik, Toleranzfelder, Nennabmaße
58700-2	173	... – ..., Empfohlene Passungen
65529	182	Luft- und Raumfahrt – Zwölfkantmuttern mit Bund und MJ-Gewinde mit zylindrischer Aussenkung, selbstsichernd, aus Stahl, Klasse: 1250 MPa/235° C
68100	173	Toleranzsystem für Holzbe- und -verarbeitung – Begriffe, Toleranzreihen, Schwind- und Quellmaße

11.4 Werkstoffe

DIN	Seite	Titel
174	134	Blanker Flachstahl – Maße, zulässige Abweichungen, Gewichte
175	17	Polierter Rundstahl – Maße, zulässige Abweichungen nach ISO-Toleranzfeld h9
668	134, 193	Blanker Rundstahl – Maße, zulässige Abweichungen nach ISO-Toleranzfeld h11
1013-1	17, 134	Stabstahl – Warmgewalzter Rundstahl für allgemeine Verwendung, Maße, zulässige Maß- und Formabweichungen
1017-1	17, 135	Stabstahl – Warmgewalzter Flachstahl für allgemeine Verwendung, Maße, Gewichte, zulässige Abweichungen
1026	193	... – Formstahl – Warmgewalzter, rundkantiger U-Stahl, Maße, Gewichte, zulässige Abweichungen, statische Werte
1652	236	Blankstahl – Technische Lieferbedingungen
1654-1 bis -5	243	Kaltstauch- und Kaltfließpressstähle – Technische Lieferbedingungen
1691	189	Gusseisen mit Lamellengraphit (Grauguss); Eigenschaften
1692	189	Temperguss; Begriff, Eigenschaften
1694	189	Austenitisches Gusseisen
1700	191	Nichteisenmetalle – Systematik der Kurzzeichen
1705	192	Kupfer-Zinn- und Kupfer-Zinn-Zink-Gusslegierungen (Guss-Zinnbronze und Rotguss) – Gussstücke
1725-2	192	Aluminiumlegierungen – Gusslegierungen, Sandguss, Kokillenguss, Druckguss
1756	144	Rundstangen aus Kupfer und Kupfer-Knetlegierungen, gezogen – Maße

DIN	Seite	Titel
1771	193	Winkel-Profile aus Aluminium und Aluminium-Knetlegierungen, gepresst – Maße, Statische Werte
ISO 2722	210	Emails; Bestimmung der Beständigkeit gegen Citronensäure bei Raumtemperatur
ISO 2723	210	Stahlblech-Emails – Herstellung von Proben
ISO 2733	210	Emails; Gerät für die Prüfung mit sauren und neutralen Flüssigkeiten und ihren Dämpfen
ISO 2744	210	Emails; Bestimmung der Beständigkeit gegen kochendes Wasser und Wasserdampf
EN 10003-1	204, 206	Metallische Werkstoffe – Härteprüfung nach Brinell – Teil 1: Prüfverfahren
EN 10025	199, 261	Warmgewalzte Erzeugnisse aus unlegierten Baustählen – Technische Lieferbedingungen
EN 10027-1, -2	195	Bezeichnungssysteme für Stähle
EN 10028-2	201, 261	Flacherzeugnisse aus Druckbehälterstählen – Teil 2: Unlegierte und legierte warmfeste Stähle
EN 10052	203	Begriffe der Wärmebehandlung von Eisenwerkstoffen
EN 10083-1	188, 201	Vergütungsstähle – Teil 1: Technische Lieferbedingungen für Edelstähle
EN 10083-2	191, 201	... – Teil 2: Technische Lieferbedingungen für unlegierte Qualitätsstähle
EN 10109-1	205, 206	Metallische Werkstoffe – Härteprüfung – Teil 1: Rockwell-Verfahren
EN 10131	134	Kaltgewalzte Flacherzeugnisse ohne Überzug aus weichen Stählen sowie aus Stählen mit höherer Streckgrenze zum Kaltumformen – Grenzabmaße und Formtoleranzen
17007-4	192	Werkstoffnummern – Systematik der Hauptgruppen 2 und 3: Nichteisenmetalle
17023	206	Wärmebehandlung von Eisenwerkstoffen – Vordrucke, Wärmebehandlungs-Anweisung (WBA)
17100 (z)	194, 201	Allgemeine Baustähle – Gütenorm
17111	233	Kohlenstoffarme unlegierte Stähle für Schrauben, Muttern und Niete – Technische Lieferbedingungen
17175	261	Nahtlose Rohre aus warmfesten Stählen – Technische Lieferbedingungen
17211	206	Nitrierstähle – Technische Lieferbedingungen
17212	206	Stähle für Flamm- und Induktionshärten – Gütevorschriften
17223-1, -2	133, 263	Runder Federstahldraht
17440	191	Nichtrostende Stähle – Technische Lieferbedingungen für Blech, Warmband und gewalzte Stäbe für Druckbehälter, gezogenen Draht und Schmiedestücke
17611	193	Anodisch oxidiertes Halbzeug aus Aluminium und Aluminium-Knetlegierungen mit Schichtdicken von mindestens 10 µm – Technische Lieferbedingungen
50133	205, 206	Prüfung metallischer Werkstoffe – Härteprüfung nach Vickers – Bereich HV 0,2 bis HV 100

Anhang: Europäische Normen über Bezeichnungssysteme für Stähle

Im Zuge der europäischen Normung wurde das Bezeichnungssystem für das Bilden von Kurznamen für Stähle geändert und das Nummernsystem etwas modifiziert.

Um den Umgang mit den neuen Bezeichnungen (dort wo sie schon angewendet werden können) zu erleichtern und ggf. auch Bezeichnungen umschlüsseln zu können, werden nachfolgend die wesentlichen Unterschiede gegenüber dem bisherigen System vorgestellt.

Im Allgemeinen gilt die Empfehlung, daß bis zur Veröffentlichung der nächsten Folgeausgaben der jeweiligen Europäischen Normen übergangsweise die bisherigen nationalen Bezeichnungen der Werkstoffe oder die Werkstoffnummern verwendet werden sollten.

Bezeichnung der Stähle mittels Kennbuchstaben und -zahlen (DIN EN 10027-1)

Auf Grund der Verwendung und der mechanischen oder physikalischen Eigenschaften der Stähle gebildete Kurznamen

Hauptsymbol		Bedeutung	Eigenschaft	Zusatzsymbole		Bezeichnungsbeispiele
				Gruppe 1	Gruppe 2	
S		Stähle für den allgemeinen Stahlbau	Mindeststreckgrenze für die kleinste Erzeugnisdicke	M; N; Q	C; D; E; F; H; L; M; N; O; P; Q; S; T; W	S185 S355NL S235J2W
P		Stähle für den Druckbehälterbau		M; N; Q; S	L; H; X	P265B P355NH
L		Stähle für den Rohrleitungsbau		M; N; Q		
E		Maschinenbaustähle				E335
B		Betonstahl	charakteristische Streckgrenze			B500N
M		Spannstahl	Mindestzugfestigkeit	Q; C; H; S		Y1770C
R		Stähle für oder in Form von Schienen		Mn; Cr	Q	R0900Mn
H		Kaltgewalzte Flacherzeugnisse in höherfesten Ziehgüten	Mindeststreckgrenze	B; P; X	D	H420M
H	T		Mindestzugfestigkeit			
D		Flacherzeugnisse aus weichen Stählen zum Kaltumformen	Kennziffer, zweistellig	D; EK; ED; H		
	C	kaltgewalzte Flacherzeugnisse				DC03 DC12EK
	D	zur unmittelbaren Kaltumformung bestimmte Flacherzeugnisse				
	X	Flacherzeugnisse, deren Walzart nicht vorgegeben ist				

Fortsetzung s. nächste Seite

Auf Grund der Verwendung und der mechanischen oder physikalischen Eigenschaften der Stähle gebildete Kurznamen, Fortsetzung

Haupt-symbol		Bedeutung	Eigenschaft	Zusatzsymbole		Bezeichnungs-beispiele
				Gruppe 1	Gruppe 2	
T		Verpackungsblech und -band				
	H	bei einfach reduzierten Erzeugnisarten	mittlerer Härtewert			TH52
		bei doppelt reduzierten Erzeugnissen	Nennstreckgrenze			T660
M		Elektroblech und -band	höchstzulässige Ummagnetisierungs-verluste	A; D; E; N; S; P		M400-50A M390-50E

Zusatzsymbole Gruppe 1

Zusatzsymbole Gruppe 1		zum Haupt-symbol
M	thermomechanisch gewalzt	S; P; L; H
N	normalgeglüht oder normalisierend gewalzt	S; P; L
Q	vergütet	S; P; L; Y
B	Gasflaschen	P
S	einfache Druckbehälter	P
T	Rohre	P; D
C	kaltgezogener Draht	Y
H	warmgezogene oder vorgespannte Stähle	Y
S	Litze	Y
Mn	hoher Mn-Gehalt	R
Cr	chromlegiert	R
B	Bake hardening	H
P	phosphorlegiert	H
X	Dualphase	H
Y	Interstitial free steel	H
D	Schmelztauchüberzug	D
EK	für konventionelle Emaillierung	D
ED	für Direktemaillierung	D
H	für Hohlprofile	D

Zusatzsymbole Gruppe 2

Zusatzsymbole Gruppe 2		zum Haupt-symbol
C	mit besonderer Kalt-umformbarkeit	S
D	für Schmelzüberzüge	S; H
E	für Emaillierung	S
F	zum Schmieden	S
H	Hohlprofile	S; D
H	Hochtemperatur	P
L	für tiefe Temperaturen	P
M	thermomechanisch gewalzt	S
N	normalgeglüht oder normalisierend gewalzt	S
O	für Offshore	S
P	Spundwandstahl	S
Q	Vergütet	S; R
S	für Schiffsbau	S
T	für Rohre	S
W	wetterfest	S
X	Hoch- und Tieftemperatur	P

Zusatzsymbole der Gruppe 1 für die Kerbschlagarbeit

27 J	40 J	60 J	Prüftemperatur in °C
JR	KR	LR	+20
J0	K0	L0	0
J2	K2	L2	−20
J3	K3	L3	−30
J4	K4	L4	−40
J5	K5	L5	−50
J6	K6	L6	−60

Zusatzsymbole für Elektroblech und Band

A	nicht kornorientiert
D	unlegiert, nicht schlußgeglüht
E	legiert, nicht schlußgeglüht
N	kornorientiert, mit normalen Ummagnetisierungsverlusten
S	kornorientiert, mit eingeschränkten Ummagnetisierungsverlusten
P	kornorientiert, mit geringen Ummagnetisierungsverlusten

Auf Grund der chemischen Zusammensetzung der Stähle gebildete Kurznamen

Unlegierte Stähle mit mittlerem Mn-Gehalt < 1%, außer Automatenstähle

Der Kurzname setzt sich aus dem Kennbuchstaben C und einer Zahl, die dem Hundertfachen des Mittelwertes des für den Kohlenstoffgehalt vorgeschriebenen Bereichs entspricht, zusammen.

Zusatzsymbole: E = vorgeschriebener max. S-Gehalt, R = vorgeschriebener Bereich des S-Gehaltes, D = zum Drahtziehen, C = besondere Kaltumformbarkeit, S = für Federn, U = für Werkzeuge, W = für Schweißdraht.

Den Symbolen E und R kann eine Ziffer angehängt werden, die den mit Faktor 100 multiplizierten, zuvor auf 0,01% gerundeten höchstzulässigen bzw. mittleren Schwefelgehalt darstellt.

Beispiele C36E4; C35R3

Unlegierte Stähle mit ≥ 1% Mn sowie legierte Stähle (außer Schnellarbeitsstähle), sofern der mittlere Gehalt der einzelnen Legierungselemente unter 5% liegt

Der Kurzname setzt sich zusammen aus einer Zahl, die dem Hundertfachen des Mittelwertes des für den Kohlenstoffgehalt vorgeschriebenen Bereichs entspricht, gefolgt von den chemischen Symbolen der charakteristischen Legierungselemente, nach abnehmenden Gehalten geordnet, ergänzt um Zahlen, die in der Reihenfolge der charakteristischen Legierungselemente einen Hinweis auf ihren Gehalt geben. Die Zahlen stehen nicht hinter dem Symbol. Sie werden mittels Faktoren ermittelt.

Beispiel 28Mn6

Faktoren für die Ermittlung von Legierungskennzahlen

Element	Faktor
Cr, Co, Mn, Ni, Si, W	4
Al, Be, Cu, Mo, Nb, Pb, Ta, Ti, V, Zr	10
Ce, N, P, S	100
B	1000

Legierte Stähle, wenn mindestens für ein Legierungselement der Gehalt > 5 Gewichtsprozent beträgt

Der vorgesetzte Buchstabe X kennzeichnet hochlegierte Stähle. Im weiteren setzt sich der Kurzname aus der verschlüsselten Angabe des Kohlenstoffgehaltes, gefolgt von den chemischen Symbolen der charakteristischen Legierungselemente, nach abnehmenden Gehalten geordnet, zusammen. Zahlen, in der Reihenfolge der Legierungselemente, jeweils durch Bindestrich voneinander getrennt, bilden den Abschluß. Die Zahlen werden unverschlüsselt, gerundet auf die nächste ganze Zahl, angegeben.

Beispiel X5CrNi18-10

Werkstoff-Nummernsystem für Stähle, Stahlgruppennummern

Unlegierte Stähle			legierte	legierte Edelstähle						
Grundstähle	Qualitätsstähle	Edelstähle	Qualitätsstähle	Werkzeugstähle	Verschiedene Stähle	Chem. best. Stähle[6],[7]	Bau-	Maschinenbau-	Behälterst.	
0 90 [1]		10 Stähle mit besonderen physikalischen Eigenschaften		20 Cr	30	40 mit < 2,5% Ni ohne Mo, Nb und Ti	50 Mn, Si, Cu	60 Cr-Ni mit ≥ 2,0 < 3% Cr	70 Cr Cr-B	80 Cr-Si-Mo Cr-Si-Mn-Mo Cr-Si-Mo-V Cr-Si-Mn-Mo-V
	01 | 91 Allgemeine Baustähle mit $R_m < 500\,N/mm^2$	11 Bau-, Masch.bau-, Behälterstähle < 0,50% C		21 Cr-Si Cr-Mn Cr-Mn-Si	31	41 mit < 2,5% Ni mit Mo ohne Nb und Ti	51 Mn-Si Mn-Cr	61	71 Cr-Si Cr-Mn Cr-Mn-B Cr-Si-Mn	81 Cr-Si-V Cr-Mn-V Cr-Si-Mn-V
	02 | 92 Sonstige nicht für eine Wärmebehandlung bestimmte Baustähle mit $R_m < 500\,N/mm^2$	12 Maschinenbaustähle mit ≥ 0,50% C		22 Cr-V Cr-V-Si Cr-V-Mn Cr-V-Mn-Si	32 mit Co [3]	42	52 Mn-Cu Mn-V Si-V Mn-Si-V	62 Ni-Si Ni-Mn Ni-Cu	72 Cu-Mo mit < 0,35% Mo Cr-Mo-B	82 Cr-Mo-W Cr-Mo-W-V
	03 | 93 Stähle mit im Mittel < 0,12% C oder $R_m < 400\,N/mm^2$	13 Bau-, Masch.bau-, und Behälterstähle mit bes. Anforderungen		23 Cr-Mo Cr-Mo-V Mo-V	33 ohne Co	43 mit ≥ 2,5% Ni ohne Mo, Nb und Ti	53 Mn-Ti Si-Ti	63 Ni-Mo Ni-Mo-Mn Ni-Mo-Cu Ni-Mo-V Ni-Mn-V	73 Cr-Mo mit ≥ 0,35% Mo	83
	04 | 94 Stähle mit im Mittel ≥ 0,12% < 0,25% C oder $R_m \geq 400 < 500\,N/mm^2$	14		24 W Cr-W	34	44 mit ≥ 2,5% Ni mit Mo ohne Nb und Ti	54 Mo Nb, Ti, V W	64	74	84 Cr-Si-Ti Cr-Mn-Ti Cr-Si-Mn-Ti
	05 | 95 Mittel ≥ 0,25 < 0,55% C oder $R_m \geq 500\,N/mm^2$ < $700\,N/mm^2$	15		25 W-V Cr-W-V	35 Wälzlagerstähle	45 mit Sonderzusätzen	55 B Mn-B < 1,65% Mn	65 Cr-Ni-Mo mit < 0,4% Mo + < 2% Ni	75 Cr-V mit < 2,0% Cr	85 Nitrierstähle
	06 | 96 Stähle mit im Mittel ≥ 0,55% C oder $R_m \geq 700\,N/mm^2$	16 [2]		26 W außer Klassen 24, 25 und 27	36 ohne Co [4]	46 Chemisch best. und hochwarmfeste Ni-Leg.	56 Ni	66 Cr-Ni-Mo mit < 0,4% Mo + ≥ 2,0% < 3,5% Ni	76 Cr-V mit > 2,0% Cr	86
	07 | 97 Stähle mit höherem P- oder S-Gehalt	17		27 mit Ni	37 mit Co	47 mit < 2,5% Ni	57 Cr-Ni mit < 1,0% Cr	67 Cr-Ni-Mo mit < 0,4% Mo + ≥ 3,5 < 5,0% Ni oder ≥ 0,4% Mo	77 Cr-Mo-V	87 [8]
		18	08 | 98 Stähle mit bes. physikal. Eigenschaften	28 Sonstige	38 ohne Ni [5]	48 mit ≥ 2,5% Ni	58 Cr-Ni mit ≥ 1,0 < 1,5% Cr	68 Cr-Ni-V Cr-Ni-W Cr-Ni-V-W	78	88
		19	09 | 99 Stähle für verschiedene Anwendungsbereiche	29	39 mit Ni	49 Hochwarmfeste Werkstoffe	59 Cr-Ni mit ≥ 1,5 < 2,0% Cr	69 Cr-Ni außer Klassen 57 bis 68	79 Cr-Mn-Mo Cr-Mn-Mo-V	89 [9]

1) Grundstähle
2) Werkzeugstähle
3) Schnellarbeitsstähle
4) Werkstoffe mit besonderen magnetischen Eigenschaften
5) Werkstoffe mit besonderen physikalischen Eigenschaften
6) Nichtrostende Stähle: Nummern 40 bis 45
7) Hitzebeständige Stähle: Nummern 47 bis 48
8) nicht für eine Wärmebehandlung beim Verbraucher bestimmte Stähle
9) Hochfeste schweißgeeignete Stähle

Schnellarbeitsstähle

Der Kurzname setzt sich aus den Kennbuchstaben HS sowie aus ganzen Zahlen zusammen. Die Zahlen sind durch Bindestrich voneinander getrennt. Sie kennzeichnen jeweils den mittleren Gehalt folgender Legierungselemente: W, Mo, V, Co.

Beispiel HS2-9-1-8

Werkstoff-Nummernsystem für Stähle (DIN EN 10027-2)

DIN EN 10027-2 ersetzt DIN 17007-2 sowie die entsprechenden Festlegungen über Stähle in DIN 17007-1.

Das neue Nummernsystem folgt weitgehend den bisherigen DIN-Normen. Die Anhängezahlen für das Stahlgewinnungsverfahren und den Behandlungszustand wurden jedoch gestrichen.

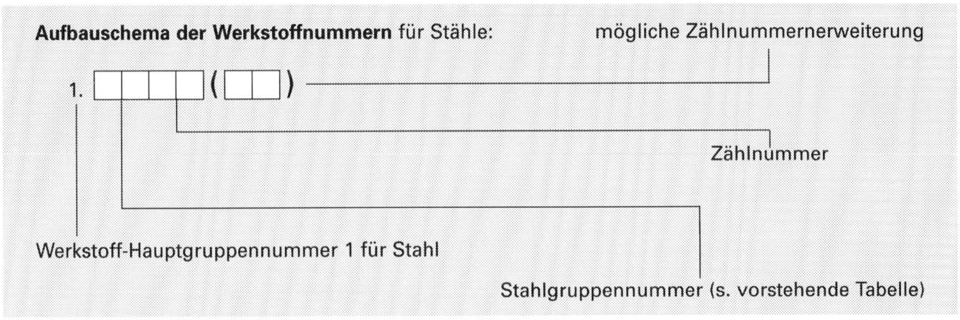

Gegenüberstellung der bisher gebräuchlichen und der neuen Stahlsorten-Bezeichnungen

Bisherige Werkstoffbezeichnung			Neue Werkstoffbezeichnung		
Stahlsorten-Bezeichnung	Werkstoff-nummern	DIN	Stahlsorten-Bezeichnung	Werkstoff-nummern	DIN
10CrMo910	1.7380	17155	10CrMo9-1	1.7380	EN 10028-2
C45	1.0503	17200	1C45	–	EN 10083-2
Ck35	1.1181	17200	2C35	–	EN 10083-1
Ck45	1.1191	17200	2C45	–	EN 10083-1
RSt37-2	1.0038	17100	S235JRG2	1.0038	EN 10025
St33	1.0035	17100	S185	1.0035	EN 10025
St37-2	1.0037	17100	S235JR	1.0037	EN 10025
St37-3N	1.0116	17100	S235J2G3	1.0116	EN 10025
St37-3U	1.0114	17100	S2365JO	1.0114	EN 10025
St44-2	1.0044	17100	S275JR	1.0044	EN 10025
St44-3N	1.0144	17100	S275J2G3	1.0144	EN 10025
St50-2	1.0050	17100	E295	1.0050	EN 10025
St52-3N	1.0570	17100	S355J2G3	1.0570	EN 10025
St60-2	1.0060	17100	E335	1.0060	EN 10025
St70-2	1.0070	17100	E360	1.0070	EN 10025
USt37-2	1.0036	17100	S235JRG1	1.0036	EN 10025

Sachwortverzeichnis

Abdrückschrauben 240
Abmaße 149
–, Passungen 167
Absatzmaße 150, 168
Abschrecken 203
Abszissenachse 21
Abwicklungen, Kegel 65
–, Kugel 66
–, Mantelfläche 62
–, Prisma 62
–, Pyramide 64
–, Zylinder 63
allgemeine Ausführung, technische Zeichnungen 78
Allgemeintoleranzen 169
–, Ebenheit 170
–, gebrochene Kanten 170
–, Geradheit 170
–, Längenmaße 169
–, Planlauf 170
–, Rechtwinkligkeit 170
–, Rundlauf 170
–, Symmetrie 170
–, Tolerierungsgrundsatz 171
–, Winkelmaße 170
–, Zeichnungseintrag 171, 185
Änderung, Antrag 20
–, Auftrag 20
–, Begriffe, Anforderungen 19
Angaben, Werkstoffe 187
Anhängeziffern, Werkstoffangaben 187
Anlassen 203
Anordnungsplan 12
Anreißmaße 124
Anschlussbogen 38
Ansichten, besondere Darstellungen 91
Anwendungsbeispiele, Passungen 172
Arbeitsfolge Zeichnungserstellung 97
Arbeitsspeicher (RAM) 33
arithmetischer Mittelrauwert 175
Armaturen 283
Aufkohlen 203
Ausführungsregeln 78, 81
Ausführungs- und Planungsunterlagen, Rohrleitungen 294
Auskleidung 210
Außenmaß 149
–, ISO-Toleranzklassen 164
Auswahl, Passungen 160
axonometrische Darstellung 14, 67

Balkendiagramm 23
Bauelemente, Bohrbuchsen 248
–, Bolzen 242
–, Federn 239
–, Keile 236
–, Nietverbindungen 233
–, Schraubverbindungen 212
–, Sicherungsringe 244
–, Splinte 239
–, Stifte 245
begrenzte Bereiche 209
Begriffe, Passungen 160
–, Zeichnungs- und Stücklistenwesen 12
Beispiel, Installationsplan 309
–, isometrische Rohrleitungszeichnung 296
–, orthogonale Rohrleitungszeichnung 296
Bemaßung, Absatzmaße 150
–, Hinweislinien 119
–, Kennzeichen 111
–, Metallbau 124
–, Methode 1 110
–, – 2 110
– mit CAD-Anlagen 124
–, Schweißnähte 259
–, steigende 111
Berechnung, Konstruktion, zylindrische Druckfeder 264
Berechnungsplan, Rohrleitungen 298
Berstscheibe, grafische Symbole 295
Beschichtungen, rechnerunterstütztes Zeichnen 210
–, Zeichnungsangaben 208
–, –, Auskleidung 210
–, –, begrenzte Bereiche 209
–, –, Beschichtungsbild 209
–, –, Emaillierung 210
–, –, galvanische Überzüge 208
–, –, Kunststoffbeschichtung 210
Beschichtungsbild 209
Beschriftung, allgemeine Ausführungsregeln 78, 81
–, griechische Schriftzeichen 80
–, ISO-Normschrift 79
–, Schriftform A 79
–, – B 79
Beschriftungsmaschine 29
besondere Ansichten 91
– Darstellungen 92
bevorzugte Zeichnungsträger 78
Bezugsbuchstaben, Form- und Lagetolerierung 154
Bezugsdreieck, Form- und Lagetolerierung 154
Bezugselemente, Form- und Lagetolerierung 153
Bezugspfeil, Form- und Lagetolerierung 154
Bezugsstrecke, Oberflächenbeschaffenheit 175
Bezugszeichen, Schweißnähte 257
Bildebene 46
Bleiminen 28
Bögen, Rohre 297
Bogen 18
Bogenbemaßung 120
Bohrbuchsen, DIN-Normen, Maße 248
Bolzen, DIN-Normen, Maße 242, 243
– mit Kopf 242
– ohne Kopf 242
Bördelnaht 260
Buchsen, Gleitlager 280
Butzen, Zeichnungsangaben, Beispiele 129

CAD-Anlagen 30
Carbonitrieren 203
CD-ROM 33
CEN 11
CENELEC 11

Darstellungen, axonometrische 67
–, besondere 92
–, – Ansichten 91
–, grafische 21
–, –, Diagramme 21, 23
–, –, Flächendiagramme 23
–, –, Koordinatensysteme 21, 22
–, –, rechnerunterstütztes Zeichnen 24
–, isometrisch 297

Darstellungen, Niete 235
–, orthogonale 46
–, perspektivische 67
–, Technische Zeichnungen 86
–, vereinfacht 93, 121
–, vergrößert 93
–, verkleinert 93
Datensichtgerät 32
Datenträger, elektronische 25
Diagramm 12, 21
Dias, Formate 83
–, Vorlagen 83
Digitalisiertablett 31
dimetrische Projektion 69
DIN Deutsches Institut für Normung e.V. 9
DIN-Norm 10
–, Titelfeld 10
DIN, Verbandszeichen 9
DKE 11
Doppelmuttern 229
Dreiecke 29
Dreipunktmethode 75
Drosselscheibe, grafische Symbole 296
Druckfedern, Belastungsprüfung 263
–, Berechnung und Konstruktion 264
–, Fertigungsausgleich 263
–, zylindrische 262
Druckstockzeichnung 13
Druckvorlagen 81
–, Beschriftung 81
–, Linienabstände 82
–, Linienbreiten 82
–, Raster 82
–, Schraffur 82
–, Schriftgrößen 82
–, Verkleinerungsangaben 82
–, Zeilenabstände 82
Durchdringungskurven, Gewinde 215
Durchdringungslinien 57
–, Prisma – Prisma 57
–, Prisma – Pyramide 58
–, Pyramide – Pyramide 58
–, Zylinder – Kegel 60
–, Zylinder – Kugel 60
–, Zylinder – Prisma 59
–, Zylinder – Zylinder 59
Durchflussbegrenzer, grafische Symbole 296
Durchgangslöcher, Schrauben 226
Durchmesserangaben 116

Ebenheit, Allgemeintoleranzen 170
–, Form- und Lagetoleranzen, Eintragungsbeispiele 158
Einhärtungstiefe 203
Einheitsbohrung, Passungen 162, 165
Einheitswelle, Passungen 162
Einlegekeile 237
Einpunktmethode 75
Einsatzhärten 203
Einsatzhärtungstiefe 203
Einstellwinkel 123
Eintragen, Form- und Lagetoleranzen 154
Einzelteilzeichnung 12, 14
elektrische Anlagen, Netzpläne 307
–, Installationspläne 307
–, Schaltpläne 303
–, Stromlaufpläne 306
–, Übersichtspläne 303
– und Einrichtungen 299
–, Verbindungspläne 305
–, Verdrahtungspäne 305
Elektroinstallation, Schaltzeichenbeispiele 302
Elektroinstallationsplan, Beispiel 309
elektronische Datenträger 25
– Zeichenanlagen 30
Elemente der Maßeintragung 108
Ellipsen 41
Emaillierung 210
Entwurf 12
Ergänzungszeichnung 12
ETSI 11
Europäische Normung 11
Evolventen 42
Evolventenverzahnung, Zahnformen 269
Explosionsdarstellung 14
Explosionszeichnung 75

Fächerscheiben 230
Falten der Zeichnung 27
Fasen und Senkungen 119
Federringe 229
Federscheiben 229
Feingewinde, Ausführung 213
Feldteilung 12
Fertigteilzeichnung 13, 14, 15
Fertigungszeichnung 12
Festigkeitsklassen, Schrauben 221
Festigkeitswerte, Zeichnungseintrag 206
Festplatte 33
Flachkeile 237
Flachkopfschrauben 223
Flachrundniete 233
Flächendiagramme, Arten 23
Flächenform, Form- und Lagetoleranzen, Eintragungsbeispiele 159
Flankendurchmesser 217
Flansche, grafische Symbole 294
Fließbilder, Rohrleitungsanlagen 294
Fließlinie, Rohrleitungen 296
Fluchtpunkt 74
fluidtechnische Systeme und Geräte 310
–, grafische Symbole 310
Folien 25
Form- und Lagetolerierung, Begriffe 152
–, Bezugsbuchstaben 154
–, Bezugsdreieck 154
–, Bezugselemente 153
–, Bezugspfeil 154
–, Eintragungsbeispiele 158, 182
–, Hüllbedingung 153, 154
–, Maximum-Material-Bedingung 153
–, Maximum-Material-Prinzip 153
–, Minimumbedingung 153
–, Parallelitätstoleranz 154
–, rechnerunterstütztes Zeichnen 185
–, Toleranzrahmen 154
–, Toleranzzone 152
Formate, Dias 83
Formen, quadratische 118
Formschluß, Fügen 100
Formtoleranzen 152, 154, 158
Fotozeichnung 12
Fremdteilzeichnung, Ausführungsregel 81
–, Begriff 12
Froschperspektive 75
Fügen, Formschluß 100
–, Kraftschluß 100
–, Stoffschluß 100
Fußkreisdurchmesser, Zahnräder 268

galvanische Überzüge 208
Gasschweißstäbe 261
geänderte Dokumente 20
gebrochene Kanten, Allgemeintoleranzen 170
gemittelte Rautiefe 177
geometrische Konstruktion 34
Geraden 34

Geradheit, Allgemeintoleranzen 170
–, Form- und Lagetoleranzen, Eintragungsbeispiele 158
Gewinde, Arten 212
–, Durchdringungskurven 215
–, Kerndurchmesser 212
–, Maße 212
–, Nenndurchmesser 212
–, vereinfachte Darstellung 232
Gewindeauslauf 218
Gewindebezeichnung 215, 216
Gewindedarstellung 213
Gewindefreistich 214, 219
Gewindegrund, Darstellung 213, 214
Gewindelänge, nutzbare 215
Gewindelinien 213
Gewindequerschnitt 212
Gewindespitzen 213
Gewindestifte 223
Gewindetiefe 213
Gewindetoleranzen 215
–, Toleranzkurzzeichen 217
Gleitlager 280
–, Buchsen 280
grafische Darstellungen 21
–, Diagramme 21
–, Flächendiagramme 23
–, Koordinatensysteme 21, 22
–, rechnerunterstütztes Zeichnen 24
–, Toleranzfeld 148
grafische Symbole 85
–, fluidtechnische Systeme und Geräte 310
–, Hydraulik 310
–, Pneumatik 310
–, Rohrleitungen 294
–, tpd-Symbole 85
Grenzmaße 148, 151, 163
griechische Schriftzeichen 80
Grundabmaße 164, 169 ff
Grundmaß, Begriff 148
Grundtoleranz 163
Grundtoleranzgrade 164
Grundtoleranzreihe 164
Gruppenzeichnung 12, 15

Halbleiter, Schaltzeichenbeispiele 300
Halbrundniete 233
Halbrundschrauben 222
Halbschnitt 96
Halbzeuge 100
Hammerschrauben 222
Hänger, Symbole 298
Hardware 31
Härten 203
Härteprüfverfahren 204
–, Brinell 204
–, Rockwell 205
–, Vickers 205
Hauptzeichnung, Begriff 13, 15
Hausgeräte, Schaltzeichenbeispiele 303
Hilfskonstruktionen 50
Hilfsschnittverfahren 50
Hinweislinien 18
–, Bemaßung 111
Höchstmaß 148
Höchstspiel, Passungen 161
Höchstübermaß, Passungen 161
Hohlkeile 237
Hüllbedingung, Form- und Lagetolerierung 153, 154
Hutmuttern 230
Hydraulik, grafische Symbole 310
Hyperbeln 42

IEC 11
Induktivitäten, Schaltzeichenbeispiele 299
Innenmaß 149
–, ISO-Toleranzklassen 164
Installationen, Gebäude, Schaltzeichenbeispiele 302
Installationsplan, Elektro-, Beispiel 309
–, elektrische Anlagen 307
Internationale Normung 11
ISO 11
ISO-Normschrift 79
ISO-System, Passungen 163
ISO-Toleranzklassen 164
–, Außen- und Innenmaße 164
–, Grundabmaße 164
–, Lage 164
ISO-Toleranzreihe 164
isometrische Projektion 68
–, Rohrleitungsplan 298
– Rohrleitungszeichnung, Beispiel 296
Istmaß 148
IT, Grundtoleranzreihen 164

Kabinett-Projektion 71
Kantenbereich, Werkstück 128
kartesisches Koordinatensystem 21, 40
Kavalier-Projektion 71
Kegel, Abwicklung 65
–, Durchdringung 57
–, Schnittfäche 55
–, Schnittkante 55
Kegelbemaßung, allgemein 122
–, Paßkegel 123
Kegelräder 273
Kegelsenkschrauben 222
Kegelstifte 245
Kegelverjüngung 123
Kegelwinkel 123
Kehlnaht 250
–, Maße 260
Keile, Arten 236
Keilverbindungen 238
Keilwellenverbindungen 242
Kennzeichen, Bemaßung 111
Kennzeichnung, Oberflächen 174 ff
–, Schweiß- und Lötverbindungen 250
Kerbnägel 247
Kerbstifte 247
Kerbverzahnungen 242
Kernhärte, Zeichnungseintrag 206
Kesselbauniete 235
Kettenbemaßung 124
Kettenräder 276
Klappen, grafische Symbole 295
Koaxialität, Form- und Lagetoleranzen, Eintragungsbeispiele 160
Kompensator, grafische Symbole 295
Kondensatableiter, grafische Symbole 296
Kondensatoren, Schaltzeichenbeispiele 299
Konstruktionssysteme 101
Konstruktionszeichnung 13
Koordinatenbemaßung 114, 157
Koordinatensystem, grafische Darstellungen 21, 22
–, kartesisches 21, 40
–, Polarkoordinatensystem 22
Kopfkreisdurchmesser, Zahnrad 268
Kopfschraubverbindung 227
Kopiersteuerung, Anwendung der Sinnbilder 313
Körperkanten 18
Korrigieren von Zeichnungen 30
Kraftschluß, Fügen 100
Kreisdiagramm 23
Kreise 18, 34
Kronenmuttern 224
– mit Splint 229
Kugel, Abwicklung 66

Kugel, Durchdringung 57
–, Schnittfläche 57
–, Schnittkante 57
Kugelbemaßung 118
Kugelschnittverfahren 61
Kunststoffbeschichtung 210
Kupplung, grafische Symbole 294
Kupplungssteuerung, Anwendung der Sinnbilder 313
Kurzzeichen, Toleranzen 149
–, Toleranzklassen 149
–, Werkstoffe 187

Lage, ISO-Toleranzklassen 164
Lager 277
–, Gleitlager 280
–, Wälzlager 277
Lagetoleranz 152
Längenmaße, Allgemeintoleranzen 169
Längenmaßtoleranzen 148
Längskeile 236
Laschennietung 234
Laserdrucker 32
Lauftoleranz 160
–, Planlauf 160
–, Rundlauf 160
Leiter, Leitungen, Schaltzeichenbeispiele 302
Lichtgriffel 32
Lineal 29
Linien, allgemeine Ausführungsregeln 78
–, rechnerunterstütztes Zeichnen 85, 99
Linienabstand 89
Linienanschluß 89
Linienarten 86
Linienbreiten 88
Linienform, Form- und Lagetoleranzen, Eintragungsbeispiele 158
Liniengruppen 88
Linienkreuzung 89
Linienlängen 88
Liniennaht 261
Linsenniete 233
LML, Materialgrenze 150
Lochabstände, Bemaßung, Toleranzen 151
Lochmaße 101
Lochmitte 151
Lochmittenabstände 168
Lochnaht 261
Losdrehsicherung, Schraubensicherung 231
Lötverbindungen, Kennzeichnung 250
–, Verfahren 249

Magnetbänder 33
Mantelflächen, Abwicklungen 62
Mantellinienverfahren 49
manuelles Zeichnen 18, 28
Maschinenschraubverbindungen 226
Maßbezugsebene 150
Maßbild 13
Maße, Nute 241
–, Passfedern 241
–, Toleranzen 148
Maßeintragung, allgem. Regel 112, 115
–, Elemente 108
–, fertigungsbezogen 112
–, funktionsbezogen 112
–, Parallelbemaßung 112
–, prüfbezogen 112
–, steigende Bemaßung 112
–, vereinfachte 232
Maßhilfslinie 109
Maßketten 115, 151
Maßlinien 108
Maßlinienbegrenzung 109
Maßstäbe 14, 94
Maßtoleranz 148, 154
Maßzahlen 110
Materialgrenzen 150
Maus 31
maximale Profilhöhe 175
– Profilkuppenhöhe 175
Maximum-Material-Bedingung 153
–, Symbol 154
Maximum-Material-Grenze 150
Maximum-Material-Prinzip 153
Metallbau, Bemaßung 124
–, Niete 234
Metallkonstruktion 100
Mikroverfilmung 18, 25
Mindestmaß 148
Mindestspiel, Passungen 161
Minimum-Material-Grenze 150
Minimumbedingung, Form- und Lagetolerierung 153
Mischdüse, grafische Symbole 296
Mischstrecke, grafische Symbole 296
Mitnehmerverbindung, Ausführung 240
Mittellinien, Zylinder 48
Mittenabstände 151
Mittigkeit 168
MML, Materialgrenze 150
Moduln, Ableitung 266
–, Zylinderschneckengetriebe 267
montierte Zeichnung 13
Morsekegel 123
Muttern 215 ff
–, Schlüsselweiten 217
–, vereinfachte Darstellung 232

n-Eck-Konstruktion 38
Nachstellkeile 239
Nadellager 277
Nahtdicke, Stumpfnaht 260
Nahtlänge, Stumpfnaht 260
Nasenkeile 236
Naturgröße 103
Neigung 119
–, Form- und Lagetoleranzen, Eintragungsbeispiele 159
Neigungsangaben, Rohre 297
Nenndruck (PN), Begriff 283
Nennweite (DN), Begriff 283
Netzpläne, elektrische Anlagen 307
Niete 234
–, allgemeine Darstellung 235
–, Kesselbauniete 234
–, Metallbauniete 234
–, Sinnbilder 102
Nietverbindungen 233
–, Arten 234
–, Darstellung 235
Nitrieren, Begriff 204
Niveauangaben, Rohre 297
Norm-Inhalt 10
Normalprojektion 46
Normteiledatei 286
Normung, Begriffe 9
Normungsgegenstand 10
Nulllinie, Toleranzfeld 148
Nute, Maße 241

oberes Abmaß 149
Oberflächenbeschaffenheit 174
–, bemaßte Flächen 178
–, Härteangaben 206
–, Kennzeichnung 174
–, –, arithmetischer Mittelrauwert 175
–, –, Bezugsstrecke 175
–, –, gemittelte Rautiefe 177
–, –, maximale Profilkuppenhöhe 175
–, –, Profiltraganteil 177
–, –, Regressionslinie 175
–, –, Rillenrichtung 177
–, –, tragende Länge 175

Oberflächenbeschaffenheit, Symbole, allseitig für ein ganzes Teil 178
–, –, Anordnung 177
–, –, Beispiele 178, 182
–, –, Durchgangslöcher 180
–, –, Gegenüberstellung, alt/neu 181
–, –, Gussstücke 179
–, –, rechnerunterstütztes Zeichnen 186
–, –, wiederkehrender Formen 179
–, –, Zahnflanken 178
–, –, zusammengehörende Pass- und Gleitflächen 178
–, –, zylindrische und prismatische Oberflächen 178
–, symmetrisch liegende Flächen 178
Ordinatenachse 22
Originalzeichnung 13
orthogonale Darstellung 46
– Projektionsmethode 46
– Rohrleitungszeichnung, Beispiel 296
– und isometrische Rohrleitungszeichnung 296
Ortstoleranz 159, 160

Papier 25
Parabeln 42
Parallelbemaßung 112
Parallelen 35
Parallelität 154, 159
Passfedern 239
–, Arten 240
–, Maße 241
–, Normbezeichnung 242
Passflächen 166
Passkegel, Bemaßung 123
Passschrauben 221
Passteile 160
Passtoleranz 162
Passungen 160
–, Abmaße 167
–, Anwendungsbeispiele 172
–, Auswahlsystem 165
–, Bedeutung, Grundbegriffe 160
–, ISO-System 163
–, Systeme 162, 165
–, Übermaßpassung 162
Passungsfamilie 165
Passungsmaße 168
Patentzeichnung 13
Pendelkugellager 277
Perspektiven 74
perspektivische Darstellungen 67
perspektivisches Zeichnen 45
Pfeilmethode 90
Pläne und Schaltungsunterlagen 294
Planlauf, Allgemeintoleranzen 170
–, Form- und Lagetoleranzen, Eintragungsbeispiele 160
Planungs- und Ausführungsunterlagen, Rohrleitungen 294
Plotter 32
Pneumatik, grafische Symbole 310
Polarkoordinatensystem 22, 40
Polygone 37
Position, Form- und Lagetoleranzen, Eintragungsbeispiele 159
Positionsnummer 15
Pressschweißen 249
Prisma, Abwicklung 62
–, Durchdringung 57
–, Schnittfläche 48
–, Schnittkante 48
Produktklasse 221
Profiltraganteil, Oberflächenbeschaffenheit 177
Projektion, axonometrische 45, 67
–, dimetrische 69
–, isometrische 68
–, orthogonale 45, 46
–, perspektivische 67
Projektionslinien 47
Projektionsmethode 1 46
– 3 46
Projektionsmethoden, Symbole 91
Prüfzeichnung 13
Punktnaht 261
Pyramide, Abwicklung 64
–, Durchdringung 57
–, Schnittfläche 55
–, Schnittkante 55

Quadratische Formen 118

Radiusangaben 117
Rändel 224
Rändelschrauben 223
Randschichthärten, Begriff 204
Raster, arithmetischer Mittelrauwert 175
–, Druckvorlagen 82
–, gemittelte Rautiefe 177
–, Kennzeichnung 174
–, Symbole, Anordnung 177
Raumecke 47
rechnerunterstütztes Zeichnen 19, 30, 78, 99
–, Bauelemente 284
–, Beschichtung 211
–, Diagramme 24, 284
–, Härteangaben 210
–, Linienbreiten 85
–, Normteildateien 286
–, Pläne und Schaltungsunterlagen 313
–, Raster 85
–, Sachmerkmal-Leiste 286
–, Schraffuren 85, 211
–, Schriften 85
–, Toleranzen 186
–, Wärmebehandlung 211
–, Werkstoffangaben 210
–, Zeichnungsträger 85
Rechtecke, Seitenlängen 118
Rechtwinkligkeit, Allgemeintoleranzen 170
–, Form- und Lagetoleranzen, Eintragungsbeispiele 159
Reduzierung, grafische Symbole 294
Regelgewinde, Begriff, Ausführung 213
Regressionslinie, Oberflächenbeschaffenheit 175
Richtungstoleranzen 159
–, Neigung 159
–, Parallelität 159
–, Rechtwinkligkeit 159
Rillenkugellager 277
Rillenrichtung, Oberflächenbeschaffenheit 177
Rohre 294
Rohrleitungen 283
–, grafische Symbole 294
Rohrleitungsanlagen 294
Rohrleitungsplan 294
–, isometrische Projektion 298
Rohrleitungszeichnung, orthogonale und isometrische 296
Rohrniete 233
Rohrverbindungen 283
Rohrverschraubungen 227
Rohteilzeichnung 13, 14
Rundheit, Form- und Lagetoleranzen, Eintragungsbeispiele 158
Rundlauf, Allgemeintoleranzen 170
–, Form- und Lagetoleranzen, Eintragungsbeispiele 160
Rundung 38

Sachmerkmal-Leiste 286
Sachnummer 15
Sammelzeichnung, Ausführungsregeln 81
–, Begriff 13
–, Einzelteile 81
–, Gruppen 81
Sankeydiagramm 24
Säulendiagramm 23
Scannen 32
Schablonen 29
Schalldämpfer, grafische Symbole 296
Schalt- und Schutzeinrichtungen, Schaltzeichenbeispiele 301
Schaltpläne, elektrische Anlagen 303
–, rechnerunterstütztes Zeichnen 313
Schaltungsunterlagen 294
Schaltzeichen 299
Schaltzeichenbeispiele, Elektroinstallationen 302
–, Halbleiter 300
–, Hausgeräte 303
–, Installationen in Gebäuden 302
–, Leiter, Leitungen 302
–, Schalt- und Schutzeinrichtungen 301
–, Widerstände, Kondensatoren, Induktivitäten 299
Scheiben 224
Schema 13
Schlitzschrauben 223
Schlupfzonen, Härtewerte, Zeichnungseintrag 207
Schlüsselweite 119, 217
Schmelzschweißen 249
Schmutzfänger, grafische Symbole 296
Schnecke 275
Schneckengetriebe 275
Schneckenrad 275
Schnittdarstellungen 94
Schnittfläche 48
–, Kegel 55
–, Kugel 57
–, ohne Schraffur 96
–, Prisma 48
–, Pyramide 55
–, Schwärzung 96
–, Teilschraffur 96
–, Zylinder 49
Schnittkante 48
–, Kegel 55
–, Kugel 57
–, Prisma 49
–, Pyramide 55
–, Zylinder 49
Schraffur, Druckvorlage 82
Schraffuren 95
–, rechnerunterstütztes Zeichnen 85, 211
Schraffurrichtung 96
Schrägkugellager 277
Schrauben 215 ff
–, Festigkeitseigenschaften 221
–, Gewindeauslauf 218
–, Produktklassen 221
–, Schlüsselweiten 217
–, Sinnbilder 102
–, vereinfachte Darstellung 232
Schraubenenden 218
Schraubenfedern 262
–, Druckfedern 262
–, Tellerfedern 266
–, Zugfedern 265
Schraubenräder 276
Schraubensicherungen, Anwendungsbeispiele 229
–, Übersicht 231
Schraubensonderformen 222
Schraubverbindungen 212
Schriften 79
–, rechnerunterstütztes Zeichnen 85
Schriftfeld 18, 25
Schriftform A 79
– B 79
Schriftschablone 29
Schriftzeichen, griechische 80
–, ISO-Normschrift 79
Schulterkugellager 277
Schutzvermerk 27
Schweiß-Zusatzwerkstoffe 261
Schweißen, Sinnbilder 103
Schweißnaht, Begriff 249
–, Bemaßung 259
–, Bezugszeichen 257
–, Symbole, Anwendungsbeispiel 251
Schweißposition 261
Schweißstoß 249
–, Arten, Kennzeichnung 250
Schweißverbindung, Kennzeichnung 250
–, Symbole 251 ff
–, Verfahren, Darstellung 249
Schwerlinien 101
Sechskant-Muttern, Darstellung 219
–, mit Klemmteil 230
Seitenlänge, Rechtecken 118
Senkniete 233
Senkrechte 35
Senkschrauben 223
Senkungen 227
–, Fasen 119
–, Senkschrauben 227
–, Zylinderschrauben 228
Setzsicherung, Schraubensicherung 231
Sicherungsbleche mit Nasen 229
– mit Lappen 229
Sicherungsmuttern 230
Sicherungsnäpfe 230
Sicherungsring 244
–, DIN-Normen, Maße 244
–, Einstiche 244
Sinnbilder, Nieten 102
–, Schrauben 102
–, Schweißen 103
Skizze 12, 13, 14
Software 31
Sortennummer, Werkstoffe 187
Spannkeile 239
Spannstifte 246
Spiegelprojektion, Symbole 91
Spiel, Passungen 161, 162
Splinte 242
–, Maße 243
Stabelektroden 261
Stahlgruppennummern 198
Stammzeichnung 13
Standardzeichnung 13
steigende Bemaßung 112
Stifte, Arten, Ausführungen 245
–, Maße 247
Stiftschrauben 222
Stiftschraubverbindung 227
Stirnräder 271
Stoffschluß, Fügen 100
Strom- und Spannungsarten, Schaltzeichen 299
Stromlaufplan, elektrische Anlagen 306
Stückliste 15, 25
Stumpfnaht 250
–, Maße 260
Summentoleranz 151
Symbole, fluidtechnische Systeme und Geräte 310
–, Form- und Lagetoleranzen 154
–, –, Eintragungsbeispiele 158
–, Hänger 298
–, Oberflächenbeschaffenheit 177 ff
–, Projektionsmethoden 91
–, Schweiß-/Lötverbindungen 251 ff

Symbole, Spiegelprojektion 91
–, Träger 298
Symmetrie, Allgemeintoleranzen 170
–, Form- und Lagetoleranzen, Eintragungsbeispiele 160
Systeme, Passungen 162, 165
–, tpd-Symbole 85

Tangenten 37
Tangentkeile 239
Tastatur 31
Technische Produktdokumentation, Begriff 85
– Skizze 13
– Unterlagen 13
– Zeichnung 294
– –, Begriff 13
– –, Darstellung 86
Teilung 151
Teilzeichnung 13
Tellerfedern 266
theoretisch genaue Maße 156
Tintenstrahldrucker 32
Tischplotter 32
Titelfeld, DIN-Norm 10
Toleranzeinheit 163
Toleranzen 148
–, Absatzmaße 150
–, Bereichsbegrenzung 152
–, Ebenheit 158
–, Flächenform 159
–, Grundbegriffe 148, 152
–, Längenmaße 148
–, Linienform 158
–, Lochabstände 151
–, Maßbezugsebene 150
–, Maße 148
–, –, Grenzmaß 148
–, –, Höchstmaß 148
–, –, Istmaß 148
–, –, Mindestmaß 148
–, Maßketten 151
–, Maßtoleranzen 148
–, Mittenabstände 151
–, Nulllinie 148
–, rechnerunterstütztes Zeichnen 186
–, Rundheit, Kreisform 158
–, Summentoleranzen 151
–, Toleranzeinheit 163
–, Toleranzfaktor 163
–, Toleranzfeld 148
–, Toleranzreihe 163
–, Winkelmaße 148
–, Zahngetriebe 270
–, Zeichnungseintragung 149
–, –, Abmaße 149
–, –, Kurzzeichen 149
–, Zylinderform 158
Toleranzfaktor 163
Toleranzfeld, grafische Darstellungen 148
Toleranzklassen, Absatzmaße 168
–, Eintragungen 168
–, Lochmittenabstände 168
–, Mittigkeiten 168
–, Passungsmaße 168
–, zusätzliche Angaben 169
Toleranzrahmen, Form- und Lagetolerierung 154
Toleranzreihe 163
Toleranzzone, Begriff 152
–, theoretisch genaue Maße 156
–, –, Koordinatenbemaßung 157
Tolerierungsgrundsatz, Allgemeintoleranzen 171
tragende Länge, Oberflächenbeschaffenheit 175
Träger, Symbole 298
Transparentpapier 25
Treibkeile 236
Trommelplotter 32
Tuschefüller 28
Tuschezeichnung 13, 18

Übergangspassung 162
Überlappungsnietung 234
Übermaß, Passungen 161
Übersichtspläne, elektrische Anlagen 303
Umkehrgetriebe, Anwendung der Sinnbilder 313
Universalschraffur 95
unteres Abmaß 149
Unterlage 13

Ventile, grafische Symbole 295
Verbindungsplan, elektrische Anlagen 305
Verdrahtungsplan, elektrische Anlagen 305
vereinfachte Darstellung 93
–, Bemaßung 121
–, Gewinde 232
–, Muttern 232
–, Schrauben 232
–, Wälzlager 280
–, Zahngetriebe 270
vergrößerte Darstellung 93
verkleinerte Darstellung 93
Vergüten, Begriff 204
Verjüngungen 122
Verkleinerungsangaben, Druckvorlagen 82
Verliersicherung, Schraubensicherung 231
Vervielfältigung 13
vervielfältigungsgerechte Zeichnung 78
Vierkant 217
Vierkantlöcher 217
Vierkantmuttern 224
Vierkantschrauben 222
Vierkantunterlegscheiben 224
Vogelperspektive 75
Vollschnitt 94
Vordruckzeichnung, allgemeine, Ausführungsregel 81
–, Ausführungsregeln, Vorzeichen, Abmaße 149
–, Begriff 13
Vorlagen, Dias 83

Wahre Größen 62
Wälzlager 277
–, Nadellager 277
–, Pendelkugellager 277
–, Rillenkugellager 277
–, Schrägkugellager 277
–, Schulterkugellager 277
–, vereinfachte Darstellung 280
–, Zylinderrollenlager 277
Wärmebehandlung, Begriffe 203
–, ganzer Teil 207
–, örtlich begrenzt 207
–, rechnerunterstütztes Zeichnen 211
–, Zeichnungsangaben 205
Wärmebehandlungs-Anweisung (WBA) 206
Wärmebehandlungsbild 207
Wärmebehandlungsplan (WBP) 206
Wendel 43
Werkstoff-Hauptgruppe 187
Werkstoff-Nummernsystem, Stahl 198, 200
Werkstoffangaben 187
Werkstoffe, Bezeichnungssysteme 187
–, –, neu, Stahl 195 ff
–, –, –, –, Gegenüberstellung alt/neu 201
–, –, –, –, Werkstoff-Nummernsystem 198, 200
–, –, Vergleich bei Eisen und Stahl 189
–, Kurzzeichen 187
–, –, Eisen und Stahl 188

Werkstoffe, Kurzzeichen, Multiplikatoren 189
–, –, Nichteisenmetalle 191
–, Stahlsortenauswahl 194
–, Werkstoffnummern 187, 189
–, Eisen und Stahl 189
–, –, Nichteisenmetalle 192
–, Zeichnungsangaben, Abkürzungen 193
–, –, Beispiele 193
–, –, Normbezeichnung 193
–, –, Schraffuren 201
Werkstoffnummern, Eisen und Stahl 189
–, Grundaufbau 187
–, Nichteisenmetalle 192
–, Stahlsortenauswahl 194
Werkstückkanten, Zeichnungsangaben 127, 128
Werkstücknummer 15
Werkzeugkegel 123
Widerstände, Schaltzeichenbeispiele 299
Winkel 34
Winkelgrößen 35
Winkelmaße, Allgemeintoleranzen 170
Winkelmaßtoleranzen 148, 151

Zahnflanken, Oberflächenangaben 179
Zahnformen 269
Zahngetriebe 270
–, Toleranz 270
–, vereinf. Darstellung 270, 280
Zahnräder 266
–, Maße 266
–, Modul 266
–, – für Zylinderschneckengetriebe 267
–, Paare 268
Zeichengeräte 27
Zeichenkopf 29
Zeichenplatte 28
Zeichenschiene 29
Zeichentisch 28
Zeichnen mit CAD-Anlagen 97, 99
–, rechnerunterstützt (siehe auch rechnerunterstütztes Zeichnen) 19, 30, 78, 99
Zeichnung, allgemeine Ausführung 78
–, Beschriftung 78, 79, 81
–, Druckvorlage 81
–, Falten 27
–, korrigieren 30
–, Skizze 12, 13, 14
–, vervielfältigungsgerechte 78
Zeichnungen 30
Zeichnungsänderung s. Änderungen 19
Zeichnungsangaben, Beschichtungen 208
–, Butzen 127
–, Radien und Winkel 297
–, Wärmebehandlung 205
–, Werkstückkanten 127
Zeichnungsarten 12
Zeichnungseintrag, Allgemeintoleranzen 171, 185
Zeichnungserstellung, Arbeitsfolge 97
Zeichnungsformate 25
Zeichnungssatz 13
Zeichnungsträger 25, 85
–, bevorzugt 78
Zeichnungsunterlage 13
Zeichnungsvordrucke 14, 25
Zeichnungswesen, Begriff 13
Zeilenabstand, Druckvorlage 82
Zentraleinheit 31
Zentralperspektive 74
Zirkel 29
Zugfedern, Fertigungsausgleich 266
–, Ösenausführung 265
–, zylindrische 265
Zusammenbauzeichnung 13
Zweipunktmethode 75
Zykloiden 43
Zylinder, Abwicklung 63
–, Durchdringung 57
–, Schnittfläche 49
–, Schnittkante 49
Zylinderform, Form- und Lagetoleranzen, Eintragungsbeispiele 158
Zylinderrollenlager 277
Zylinderschrauben 223
– mit Innensechskant 221
Zylinderstifte 246
Zylindrische Druckfedern 262
– Zugfedern 265